策略管理 (第十二版)

Strategic Management 12/E

John A. Pearce II
Richard B. Robinson 著

莊立民 編譯

US	Boston, Burr Ridge IL, Dubuque IA, Madison WI, New York, San Francisco, St Louis
International	Bangkok, Bogota, Caracas, Kuala Lumpur, Lisbon, London, Madrid, Mexico City, Milan, Montreal, New Delhi, Santiago, Seoul, Singapore, Sydney, Taipei, Toronto

全華圖書股份有限公司

國家圖書館出版品預行編目(CIP)資料

策略管理 ／ John A. Pearce II, Richard B. Robinson 著；
莊立民編譯. -- 三版. -- 臺北市 ： 麥格羅希爾, 2011. 07
面； 公分
譯自：Strategic management: formulation, implementation, and control, 12th ed.
ISBN 978-986-157-794-4（平裝）

1. 策略管理

494. 1 100007690

策略管理 (第十二版)

Original: Strategic Management, 12e
By John A. Pearce II, Richard B. Robinson
ISBN: 978-0-07-813716-7

1 2 3 4 5 6 7 8 9 0 PHW 2011

作　　者　John A. Pearce II, Richard B. Robinson

編　　譯　莊立民

合作出版暨發行所　美商麥格羅．希爾國際股份有限公司 台灣分公司
台北市中正區博愛路 53 號 7 樓
TEL: (02) 2311-3000 FAX: (02) 2388-8822

全華圖書股份有限公司
新北市土城區忠義路 21 號
TEL: (02) 2262-5666 Fax: (02) 2262-8333
http://www.chwa.com.tw
E-mail: book@chwa.com.tw
郵政帳號: 0100836-1

總 代 理　全華圖書股份有限公司

出版日期　西元 2011 年 7 月 三版一刷

印　　刷　普賢王印刷有限公司

定　　價　新台幣 620 元

ISBN：978-986-157-794-4

作者簡介

About the Authors

John A. Pearce II *Villanova University*

John A. Pearce II 博士目前擔任 Villanova 大學維拉諾瓦商學院策略管理與創業精神研究終身講座教授。2009 年他在加拿大溫哥華 Simon Fraser 大學賽格商學院服務時獲得傅爾布萊特資深學者獎。2004 年他也曾獲選為墨西哥自治理工大學(ITAM)的特聘教授。之前，Pearce 教授也曾是 George Mason 大學的終身講座教授，同時也是 Virginia 州的傑出學者。1994 年他在馬來西亞國家訓練中心(INTAN)服務時，也曾獲得美國傅爾布萊特專業成就獎。Pearce 教授曾任教於賓州州立大學、West Virginia 大學、Malta 大學及 South Carolina 大學。他於賓州州立大學取得企業管理暨策略管理的博士學位。

Pearce 曾與其他作者合著過 36 本書及超過 250 篇的學術期刊論文。這些文章散見於：*Academy of Management Executive*、*Academy of Management Journal*、*Academy of Management Review*、*Business Horizons*、*California Management Review*、*Journal of Applied Psychology*、*Journal of Business Venturing*、*Long-Range Planning*、*Organizational Dynamics*、*Sloan Management Review* 及 *Strategic Management Journal* 等專業學術期刊。這些豐富的學術著作，也促使 Pearce 教授的研究專案經費已超過兩百萬美元。

這些殊榮說明了他在教學研究以及專業服務所獲得的肯定與成就，其中也包括美國管理學會(AOM)所頒發的三項傑出論文獎以及 Villanova 大學的傑出研究獎。Pearce 教授也常擔任高階經理人發展計畫的領導者，同時也常擔任企業界與產業界的顧問，他的客戶包括本國與多國籍企業從事製造與服務的公司。

Richard B. Robinson, Jr. *University of South Carolina*

Richard B. Robinson 博士是 South Carolina 大學 Moore 商學院院士。同時也是南加大 Faber 創業中心的主任。Robinson 畢業於喬治亞理工學院的工業管理系，於 Georgia 大學取得企業管理博士學位。

Robinson 教授著作等身，有關策略管理、創業精神等領域，他已經發表了為數眾多的書籍、文章、專業論文以及個案研究，全球專業人事廣為採用與流傳。他的著作曾經發表在下列的專業期刊：*Academy of Management Journal*、*Academy of Management Review*、*Strategic Management Journal*、*Academy of Entrepreneurship Journal* 以及 *Journal of Business Venturing*。

Robinson 博士曾經擔任過有害廢棄物、建築產品、住宿與旅館等相關產業的執行長。目前他是許多頂尖新創公司的董事與顧問，其服務的產業涉及：原木家具、建築產品、動畫片製作以及電腦晶片產業。Robinson 博士每年輔導超過 250 位學員，這些學員多數參與全球大型新創公司的顧問輔導以及實習。

原著序

Preface

第十二版《策略管理：形成、執行與控制》是針對面臨二十一世紀變遷快速而必需學習策略的學生所量身訂作的好書。面對推陳出新、不斷爆發新知的時代，本書所談到的內容都能反應時代的變化與需求，因此本書談到許多新的理論發展，當然在此我們也必須感謝 McGraw Hill 公司的鼎力相助。在序裡面我們打算告訴讀者本書第十二版有何獨到之處，而這些內容有助於學生在未來面對全球化企業衝擊與挑戰的時候，還能臨危不亂的作出最佳的策略決策。當然，其中也包括每一章中更新修正的內容、個案與案例：

- 企業倫理與公司社會責任。
- 本書將以整合性及案例式的方式來呈現全球化議題，而每一章也都將會提到企業所必須面臨的全球化環境議題。
- 策略家如何透過創新與創業精神來預先因應未來衝擊並擘劃經營藍圖。
- 運用結構式網絡、無疆界組織結構來面對二十一世紀的衝擊。
- 隨著全球化與科技變革的加速，管理者將面臨更加動態的企業、市場與產業環境衝擊。
- 在產業環境快速變遷的時局，策略家該如何定義與強化公司的優勢。
- 公司的產品與服務日益仰賴全球供應鏈與委外策略，當然其所造成的優勢與挑戰也必須檢驗。
- 全球女性與少數民族在公司所扮演的角色以及貢獻的價值日益重要。

圖表 3.9

星巴克執行長 Howard Schultz 公司社會責任之道

星巴克投資並支持咖啡農，承諾長期並高價收購優質的咖啡豆，並始終維持其南美洲公平交易認證咖啡豆最大購買者、烘培者以及經銷商的地位(同時也可能是全球最大的)。此外，星巴克也是國際保育團體的長期合作伙伴。這兩個組織共同為咖啡農發展環境與社會標準(咖啡種植者公平規範，C.A.F.E. Practices)，並且為遵守規範的咖啡農制定並實施獎勵。

這項合作已經影響了全球的咖啡農，例如：吉力馬札羅精品咖啡農協會，在坦尚尼亞是一個約 8,000 位精品咖啡小農所組成的協會，該協會受到星巴克的長期援助，因為該協會也受到咖啡種植者公平規範的管轄。因此，該協會不斷的從環境永續技術上精進，提升咖啡品質與改善咖啡農的獲利能力。

Howard Schultz 自從退休之後，2008 年 1 月轉任星巴克執行長，公司始終採取支持咖啡農的行動與政策，Schultz 與國際保育團體執行長 Peter Seligmann 兩位合作夥伴，均支持咖啡農保護咖啡農地周遭的具體作為，其中還包含協助咖啡農獲得一筆 700 億美元的碳融資業務，星巴克還資助國際保育團體協助當地的農民維護咖啡農地周遭的景觀，農民同意補種樹木來

在 Schultz 的領導之下，星巴克不斷擴充公司對咖啡農的財務奧援
境內唯一獨立的公平交易認證機構)及國際公平貿易標籤組織，在國際
採購公平交易認證咖啡豆 4,000 萬英磅。」這一項宣示使得星巴克成為全

運用策略的案例

圖表 4.3

工會要求歐巴馬知恩圖報

工會曾經協助美國總統歐巴馬贏得選戰入主白宮，但是他們現在希望能獲得一些回報，雖然歐巴馬傾向願意幫忙，但是工會會員日減，所以很難立法通過，工會代表的數目約是美國勞工的八分之一，現代已經掉到 25 年前的五分之一而已。

在新國會上最大的勞資抗爭關鍵在於是否通過「雇主有權要求秘密投票選舉」的法案，一旦有一半以上的合法員工再加上一位不相干的員工被授予會員證之後，公司就必須大費周章的與工會談判。

2007 年眾議院通過該措施，但是最後卻栽在參議院共和黨的阻擾行動，布希總統警言要否決該法案，但最後卻成為歐巴馬政綱的一部分。

工會領導人說，雇主採用秘密投票選舉的作法，通常會在其招聘網站上，要脅和恐嚇工人拒絕進入工會，雇主反駁說，工人往往強迫他們的同事簽署會員證，而秘密投票選舉是唯一能實現他們願望的方法。

資料來源：Excerpted from "Unions Seek Payback for Helping Obama," *The Associated Press*, November 10, 2008, http://www.msnbc.msn.com/id/27649167/. Reprinted with permission of The Associated Press,

此外，我們還提供：

- 超過二十位「頂尖策略家」的專欄，用以說明全球領導人不凡的案例以及其策略性的領導與思維。
- 30 個來自全球最新的個案(此部分請參見原文書)，其中包括大型或是小型的新創企業，其中有 6 個短個案以及 24 整合型個案。
- 每一章都會有「運用策略的案例」，這一版我們多提供了 50 個以上的新案例。
- 每一章都加入了最新、二十一世紀的新案例。

第十二版《策略管理》共計十四章。內容縝密而新穎，重點涵蓋了進行策略活動時所需要的關鍵商業技能。此外，本書提供了相當多有關學術理論的參考文獻，而且學生也可以在書本中學習到許多實用、技術導向，或是未來與他們工作有關的內容。

本版延續之前幾個版本的策略管理模式，有利於讀者自學而且相當容易了解。此外，我們也濃縮了許多篇幅，除了聚焦於重點之外，McGraw-Hill/Irwin 更協助我們有效的提供學生與授課老師更高品質的策略管理教材。

本書概述

第十二版仍然沿用「策略管理程序模式」作為本書各章節的基礎。過去有許多讀者非常讚許本書所提出的「策略管理程序模式」，認為這是本書獨到之處，因為這個模式有助於讀者瞭解策略管理的全貌，而且透過階段式的邏輯分析程序，讀者也可以深入探討策略管理模式中的每一個組成元素。此模式描述了在不同組織層級如何進行策略分析，以及如何在策略管理程序中進行創新。讀者將可以很快的感受到這個模式的結構是相當容易理解的，因此大部分的讀者很快的就可以深入瞭解策略管理的堂奧之妙。

章節內容

第一章的內容主要是探討「策略管理程序的概述」，從這裡學生將可以瞭解整本書的架構，並按圖索驥，以便他們可以知道每一章節在整個架構中的相對重要性與位置。其他十三章則是探討策略管理的程序與技術，並增加了策略分析、決策、執行、控制及重建等相關議題。不論是在學術界或實務界，近年來有關策略管理領域的文獻與研究蓬勃發展。本書第十二版嘗試以比較新的設計來整合這些相關的文獻與資源。所以本書所呈現的是：先進的概念、有邏輯的程序以及簡單的陳述方式，相信讀者必能從中獲得許多新的概念。

運用策略的案例單元

每一章均提供具有教育導向的策略管理實例，這也是許多策略教科書競相模仿的作法。本書中採用了五十個新案例來說明「運用策略的案例」，雖然個案都很簡短，但是卻都切中要害，可以明確說明章節的所有重點。大多數用過本書的學生多認為這些令人振奮、有趣且實務的案例強化了本書的價值。

頂尖策略家專欄

增加了「運用策略的案例」單元之後，我們在每一章增加了「頂尖策略家」單元，論述這些企業或是產業領導人的行為、實務以及具體行動，來佐證書中所提到策略管理程序的關鍵概念。這些單元有助於讀者深入了解各章的內容。

第十二版個案

本版書提供了 30 個精彩的個案(此部分請參見原文書)。這些個案以容易理解、即時且有趣的方式來呈現公司、產業以及情境的發生問題與內容。而這些個案的內容同時涵蓋了大型與小型的公司、新創事業與產業領導者、全球與本國企業，產業則有：服務業、零售業、製造業以及高科技產業。此外，個案探討的區域包括：美國公司、歐洲公司、亞洲公司以及新興市場中東經濟體。

本版書有六個短個案。這些短個案方便課堂上有效且彈性的運用時間，而且可以跟其他的教學內容相互搭配。我們發現策略課程採取個案的教學方式，對於初學者而言相當有效，而且能夠幫助他們掌握策略課程的內容與重點，假如個案又是學生非常熟悉的公司，則深入討論個案公司的策略情境與決策，將能使學生的吸收更加事半功倍。所以像〈Facebook vs. Twitter〉、〈Microsoft vs. Mozilla〉以及〈PetSmart vs. Petco〉這一類的個案分析學生將會比較容易上手。

我們的網站

我們特別設計了一個內容充實的網站來協助您使用本書。其中部分內容是供教師使用，一部分則是用來協助學生學習的。任課老師可以運用許多的補充資料檔案包括：詳細的教學資源、投影片、30 個個案的教學資源等等，以降低老師的教學負擔，並且可以迅速的獲得充足的資訊。而學生將可以輕易的取得許多公司的資料，以便於他們進行個案研究或是準備功課。許多測驗題與考試題目有助於學生準備考試，並降低他們在考場上的焦慮感。我們相信學生對於此網站會有相當高的興趣。請瀏覽我們的網站 www.mhhe.com/pearce12e。

配件

本書的教學配件包括：內容包羅萬象的教師手冊(英文)、題庫(英文)、PPT 投影片(中英文)、電腦題庫(英文)以及譯者用心編寫的本土案例。這些配件將有助於減少使用者的負擔。教授們也可以選擇以下兩種模擬遊戲來搭配本書，交互運用：The Business Strategy Game (Thompson/Stappenbeck)。The Business Strategy Game 有可幫助學生了解企業中的各項企業功能如何搭配在一起運作。學生將可以安排許多的選擇方案，並且在某個策略的指引之下，進行生產、行銷、財務與人力資源的決策分析。

致謝

Acknowledgments

我們在撰寫第十二版的過程中，受到於許多人的幫忙。包括：學生、讀者、同業、評論家以及企業界人士都提供了許多真知灼見，使得本書的品質得以提升。尤其要感謝那些致力於策略管理理論、知識與文獻累積的研究者與實務界人士。

我們也要特別感謝那些撰寫個案有才華的研究者，因為本書的個案多數是採用他們的智慧結晶，而個案研究對於管理研究者是相當重要的。一流的個案有助於成就一個成功的策略管理學者。

許多專家也提供了許多建設性的建議與回饋，使我們在內容更新與個案選取上更加精進。我們特別感謝以下三位的全力協助：

Michele V. Gee
University of Wisconsin–Parkside

D. Keith Robbins
Winthrop University

Edward P. Sakiewicz
American Public University System

由於我們兩位作者分別在兩所不同的大學，這兩所大學優良的環境都提供了許多的協助。Jack 任教於 Villanova 大學維拉諾瓦商學院擔任終身講座教授的職務，因此他能夠將研究與教學的內涵融入本書的內容。他特別感謝 Villanova 大學維拉諾瓦商學院院長 James Danko 以及他所有同事所提供的支持與鼓勵。

Richard 則是特別感謝 South Carolina 大學 Moore 商學院的院長 Hildy Teegen、代理院長 Scott Koewer、副院長 Greg Neihaus、Brian Klaas 博士、Dean Kress 先生、Cheryl Fowler 小姐以及 Carol Lucas 小姐。

我們也特別感謝蒙特克萊爾州立大學的 Ram Subramanian 博士對於本書第十二版教師手冊的卓越貢獻。他對於所有細節的投入使得本書能夠更加精進。同樣的，我們也非常感謝 Frostburg 州立大學 Amit Shah 博士早期對於本書的投入與貢獻。

當然，McGraw-Hill/Irwin 公司的主管是我們必須致上最高敬意的一群人。Gerald Saykes、John Black、John Biernat 及 Craig Beytein 是最早投入的一群。編輯部主管 Michael Ablassmeir 則催生了第十二版的誕生。企劃編輯 Kelly Pekelder 與編輯助理 Andrea Heirendt 則協助我們製作與改善本書的所有內容。也特別感謝 McGraw-Hill/Irwin 公司的外勤單位，感謝他們的開疆闢土以及爭取全球客源。此外，感謝以下所有人所提供了充份的支援與辛勞：

Sandy Wolbers
Kathleen Sutterlin
Stacey Flowerree
Brooke Briggs
Nick Miggans
Kevin Eichelberger
Colin Kelley
Steve Tomlin
Bryan Sullivan
Clark White
Meghan Manders
Lori Ziegenfuss
Jessica King
Rosalie Skears
Lisa Huinker
Bob Noel
Adam Rooke
John Wiese
Carlin Robinson
Courtney Kieffer
Rosario Valenti
Anni Lundgren
Deborah Judge-Watt
Nate Kehoe
David Wulff
Kim Freund
Joni Thompson
Mary Park

他們對於授課教授所提供的專業協助，也同時是我們出版十二版教科書所遵循的工作標準。

希望本書能夠滿足您的期待。同時我們也非常歡迎您針對本書提供新的建議與觀念，希望不管是閱讀策略管理或是教授策略管理，由衷的期盼本書能夠對您有所助益。

Dr. John A. Pearce II
Villanova School of Business
Villanova University
Villanova, PA 19085–1678

Dr. Richard Robinson
Moore School of Business
University of South Carolina
Columbia, SC 29208

譯者序

企業面臨的環境日益複雜且詭譎多變，企業經營者必須有能力分析內、外環境，擬定最適合本身的願景、使命與策略，透過良好的組織執行力來執行高階主管所選擇的策略，最後透過控制的機制，進行評估並提出修正的行動與方案。短短的一段話就道盡了策略管理的核心活動與價值，這正是本書作者 Pearce & Robinson 所欲探討的內容，而作者所提出來的「策略管理程序模式」似乎已經涵蓋了上述所有的內涵。如果我們說「管理」是一門兼具科學與藝術的學科，那麼「策略管理」就應該是一門高深且兼具科學與藝術的學科，加上「高深」這兩個字，代表這門學科除了以基本的管理知識作為基礎之外，還應該具備外部環境分析與內部能力分析的技能。這些技能的培養除了具備紮實的理論基礎之外，還應該大量閱讀個案，進行實際的演練與分析，而本書所提供的內容與訓練就包含以上兩者。所以，儘管是初學者，在閱讀過本書之後，也能收到醍醐灌頂之效。

本書分為三篇，共計十四章，第一篇介紹「策略管理概要」；第二篇介紹「策略之形成」；第三篇介紹「策略之執行、控制與創新」，架構簡單、內容淺顯易懂但是又不失深度。為了讓讀者對理論與實務融會貫通，本書每個章節均提供了許多優質的個案，並且在每章後面均附有「問題討論」，使讀者均能活學活用，除了可以學習到紮實的策略管理知識之外，更能訓練讀者思考、分析與整合的能力，對於有心學習策略管理的讀者來說，本書實為一本不可多得的好書。

筆者有幸翻譯本書，心懷如履薄冰的心情，儘量本著嚴謹、戒慎的態度完成本項艱辛的任務，翻譯過程中力求與原文書內容精神一致，文筆力求通暢、本土化，以提高本書之可讀性與流暢性，然猶恐未逮。筆者才疏學淺，書中必定尚有未臻完美之處，加上倉促付梓，雖已盡心，若仍有錯誤、不妥或遺漏之處，尚請各位讀者與先進不吝指正。最後，還應該感謝內人煒頻與本人研究生克倫、伯雄、紋惠、旻晃、水得、志毅仔細的校稿以及許多人的傾力協助，由於篇幅有限，在此不加贅述。此外，還特別感謝全華圖書陳本源董事長、林淑華總經理、黃廷合顧問、版權部陳美惠主任、副主編潘韻丞、編輯蔡瓊慧、美編謝文馨，沒有您們的提攜與催生，本書是不可能誕生的，謝謝您們！

莊 立 民 謹識於

長榮大學　經營管理研究所

編輯部序

全球化浪潮下，語言的隔閡漸形式微，人類似乎又重建了一座巴別塔。對於高等教育，知識及資訊的傳播尤仰賴出版社的系統化圖書引介及翻譯，以提供廣大讀者豐富又新穎的教科書選擇。而「系統編輯」是敝司的編輯方針，此方針下翻譯組從不間斷尋找優良的國外教科書及實用書，並用心迻譯成適合國人閱讀的中文版，所以提供的絕不只是一本書，而是關於這門學問的所有知識，它們由淺入深，循序漸進。

本書原文由 John Pearce 與 Richard Robinson 所著。撰寫架構清晰，分析透徹，兼具廣度與深度，極適合作為大學部、研究所或 EMBA 等之上課教材，或供欲學習策略管理的一般人士閱讀。中文化的部分則延請到在此一領域學養深厚、執教於長榮大學的莊立民老師，其譯筆通順流暢，信達雅兼備，實屬上乘之作。本書其餘特色可逕自參閱原著序及譯者序，此處不再贅言。

關於教學配件中的本土案例部分，首先感謝王品集團與信義房屋的協助，願意提供照片資料，但因其他提及之公司業務繁忙，未能給予這方面的協助，於是在莊老師的指導下，我們花費了相當多的時間蒐集各方面資料，最後更勞老師費心統整編寫，終於完成了本土案例資料的補充，希望此份資料對於無論是教師在授課上亦或學生在學習上都能有所幫助。

最後，若您對於本書有任何疑問，歡迎來函連繫，我們將竭誠為您服務。

版權部翻譯組　謹致

目錄

Chapter 7 長期目標與策略 7-1

Chapter 11 組織結構 11-1

第一篇

策略管理概要

本書第一章介紹何謂策略管理，策略管理包含了整套的決策與行動，使得策略的設計以及運作能夠達成組織的目標。本章說明了策略管理的本質、利益以及專門術語。後續各章將會說明得更加詳細。

第一章的第一節「策略管理的本質與價值」重點在說明公司採行策略管理的實用價值與利益。同時也協助我們瞭解公司策略性決策與其他規劃工作之差異。

第一節強調策略管理活動的重點可以分為三個層級：總公司策略、事業部策略以及功能性策略。每一個層級都有其獨特的策略性決策特徵，進而會影響公司內不同階層的營運活動。本節的重點還包括：策略管理正式化的程序究竟有何價值、策略管理程序如何與主導策略形成與執行的策略管理者相互結合。此外，本節回顧了過去有關企業規劃的研究，研究結果顯示：透過策略管理的程序，公司在財務以及員工行為面所獲得的利益顯然高於成本的付出。

第一章的第二節則深入探討「策略管理程序模式」的內涵。這個模式可以作為其他教科書的大綱，而且也詳盡地描述了近代策略規劃者常使用的方法。這個模式的組成要素都經過嚴謹的定義以及詮釋，這些要素與流程將可整合成「策略管理程序」。在第二節的最後，也針對該模式在不同的企業情境中實務上之限制以及適當性等進行討論並提出一些建議。

Chapter 1

策略管理

閱讀完本章之後，您將能：

1. 解釋策略管理的概念。
2. 解釋管理者所做出的策略性決策與其他的決策有何差異。
3. 說明運用參與式策略決策的優、缺點。
4. 說明公司內不同管理階層其策略性決策的類型。
5. 說明策略性決策的整合模式。
6. 深入瞭解策略管理是一系列的程序。
7. 舉例說明最近公司進行的策略性決策。

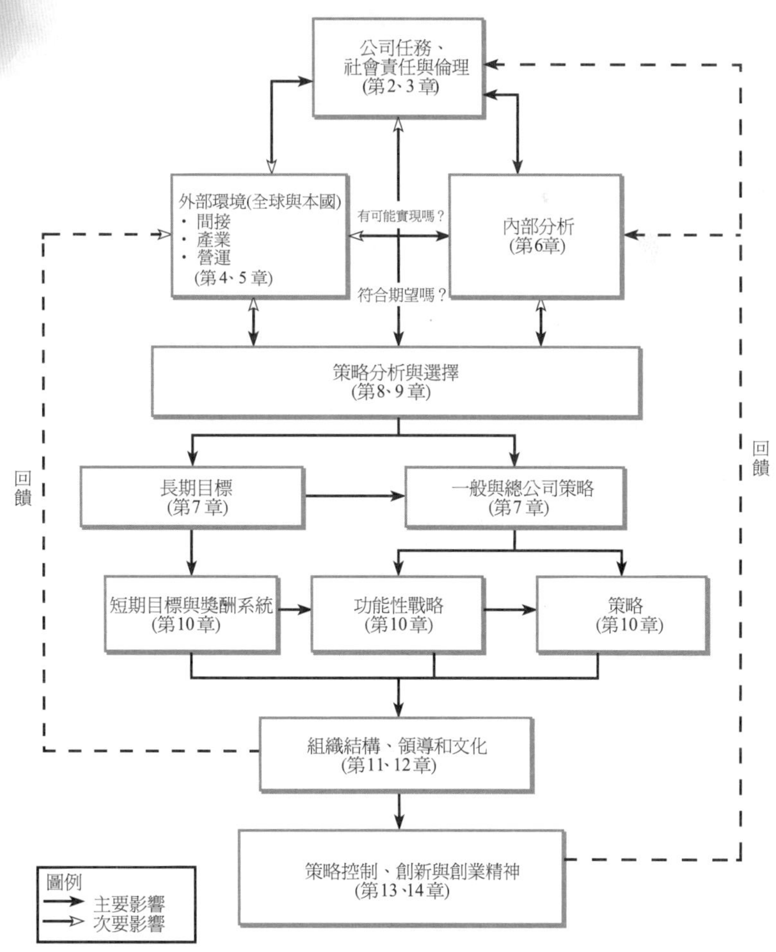

1.1 策略管理的本質與價值

對現代的經理人來說，管理好公司內部的活動僅僅是責任的一部分。現代經理人還必須面對公司「外部環境」(分爲直接與間接)所產生的挑戰並且做出回應。企業「直接面對的外部環境」(the immediate external environment)包括：競爭者、供應商、資源不足、政府機關以及它們所採行的管制措施、常常改變偏好的顧客。而企業「間接面對的外部環境」(the remote external environment)則包括：經濟與社會現況、政治考量以及科技的發展，這些因素都必須事先考慮周詳、監控、評估，而且經理人在做決策時必須將這些因素都考慮進來。然而，經理人常常被迫必須滿足公司內部員工的需求，以及外部環境中所有「利害關係人」(stakeholder)，包括：所有權人、高階管理者、員工、社區、顧客與國家不同的要求。爲了有效處理影響公司成長與獲利能力的因素，經理人通常會選擇適合其競爭環境的管理程序，以因應內、外部環境的改變與不可預期的競爭。圖表 1.1 探討全錄公司策略失誤的案例，案例內容主要在說明該公司無法精準預測競爭的動態性而導致的失敗。

運用策略的案例 **圖表 1.1**

策略失誤：全錄透露內部資訊給蘋果

1970 年代，早期全錄發展了改變世界的電腦技術，包括滑鼠以及圖形使用者介面。(現代圖形使用者介面包括微軟的 Windows 系統以及 Mac OS X 系統)。1969 年，Xerox PARC 研究中心成立，PARC 的 Xerox Alto 是全世界第一台桌上型個人電腦(實驗用，非商用)。十年後，包括賈伯斯在內幾位蘋果公司的員工，一起訪問 Xerox PARC 研究中心，共參觀了三天，並請全錄公司挹注一百萬美元，取得蘋果公司一萬股的股票。這一次饒富教育性質的參訪相當值得(2008 年蘋果公司的股票值 35 億美元)，因為賈伯斯也因此建立了市值 1100 億美元的企業(2008 年)。1980 年代末期，全錄控告蘋果於麥金塔電腦上運用圖形使用者介面的技術，然而這項控告最後仍被駁回，主要是該項法令限制所造成的爭議已過時效性。此失誤的代價為 1070 億美元。

資料來源：Excerpted from Melanie Lindner, “The 10 Biggest Blunders Ever in Business,” *Forbes*, March 25, 2008, http://www.msnbc.msn.com/id/23677510/

在自由經濟體系中政府的角色已經擴大到購買者、銷售者、管制者以及競爭者，而且有愈來愈多的企業開始從事國際貿易的活動。管理程序進步最神速的年代出現在 1970 年代，當時充斥著「長期規劃」(long-range planning)、「規劃、方案、預算」(planning, programming, budgeting)、「企業政策」(business policy)等概念。然而就在同時，形成與執行計畫必須考量外部環境以及環境預測的觀念也日形重要。上述所有的方法與概念我們通稱爲「策略管理」。

策略管理
是指為了達成公司的目標，企業形成及執行計畫，其計畫及包含一系列的決策與行動我們稱之為策略。

本書將**策略管理**(strategic management)定義爲：「爲了達成公司的目標，企業形成(formulation)與執行(implementation)計畫，其計畫包含一系列的決策與行動」。策略管理由九項關鍵任務所組成，分別爲：

1. 形成公司的任務(mission)，任務說明書(mission statement)必須廣泛而且明白陳述公司存在的目的、哲學以及目標。
2. 進行內部分析，其分析的重點在於公司內部的現況以及公司的能力。
3. 評估公司的外部環境，包括競爭環境以及一般環境。
4. 分析公司如何選擇讓公司的內部資源與外部環境相互搭配。
5. 依據公司的任務，評估所有的選擇，並作出最令人滿意的選擇。
6. 選擇長期的目標以及總公司策略來加以配套，以達成最令人滿意的選擇。
7. 發展與長期目標及總公司策略(選擇出來的)相互搭配的年度目標以及短期策略。
8. 公司的預算資源分配必須與任務、人員、結構、科技以及報償系統相互配合，決定最佳的預算分配之後就開始執行策略的選擇。
9. 評估策略程序的成敗，以作爲未來決策的參考。

策略
為因應競爭環境並達成公司的目標所進行大規模及未來導向的計畫。

正如以上九點所述，策略管理包含與公司策略有關的決策與行動，這些決策與行動必須透過規劃、組織、領導、控制才得以完成。公司形成**策略**(strategy)之後，主管將可以透過大規模與未來導向的計畫來因應競爭環境，順利達成公司目標，因此我們可以說策略是公司的「行動計畫」(game plan)。雖然這些計畫無法完整交代所有細部資源的調配(人、財務、原物料)，但是它卻是進行管理決策時一個很好的分析架構。策略可以反映公司對於「如何」、「何時」、「在哪裡」與競爭對手競爭的看法，而且也說明了競爭對手是誰以及競爭的意圖爲何。

1.1.1 策略決策的構面

何種企業的決策才屬於策略管理的範疇？一般來說，有關策略的議題可以透過下列構面來說明：

1. 有關策略的議題必須透過高階管理者來決策

公司營運有許多不同領域的功能都是爲了支援策略的決策，這些功能通常都需要高階主管的參與。一般來說，只有高階主管才能深切的體會到：他們必須充分瞭解相關決策的意涵以及擁有分配重要資源的權力。Karl-Erling Trogen是 Volvo GM 重型卡車公司的執行長，他爲了拉近公司與顧客之間的距離，特別授權給公司內所有的員工，以更專業的知識來服務顧客，提昇公司與顧客之間的關係。這類型的策略需要企業相關的部門在服務上付出高度的承諾與關注，凡事皆以顧客關係為首要考量。Trogen 的哲學是：「企業應該授權給第一線直接面對顧客的員工」，他認為企業總部應該將更多心力放在有關策略的議題上，例如：企業再造、生產、品質或是行銷。

2. 有關策略的議題需要公司投入大量的資源

策略的決策包含來自公司內、外部大量資源的分配(包括人力、實體資產、資金)， 企業擁有這些資源才能在某一段時間內有所作為。因此公司需要大量的資源。Whirlpool 公司推出「品質快遞」(quality express)的商品配送方案，基本上就是一個「公司策略需要大量財務與人力支持」的最佳案例。這個商品配送方案不論何時、何地、何種方法都可以將顧客所要的商品送到他們手中。這個專有的服務透過「合約物流策略」(contract logistics strategy)，大約有 90%可以在 24 小時內運送 Whirlpool、Kitchen Aid、Roper 以及 Estate 等品牌的用具或設備到顧客手中；而只有 10%才需要花費 48 小時。就高度競爭的服務導向企業來說，維持顧客滿意通常需要組織內各方面的支援與投入才能成功。

3. 有關策略的議題攸關公司長期的興衰

很明顯的，策略的決策需要公司長時間的支持，一般認為期間約為五年。然而，這些決策所產生的影響通常會延續更久。一旦公司決定採取某種特定的策略之後，該策略的成敗將影響公司的形象與競爭優勢的維持。換言之，公司可能因為某個策略使得他們的產品或技術在某個市場成為佼佼者。一旦策略完全改變，則有可能危及到既有產品、技術與市場的優勢。因此，我們常說：「策略的決策常常會影響企業的成敗」。1999 年 Commerce One 與 SAP 進行策略聯盟，這對於一家 B2B 的企業來說，無形中已經在 e 化市場顯著提升其競爭地位了。Commerce One 與 SAP 準備在 2002 年取得市場。但不幸的是，市場已經有所改變，加上市場策略失敗，策略聯盟也因此失效了。

幾年之後，Toyota 透過行銷策略成功的讓 Toyota 轎車在日本大賣。該策略為 Toyota 塑造一個形象——「適合較為年長的顧客」，這也形成 Toyota 的一個傳統以及競爭優勢的來源。這個策略雖然奏效，但是它的「客戶基礎」(customer base)還是鎖定在年長者，因此 Toyota 公司的策略並未見轉變。年輕消費族群認為 Toyota 這種形象是缺乏吸引力的，所以開始轉而尋找其他合適的品牌。因此 Toyota 在外國市場的策略性任務就是引起對 Toyota 形象認同的客戶，並形成與執行策略。

4. 有關策略的議題經常是未來導向的

策略決策是基於主管對未來的預測，而不是只依據他們所知道的來進行決策。這一類的決策強調規劃發展，使得公司能夠選擇最佳的策略。在充滿混亂與競爭的自由經濟環境中，一家企業想要成功就必須對變革積極以對。微軟比爾蓋茲擅於傾聽並以此來做爲未來策略決策的基礎，因此比起那些短視近利的競爭者，微軟公司往往是市場上的常勝軍，個案詳見圖表 1.2「運用策略的案例」。

運用策略的案例　　**圖表 1.2**

策略失誤：西雅圖電腦產品公司(DOS 之原開發者)賣掉 DOS 作業系統

1980 年 Tim Paterson 是西雅圖電腦產品公司的電腦工程師，他當時才 24 歲，花了四個月的時間就開發出 86-DOS 作業系統。當時 Bill Gates 正在尋找合適的作業軟體來授權給 IBM；IBM 有相當雄厚的財力與廠房來生產電腦，但是卻缺乏合適的作業系統來與電腦硬體配合。Gates 以相當划算的價格買下 DOS 系統——才五萬美元。之後西雅圖電腦產品公司才恍然大悟，公司已錯失大好商機，因此它們嚴厲指責微軟詐欺，因為微軟並未告知 IBM 是它們的大客戶。1986 年，微軟支付了一百萬美元給西雅圖電腦產品公司作為補償金。這是多麼划算的交易啊！微軟之後開發了更多更棒的軟體，但是這都與西雅圖電腦產品公司無關了。我們可以說，西雅圖電腦產品公司與微軟這一次關鍵的交易，造就了微軟霸主的地位以及市值美金 2,530 億的成就。失誤的代價為 2,530 億美元。

資料來源：摘自 Melanie Lindner, "The 10 Biggest Blunders Ever in Business," *Forbes*, March 25, 2008, http://www.msnbc.msn.com/id/23677510/

5. 有關策略的議題經常是多功能或是多事業部運作之後的結果

就大多數的公司而言，策略決策涉及的層面很廣，並且是相當複雜的一個過程。例如：顧客組合、競爭重點或是組織結構所涉及的單位橫跨了許多的策略事業單位(strategic business units, SBUs)、部門以及方案。而這些相關的議題與單位都會因爲策略性的決策而影響資源的分配以及責任的劃分。

6. 有關策略的議題必須考慮公司的外部環境

所有的企業都存在於開放的系統(open system)中。許多外部的影響因素不是企業本身可以控制的。因此，若要成功定位企業的競爭態勢，身爲策略主管必須眼光放遠，不可僅著眼於營運的細節。他們還必須考慮到許多其他的因素(例如：競爭者、供應商、債權人、政府、勞工等等)。

7. 策略的三個層級

一般來說，公司決策的層級可以分爲三級。最高的層級稱之爲「總公司策略層級」(corporate level)，其主要的組成份子爲：董事會(board of directors)以及執行長(chief executive officers，CEO)。他們爲公司的財務績效及非財務性的目標負責，例如提升公司形象以及實現社會責任。就某種程度來說，總公司層級的策略會相當重視股東及社會。在一家多事業部的公司中，負責總公司策略的經理人應決定公司該含括哪些事業部。他們同時也應該形成策略、設定目標，並且該建立事業部所屬的企業功能來推展相關活動。公司層級的策略管理者試圖透過「組合式的管理方法」(portfolio approach)以及長期(一般認定爲五年)發展的計畫來開發公司獨特的競爭力。Airborne 快遞公司較重要的總公司策略包括：以直銷方式爲公司帶來巨額利益，並且在全球各地發展廣闊的網絡系統。因此，Airborne 並沒有在海外設立營運據點，Airborne 的長期策略主要是與外國的本國企業建立直接關係，並且將營運範圍擴大化及多樣化。

另外一個有關組合式管理方法的範例就是公營事業 Saudi Arabian 石油，該公司與它的夥伴 Ssangyong 在韓國共花了十四億建造一座精煉廠。爲了執行這個方案，Saudi 石油公司發展一套「去掉中間商」(cut-out-the-middleman)的新策略，該策略主要是爲了降低其他國際油品公司在處理(Saudi 未經加工的原油)及銷售過程中的層層剝削。

決策層級中間那一段就是所謂的「事業部策略層級」(business level)，其組成份子主要爲事業部與總公司的主管。這些主管必須將總公司層級的任務說明書及策略意圖轉化成具體的目標以及各部門或是「策略事業單位」(SBUs)的策略。一般而言，事業部策略層級的主管重點放在公司如何在選定的產品市場上競爭。他們致力於發現並掌握大有可爲的市場區隔。這個市場區隔或許是整個市場的一部分，但是由於公司在這個市場區隔具有獨特的競爭優勢，因此它們總是能夠充分的掌握這塊市場。

決策層級的最底層就是所謂「功能性策略層級」(functional level)，其組成份子主要爲產品、地理區域以及各企業功能的主管。他們發展年度目標以及短期策略，例如：產品、作業、研究發展、財務會計、行銷以及人力資源。然而，他們主要的責任還是執行公司的策略計畫。反之，總公司與事業部策略的主管重點在「做正確的事」(doing the right things)；功能性策略的主管重點在「正確的做事」(doing things right)。因此，我們一般以「效能」(effectiveness)與「效率」(efficiency)來區別，而效能與效率則是展現在生產及行銷系統、顧客服務品質以及能提高公司市場佔有率的產品與服務。

圖表 1.3 清楚的描述了實務上策略管理三個層級的結構。在「第一種選擇」中，公司專注於單一事業，而總公司策略與事業部策略的重責大任將會集中落在某一群主管的身上。這一類的組織形式一般都以小企業爲主。

就「第二種選擇」而言，這是最傳統的公司結構，可以清楚的分爲三個層級：總公司策略層級、事業部策略層級、功能性策略層級。本書則以「第二種選擇」的策略層級爲分析基礎。此外，不論適當與否，有關策略管理的議題都會以每個策略層級的觀點來探討，如果從這個觀點來談，本書將更廣泛且深入的探討策略管理的程序。

圖表 1.3
可選擇的策略管理結構方案

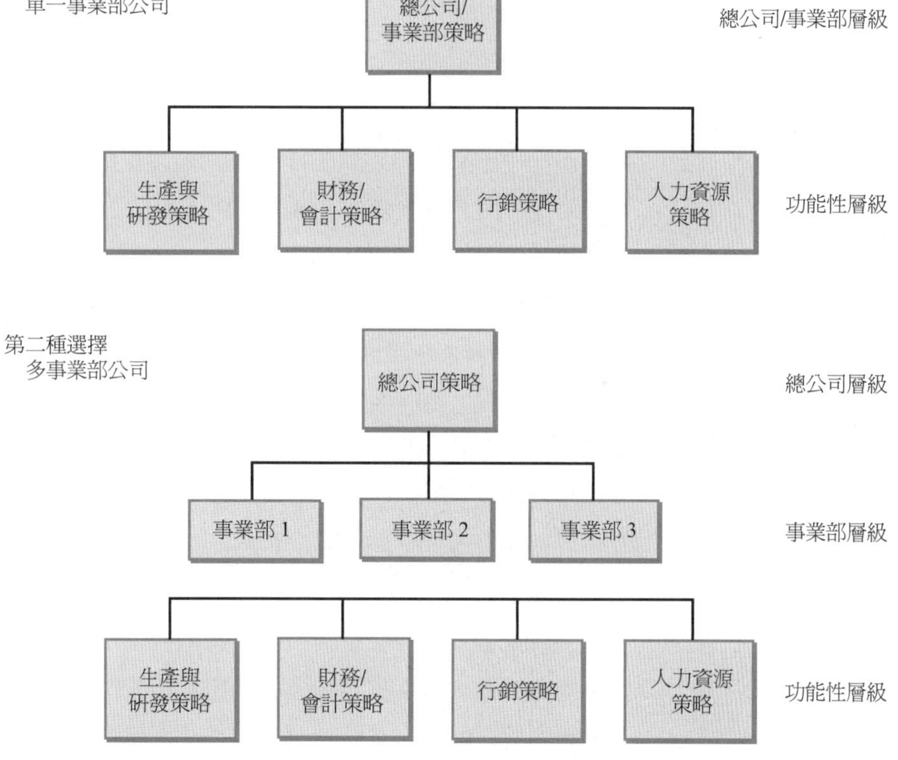

8.　策略管理決策的特徵

策略管理決策的特徵隨著策略層級的不同，其策略活動將會產生很大的差異。如圖表 1.4 所示，比起事業部策略與功能性策略，總公司策略層級所做的決策比較強調價值導向、概念化而且較不明確。舉例來說：Alcoa 是世界最大的製鋁公司，執行長 Paul O'Neill 使得 Alcoa 公司成爲美國最集權的組織之一，其做法是徹底的進行組織再造，並將企業扁平化(減少企業兩層的管理層級)。他發現這些做法不只是降低了成本，也讓他與基層管理者之間的距離縮短了很多。總公司層級的決策常被認爲充滿風險、高成本、高利潤、需要更多彈性以及更長的時間。這一類的決策包括事業部的選擇、股利政策、資金來源以及公司未來發展的重點。

圖表 1.4 策略與目標的層級

結果 (達成什麼？)	方法 (如何達成？)	策略決策者 董事會	公司高階主管	事業部主管	功能部門主管
任務，包括目標與哲學		✓✓	✓✓	✓	
長期目標	總公司策略	✓	✓✓	✓✓	
年度目標	短期策略與政策		✓	✓✓	✓✓

註：✓✓是指負大部分的責任；✓是指負較少的責任。

功能層級決策執行總公司策略與事業部策略所形成的全部策略。涵蓋的議題主要是行動導向的作業性活動，因此相對來說期間較短、風險較低。功能性的決策只會帶來適度的成本，並不會造成太大的負擔，因爲功能性策略主要是獲得多少資源就做多少事。他們通常會隨著進行中的活動適時的調整，以減少執行過程中不必要的協調工作。舉例來說：Sears 與 Roebuck & Company 的公司總部花了六千萬在美國 868 家商店中設置 28,000 台電腦收銀機，結果有 6,900 個辦事員的工作是可以自動化操作的。雖然這股潮流使得許多功能性層級的工作逐漸被淘汰，但是高階主管仍然相信減少不必要的年度營運支出(至少節省五千萬)將是未來企業競爭與生存的重要關鍵因素。

相對來說，功能性策略是比較明確而且可以量化的，所以儘管其創造的潛在利潤是較低的，但是仍受到相當程度的重視。「無品牌與有品牌標籤」、「基本與應用研發」、「大量存貨與少量存貨」、「一般與特殊的生產設備」、「嚴苛與寬鬆的督導」這些都是功能性策略決策的例子。

事業部層級決策有助於連結總公司策略層級的決策與功能性策略層級的決策。基本上，事業部層級策略比起總公司層級策略其成本較低、風險較低、獲利能力較低；而事業部層級策略比起功能性層級策略則其成本較高、風險較高、獲利能力較高。「廠址選擇」、「行銷區隔」、「服務版圖」以及「配銷通路」都是事業部層級策略的決策。

1.1.2 策略管理正式化的程序

正式化
在決定有關策略管理事務的過程中，員工被授予參與、負責、職權、酌處權的程度。

策略管理系統正式化的程度在不同公司中存在著相當大的差異。**正式化**(formality)意指組織明確規範參與者、責任、職權以及如何謹愼做成決策。在策略管理的研究中這是一個重要的課題，因爲正式化的程度通常與降低成本、全面性的程度、精確程度以及成功的規劃呈現正向關係。

有許多因素會影響策略管理模式的正式化程度。例如：組織的規模、較有特色的管理風格、環境的複雜程度、生產流程、公司面對的問題以及規劃系統的目的，這些因素都會影響正式化的程度。

創業模式
通常小公司的所有人其策略管理的作法多是非正式、直覺以及有限的方式，稱為創業模式。

規劃模式
大型企業所採行全面而透過正式規劃系統的策略管理作法，稱為規劃模式。

適應模式
中型企業強調採漸進式修正現有競爭方式的作法，稱為適應模式。

比較特別的是，正式化與公司規模以及發展階段有關。有一些規模比較小的公司運用**創業模式**(entrepreneurial mode)。基本上，這一類的公司由一個重要的人士來掌控，並生產有限的產品線及服務。這一類公司的策略評估是非正式、直覺而且有限的。相反的，有許多公司採取的策略評估方式是全面性而且透過正式的規劃系統，這就是 Henry Mintzberg 所稱的**規劃模式**(planning mode)。此外，Mintzberg 也定義了第三種模式稱之爲**適應模式**(adaptive mode)，此種模式較適用於中型企業以及穩定的環境。如果公司採取「適應模式」則公司在評估策略方案時將會把現行策略考慮進來。在某個組織內同時存在幾個不同的模式是常有的現象。例如艾克森石油公司(Exxon)在發展與評估太陽能子公司策略的時候是採取「創業模式」，而對其他公司所採取的策略則是運用「規劃模式」。

策略決策者(the strategy makers)

理想的策略管理團隊應該包含三個策略層級(總公司層級、事業部層級、功能性層級)的主管共同參與決策，例如：執行長(CEO)、生產經理以及各功能領域的主管。此外，這些主管通常可以從公司企劃部的幕僚、較基層的主管領班那裡得到一些外部的資訊，這些資訊將有助於策略的決策及執行。

策略決策對於公司有極大的影響，而且公司必須投入大量的資源，高階主管對於最後的策略行動必須表示高度支持。圖表 1.4 將策略決策者的層級、策略目標的種類以及承擔的責任連結起來。

大型企業的規劃部門通常由負責規劃的副執行長來領軍。中型企業通常至少會有一位專責的員工來負責策略資料蒐集的工作。即使在小型企業或是較不積極的大企業，策略性規劃的工作將會由規劃委員會的成員來通盤負責。

在總公司與事業部層級策略中，管理者究竟在策略規劃程序中擔負何種責任？高階主管應該承擔所有與策略規劃管理有關的責任，策略計畫大部分都是由高階主管所籌劃出來的，而有一小部分高階主管只是進行評估或是提出建議。負責事業部層級策略的主管其主要的責任是進行環境分析與預測、建立事業部目標以及發展事業部計畫。

惠普(Hewlett-Packard，HP)的總裁 Mark Hurd 是一位相當瞭解並善於應用策略管理程序的策略家。他除了樽節成本之外也同時進行組織再造並聚焦於企業核心活動，帶領 HP 進行三年的企業重生再造，使得公司的銷售獲利與利潤有了長足的進步。您可以詳閱圖表 1.5「頂尖策略家」單元，之後您將會了解他所面臨的挑戰、他所運用的策略以及他的成就。

頂尖策略家

圖表 1.5

HP 的總裁 Mark Hurd 帶領公司進行策略性的重生

HP 的總裁 Mark Hurd 於 2005 年 3 月接管公司，由於前任執行長 Carly Fiorina 剛於 2001 年購併 Compaq，因此公司仍然陷入混亂之中，該購併案有可能使得公司的利潤下跌，而且組織結構模糊不清。HP 在 2001 到 2005 年間仍努力與 Dell 競爭個人電腦市場，與 IBM 競爭伺服器市場。

HP 的股價與獲利成長均持平。HP 的重生策略始於公司開始致力於緊縮政策，包括：降低 10%的人力、凍結退休金福利、要求高階主管對預算管理負責。Hurd 並將公司轉型為三大事業部：個人電腦筆記型電腦及手持設備、印表機、大型企業資訊科技服務。因此原來 HP 銷售與行銷集權的體制轉變至事業部主管身上，除了去除多餘的管理層級之外，事業部主管更必須對銷售量與預算負責。此外，公司也投資更多的經費在銷售訓練與顧客服務上。

在 2005 年公司的年報上 Hurd 指出高度矩陣型的組織結構其績效顯著高於過度層級的組織結構(可有效的連結執行長與顧客之間的距離)，而運用集中式的銷售團隊，則可讓部門主管有效的控制其預算。因此 Hurd 將 HP 的結構充份分權，減少不必要的管理階層，執行長至顧客之間的管理階層降低為六層，並將部門主管對於預算的控制能力提升至 70%。管理階層降低可使公司能迅速回應顧客的需求，而不用受制於官僚體制。分權的結果使得公司個體的成本結構較競爭對手有更佳的組合，進而可以反映在定價、營運費用、商品成本等。員工規模簡化有助於成本系統，並將產生彈性、課責的好處。

自從 2005 年開始實施重生策略之後，HP 三個部門所產生的利潤與銷售量顯著的提升。2007 年年末，毛利提升 25%、收益提升 20%至 1040 億美元。就全球市場個人電腦的市佔率來說，2007 年 HP 的 17.6%顯著高於 Dell 的 13.9%。2008 年，就公司服務的市佔率而言，HP 28.3%的市佔率僅次於 IBM 的 31.9%。

資料來源：J.Fortt, “Mark Hurd, Superstar,” *Fortune* 157, no.12 (2008), p.35; “A Fast Turnaround at Hewlett Packard：Quick, Easy Wins, or Long-Term Promise?”*Strategic Direction* 23, no.2 (2007), p.25; and P.Tam, “System Reboot—Hurd’s Big Challenge at H-P：Overhauling Corporate Sales,” *The Wall Street Journal*, April 3, 2006, p.A1。

在策略規劃程序中，公司的執行長(CEO)常扮演主導的角色。就許多面向來思考，這種情況是相當合適的。因爲執行長的主要職責通常是引導公司長期的發展方向，並且爲公司的成敗負責，因此擬定成功的策略是執行長責無旁貸的責任。此外，執行長通常都具備「堅強意志」、「凡事以公司爲首要考量」等特質。

然而，當執行長支配的程度傾向於獨裁時，公司策略規劃與管理程序的效能將會降低。基於以上的原因，建立一個策略管理系統將有助於執行長授權給各階層的主管，並讓各階層主管有機會參與公司的策略規劃。

在執行公司策略時，執行長必須事先評估董事會授權的程度並取得共識，以便日後擁有足夠的權力及豐富的知識來引導策略的執行。執行長與董事會之間的互動是公司策略是否奏效的重要影響因素。近年來，授權給非管理者以及跨管理團隊已蔚爲趨勢並且已行之有年。2003 年的時候，IBM 取消了一個行使權力長達 92 年的董事會，而新的董事會結構分爲三個新創的管理團隊：策略、營運與科技，每一個團隊都包含高階管理者、中階管理者及工程師等六個層級不等。這一個新團隊的結構有助於引導 IBM 的策略導向，而明確的策略導向有助於策略的執行。

1.1.3 策略管理所帶來的好處

透過策略管理的進行，公司內不同層級的主管在規劃與執行的過程中常會產生高度的互動。因此，「策略管理」與「參與式決策」所產生的行爲結果(各層級主管的互動)是相當類似的。所以若要精確的評估策略形成會對組織績效產生何種程度的影響，不能僅靠財務評估指標，還必須加入非財務評估指標(以行爲爲基礎)。事實上，較佳的行爲結果(各層級主管的互動)常會達到較佳的財務績效。然而，如果暫時不考慮策略計畫的獲利能力，則策略管理反映在行爲效益進而對公司產生的貢獻有下列五點：

1. 策略形成的活動能提高公司預防問題發生的能力。主管要求部屬特別留意規劃活動的進行，這將有助於企業對於問題的監測及預測，但是這些部屬必須瞭解策略規劃的重要性而且願意爲策略規劃負責。
2. 群體的策略決策比較能夠選出最佳方案。策略管理程序能夠做出較佳的管理決策，原因是群體互動比較能擬定出較多且不同的策略，而且基於群體成員較爲專業的觀點將有助於擴大選擇的視野。
3. 員工參與策略的形成將有助於他們瞭解不同的策略計畫中「生產力與報償」之間的關係，並且有助於提高他們的工作動機。
4. 存在於個體和群體之間的工作活動間隙與重疊將會減少。因爲員工參與策略的形成有助於他們釐清工作中所扮演的不同角色。
5. 抵制變革的現象將會減少。讓員工參與策略的形成，將會使他們對於決策的結果較爲認同，如果決策是透過威權所決定的，則必然造成相當的抗拒。換言之，給員工更大的選擇空間會使得他們更加認同最後的決策。

1.1.4 策略管理的風險

在策略形成的過程當中，管理者必須避免三種負面結果的發生：

第一，主管在策略管理的程序上花了太多的時間，造成作業上時間延宕的負擔。因此主管在進行策略的安排時必須掌控時間，因爲他們的職責之一就是控制必要的時間，來進行相關的策略活動。

第二，如果形成策略與執行策略的人沒有密切的互動，則他們將會相互推託決策該負的責任。因此，策略管理者應該規範出決策者以及他們的部屬所應該達到的績效標準。

第三，策略管理者對於那些因爲沒有達到期望而感到挫敗的部屬，必須有預先察覺的能力並做出回應。因爲參與策略形成的部屬(即使他參與的部分並不是那麼重要)，他們期望公司除了接受他們的提案之外，應該還會有所獎賞，或者期望在他們感興趣的議題上可以獲得奧援或是擁有更高的決策權力。

敏感的管理者針對上述可能產生的負面結果，應該提出有效的方法來因應，以降低負面結果所產生的影響並提高策略規劃成功的可能性。

1.2 策略管理的程序

企業常常透過不同的程序來形成或是引導公司策略管理的活動。許多行之有年的公司像：GE、P&G、IBM 都已經發展出一套詳細的程序，但是同樣規模的企業中仍然有許多尚未建立正式化的策略規劃程序。在相同的產業中，如果小企業與大企業相互比較，我們可以發現小企業比較仰賴創業家個人策略形成的技巧(在時間有限的情況之下)，而且較著重基本的規劃活動。因此，我們可以清楚的瞭解：如果某一家公司擁有多元的產品、市場及技術，則其運用的策略管理系統也將愈複雜。然而，儘管策略管理模式運作的細節以及正式化的程度有所差異，但是模式中的組成元素與分析方式都是非常類似的。

因爲一般的策略管理程序之間存在相當高的相似性，所以策略管理領域可以發展出一套具有代表性而且兼容並蓄的策略管理模式。這套模式如圖表 1.6 所示。策略管理模式有三個主要的功能：第一，它描述了策略管理程序的流程以及主要組成要素之間的關係；第二，本書參照此架構作爲內容大綱。本章則是探討策略管理程序的概要以及策略管理模式的主要組成要素，這些要素將是後面各章節所要探討的重點。策略管理程序的主要組成要素呈現在圖表 1.6 中的每一個方框內，而本書各章的內容也將透過這些方框以及方框之間的關係來加以表示。最後，策略管理模式的架構可以用來分析本書所提供的個案，此架構有助於讀者發展策略形成與分析的能力。

圖表 1.6
策略管理模式

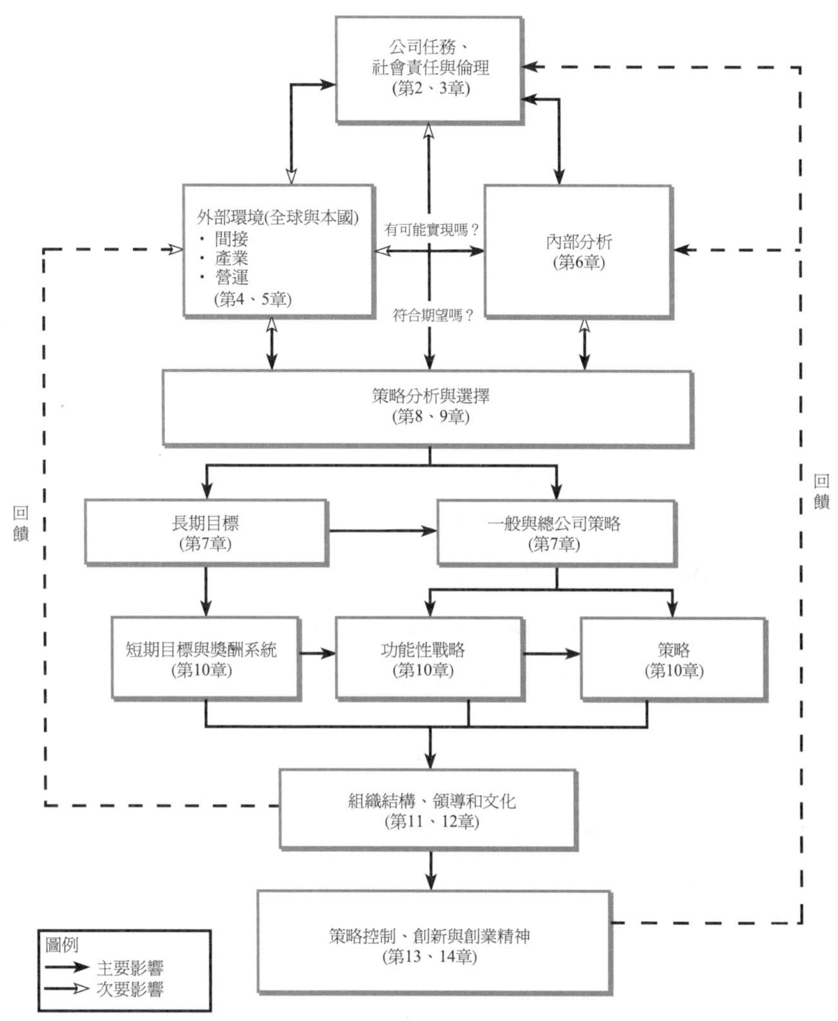

1. 策略管理模式的組成

本節針對策略管理模式的組成要素進行簡要的描述與探討。每個組成要素在後續的章節中我們將會有更深入的探討，這裡僅作簡單的介紹。

2. 公司任務(company mission)

公司任務
一種獨特的目的或意圖，使得本公司在類型與營運範圍方面有別於其他公司。

所謂的任務意指一種獨特的目的或是意圖，使得本公司在營運類型與營運範疇方面有別於其他公司。簡單來說，**公司任務**描述了公司所強調的產品、市場以及技術等不同領域，同時它也反映了策略決策者的價值以及優先偏好次序。舉例來說，Samsung 集團的新執行長 Lee Hun-Hee 修正公司的任務，而且舉凡在與公司有關的管理活動上都會標示 Samsung 的品牌戳記。很快的，Samsung 從 Chonju 紙業製造公司以及 Shinsegae 百貨公司分離出來。這家公司縮減規模的行動反映了新執行長所修正的管理哲學，他強調專業化，進而改變了組織的經營方向與範疇。

社會責任是公司在進行策略決策時重要的考量因素，因為任務說明書(mission statement)中必須闡明公司如何對社會有所貢獻以及如何支持與社會有關的活動。公司本身必須對於如何善盡社會責任有所期許與努力，其努力的程度應該就如同在追求企業的績效一樣。

3. **內部分析**(internal analysis)

內部分析是指公司分析內部財務、人力以及實體資源的質與量。它同時也評估公司管理與組織結構的優勢及劣勢。最後，內部分析還會將公司過去成功的案例與公司現在的能力進行比對，以便確認公司未來應該具備的能力為何。

4. **外部環境分析**(external environment)

公司的外部環境包括所有會影響策略選擇及競爭態勢的情境與力量。策略管理模式將外部環境區分為三個互動的層次：間接(remote)環境、產業(industry)環境以及營運(operating)環境。

5. **策略分析與選擇**(strategy analysis and choice)

同時評估企業的外部與內部環境，將使得公司比較能夠明確掌握某一範圍內可行的機會。這些機會就是可行的投資途徑。然而，這些機會必須經過篩選，而篩選的準則就是：依據公司任務所選擇出來「有可能實現」(possible)而且「符合期望」(desired)的機會。這個篩選的過程就是所謂的「策略選擇」(strategic choice)。這個過程意指：「在外部環境的壓力下，為了達成公司的任務，結合長期目標與總公司策略，使得公司能居於最有利的狀況」。

在單一產品／服務事業單位中，策略分析與選擇所探討的重點著重在：如何有效的採取某種策略？如何以價值鏈活動與能力來建立持續性的競爭優勢？如何建立核心能力？在多事業部的企業中，策略分析與選擇所探討的重點則著重在：管理者如何透過事業部的組合分析來提高股東的權益與價值。

6. **長期目標**(long-term objectives)

長期目標
組織花費多年的時間所意圖達成的結果。

組織通常會花費多年的時間來追尋某個標的，我們通常稱之為**長期目標**。這一類的目標通常包含下列指標：獲利力、投資報酬率、競爭地位、技術領先、生產力、員工關係、公共責任以及員工發展。

7. **一般與總公司策略**(generic and grand strategies)

一般策略
設計策略的基本哲學與選擇。

在競爭的市場中許多企業都會採取所謂的**一般策略**(儘管有些企業表現的很明確，有些企業表現的很含蓄)。「低成本」(low cost)、「差異化」(differentiation)與「集中化」(focus)策略是三種最常見也是最基本的選擇。現代的經理人常常透過各種方法讓他們的公司同時具備「低成本」及「差異化」的競爭優勢。在動態競爭的環境中，公司通常會結合一般策略與企業廣泛性的能力來達成企業長期的目標。而所謂的**總公司策略**(grand strategy)意指如何達到目標。雖然總公司策略的歸類方法不一，不過一般來說有 15 種基本的方法可以運用：集中化(concentration)、市場發展(market development)、產品發展(product development)、創新(innovation)、水平整合(horizontal integration)、垂直整合(vertical integration)、合資(joint venture)、策略聯盟(strategic alliances)、聯盟(consortia)、中心式多角化(concentric diversification)、複合式多角化(conglomerate diversification)、重生(turnaround)、撤資(divestiture)、清算(liquidation)。

總公司策略
達成目標的方法。

有關總公司策略更詳細的說明，請參閱第七章。

8. 短期目標

短期目標是指公司在一年或一年內所希望達成的結果。邏輯上短期目標必須能夠與公司的長期目標相互呼應。通常公司會具備許多**短期目標**來引導功能性與作業性的活動。因此，像短期行銷活動、原物料使用、員工離職以及銷售目標等等都可以算是短期目標。

短期目標
是指公司在一年或一年內所希望達成的結果。

9. 行動計畫

一般策略與總公司策略必須透過四個要素才能將行動計畫轉化為「行動」：第一，他們必須確認哪些功能性戰略與行動是被大家所接受的，確認之後必須在一周、一個月或一季之後立即採取行動以建立競爭優勢；第二，完成每項行動的時間必須講清楚；第三，每個行動計畫都必須有人負責；第四，每個行動計畫的行動都必須具體而明確。

10. 功能性戰略(functional tactics)

在一般策略與總公司策略所建立的整體性架構中，企業功能必須有能力擔任「以獨特的活動爲企業建立持續性競爭優勢」的角色。那些短期、有範圍限制的計畫我們稱之爲**功能性戰略**。廣播廣告活動、降低存貨、介紹貸款利率等都可以稱之爲戰略。每項企業功能的主管都必須發展戰略，來描述每個企業部門所擔負的功能性活動，而這些就是行動計畫的核心工作。功能性戰略詳細描述「方法」(means)或是達成短期目標與建立競爭優勢的相關活動。

功能性戰略
公司為達成短期目標所採取短期、範圍較狹隘的方法與活動之計畫。

11. 政策與授權行為(policies that empower action)

在現代的競爭與全球市場中，速度是一個不可或缺的因素。提高速度與回應力的方法之一就是強迫(或允許)組織內甚至連最低階的員工都可以隨時隨地的做決策。**政策**(policies)是一種廣泛、事前已設定的決策，可以用來引導或取

政策
一種廣泛、事前已設定的決策。

代重複性或是浪費時間的管理決策。政策的產生對於第一線的主管及他們所屬的部屬來說，除了可引導他們思考、決策與行動之外，更有助於他們在執行策略時具備正當性，而且能有效控制進行中的營運流程不會脫離公司的策略目標。政策通常能提高管理效能，原因在於例行性的決策已經產生標準化的程序，而且主管與部屬在執行企業策略時能夠充分被授權並提高決策的嚴謹度。

以下的例子正可以說明公司政策的本質與多元性。

- 主管如果要購買價格高於 5000 元以上的項目需要負責人簽字才可以。
- 最低的權益情況可能有賴麥當勞新進的連鎖加盟者才能決定。
- 奇異公司計算投資報酬率的標準算法，必須涵蓋 43 個策略事業單位。
- 希爾斯公司對維修服務部門的員工宣布，如果顧客對公司服務不滿是由於希爾斯公司的器具設備不良，則該員工不可以對顧客收取維修費用。

12. 組織重整、再造與焦點調整
(restructuring, reengineering, and refocusing the organization)

在策略管理的程序中，主管總是依據市場導向的觀點，透過行動計畫與功能性戰略來形成及執行策略。然而現代策略管理流程的焦點則是放在企業內部——有效率完成企業的工作使得策略可以成功。有一些基本議題，例如完成任務最好的方法是什麼？領導能力來自何處？什麼價值引導我們每天的工作與活動？如何運作組織員工才會喜歡？如何獎酬優良員工的表現與行為？隨著全球化市場競爭日趨激烈，傳統的「焦點放在內部」產生了一些問題，例如：因為市場的改變，公司大刀闊斧特別強調市場需求的重要性，此時企業內部的活動該如何執行？管理者為了改變這個組織，在策略執行這個階段特別進行企業縮編(downsizing)、組織重整(restructuring)以及組織再造(reengineering)。透過獨特的策略，公司的結構、領導、文化及獎酬系統將會有很大的變革，成本與品質的競爭力將會大為提昇。

策略管理程序的組成要素體現在近年來福特公司的一些作法上。在 2006 年的時候，GM 提出低成本策略、提高效率、改善設計以及提高品牌吸引力。這些改善必須維持一定的現金流量來償付逐漸提高的成本。為了配合這項新策略，GM 必須改善公司本身的營運作業，新的執行長將重點放在產品發展以及財務控制上。為了突破官僚體制的藩籬，公司從各主要功能部門網羅人才來組織委員會，委員會的組成有助於縮短新概念的發展時間。

13. 策略控制與持續性改善
(strategic control and continuous improvement)

策略控制
策略控制所關心的重點在於追蹤策略執行時所有的進程與軌跡，如果偵察出問題，將改變企業現在的做法，並進行必要的調整。

策略控制(strategic control)關心的議題是：策略執行是否依循一定的程序？是否發現問題？是否背離管理者原來的假設與想法？是否需要進行修正與調整？策略控制與事後控制最大的差異在於：策略控制是為了一般策略以及總公司策略尋找行動方案，而且有可能在策略發生了好幾年之後才進行策略的控制。全球市場的改變極為迅速，最近十年所謂的**持續改善**已經被許多組織採用，而成為一種新的策略控制概念。持續性改善為管理者提供了一種策略控制的形式，使得組織能夠對影響企業成敗的影響因素預先因應並逐步修正。

持續改善
是策略控制的形式之一，管理者將以預先因應式的觀點來改善公司的所有作業方式。

2003 年時 Yahoo 的策略是進入網路蒐尋的市場。然而，即使在策略執行的初始階段，策略仍然需要不斷的修正。Yahoo 與 SBC 已經建立了良好的策略聯盟，可以提供更多樣品牌的服務，但是由於 SBC 的產能相當有限，使得 Yahoo 必須開發新的途徑來接近使用者。也因此，Yahoo 必須持續改善網際網路市場的探索、提升競爭者的素質以及快速提高顧客的期望。此外，由於 Yahoo 的市場佔有率不斷的提高，因此公司有必要改善其品牌價值，而不是只想到如何改善技術能力。

1.2.1 策略管理是一個程序

程序
在某個目標的指引之下所存在的不同階段或是在資訊流程(不同階段或流程之中存在著高度的關聯性)。

程序(process)是指：「在某個目標的指引之下所存在的不同階段或是資訊流程(不同階段或流程之中存在著高度的關聯性)」。因此，圖表 1.6 所示的策略管理模式就是一種程序。在策略管理的程序中，所謂的資訊包括：企業環境與營運有關的歷史資料、現在的資料以及預測的資料。管理者根據**利害關係人**的價值與偏好來評估這些資料。而策略管理模式中則涵蓋了 11 項彼此相互關聯的階段以及程序。而這些程序的目的就是要形成並執行策略的活動與工作，以達成公司的長期任務及近期目標。

利害關係人
關心企業所有行動的重要且具影響力的人士。

將策略管理視為程序有幾項重要的意涵。第一，如果策略管理程序中任何一個構成要素有所變動，將會影響到數個或是所有的構成要素。模式中大部分的箭頭都是雙向的，代表資訊間的流向是交互作用的。舉例來說：外部環境的力量或許將會影響公司的任務，而反過來說，公司也可能影響外部的環境或是擴大競爭的範圍。例如：某一家有聲望的公司可能因為政府的獎勵而被說服，願意承諾發展能源的替代方案，並將此列入任務說明書；某家公司或許願意投入研發經費來發展煤炭液化技術。外部環境將會影響公司的任務，而修正之後的任務將導致環境中的競爭更加激烈。

第二個重要意涵，將策略管理視為一個程序，這個程序必須按照「策略形成」與「策略執行」的順序來進行。這個程序一開始就是發展或重新評估公司的任務。這個步驟與描繪公司藍圖及評估外部環境有顯著的關係，接著以下的次序就是：選擇策略、定義長期目標、設計總公司策略、定義短期目標、設計營運策略、組織設計策略以及評估與控制。

表面上，這些程序是相當死板的，然而有時候也必須適當的修正。

第一，如果影響績效的重要因素產生變化，這時候公司的策略型態就必須重新評估來回應環境的變化。重要因素像是：突然進入一個強勁的競爭對手、重要的董事辭世、執行長被換掉、市場反應漸趨冷淡等等，這些變化促使公司不得不重新評估公司的策略計畫。然而，不管重新評估策略計畫的原因爲何，策略管理程序首先第一個步驟仍然是任務說明書。

第二，在規劃的過程中，並非所有策略管理程序中的每一個構成要素都是同樣重要的。如果某一家公司身處於極度穩定的環境當中，他們可能會發現並不一定每年就要做一次深度的評估。公司通常會對最初擬定的任務說明書感到滿意，即使過了十年，他們也可能都不願意花一點時間來進行修正。

回饋

分析執行後的結果作為未來改善決策的基礎。

第三個重要意涵，策略管理是一個程序，這個程序必須包含對初始階段的程序提出檢討與評估，並提出**回饋**(feedback)。我們可以將回饋定義爲：「蒐集執行後的結果以協助主管做正確的決策」。因此，如圖表 1.6 所示，進行策略決策的主管應該評估執行完畢的策略對於外部環境有何影響，而未來的規劃也應該隨著策略行動的經驗來進行修正。而策略管理者也應該分析策略執行最後的結果，以考慮是否有必要進一步修正公司的任務。

動態

意指持續性的改變狀態，使得彼此相關或相互依賴的策略活動也受到影響。

第四個重要意涵，如果假設策略管理是一個程序，則也必須將策略管理視爲一個動態的系統(dynamic system)。**動態**這個字意指持續性的改變狀態，使得彼此相關或相互依賴的策略活動也受到影響。管理者應該認知到策略流程中的構成要素應該持續性的發展與改善，但是正式的規劃常常執著於某些固定的構成要素，所以僵化的行動流程常會使得有關人員無法施展。由於變革是持續性的，公司必須持續的監測動態的策略規劃程序，透過此項預警機制，將使得策略管理模式中的構成要素能夠迅速轉換與調整，避免依循過去的策略而重蹈覆轍。圖表 1.7「運用策略的案例」說明 AOL 與 Time Warner 的合併案受到動態環境所造成的潛在破壞，因而破局的個案。

程序的改變

策略管理程序必須持續的評估、不斷的更新。雖然基本策略管理模式的構成要素很少改變，但是構成要素的相對重要性將會隨著決策者以及公司所面對的環境而有所差異。

近年來，策略管理研究的趨勢可以從對 200 位執行長所做的調查研究中看出端倪。那就是有愈來愈多的公司開始強調策略管理活動的重要性以及價值。研究結果顯示：主管愈來愈強調策略管理的程序以及全員投入策略形成與執行的各個階段。最後，研究也指出管理者及企業獲得相當多「如何設計與管理策略規劃活動」的知識、經驗與技能。同時，他們也漸漸透過健全的策略管理程序來避免潛在的負面結果。

運用策略的案例

圖表 1.7

策略失誤：AOL 與 Time Warner 的合併

2000 年 2 月 11 日，網路入口網站 AOL，當時價值 1080 億美元，買下媒體界的巨擘 Time Warner(當時值 1110 億美元)，新公司股市價值 1640 億美元。AOL 擁有新公司 55%的股權，Time Warner 則擁有 45 %的股權。2001 年高科技的泡沫終於爆破，產生了一個全球性的「科技擱淺」(Tech Wreck)效應，道瓊指數也一再下沉，之後出現許多相當強的競爭者如 Yahoo 與 Google，整個產業出現了相當強的動態競爭。由於文化衝突、股價重挫，2002 年公司因發生壞帳而轉銷 990 億美元，這也是公司面臨最大的損失。在最低點的時候，公司市值 480 億美元，比當時剛合併時的市值 1710 億美元低很多。2008 年的時候 Time Warner 市值 530 億美元。失誤的代價為 1960 億美金。

資料來源：摘自 Melanie Lindner, "The 10 Biggest Blunders Ever in Business," *Forbes*, March 25, 2008, http://www.msnbc.msn.com/id/23677510/

摘要 *Summary*

「策略管理」是指爲了達成公司的目標，企業形成(formulation)與執行(implementation)計畫，其計畫包含一系列的決策與行動我們稱之爲策略。基本上策略有以下的特質：長期、未來導向、決策過程複雜、需要相當多的資源及高階管理者的參與。

策略管理可以分爲總公司、事業部及功能性策略三個層級。在較低的層級中，策略活動有以下的特質：具體、範圍較小、短期、行動導向、較低的風險、影響力較小。

本章所呈現的策略管理模式有助於瞭解及整合策略形成與執行主要的組成要素，每個組成要素本章都有簡要的介紹，後續的章節將會針對每一個組成要素詳細的說明。

本章重點在強調策略管理程序的觀念，其程序大致說明如下：透過系統性及廣泛性的評估內部能力與外部環境，將有助於達成公司的任務。隨後評估公司的機會、選擇長期目標及總公司策略、選擇短期目標及營運策略，最後才進行執行、監督與控制的行動。

關鍵詞 *Key Terms*

策略管理	*p.1-3*	長期目標	*p.1-14*	持續改善	*p.1-17*
策略	*p.1-3*	一般策略	*p.1-14*	程序	*p.1-17*
正式化	*p.1-8*	總公司策略	*p.1-15*	利害關係人	*p.1-17*
創業模式	*p.1-9*	短期目標	*p.1-15*	回饋	*p.1-18*
規劃模式	*p.1-9*	功能性戰略	*p.1-15*	動態	*p.1-18*
適應模式	*p.1-9*	政策	*p.1-15*		
公司任務	*p.1-13*	策略控制	*p.1-17*		

問題討論

Questions for Discussion

1. 請閱讀商業新聞或文章，分析公司所採取的重要行動。請您對您的教授進行簡要的報告，並請針對文章中作者有哪些策略管理專有名詞進行討論。
2. 回想過去您修過的課程，您覺得「策略管理」與「企業政策」是怎麼樣的課程？
3. 畢業之後，或許您無法直接登上高階主管的職位。事實上，您的同儕也僅有部分能登上高階主管的職位。爲什麼呢？那是否代表對主修企業管理的同學來說，策略管理是一門重要的學問？
4. 您認爲學好策略這門課程需要大量背誦課本的內容嗎？爲什麼？
5. 您可能讀過有關一個人經營一家公司並負全部責任的例子。如果導入策略管理的方法，那麼是否會扼殺這個人對公司的貢獻呢？
6. 回想您過去修過的五管課程，例如：生產、行銷、人力資源、研發與財務會計。哪一門課在策略規劃程序中是較爲重要的？爲什麼？
7. 以實際公司的策略管理模式來與課本提到的模式進行比較。有哪些相同與相異之處？請說明。
8. 您覺得營利事業與非營利事業的策略規劃方法是否會有所不同？爲什麼？
9. 如果有一家公司成功了，但是卻沒有透過正式的策略規劃程序，您的看法如何？
10. 假如您畢業之後找到有關策略決策的工作， 策略管理模式如何協助您大展鴻圖？

第二篇

策略形成

「策略形成」(strategy formulation)有助於引導執行長將企業定位在某個事業領域、尋找企業最終的目標以及達成這些目標所需要的方法。策略形成有助於改善傳統「長期規劃」(long-range planning)的缺失。第二篇共計八章，討論的內容都是探討有關公司如何發展競爭計畫與行動。因此，策略的形成結合了未來導向的觀點以及公司內、外部環境的分析。

策略形成的程序首先必須定義「公司的任務」(company mission)，這也是本書第二章所要探討的內容。第二章強調企業必須明確的定義目標，以廣泛反應不同利害團體的價值。第三章探討「社會責任」(social responsibility)，CSR 對於公司策略決策者來說是相當重要的思惟，因為在「任務說明書」(mission statement)當中都應該明確的闡述公司如何回饋社會。基於上述的概念，公司在營運的過程中必須重視社會責任，因此管理者都應該遵循倫理的信念與規範做出倫理的行為。第三章所提到的管理倫理應該特別重視：功利主義、道德權利以及社會正義等議題。

第四章探討外部環境的重要因素，策略管理者必須事先評估以便對企業未來的情境能有所因應。本章的重點在探討間接環境、產業環境、營運環境對於企業規劃活動的影響。

第五章則探討本國企業、多國籍企業、全球化企業其策略規劃與策略執行的差異。本章還告訴我們一個重點，那就是當企業走上國際化之後，因為公司有了新的視野，組織成員必須重新溝通或是修正公司的任務。

第六章則探討如何進行內部分析來評估公司的強處(strengths)與弱點(weaknesses)。策略管理者則透過此種組合分析來探討公司的競爭優勢何在，或者是進行策略的修正來提高競爭優勢。

第七章則討論策略管理者所設定的長期目標有哪幾種類型，並說明為何這些明確的目標可以作為評估的基準與方向。此外，本章也說明公司如何透過總公司策略以及一般策略來達成長期的目標。

第八章則廣泛的評估策略機會以及最終的策略決策是否合適。這一章探討公司如何在多種選擇方案當中選出最佳的策略決策。本章同時也探討企業如何在每個事業部上產生競爭優勢。

第九章則進一步探討在多事業部公司中，管理者如何進行策略的分析與選擇。

Chapter 2

公司任務

閱讀完本章之後，您將能：

1. 描述公司的任務並解釋其價值。
2. 解釋為什麼任務說明書的內容必須含括：基本的產品與服務、主力市場以及專精的技術。
3. 說明公司的生存、獲利與成長等目標，哪些是最重要的？
4. 探討公司經營哲學、公共形象以及公司自我概念對於股東的重要性。
5. 針對任務說明書的最新的趨勢：顧客至上、品質以及公司願景，舉例加以說明。
6. 說明公司董事會所扮演的角色。
7. 說明何謂代理理論，並說明代理理論如何協助董事會改善公司治理的問題。

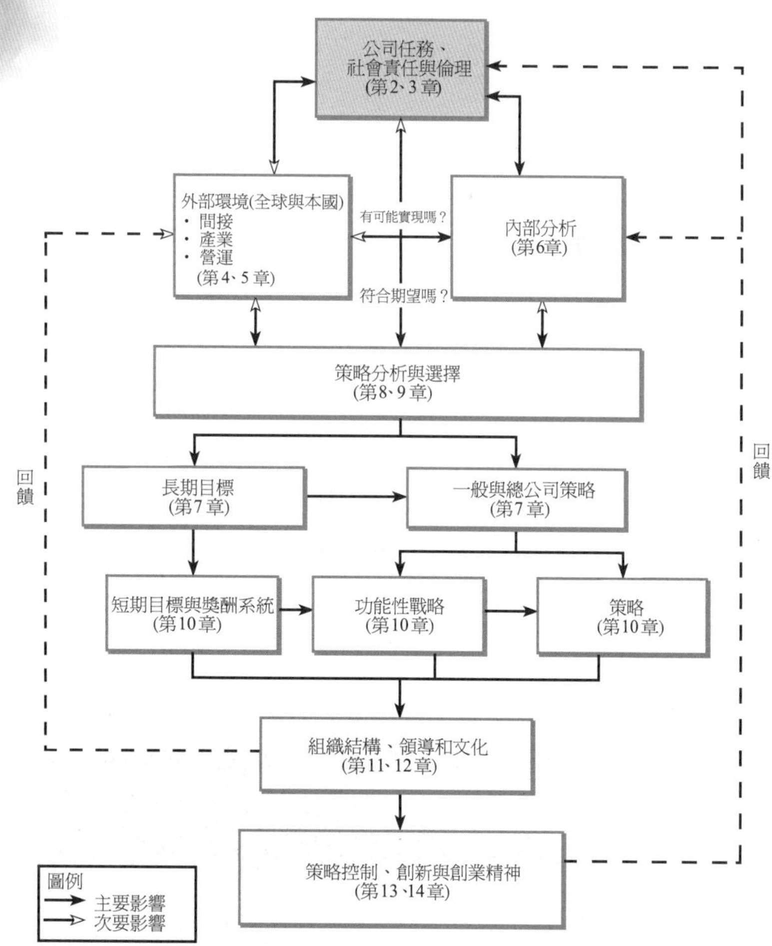

2.1 何謂公司任務

公司任務
為了與其他公司有所區別，本公司必須明確定義企業產品、市場與技術的種類及經營範疇。

不管公司有沒有發展新的事業，或是針對現有事業形成新的策略方向，企業都必須決定其基本的目標與哲學以便形成策略形態。公司任務應該定義爲：「爲了與其他公司有所區別，本公司必須明確定義企業產品與市場的種類及經營範疇」。正如第一章所述，雖然**公司任務**的架構非常廣泛，但是公司長久發展的意圖(intent)卻必須明確說明。公司任務必須體現企業策略決策者的經營哲學、公司追求的形象、公司的自我概念，此外必須明確指出公司的主力產品與服務以及如何滿足大多數顧客的需求。簡單來說，公司任務描述了公司的產品、市場以及專精的技術，同時它也反應了公司策略決策者的價值觀與偏好。圖表 2.1「運用策略的案例」提供了一個相當好的範例來說明 Nicor 公司的任務說明書。

運用策略的案例 **圖表 2.1**

Nicor 公司的任務說明書

前言

我們是 Nicor 公司，首先我們提出公司所建立的營運原則以及信念。在這些原則的引導之下公司將致力於實現這些目的。

基本目的

公司的基本目的在致力於能源事業，除了使公司股東獲利之外，並強調永續經營的概念。

我們做什麼

公司主要的事業在於運用全球的子公司以及管理系統提供顧客所需的能源，為了完成公司最基本的目的並提高公司本身的優勢，公司將致力於與能源有關的活動，並透過子公司以及與其他個人或公司的合作，完成公司的目的。公司的所有活動應該與投資人、顧客、員工以及社會大衆的需求一致，而且應該充分利用天然資源或考慮環境的因素來求得企業最佳的發展。

我們的事業版圖

公司的營運範疇主要在美國，但是公司並不會劃地自限，如果公司基於購併、發展、再造、運輸、能源的儲存、與能源事業有關的創業投資考量。公司將有可能把營運範疇擴展至國外，所以有可能在全球投資，當然投資必須經過詳細的評估，而且大前提是在對股東最有利的情況下進行。公用服務基本上是以子公司的責任區來進行劃分，並且配合管理機構的要求以及子公司成立的目的，以充分發揮效能。

資料來源：Nicor Inc., http://www.nicor.com/

2.1.1 明白而清楚的任務對公司來說是必要的

通常外部的人並不會嚴格要求公司明確定義任務，因爲定義任務是一件相當花時間而且令人厭煩的事，況且任務所包含的目標與策略，範圍實在相當廣泛。任務說明書的特色是：「它不是一個可衡量的目標，它代表了一種態度、遠見以及取向」。

任務說明書傳達了一種訊息，這個訊息代表著利害關係人對公司長期績效的一種期望。執行長與董事會共同擬定任務說明書，提供公司所有成員一致的目標，以便他們作爲設定策略目標與策略決策的基準。一般來說，任務說明書可以回答下列的問題：

- 爲什麼公司想要投入該項事業？
- 我們的經濟目標爲何？
- 什麼是我們的經營哲學(可以從「品質」、「公司形象」以及公司「自我概念」來看)？
- 我們公司的核心能力是什麼？我們的競爭優勢何在？
- 我們公司所服務的顧客是誰？
- 我們公司對於股東、員工、社區、環境、社會議題以及競爭者該負什麼責任？

2.2 任務的形成

針對某一個特定的企業來定義公司任務的程序，有助於進一步瞭解企業如何開始以及往後如何運作。公司創始人的信念、要求以及志向會形成企業特有的特色，這時候企業所有人與管理者將會對「任務」形成共識，而所謂任務的形成乃是基於以下的基本信念：

1. 企業提供的產品與服務所產生的利潤至少必須等於價格或是高於價格。
2. 產品或是服務必須能夠滿足某個特殊市場區隔的顧客需求。
3. 透過公司生產技術的提昇，公司將能提供具備成本與品質優勢的產品與服務。
4. 透過公司本身的努力以及其他公司的支援，企業不僅能夠生存而且更能夠成長與獲利。
5. 假如某一家企業爲了追求成功，而願意投資大量的財務報酬與心理報酬回饋在員工身上，則這家公司的經營管理哲學將會使得企業擁有優良的公眾形象。
6. 企業的自我概念可以與員工及股東溝通而且被他們所接受。

當企業逐漸成長而面臨更大的競爭壓力時，修正原有的產品、市場、技術以及重新定義公司的任務是相當必要的。修正後的任務基本上不會背離原來的想法，任務主要在說明：「公司基本的產品與服務型態、主力市場、服務的顧客以及生產與交貨的技術」；「公司生存、成長與獲利力的基本目標」；「公司的管理哲學」；「公司所追求的公眾形象」；「公司的自我概念」等等。本章將針對上述的各項要素進行詳細的探討。圖表 2.2 提供了一些範例，讓我們更深入的瞭解這些公司的任務說明書有哪些重要的組成要素。

運用策略的案例 **圖表 2.2**

確認任務說明書的構成要素：彙整某些公司任務說明書的重點

1. 顧客導向	我們認為本公司最重要的職責在對醫生、護士、病人、媽媽以及使用本公司產品與服務的所有人負責。(Johnson & Johnson) 本公司能滿足並且能預測北美所有農夫、農場經營人、鄉村社區等顧客的需求。(CENEX)
2. 產品服務	AMAX 主要的產品包括：鉬、煤、鐵礦石、銅、引線、鋅、石油與天然氣、鹼水、磷酸鹽、鎳、鎢、銀、金、鎂。(AMAX)
3. 地理區域	Corning Glass 致力於全球性的成功，因此本公司的競爭者來自全球。(Corning Glass)
4. 技術	Control Data 公司的主要事業是運用微電子學以及電腦科技於兩個領域：與電腦相關的硬體以及運用電腦的服務，包括計算、資訊、教育以及財務。(Control Data) 本公司在此領域所運用的科技是分散細微粉末的技術。(NASHUA)
5. 有關公司未來的生存	公司將謹慎的進行所有決策與行動，以確保 Hoover Ultimate 公司持續性的獲利與成長，以追求卓越。(Hoover Universal)
6. 經營哲學	我們希望能改善全球的醫療體系。(Baxter Travenol) 我們相信人力資源發展是公司最有價值的目標，培養優秀的人力資源將有助於公司的成長以及核心能力的塑造。(Sun Company)
7. 自我概念	Hoover Universal 是一家多角化、多種產業以及具有卓越生產能力的公司，而且相當重視創業家精神以及個人與單位的自主性。(Hoover Universal)
8. 有關公司的公共形象	我們對於企業所在的社區負起社會責任，而且全球皆然。(Johnson & Johnson) 我們對社會大眾必須負起責任，公司應該特別在生活品質的改善、均等的就業機會以及有效的運用天然資源上去努力。(Sun Company)

2.2.1 公司基本的產品與服務、主力市場以及專精的技術

任務說明書有三個不可或缺的構成要素，分別是：公司基本的產品與服務型態、主力市場以及生產與交貨的專精技術。這些構成要素之所以會被放在同一個標題之下討論，乃是因爲這三個概念在合併之後，比較能夠明確的描述公司企業的活動。ITT 的部門之一 ITT Barton 完成了一個企業計畫，正好能夠明確的說明這三項構成要素。以下的敘述正可以說明該公司的任務：

> 本單位的任務主要在提供給產業與政府品質優良的儀器，這些儀器可以用來測量、分析、流場局部控制、高度、壓力、溫度以及流體性質。儀器設備包括：流體測量儀、電子讀出裝置、指示器、紀錄器、電閘、液面計、分析儀器(例如滴定計、積算器、調節器、發射機以及可以量測流體性質不同的儀器)。因此我們單位的任務包括：展示控制儀器以及儀器設備。因為從經濟的角度來考量，企業可能會捨棄設置中央控制室如此昂貴的儀器設備來進行系統設計或是進行整體的測量任務，企業會單獨購買相關的儀器設備，這正是本公司提供服務的地方。
>
> 此外，本單位所服務的市場包括：生產汽油、運送汽油、石化生產流程、低溫處理、發電、航空、海運、政府等等相關的儀器及生產設備。

儘管只有短短的 304 個字，對於公司的員工或是那些凡事不在乎的人來說，公司的任務說明書已經很清楚的呈現，呈現的重點包括 ITT Barton 公司的基本產品、主力市場以及專精的技術。

公司對外公開的任務說明書主要是以「產品」及「市場」來作爲訴求的重點，舉例來說：「Dayton-Hudson 是一家相當不一樣的零售公司，它提供零售通路來販賣流行而且高品質的商品給美國的消費者」，此類有關公司未來方向的摘要說明，特別有助於外界人士進一步評估並瞭解公司。

2.2.2 公司的目標：生存、成長以及獲利力

幾乎所有的企業都將三個經濟目標(生存、成長、獲利力)當作是引導策略方向的重要指標，不管任務說明書是否已將這些目標清楚而明白的陳述，公司的「生存」(survival)始終都將透過「成長」(growth)與「獲利力」(profitability)方能順利達成。

無法滿足利害關係人需求的公司將難以在產業中繼續存活。很可惜的，許多公司都將生存、成長以及獲利力視爲理所當然，而忽略了這些因素將是策略決策的重要引導指標。當這種情況發生的時候，公司會將焦點鎖定在短期目標而忽略了長期發展，一味的講求方便、速度、成本低廉將造成短視近利而忽略了長期的效應。企業常常將短期經濟上的虧損歸咎於「資源無法整合，缺乏綜

效」以及「缺乏理想的公司營運實務經驗」。舉例來說：聯合食品(Consolidated Foods)是一家專門生產 Shasta 軟性飲料以及 L'eggs 針織品的企業，該公司常透過購併廉價的公司來追求成長。然而，這種奇怪的銷售模式以及特殊的購併方式，已經迫使該公司從它購併的企業中撤資(至少有五十家)，這不但使得聯合食品虧損連連同時也阻礙了公司的成長。

獲利能力是企業組織的首要目標，不管利潤如何衡量與定義，長久以來「利潤」就是評量公司能否滿足員工與股東需求最清楚而明白的指標。重點在於「長期來看」，很明顯的，管理決策如果一味的重視短期獲利力則策略將流於短視近利，長期不重視顧客、供應商、債權人、生態學者以及掌握管制權力的人，也許短期利潤依然能夠維持，但是時間一久，長期利潤將有可能不保。

以下的敘述是摘錄自 HP 公司任務說明書的內容，巧妙的表達出重視長期利潤導向的重要性：

> 賺取高額利潤以追求成長，並提供我們所需要的資源來達成公司其他目標。
>
> 在我們的經濟系統中，透過營運所產生的利潤，是企業未來繁榮與成長的基石，同時「利潤」也是衡量公司長期績效的基石，只要達成利潤的目標則公司其他的目標也隨之迎刃而解。

由於公司的成長通常與生存及獲利力密切相關，因此「成長」必須以更廣泛的觀點來加以定義，雖然 PIMS 研究(市場策略對利潤的影響)指出高市場佔有率將有助於提高利潤以及其他形式的成長，但是當企業在許多不同的市場有所成長時，公司將會更有能力提供不同的產品以及先進的技術，進而提昇其競爭力。因此我們可以這樣說：「成長意指變革，而預應式的變革是現代企業面對變動環境的基本要素」。

AOL 的策略是一個很好的例子，在 2003 年的時候，有一些研究指出 AOL Time Warner 應該改變其生存的策略，因爲公司背負了龐大的負債，他們認爲 AOL 應該降低負債並提高幾年前所失去的市場佔有率。最後 AOL 決定在 2004 年前減少 70 億的負債，而且不只要求生存下來而已。AOL 試圖購併 Adelphia 或是 Cablevision，AOL 認爲如果他們能夠購併這兩家公司(或是其中一家)，則公司的市佔率相顯著的提升。AOL 也相信公司的成長主要是來自於有線電視的市場，而成長的唯一途徑就是擁有更多的市場。幸運地，AOL 的主要競爭對手 Comcast 與 AOL 同樣面臨著負債的問題，因此該公司也沒有能力來進行購併的行動。

HP 公司任務說明書的內容，對於何謂「成長」提供了一個很好的範例與說明：

> 目標：當我們公司有能力發展以及生產滿足顧客實際需求的技術性產品，並賺取相當的利潤時，公司的成長就會開始漸趨和緩。
>
> 我們認為規模很大對公司來講不一定是最好的，然而，基於以下兩個基本理由使我們相信：「公司持續成長是達成其他目標的基本要件與基礎」。
>
> 第一，我們對於部分的社會大眾提供快速成長與快速擴展的科技服務，一旦成長停滯則企業將會失去許多業績，在某些領域我們必須持續的成長以維持原有的優勢與領導地位。
>
> 第二，為了吸引或是維持高水準的人力素質，成長是相當重要的。因為企業員工常常會將個人未來的發展與公司能否提供成長的機會相互結合並進一步思考，通常一家持續成長的公司比較能夠提供更多的機會與挑戰。

由於企業成長的需求日漸殷切，因此公司的任務必須明確定義。公司該如何說明其產品、市場以及專精的技術，使得公司在進行策略選擇時不至於迷失方向而且考慮周詳？公司該如何定義其任務，使得所有可能的機會都在考量之內？公司該如何定義任務，使得組織內的許多因素維持穩定，而且還能夠提供引導公司成長的方向？以上這些問題，或許在公司條列的任務說明書中可以找到答案，遵照任務說明書的規範，公司營運才不至於脫軌。GE 公司全球化的任務爲它在 Kentucky Louisville 的 GE Appliances(GEA)奠立了良好的基礎，但是 GEA 並未見到全球消費者的偏好已經逐漸「美國化」，相反的，它不斷的發展並擴張其產品在外國市場的獨特特色，而且也不斷發展合適的策略。

Dayton-Hudson 的成長哲學也是以相同的方式來表現：

> 公司穩定而健全的財務績效來自於各事業部的獲利執行力，以及透過新事業的購併與發展，我們公司的成長有優先次序之分，以下就依照優先次序說明如下：
>
> 1. 就現有商店發展新策略或是發展新的商店將有助於提昇公司的獲利力。
> 2. 將公司擴展到合適的新市場。
> 3. 策略性的購併其他零售公司，而且必須選擇能與 Dayton-Hudson 財務相互配合的公司。
> 4. 發展新的零售策略。

資本募集之後的資金有助於 Dayton-Hudson 公司的擴張與成長，而且在投資報酬率(ROI)上特別顯著，所以投資報酬率(ROI)與公司的盈餘成長以及管理績效呈現正向相關，企業藉由預測將能估算公司所需的資金。當企業透過購併以及新創事業來追求公司成長時，長期成長、獲利力以及可接受的風險將會相對提高，這和 Dayton-Hudson 公司的策略方向較爲一致。

2.2.3 公司的哲學

公司信念
說明公司哲學的敘述。

有關公司經營哲學的說明，通常稱之為**公司信念**(company creed)，常常會出現在企業的任務說明書內。公司哲學反應出策略決策者在管理公司的時候，所表現出來的特殊基本信念、價值、熱愛與哲學偏好。儘管本公司與其他公司的經營哲學有很大的差異，但企業所有人與管理者還是會傾向於接受普遍、沒有明確的文字紀錄以及普世的行為準則，這些準則有助於管理公司的行動並引導員工自律。不幸的是，有關公司哲學的敘述都太過於雷同而且了無新意，這些有關哲學的敘述比較像是為了提昇公共關係所發的新聞稿，而不是他們實際在組織內所感受到的價值觀。

有關 Saturn 的經營哲學，我們已在圖表 2.3「運用策略的案例」中加以闡述，其中明白指出公司的經營理念在滿足顧客、員工、供應商以及業者的需要。

運用策略的案例 **圖表 2.3**

Saturn 的經營哲學

我們是 Saturn 團隊，與 UAW 以及 GM 有合作關係，我們公司的任務說明書主要由：「滿足顧客的需要」、「滿足公司員工的需要」、「滿足供應商的需要」、「滿足社區的需要」所組成，茲說明如下：

為了滿足顧客的需要我們必須...

- 我們的產品與服務必須成為全球的領導者。

為了滿足公司員工的需要我們必須...

- 塑造環境的歸屬感，而且這個環境充滿相互信任、尊重與尊嚴。
- 相信所有的員工都希望參與公司的決策進而對公司產生影響力，彼此關心，以自己及自己的貢獻為榮，而且希望共同分享努力過後成功的喜悅。
- 發展工具來訓練並教育員工，培養員工個人的技能與知識。
- 相信具有創造力、受激勵與負責任的團隊將會瞭解變革對於成功的關鍵性，這也是 Saturn 最重要的資產。

為了滿足供應商的需求我們必須...

- 創造與供應商實質而良好的合夥關係。
- 與廠商及供應商之間應該採取開放而公平的態度，這也反應了 Saturn 誠實、尊重的經營理念。
- 廠商與供應商認同 Saturn 的任務與哲學。

為了滿足社區的需要我們必須...

- 成為優良的企業公民，保護環境，善用天然資源。
- 全力配合政府的各項政策，而且對於公共事務的態度必須敏感、開放且公正。

資料來源：Saturn Corp., http://www.saturn.com

儘管這些說明都極爲類似，但是策略管理者在發展這些說明的時候並不一定會墨守成規，他們也希望爲公司未來的管理方向描繪一個獨特而明確的藍圖。圖表 2.4 說明 AIM 私人資產管理公司的公司哲學，公司的任務說明書清楚的指出企業決策與執行都必須以成長爲最高指導原則，董事會與執行長也都因此而有所依循。

運用策略的案例　**圖表 2.4**

AIM 私人資產管理公司的成長哲學

AIM 的成長哲學強調盈餘，因為那是衡量公司成長最具體有形的指標。由於股價波動常源自於謠言，因此我們以盈餘收益來取代高度飛揚的投機股票。

投資必須注意：

- 高品質的盈餘成長——因為我們相信盈餘將驅動股價。
- 正向的盈餘動能，將引領股價產生更大的正向動能。

我們的成長哲學堅持四項基本原則：

- 繼續全面投資。
- 具焦於個人企業而不是聚焦於產業、部門或國家。
- 致力於發現最佳盈餘成長之道。
- 維持堅強之銷售紀律。

爲何採成長哲學？

- 投資決策乃是基於事實，而非猜想或是天馬行空的經濟預測。
- 盈餘告訴我們何時該買何時該賣(絕非情緒)。
- 幾十年來 AIM 的經理人始終遵循「盈餘為首」的哲學。
- 這種方法在國內外市場都已經獲得證實。

資料來源：AIM Private Asset Management Inc., http://sma.aiminvestments.com/

圖表 2.5「運用全球化策略的案例」說明了 Nissan 汽車製造工廠員工做事的基本原則以及公司主要的原則，這些原則形成公司每日營運的基礎。他們透過這些原則的概念形成公司的目標，Nissan 努力的想要區別出個人角色與公司角色的差異，用這樣的方式將有助於將個人的生產力(或是成功)與公司的生產力(或是成功)加以串連。透過這些原則，公司將能夠集中力量於有關生存、成長以及獲利的活動上。

運用策略的案例 圖表 2.5

Nissan 汽車製造廠(英國)的原則

	人力資源的原則 (係指只有透過人才能達成的目標)
甄選	雇用最有才能的員工，除了技術能力要高之外工作態度也很重要。
責任	責任極大化，員工被充分授權可以做決策。
團隊	認同而且鼓勵每位員工努力貢獻，而且每一位員工都應該朝同一個目標來努力。
彈性	擴大每一位員工的角色，每位員工應該具備多種技能，而且沒有工作說明書及職位頭銜。
改善	持續性的改善。
溝通	每天面對面的溝通。
訓練	建立個人專屬的持續發展方案。
督導	除了管理專業的製程之外，每一個部門都應該負有責任，而且每個團隊都應該有精明的領導人。
對待方式	對員工一視同仁，消除不合理的差異對待方式。
工會	工會與 AEU 建立協議，為企業的成功建立目標。
	公司主要的原則
品質	在歐洲製造品質最高的車以創造最高的利潤。
顧客	在歐洲成為顧客滿意度最高的汽車品牌。
產量	高產量是必須的。
新產品	在有限的成本內開發最佳品質，而且必須及時送達顧客手中。
供應商	與單一供應商建立長期的合作關係，強調零缺點與及時生產系統，希望供應商也能夠採取 Nissan 汽車的經營原則。
生產	採用「最合適」的科技，並發展可預測的「最佳方法」來做事，強調品質。
製程	生產製程與設施必須加入「品質」與「彈性」的概念，建立同步工程的概念以降低開發的成本。

資料來源：Nissan Motor Co.Ltd., http://www.nissanmotors.com/

圖表 2.6「運用策略的案例」則說明了 GM 汽車對環境的看法以及有關公司經營哲學的說明。

Ronald A.Williams 在 2001 年之後擔任 Aetna(安泰)的執行長，他採取多管齊下的策略並對社會大眾提供經濟實惠的醫療照護(這同時也是該公司最基本的任務)。圖表 2.7 頂尖策略家單元說明了 Ronald A.William 的策略包括：醫療透明化以及強化醫生與病患、員工、政府官員以及醫療產業之間的溝通與合併。

運用策略的案例

圖表 2.6

GM 汽車對環境的看法

為了成為一家善盡社會責任的企業公民，GM 汽車指出他們的做法，分別是：保護人們的健康、保護天然資源以及重視全球環境。這種奉獻可以一直延伸到未來，因此企業在做決策的時候自然會將有關環境的法律與實際情形考慮進去。

以下幾點可供全球 GM 汽車的員工在執行所有的商業活動的時候，作為他們工作的指導方針，茲說明如下：

1. 本公司承諾將採取恢復以及維持環境的行動。
2. 本公司承諾將減少浪費與汙染，保存資源，並且在每一個不同的產品生命週期階段進行再回收。
3. 我們不斷的參與社會活動，並教育社會大衆重視環境保育的問題。
4. 本公司將繼續追求技術發展與執行之持續茁壯，但是必須避免汙染之擴散。
5. 本公司會繼續與政府機關配合，除了發展技術與追求獲利之外，公司還會配合有關環境的法律以及政府的管制。
6. 本公司將會以持續性改善作為目標，並持續追蹤工廠配置與產品對環境與社區的影響程度，以作為改善的基礎。

資料來源：General Motors Corporation, http://www.gm.com/

頂尖策略家

圖表 2.7

執行長 Ronald A.Williams 引領 Aetna(安泰)實現公司的任務

Ronald A.Williams2001 加入安泰，成為保健事業部的執行長並協助成立保健基金網絡。消費者導向的方案包括：雇主資助的健康儲蓄帳戶、稅前員工資助彈性支出帳戶、以及安泰導航系統(會員可以追蹤支出)。Williams 成功的執行這些方案，除了使他升遷之外，他也眼界大開，並且更深入的接觸並瞭解公司的任務。

擔任安泰執行長任內，Williams 帶領他的團隊在 2003 年創造 Aexcel，Aexcel 羅列出醫師如何有效的傳遞關懷與服務，在許多不同的利害關係人以及匿名醫師進行審查提供回饋意見之後，該方案已經擴大到包括：醫師特殊的成本、臨床品質、與其他醫院比較之成本、手術中心以及獨立醫療提供者。

Williams 成為執行長之後不斷的運用購併作為他首要的策略工具。2007 年 8 月，安泰收購沙勒安德森，該公司是一家保健管理服務公司，專門從事醫療產品服務，2007 年 10 月，安泰收購佳健環宇全球提供美國公民在國外工作的員工更多的服務。

公司不斷的成長和擴張帶動了 Williams 的醫療改革計畫，2008 年他到美國參議院發表他的看法，並概述如何提供醫療保健給更多的人，他說：「我們希望建構一個人人皆享有高品質保健服務的社會」*。

我們舉一個例子來說明安泰的任務說明書：Williams 在某一次的關鍵時間點，暫時取消醫療與藥品政策，轉而全力協助那些受天然災害重創的受害者，這些受害者能獲得慢性處方簽(不限 30 天)以及醫生的全力協助。安泰政策的大轉彎以及協助了許多受 Katrina、Dolly、Rita、Wilma、Ike 以及 Gustav 颶風以及南加州野火影響的受災戶。

資料來源：Aetna Mission & Values, http://www.aetna.com/ about/aetna/ms/
*C. Freeland, "詳見 View from the Top," *Financial Times*, September 12, 2008, p.10

2.2.4 公司的形象

目前的顧客或是潛在的顧客會對某些企業的產品情有獨鍾(相信該企業產品的品質)，Gerber 與 Johnson & Johnson 製造安全的產品；Cross Pen 製造高品質的筆；Etienne Aigner 生產時髦而且價位合宜的皮革製品；Corvettes 代表性能優異的引擎；Izod Lacoste 代表優質人士的休閒服飾。因此，任務說明書應該能夠反應大眾的期望，因為這樣有助於達成公司既定的目標。Gerber 不可能進行多角化來製造殺蟲劑，Cross Pen 不可能進行多角化來生產用完即丟，一支僅價值 0.59 美元的筆。

相反的，負面的公司形象，使得公司在任務說明書中必須再三強調公司的優點。例如：當公眾意見已經蔚為風尚與社會主流時，企業必須有所回應，Dow Chemical 採取較為積極的促銷活動來增強公司的社會形象與可信賴度，而這些活動特別是針對工廠所在地社區的居民以及員工。所以 Dow 在該公司的年度報告中這樣說：

> 環顧現今全球企業，Dow 已經是一家廣為人知的企業，關心公司發展的員工會想要知道公司的主張以及其他人對本公司的看法，許多員工以公司的績效為榮，但是如果要大眾認為本公司是一家績效卓著的企業，則社會大眾可能需要一段長時間的觀察才能確認。

公司通常很少會主動提及公司形象的問題，雖然社會大眾的要求與喧擾不免會讓企業花費更多的心力在這個問題上，即使缺乏這種大眾的刺激，企業仍然會相當注意他們自己的公司形象，以下範例是摘錄自 Intel 公司任務說明書的一段文字說明：

> 我們很關心顧客及社區對本公司的看法，對顧客的承諾是神聖而不可侵犯的，如果我們無法滿足對顧客的承諾我們將會覺得十分沮喪，本公司在任務說明中試圖說明企業想要永續經營的雄心、良好的組織方式以及凡事計算精準的控制制度。

圖表 2.8「運用策略的案例」列舉了六家頂尖鞋業的任務說明書，並說明每一家公司所面對的市場本質。圖表 2.8 明確闡述了一項重點，那就是不管公司如何競爭或是如何巧妙的整合，它們的任務說明書都將會呈現顯著的差異。

運用策略的案例 **圖表 2.8**

六家頂尖鞋業的任務說明書

ALLEN-EDMONDS

Allen-Edmonds 提供給那些高所得者購買鞋子的選擇，因為我們的鞋子品質優良、手工精巧而且符合時代潮流。

BALLY

Bally 的鞋子使您不落俗套，這是一雙完美的鞋子可以與您的生活型態互補。Bally 的鞋子有很濃烈的歐洲風格而且極為優雅，相信它不只是一雙鞋子而已，而是一種服裝品味的代表。

BOSTONIAN

Bostonian 專為成功人士設計，配合不同的需求與活動來搭配應有的風格。擁有 Bostonian 您總是服裝得體。

COLE-HAHN

Cole-Hahn 是為某些風格獨特的男士所設計的。本公司所設計的鞋款較都會化，適合較前衛風格的男士來穿著。

FLORSHEIM

Florsheim 提供較古典風格的鞋款，適合要求舒適、較老成以及穩重的消費者來購買。

JOHNSTON & MURPHY

Johnston & Murphy 是一家精英型的鞋店，購買者都極為富有，而且都想要買最好的產品。

資料來源："Thinking on Your Feet, the Johnston & Murphy Guerrilla Marketing Competition" (Johnston & Murphy, a GENESCO Company)

2.2.5 公司的自我概念

決定公司成敗的主要決定因素在於：「公司本身的各項功能是否能夠與外部環境相互結合」。爲了達到企業合適的競爭地位與態勢，公司必須確實的評估本身的競爭強處與弱點，也就是說，公司必須瞭解自己本身的特點，這就是所謂的「公司自我概念」(company self-concept)，這個概念在策略管理領域還尚未整合成完整的理論。對個人來說，「自我概念」的重要性在古代就相當受到重視了。

不管是個人或是企業都必須瞭解他們自己，如果公司不瞭解本身與其他公司之間的互動關係，則公司想要在環境中求生存或是在高度動態環境中競爭，將會是相當困難的事。

有時候，公司會將自己「人格化」，許多公司的行爲都是以組織爲基礎的，也就是說，公司影響組織成員並不是透過個體間的交互作用，而是透過其他的方法。換言之，存在於公司本身的人格特質勝過組織成員個人的人格特質。就這個觀點來看，公司決策的考量因素是基於組織整體而不是組織成員個人的目標，而這些就整體組織來考量的因素是相當廣泛的。

一般來說，有關「公司自我概念」的描述通常不會出現在公司的任務說明書中，然而任務說明書卻有助於實踐「公司自我概念」的意念。舉例來說：ARCO主管環境、健康與安全業務(EHS)的經理人，堅持應該將公司在安全與環境議題上的績效表現列入任務說明書的內容。ARCO 的 EHS 經理人所面對的主要挑戰就是社會大眾環保意識的高漲，他們希望促使員工重視安全的工作行爲，並且降低不必要的開銷與浪費，因爲這些做法有助於提昇公司正面的形象。

以下的敘述句摘錄自 Intel 公司的任務說明書，主要在描述 Intel 公司的高階管理者希望培養出來的「公司人格」。

- 管理是一種自我批判，領導者必須能夠承認錯誤、接受錯誤，並從中學習。
- 鼓勵公司各階層間公開(有建設性)的質問與溝通，將有助於公司解決問題以及解決衝突。
- 一致的決定將成為規則，決策一旦形成將獲得充分的支持，組織內的職位高低不代表見解的正確與否。
- 充分溝通與開放式的管理是本公司的風格。
- 管理必須關心倫理問題，有效的建立本公司的倫理形象必須仰賴：告知部屬實情以及公平對待員工。
- 我們努力提供快速發展的機會。
- Intel 是一家結果導向的企業，強調實質與形式、品質與數量兼顧。
- 我們相信努力工作就會產出高生產力。
- 公司每個人都很有責任感(凡是該你做的事情，就應該努力完成它)。
- 強調長期的承諾，如果某個員工生涯發展發生了一些問題，則公司會認為「調職」這項選擇將優於「解聘」。
- 我們希望 Intel 的家務事，每位員工都應該參與。

2.2.6 任務構成要素的新趨勢

最近有三個議題在組織的策略規劃過程中顯得日益重要，主要是因爲在發展與形成任務說明書的過程中，此三要素不可或缺，分別是：對顧客的需求有高度的敏感度、重視品質、公司的願景說明書。

1. 顧客

在美國或是其他國家的大企業，「顧客至上」已經成爲一句重要的口號，例如：Caterpillar Tractor、GE、Johnson & Johnson 等公司，它們都認爲事先分析顧客的需求與售後服務一樣重要。Xerox 制定了一項分紅計劃，依據公司對顧客調查服務滿意度的結果，表現較優的員工可以得到 40%的分紅，服務表現特別差的則只有拿到 20%的分紅以示懲罰。就許多公司而言，提高顧客滿意度已經成爲最重要的發展方向了。

美國某些公司強調以產品安全來提高顧客滿意度，但有些公司並不以此爲滿足，例如 RCA、Sears。此外，Calgon、Amoco、Mobil Oil、Whirlpool、Zenith 等公司則是提供免付費電話的專線來處理顧客關心以及顧客訴怨的問題。

J. C. Penney 在它的經營哲學中，曾經對於「顧客滿意」做了以下的註解：「Penney 認爲：(1)爲了完全滿足顧客，我們必須竭盡所能，隨侍在側；(2)不同的服務將獲得不同的酬勞，因此不可能所有的買賣都能獲得相同的利潤；(3)獲得顧客青睞的不二法門就是：價值、品質與滿意度」。

自從管理者開始重視顧客滿意度之後，企業也漸漸察覺到提供顧客服務品質的重要性，卓越的顧客服務有助於提高公司在市場上的競爭優勢。因此，漸漸的有許多公司將顧客服務納入公司任務的一部分。

2. 品質

「品質是企業最基本的工作」，這句話不只是福特公司的基本精神，也是許多美國企業奉爲圭臬的重要標語，有兩位美國的大師掀起了全球強調品質的熱潮，分別是：W.Edwards Deming 與 J.M. Juran。這一股品質強調熱潮首見於日本的主管，他們認知到主導全球的產品(包括汽車、電視、視訊設備以及電子零件製造商)都必須強調品質的重要性。Deming 提出重要的十四點原則造成了很大的迴響，茲說明如下：

(1) 建立有助於改進產品與服務的持續久遠目標。

(2) 採用新的哲學。

(3) 停止依賴大量檢測以獲得品質的方式。藉由一開始就建立產品的品質，以去除對大量檢測的需求。

(4) 停止實施以價格爲根據的交易行爲。相反的，應以最低的總成本作爲考慮的基礎。此外，「一種物資最好向同一供應商採購」，並與之建立長期的忠誠與信任的關係。

(5) 不斷地改進生產與服務系統，進而改善品質與生產力，如此才能不斷地降低成本。

(6) 實施在職訓練。

(7) 實施領導：確認領導的目的在於幫助成員與機器設備達成更好的表現。

(8) 去除恐懼，如此每位成員才能更有效地爲公司工作。

(9) 去除各部門間的障礙。

(10) 去除那些要求成員達到零缺點與新生產力水準的標語、口號與訓誡。

(11) 去除工廠內的工作標準(配額)，而代之以領導來達成工作標準。去除目標管理與量化的管理，去除數值(numerical)目標，而採用人性化的領導方式。

(12) 去除那些奪去工人工作榮譽感的障礙。

(13) 建立一強而有力的教育與自我改進方案。

(14) 將公司中每個人的心力都放在工作上，以達成革新的目的。

美國的公司對 Deming 的十四點原則反應極爲熱烈，強調品質似乎已經成爲一種基本的要求以及最新的經營哲學，例如 Motorola 的生產目標要求製造的不良率必須低於十億分之六十才符合標準。

圖表 2.9「運用策略的案例」說明了某三家公司如何將品質的觀念整合到任務說明書中，自從 1987 年美國國會設置了 Malcolm Baldrige 品質獎之後，許多企業就已經將品質的觀念導入公司的經營哲學之中，每年頒發兩次的 Baldrige 獎主要涵蓋三個範疇，分別是：製造、服務以及小企業。

3. 願景說明書

願景說明書
表達了公司的策略意圖，並決定了達成未來發展所需投入的能量與資源。

任務說明書可回答下列問題：「我們目前正從事何種事業？」，公司的**願景說明書**(vision statement)正可以傳達執行長想發展的志向，願景說明書表達了公司的策略意圖，並決定了達成未來發展所需投入的能量與資源。然而，在實務上任務說明書與願景說明書常常結合爲一種單一的說明書。如果兩者有所差異，則願景說明書常常只是一個簡單的句子，以方便記憶，範例詳見圖表 2.10。

運用策略的案例 **圖表 2.9**

有關品質的願景

CADILLAC

Cadillac 汽車公司的任務是透過先進的工程、生產與行銷來創造最優質的汽車，該公司汽車的特點是獨特、舒適、便利而且非常精簡。該公司優秀的員工是最大的優勢，Cadillac 會持續改善產品或服務的品質，來達到或是超越顧客的期望並為公司賺取最多的利潤。

MOTOROLA

致力於品質早已是我們公司的一種基本生活態度，這種精神不是幾句經過修飾的口號就可表達清楚的。本公司將進行一項持續性的改善與變革、精簡甚至革命來追求卓越品質的境界。

提供最高品質的產品與服務是 Motorola 所追求的目標，在企業的許多活動上都將目標鎖定在卓越的品質，公司為了達到這個目標，從高階主管到最基層的所有層級員工都參與並支持公司品質卓越的目標。

ZYTEC

Zytec 是一家強調價值的公司，透過市場的驅動，提供優質的產品與服務，與顧客建立良好的關係，並提供技術卓越的產品。

運用策略的案例

圖表 2.10

願景說明書的範例

ALLIANCE 公司願景

Alliance 是一家提供最創新 ACH 處理平台的公司，面對客戶我們將提供最頂尖的電匯付款服務。

AMD 公司願景

連結全球人口。

CUTCO 公司願景

成為全世界最大、最受尊重以及最被認可的餐具公司。

FEDERAL EXPRESS 公司願景

我們的願景就是改變在新的網路經濟時代中，彼此的聯繫方式。

FIRSTENERGY 公司願景

FirstEnergy 是一家區域能源提供者的領導廠商，擁有卓越的營運與服務，強調長期的成長、投資、價值與財務強勢，公司致力於安全，並強調如何領導高技能、多元化與高品質的員工來驅動企業成長。

FORD MOTOR 公司願景

成為世界領先的消費者導向公司，提供一流的汽車及相關的產品與服務。

GENERAL ELECTRIC 公司願景

我們帶來美好生活。

MAGNA 公司願景

Magna 公司的願景是提供世界級的服務，使顧客的投資報酬率最大化，並強調團隊與創造力，公司深信為客戶履行承諾才是企業最高的指導原則與管理哲學。

微軟公司願景

每一台電腦以及每一個家庭都使用 Microsoft 軟體。

2.2.7 任務說明書的範例

當 BB&T 與 Southern Bank 合併的時候，董事會瞭解到如果想要創造一份廣泛而且包羅萬象的任務說明書，則這些重點在本章裡面都會談到。在 2003 年的時候，這一家公司再次修正其任務說明書，並將修正後的成果印製成小冊子發送給所有的股東以及感興趣的各個群體。這份任務說明書的前言希望能對公眾的宣言表達出最高的價值。BB&T 的執行長 John A. Allison 曾經提出以下的看法：

> 面對變化快速而且無法預測的世界，不管是個人或是組織都需要有一套清楚的原則來引導他們的行為。在 BB&T 我們知道企業會如何進行持續性的改變。變革是進步的原動力，然而，面對不同的情境時，我們的基本原則並不會改變，不改變的理由是因為這些原則都是基於事實演化而來的。
>
> BB&T 是一個任務導向的組織，具有明確的價值觀。我們鼓勵員工對於公司的目的必須具有強烈的認知與認同，而且組織員工必須具備高度的自尊以及清楚的邏輯。我們相信員工都有競爭優勢的概念，而且在完成任務的過程中，員工將會理性的將觀念轉化為行動。

第二章附錄列出 BB&T 完整的願景、任務以及目標說明書。這一份說明書詳細的描述下列的內容：公司的價值觀、情感的角色、管理風格、管理的概念、傑出員工的屬性、正向態度的重要性、企業對員工的義務與責任、卓越的文化、公司目標的達成。此外公司強調「世界級」的銷售利潤導向、「世界級」顧客服務的社區銀行，公司也致力於教育、學習及激發熱情。

2.3 董事會

誰來爲公司的任務負責呢？在發展與執行策略計畫的過程中誰來負責取得與分配資源？在競爭激烈的市場中公司所設計與執行的計畫是否能確保公司的成敗？上述問題的答案都是「策略決策者」，大部分的組織都有許多層級的策略決策者，特別是大公司的層級將會更多。最高階層的策略主管必須對影響整個公司績效的決策負起全責，並且應該以長期的觀點來分配公司資源，確立企業本身的價值。換言之，這一群策略主管必須負責監督以及創造公司的任務，這一群人稱爲**董事會**(board of directors)。

董事會

一群策略主管必須負責監督以及創造公司的任務，這一群人稱為「董事會」。

公司的董事會代表股東並監督公司的管理，董事會是由股東所選出來的，董事會主要有以下的責任：

1. 建立並更新公司的任務。
2. 選出公司的高階主管，特別是執行長。
3. 建立高階主管的薪酬水準，包括薪資與獎金。
4. 決定發放給股東股利的數目以及時機。
5. 設定公司廣泛的政策，例如：勞資關係、企業的產品線與服務線、員工的福利組合。
6. 設定公司的目標，並授權主管執行長期的策略(當然這些策略需要執行長與董事會的同意)。
7. 在法令以及倫理的前提之下，受命執行公司的承諾。

在現今的企業環境之下，董事會面對股東以及其他利害關係人的挑戰與要求，迫使他們必須主動建立合適的策略來因應公司需求。

本章之所以探討董事會，乃是因爲董事會對公司的所作所爲有很大的影響，因而他們對組織任務將有所影響。在任務說明書中所揭櫫的經營哲學將會主導公司以及員工的判斷及行事風格。如果將任務說明書的內容加以延伸，董事會的觀點將會透過公司目標以及策略來加以具體化。從董事會如何任命執行長以及如何決定他們的薪酬，我們就可以知道公司企圖心是否旺盛。

2.4 代理理論

代理理論
由於經營權與所有權分開，管理者有可能會忽略了所有權人想法，這樣的觀點之下所衍生的組織控制概念，稱之。

當公司所有權人(owner)與管理者(manager)是獨立分開的時候，所有權人的想法常常會被忽略，基於上述的事實以及代理人的成本過於昂貴，因此學界建構了複雜且廣爲人知的**代理理論**(agency theory)。當所有權人(或管理者)將決策權授予他人的時候，在兩造之間就形成了所謂的代理關係。例如股東與管理者之間就是一種代理關係，當管理者的投資決策與股東關心的議題相互一致的時候，代理關係就會變得相當有效。然而當管理者與所有權人關注的焦點不同時，管理者的決策會比較傾向於反應管理者的偏好，而較忽略所有權人的偏好。

一般來說，所有權人比較強調追求股票價格極大化，當管理者握有公司大部分的股票時，他們也比較偏愛能使股票增值的策略。但是如果管理者比較像是「公司的員工」而比較不像所有權人的合作夥伴，則此時他們較偏好的策略會傾向於增加個人報酬而不是股東的利益(增加執行長的報酬有可能降低公司的盈餘)，這時候策略的方向會比較重視公司整體的產出，而股東的觀點將比較不受重視。

如果代理理論有所爭議，則一般的爭論點都是：「管理者對增加自身財富的興趣高過於增加股東的股利」。如果從這個觀點來看，所有權人授權給他們的代理人做決策，將有可能招致所有權人潛在利潤的損失。這樣的結果將使得所有權人所採取的最佳策略(或是最佳的成本控制系統)，將以防止管理人(代理人)過度集權爲主要的考量方向。綜合來說，爲了降低代理問題與代理行爲所衍生的成本稱之爲**代理成本**(agency costs)。代理成本的定義可以用「代理人的直接利益」與「股票現値的負面損失」之間的差額來加以計算。代理成本的發生主要是因爲「股東」與「執行長、管理者、部屬、部門主管」兩造之間的偏好與興趣產生了歧見所致。

代理成本
為了降低代理問題與代理行為所衍生的成本稱之為「代理成本」。

2.4.1 代理問題如何發生

因爲所有權人掌握有關公司績效的資訊比起執行長來講顯得微不足道，而且所有權人也無法全盤掌握執行長的決策行動，因此執行長總是不斷追求他自己所感興趣的利益，這種情況通常稱之爲**道德危險**(moral hazard problem)或是「逃避義務與責任」(shirking)。而「逃避義務與責任」有時後也稱爲「微笑自利」。

道德危險
代理問題所導致所有權人無法取得公司完整的資訊，而執行長卻可以為所欲為的狀況。

由於「道德危險」所產生的結果，執行長可能會規劃最有利於自己的策略，而組織整體的利益僅列於次要的考量。例如：執行長可能會在年終的時候來促銷產品或是大減價以提高買氣，因爲這樣可以和年終獎金緊密結合，不過這樣做可能會影響產品價格的穩定度，甚至是來年的銷售量。同樣的，未受監督的執行長會透過增加工作的寬裕資源來增加自己的績效獎金，或者是他們會不切實際且不斷的進行購併來增加組織的獲利以及組織的規模，甚至操弄公司的人事作業。

產生代理成本的第二個原因就是所謂**逆選擇**(adverse selection)的問題，這意指股東無法精確的掌握執行長的能力或是偏好，主要是因爲我們常無法立即驗證某位執行長是否爲代理人的最佳人選。這時候自然就會產生所有權人與代理人之間無可避免的代理問題以及偏好不一致的現象。

逆選擇
代理問題所導致股東無法精確的掌握執行長的能力或是偏好，主要是因為我們常無法立即驗證某位執行長是否為代理人的最佳人選。

處理「道德危險」以及「逆選擇」的最佳方法就是透過「執行長獎金計畫」(executive bonus plans)，使得企業所有人的偏好能與代理人互相結合。而「執行長獎金計劃」中最吸引人的大概就是「股票選擇權的計畫」，如果實施這樣的計畫，將使得執行長也能夠如同股東一樣可以從股票中獲得優厚的利潤。根據過去許多的案例顯示，推動「執行長獎金計畫」常常會使得所有權人與執行長合流，導致執行長推行的策略所考量的層面，都只是爲了增加股東的財富而已。縱使如此，執行長在做決策的時候，還是很難避免根據自己的主觀興趣與意識來作爲決策的主要準則。透過這些方案的推動，有助於降低「道德危險」以及「逆選擇」所產生的成本。

2.4.2 代理所衍生的問題

從策略管理的觀點來看，公司股東與執行長之間所產生的代理關係將會衍生以下五個問題，茲說明如下：

1. 執行長只是一味的追求公司規模的成長而忽略了應得的利潤。一般來說追求盈餘最大化是股東最深切的期盼，因爲盈餘有助於增加股東的股票收益。然而，管理者在公司規模不斷成長的時候比較會受到獎勵，盈餘增加並不代表他們就一定會受到應有的相對獎勵(有可能股東拿走了)，所以管理者比較偏好公司成長的策略，例如合併(mergers)與購併(acquisitions)等手段。

   此外，就企業社群的觀點而言，公司規模的大小將攸關公司管理者在該社群的地位，管理者如果能夠帶領公司成長或是擴大公司的規模，則他們將會備受尊崇，個人生涯發展也將獲得更大的發揮空間。

   最後，執行長必須提供給部屬更多的升遷機會，以作爲非財務性的激勵因素，而購併將能提供更多的職位與機會。

2. 執行長試圖分散公司的風險。股東能夠透過管理個人的股票投資組合來分散投資風險，而管理者未來的生涯發展與股票獎勵卻都維繫在某一家公司或是某一個老闆。因此，執行長試圖將公司的生產、事業與產品線多角化以降低事業的風險，但是這種作法只是執行長個人的想法，它還必須與公司的投資方向相互搭配。換言之，公司的多角化只是爲了降低公司的風險以提高報酬，但是這種作法股東並不會認同。

3. 執行長避免風險。有時候執行長並不願意進行公司的多角化，因爲他們想要將各個面向的風險降至最低，執行長如果經營不善將會被公司開除，但是績效平平的主管卻很少遭到撤職的命運。因此，執行長總是希望能降低相當程度的風險，爲了降低公司失敗的風險，公司主管甚至可以容忍賺取較少的利潤或是採取較爲保守的策略，如果公司果真採取此種作法，則企業將無法採取創新、多角化或是快速成長的策略。

   然而，從一個投資者的觀點來看，在系統當中運作時，承擔風險是必要的。換句話說，投資人都相信大量的長期利潤來自於承擔相當程度的風險。公司將不斷的追求利潤，特別是競爭優勢強過競爭者的時候，企業將願意與其他競爭者承擔相同的風險。很明顯的，代理關係產生了一個問題，那就是：「執行長應該努力爭取工作上所獲得的報償呢？還是應該爲公司股東的財務盈餘賣命？」

4. 管理者的所作所爲都是爲了將個人報酬最大化。假設執行長現在面對兩個目標：第一個目標達成之後，執行長可以獲得相當優渥的年度績效獎金；第二個目標達成之後，公司盈餘增加且股價上揚。企業所有權人應該不難預測，執行長應該會將目標一當作優先的選擇，雖然目標二達成之後對於股東較爲有利。因此，執行長寧願追求高額的績效獎金也不願意追求股東的盈餘。執行長追求的是：優雅寬敞的辦公室、公司專屬的噴射機、許多的幕僚與員工、高爾夫球會員、禮遇的退休方案以及高級轎車，他們比較不會在意股東投資的回收與效益。

5. 執行長將會保護自己現有的地位。當公司快速成長的時候，執行長仍然希望憑藉著知識、經驗與技能，他們還能夠在公司的策略決策中扮演舉足輕重的角色，他們並不在意多付出，只在乎是否能精益求精。相對來說，投資者則是渴望躍進式、革命性的改善。舉例來說：當 Barnes & Noble 面對 Amazon.com 這個勁敵的時候，該公司決定與 Bertelsmann 進行合資，此外，Barnes & Noble 還與美國最大的書本通路商(這一家通路商大約提供 Amazon 公司 60%的書)進行垂直整合。當執行長有相當權力來主導組織策略的時候，這種革命性的策略才有可能成功。

2.4.3 如何解決代理的問題

爲了解決代理問題，公司除了與執行長訂定合約來說明代理責任與績效獎金的內容之外，以下提供幾個重要的原則，來說明如何降低代理問題所產生的傷害。第一，企業所有人必須針對執行長的付出給予相當額度的獎金報酬，這項獎金報酬將有助於提昇執行長對股東的忠誠度，並且可以當作執行長努力爭取的個人財務目標(獎金報酬)。

第二個解決方案是公司付給執行長較高的薪酬，這意指如果組織績效提昇，執行長將獲得相當可觀的一筆獎金與薪資。第一年決定的策略，將會影響往後兩三年的績效，這將成爲往後兩三年執行長獎金的發放基礎，策略行動與獎金之間會有時間的延遲，這將實際的反應出執行長決策結果與獎酬之間的關係。如此一來，執行長比較會以長期的觀點來進行策略決策，而且會仔細思考未來策略管理活動的焦點。

最後，在公司內部成立跨單位的高階主管團隊有助於提昇組織整體的績效，而不是只憑執行長之個人意識來建立目標，透過高階執行團隊的建立，企業所有權人的偏好也將會在群體決策的時候被納入考量。

摘要 *Summary*

公司在進行策略管理的過程中很容易忽視「定義公司任務」這項階段，雖然執行長認爲在經營管理的過程中，長期規劃的管理活動就好像家常便飯一般，是相當普遍的。有許多公司因爲過度強調短期目標而與長期目標相衝突因而導致失敗的惡果，這些公司便能夠體會到任務說明書對企業而言有多麼重要。任務說明書最重要的價值在於說明公司最基本、最核心的目標，當企業的執行長與董事會思考到下列議題的時候，公司將對於整體目標有更深一層的體認，這些議題分別是：「我們從事何種事業」、「我們服務的顧客是誰」、「組織爲何而存在」。如果這些答案都是陳腔濫調或是過於模糊的，則此時的公司任務說明書將無法有所貢獻。如果我們說 Lever Brothers 是從事「製造清潔用品來清潔所有的物品」的事業，或是 Polaroid 是從事「光與物質互動」的事業，未必完全周延。企業必須清楚表達對某個長期目標的意向，以便作爲公司後續規劃與績效評估的基礎。

任務說明書是基於上述的各種觀點所發展出來的，可以爲公司全體員工提供一致性的發展方向，因此所形成的目標絕對不會具有個人性、地區性或是臨時性的特質。任務說明書一旦具體化之後，所有階層的員工都會形成共識及共同的期望，隨著時間的發展，公司員工個人或是群體之間的價值觀將得以凝聚。任務說明書闡明了公司的價值以及意圖，有利於外部利害關係人(顧客、供應商、競爭者、當地社區以及一般社會大眾)對公司進一步的瞭解。最後，任務說明書也代表了公司對內部利害關係人的承諾與責任，而維持這種共生關係的基本要件就是公司必須有能力持續生存、成長與獲利。

關鍵詞 *Key Terms*

公司任務	*p.2-2*	**董事會**	*p.2-18*	**道德危險**	*p.2-20*
公司信念	*p.2-8*	**代理理論**	*p.2-19*	**逆選擇**	*p.2-20*
願景說明書	*p.2-16*	**代理成本**	*p.2-20*		

問題討論 *Questions for Discussion*

1. 閱讀圖表 2.1「運用策略的案例」——Nicor 公司的任務說明書之後，請由該公司的任務說明書中，列舉出五點您對 Nicor 公司較爲深入的看法與瞭解。
2. 請試圖找出本章所沒有提過某公司的任務說明書，並說明您在哪裡找到這些資料的，這些任務說明書有完整而嚴謹的敘述嗎？或者是您可以透過其他的有關該公司的出版品來重新彙整？您自己所尋找到的任務說明書與本書所列出的任務說明書之構成要素是否相符合？
3. 準備兩頁白紙，爲您的學校或是請您的指導教授指定某一家企業，撰寫任務說明書。

4. 公司的任務說明書如果有一些重要的因素沒有列舉出來，有可能會受到許多的責難，請您列出五點並加以說明。
5. 任務說明書常常被批評爲「陳腔濫調」，策略主管該如何預防這個現象？
6. 請問您有何證據來支持「任務說明書是具有價值」的論點？
7. 任務說明書如何能成爲永久的價值箴言，同時又成爲競爭優勢的基礎論述？
8. 如果生存的目標是指維持某種特殊的合法形式，請問獨資、合夥以及公司合者較具比較優勢？
9. 1990 年代那斯達克公司偏愛成長高過獲利能力，2000 年之後獲利能力卻成爲企業之首要目標，爲什麼？試說明之。
10. 您同意「願景說明書提供激勵人心的引導，而任務說明書則提供了實質的引導」這樣的觀點嗎？試說明之。

本章附錄

BB&T 的願景、任務及目的

BB&T 的願景

成為最頂尖的財務服務機構：「精益求精」。

BB&T 的任務

創造一個更美好的生活環境：幫助我們的客戶獲取經濟效益與財務保障；提供我們的員工一個學習、成長與滿足的工作場所；創造更優質的工作環境；此外，在進行安全與穩定投資的同時也使我們的股東能獲得最大的利潤。

BB&T 的目的

最終目的在為股東創造亮眼的長期經濟報酬。

這也應該是自由市場定義的目的。我們的股東提供必要的資金使公司得以順暢運作。經營失敗的話會使他們冒著極大的危險。他們有權力從這些具有風險的投資中獲得經濟報酬。

因此，本公司的目的在爲股東創造亮眼的長期經濟報酬，而這就只有透過提供最佳的服務給我們的客戶才能達成，因爲我們的客戶就是我們的收入來源。

爲了與客戶建立良好的關係，我們必須擁有最傑出的服務團隊。而要吸引並留住這些傑出人才，就必須提供他們相當的財務報酬與能夠學習和成長的工作環境。

我們的經濟成就來自於公共群落，公共群落的「生活品質」將會影響產業的成長。

因此，我們採用長期觀點來經營公司，一切都以整體的觀點來分析，最終的目標在回饋投資人，而實現這個目標則有賴顧客服務的品質。動機強烈的員工將會提供卓越的服務。我們是否能夠妥善的服務我們該服務的公共群落，這些都會影響最終的結果。

價值觀

「卓越是經由訓練與習慣演化而來的。我們重複的所作所為就代表我們自己。那麼，卓越就不只是一種舉止，反而是一種習慣了。」——Aristotle

希臘偉大的哲學家們皆認爲價值觀是醞釀卓越的思想與行爲舉止的指導原則。在此條件下，價值觀就是我們努力要養成的部分。價值觀就是讓習慣具體化，使我們成為獨立存在的個體，並得以成功與獲得滿足。對 BB&T 而言，我們的價值觀使我們能夠達成任務以及企業目的。

價值觀必須要能夠堅定並銘記於心才能有所助益。不一致的價值觀會妨礙人們在採取行動時的清晰度與自信心。

BB&T 有十項重要的價值觀。這些價值觀相互之間都相當一致並且能夠整合。當你以符合某項價值觀來採取行動時，你必須要使行動能與其他價值觀一致。而價值觀主要來自於信念。在 BB&T 中，價值觀是至為重要的！

1. 實事求是(以事實為基礎)

該是什麼就是什麼。如果想要做的更好就必須要能夠實事求是。企業與個人常會以他們所「預想的」，或偏離事實的理論基礎來制定決策而鑄下嚴重的錯誤。良好決策的基礎在於謹慎地分析事實。

恆常不變的自然法則與人為的變化之間具有根本上的差異。地心引力確實存在，但這並不代表人類就無法製造出飛機。但製造飛機卻一定要考慮到地心引力。在 BB&T 中，我們僅相信「實事求是」。

2. 理智地(客觀性)

人類生存的特殊意義在於具有思考能力，例如：我們能由五種官能所知覺到的現實中理智地分析事實。獅子以爪獵食，鹿能迅速避開獵人。而人則具有思考的能力——人類的心智，這些都僅是一種「真實的表現」。

但並非天生就能有如此清晰的思考，它是需要智能訓練並仔細地由所觀察的事實而來的。你必須要能從個別的案例中理性地歸納出一般性的結論(歸納法)，並運用一般性的結論來解決個別的問題(演繹法)。你要能以整合性的觀點來思考才能避免邏輯上的矛盾。

我們當然不可能全都是天才，但是每個人都能發展出：「決策時，小心地檢視事實並邏輯地思考，來導出結論的智力」。我們要學習去思考必備的要件為何，例如什麼事最為重要的。我們的目標就是客觀的找出最佳決策以達成目的。

理性思考是一種可以學習的技巧，需要全神貫注並不斷地苦思。在 BB&T 中，我們要找的就是這種能堅持於不斷提升理性思考能力的人。

3. 獨立思考

所有的員工都會面臨到運用個人思考能力以求其最佳化理性決策的考驗。在此種情況之下，每個人都要為我們的所作所為與個人負責。此外，我們極力鼓勵個人發揮創造力。

我們能從彼此間獲得學習機會。在 BB&T 中，雖然團隊合作是相當重要的(稍後將加以敘述)，但我們皆需獨立進行思考。全部人想法並非完全一致，因此每個人都要以其邏輯思考能力來對事實進行獨立的判斷，不會人云亦云。

在此種情況之下，每個人都要為其行為負責，每個人都要為自己的成功或失敗負責，例如個人若未達成其目標，就不能把失敗歸咎於工作小組。

所有人類的進步都源自於創造力，因為創造力是有助於變革的主要來源。創造力只會發生在具有獨立思考能力的人身上，它並非僅是改變做事方法，而是要能改善做事的效率。為改善做事的效率，新的方法或程序必須經由整體組織來判斷其影響，以確保能否有助於完成我們的任務。

每個人都有將事情做得更好的無限潛力。自我實現就是以創造性的思考與行動來完成工作的觀點。

4. 生產力

我們不斷努力並透過採取必要的行動來完成任務，以成為財富與福利的創造者。對我們生產力最有利的證據，就是我們無論事是在放款與投資程序皆理性地配置資本，並以有效率的方法來獲得良好的獲利率，並滿足客戶所需的服務。

獲利率是評估我們所生產的產品/服務，與生產這些所需成本之間差異的一種經濟價值評估法。在長期的條件與自由市場中，獲利愈高當然愈好。這不僅是公司股東的觀點，同時考慮到公司對整體社會的影響。健全的獲利代表良好的營運。在 BB&T 中，我們想要尋找的是具有創造、生產企圖，並致力於將想法轉化為行動以提高經濟福利的員工。

5. 誠實的

誠實，簡單而言就是符合事實。不誠實就是與事實相抵觸，最終會招致失敗。個人會失敗的最主要原因就是因為背離了現實，假裝面對的不是現況。誠實並非要我們萬事皆通。知識常來自於環境背景，而且人不可能是全能的，但是我們必須要為我們所說的話負責。

6. 正直的

由於我們以邏輯性的觀點來形成原則，基於實事求是的精神，我們的行為也會與原則一致。為了眼前近利而進行有違原則的行動，對我們來說是長期的損害。無論如何，我們不會在任何情況下妥協我們的原則。原則是謹慎小心思考的概念，使我們能獲得長期的成功。違背原則常會造成失敗。BB&T 是個具有高度正直傾向的組織。

7. 公正的(公平的)

個人應以其對達成任務的貢獻度以及對公司價值觀的堅持而受到客觀的評量與獎勵。貢獻度愈高者應該受到的獎勵愈多。

員工會依此來檢視其主管是否是公平公正，當員工發覺貢獻度與獎勵失衡時就會感到極度的不滿。

假使我們沒有獎勵貢獻度最高的人，他們將會選擇離開，而公司也就無法成功。更重要的是，假如沒有給表現特別傑出的人任何獎勵，那麼一般人也不會想要提升自己的生產力。

就像我們會評估所吃的食物健康與否，所穿的衣服是否夠流行，開的車性能如何一樣，我們當然也應該評估自己與其他人的關係是否良好。

在評估其他人時，保持公正是很重要的。在 BB&T 中，我們不會歧視種族、性別或國籍等這些無關緊要的條件。我們只在意競爭力、績效與性格等。我們深知，不可以公平主義或集體主義來看待個人。應該以個人的優缺點來個別地評價，而非其在任何團隊中的地位。

8. 驕傲

驕傲是我們依其價值觀生活而獲得的獎賞，它可能來自公正的、誠實的、正直的、成為一個獨立的思想家，或具備生產力與理性。

Aristotle 相信「贏得」驕傲(並非傲慢)是最好的美德，因為其他萬物皆以此為前提。為贏得驕傲而奮鬥能強化高道德價值的重要性。

我們每個人都應該為我們以公平手段所完成的工作而自豪。BB&T 要成就的是種讓每位員工與客戶都會感到驕傲的組織。

9. 自尊(自我激勵)

我們深切期望我們的員工能從他們所從事的工作中獲得自尊。我們期待、且讓我們的員工都能有理性、利己的表現。我們也希望員工們能有強烈個人動機並在公司的任務中完成他們的目的。

自我激勵是自尊中一項重要的特性。本公司有很高的工作倫理道德，相信你能夠從你完成的工作中得知貢獻多少。假如你不想努力工作，那就滾蛋。

人生的過程有許多交易，在周全的思考後，你將會清楚的瞭解 BB&T 就是你完成長期目標最好的工作場所。當你體會這些之後，你將會更具有生產力與滿足感。

10. 團隊工作/相互支持

雖然獨立思考與強烈的個人目的相當地重要，但本公司的工作皆以團隊來進行。我們每個人都必須不斷地行動以達成團隊共同的目標，尊重同事，彼此相互扶持。

BB&T 中的工作都相當複雜，需要許多人共同努力才得以完成重要任務。當我們在探討個人獨立思考與自我激勵的時候，我們也必須謹記在心，那就是在 BB&T 唯有透過團隊成員的同心協力才能夠完成艱鉅的任務。我們組織中領導者的責任就是確保每位員工所得到的獎勵都是以其對整體團隊的貢獻度爲基礎。傑出的個人共同合作才會有傑出的團隊。

我們的價值觀相當自覺但也都相當一致。你如果身在組織當中你就必須融合這十種價值觀。在 BB&T 中，價值觀是務實且重要的。

情緒的角色

人們經常認爲要制定符合邏輯的決策就表示應該排除情緒因素，因此情緒是不重要的。但事實上，情緒依舊舉足輕重。其實眞正的問題應該在於我們能否維持理性的情緒。情緒是由孩童就開始形成的潛意識。我們自然地對人或事件做出反應；這些反應有時會有所幫助，但有時卻會誤事。情緒並不像決策或知識等議題；問題在於，你會如何發洩情緒？眞正的難題是：你是否會能在適當的時機表現出正確的情緒反應？

情緒也可以經由學習而來，目的在「控制」自己的情緒，使情緒能有助於完成長期目標的最佳決策與行爲。因此，缺乏情緒因素的人並不代表他們就會具邏輯性。

描述 BB&T 的概念

1. 顧客服務導向

「世界級客戶服務的組織。」

「我們將客戶視為夥伴。」

「我們的目的在創造雙贏。」

「你可以告訴我你要什麼。」

「與 BB&T 做生意很簡單。」

「尊重個人，建立關係。」

我們絕對不會占人便宜，也不會想要跟占我們便宜的人爲伍。我們的客戶皆是長期夥伴關係因此應被友善對待。夥伴關係中一項重要的特徵在於：兩方都必須信守承諾。我們堅守我們的承諾。當我們的夥伴無法信守承諾時，就是結束夥伴關係的時候。

我們可以幫助我們的客戶達到其財務目的，而客戶則可以讓我們創造利潤，當兩方通力合作時就有無限可能。

2. 品質導向

品質必須被建立於流程中。

我們在事業的每一個部分皆落實並延續品質。把事情做對將比從更正錯誤來得容易而且節省成本。

3. 效率

「不浪費，不愁缺。」

將效率融入系統之中。

4. 事業與員工共同成長

不成長便滅亡。

生命需要不斷的檢視、朝著目標邁進。

5. 持續地改善

每個人都能做得更好。

致力於創新是基本的信條。

每位員工都應該不斷地善用推理能讓其工作精益求精。全部的系統/流程管理人員都應該不斷地尋找解決問題與服務客戶的最佳方法。

6. 制定客觀的決策

實事求是與理性。

BB&T 的管理風格

參與式
團隊導向
實事求是
理性
客觀

我們的管理程序刻意設計為參與式與團隊導向，我們努力建立共識，讓員工參與決策流程能獲得更多的資訊來制定決策。參與者將更瞭解決策並有助於執行。

但是參與式決策也有其風險存在：決策權變成兵家必爭之地，因此，決策之後的結果將會變成原則。我們的決策是以理性的事實為基礎而制定。所頒布的決策就是最佳的客觀決策。

因此，你認識誰或你的朋友是誰都不重要，重要的是你是否能提供最佳的解決方案以完成目標或預防問題發生。

BB&T 的管理概念

雇用傑出的人才
良好的訓練
賦予適當的權責
達成高標準的期望
績效獎勵

我們的概念就是經營一個高度自治、創業的組織。為達成此概念，我們必須充分信任各領域中的專業人才。

擁有不同領域的專業人才，能使我們獲得更節省成本的控制系統，並更能滿足客戶的需求。

傑出 BB&T 員工的特徵

企圖心
理性的
自尊

為符合公司的價值觀，BB&T 中成功的員工必須具有強烈的企圖心，他們要相信其人生的重要性，並經由其工作達成某些有意義的事情。我們尋找的是理性、具有高度個人自尊的員工。具有高度個人自尊的人將能與他人相處愉快，因為他們懂得尊重別人。

BB&T 的正向態度

由於本公司建立在事實與理性的基礎上，因此我們有能力獲得成功與滿足。

我們不認為「唯實論」等同於「悲觀論」。相反的，我們與事實一致的目的，正好讓我們能符合預期地達成目標。

BB&T 對員工的責任與義務

我們將盡力做到：

- 以內部權益和市場行情來公平地對待每位員工——以績效為導向的薪酬制度。
- 提供多種不同的福利。
- 創造一個可以學習與成長的場所——使員工能更具生產力和更完美。
- 訓練員工使他們有能力完成交辦的事務(從不會要求某人做從未受過訓練的事)。
- 基於公平公正的原則，以其在完成公司任務的貢獻程度與嚴守公司價值觀，客觀地評估與識別績效。
- 以尊重來對待每位員工。

出色以及守信文化的美德

就像個人需要可以遵循的價值觀(美德)一般，制度也需要能有一系列的特徵，以便具有最佳的效能來完成公司目標。因此，公司守信文化具有以下七項基本美德：

1. 幫助我們的客戶達成他們的經濟目的並解決財務問題：我們講求的是高品質的財務建議與服務。

2. 回應的：即使是不好的答案也要儘可能的快速回應客戶。
3. 彈性的(創造性的)：我們積極找尋更好的方法來滿足客戶的財務需求。
4. 可靠的：我們要將客戶當成長期夥伴來對待。BB&T 持續朝向做爲世界知名以及最可靠的銀行而努力。
5. 以協議限制管理風險：客戶不想借不到錢，而銀行則不想要有呆帳。
6. 確保銀行能在所承擔的風險下得到適當的經濟報酬：風險越高，報酬越高。風險越低，報酬越低。這是相當公平的。
7. 提供「俗擱大碗」的服務：概念在於透過傑出的服務品質提供超額的價值給客戶。理性的客戶將會公平地補償我們，當我們提供穩健的財務建議時，這些特徵對客戶來說，是相當具有經濟價值的。

策略性目標

成為一家高績效的財務機構，以生存並昌盛於現今快速變動、高度競爭、全球整合的環境中。

達成我們的目標

效益極大化有幾個關鍵因素：獨立、創造居高不下的每股盈餘、品質、企業長期的競爭力以及不隨便承擔風險。

效率是相當關鍵的，當然提高每股盈餘最簡單的方式就是降低成本，但是不想投資就長期來講根本就是自殺，這樣做將會扼殺長期的競爭力。

達成高每股盈餘與收益成長最聰明的方法就是提高卓越的品質與服務，而其作法如：提高邊際收益、改善效率、擴大獲利的產品線、提供或是創造有效的配銷通路。

「世界級」收入驅動型的銷售組織

在 BB&T 中，銷售就是找出我們客戶的財務需求，並藉由提供他們正確的產品與服務來幫助客戶達到其經濟目的。

有效的銷售需要訓練有素的 BB&T 員工來尋找客戶的財務目的及問題，並對我們的產品能如何協助客戶達成目的與解決財務問題能瞭若指掌。

它也需要特殊的技巧來支持員工及產品經理，因爲服務與銷售本質上是相互連結的，而且產品設計與開發也需要創造力。

「世界級」的客戶服務(社區銀行)

BB&T 營運就像一系列的「社區銀行」，「社區銀行」的概念就是在地化的決策並感同身受的回應，給予可靠的服務。

爲使決策制定能貼近客戶，所有地方性因素都會納入考慮，而且我們會確保客戶都能獨享尊榮。

在操作這些分散化決策制定的方法時，我們需要擁有「受過嚴格訓練、深諳 BB&T 的哲學，並且精通其負責領域」的專業員工。

致力教育/學習

我們的員工牢記競爭優勢。

我們付出了大量的投資在員工教育，形成一個以知識爲基礎的「知識本位學習型組織」以資運用，並成爲傑出績效的重要來源。

我們相信最有系統化的學習是建立在Aristotle的概念之上：「卓越是經由訓練與習慣化而來的。」我們以其所需領域中最好的知識/方法來訓練員工，並輔以管理來強化這些行爲並成爲一種習慣。其目的在讓每一位員工在工作本位中學有專精，無論是電腦操作員、出納員、財務顧問或其他職位。

我們的熱情

成為最頂尖的財務服務機構。

透過適合的創新和改善生產力持續提供客戶最好的價值。

在 BB&T 中，我們有兩項熱情。最基本的就是我們的願景：成爲最頂尖的財務機構——「世界級」與「精益求精」。我們相信「最佳」是可以藉由任務完成之後，透過合理績效標準來客觀衡量的。

爲了達到精益求精，我們必須不斷地在高獲利率的組合中游走，尋找爲我們客戶實現最高價值的方法。這需要我們隨時不斷地進行創新以提高我們的生產力。

Chapter 3

公司社會責任與企業倫理

閱讀完本章之後，您將能：

1. 瞭解以利害關係人取向來探討社會責任的重要性。
2. 解釋社會責任的連續帶，以及不同選擇可能對公司獲利所造成的效應。
3. 說明何謂社會檢核，並說明其重要性。
4. 試說明2002年美國沙賓法案對企業倫理行為有何影響。
5. 試將「協同式社會新行動」與「達成企業社會責任的可行方案」進行比較分析，並說明「協同式社會活動」有何優點。
6. 說明「協同式社會新行動」的五大主要原則。
7. 試比較企業倫理不同取向的優缺點。
8. 試說明企業倫理與策略管理實務上的關連性。

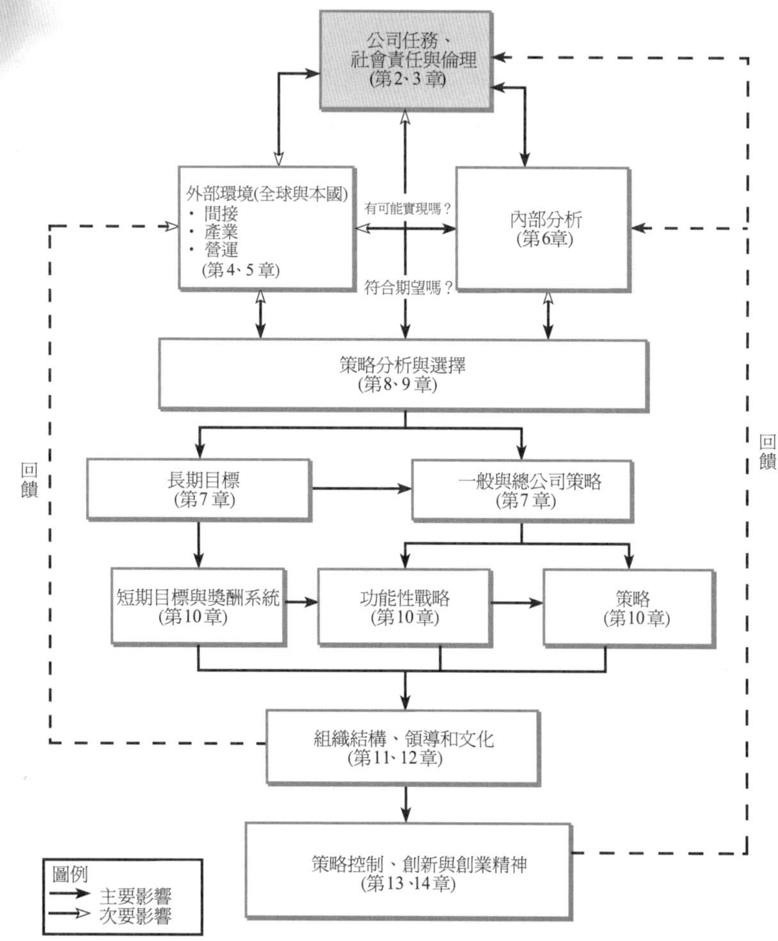

3.1 以利害關係人取向來探討社會責任

在定義或是重新定義公司的任務時，策略管理者必須確認公司任務說明書的內容已具備合法性與正當性，因爲任務說明書涉及股東、員工以及會受到公司行動影響的外部關係人。這些外部關係人包括：顧客、供應商、政府、工會、競爭者、當地的社區以及一般的社會大眾。這些利益團體有充分的理由期盼(或稱之爲需求)公司滿足他們的要求，並爲他們負該負的責任。一般來說，股東會要求投資報酬率；員工會要求工作滿足；顧客要求物超所值；供應商要求可信賴的買家；政府要求遵守法令；工會爲員工爭取福利；競爭者要求公平的競爭；當地社區要求爲市民負責；一般大眾要求企業改善生活品質。

根據一份針對在美國東南部 291 家最大的公司所做的調查，共回收 2,361 份問卷，研究結果顯示：

1. 董事會已經意識到存在著許多不同的利害關係人群體。
2. 董事會具有高度的利害關係人導向。
3. 董事會會基於不同職務(執行長 v.s 非執行長)或是不同類型(內、外部董事)來考量不同利害關係人的觀點。

該研究同時也發現：公司對利害關係人的看法，會隨著其認知的重要性不同而觀點有所差異(指顧客與政府、股東、員工及社會)。研究結果顯示，董事會不會再將股東視爲唯一的利害關係人了。

然而，當公司試圖將這些利害關係人的觀點加以整合，並描繪成任務說明書的時候，董事會通常沒有能力將這些觀點通則化。一般來說，整合利害關係人的觀點必須採取以下的步驟：

1. 定義利害關係人。
2. 了解利害關係人對公司的特殊要求。
3. 釐清利害關係人對於這些要求以及分配的偏好與優先次序。
4. 將這些要求與公司任務說明書中的其他要素相互結合。

1. 定義

圖表 3.1 左邊欄位列出一般對利害關係人的分類，而通常執行長還會再增加利害關係人的內涵。顯然，每一家企業所面對的利害關係人都會有些微的差異，不管是在數目、規模、影響以及重要性上都會有所不同。在定義公司任務的時候，策略管理者必須定義所有的利害關係人群體，以及這些利害關係人對公司成敗影響的相對重要性。

圖表 3.1　不同利害關係人對公司責任的觀點

利害關係人	對公司的要求
股東	參與利潤的分配、股利的分配、速動資產、選舉股東、檢視公司的報告、股票的移轉、選出董事會、或是其他與公司簽訂契約中所提到的所有權利。
債權人 (creditors)	由債權人的投資中獲得應得的合法利息、抵押的資產、清算之後的利得、債權公司的管理者或所有權人在某些情況之下擁有特權(例如不履行支付利息)。
員工	滿足員工經濟、社會與心理上之滿足、在辦公室上班享有充分的自由與變化。擁有自由與彈性，享有福利、自由的參與工會與集體協商的自由、良好的工作環境。
顧客	提供良好的產品與服務、提供有關產品充分的資訊、合宜的產品保證、產品的保固期間與服務、透過研發不斷的改善產品、強調信用。
供應商 (suppliers)	與企業持續合作、重視信用以及進貨時間的掌控、採購或是接受產品保證、產品的保固期間與服務都是過透專業契約的方式。
政府	稅制建立、訂定公平而自由的競爭法令、鼓勵遵守法令的商人、制定反托拉斯法。
工會	員工與資方談判的代理人、有機會可以加入企業組織。
競爭者	建立社會與產業內競爭的遊戲規則、對同業的商業手腕。
當地社區	針對社區提供良好的僱用員工政策、公司主管參與社區相關之事務、規定員工僱用的原則、公平、大量購買社區的商品以回饋社區、支持當地政府、支持社區文化與慈善性的活動。
一般大眾	參與社會活動並對社會有所貢獻、企業與政府良性的溝通增進彼此之間的了解、分擔政府與社會的重擔、合理的價格、生產技術、生產線與研發能力的快速進展。

資料來源：William R. King and David I. Cleland, Strategic Planning and Policy, © 1978 Litton Educational Publishing, Inc., p. 153.

2. 瞭解

圖表 3.1 右邊欄位列出各種利害關係人對公司的主要需求，策略決策者應該瞭解每一類利害關係人的特殊需求，如此，他們才有可能提出滿足這些利害關係人的行動。

3. 釐清偏好與優先次序

可惜的是，利害關係人之間不同的需求經常是相互衝突的，例如：政府與一般社會大眾經常會限制企業過度獲利。但是獲利這個目標卻是債權人以及股東最強烈的訴求。因此，利害關係人對公司的要求必須與公司的任務說明書一致，儘管他們之間的要求將會有所競爭、衝突與相互矛盾，但是這些都必須儘速解決。爲了讓目標與策略在組織內部取得一致性並精確的聚焦，縱然公司的目標總是比較偏向多元面向的思維，但是任務說明書卻只能具備單一的想法。

任何企業都會面對數以千計的要求，例如：高工資、工作環境自由、工作安全、產品品質、社區服務、稅、職業健康安全管制、公平就業機會管制、產品差異性、廣大的市場、生涯發展、公司成長、投資安全、高投資報酬率...等等。雖然上述的要求企業都希望能夠一一實現，但是這些指標不可能都被列爲同等重要，策略管理者必須依照公司所強調的重點來分配指標的優先次序，這些優先次序正可以反應公司在進行策略決策時指標的相對重要性，而且會影響公司規劃長期目標與策略的方向，以及如何分配其人力、財務以及實體資源。

4. 與任務說明書中的其他要素相互結合

利害關係人群體的需求是影響公司任務的主要投入因素，其他的影響因素爲經營管理哲學以及影響產品與市場的決定因素。這些影響因素將實際考驗利害關係人所提出的要求是否眞能實現。公司如何同時滿足利害關係人的要求，同時在市場上獲得最高的利潤，這將是未來企業所將面對最關鍵的議題。

3.1.1 社會責任的動態性

如圖表 3.2 所示，公司的利害關係人可以分爲內部利害關係人與外部利害關係人，而內部利害關係人主要是指某個個體或是群體，包括公司股東或是員工。而外部利害關係人則是指其他對公司有所影響的個人或是群體。面對這些大量而且不易辨識的外部利害關係人，公司更應該負起社會責任。

圖表 3.2 影響公司任務發展的投入因素

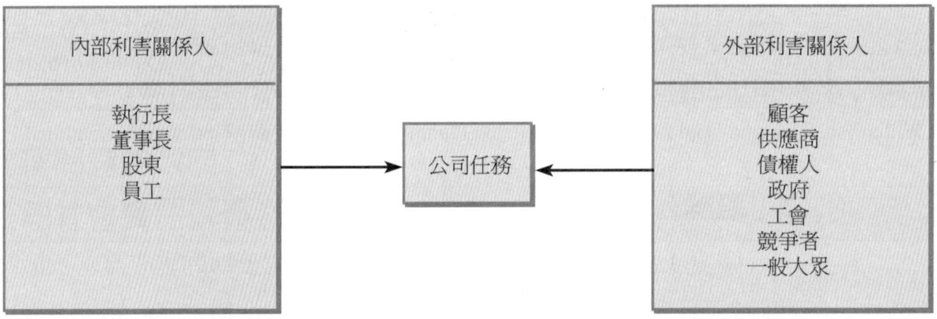

內部利害關係人		外部利害關係人
執行長 董事長 股東 員工	→ 公司任務 ←	顧客 供應商 債權人 政府 工會 競爭者 一般大眾

在定義公司任務的時候最困難的議題大概就是有關責任方面的問題了。公司社會責任這個概念是指，除了利害關係人的經濟利益外，一般而言企業尙有服務社會的本分。以利害關係人的方法來探討此項議題可能是最清楚的方式了。外部利害關係人的需求，一般是附屬在內部關係人要求改善社會的訴求上。也就是說，社會改善得愈透徹對外部關係人就愈有利。外部利害關係人認爲污染、固體與流體廢棄物、自然資源的保存都應該列入策略決策的考量。更廣義的來看，內部利害關係人相信：外部關係人的要求會彼此對抗，最後會趨於均衡，在某種意義上來講，這將有助於公司任務的形成與執行。舉例來說：如果公司無法完全克服污染的問題而一直以利潤爲唯一考量，則消費者對產品的需求，可能會與該產品所衍生的污染問題達成一種均衡的狀態。某些內部利害關係人也會對社會的要求有一些不同的看法及爭議，例如政府對企業所產生的水污染課徵稅金，是政府的一種管制手段，面對同樣的事件，社會大眾可能也會對企業有所要求。

相關的議題相當多而且複雜，隨著情境而有所差異，因此，企業處理相關的議題不能過度僵化，每一家公司(不管規模大小)都必須決定如何達成它應盡的社會責任。相對來說，規模較大或是資金充裕的公司比較容易得到外部顧問的諮詢與策略建議，此種策略是小公司不容易做到的。然而，根據許多小企業的經驗顯示，有效的防治污染以及減少資源浪費並不一定要花大把銀子或是聘請外部顧問。一旦問題明確之後，公司的各級主管以及員工將有能力發展出解決之道。其他重要的污染防治策略包括：生產製造的再設計以及改變使用的材料。污染防治的社會責任有助於較小的企業， 社會責任的策略也有利於上市上櫃公開發行股票的公司。

不同公司採用不同的方法反應出該企業所處的競爭地位、產業、國家、環境、生態壓力以及其他的因素。換言之，公司所認可的要求將反應出他們所面對的情境因素以及不同的偏好次序。很明顯的，二十一世紀想要擄獲大多數顧客的忠誠度需要更新的行銷策略以及新的策略聯盟，圖表 3.3「運用策略的案例」專欄，則廣泛的討論目前許多公司如何推動有關社會責任的行動方案。

面對許多利害關係人(包括開發中國家的石油探勘)的需求時，西方石油公司(Occidental Petroleum)仍堅守公司社會責任的理念，許多團體因公司的努力不懈而受到影響，這些團體像：當地居民及政府、環保團體、法人投資者。

雖然不同公司的作法有顯著的差異，但大部分的美國企業都會試圖向外部關係人說明他們執行社會責任的決心。許多公司像：Abt Associates、Dow Chemical、Eastern Gas and Fuel Associates、ExxonMobile、Bank of America 每年都會執行「社會檢核」(social audits)，社會檢核試圖從社會責任的觀點來評估公司，許多私人顧問公司常進行此方面的調查，且評估的結果通常相當準確。

3.2　社會責任的類型

爲了進一步瞭解社會責任的本質與範疇，策略主管可以運用一個連續帶或是層級的觀念將社會責任分成四類，分別是：經濟責任、法律責任、道德責任以及慈善責任。

經濟責任
管理者的責任就是為公司所有人賺取最多的股東財富。

法律責任
說明了企業在進行管理活動時所應該遵守的法律責任。

經濟責任(economic responsibilities)是公司社會責任中最基本的概念。甚至有一些經濟學者認爲企業社會責任中的經濟責任只是合法的表現而已。經濟責任意味著企業管理者必須極盡所能的使企業利潤極大化，此觀念假設企業對社會最基本的責任就是在合理的成本之下提供最佳的商品與服務。企業如果嚴格執行社會責任，除了上述利潤極大化的基本要求之外，還應該爲勞動力提供有意義且具生產力的工作，並處理當地稅賦的問題。

法律責任(legal responsibilities)說明了企業在進行管理活動時所應遵守的法律責任，顧客的需求與大環境的趨勢使得社會大眾愈來愈重視法律責任，例如企業應該遵守顧客安全及污染防制相關的法律。因此，對於消費者法律愈來愈重視的傾向已經被視爲是市場上買方與賣方間的「力量均衡」。與顧客有關比較重要的法律包括:「合理包裝及標籤法」(Federal Fair Packaging and Labeling Act)負責管制企業包裝與標籤的程序、「誠實借貸法」(Truth in Lending Act)管制個人的借貸信用問題、「消費品安全法」(Consumer Product Safety Act)則是保護消費者在使用消費性產品時，免於受到不必要的風險與傷害。

運用策略的案例 **圖表 3.3**

公司如何推廣慈善行爲

公司	汽車	公司	通訊設備
Toyota	Prius 油電混合車引領市場風潮。	Nokia	使殘疾人士與低收入戶也可使用與擁有手機，同時也逐漸淘汰有毒物質。
Volkswagen	小車與柴油科技的市場領導者。	Ericsson	致力於維護生態，在奈及利亞的村落發展風能與燃料電池為電信系統的動力。
	電腦及週邊設備		**金融服務**
Toshiba	發展重視高效節能的產品，例如發展燃料電池作為筆記型電腦的電池。	ABN Amro	參與碳排放交易，協助生物燃料的微型企業。
Dell	美國個人電腦製造商中，首先提出由顧客端免費回收已淘汰戴爾品牌產品的理念。	ING	專長於專案融資，並協助開發中國家的財務機構改善經營體質。
	衛生保健		**家庭耐用消費品**
Fresenius Medical Care	以能源、所使用的水及浪費來計算住院治療的成本。	Philips Electronics	開發中國家節能電器、照明、醫療設備頂尖的創新者。
Quest Diagnostics	推動多元方案使得企業多聘用少數民族、婦女以及退伍軍人。	Matsushita Electric	頂尖的綠產品，在全球營運的過程中，降低了 96%的有毒物質。
	石油與天然氣		**製藥**
Norsk Hydro	自從 1990 年以來，降低溫室氣體排放 32%，並審慎的評估公司所做所為對社會與環境的影響。	Novo Nordisk	致力於痲瘋病和禽流感藥物的研究，並且是低價藥品的領導廠商。
Suncor Energy	協助加拿大北部的原住民解決社會與生態的議題。	Glaxo-Smithkline	致力於研發瘧疾和結核病的藥物，同時也是研發抗愛滋病藥物的先驅。
	零售		**公用事業**
Marks & Spencer	購買當地的產品，降低運輸成本與燃料的使用，對當地員工提供良好的薪資與福利。	FPL	美國最大的太陽能發電。
Aeon	環境會計節省 560 萬美元，並且在中國和東南亞採取良好的員工政策。	Scottish & Southern	積極公開環境風險，包括空氣污染與氣候變遷。

資料來源：資料摘自 Pete Engardino 的“Beyond the Green Corporation,” Reprinted from January 29, 2007 issue of *BusinessWeek* by special permission.Copyright © 2007 by The McGraw-Hill Companies, Inc.

環境的變遷同樣也會影響企業的管制，這一項變遷使得環境保護的意識日益抬頭，而且也擬定了更多嚴謹的法律，例如「國家環境政策法案」(National Enviromental Policy Act)致力於生態環境的均衡以及生態保護的政策與目標。許多企業的建設與營運都有可能會威脅到生態系統，因此有關影響環境的相關研究就顯得相當重要。政府所設置的環境品質委員會(Council on Environmental Quality)目的就在引導企業的發展。環境變遷的同時，美國環保署(US Environment Protection Agency)應運而生，從事環境保護政策的擬定與管理。

很清楚的，一般的企業或是員工個人都必須遵守民法與刑法的基本要求，法律責任的範疇則不僅限於上述的民法及刑法，它還包含一些其他法律的要求。比較令人驚訝的是，最近美國許多大企業所發生的醜聞都是因爲個人無法堅守法律責任所引起的。這些案例當中則以公司總部設在美國休斯頓德克薩斯州的恩隆(Enron)公司最著名，恩隆在 2001 年破產之前是全世界最大的電力、天然氣、紙漿和紙張以及通訊公司。財富雜誌曾經連續六年將恩隆公司喻爲「美國最創新的公司」，此外恩隆也享有「美國一百大最値得工作企業」的美名。2000 年的收益爲 1,010 億美元，爲美國第七大公司。

恩隆的破產主要是由三位恩隆的高階主管主導「計畫性且頗具巧思的會計造假」之醜聞所造成的，Kenneth Lay (創辦人、前執行長)、Jeffrey Skilling (前執行長與營運長)以及 Andrew Fastow (前財務長)都身陷囹圄，罪行則是串謀、證券欺詐、虛假陳述以及內線交易等罪名。

法庭聽證會上公開了這樣的訊息：恩隆公司大多數的利潤與收益都來自處理「特殊目的的組織」，而其主要負債卻未在財務報表中揭露。當這項醜聞對社會大眾發佈時，恩隆的藍籌股大跌，由每股超過 90 美元跌至每股一塊錢美元。負責稽核恩隆公司會計帳目的安達信美國總公司「安達信會計事務所」(Arthur Andersen)也因爲破壞與恩隆有關的文件而被判有罪，該公司除了被停權之外，聲望也因此跌到谷底。2007 年恩隆更名爲恩隆債權人保障公司，試圖宣告該公司已進行組織改革，而且公司的資產與營運仍然維持正常。

圖表 3.4「運用策略的案例」中舉了七家公司爲例，這七家公司分別是：Adelphia Communications、Arthur Andersen、Global Crossing、ImClone Systems、Merrill Lynch、WorldCom 以及 Xerox 等公司。

道德責任
策略主管認為哪些行為是正確或適當的。

道德責任(ethical responsibilities)可以反映出公司認爲哪些行爲是正確或是適當的。道德責任的層級高於法律責任， 道德責任乃是出自於社會對於企業倫理行爲的一種期待。有一些行爲可能合乎法律的要求但是卻不符合倫理的要求。例如製造與行銷香煙是合法的，但是消費者經常抽煙導致致命的結果，使得許多人認爲銷售香煙是不符合倫理要求的。有關倫理管理的議題，本章隨後會有更詳細的討論。

慈善責任
假設企業是自發性的回饋社會，例如：公共關係、良好的企業公民及完全的公司社會責任。

慈善責任(discretionary responsibilities)是假設企業自發性的回饋社會，企業的做法可能包括：公共關係的活動、良好的企業公民以及完全的公司社會責任。透過公共關係的活動，管理者試圖提升公司、產品以及服務的形象。「慈善責任」這一類的社會責任也有自利的一面，例如公司建立了良好的形象之後有助於公司推廣慈善活動、公共服務的廣告或是滿足社會大眾的期望。企業對社會善盡社會責任，必須要有公司高階策略主管的投入與承諾，而且他們對於社會問題的重視必須等同於對公司問題的重視。例如：美國國家足球聯盟球隊中的球員或是員工，會撥出一些時間加入「更新計畫」，輔導那些沉迷在藥物或是酒精的人，使他們獲得重生的機會。

值得注意的是，上述有關社會責任的層級彼此之間是相互重疊的，由於四個層級之間存在灰色地帶，因此有許多的社會期望與組織行為並不容易定義。然而，管理者對於「社會責任」必須謹記在心的是：經濟責任與法律責任是基本的，道德責任是社會所期望的，而慈善責任則是社會所迫切需要的。

運用策略的案例 **圖表 3.4**

企業醜聞錄

ADELPHIA 傳播公司

2002 年 7 月 24 日，美國第六大有線電視公司 Adelphia 傳播公司的創始人，77 歲的 John Rigas 和兩名兒子被控侵佔公款而被拘捕了。幾任前 Adelphia 的理事也同時被拘捕。美國證券交易委員會(SEC)對該公司提出民事訴訟，主張該公司為符合華爾街投資銀行之期待，隱瞞公司上億元的債務，偽造數據膨脹收入並且隱蔽 Rigas 家族自利交易的事實。這個在 1952 年成立的 Adelphia 家族，在 5 月放棄了企業的控制權，並且在 6 月 25 日歸檔為破產保護，而公司則在 2002 年 6 月在那斯達克股市停牌。

安達信會計事務所

2002 年 6 月 15 日，德州陪審團發現因銷毀財務文件而妨礙司法的會計公司乙案，與它的前客戶恩隆公司有關。1913 年成立的安達信會計事務所，在美國證券交易委員會(SEC)調查並承認其銷毀恩隆的文件之後，嚴重受創。根據休士頓辦公室的說法，安達信會計事務所解雇了負責銷毀恩隆文件的 David Duncan。而 Duncan 也承認他妨礙司法，濫用政府權力。

環球電訊

美國證券委員會(SEC)和美國聯邦調查局(FBI)正著手調查與其他電訊企業交換網路容量以虛增收入的環球電訊公司。由於臆測能夠借入數十億興建光纖通信基礎建設，以因應大量的需求，公司陷入危機。而其他公司也作了同樣的賭注，使得光纖供過於求，價格猛跌，也因此為環球電信帶來巨額債務。2002 年 1 月 28 日，宣告破產。但 1997 年建立環球電訊的總裁 Gary Winnick 卻在公司瓦解前，兌現了 7 億 3 千 4 百萬美元的股票。2002 年 1 月，環球電訊在紐約證券交易所(NYSE)停牌。

英克隆系統生化製藥公司

國會委員開始調查投資生技公司英克隆以瞭解它們是否正確告知投資者，其研發的實驗性抗癌物 Erbitux 未獲食品藥物管理局核准。前總裁 Samuel Waksal 因觸犯 Erbitux 內線交易，在 2003 年 6 月判刑 7 年。此外，聯邦調查員對家居女王 Martha Stewart 提出控告，原因是在美國食品藥物管理局(FDA)宣佈不審批英克隆公司研製的某一種抗癌新藥的前一天，她賣出約 4,000 股英克隆股票。

美林集團

2002 年 5 月 21 日 Merrill Lynch 與紐約檢察長 Eliot Spitzer 達成協議，同意賠償一億美元，原因是這家資本規模最大的證券公司，故意向投資者推薦很可能導致投資不利的公司股票以從中獲利。Merrill 證券分析師 Henry Blodgett 指出那些大力吹捧的股票竟是公司分析員們稱為「垃圾股」的股票。Merrill 同意嚴加控管研究與投資銀行業務之間的界線，並保證提供給投資者的建議不以賺取承銷費為出發點。

世界通訊

2002 年 7 月 21 日，美國第二大電信公司被列為史上最大破產案。WorldCom Inc 在 6 月 25 日承認它虛報高達 38 億 5 千萬美元及 2001 年 13 億 8 千萬美元的利潤。公司開除了財務長 Scott Sullivan，並在 6 月 28 日，超過 20%的員工 17,000 人遭到裁員。為掩飾其買進股份的損失，向公司貸 4 億 8 百萬美元的總裁 Bernie Ebbers 在 4 月辭職。而 WorldCom 也於 2002 年 7 月在那斯達克股市停牌。

全錄

2002 年 6 月 28 日，Xerox 宣稱它會再次說明五年來的財務結果，以及超過 60 億美元的收支。4 月，為了解決美國證券交易委員會(SEC)指控其對投資者進行會計欺騙，該公司同意賠償 1,000 萬美元之罰鍰。但是聲明沒有不道德的行為。由 Xerox 生產的形象產品包括：影印機、印表機、傳真機以及掃瞄器。

*此章節節錄自“A Guide to Corporate Scandals,” MSNBC, www.msnbc.com/news/ corpscandal front.

3.2.1 公司社會責任以及獲利能力

1. 公司社會責任以及財務底限(bottom line)

每一家公司都必須透過長期的獲利來維持其生存的能力，雖然成本與利潤都可以清楚的計算出來，但是利潤卻未必是公司唯一希望達到的訴求。如果我們將**公司社會責任**(CSR)列爲考慮重點，則此時成本與利潤將同時包含經濟與社會的層面。經濟面的成本與利潤相當容易量化，而社會面的成本與利潤則不容易量化。因此，如果管理者比較重視經濟面的績效衡量結果，而較不重視社會面的衡量結果，則將會產生相當程度的風險。

公司社會責任
企業除了滿足股東的財務需求之外，還應該有服務社會的職責。

公司社會責任與成功(利潤)之間的關係是動態而複雜的，公司社會責任這個觀念與其他觀念之間並不會相互排斥，因此我們最好將公司社會責任視爲企業策略決策過程的一個重要組成因素，以便我們在決定許多目標的時候，仍然可以維持利潤極大化。

如果我們想要進行公司社會責任的成本效益分析有時候並不容易，這個過程之所以複雜存在著許多原因。首先，有一些公司社會責任的活動並不會花費任何成本，例如：Second Harvest 是美國最大的非政府、慈善單位的食物批發商，他們專門接受食品製造廠商以及食品零售商的捐贈，特別是那些生產過剩將要丟棄的食品，或是倉庫庫存受損被標示爲不良品的食品。不過十年的光景，Second Harvest 已經銷出二十億磅的食物。Gifts in Kind America 是可以替公司出清未售出或是廢物存貨的一個組織，而且他們將那些無用的存貨捐贈給有需要的慈善團體或是非營利組織，而且也可以幫公司節稅。在過去有許多公司參與捐贈，其中包括 Nike 捐贈 130,000 雙鞋；Aris Isotoner 捐贈 10,000 雙手套；Apple Computer 捐贈 480 套電腦系統。

此外，公司的慈善活動似乎已經成爲公司社會責任的主要傳統活動，因爲這些活動可以節稅，自然公司的成本也因此而降低。公司參與慈善活動導致國家社會福利的提升或許是最大的回報。此種慈善活動通常有利於組織在社會中形象的建立，某些慈善活動則有助於公司建立特殊的聲譽。

第二，企業不可能爲了社會責任的行爲支出過高的成本，讀者可以思考下列公司所發生過的問題：A. H. Robbins Company(達康盾子宮內避孕器)、Beech-Nut Corporation(蘋果汁)、Drexel Burnham(內線交易)以及 Exxon(海洋污染)。就企業所面對的環境而言，社會責任最大的考量還是「成本」的因素。

第三，企業社會責任的行爲可能爲企業節省一些成本因而提高利潤，SEL 實驗室使用環保材質，使得環境受到保護之外，更節省了 60%的成本。公司部分運用兼職的員工並調整工作計畫，可以使得缺勤率降低、生產力提高、士氣提高。DuPont 針對員工採取了彈性工作計畫，原因是因爲該公司在進行一項調查之後發現：如果其他公司的雇主較有彈性且較願意關心員工的家庭生活，則大約有 50%女性工作者與 25%男性工作者想要離職。

支持 CSR 的人認爲雖然善盡企業社會責任會支出相當的成本，但是長期來講，公司形象的提升或是在當地社區獲得商譽都足以彌補成本的支出。這些無形的資產有助於企業安然度過危機，例如 Johnson & Johnson 在 1982 年發生有七位芝加哥地區的人在服用過摻有氰化物(cyanide)的 Tylenol 膠囊後死亡的事件，由於該公司是一家重視社會責任的公司，因此嬌生公司不惜以損失一億美元成本的方式，立即回收所有的 Tylenol 膠囊，並立刻與製藥界與醫療界人士進行大規模的溝通，因此公司的公眾形象再度獲得肯定，而且也將財務損失降至最低。如果企業都善盡社會責任，則政府的管制將會減少而成本也將降低，更有許多的投資者會增加投資信心。支持者相信以上的說法，而且認爲社會責任行爲將會增加公司長期的財務價值。圖表 3.5「運用策略的案例」提供了 Johnson & Johnson 公司的任務說明書。

運用策略的案例 **圖表 3.5**

願景說明書：Johnson & Johnson

我們相信公司的首要責任就是針對醫生、護士、病患、母親、父親以及其他使用我們產品與服務的人，滿足他們的需求，並提供最高品質的產品與服務，我們也必須不斷降低成本以維持合理的價格，顧客的訂單必須精確而即時的交貨，我們的供應商與顧客也必須獲得公平而合理的利潤。

我們必須對員工負責，包括在全球為公司努力的男女員工，每個人都必須被視為一個個體，我們必須尊重每位員工的尊嚴並認同他們的優點，他們必須具備工作對外保密的觀念，薪酬必須合理而適當，員工必須能自由的建議或是抱怨，每位員工均有相同的就業機會、發展與升遷的管道，我們必須提供令人滿意的管理方式，而且必須符合倫理的精神。

我們必須對於居住與工作的社區負責，全球皆然。我們必須成為良好的企業公民，支持好的工作與慈善事業，並且共同負擔稅金，我們必須鼓勵企業公民改善健康追求更好的教育，我們必須保護環境，妥善的運用天然資源。

我們最後的責任是對所有的股東負責，企業必須賺取大量的利潤，我們必須開發新的創意，進行研發，推出創新的方案，必要時也會犯錯。購買新的設備與設施，有助於新產品上市。必須有足夠的儲存能量以應付不利的狀況。如果我們作到上述各點，股東將會有相當豐厚的報酬。

資料來源：Johnson & Johnson, http://www.jnsj.com

2. 績效

爲了探討社會責任行爲與財務績效間的關係，首先我們必須回答一個重要的問題，亦即：公司主管究竟如何評估公司社會責任績效對財務績效的影響？

批評公司社會責任的人相信：如果公司善盡社會責任，則該公司必定準備相當多的備選方案，如果公司財務表現不佳，則公司將會相對的比較不關切有關 CSR 的議題。就獨資的小公司而言，執行長可能會比較重視公司在 CSR 所花費的成本，而比較不重視 CSR 能帶來什麼好處。此外，在傳統的投資組合理論中，學者不斷的強調公司應該在廣闊無垠的投資機會中，尋找風險極小與報酬極大的投資均衡點。如果以社會責任的觀點來看待投資組合理論，則不免會引起爭議，因爲在本質上，社會責任這個枷鎖限制了企業太多的投資機會，而且這種限制將會增加投資組合的風險，而且降低投資組合的報酬。

3. 現代公司的社會責任

許多美國的企業已經將公司社會責任奉爲圭臬，除了企業經常堅信「爲善常富」的道理之外，至少有三個趨勢驅使，使得企業不得不重視 CSR 的觀念，這三個趨勢分別是：「環境保護論」再度獲得重視、購買者的力量相對增加、企業全球化。

4. 「環境保護論」再度獲得重視

1989 年 3 月，在阿拉斯加威廉王子港外海愛克森瓦拉茲號(Exxon Valdez)發生船難，致使 35,500 噸原油漏至海中，美國政府花費逾十億美元善後。海洋與海岸都受到了污染，而且也受到全球生態環境保育人士的關心。六個月之後，因爲愛克森瓦拉茲號(Exxon Valdez)事件的發生，因而成立了環境責任經濟聯盟(Coalition for Environmentally Responsible Economies, CERES)的組織，致力於促進公司重視環境的新目標。環境責任經濟聯盟(CERES)成員主要來自於美國各大投資團體及環境組織，工作推動的重點在於企業界採用更環保、更新穎的技術與管理方式，以善盡企業對環境的責任，參與該組織的公司應該遵守相關法令的約束。

環境主義論者向來致力於保護自然資源、消除環境汙染，並關注「綠化」的議題。Heinz 公司向來都採取重視「綠」的立場，圖表 3.6「頂尖策略家」專欄則詳細的說明了該公司有哪些積極、永續性的作法及方案。

頂尖策略家 **圖表 3.6**

Heinz 的執行長 Bill Johnson 強調公司社會責任的重要性

在華盛頓特區舉辦的全國記者俱樂部午餐會中，Heinz 公司的執行長 Bill Johnson 因為推動公司社會責任的傑出表現，被推選為「2008 年先鋒執行長」(CEO Pioneer of 2008)。2005 年，Johnson 與他的管理團隊建置了非常積極的策略計畫，其中包含八大十年全球永續目標：

溫室氣體	排放	降低 20%
製造過程中所使用的能源	用量	降低 20%
製造過程中所使用的水	水的消耗	降低 20%
固體廢物	Heinz 生產所產生的廢物	降低 20%
包裝	總包裝	降低 15%
交通運輸	石化燃料的消耗	降低 10%
可再生能源	可再生能源資源	增加 15%
永續農業	碳足跡	降低 15%
	使用水	降低 15%
	農地產量	增加 5%

這些環境的目標 Johnson 認為是 Henry J. Heinz(公司創辦人)願景的擴充，而且他們也都相信食品安全對於整個社會具有相當大的貢獻。

Johnson 提出 2008 年公司社會責任的首要議題就是：至 2015 年為止公司希望降低 20%的溫室氣體排放。他認為：「為了達到這些目標，我們舉辦了無數全球性的活動來倡導：公司重要的工廠均響應降低無附加價值的包裝、增加回收資源之運用、減少消耗能源、節省用水、重複運用可再生能源等原則」*。例如：Heinz 達成這項計畫的工廠在歐洲塑料使用減少了 340 噸，俄亥俄廠則減少了八十萬磅固體廢物之消耗。

* *H.J. Heinz Corp.* Web site, 2008, http://www.heinz.com/sustainability/environment.aspx
資料來源：*2008 Annual Report*, H.J. Heinz Corporation, June 19, 2008, p.14.

5. 購買者的力量相對增加

消費者運動的興盛代表顧客與廠商之間的關係起了很大的變化，消費者喜歡向具有社會責任的公司購買產品，有許多的組織像「經濟優先偏好委員會」(Council on Economic Priorities, CEP)就提供了許多資訊給消費者，此外委員會更出版了「讓世界更美好的消費」手冊(Shopping For a Better World)，提供了許多篩選標準，作爲消費者選擇商品、服務，或投資者選擇投資標的企業之參考，其中包含 191 家公司以及 2,000 種以上的消費性產品。CEP 更是每年贊助舉辦「企業良心獎」(Corporate Conscience Awards)的活動，並評選出優良的善盡社會責任企業。例如最近消費者就曾經對「海豚死於漁夫的漁網中」提出嚴重的抵制與抗議行動。

投資者則是第二類握有權勢的消費者，有愈來愈多的投資者會以公司是否善盡社會責任來決定是否增加該公司的投資額。美國社會投資論壇(Social Investment Forum)是一個專業的社會投資協會，每一年以超過 50%的速度不斷成長。嬰兒潮(baby boomer)世代(約 47-65 歲)的企業家，他們不只追求財務上的成就，他們也追求投資運動持續性的快速成長。

就投資者而言，個人的行動相對來講影響力較小(例如賣掉 Exxon 個人的股份並不至於影響該公司)，但是集合大眾的行動則將會有較大的影響力，當所有股東集合起來代表支持社會責任的議題時，公司將會受到壓力進而改變其社會行爲，南非的撤資浪潮將能夠作爲「集合大眾力量，將可以影響社會行爲」的最佳典範。

Vermont National Bank 增加了一條經營的產品線，即「社會責任銀行存款」，投資客可以將錢匯進指定的戶頭，但是至少要匯入 500 美元至該戶頭。這項專款可以將錢借給低收入戶，而且這筆錢有助於環境、教育、農業以及中小企業的發展。雖然一開始只有 800 人參加，而且累積的金額只有 1,100 萬美元，但是銀行已經吸引了許多外州的存款人，而且成長的速度極爲驚人。

社會投資者包括個人以及機構，許多的社會投資刺激了宗教組織的產生，而他們的主要目的是反應他們的信念。截至目前爲止，社會投資者不斷的增加，主要還包括教育機構與退休基金的投資。

「投資組合」與「股東行動主義」兩大教條不利於大規模的社會投資，投資組合的概念只針對社會投資中數量最龐大與成長最快速的市場區隔進行投資，熱愛投資組合的投資者(個人與機構)有時候會以企業倫理的原則作爲他決定如何投資股票、債券以及共同基金的準則。投資工具如果過於重視社會責任的觀點則不免會影響快速投資獲利的可能性。

投資準則有一些是較負面的(例如將煙草公司全部排除在外)，有一些則是正(例如解雇紀錄不良的員工，爲公司再尋找優秀的員工)、負面兼具，大部分的投資者都仰賴投資公司(例如 Kinder、Lydenberg Domini& Co.)或是產業集團(例如 Council on Economic Priorities)所提出的建議與準則，這些建議與準則包括：生態學、員工關係、社區發展、防衛／攻擊型的產品以及核心能力。此外，公司會儘量避免生產「負面印象的產品」(例如酒精、香煙、賭博)。

投資組合的投資者往往僅是單靠投資組合就決定是否支持社會行爲，投資人權益將會直接影響公司的社會行爲，投資人權益的提高有助於改善公司某些特殊面向的公司社會績效，而且有助於投資人能直接與高階管理者進行對談。如果無法順利達成此項願望，則他們可能會在年度的股東大會上提出提案來進行投票以解決投資人權益的問題。這些提案的目標無非是爲了進行變革，以便於他們感興趣的議題能夠在公共場合曝光，當股東數目較少時，就無法達成目標，例如 Interfaith Center 集團極重視社會責任與投資人權益，因而引發了南非撤資的案件。近年來，光在美國就有三十五種與社會責任有關的共同基金。

6. 企業全球化

許多管理的議題(包括公司社會責任)，已隨著經營國界的推展而日益複雜。在單一文化中，如果想要讓每一家企業都達成相同的社會責任行爲，幾乎是不可能的，因此更遑論在不同的文化之下要達成一致性的倫理價值。除了不同的文化觀點之外，國際公司社會責任所面臨的重重障礙還包括：公司開放程度的差異、財務資料與報告方法的不一致、缺乏不同國家不同組織公司社會責任的研究。儘管存在以上的問題，公司社會責任還是日益受到重視。英國有三十種不同的倫理共同基金，加拿大則有六種社會責任基金。

多國籍企業所面臨最核心的社會責任議題就是人權的議題，例如許多美國企業都是透過國外製造商爲公司生產產品，或是外包給國外的製造商來降低生產成本，這些外國製造商(通常是中國)多是透過給員工極低的薪資來創造產品低價的競爭優勢。

雖然中國勞工因此賺得薪資，而美國的消費者也以低價買到他們喜歡的商品，但是仍有一群人覺得此種情況不妥，他們認爲美國企業未善盡社會責任，有一些美國的勞工與工會認爲他們的工作權被國外的競爭者給剝奪了，當然也有一群人關注到國外那些勞工的工作環境與生活水準很差，感覺是被美國大企業剝奪了他們的人權了。就美國的標準而言，這些勞工被不人道的對待，美國公司在中國的人權爭議除了上述的勞工問題之外，更有趣的是美國公司販賣軟體至中國政府也出現了倫理的爭議，因爲由 Cisco、Oracle 以及其他美國電腦公司所發展的軟體，正銷售至中國作爲監視個人、罪犯與政見歧異者之用，基本上這也違背了倫理標準。

3.3 沙賓法案(Sarbanes-Oxley Act of 2002)

西元 2000 年至 2002 年有許多公司的高階主管連續犯下許多惡行，最終導致企業的敗亡，華盛頓的立法委員制定超過 50 項政策，並向投資大眾保證一定可以保障投資人的權益。之後有許多的決議法案都無法通過美國參議院的審核，直到銀行委員會主席 Paul Sarbanes(D-MD)提出法案建立新的審查與會計標準爲止，才通過新的法案。這項法案稱爲「公開企業之會計作帳改革」(The Public Company Accounting Reform)以及「2002 年投資人保護法案」(Investor Protection Act of 2002)。之後該法案又更名爲**沙賓法案**(Sarbanes-Oxley Act of 2002)。

沙賓法案
是一修正的法案，試圖加強審計與會計的標準。

2002 年 7 月 30 日美國布希總統簽署「沙賓法案」，這一項革命性的法案適用於「公開上市公司」(public company)，而這些公開上市公司必須在「美國證券交易法」(Security Act of 1934)第 12 條及「交易法」(Exchange Act)第 15(d)條註冊。「沙賓法案」必須包含財務報表的證明、新的公司管制辦法、公開揭露資訊及遵守規定。圖表 3.7「運用策略的案例」專欄提供了該法案更詳盡的說明。

運用策略的案例　　**圖表 3.7**

沙賓法案(Sarbanes-Oxley Act of 2002)

以下是 2002 年沙班氏/歐克斯利法案(以下簡稱「沙賓法案」)提出的內容綱要：

公司責任

- 各個公司的執行長與財務長必須根據他們所知遞交報告給美國證券交易委員會(SEC)證明公司的財務報表無重大不實或隱匿之情事。
- 公司若未遵循規定重編財務報表，公司執行長與財務長應歸還重編財務資訊前 12 個月自公司所獲之薪酬及股票之獲利。
- 主管及一般行政人員在退休基金管制期間禁止更動公司 401(k)計畫、利潤共享計畫或任何需通知計畫參與者和受益人的退休計畫，因為在此期間，即使不能改變帳戶，參與者們也必須評估他們所做的投資。
- 公司不能修改、延伸或更新所有個人貸款至董事或主管。為了公司事務的借貸可以是例外，就市場而言，則是為了改善內部狀況和貸款、消費信貸、或信用延伸。

財務揭露之強化

- 每份美國證券交易委員會(SEC)歸檔的財務年報和季報，必須公開所有帳外交易、安排及可能影響公司今後財務狀況或營運的目標。
- 公司需提出符合美國證券交易委員會(SEC)中，有關不得誤導投資人規定之擬制性財務資訊，且財務狀況需與 GAAP 相互協調。
- 各個公司必需向資深財務官員揭露他們所修正的職業道德情形。如果沒有，亦須解釋原因。任一道德規範的變動或放棄均須揭露。

- 每份年終報告必須包含對於建立和維持內部控制結構說明的管理責任，以及維持財務報告的程序。而這份報告也必須包括內部控制結構的有效評估。
- Form 4 將在公司證券簽署日後二個工作日內，由主管和行政辦公室提出。美國證券交易委員會(SEC)得以延長期限。
- 公司須使用平易的英語透露關於財務變化狀況或營運當下的資訊。SEC 至少每三年應複核各公司的財務決算。
- 審計委員會必須為董事會之董事，且須保持獨立性。委員禁止收受任何公司費用，不能有 5%以上的公司股份，亦不能是官員、主管或公司的員工。
- 審計委員會有權做外部監理。
- 審計委員會必須就會計控制或審核事務來建立處理投訴程序。同時他們也負責處理員工投訴有疑慮的帳目和審核事務。
- 必須揭露審計委員會成員中是否至少有一名「財務專家」。如果沒有，必須解釋為什麼。

新罪行和新懲罰

- 試圖竄改紀錄以妨礙任一聯邦調查或破產，將處以罰鍰或最高 20 年徒刑。
- 會計師會因疏於維護五年內財務相關的所有審核資料，而處以罰鍰或最高 10 年徒刑。
- 蓄意詐欺者處以罰鍰或最高刑責 25 年。
- 蓄意偽造不法證明將罰鍰最高 5,000,000 元或最高處以 20 年徒刑。

新民法訴訟及更強的執行力

- 保護令將依法律、國委會或員工監督保護提供資訊或協助調查的弊端揭發者。
- 破產不能用以逃避違背證券法的債務。
- 投資者在遭欺騙後發現事實在後兩年內，以及詐欺發生後五年內可提出民事訴訟。.
- 證券交易委員會(SEC)可以依限制命令在交易期間禁止付錢給內部人員。
- 證券交易委員會(SEC)可以避免高級職員或是董事階級人員持有公開公司，以防止違反證券法。

會計師事務所獨立性

- 所有審計服務必需先由審計委員會核准，且對投資者公開。
- 擔任公開發行主查之簽證會計師或複核其查核結果之會計師，必須五年更換一次。
- 註冊會計事務所必須向審計委員會報告所有已使用的會計政策和實務，以及在國際公認會計原則(GAAP)權利範圍內，選用已被討論的財務資訊，在會計事務所和管理階層之間須以文書記下。
- 公司的現任執行長或財務長，若在審查工作一年內曾經參與該公司之查核工作，則不得再提供服務。

美國公開會計監督委員會(Public Company Accounting Oversight Board)是由美國證券交易委員會(SEC)成立以審查公開公司的會計品質。委員會負責會計師事務所之註冊登記制定、制定審計標準、檢視會計公司，並懲處違規者。未在登記的會計公司任職者無法擔任審計一職。

「沙賓法案」指出公司的執行長以及財務長必須確認每一項報告都涵蓋公司的財務報表，這項確認的動作代表執行長與財務長已經仔細閱讀過這一份報告了。在審閱的過程中，高階主管必須證實資訊的正確性或檢查是否遺漏了重要的資訊。此外，基於高階主管的知識，這些報告所提供的財務資訊將會相當可信，而且也可以呈現公司實際運作的情形。這些確認的動作有助於促使公司高階主管對建立內部控制機制負起責任，而且可以掌握與公司經營有關的相關重要資訊。高階主管應該在報告發表後的九十天內評估內部控制的效益，並應該發表對於內部控制效益的看法。而且高階主管應該揭發所有的詐欺行爲、財務報告的缺點、審計人員與委員會指出公司內部控制所發生的問題。最後，高階主管還必須注意可能影響內部控制的改變因素。

「沙賓法案」包括規定公司高階主管的控制、會計、審計委員會以及律師等等。至於高階主管方面，這項法案禁止個人的借貸，因此，公司的高階主管將無法直接或間接擴充個人的借貸金額。執行長或是高階主管在未經允許的情況之下，不可於禁發退休基金的期間內任意購買、銷售、取得權益證券(equity security)。執行長必須對外公佈禁發退休基金期間的原因以及在禁發期間的基金參與權。證券及交易委員會(SEC)會對公司的執行長提供道德的規範，如果沒有遵守道德的規範則將會被證券及交易委員會公佈出來。

「沙賓法案」對於會計師事務所的職責有所限制，特別是在執行稽核財務報表的時候，而且會計師事務所禁止執行簿記或是其他與財務報表有關的會計服務，此外，設計或是執行財務系統、評鑑、內部稽核、股票經紀人服務或是提供與審計無關的法律服務等活動都是被禁止的。所有公認可接受會計原則(GAAP)下重要的會計政策與方案以及財務資訊的處理，或是會計師事務所與公司管理階層之間的書面往來都必須向稽核委員報備。

這一項法案清楚的定義稽核委員會的組成份子以及特別的責任，稽核委員會的組成份子必須是公司董事會的一份子，委員會中至少必須有一位「財務專家」，稽核委員會直接對公司所僱用的會計師事務所負責，因此會計師事務所必須直接向稽核委員報告。因此稽核委員會必須設定一個員工訴怨的程序，特別是有關會計與審計的相關事務。如果公司隨後發現不合法的行爲，則稽核委員會必須向美國會計監督管理委員會(Public Company Accounting Oversight Board，PCAOB)進行報告。

這一份法案還包括律師執法的準則，如果律師發現公司違反保安規定(Security Violation)，則他們必須向法律顧問長或是執行長報告，，如果未得到應有的回應或處理，則律師必須向稽核委員會或是董事會報告相關的訊息。

「沙賓法案」其他的章節將規定財務報告揭露的時間， 公司財務狀況改變的相關資訊必須立即以簡易的英文進行報告。資產負債表外的交易、更正調整、試算額資訊都必須在財務年報以及財務季報上呈現。這些資訊不允許有錯誤或是不眞實的現象產生，除了尊重事實之外，更應該符合公認可接受會計原則(GAAP)的標準。

「沙賓法案」對於違法的情事有相當嚴格的處罰規定，如果某一家公司要新修正其財務報表，則公司的執行長與財務長必須放棄任何的獎金、激勵性的薪酬或是銷售債券所獲得之利潤。其他的證券詐欺行為(例如：銷毀資料、篡改資料)，都可能被處以高額的罰金或是最高求刑二十五年。

3.3.1 新的公司治理結構

由於 2000 年至 2002 年之間發生許多會計事務的醜聞，所以「沙賓法案」因應而生，而「沙賓法案」的誕生使得許多美國企業必須進行組織再造。企業再造最顯著的改變就是內部稽核師的地位明顯提高，圖表 3.8「運用策略的案例」專欄則以圖形的方式來加以說明。一般來說，我們總是認為稽核師的存在確有其必要，但是有時候稽核師並無法完全勝任其工作，特別是有些稽核師並無法完全洞察公司內扭曲或不實的財務記錄。雖然長期以來美國大部分的公司其內部稽核師與財務長之間是彼此獨立的，但是他們都是直接向董事會負責的幕僚。在實務上，內部稽核師的工作早就已經超越組織的層級與命令鏈了。

在過去，內部稽核師常常會針對其他公司會計師所製作的財務報表進行審查，稽核師會同時考量會計的專業、財務管理的實務以及公司法的規定，進而將報告結果向財務長報告。最後，財務長再根據稽核之後的財務資料向最高階的主管、董事會以及公司的投資大眾報告。

然而，由於沙賓法案需要執行長或是稽核委員會在財務報告上簽署，因此目前許多的稽核師都會對公司高階主管進行例行性的報告，圖表 3.8「運用策略的案例」專欄對於新的結構有很詳細的說明。受訪公司中大約有 75%的資深稽核師都直接向董事會的稽核委員會報告。因此，如果想要消除這些潛在會計上的問題，公司應該建立一套介於高階主管、董事會與稽核師之間的良好溝通系統，以便及時告知財務長，而不用依賴財務長的批准或是授權。

透過法務長(Chief Compliance Officer)與會計長(Chief Accounting Officer)提供給執行長的資訊，其效果等同於新結構提供給執行長的資訊一樣。因此，財務長不可能授權給某一位主管，直接將財務評估的資訊提供給執行長或董事會。

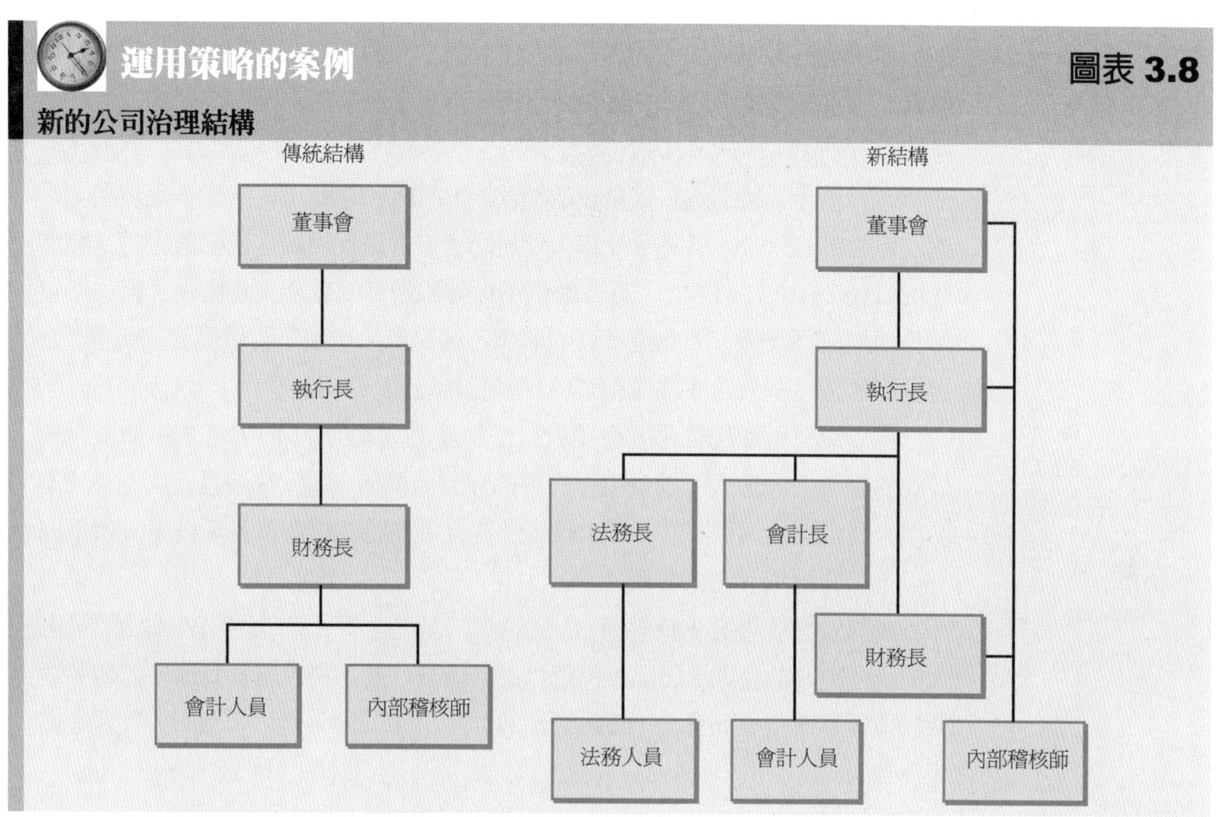

3.3.2 回應沙賓法案之民營化

民營化
所有權結構的移轉，公開發行公司的所有權結構將轉變成未公開發行公司(公司所有權從一般大眾移轉至私人企業或是個人)所有。

金融重建的趨勢主要是透過**民營化**來強化內部的成長，公開發行公司的所有權結構將轉變成未公開發行公司(公司所有權從一般大眾移轉至私人企業或是個人)所有。2002 年，許多績效不佳的管理者與投資人，為了回應沙賓法案要求政府加強監督管制之要求，民營化的數量出現了戲劇性的暴增。2006 年，在美國共計 322 家上市公司(市值合計 2154 億美元)轉為民營。

有一些民營化的交易吸引了大量私募基金的投入，在 2006 年的時候超過了 2,800 億美元的交易金額，因此獲得的溢酬都超過現有的股價。然而，大部分民營化的動機並不是著眼於沙賓法案管制國營事業(國營事業為了因應管制所衍生出來的成本)。沙賓法案主要的訴求在要求企業做好內部控制，僱用外部公司維護系統並滿足法規要求，並建立檢核委員會來稽查董事會，以確認公司的內部控制一切都在監督之中，平均而言，需要花費五十萬美元之費用(就 16,000 家上市公司來平均計算)。

為因應沙賓法案，上市公司需要花費許多的時間來準備報告所需資料，管理者必須注意財務報表季報的正確性，並經常性的提供具體的資訊，例如：當天內部交易的通告。此外，法律顧問花費了相當多的時間在處理訴怨的活動上，大約有 36%的公司僱用了專門的首席執法官來處理訴怨事件。因為董事會成員與重要高階主管個人的責任增加，因此訴訟的費用也相對提高，特別是保險費。爲了維護公司良好的聲譽與財務紀錄，重要高階主管保險費的成本約佔了 40%。

有一些產業特別適合民營化的策略，1980 到 1990 年代，許多科技產業高達二位數字的成長，但時至今日，成熟的產業環境反而讓他們面臨困境。雖然應用材料、DELL、EMC、英特爾和 HP 有相當高的現金流量收入，但由於這些公司的成長緩慢，因此投資者的興趣不高，自然切斷了股權融資的可能性，但也因此讓這些公司成爲最有可能民營化的企業。

另外最有可能民營化的產業就是房地產業，2007 年前半年，不動產投資信託的股價低於房地產投資組合底線的淨資產價值。這意味著投資人認爲「不動產投資信託的價值」低於「他們爲投資者所創造的機會以及爲投資人所爭取的投資組合折扣」的總價值。

成熟的科技產業成長緩慢，因此企業的高階主管希望能透過外部的股權融資來賺得更高的獲利，因此，民營化是一個很好的選擇，因爲管理者能避免短期技術投資與交易而分心，當影響績效的不可預期因素產生干擾時，管理者便能及時因應。

3.3.3 公司社會責任對任務說明書的影響

任務說明書不僅說明公司所生產的產品或是服務、如何生產、服務的市場而已，它還必須具體化說明公司的信念。一般來說，任務說明書對外部利害關係人(債權人、顧客、供應商、政府、工會、競爭者、當地社區以及一般社會大眾)的要求必須有所回應，此種重視利害關係人取向的觀點已經廣爲美國的企業所接受。有一份調查美國東南部 291 家最大企業的研究顯示：這些公司的執行長都相當重視利害關係人的要求與看法，而這些執行長對於利害關係人重要性的排序爲：顧客、政府、股東、員工以及社會大眾。

在發展任務說明書的過程當中，管理者必須區分出所有利害關係人的群體，而且應該詳細評估這些利害關係人對於影響公司成敗的相對重要性。有一些公司對於 CSR 積極以對(例如 Ben & Jerry's ice cream)，有一些則是對 CSR 消極應對(例如 Exxon 面對 Valdez 事件的善後處理方式)。

3.3.4 社會檢核(social audit)

社會檢核
衡量公司實際的社會績效以及公司是否達到自己所設定的目標。

社會檢核試圖衡量公司實際的社會績效以及公司是否達到自己所設定的社會目標，社會檢核也可以透過公司內部自行進行檢驗。然而，透過外部顧問來執行社會檢核，將可以避免公司將審查結果隱惡揚善，公司社會檢核的結果將會較爲公允。就如同財務審計一般，外部審查員的評鑑結果較具有公信力，如果社會大眾相信公司對外的一切宣示，而且管理階層也將這些結果當作一回事的話，則公信力就顯得相當重要。

嚴謹而精確的評估公司有關 CSR 的所有活動是相當重要的，因爲公司可以藉此確認已規劃完成的 CSR 政策是否已經確實執行；此外，CSR 活動的本質本來就是開放給社會大眾檢驗的。爲了確認公司是否確實做到 CSR 的承諾，公司必須進行社會檢核來確認其社會表現績效。

一旦完成了社會檢核，將對公司內、外部都有所貢獻，至於貢獻程度的多寡則取決於公司的目標與面臨的情境，有些公司會在內部的年度報告中針對社會責任相關的活動以專章來討論，有些公司則是單獨針對社會責任的議題，定期以刊物或報告來加以詳細說明。針對社會檢核出版刊物的公司有：General Motors、Bank of America、Atlantic Richfield、Control Data、Aetna Life and Casualty Company。而財星五百大企業也幾乎都會將公司社會表現績效的資訊公佈在年度報告上。

社會檢核並非大公司的專利，Ben & Jerry's ice cream 是一家生產冰淇淋的公司，該公司是 CSR 的先驅，他們會在每一年的年度報告上對社會檢核進行檢討並提供相關的資訊。該公司的社會檢核是透過外部顧問公司來進行的，評估內容主要包括：員工福利、工廠安全、生態、社區的回饋以及顧客的服務，但是該年度報告並未發行。

社會檢核有時候並不僅僅是監督或是評估公司的社會績效，管理者有時候會利用社會檢核來分析外部的環境、公司的弱點，有時候管理者則是利用社會檢核將 CSR 在公司內制度化。然而並非只有公司會進行社會檢核，許多利益團體以及媒體都會檢視公司是否落實他們所宣示的社會責任，這些組織包括「消費族群」以及「已投資社會責任的公司」，他們會以自己建立的原則來評估其他公司。

Body Shop 深刻的瞭解到：如果一家公司缺乏任務與目標則企業將無計可施，而且發展有限。Body Shop 是一家二十幾年的老公司，它製造而且銷售許多天然的洗髮與護膚產品，由於主管高層很重視社會責任，因此公司擁有良好的聲望與形象。然而在 1994 年後期，Business Ethics 雜誌卻指責 Body Shop 公司「只會說不會做」，因爲公司的產品裡面加入了非天然的化學成分，根本與企業原來的訴求有很大的差異。此外，公司還常常將許多原料運用在動物身上進行實驗，甚至還對許多的研究期刊提出威脅。有關上述的矛盾非常值得 Body Shop 注意，因爲該公司的創辦人 Anita Roddick 相當重視 CSR，甚至將 CSR 視爲公司策略的核心思想[1]。

---

1 Jon Entine,"Shattered Image," *Business Ethics* 8, no.5 (September/October 1994), pp. 23–28.

3.4 公司社會責任的滿足

> 公司社會責任已經成為一般商業對談話中一項重要的組成要素了，這項議題所探討的內容並不是公司是否要從事社會責任的活動，而是如何進行。就大部分的公司而言，他們所面臨最大的挑戰是如何在既有的資源上，為社會創造最大的社會福利。研究指出為了讓社會與公司參與的人員獲得更好的結果，有五項原則可以遵循[2]。

1999年，William Ford Jr.對於福特公司的主管與投資者發牢騷，而且寫道:「福特目前公司的作法與顧客選擇及環境所突現的議題彼此之間是相互衝突的」。在他的企業公民報告書中，即使他身爲 Henry Ford 的孫子而且又擔任福特汽車的非執行董事，他對於 Sierra 俱樂部所發表的聲明：「耗油的 SUV 汽車如同是破壞環境滾動的紀念碑」仍深表贊同。

在 Firestone 輪胎事件的醜聞事件發生之後，試圖與輪胎事件劃清界線。而 Jacques Nasser 擔任發言人的角色也被外界質疑，Bill Ford 之後接任執行長一職，並改變了他對環境議題的信念。之後，他試圖努力提升福特公司的財務績效，並改善公司與不同利害關係人之間的信任感，當然他也承諾善盡社會責任與環境保護。他的名言：「好的公司提供優良的產品與服務，而卓越的公司則是致力於使世界變得更美好」[3]。今天，面對全球激烈的競爭，福特公司與其他北美的汽車同業競爭者表現的一樣好，但他目前仍是製造使用替代能源燃料汽車製造商的龍頭。新的執行長已經成功的推動改善財務績效，並同時強化品牌信任度的經營策略，而證據也顯示福特汽車承諾對社會做出更大的貢獻。在福特汽車公司的對外進行的社會責任活動中，比較令人激賞的是在南非從事協助愛滋病的防治工作，現在協助的區域已經擴及印度、中國與泰國，同時也與美國國家公園管理局合作基於環境保護的意念協助運送旅客，同時也協辦亞洲城市的清淨空氣倡議論壇。

福特公司的行動可說是社會責任的具體象徵，同時也是許多指標型企業的表率，公司支持社會活動已蔚爲風潮，有一陣子，財星 500 大企業的資深主管都致力於協助組織有效的從事「回饋」工作，公司社會責任已經成爲高階主管工作角色的一部分了，這或許是基於自利、利他、策略性考量或是政治利益等因素。通常我們在公司的網站上就可以輕而易舉的瞭解企業有關社會責任的作爲，執行長們聚會的地方如世界經濟論壇，也都可以常常看到公司社會責任這一類的議程。面對悲劇的創傷——例如 2004 年十二月發生的亞洲海嘯事

---

2 這個部分摘自 J.A. Pearce II and J. Doh, "Enhancing Corporate Responsibility through Skillful Collaboration," *Sloan Management Review* 46, no.3 (2005), pp. 30–39.

3 "Ford Motor Company Encourages Elementary School Students to Support America's National Parks," www.ford.com/en/company/nationalParks.htm

件，就引發了許多關切，因而舉辦了相當多的研討會、會議、簡報等等活動。《經濟學人》雜誌針對企業社會責任進行調查，研究結果指出：「許多的顧問公司不斷的對企業提出忠告，建議他們如何做好公司社會責任，並且如何將作好社會責任廣爲人知」。

執行長在爲公司股東謀求最大的獲利的同時，將面臨善盡社會責任所產生的衝突壓力。當他們專注於爲公司創造最高獲利時，卻有可能必須面對反全球化的抗爭活動。他們同時也可能必須面對某些懷疑論者的疑慮：「公司社會責任的活動可能只是一種行銷噱頭吧！」。然而，事實上這些執行長都致力於提升改善公司社會責任的效能。關於公司社會責任議題的重點不是做不做的問題，而是如何進行的問題。大部分企業所面臨的挑戰在於：如何在既定的資源限制之下，達成公司促成社會福利極大化的境界。

星巴克的執行長 Howard Schultz 宣稱：他已經發現了如何兼顧本公司利益與其他利害關係人福利的「公司社會責任之道」。星巴克投資並支持咖啡農，透過保護國際合作夥伴的協議，承諾長期並高價收購咖啡豆，細節詳見圖表 3.9「頂尖策略家」專欄。

頂尖策略家　　**圖表 3.9**

星巴克執行長 Howard Schultz 公司社會責任之道

星巴克投資並支持咖啡農，承諾長期並高價收購優質的咖啡豆，並始終維持其南美洲公平交易認證咖啡豆最大購買者、烘培者以及經銷商的地位(同時也可能是全球最大的)。此外，星巴克也是國際保育團體的長期合作伙伴。這兩個組織共同為咖啡農發展環境與社會標準(咖啡種植者公平規範，C.A.F.E. Practices)，並且為遵守規範的咖啡農制定並實施獎勵。

這項合作已經影響了全球的咖啡農，例如：吉力馬札羅精品咖啡農協會，在坦尚尼亞是一個約 8,000 位精品咖啡小農所組成的協會，該協會受到星巴克的長期援助，因為該協會也受到咖啡種植者公平規範的管轄。因此，該協會不斷的從環境永續技術上精進，提升咖啡品質與改善咖啡農的獲利能力。

Howard Schultz 自從退休之後，2008 年 1 月轉任星巴克執行長，公司始終採取支持咖啡農的行動與政策，Schultz 與國際保育團體執行長 Peter Seligmann 兩位合作夥伴，均支持咖啡農保護咖啡農地周遭的具體作為，其中還包含協助咖啡農獲得一筆 700 億美元的碳融資業務，星巴克還資助國際保育團體協助當地的農民維護咖啡農地周遭的景觀，農民同意補種樹木來保護森林，以獲得碳排放額度。

在 Schultz 的領導之下，星巴克不斷擴充公司對咖啡農的財務奧援，2008 年，星巴克、TransFair USA(美國境內唯一獨立的公平交易認證機構)及國際公平貿易標籤組織，在國際場合中宣告：「2009 年，星巴克將加碼採購公平交易認證咖啡豆 4,000 萬英磅。」這一項宣示使得星巴克成為全球公平交易認證咖啡豆最大的採購者。

回顧社會責任的個案與研究，大多數的個案公司均認為：高階主管致力於平衡「低吸引力」(慈善送禮)與「高承諾」(由公司的核心任務分散注意力至推動公司社會責任可能會產生風險)兩種極端的選擇方案。這一部分我們將進一步探討「協同式社會活動」(CSIs)，這是一種企業為了某些社會議題與專案，長期且持續性投入高度承諾的概念，此將有助於結合社會與策略的影響力。

3.4.1 公司社會責任爭辯的核心

公司社會責任所應扮演的角色：「公司在超越法律與股東要求的前提之下，還能對社會福利有所付出與行動。」這種概念是世紀的價值哲學，當然也引發了耐人尋味經濟上的論戰。自從鋼鐵大王 Andrew Carnegie 在 1899 年出版了《財富的福音》(The Gospel of Wealth)一書之後，出現了兩個極端的看法：一派主張企業是社會財產的委託人，應受整個社會的管制。另一派則主張利潤極大化是企業唯一合法的目標。公司社會責任的爭辯，其背景主要為二十世紀發生的：石油漏油、消費者購買產品受到傷害、倫理醜聞等事件，這些事件都一再違背了企業的基本目標。

過去三十年來這項爭議逐漸有了較正向的發展，當企業創始之初，許多創業家在心態上與行動上也都會懷著利他主義的想法與思維。賣冰淇淋起家的 Ben & Jerry's 認為公司社會責任與利潤並不相違背，他們認為「做的好，就會賺大錢」。這樣的想法已經廣被公司的執行長們接納，而且他們也都瞭解公司聲望(從顧客、投資人與員工的觀點)的價值。直到最近，企業的領導人才開始進一步深入瞭解公司社會責任的角色以及公司社會責任對財務績效的影響。

過去，研究公司社會責任影響財務績效的文獻其研究結果並不一致，有些認為正向相關、有些認為負向相關、有些則認為無關。1990 年代中期，理論、研究設計、資料分析方法的發展與改善，使得實證研究的結果出現了較為一致的結論[4]。重要的是，有一份「後設研究」(後設分析是指整合多項研究發現的方法論技術)整合十個以上的研究結果，最後發現：公司社會責任的活動對於提高財務績效具有顯著的正向關係，而提升績效最大的推動力則是推動公司社會責任之後所引發的「企業聲望效應」[5]。

---

4 J. J. Griffin and J. F. Mahon, "The Corporate Social Performance and Corporate Financial Performance Debate: Twenty-Five Years of Incomparable Research," *Business and Society* 36 (1997), pp. 5–31; R.M. Roman, S. Hayibor, and B.R. Agle, "The Relationship between Social and Financial Performance: Repainting a Portrait," *Business and Society* 38 (1999), pp. 109–125; and J.D. Margolis and J.P. Walsh, "Misery Loves Companies: Rethinking Social Initiatives by Business," *Administrative Science Quarterly* 48 (2003), pp. 268–305.

5 M. Orlitzky, F. L. Schmidt, and S. L. Rynes, "Corporate Social and Financial Performance: A Meta-Analysis," *Organization Studies* 24, no.3 (2003), pp. 403–441.

公司社會責任的達成目標有許多的形式與選項，困難點在於公司如何去均衡所有的公司社會責任目標，如果從事慈善事業卻無積極作爲(例如：捐助現金)，將有可能被批評爲狹隘、自私，公司爲了改善聲譽或是杜絕非政府組織與其他反對者的抵制，就有可能努力從事慈善事業[6]。然而，當公司修正方向朝向社會責任使命發展時，管理者與員工各從他們的核心使命來執行，可能最後會產生不一致的結果。圖表 3.10 圖示了一個公司社會責任承諾的連續帶，該圖示說明了社會責任承諾的範圍以及可能的選項。

圖表 3.10 公司社會責任承諾的連續帶

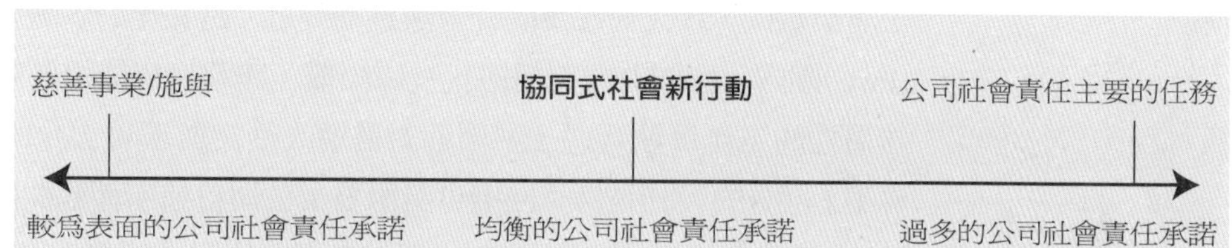

管理者需要一個可用的模型足以引導他們選擇合適的社會新行動，並搭配他們公司的核心能力，對公司與社會產生最大的正面影響。基於上述的需求，許多實證研究結果指出：企業必須決定其社會理念及其理由，之後再進行組織以支持其理念[7]。根據某個觀點的想法，企業可能有三個基本的選項：捐贈現金或是物資給非營利組織，通常公司內會有專職的部門來協助外部慈善活動，通常會發展協同合作的方式，也就是說公司會加入某些組織，而這些組織在公司的資助之下就能夠完成社會公益的活動[8]。

3.4.2 協同式社會新行動的優點

社會新行動必須採取協同式的方法來進行，過去探討有關公司如何在競爭的商業環境中進行聯盟與網絡的研究指出：「當聯盟夥伴彼此帶來資源、能力與資產時，則聯盟夥伴們將彼此互利」。這些結合起來的能力，將使得公司獲得綜效型的資源，透過這些資源建置更多新的商業模式與應用，當然也能夠以更創新的方式回應快速變遷的環境。

協同式社會新行動的原理也是一樣，當公司與非營利組織都還沒準備好因應日益複雜且多樣的社會問題與環境問題時，如果彼此結盟合作而且相互貢獻有價值的資源、服務或是個人自願貢獻時間、能力、能量以及知識等，這將會產生許多綜效。這種具有累積性的相互貢獻，比起捐贈現金(社會責任挑戰中，

6 B. Husted, "Governance Choices for Corporate Social Responsibility: To Contribute, Collaborate or Internalize?" *Long Range Planning* 36, no.5 (2003), pp. 481–498.

7 N. C. Smith. "Corporate Social Responsibility: Whether or How?" California Management Review 45, no.4 (2003), pp. 52–76.

8 Husted, "Governance Choices for Corporate Social Responsibility."

最消極的作法)的作法好很多，社會新行動包含結盟成員間資訊與營運活動間持續性的交流，因此公司與非營利組織之間潛在的利益也得以融合，這也是社會新行動吸引人的地方。

有愈來愈多的證據顯示，公司社會責任活動為企業創造的利益不只是聲望的提升，許多的結盟團體可以藉此吸引、保留或是發展管理才能，資誠聯合會計師事務所(PwC)所推動的「Ulysses 專案」協助開發中國家發展與改善當地居民生活外，更積極協助弱勢及公益團體，包括長期擔任 60 餘家慈善公益團體之專業顧問，以改善複雜的社會與經濟問題。跨文化的資誠聯合會計師事務所(PwC)團隊，協同非政府組織、社區組織、跨政府組織等團體，一起投入社區無償性的工作為期八週，共同面對貧窮、衝突與環境劣化的議題。「Ulysses 專案」部分的設計是為了回應專業服務業公司目前所面臨的困境與挑戰：培養並訓練可以運用非傳統方式來處理棘手問題的明星領導人。

24 位「Ulysses 專案」的畢業生仍然在資誠聯合會計師事務所(PwC)服務，他們對公司有很強的向心力，雖然有時候他們的價值觀與公司不見得一致。對資誠聯合會計師事務所(PwC)而言，「Ulysses 專案」為公司重要的利害關係人提供了明確的訊息，那就是公司願意承諾為這個世界做點不一樣的東西。最早的美國夥伴 Brian McCann 也加入「Ulysses 專案」，他評論道：「真的不一樣，因為我們不只與競爭者建立關係，我們已經與全球接軌了」。

3.4.3 協同式社會新行動的五個成功原則

圖表 3.11「運用策略的案例」專欄列舉了成功推行協同式社會新行動的五大成功原則，當企業正致力於達成廣泛的策略性目標時，如果公司社會責任的活動能夠涵蓋這五大原則，則其對社會的貢獻方能極大化。然而如果只是掌握這五大原則仍然無法全然成功，在這五大原則下與時俱進才是最關鍵的要素。以下就這五大原則深入探討並舉例說明：

1. 定義公司長期的任務

當企業明確定義重要、長期存在的策略挑戰，並思考長期的因應作法時，此時企業對社會將產生極大的正面貢獻。《華爾街日報》的老將與主筆 Ron Alsop 認為企業致力於社會責任來提高聲望，是「自己的事」[9]，公司加緊解決問題顯然對於社會福祉會產生正向的影響，然而企業卻需要大量的資源(資源可能是來自內部或外部的支持者)，換言之，公司進行社會新活動需要大量的投資。

---

9 R. Alsop, *The 18 Immutable Laws of Corporate Reputation* (New York: Free Press, 2004).

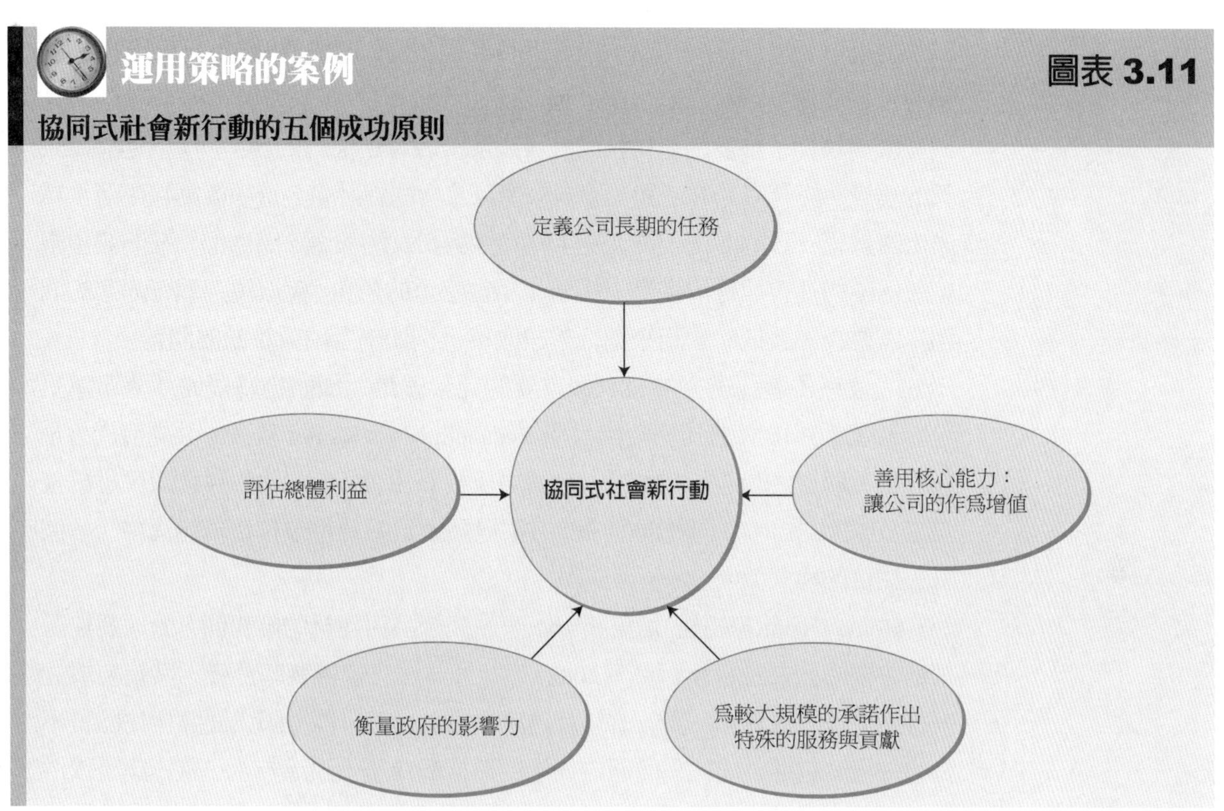

這幾年較明顯的社會挑戰以及需要關注的議題是：飢餓、住房不足、健康欠佳、教育品質以環境劣化等問題。一旦公司願意對上述議題投入長期的承諾並深耕，則他們將長期在這些議題上發展核心能力並持續投資，以便與其社會活動相輔相成。當然，發展某些範圍較具體的計畫與短期的里程碑也是不可或缺的重點，例如解決全球性的飢餓問題是一個值得投入的目標，但若僅單一企業想投入解決此問題又未免「螳臂擋車」。

Avon 這一家販賣跟美麗有關相關產品的公司，就是一家願意解決長期且普遍存在問題並持續投入承諾的優質企業，1992 年，公司的 Avon 基金會(成立於 1955 年的公共慈善機構，致力於改善婦女與家庭的生活水準)於英國推動抵抗乳癌運動，該運動後來推廣範圍超過 50 國，透過不同的方案如銷售產品、事件行銷(雅芳乳癌步行)等活動累積了更多的基金，Avon 與其他公司有所差別主要是他們透過基金來補助研究機構、國際研究網絡、醫藥、社會服務、社區組織，這些組織都根據自己的獨特性來協助癌症病患，或是強化乳癌的相關研究。抗乳癌運動投入超過 300 萬美元來獎助乳癌的研究與照護組織，最初十年，雅芳乳癌步行運動也資助超過 250 萬美元獎勵乳癌的研究、檢測與治療。

另外一個公司社會新行動成功的案例就是 IBM 公司的「教育再造計畫」，自從 1994 年以來，IBM 與全球的學校單位(非營利組織)合作伙伴，共同發展與執行了許多創新科技的計畫來解決教育所面對的棘手問題，包括：預算的縮減、提升家長的參與、協同教學以及新課程計畫。這項活動呼應了全球人士對教育一致的看法，特別是年輕女性與婦女的教育，因爲他們在開發中國家所面臨的社會與經濟挑戰上扮演了相當吃重的角色。克服現存教育赤字的問題，需要投入長期的承諾來進行學校改革，例如學習成效評量的問題。

「教育再造計畫」中有一個重要的元素就是以網路爲基礎的「變革工具包」，這是由 IBM 公司與哈佛大學 Rosabeth Moss Kanter 教授所共同發展，州教育官員聯合委員會(CCSSO)、全國中學校長協會(NASSP)和國家國民小學校長協會(NAESP)所共同贊助的。該方案已被譽爲系統性學校改革過程中「一個引人注目的模式」。

Home Depot(家得寶)是美國一家家庭裝飾品與建材的零售商，公司將住房視爲主要的公司社會新行動。2002 年，公司建立家得寶基金會，其首要成立宗旨爲：「價格實惠、高效益以及建康的家」。三千萬美國人面臨居住品質不良的窘境，包括：居住在簡陋的或過度擁擠的房子，缺乏熱水、電、廁所或浴缸/淋浴，其中有一些人在房子上付出了相當多的錢(佔所得相當高的比例)。因此，Home Depot 在這方面的長期投入是相當令人激賞的。該基金會與 Home Depot 的供應商及不同的非營利組織密切合作，而且他們相當強調當地自願工作者的經營。

2. 讓公司的作為增值

企業利用核心能力生產產品與服務，透過專業能力與日常性的營運作業，公司對社會的貢獻應該同時能使企業產生更大的利益，企業的貢獻創造了夥伴之間的互利關係，而這些具社會目的的活動，在公司有辦法降低成本的前提下，將能獲得最大的收益。基本上，沒有必要將這些社會服務等同是企業營運的內涵，但是社會服務必須具有一些策略性核心能力的思維(即社會服務活動與企業的某些核心能力結合)。

長年在瑞士 Davos 舉辦的世界經濟論壇(WEF)最近熱烈的討論此議題，荷商 Unilever NV 消費產品總裁 Antony Burgmans 說道：「我們認爲公司社會責任一部分是爲了經營企業，一部分則是企業的核心能力」，「Unilever 的核心價值在創造公司的聲望」。

IBM 的想法也是類似的，IBM 在「教育再造計畫」上投入了大量的財務資源、研究人員、教育顧問以及網站的科技，來支持學校基礎的改造以及廣泛與系統性的變革，藉此提高學生的學習成就。事實上，IBM 運用了科技、系統的專業知識以及經驗，爲教育界的客戶提供了更好的系統方解決方案，以解決教育所面臨的廣泛性挑戰。IBM 企業社區關係副總裁 Stanley Litow 說道：「IBM 相信強大的社區是公司成功的關鍵...爲此，我們將目標聚焦在提升公共教育的品質並弭平數位落差。」[10]，IBM 在目標市場上獲得相當好的商譽與品牌認同，某種程度上是學習 Apple 電腦公司在 1980 年代的成功策略——捐贈電腦給學校以獲得認同。

在採購方面的議題也有許多類似的作法，例如：星巴克的咖啡豆大部分是直接來自生產者，因此咖啡農也就可以得到應有且公平的報酬，而沒有供應商的強力剝削，許多零售超商有都遵循此一「公平交易」的模式。

3. 為較大規模的承諾作出特殊的服務與貢獻

當企業間進行大規模的合作而作出特殊的貢獻時，其社會影響力最大，企業與其他民營、國營或是非營利組織所共同採取的社會新行動，常常會產生超乎想像的實質貢獻，雖然公司定義自己有興趣的領域並作出特殊的服務與貢獻是相當吸引人且值得的作法，但是這種策略我們只能視爲是「專寵方案」(pet project)，對於較大的問題可能無法提供具體的貢獻。

AES 公司「碳排放補償計畫」就是一個很好的例子，AES 公司其總部設在維吉尼亞州阿靈頓，是世界上最大的民營電廠，擁有 30,000 位員工，發電和配電業務分布在 27 個國家，幾年前公司發現全球暖化是一個重大的環境威脅(棲息地和物種枯竭、乾旱以及缺水問題)，而他們應該可以爲「反暖化」作出一些貢獻，AES 發展了一些方案來抵消碳排放，想辦法使這些排放被森林等「碳匯」(Carbon “sinks”)所吸收，這種因應全球化問題的方法相當實際且有效。

研究人員普遍認爲：種植與保護樹木(技術上就是增加林地)，是解決二氧化碳排放問題最實際且最有效的方法。樹木隨著它們的成長而大量吸收二氧化碳，並將它們轉化爲生物質所需的元素，生物質(biomass)顧名思義是指各種有機體的整體質量，亦即太陽能經由光合作用以化學能的形式貯存於生物體中的一種能量形式，生物質是一種重要的再生資源，與風能、太陽能、地熱等一樣具有取之不盡、用之不竭的特性。而且，所使用材料多爲廢棄物，作物的生長還可以吸收二氧化碳，減少溫室氣體的累積。AES 公司領導人認爲，如果他們的公司能夠提高林木蓄積量，而額外的樹木將可以吸收足夠的二氧化碳來抵消 AES 發電廠排放的廢熱。這種作法已成爲全球氣候變化公約——京都議定書所接受的一種手段，透過法律約束力來達到減排的目標。

---

10 “Reinventing Education,” www.ibm.com/ibm/ibmgives/grant/education/programs/reinventing/re_school_reform.shtml

包裝食品巨人 ConAgra 食品公司與美國飢餓救援組織合夥協助戰勝飢餓，在全國設置資訊交換中心來負責調度捐贈的調理和易腐食品，由於 ConAgra 食品公司的介入和協調，使得小型與當地的組織分享資源並且食品捐贈與分配更有效率，1999 年 10 月，ConAgra 加入美國飢餓救援組織的食品銀行網絡並參與其活動，「餵食兒童發展計畫」共分發食品到 50,000 個當地慈善機構，其中，超過 94,000 個美食節目支持此活動。

4. 衡量政府的影響力

政府支持企業參與公司社會新活動(或至少為這些企業移除障礙)，基本上有相當重要的正面影響，稅收優惠、法律責任的保障以及其他形式直接與間接支持企業的作法，都有助於促進企業參與，以及成功貢獻其公司社會新活動的成效。

例如：在美國，ConAgra 的食品回收計畫可以扣除捐贈產品的成本(但非市場價值)，再加上產品邊際利潤的一半，扣除的價值為產品成本的兩倍。為了鼓勵更多的企業加入食品回收計畫，美國飢餓救援組織對美國政府提出了一系列的建言。這些建議包括把食品捐贈與減稅的福利連結，Boston Market、KFC 以及 Kraft 食品都已公開承認減稅為企業提高了經濟的誘因，可以激勵更多企業參與，捐贈食品迫使企業詳細樽節浪費食品的總量，因為畢竟這與節稅是緊密相關的。

許多的改革也不斷的持續進行著，唯恐企業遺忘了它本身的責任(不只是貢獻社會，最好達到社會企業的境界)。1996 年，國會通過的艾莫森好心人食物捐贈法案(Emerson Good Samaritan Food Donation Act)，替捐贈食物給非營利團體的個人與組織撐起免於承擔民事與刑事責任的保護傘。除非捐贈食物者故意輕忽或蓄意為之而損及受贈者的健康，否則不必承擔民事或刑事賠償的責任。許多公司與非營利組織則希望見到更整體性的改革以支持他們的組織。

政府的背書其實也是相當重要的，Home Depot 與人道居組織(Habitat for Humanity)的合作，其實就是建立在美國住房與城市開發部(Department of Housing and Urban Development, HUD)充分支持的基礎之上。這項支持主要是美國住房與城市開發部採取正式背書的形式，並提供許多的後勤支援，來支持上述兩個組織的合作。政府單位也拍胸脯保證 Home Depot 不會面對行政單位承擔繁文縟節的刁難。在 AES 的個案中，公司致力於處理全球暖化的問題，類似像：世界銀行、全球環境基金、聯合國環境計畫等單位所能提供的支持就是補助金、貸款以及科學研究。

5. 評估總體利益

當公司無法清楚估量他們對於社會提供了多少總福利組合時，也就是他們獲得最大福利的時候，評估總體利益的內涵應該包括：傳遞社會的貢獻以及提高聲譽的效應，如此才有辦法鞏固與提昇公司在顧客心目中的地位，消費者、供應商、員工、政府、特殊利益群體以及其他利害關係人所認同正面的聲譽，主要來自於企業長期執著的承諾，而不是偶發或零星的利益，消費者與其他利害關係人他們有能力識破虛情假意的承諾(只會帶來短期的商譽)。美國奧美廣告公司的執行長 Shelly Lazarus 說：「如果企業公司社會責任的努力是虛假的，社會大眾將一眼就望穿」。因此，如果公司的新社會活動能體現這五項原則，則公司的聲望將顯著提升。

AES 公司的「碳排放補償計畫」已經爲公司贏得多項大獎，並獲得許多國際金融機構如：世界銀行、國際金融公司、美洲開發銀行以及來自各國政府、保險公司與非政府組織的好評。在消費產品的市場中，Avon 因爲廣告與行銷雅芳乳癌步行運動獲得多數媒體的青睞，當然全國性的特殊事件包括：盛大的募款演唱會與頒獎典禮也格外引人注目。Avon 特別重視乳癌防治，並以粉紅絲帶(pink ribbon)象徵著支持乳癌防治，給乳癌患者和家人最大的鼓勵，這也代表公司的長期承諾。同時，粉紅絲帶的商標也有利於公司的人員拜訪銷售與通路系統。

當然，我們不容易精確評估粉紅絲帶運動的潛在價值，以及對品牌知名度有多大的提升，所以也無法具體算出 Avon 商譽提升之後所產生的經濟利益。Avon 的策略聚焦於婦女所關心的議題，利用公司的貢獻並且與受人尊敬的非政府組織結盟，這種作法將使得公司在市場上得到信任與名聲。Avon 的公司社會責任執行長 Susan Heany 說：「這樣做必須有一些理由」，「公司的付出將爲公司的產品創造品牌認同」，買方與賣方都必須達成相同的目標，改善全球婦女的健康[11]。

3.4.4 整合所有成功原則

符合社會新行動模式標準的企業活動必須具備上述五項成功原則的特性：他們必須具備長期的目標、他們必須大規模的承諾並作出特殊的服務與貢獻、他們爲公司提供許多機會來貢獻其產品與活動、他們享受政府的大力支持而且他們提供整套的利益來提昇公司的附加價值。圖表 3.12「運用策略的案例」專欄總結了五項成功社會新行動的案例，並對應著五項成功原則來加以分析其成效。

---

11 "Corporate Social Responsibility in Practice Casebook," *The Catalyst Consortium*, July 2002, p.8. Available at www.rhcatalyst.org

運用策略的案例 圖表 3.12

五個協同式社會新行動的案例

案例	定義公司長期的任務	讓公司的作為增值	為較大規模的承諾作出特殊的服務與貢獻	衡量政府的影響力	整合所有成功原則
ConAgra 餵食兒童發展計畫	2001 年，在美國成長超過 2 仟 3 佰萬。2003 年，在英國總計 4 百萬。	ConAgra 運用其電子存貨系統與冷藏車來協助美國糧食救援計畫。	ConAgra 協助美國兒童對抗飢餓，並與多家非政府組織結盟。	艾莫森好心人食物捐贈法案，替捐贈食物給非營利團體的個人與組織撐起免於承擔民事與刑事責任的保護傘。	ConAgra 食品公司與美國飢餓救援組織合夥協助戰勝飢餓，並維持其品牌形象。
Avon 抗乳癌運動	乳癌在美國是導致婦女死亡的第二大死因，許多婦女都相當關注。	Avon 承諾該公司是「婦女的公司」，Avon 特別重視乳癌防治，並以粉紅絲帶(pinkribbon)象徵著支持乳癌防治，粉紅絲帶共計有 550,000 位銷售人員。	Avon 透過國家機構的資助獎勵乳癌的研究、社會服務、當地組織進一步的癌症研究。	政府通常與個人的貢獻結合，而當地政府則是提供後勤支援。	Avon 獲得媒體的認同，主要是透過廣告、行銷以及雅芳乳癌步行運動等特殊事件或是大型活動。
IBM 教育再造	發展中國家的教育需要對教育改革投入長期的承諾，例如衡量學習的方法。	IBM 運用其卓越的研究人員、教育顧問以及科技來支持教育再造。	IBM 以嚴格的方法監控教育再造方案，並與兒童暨科技中心、哈佛大學合作。	IBM 的團隊與美國教育部及英國就業與教育部合作多項教育再造計畫。	IBM 將投注於教育視爲是企業的策略性投資。投資在未來的勞動力與顧客身上，IBM 覺得這有助於企業的成功。
HomeDepot 公司對於社區的貢獻	三千萬美國人面臨居住品質不良的窘境，包括：居住在簡陋的或過度擁擠的房子，缺乏熱水、電、廁所或浴缸/淋浴。	HomeDepot 透過捐贈者與志願協助者幫助低所得者蓋房與處理居住問題。	超過 1,500 家 HomeDepot 的商店已加入 Depot 自願協助方案，支持建立仁人家園，目前已經協助 315,000 人了。	HomeDepot 與仁人家園合作，並受美國住房與城市開發部的大力支持。	HomeDepot 的自願協助方案以及公司如何結合社區與商店。每年都有幾十萬的潛在顧客加入。
AES 公司的「碳排放補償計畫」	全球暖化是個環境威脅發展了一些方案來抵消碳排放，這種因應全球化問題的方法相當實際且有效。	AES 是一家先進的國際電力公司，對於發展中國家以及他們所擁有的資源、發電廠所可能造成的危險有深入的瞭解。	AES 與世界資源研究所、大自然保護協會、國際救濟貧困組織共同合作來發現適當的以森林爲基礎的碳排放補償計畫。	美國環境保護局、歐洲環境聯盟、聯合國開發計畫署共同合作來支持碳排放補償計畫。	AES 承諾願意支付 1200 萬美元的補償金來彌補未來 40 年共計 6700 萬噸的碳排放量。

這五項成功原則中以第二項最爲重要，公司必須結合其日常商業運作最強之優勢，來進行社會責任的活動，上述的原則與過去的研究結果一致：社會責任活動與公司的核心任務高度相關時，有助於公司透過國際化或是協同結盟的方式來達到有效管理的目標。當然，除了本章所提到的案例之外，實務上仍然存在更多的例子，例如：廢棄物管理公司與回收計畫合作、出版公司與課後輔導班合作、製藥公司與在地免疫及健康教育計畫合作等等。

3.4.5 公司社會責任策略的限制

有些公司像 Ben & Jerry's 已經將社會責任與持續性承諾鑲嵌在企業的核心策略上了，有些研究指出這種專注投入在公司社會責任的作法，對那些大型且較成熟的企業來說，有時會顯得不切實際。例如：Levi Strauss & Co.公司的管理團隊太過專注於社會責任的目標，最後卻導致北美的製造部門慘遭關閉。

規模較大的公司不應只著墨於像慈善捐款這麼簡單的選項上，他們也必須避開遙不可及的長期承諾，這並不是說企業都不應該理想遠大，因爲過去的研究仍顯示規模與範疇廣泛的社會責任計畫仍然有許多成功的案例，因此，企業應該將公司社會責任的承諾視爲整體策略的重要的一部分，但不應該讓社會責任的承諾模糊了企業的策略事業目標。如果企業基於定義清楚的公司社會責任來發展協同式社會新行動，而且公司的策略滿足上述五大成功原則，則企業與公司領導人將能對社會做出重大的貢獻，並能有效的提升財務與行銷目標。

公司社會責任策略也可能與懷疑論者的觀點產生衝突，而相關的資訊也可能透過網路或部落格快速傳播開來，這項議題的分歧造成許多有關聲望管理熱烈的討論。對於社會責任行動主義者來說，Nike 始終是一個備受關注的案例，因爲該公司讓其全球生產工廠與承包商的員工忍受極差的且危險的工作環境。雖然公司當局努力改善來回應這些批評，一貫的防守作爲只是爲了挽回公司的名聲。

世界經濟論壇也論及此項議題，Unilever 的執行長 Antony Burgmans 提到：「讓社會的所有人都知道你在做什麼」，他的觀點最後被 Starbucks 的執行長 Orin Smith 發揚光大(公平交易咖啡豆)：「不管如何，我們結束了與他們的合作關係」。

3.4.6 公司社會責任的未來

公司社會責任是企業構成的一部分，管理得當的話，公司社會責任方案將有助於提升公司聲望、員工的聘任、激勵以及留任，而且還能建立堅實且寶貴的合夥關係。當然，其帶來的好處遠遠超出參與組織的界線，也豐富了弱勢群體及個人的生活，並改善了威脅後代、其他物種及天然資源的不利因素。

這是正面的觀點，公司社會責任的內涵愈來愈多元而且要求更高，則企業將面臨更多的要求(投入更多的資源與能力來對社會產生貢獻)，而不只是簡單的捐款就足以滿足社會大眾。激進的反對者將會持續的關注此議題、員工將持續發表他們的觀點、股東們也會透過他們的判斷與投票權來持續投資。

管理將面臨的挑戰就是：知道該如何滿足企業的所有利害關係人，並且能兼顧爲企業所有者賺取該賺的利潤，有研究指出，採取協同式的方法將是進行公司社會責任活動最重要的基礎，遵循本節所提出的成功五大原則，企業領導人維持持續性的長期承諾，謹慎的選擇社會責任活動，都將對社會問題產生正面且具體的效果，並能兼顧對於股東、員工與社區應有的義務。

3.5 倫理管理

3.5.1 企業倫理的本質

倫理
指導個人或群體行為的道德準則。

具有企業倫理觀的管理者，不管是與社會互動或是思考利害關係人的利益時，都會以企業倫理的概念融入其核心價值當中。**倫理**一詞是指指導個人或群體行爲的道德原則。當然，某一個個體、群體或是社會的價值觀並不會與另一個個體、群體或社會的價值觀完全一致。因此，倫理標準並不是放諸四海皆準的規範，而應該是人際互動之後所清楚定義出來的流程與結果。

不幸的是，一般社會大眾對於美國企業執行企業倫理的成果相當不認同，主要是因爲公司主管圖利自己而爆發了一連串的公司弊案，最後導致投資人權益受損、員工失去工作機會。透過高標準的道德與倫理規範，公司方能免於醜聞或違法情事，當然透過這些倫理道德標準來持續檢視公司的社會責任績效也是相當重要的。然而，當問題發生時管理的首要任務就是維護公司的信譽。

不只是外部利害關係人會批評公司的企業倫理作法，圖表 3.13「運用策略的案例」專欄指出：一項對人力資源主管的實證調查，其結果發現策略主管往往在組織內建立了許多高倫理標準的規範。

運用策略的案例 **圖表 3.13**

人力資源專業人員認爲執行倫理行爲在企業內未必獲得獎賞

一項研究報告指出：近乎一半的人力資源專業人員認為倫理行為在企業內未必獲得獎賞，過去五年，人力資源專業人員覺得遵守組織倫理標準的壓力愈來愈大，而且他們也發現不符合倫理的事件也漸漸減少。

人力資源協會與美國倫理資源中心共同進行 2003 年的企業倫理調查，有效回收 462 份問卷，研究結果如下：

- 79%的組織已建立書面的倫理標準。
- 49%的組織認為倫理行為未受獎賞。
- 35%的人力資源專業人員發現組織內有不當倫理行為發生。
- 24%的人力資源專業人員認為遵守倫理準則的壓力愈來愈大，相較之下，1997 年只有 13%認為有壓力。
- 人力資源專業人員遵守倫理準則的前五大原因為：遵循上司的指示(49%)、滿足積極的企業/財務目標(48%)、協助組織生存(40%)、滿足時程的壓力(35%)以及團隊精神(27%)。

資料來源：Society for Human Resource Management, www.shrm.org/press

即使某一個群體對於人類福祉的構成要素達成了共識，但是他們選擇達成福祉的手段與方法可能不會一樣。因此，達成人類目標的行爲就必須把倫理的議題考慮進來。舉例來說，許多人都會同意健康是相當値得追尋的，換言之，健康將能提高人類的福祉，但是如果某些企業爲了達成某種價値進而對其他人的健康造成傷害，那該如何抉擇呢？面對此種抉擇，比較常見的產業大概就是製藥產業。在生產藥材的期間內，某些員工可能面臨受傷害或是感染的風險。舉例來說：如果員工接觸或是吸入用來製作溫度計或是血壓計的水銀，此時員工可能會造成嚴重的金屬中毒。如果吸入醫療消毒設備常用的環氧乙烷(ethylene oxide)則可能會引起胎兒異常或是流產。即使像盤尼西林這般常見的藥物，如果在製造過程中吸入其藥物的成分則可能會引起過敏或是過敏性休克。綜合上述，我們可以知道雖然顧客健康這一項目標廣爲大眾所接受，但是其方法就未必符合道德的標準。

雖然麥當勞面臨社會大眾相當多的批評是關於「其產品營養成分不均衡，不利於消費者健康」的議題，但法令並未明文規定公司或其競爭者必須完整揭示其產品的營養成分。但是，2005 年之後麥當勞與其競爭對手都主動的將營養成分資訊標示在產品上，這一個公司社會責任的個案，圖表 3.14「頂尖策略家」專欄有詳細的描述。

有愈來愈多人廣泛且熱烈的探討企業倫理這個熱門的議題，例如：2004 年企業倫理研究所(IBE)的一項調查結果有助於我們更深入了解公司如何運用其倫理準則[12]，研究結果發現英國富時 100 指數的公司超過 90%的比例，已經以倫理準則的形式來處理企業有關倫理的議題，並願意付出長期的承諾。此外，受測公司中超過 26% 的董事會直接監督掌理有關社會責任與企業倫理的事件，比起 2001 年的 16%高出許多。採取倫理準則的主要原因爲：提供員工指導原則(38%)、減少法律責任(33%)。許多管理者(41%)指出他們近三年來已經運用倫理準則來處理許多紀律程序的問題了，議題包括：安全保安以及環境倫理。

12 Accessed in 2005 from http://www.ibe.org.uk/ExecSumm.pdf

頂尖策略家　圖表 3.14

麥當勞執行長 Skinner 善盡社會責任的行動

2005 年，速食業被譴責是美國許多民衆得到肥胖症的罪魁禍首，為了有所回應，麥當勞的執行長 James A. Skinner 主動說明麥當勞的食品在包裝上都明確的標示營養成分資訊，公司在 20,000 家餐廳(共計 30,000 家)中導入易辨識的包裝，來教導麥當勞的消費者其產品的營養成分。

Skinner 預言新的營養標示作法「將會有許多速食餐廳跟進，因為營養資訊對現代人想要均衡生活來說是相當重要的」*，在美國大約有三分之一的 4 到 19 歲的小孩都吃速食，Skinner 引進標示營養的作法主要在教育家長如何為他們的小孩選擇更健康的飲食。

Skinner 認為：正如麥當勞的公司社會責任聲明所述，麥當勞將為顧客提供高品質的食品，並基於誠實、正直的原則自發性的揭示其產品的營養成分資訊。

*Melanie Warner, "McDonald's to Add Facts on Nutrition to Packaging," *New York Times*, October 26, 2005.
"Fast Food Linked to Child Obesity," *CBSNews*, January 5, 2003, http://cbsnews.com/stories/2004/01/05/health
"McDonald's Corporate Responsibility," *McDonald's Corporation*, November 7, 2008, http://www.mcdonalds .com/corporate

3.5.2 倫理問題的取向

功利取向
採取「功利取向」的管理者會針對某些特定的人士採取某些特殊的行動，因此他們會針對最合適的人採取最佳的行動。

道德權利取向
又稱為道義論，包括人類生活與安全的基本權利、真實的標準、隱私權、表達個人是非善惡的自由、發表言論的自由以及私有財產。

管理者認爲倫理決策品質最重要的因素是「一致性」(consistency)，因此他們必須採取一貫的哲學取向作爲倫理決策的基礎。執行長有三種倫理取向可以作爲基礎：功利取向(utilitarian approach)、道德權利取向(moral rights approach)以及社會正義取向(social justice approach)。

採取**功利取向**的管理者會針對某些特定的人士採取某些特殊的行動，因此他們會針對最合適的人採取最佳的行動。「功利取向」專注在行動，而不是行動背後的動機。因此，相較之下他們會採取相對有利於自己的行動，如果正面的優勢大過於負面的影響，他們將會採取行動。行動過程中遇到有所阻礙的人，基本上已經被視爲是常態了。例如環境品質委員會(Council on Environmental Quality)爲了因應空氣清淨法(Clean Air Act)正在進行成本效益的分析，如果想要建立空氣污染的標準，則某種程度的污染似乎是可以接受的。

採取**道德權利取向**的管理者其決策與行動必須維持個人權利與組織權利之間的均衡。「道德權利取向」(又稱爲道義論)包括人類生活與安全的基本權利、眞實的標準、隱私權、表達個人是非善惡的自由、發表言論的自由以及私有財產。

社會正義取向
採取「社會正義取向」的管理者其決策行動必須判斷行動與公正、獎酬的公平性、個人及群體的成本。

採取**社會正義取向**的管理者其決策行動必須判斷行動與公正、獎酬的公平性、個人及群體的成本，這些概念來自於兩個原則，一個是「自由原則」(the liberty principle)，另一個原則是「差異原則」(the difference principle)。「自由原則」主要認爲個人有相當程度的基本自由，而且個人的自由能夠與他人的自由相容。「差異原則」則認爲社會與經濟的不均等，使得商品與服務的分配必須更加公平才行。

除了以上所定義的原則之外，採取「社會正義取向」還有三個基本的執行原則：第一，根據「分配正義」(distributive justice)的原則，個人不應該因爲個別屬性(例如：種族、性別、宗教或是國家區域)的差異而有差別待遇，我們最熟悉的法案像是「民權法案」(Civil Rights Act)；第二，根據「公平公正」(fairness)的原則，公司員工應該依據公司的規則致力於合作的活動，當然大前提必須是公司的規則非常公平，例如：爲了進一步取得公司、員工與其他工作者之間的共識，員工必須接受限制缺席的管制。第三，所謂的「自然責任」(natural duty)會列舉出一些一般性的責任，例如：當某位員工身陷險境的時候其他員工必須幫助他們、不要產生無謂的困擾、應該遵守機構內所有的規定。

3.6 企業倫理的行為準則

爲了使倫理準則一致，有愈來愈多的專業協會及企業都建置了倫理行爲準則，化學家協會、殯儀服務人員、法律授權監督單位、移民代理商、曲棍球員、網路服務提供人員、圖書館員、軍事武器銷售商、集郵人士、醫生以及心理學家等都有類似的倫理準則存在。當然，許多企業像 Amazon.com、Colgate、Honey-well、New York Times、Nokia、PricewaterhouseCoopers、Sony Group 以及 Riggs Bank 也都建立了倫理準則。

Nike 是一家全球性的大公司但是卻被迫必須建置倫理準則，Nike 產品的製造是由其他國家或其他公司擁有的工廠來進行生產。

Nike 的供應鏈包括超過 660,000 家的契約製造商、超過 900 家的工廠、超過 50 個國家(含美國)，工人主要是婦女，年齡介於 19 到 25 歲之間，生產設施的地理分布主要考量了價格、品質、產能以及配額的分配。

由於文化、社會、經濟的差異性使得 Nike 面臨了強大的倫理議題挑戰，「Nike 以及其所有的契約製造商都必須一致性的遵守公司所設置的倫理與法律的標準」。達成以上的目標，Nike 發展了一套自己的倫理行爲準則，這是一套倫理原則，來引導公司管理者作決策，Nike 的倫理準則詳見圖表 3.15「運用策略的案例」專欄。

運用策略的案例 圖表 3.15

Nike 的倫理準則

Nike 公司植基於相互信賴，其深刻的意涵在於我們願意在彼此信任、團隊合作、相互尊重的基礎之上與我們所有的合作夥伴共同發展事業，同時我們也希望所有的合作伙伴都遵循共同的原則。

Nike 公司倫理的核心信念為：公司由各種不同的人才所組成，尊重他們與眾不同的個性差異，並為每位同事創造均等的機會。

Nike 設計、製造並行銷運動與健身產品，在上述流程的每一個步驟中，我們不僅要確實遵守紀律與守法，還必須做到領導者所應做到的本分。我們也期望合作伙伴做到這一點，Nike 也要求合作伙伴能共同遵守我們一致的承諾，並且持續性的改善：

1. 在管理作法上尊重所有員工的權利，包括自由結社與集體協商的權利。
2. 儘量降低對環境的衝擊。
3. 提供安全與健康的工作環境。
4. 提升員工的衛生與福利條件。

合約商必需尊重每位員工的尊嚴，同時尊重他們有權要求一個沒有騷擾、辱罵或體罰的工作環境。員工之僱用、工資、福利、升遷、終止合約及退休必須完全以其個人的工作能力為評定依據，不得因種族、信仰、性別、婚姻或懷孕狀況、宗教或政治理念、年齡、性別取向等而對任何人加以歧視。

不論何時何地，Nike 都在這種行為準則的引導之下運作，同時也要求合約商遵守相同的行為準則。合約商必需在所有主要工作場所張貼此行為準則，並把它翻譯成員工們所能理解的語言，全力訓練他們，使他們瞭解此行為準則與相關地方法律所規定和賦予的權利與義務。

當我們在此基礎之下建立起我們的團隊合作精神之後，我們還要求合作夥伴能遵守倫理準則，倫理準則的核心標準為：

非法勞工

合約商不得僱用任何形式的非法勞工，包括：囚犯、已有合約在身者或其他。

童工

合約商不得僱用未滿 18 歲者從事製鞋業，合約商同時也不得僱用未滿 16 歲者從事服裝、配件或是設備。假如同時 Nike 已經開始生產了，合約商已依當地法律僱用了超過 15 歲的員工，則僱用合約仍可繼續執行，但合約商之後不得再僱用任何「低於 Nike 和當地法律年齡標準」的人員。

為進一步嚴格遵守此「年齡標準」，合約商不得使用任何形式的家庭代工來從事 Nike 產品的生產。

工資

合約商保證至少支付工人法定的最低工資或同業最低工資(前述兩項以較高者為標準)，為每位員工建立清楚的帳目，明確紀錄每個發薪期的薪資發放金額，而且不得因員工違反紀律而減扣其薪資。

福利

合約商為每位員工提供所有法定的福利。

工作時間/加班

合約商保證遵守法定工作時間制度；安排加班的前提條件是保證每位員工必須得到法定的加班補貼；僱用時知會員工必要的加班是僱佣條件之一；在正常的工作制度下，需每七天休息一天；每週工作時間不得超過 60 小時，若此規定超過當地法定的最高工作時間，則以當地法律為準。

環保、勞動安全與衛生

合約商本身需具備有關環境保護、勞動安全以及衛生方面的書面政策，並建立體系以求最大幅度地降低對環境的負面影響，減少職業傷害和疾病，以提升員工總體之健康狀況。

文件的提供與核實

合約商應將有關文件歸檔作為其遵守此行為準則及相關法律的書面依據；同意隨時準備相關文件，以便 Nike 公司或其指定的核查員來稽查；且無論事先收到通知與否，同意在進行調查時提供相關文件。

資料來源：www.nike.com/nikebiz, 2009.

3.6.1 倫理準則的主要趨勢

愈來愈多人有興趣將企業倫理轉化成正式的書面文件，企業於是產生了正式的說明書，而企業之間也會漸漸出現值得學習的典範。不久前，倫理準則僅出現在員工手冊。現在的新趨勢是將倫理準則放在公司的網頁上、年報上、佈告欄等等。

第二個趨勢是公司對於倫理準則增加了執行措施，其中包括引導員工的政策，以便他們發現了違法就可以運用此準則來制裁，此外，還涵蓋僱用員工時所發生的民、刑事問題。最後結果，有許多公司要求所有的員工都必須在倫理說明書中簽署，表示他們已經閱讀過且充分了解他們的義務。這當然也充分反應了沙賓法案的影響力(要求執行長與財務長都必須對公司的財務報表畫押)。執行長嚴格要求所有層級的員工都必須認知到：命令鏈體系中的所有資訊都必須精確無誤。

第三個趨勢是有愈來愈多企業不斷的強化員工的訓練，期望使他們理解到在公司倫理準則的引導之下員工的義務爲何，目標在使各級主管作決策時都能考慮到倫理的議題，訓練以及隨之而來的實際工作監控，再加上電腦軟體的輔助來推估可能的違法行爲，都有助於管理者更深入的探討此議題。

摘要 Summary

由於人們花了許多時間在工作上，因此他們自然也會試圖去影響或是形塑組織，沒有生命的組織常常被譏諷為只會想辦法在職場上設置一些法令、倫理、道德的規範，實際上，通常是「人」才會設定規範「教人如何做」。正如個人努力塑造自己的社區、學校、政治與社會組織、宗教機構，員工也必須協助決定公司社會責任與企業倫理的主要議題。

所有的決策(包括策略決策)常常出現兩難的情境，往往顧此失彼，一個目標達成了，另外一個目標可能就無法顧及，就社會責任的議題來說，員工個體必須努力達成他們要的結果，藉由自願為某些社區的福利付出，這種選擇就是為你的選擇創造利益，企業倫理創造並行(兩者些獲利)的機會，選擇適當的行為，在員工的協助之下建立長期獲利的組織。

通常，許多人會認為企業活動有許多非法與不符合倫理的狀況，而這些非法與不倫理是創造企業競爭優勢的重要因素，這種論調至為荒謬，許多被公開報導的犯罪事件掩蓋了事實，企業的營運活動在現實生活中必須是誠實、榮耀的。在同一個企業中，這些人必需擁有相同的價值、理想與抱負。

本章，我們深入探討了公司社會責任，除了了解其本質之外，我們也希望企業能運用其資源對社會創造不一樣且正向的影響。此外，我們也期盼企業倫理能夠成為維持與促進工作職場社會價值的重要因素。

關鍵詞 Key Terms

經濟責任	p.3-5	公司社會責任	p.3-9	倫理	p.3-36
法律責任	p.3-5	沙賓法案	p.3-15	功利取向	p.3-36
道德責任	p.3-7	民營化	p.3-19	道德權利取向	p.3-36
慈善責任	p.3-8	社會檢核	p.3-20	社會正義取向	p.3-37

問題討論 Questions for Discussion

1. 請定義何謂「社會責任」，並舉例說明某一家公司的作法是合法的，只是沒有善盡社會責任，您有辦法為該公司辯護嗎？
2. 請提出五種可以衡量公司社會責任的指標，並且說明這些指標如何衡量？
3. 您認為現今社會的組織，如果能夠清楚定義自己社會責任的角色，是否會產生許多好處？為什麼？
4. 一家大公司的執行長在思考社會責任的議題時，最常見的三種基本哲學為何？ 試說明之。
5. 您認為在下一個十年，社會對於公司社會責任的期望是否會有所改變？試說明之。
6. 在評估公司整體績效的時候，社會責任扮演何種角色？
7. 社會責任必定是自發性的行動嗎？ 試說明之。
8. 當公司面臨不同的議題時，是否一定要堅持不同社會責任的哲學？或是都應該採取相同的哲學？試說明之。

9. 您可能是某一家公司的利害關係人，您目前扮演何種利害關係人的角色？未來您希望扮演何種角色？
10. 除了社會責任中利害關係人的哲學之外，還有哪些其他的哲學？是否會有重複的地方？
11. 請就最近的商業事件來分析，舉例說明倫理與非倫理的行爲。
12. 您如何說明現代企業倫理的內涵？
13. 企業如何自利又利他？

Chapter 4

外部環境

閱讀完本章之後，您將能：

1. 描述影響公司績效的三個環境因素。
2. 列出並解釋間接環境中的五大因素。
3. 舉例說明經濟、社會、政治、科技與生態如何影響企業。
4. 說明如何運用五力分析來進行產業分析，並舉例說明之。
5. 舉例說明進入障礙、供應商議價能力、顧客議價能力、替代品與現存競爭者對企業的影響。
6. 列出並解釋營運環境中的五大因素。
7. 舉例說明競爭者、債權人、顧客、勞動力以及供應商對企業的影響。

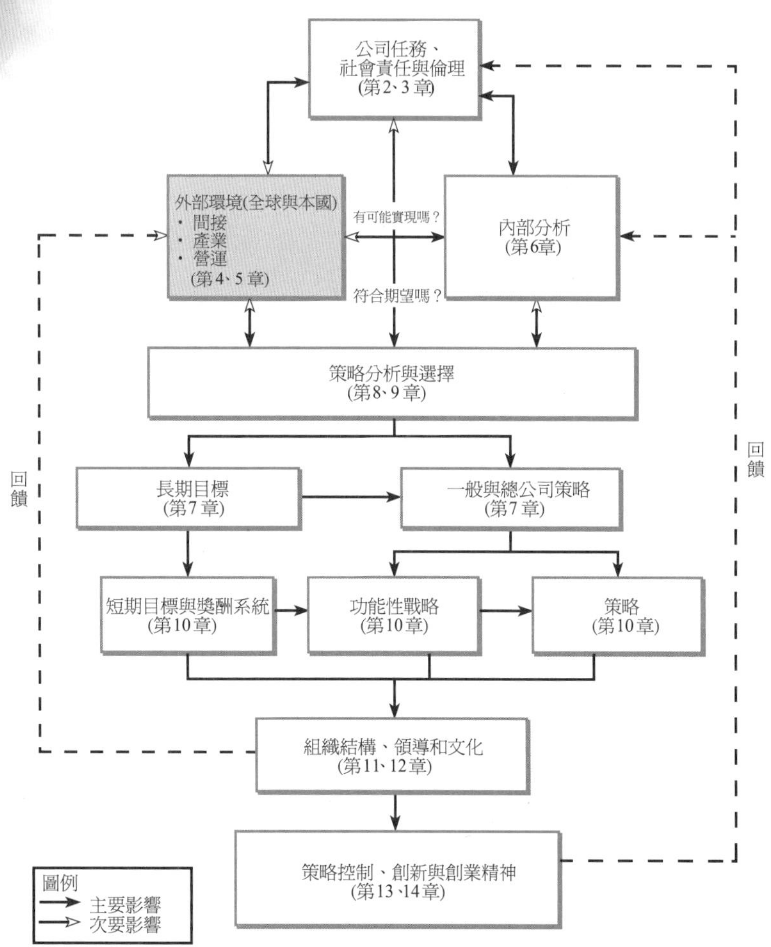

4.1 公司外部環境

外部環境
公司無法控制卻會影響公司未來方向、行動選擇以及組織結構與內部流程的因素。

本國的外部環境將會影響公司未來方向與行動的選擇以及組織的結構及內部流程，**外部環境**(external environment)一般是由三個彼此相關的子範疇所組成，包括：間接環境(remote environment)、產業環境(industry environment)以及營運環境(operating environment)。本章描述了策略形成過程中複雜的必然性以及如何充分利用公司的市場機會。圖表 4.1 說明了公司與間接、產業與營運環境之間的相互關係。綜合來說，這些因素形成了公司在面對競爭環境中的機會與威脅。

圖表 4.1 公司的外部環境

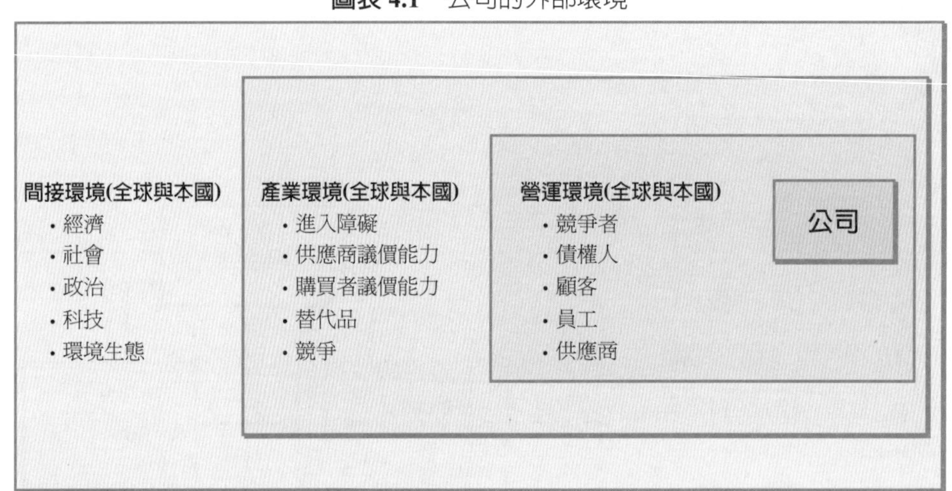

4.2 間接環境(remote environment)

間接環境
通常由以下五個因素所組成：經濟、社會、政治、技術與環境生態。

間接環境通常由以下五個因素所組成：經濟、社會、政治、技術與環境生態。公司所面對的環境充滿機會、威脅與限制，但是很少有單一公司可以獨自影響整個環境的。例如：當經濟成長緩慢而且建築業不景氣的時候，承包商當然必須忍受企業的衰退，儘管承包商相當努力想要活絡某地區營建業的活動，但是這可能也無法挽回整個營建產業的頹勢。由於貿易協定的關係使得美國與中國以及美國與蘇聯之間的關係得以改善，這都是政治影響公司經營的最佳例證，這些協議使得美國的製造商有機會拓展他們在國際上經營的範疇。

4.2.1 經濟因素(economic factors)

經濟因素關係著公司在營運時經濟發展的本質與方向，因為基本上消費模式會隨著市場區隔的不同而有所差異，每一家公司都應該考慮到不同市場區隔的經濟走勢是否會影響該產業。如果就國家或是國際的觀點來看，經理人必須考慮到借貸額度、可支配所得、顧客消費的偏好、利率、通貨膨脹率以及國民生產毛額的成長趨勢，所以這些指標都是企業經營所必須考慮的經濟因素。

例如：在 2003 年的時候，蕭條的經濟嚴重的打擊了 Crown Cork & Seal 公司，之所以會如此艱難是因爲公司擁有二十億美元的負債，而且無力償還。萎靡不振的市場使得公司股價更低。因此，Crown Cork 轉而發行債券來處理其負債。面對低迷的市場，顧客寧願選擇債券，因爲債券的投資報酬率高於股票的投資報酬率，相對來講是比較安全的一種做法。不只投資大眾有這樣的想法，Crown Cork 和其他公司也都在追求當年度債券最低的利率，而發行債券也有助於公司重整資產負債表。

有一些公司在國家或全球不景氣的時發現了更多的機會，例如：2008-2009 年美國經濟再崛起，Gap 公司就希望透過緊縮與重生策略來達成其目標，詳見圖表 4.2 的「頂尖策略家」專欄。

由於新的國際競爭市場出現了許多的經紀人(中間商)，使得經濟環境預測的模式有所改變，較突出的像歐洲經濟共同體(European Economic Community, EEC)、石油輸出國家組織(OPEC)以及開發中國家的結盟。

歐洲經濟共同體(EEC)的會員國涵蓋了西歐多數的國家，EEC 的成立，主要是讓會員國之間的貿易障礙逐漸廢除，和非 EEC 國家間的進口關稅也被標準化。另外許多歐洲國家以前在非洲及加勒比海地區的屬國，目前已成爲獨立國家，也和歐洲共同市場訂定優惠國貿易協定。透過 EEC 在歐洲經濟體系內的協調，會員國在非歐洲體系內的競爭力將會不斷的增強。

頂尖策略家 **圖表 4.2**

Gap 公司的執行長 Glenn Murphy

Glenn Murphy 在 2007 年第二季公司銷售量已持續衰退三年的情況之下接任 Gap 公司的執行長一職。Murphy 的作法是採用重生策略，而其特別之處在於；「…持續改善公司的核心品牌的獲利，並推動網際網路與國際化的策略性成長」*。

Gap 的緊縮策略早就從裁員開始，Gap 公司的財務長 Sabrina Simmons 說：「有效率的庫存管理及成本管理已經使得我們 2008 年前半年的每股盈餘成長了 65%」**。Gap 同時也期望能在當年創造十億美元的現金流量，在國際化成長計畫中，Gap 的設計是期望透過特許加盟的方式在 2008 年開創 21 個國家的市場，包括：墨西哥、俄國與日本。然而，直到美國經濟再崛起，我們至今仍無法預測 Gap 公司的緊縮策略與重生策略是否奏效。

*"Gap Inc .Outlines Business Strategies for Brands and Highlights Growth Opportunities in Online and International Categories," Gap Inc. press release, October 16, 2008.

**出處同上

4.2.2 社會因素(social factors)

影響公司的社會因素包括：公司員工面對外部環境的信念、價值觀、態度、意見以及生活型態，而社會因素可能源自於文化、生態、人口統計變項、宗教、教育以及種族的情況。當社會因素改變的時候，人民對於服飾、書籍、休閒活動的需求也將會有所差異。就像間接環境中的其他影響因素一樣，社會因素是相當動態的，社會之所以會不斷的改變，乃是因爲個人想要滿足自己的慾望，或是企業想要控制與調適環境所致。Teresa Iglesias-Soloman 希望透過 Ninos 有助於改善社會，Ninos 是孩童商品的購買型錄，分別用英文以及西班牙文來表達，想要深入瞭解西班牙的小孩，可以透過英文書籍、英文錄影帶來介紹西班牙的風土民情及文化。同樣的，西班牙小孩如果想透過 Ninos 學習英文或是美國文化也可以應用同樣的方式。Ninos 的目標市場涵蓋西班牙中低收入戶的雙親、消費者、教育工作者、雙語學校、圖書館以及負責採購的代理商。Iglesias-Soloman 認爲 Ninos 將來的發展將無可限量，因爲西班牙人口的成長速度比起美國人口的成長速度，大約快上五倍左右，而成爲數量最多的少數民族。

近年來最明顯的社會變革之一就是大量的婦女勞動力迅速進入勞動就業市場，此種情形不僅影響了員工的雇用、薪酬政策以及能力，而且還創造了更多的產品與服務來滿足激增的需求，許多公司正好可以快速因應這一波社會的變革並提供相關的產品與服務，例如：速食店、微波食品以及托兒所。

第二項值得一提的社會變革就是：顧客與員工愈來愈重視生活品質。我們可以從最近許多勞資雙方的契約與協商看出端倪，除了傳統的提高薪資的需求之外，員工還會要求假期、彈性工作時間、一週工作四天、長假計畫以及進階訓練的機會。

第三項值得一提的社會變革就是：人口母體分配中年齡分布的移轉。由於社會價值觀的改變、節育方法的進步以及節育觀念廣被接受，美國人口中的平均年齡已顯著的提高，1970 年美國的平均年齡爲 27.9 歲，2000 年的時候已經提高到 34.9 歲了。這對生產「年輕取向」產品的廠商來說是相當不利的，所以長遠來看，這些廠商必須改變他們的行銷策略。生產護膚、護髮的美容產品製造商，已經針對他們的產品重新進行研發以因應實際需求的改變。

人口母體分配中年齡分布的移轉，已經造成老年人口大量增加，同時也使得老年人相關產品的需求量相對激增。由於這些老年人所得有限，加上他們必須面對僵固的退休政策與退休年齡，因此社會政策應該強化減稅以及社會安全等相關的福利措施。這些改變顯著的影響了許多公司的機會與風險，通常愈能夠預測改變的公司其獲利能力將會愈高。

與上述議題攸關的就是個人健康，因此速食產業也曾經是大眾所關心的目標，在 2002 年的時候，有許多研究關心美國人肥胖與健康之間的關係。面對這項社會最關心的議題，麥當勞似乎已經成爲眾矢之的了，因爲麥當勞所提供的菜單都是高卡路里、會阻塞動脈的食物。健康專家指責速食產業是導致肥胖最大的主因，像麥當勞這一類的公司，不但鼓勵社會大眾吃入過量的食物，而且會使得他們更不願意運動。特別的是，麥當勞還鎖定在某些電視節目來促銷它們的產品，不管是大人還是小孩，這一類的族群都會被麥當勞的行銷策略一網打盡。

麥當勞積極且成功的回應，公司的策略主管迅速的將麥當勞公司形塑成爲健康食品的創新者。2005 年，全球最大的速食連鎖霸主，不斷推出健康生活型態的運動，包括：快樂的一餐應包括蔬果與牛奶、學校活動計畫、與國際奧林匹克運動會策略聯盟。在宣告上述想法的同時，麥當勞獲得了 25 年來最長的同店銷售成長(same store sales growth)，24 個月連續全球銷售上揚，這都必須歸功於新的健康菜單、夜間營業、更好的顧客服務(例如不用付現)等。麥當勞的健康菜單包括：水果和核桃沙拉、保羅紐曼品牌的低脂肪意大利醬、美國優質雞肉三明治以及歐洲的雞肉大餅和水果冰沙。

預測社會變革對企業的影響效果，是一件相當不容易的過程。儘管如此，如果企業能夠估算人口在地理環境上的遷移、工作價値觀的改變、倫理標準、宗教信仰對企業的影響效果，這些都將有助於企業擬定合適的策略使企業邁向成功。

4.2.3　政治因素(political factors)

在策略形成的過程中，管理者最關心的因素大概就是政治的方向與政治的穩定程度，政治因素明確定義企業在經營過程中需要注意哪些法律以及受到哪些管制，政治對企業的限制主要在：公平貿易的決策、反托拉斯法、稅務、最低工資的規定、污染及訂價政策、行政管理上的呼籲以及其他許多保護員工、消費者、一般社會大眾與環境的行動。因爲這些法律與管制常常都是採取約束的觀點，企業的利潤將因此減少。然而，有一些政治行動卻是用來保護企業，甚至使企業獲利增加的，這些法律像是專利法、政府補助、產品研究基金。通常，不同的利害關係人對於相同的議題通常會有不同的看法與重要性，因此對企業營運的影響面向也會有所差異。因此他們常常會運用策略來影響立法委員，尋求他們的支持，來圖利自己。圖表 4.3「運用策略的案例」一節則詳細的說明如何運用工會來影響總統歐巴馬。

運用策略的案例 圖表 4.3

工會要求歐巴馬知恩圖報

工會曾經協助美國總統歐巴馬贏得選戰入主白宮，但是他們現在希望能獲得一些回報，雖然歐巴馬傾向願意幫忙，但是工會會員日減，所以很難立法通過，工會代表的數目約是美國勞工的八分之一，現代已經掉到25年前的五分之一而已。

在新國會上最大的勞資抗爭關鍵在於是否通過「雇主有權要求秘密投票選舉」的法案，一旦有一半以上的合法員工再加上一位不相干的員工被授予會員證之後，公司就必須大費周章的與工會談判。

2007 年衆議院通過該措施，但是最後卻栽在參議院共和黨的阻擾行動，布希總統誓言要否決該法案，但最後卻成為歐巴馬政綱的一部分。

工會領導人說，雇主採用秘密投票選舉的作法，通常會在其招聘網站上，要脅和恐嚇工人拒絕進入工會，雇主反駁說，工人往往強迫他們的同事簽署會員證，而秘密投票選舉是唯一能實現他們願望的方法。

資料來源：Excerpted from "Unions Seek Payback for Helping Obama," *The Associated Press*, November 10, 2008, http://www.msnbc.msn.com/id/27649167/. Reprinted with permission of The Associated Press,

所以，政治因素有時會限制企業的獲利能力，有時候卻能提高企業的獲利能力。舉例來說，美國聯邦通訊委員會(FCC)在 2003 年的時候做出一個令人訝異的決策，它們規定當地的電話公司必須繼續出租它們的線路給長途電話使用，因爲它們的成本比較低廉。就在同時，美國聯邦通訊委員會又規定當地的電話公司不可以將它們的多頻率線路出租給國家航空。這些決策對於當地的電話公司有好也有壞，因爲租借線路給長途電話使用使得它們失去了許多的利潤，然而，沒有出借多頻率線路也使得它們獲益不少。

這項決策並不意味著區域線路就要移動或是完全被多頻率路線所取代，相反的，區域線路可以整合成兩個網路區域，分別是長途電話以及多頻率線路。美國聯邦通訊委員會的管制行爲反而使得當地線路能修正它們現有的策略。例如：它們可以降低在多頻率線路的資本投資，因爲老的線路對它們來說也是相當重要的。所以降低資本投資可以用來補償長途電話租借所造成的損失。

政治因素同時也會影響法律，圖表 4.4「運用策略的案例」一節，你將可以進一步了解到美國的州立法如何影響汽車製造商、特許經銷商以及顧客。

當企業在評估間接環境的時候，政治因素的方向與穩定度將成爲最主要的考量，舉著作權爲例，微軟的經營績效在中國市場將會受到缺乏侵害著作權的法律以及中國政府的政策所影響。同樣的，中國政府對於競爭者 Linux 的強烈支持，也使得微軟在中國大陸的產品滲透能力大受影響。

政治活動會對於政府的功能有所影響，這些功能分別展現在以下兩種功能：政府變成供應商的功能以及政府變成顧客的功能。

運用策略的案例

圖表 4.4

汽車經銷商面臨嚴苛特許權法令的挑戰

三大汽車廠面臨了各式各樣的問題，其中比較麻煩的是昂貴且無效率的經銷網絡，但是，當數以千計的經銷商有可能在未來幾年內消失之際，仍然很少有汽車業可以做到比經銷商更有效率的配銷通路，因為經銷商都受到州特許權法令完善的保護。

這項法律防止汽車製造商跳過經銷商而直接以最低價格販售給顧客，因此美國馬里蘭大學商學院 Peter Morici 教授說道：「顧客無法像 Dell 一樣直接在網路上下單」、「如果汽車製造商能夠在網路上賣車，則他們或許能夠降低存貨成本，一台車的生產成本或許能夠降 1,000 美元」。

但不要指望在短期間內出現這種狀況，就某方面來說，汽車經銷商在每一州都是最具有影響力的企業集團，Morici 說：他們會謀略性的完整連結，並努力保護整個特許加盟系統以及銷售流程的完整性。經銷商努力防衛他們的系統，包括：禁止製造商不公平的取消或拒絕更新經銷商特許權的法律。

汽車經銷商公會的發言人 Bailey Wood 說：「汽車經銷商是超大規模的信貸密集型企業，借貸者往往認為他們是高風險的族群，因此需要州法律來保護他們」。他說平均每位經銷商終其一生都平均投資一千一百萬美元在其事業上。Wood 說：「這些資金都投資在存貨、建築物、工具與人事成本上，所以如果暫時取消州特許權法，則將威脅到整個國家的經濟穩定。」

著名的全球第五大會計師事務所聯盟 Grant Thornton LLP 報告指出：3,800 家經銷商或至少五分之一會在 2009 年末因為銷售疲軟、營運成本增加以及信貸緊縮而關門。

州經銷法使得汽車製造商想要去除其品牌顯得更加困難且耗費成本，例如：GM 汽車在 2004 年 4 月解散其汽車製造商時發現旗下 Oldsmobile 品牌的汽車已高齡 106 歲了。透過停止 Oldsmobile 的品牌，GM 有效的停止公司與經銷商的協議，並支付他們遣散費。顧問公司與汽車分析專家 Aaron Bragman 說:「停止全國 Oldsmobile 品牌大約耗費了 GM 公司 10 億到 20 億美元的成本，而最多的花費是在與經銷商周旋的支出。」

資料來源：摘自 "Auto Dealers Face Days of Reckoning," by Roland Jones, *MSNBC.com*, December 17, 2008. Copyright © 2008 by MSNBC Interactive News, LLC. Reproduced with permission of MSNBC Interactive News via Copyright Clearance Center.

1. 政府變成供應商的功能

政府的決策攸關私人企業是否有能力取得公有的天然資源、政府的儲備物資以及農產品，這些都將影響某些企業策略的成敗。

2. 政府變成顧客的功能

政府對某些產品或服務的需求將能夠創造、維持、提高或是消除許多市場的機會，例如：甘迺迪政府強調「阿波羅號登陸月球之創舉」之後創造了數以千計的新產品；卡特政府強調「合成燃料」之後造成許多新技能、新技術、新產品的需求；雷根政府推行「國家戰略防禦計畫」因而加速了雷射技術的發展；柯林頓則是推行「聯邦區塊津貼」以改善各州的社會福利，布希政府則是因爲恐怖主義盛行，爲了反戰而投入相當多的資金在飛機的設計以及製造上。

4.2.4 技術因素(technological factors)

間接環境的第四個因素就是技術因素，企業爲了避免過時淘汰或是爲了提昇創新的能力，公司必須體認到技術的變革將會影響到整體產業的發展。採用具有創意的技術將有助於企業開發新產品、改善現有的產品或是製造及行銷新的技術。

技術的突破可能會產生突然而且戲劇性的變化，進而影響公司所面對的環境，因爲技術的突破可能爲現有的產品帶來新的市場或創造新產品，如此一來將使得生產設備的壽命變短了。因此，就那些變化激烈而且成長快速的產業而言，它們必須深入瞭解現存的技術是否有進步的空間，以及這些技術的進展是否會對現存的產品與服務產生衝擊。這種純以科學角度來預見技術的發展，以及未來對組織營運所產生的影響，我們通常稱之爲**技術預測**(technological forecasting)。

技術預測
這種純以科學角度來預見技術的發展，以及未來對組織營運所產生的影響，我們通常稱之為「技術預測」。

技術預測有助於成長產業中的企業，它們可以藉此維持或是改善獲利能力。此外，技術預測還有助於策略主管事先警覺到未來會遇到的阻礙，以及可以有所發揮的機會。舉例來說：第一、全錄(Xerox)公司的先進技術「靜電複印術」是公司成功的關鍵因素，然而這卻使得碳複寫紙製造廠面臨前所未有的挑戰；第二，卓越的「晶體管收音機」改變了收音機與電視產業的競爭本質，造就了像 RCA 一樣的大廠，儘管 RCA 一開始也只是眞空管產業中名不見經傳的小公司，但是直到公司持續爲產品投入所需的資源之後，公司便快速成長了。

公司進行技術預測是否能對公司有所助益，有賴於企業是否能精確的對未來技術產能進行預測，以及未來技術是否能對企業產生影響。如果要比較全面性的分析「技術改變」對「新技術」、「間接環境」、「競爭企業情境」以及「企業與社會間介面」的效應，則研究者必須更進一步深入探討技術預測。近年來，預測在許多領域日益受到重視。例如：現在企業日益重視環境的議題，則企業必須深入探討技術發展是否會影響生活品質、生態的問題以及公共安全等議題。

舉例來說：網際網路的科技與數位方式下載音樂進一步結合。Bertelsmann 認爲採用創新的技術將使得音樂能夠透過網際網路，線上及時提供給數以百萬的消費者，而且不管何時何地他們都可以聽到這些音樂。Bertelsmann、AOL Time Warner 以及 EMI 共同合資創立 Musicnet 公司，由於透過網際網路的科技具有廣泛以及容易取得的特性，因此使得網上零售商的市場大開，Bertelsmann 善用技術的快速發展使得音樂市場能夠快速成長而且消費群日益龐大。

4.2.5　環境生態因素(ecological factors)

生態
是指任何與人類生活有關之事物，例如：空氣、土壤以及水，沒有了這些事物人類也無法存活下去。

污染
人類常常因為產業社會的活動而破壞了自己生活的生態環境，稱之。

間接環境中最引人注目的通常就是企業與生態之間的互動關係，**生態**(ecology)這個名詞是指任何與人類生活有關之事物，例如：空氣、土壤以及水，沒有了這些事物人類也無法存活下去。人類常常因爲產業社會的活動而破壞了自己生活的生態環境，我們通常稱之爲**污染**(pollution)。近年來，比較受到重視的生態環境議題包括：全球溫室效應(global warming)、物種的絕跡——意味著生物多樣性消失(biodiversity loss)和棲地(habitat)的減少、空氣污染、水污染以及土地污染。

隨著時代的變遷，全球的氣候已經產生了變化。很明顯的，由於人類的許多工業活動更加速了這些污染生態現象的產生。大氣輻射產生顯著的變化、臭氧減少因而產生全球溫室效應，太陽的輻射透過大氣層因而進入地球表面，因而使得土地、水、空氣受熱。

另外一個重要的議題就是物種的絕跡，生態學家都認爲許多重要的動、植物都不斷的在滅絕當中，如果此種狀況再持續下去，過去許多有紀錄的動、植物，將會在全球性的物種滅絕潮流下逐漸消失。地球的存續有賴功能完善的生態系統。此外，疾病治療進步神速，這也都應該歸功於許多實際的活體實驗與研究。當物種滅絕的時候，許多物種生存的系統將會受到嚴重的傷害。物種滅絕的首要原因就是天然的棲息地與自然環境受到嚴重的干擾。例如最近的資料顯示：地球上許多熱帶雨林是提供地球氧氣與草本藥材的主要來源，這些熱帶雨林也許在五十年內就會被破壞殆盡。

空氣污染是由灰塵微粒以及氣體放電污染了空氣所致，酸雨、雨中含二氧化硫都會破壞水生的動、植物，一般都認爲這些污染大部分都是由燃煤廠所造成的(估計大約有 70%都是由燃煤廠所造成的)。由於許多工廠的煙囪大量排放二氧化碳，使得大氣層受損，因此具有健康概念的「熱能排毒修身護理」大行其道。溫室效應(greenhouse effect)產生了破壞性的結果，除了氣候變得不可預測之外，氣溫也隨之升高。

水污染乃是由於工業製造產生了有毒的廢棄物，最後被傾倒在河流或是水道上所引起的。一般而言，市政排水系統以及對水質保護的行動能達到環保署要求的廠商不會超過百分之五十，污染的水對於社會大眾的福祉來說是一大威脅。因此公司將致力於防治水污染，但是這是一件相當不容易的事情(即使相當謹慎小心的製造商也很難做到完美)。

土地污染的主要原因是因爲某些東西使用過度或是過度浪費所致，而這些東西就是我們每天或常常都會使用的「包裝」，有時候土地污染是更加可怕的，因爲工業生產製造過程中所產生的毒物都埋藏在地底下，初步估計美國大約有五億噸的工業廢料無處擺放，而深藏於地底下，這就是土地污染最有力的證據，而此種污染對生態環境的殺傷力更大，甚至最後還會演變成政治的議題。

面對環境生態污染的問題，企業必須勇於面對甚至負起責任，這個責任就是排除生產製程中所產生有毒的產品，並且清除以前公司所生產的產品對環境所造成的傷害。漸漸的，主管在做決策的時候自然就會考慮到政府以及社會大眾對於生態環境的要求，進而把這些議題整合進來一併思考。例如 1975 年到 1992 年，同樣的，許多鋼鐵公司以及公營事業花費了數十億的金錢來清除燃燒廢料或者是購買控制污染的設備。汽車產業必須投資「排放控制系統」以減少污染。汽油產業必須發展新的低鉛含量或是無鉛汽油。數以千計的企業都一致認爲企業應該投入部分資源進行研發，研究如何開發較具環保觀念的產品，例如 Sears 開發了無磷酸鹽成分的洗衣精，Pepsi-Cola 則是發展可分解塑膠飲料瓶的產品。

有關環境的法令將會影響公司整體的策略，許多公司相當擔心策略錯誤而產生違反管制的行爲，這樣便有可能爲這些行爲付出高額的代價(成本)。然而有許多製造商將這些管制視爲是新的機會，以產品來取得市場，除了能滿足顧客之外更能夠達到管制的要求。至於其他廠商則是主張投資在環境保護的成本將會阻礙企業的營運、成長與生產力。

除了上述企業的努力之外，保護生態環境將是企業策略性發展的重點之一，主要是因爲公司股東與執行長都相當重視這項議題，而且政府與一般社會大眾都需要一個無污染的生態環境，圖表 4.5 則說明了美國政府爲了保護生態環境所建立的一些法規。

圖表 4.5 美國聯邦政府有關生態環境的法令

• 國家環境政策法案(National Environmental Policy Act, 1969)	
空氣污染(Air Pollution)	**水質污染**(Water Pollution)
• 空氣清淨法案(Clean Air Act, 1963) • 汽車空調機污染控制法案(Motor Vehicle Air Pollution Control Act, 1965) • 空氣品質法案(Air Quality Act, 1967) • 空氣清淨修正法案(Clean Air Act Amendments, 1970) • 空氣清淨修正法案(Clean Air Act Amendments, 1977) • 固體廢棄物污染(Solid Waste Pollution) • 固體廢棄物清理法(Solid Waste Disposal Act, 1965) • 資源回收法(Resource Recovery Act, 1970) • 資源回收與復生法(Resource Conservation and Recovery Act, 1976) • 礦產開採管制法(Surface Mining and Reclamation Act, 1976)	• 焚化法(Refuse Act, 1899) • 聯邦水污染控制法案(Federal Water Pollution Control Act, 1956) • 水質法(Water Quality Act, 1965) • 水質改善法案(Water Quality Improvement Act, 1970) • 聯邦水污染控制法修正法(Federal Water Pollution Control Act Amendments, 1972) • 安全飲用水法案(Safe Drinking Water Act, 1974) • 淨水法案(Clean Water Act, 1977)

生態效益的優點

許多世界性的大公司都體認到企業活動再也不能忽視有關環境的議題了，每一項企業活動都會涉及到數以千筆的交易以及對環境的影響。因此，為了整體性推展組織的策略，公司必須嚴肅的看待環境保護的責任問題，以及如何落實環境保護的政策。因為政府與消費者對於環境保護的議題制定了相當多的管制與要求，因此嚴謹的執行環境保護政策將成為競爭優勢的來源。所以企業傳統的目標應該修正為：同時重視環境保護的議題以及企業長期的利潤，如此將兼顧企業與社會的發展。但是如果忽略了環境保護的責任，則公司與生態系統將面臨威脅。

為了回應此項需求，GE 公司 2005 的計劃投入雙倍的研究基金，致力於研發降低能源使用、降低污染以及減少造成全球暖化的排放的科技，GE 公司表示，將更加集中於太陽能和風能以及其他環保技術的研發，並多參與其他高科技的發展例如：柴油、電力機車、低排放的飛機發動機以及高效照明與水淨化。公司 2010 年的生態想像工程計畫包括：每年投資 15 億美元於清潔技術的研究(2004 年只有 700 萬美金)，並打算由環保產品與服務獲利 200 億美金。

生態效益

就是公司應該持續發展更有用的產品與服務，然而卻必須及時兼顧到減少資源的浪費以及污染的問題。

Stephen Schmidheiny 是企業永續發展協會的執行長，他提出**生態效益**(eco-efficiency)的概念，所謂生態效益就是公司應該持續發展更有用的產品與服務，然而卻必須及時兼顧到減少資源的浪費以及污染的問題，他提出幾項理由說明企業為何必須執行保護環境的政策，這些理由分別是：顧客需要無污染的產品、環境保護的管制日益嚴格、員工意識到工作環境的重要性、愈重視生態效益的公司愈容易取得財務資源、政府獎勵重視環保的企業。公司是否有能力執行提高生態效益的策略決定於下列因素：

設定優先次序、發展公司的標準、控制購併公司的資產並為他們保留職位、執行節省能源的策略、重新設計產品(減少不必要的包裝)。公司如果想透過生態效益的策略來提高企業的競爭地位，則企業必須充分利用公司的技術發展能力來提高經營效率。

重視生態效益的公司通常具有下列四點特質：

- 重視生態效益的公司通常是採取預應(proactive)而不是因應(reactive)的策略。公司會自行開始並進行推廣，因為這是它們公司自己以及顧客所重視的觀點，因此不是透過外部因素的影響而迫使公司重視生態效益。
- 生態效益是事前設計進去，而非事後再增加上去的。這項特質使得公司會將生態效益的觀點內化到策略、產品、製程上，進而使得生態效益極大化。
- 執行生態效益策略需要有彈性的配合。持續注意技術創新與市場的發展。
- 生態效益是範圍廣闊的而非獨立的。在現代化的全球環境中，努力的方向不只是跨產業，還包括跨國家、跨國界與跨文化。

Boeing 公司的執行長成功執行了數項活動與方案，使公司對生態的影響降至最低，詳見圖表 4.6「頂尖策略家」專欄。

頂尖策略家 **圖表 4.6**

Boeing 公司的執行長 Jim McNerney

Boeing 公司的執行長 Jim McNerney 採用了有效的策略使得該公司成為航空業環保的領航者，製造飛機的關鍵零組件都採取低污染的材質，也因為公司不斷的改善其環境系統，因此使得公司通過 ISO 14001 的認證。ISO 是指國際標準化組織負責國際管理標準。

為了落實他的策略以提升其環境的知覺，2007 年 McNerney 在 Boeing 組成了一個團隊稱為「環境、健康與安全」團隊，這個團隊將環境風險管理整合至 Boeing 公司的內部流程與程序上，他們的任務就是透過技術創新持續維持 Boeing 公司創造更環保的產品的紀錄，包括減少飛機百分之 70 的二氧化碳排放，以及降低噪音(比過去 40 年降低了百分之九十)。McNerney 認為這樣的努力還不夠，步調需要更加快，例如 2008 年，他藉由增加百分之十五的新商用飛機，致力於提高燃油效率。

McNerney 在 2008 年底同時也建議公司應該針對所有重要的生產設施申請 ISO 14001 的認證，這項認證意指公司所有的生產設施都應該創造一個完善的環境管理系統，以顯著的降低其對環境的衝擊，致力於環境改善的例子像是：低排放節省能源以及降低水的浪費。

資料來源: "2008 Environmental Report," The Boeing Company, November 9, 2008, http://www.boeing.com/aboutus/environment; "Boeing Portland Receives ISO 14001 Environmental Certification," The Boeing Company, November 9, 2007, http://www.boeing.com/news/ releases/2007/q4/071107c_nr.html

4.2.6 國際環境

偵查國際環境最好以全球環境的角度來加以審視，然而這些非本國市場環境的分析構面與本國市場所探討的因素(政治、經濟、社會、技術、環境生態)卻是相同的。儘管構面間的相對重要性有所差異，研究者仍然可以運用這些構面來分析每一個國家。圖表 4.7「運用全球化策略的案例」中談到國際企管專家 Arvind Phatak 如何透過政治、經濟、社會、法令等因素來分析國際環境。然而，其中有一項複雜的因素值得注意，那就是國際市場之間的交互作用必須深入考量。例如：近幾年來在中東地區企業並不容易生存(特別是與中東敵對國家的企業)，因此許多企業之間已經採取合作的策略來因應。

運用全球化策略的案例 圖表 4.7

如何評估國際環境

經濟環境(Economic Environment)
- 經濟發展水準
- 人口
- 國民生產毛額
- 平均每人所得
- 文盲多寡
- 社會基礎設施
- 天然資源
- 氣候
- 是否加入經濟區域體(如：EU、NAFTA、LAFTA)
- 貨幣及財政政策
- 薪資水準
- 競爭的本質
- 貨幣兌換性
- 通貨膨脹
- 稅務系統
- 利率

法令環境(Legal Environment)
- 傳統的法令
- 法令系統的效能
- 外國的威脅
- 專利與商標法
- 商事法

政治制度(Political System)
- 政府的型態
- 政治的意識型態
- 政治穩定的程度
- 反對黨的力量
- 社會是否動盪
- 政治的紛擾與暴動
- 政府對外國的態度
- 外交政策

文化環境(Cultural Environment)
- 習俗常模、價值、信念
- 語言
- 態度
- 動機
- 社會機構
- 地位的表徵
- 宗教信仰

資料來源：From Arvind V. Phatak, *International Management*, South-Western College Publishing, 1997, p. 6. Reprinted with permission of Arvind V.Phatak.

4.3　產業環境(industry environment)

產業環境
一般競爭的狀態會影響企業是否提供類似的產品與服務。

哈佛大學的教授 Michael E. Porter 提出分析**產業環境**的模式，以便企業進行策略規劃，這個理論最早出現在美國《哈佛商業評論》的文章當中，接著 Porter 提出五種產業中互相競爭的力量，由於分析架構清楚而嚴謹，許多策略管理者都以此作爲分析產業環境的基礎。

在取得 Porter 教授與美國《哈佛商業評論》的同意之後，本章將詳細介紹這一篇有關產業環境的論文，並探討其對策略管理的影響[1]。

4.4　競爭的力量如何塑造與形成策略

策略的形成其主要目的在於與對手競爭，然而有時候企業對於競爭的定位不免過於狹隘或是過於悲觀，儘管有時候會聽到執行長對於競爭對手的對立與激烈競爭有所抱怨，但是企業的成敗絕對不是單純的巧合或是運氣不佳而已。

1　M. E. Porter, "How Competitive Forces Shape Strategy," *Harvard Business Review*, March–April 1979, pp. 137–45. Copyright © 1979 by the Harvard Business School Publishing Corporation; all rights reserved.

此外，當企業在爭奪市場佔有率的過程中，競爭並不只是本公司與競爭者之間的遊戲而已，產業中的競爭是根植於經濟以及現存於產業中強大的各種競爭力量。顧客、供應商、潛在競爭者以及替代品這些都是競爭者，至於他們的競爭強度可能隨著產業的不同而有所差異。

產業中的競爭力量主要有五種，圖表 4.8 以圖示的方式將五力分析描繪得很清楚。綜合這五種力量，將可以決定某種產業的潛在利潤以及發展極限。五力分析可以分析各種產業，而且範圍很廣(從競爭激烈到競爭和緩)。競爭激烈的產業像：輪胎產業、金屬罐頭以及鋼鐵業，這一類的公司通常投資報酬率不會太高；至於競爭較為和緩的產業像：油田的服務與設備、飲料業以及化妝品業，這一類的投資報酬率就相當的高。

圖表 4.8 趨動產業競爭的力量

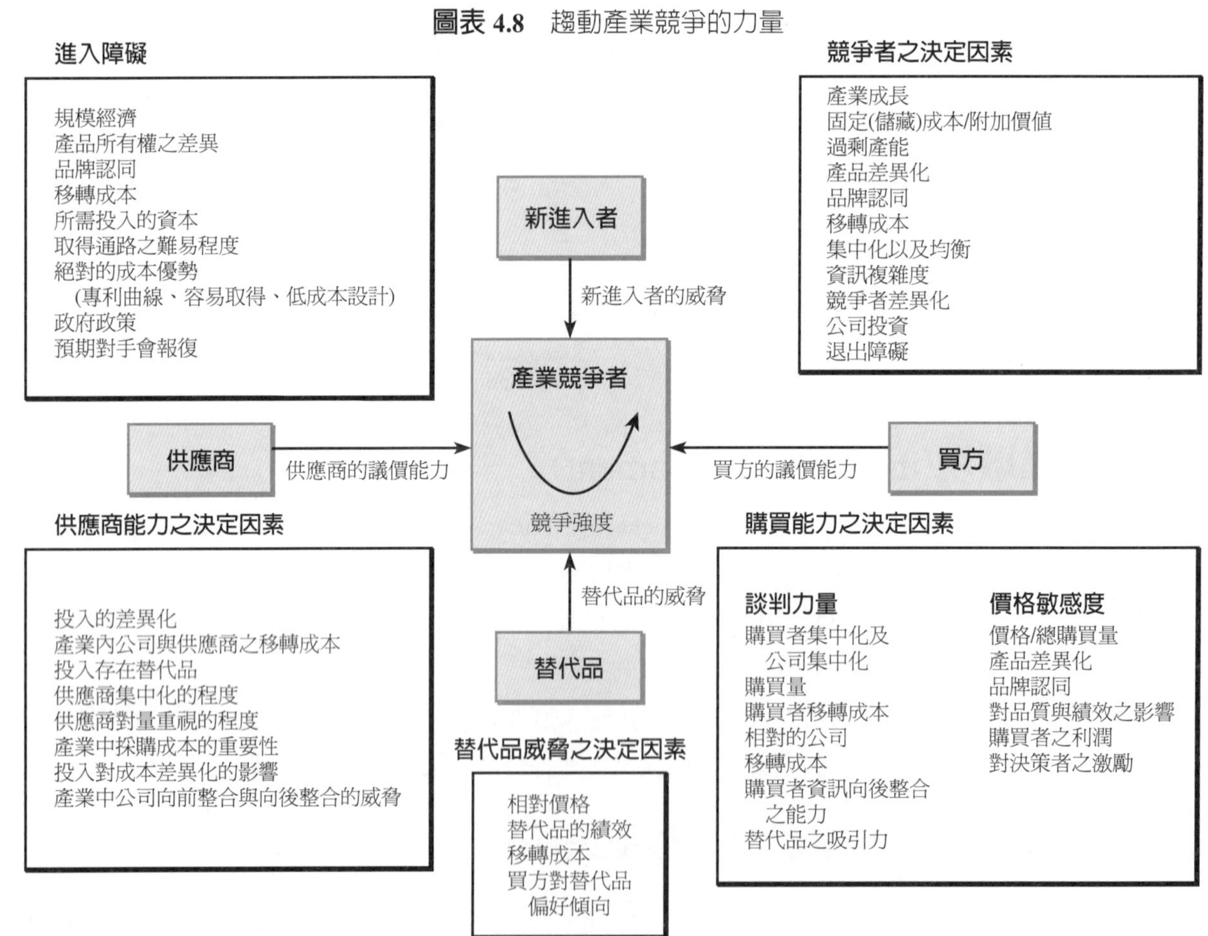

資料來源：Reprinted by permission of *Harvard Business Review*. Exhibit from "How Competitive Forces Shape Strategy," by M.E. Porter, March–April 1979. Copyright 1979 by the Harvard Business School Publishing Corporation; all rights reserved.

經濟學家所提到的「完全競爭市場」中，若與產業內既有廠商的競爭並沒有任何限制，而且進入該產業也相當容易。當然，這一類的產業結構不利於長期利潤的累積。產業內競爭的五種力量如果較弱，則公司將會有較多的發展機會以及較佳的績效。

不管產業內競爭五種力量的強弱，公司的策略目標總是希望能找出公司的最佳定位，以便公司能夠與其他力量相抗衡。產業內競爭的五種力量不管強或弱，對於對手來說，要應付這些競爭力量是相當吃力而耗時的。若想要與這些力量相對抗，策略管理者必須深入探究並分析競爭的來源。例如：「什麼誘因使得產業不斷產生新的進入者？」、「什麼因素能決定供應商的議價能力？」

如果透徹的瞭解競爭的來源，則策略規劃與策略行動將會有所依據與基礎。公司高層將可以清楚指出公司的強處與弱點，明確定義公司在產業中的定位，釐清策略變革的正確方向與內容使公司獲得最多的利潤，最後明白指出產業的發展趨勢，使企業迅速發展。

瞭解了上述的相關因素之後，也有助於思考未來多角化發展的方向。

4.5 競爭的力量(contending forces)

某一個產業中，影響企業獲利最大的競爭力量，就是策略規劃時最重要的考慮因素，舉例來說：即使某家公司在產業內是佼佼者，但是它們仍不免受到潛在進入者的威脅，因而獲利降低；或者是它們也可能遇到產品較優或是成本較低的替代品(曾經叱吒風雲的眞空管業與咖啡煮具業，都曾經嘗過被替代品取代的苦果)。在這種情況之下，如何對付替代品的威脅似乎已經成爲公司最重要的策略了。

當然，在不同產業中其五種力量的相對重要性自然有所差異，例如：遠洋漁船油槽產業最重要的力量是顧客(世界上比較重要的石油公司)；但是就輪胎業而言，它有許多代工的夥伴，但是這些代工的公司同時也是公司的強勁競爭對手；就鋼鐵業來說，最大的競爭者來自國外的競爭者以及可替代的材料。

每一種產業都有其根深蒂固的結構、某種基本的經濟與技術特徵，這些都可以提高產業的競爭能力。主管策略的人，自然想要將公司定位在最佳的產業環境當中，甚至他們還想去影響環境來配合公司的需求，因此他們必須試圖尋找影響環境的重要因素與力量。

企業提供哪一類的服務或是銷售哪一類的產品常常會影響公司在產業中的競爭力，本書一律將產品與服務通稱爲「產品」，許多企業也常常這樣用。競爭力量的強弱通常沒有一定的準則，有關五力分析細節的部分，以下會詳細說明：

4.5.1 進入的威脅(threat of entry)

新的進入者進入產業會帶來新的產能，為了獲得更高的市場佔有率，新進入者會持續投入資源。公司透過購併來進行跨產業的多角化經營，通常可以有效的分配資源，甚至會重新進行改組，Philip Morris 與 Miller beer 就是最好的範例。

新進入者是否會造成威脅，可能與現存競爭者所構築的障礙及反應有關，如果**進入障礙**相當高，新進入者對於現存競爭者可能產生的報復行動將會有所顧忌，因此有可能知難而退。

進入障礙
公司必須滿足的進入某個產業的狀態。

以下說明六個足以形成進入障礙的因素：

1. 規模經濟(economic of scale)

所謂經濟所造成的進入障礙一般來說有兩種情況：一是規模夠大；二是成本的優勢。生產、研究、行銷以及服務的規模經濟可能是大型電腦產業最重要的進入障礙，Xerox 與 GE 也是類似的概念。以**規模經濟**來作為進入障礙同樣也可以運用在企業的通路、銷售力的運用、財務等概念上。

規模經濟
公司因為量產而產生了成本的節省。

規模經濟是指產業中的某些公司透過大量生產而節省了許多公司的成本，當公司的生產量增加時，長期的平均單位成本將會降低。

規模經濟可能源自於技術面或非技術面的因素，技術面的規模經濟源自於高度的機械化與自動化或是更現代化的生產設施與廠房，而非技術面的的規模經濟則是源自於更佳的管理協調，包括：生產功能與流程、與供應商長期的合約、透過專業化來提升員工的績效。

規模經濟是競爭強度的重要決定因素，公司如果具備規模經濟的優勢，則他們比起競爭者將會有較高的價格優勢，藉由暫時或是長期的降低價格將可以形成進入障礙，使新進入者裹足不前。

2. 產品差異化(product differentiation)

產品差異化或品牌認同所造成的品牌忠誠度是新進入者永遠無法克服的進入障礙。品牌認同主要是因為企業致力於廣告、客戶的服務、追求第一、產品差異化等觀念所造成的。在飲料市場、成藥市場、化妝品、投資銀行、公共會計等行業中，「品牌認同」這個因素可能是最難克服的進入障礙。換言之，企業如果想要建築一道高牆(進入障礙)來防止新進入者的攻擊，則它們必須透過生產、配銷與行銷的規模經濟來造就顧客的品牌認同。

產品差異化
顧客認知到產品與服務差異化的程度。

3. 所需投入的資本(capital requirements)

有時候高額的投入資本會造成一種進入障礙，特別是公司為了進行某種先進的廣告或是研發，這種資金就不能不投入(儘管有時候無法回收)。有時候資金的投入不僅僅是為了購買固定的設施，有時候是為了建立口碑、購買存貨或是參與有興趣的創業所產生的損失。公司往往會在身處的產業中投入大量的資金，然而高額的資本投入只有在某些產業才會比較明顯，例如：電腦製造業與採礦業。這種產業會讓某些新進入者望之卻步。

4. 與規模無關的成本優勢(cost advantages independent of size)

老字號的公司相對於那些潛在的競爭對手而言具有成本的優勢，而這項成本的優勢無關乎企業的規模或是該公司是否具有規模經濟，這些優勢乃是來自於學習曲線(又稱為經驗曲線)、專屬技術、取得最佳原物料的管道、以最有利的價格購得公司的資產、政府補助以及廠址位置適中。有時候成本優勢必須透過法令來強制執行，例如專利權。(在圖表 4.9「運用策略的案例」中詳細的探討了如何運用經驗曲線來形成進入障礙)。

運用策略的案例　　**圖表 4.9**

經驗曲線可以形成進入障礙

經驗曲線是產業結構的關鍵因素，近幾年來已受到廣泛地討論。依據這樣的觀點，在許多製造產業的單位成本和某些服務產業的成本會隨著經驗而減少或特定公司的生產量會隨經驗而增加(經驗曲線是指藉由重複的行為，工作者的效率會隨著時間而提高，是比學習曲線更為廣泛的觀念)。

單位成本降低的原因是由於生產要素的結合，包括規模經濟、員工的學習曲線及資本/勞動的替代性。.成本的降低可以產生進入障礙，新的競爭者在沒有經驗下，必須面對較高的成本，特別是原有的廠商已擁有最大的市場佔有率時，此將使新的競爭者很難與已經進入的廠商相抗衡。

經驗曲線這種觀念的倡導者特別強調達到市場領導者的地位，並且使進入障礙最大化，而且建議以侵略性的作為來達成，甚至不惜採取價格上的割喉戰。如果無法有效達成應有的市場佔有率，則應該退出市場。

是否應該以學習曲線作為進入障礙的策略？答案是並非每一種產業皆應如此。事實上，在某些產業中如果以學習曲線做為策略，可能會有潛在的威脅。在某些產業中，隨著經驗的增加而使成本降低，對於公司的高階主管而言並不稀奇。在公司策略上，有時候學習曲線與導致成本降低的因素是彼此相關的。

新的進入者可能會比有較多經驗的競爭者更具效率，例如：建立最新式的工廠，如此一來將會比原有的廠商更具優勢。因此，在策略上的意涵是必須擁有最大規模和最具效率的工廠，此有別於以最大的生產量來降低成本。

隨著產量的增加而導致成本的降低不一定會造成進入障礙。假設成本的降低是由於一般技術的進步或改進設備，而這些技術能夠被複製或由設備供應商購得，則學習曲線無法形成進入障礙。實際上，新的或較缺乏經驗的競爭者可能隨著領導者而享有成本上的優勢，甚至無償地獲得過去的投資經驗，例如可以購買或複製最新且最低成本的設備與技術。

然而，如果經驗能夠被保有，則領導者就能夠維持競爭優勢。但是新的進入者可能不需要太多的經驗就能夠降低成本。因此，以學習曲線作為進入障礙的策略並不十分可靠。

5. 接近通路的程度(access to distribution channels)

企業如果想要拍賣新商品或服務，必須透過可靠的通路，假設公司開發了一種新產品(食物)，如果想要在超商裡面取代其他的產品，則公司可能必須透過減價、促銷、加倍努力的銷售或是其他方法才能達成目標，如果批發商或是零售商愈受限制，則競爭者愈有可能會聯合起來，當然進入該產業就愈不容易。有時候這項障礙太高，新的競爭者爲了要克服這項困難，他們自己便創造了專屬的新通路，1950 年代的 Timex 就是使用這種策略。

6. 政府政策(government policy)

政府能夠限制甚至阻止某些新進入者跨足該產業，如果沒有政府的許可，有些廠商甚至連基本的原料都無法取得，受政府管制的產業例如：公路貨運、烈酒的銷售、貨運(水、陸、空)、滑雪、採煤等事業。政府有時候也可以間接扮演影響進入障礙的角色，例如：透過控制空氣污染、水污染的管制標準。

潛在競爭者對於現存競爭者會產生某種程度的預期心理，這也會影響是否要進入該產業的決策。如果現存競爭者爲了要防止潛在進入者進入該產業，而花費大筆投資在建立進入障礙上，則潛在進入者可能會因此而受挫。但是在下列三種狀況下，潛在進入者也可能會望之卻步。

- 現存競爭者持續性的投入資源，以提升生產力並影響通路與顧客。
- 現存競爭者採取降價促銷的割喉戰。
- 產業成長過度緩慢，有可能會影響企業的財務績效並造成企業的衰退。

4.5.2 強而有力的供應商(powerful suppliers)

供應商提高議價能力的基礎在於：針對某個產業採購者所購買的產品、服務提高價格或是降低品質，因此，具有議價能力的供應商能夠從某個產業中的買家「擠出」利潤，但是這個買家並沒有辦法將成本確實的反應在價格上。舉例來說：製造飲料的廠商有許多的利潤被製造瓶子的廠商所剝削了，因爲飲料市場上百花齊放，競爭相當激烈(例如顆粒果汁、蔬果汁、牛奶、茶、葡萄酒、啤酒等等)，所以飲料業沒有辦法隨意調高產品的價格。

重要的供應商通常議價能力較高，重要與否可能視其銷售或是採購的比例在該產業中是否相對較重要。

以下就針對強而有力的供應商應具備的條件說明如下：

1. 在該產業中僅由幾家供應商來主導，或者是供應商所提供給廠商的數量極爲可觀。
2. 廠商所生產的產品極爲獨特並且具有差異化的特質，或者是廠商如果要更換供應商必須花費高額的移轉成本(switching cost)，移轉成本通常是指廠商更換供應商必須支出的固定成本，之所以差異化的產品移轉成本高，主要是因爲生產廠商差異化，自然供應商也必須隨之獨特，供應商必須投資在獨特的設備、學習如何操作這些設備，以及生產廠商的產品線必須與供應商的製造設備相互搭配才行。

3. 某企業所生產的產品是其他競爭者無法提供給某個產業的，則此時供應商的議價能力將顯著的提高。例如：鋼鐵產業與製鋁產業都針對罐頭產業投入甚多，相對而言，這時候供應商的議價能力將會顯著的降低。
4. 產業中的企業如果有能力進行向前整合(integrating forward)，則此時供應商的議價能力將會提高，這同時也可以檢核產業內企業的採購能力。
5. 如果某個產業的廠商並非供應商的重要顧客，則此時供應商的議價能力將會提高；相反的，如果某個產業的廠商是供應商的重要顧客，則供應商與產業的廠商將會緊密結合，企業可能透過定價策略與研發策略來保護產業中的廠商，而此時供應商的議價能力將會相對較低。

4.5.3 強而有力的購買者(powerful buyers)

顧客常常會要求低價格、要求更高的品質與服務，爲了滿足顧客的需求，競爭者常會進行激烈的競爭，結果將使得產業利潤喪失殆盡。

以下就針對強而有力的購買者應具備的條件說明如下：

1. 如果顧客常常集中採購而且數量相當龐大。大量的購買者通常有較大的談判籌碼，如果產業中固定成本的比例相當高(金屬容器業、玉米加工業、純化原料業)，則此種現象將會更爲明顯。
2. 如果顧客所購買的產品過於標準化而且與其他產品比較並無顯著差異的話，購買者將會相當容易找到可供應類似產品的廠商，此時顧客議價能力較高。製鋁產業就是最明顯的例子。
3. 如果顧客所購買的產品是來自於「產品是用組裝的」、「成本低廉」的產業，顧客將會接受合適的價格並且選擇性的購買，如果某個產業所銷售的產品僅占了購買者購買成本的一小部分，則此時購買者通常對於價格比較不敏感。
4. 當公司利潤很低時，企業會試圖壓低其採購成本。然而，企業容易獲利的購買者群通常是那些對於價格比較不敏感的消費群(當然，這一部分的採購成本可能不是太高)。
5. 購買者對於產業所提供產品的品質與服務並不是很在意的時候，顧客議價能力較高。產業的產品取向深深的影響購買者產品的品質，因此當顧客不在意品質的時候，產品價格就必須壓低。這一類的產業像石油礦場機械業，如果機械發生故障則企業將會蒙受很大的損失，同樣的情況也發生在電子醫學以及精密塗裝檢測儀器業。不同級數的產品品質將會影響顧客對於設備品質的觀感。

6. 當某產業的產品無法再繼續吸引顧客時，顧客的議價能力將會相對提高。當顧客購買廉價的產品及服務而吃足苦頭時，顧客會轉而重視品質，像投資銀行、公共會計一旦判斷錯誤將會付出相當大的代價，開挖油田也是同樣的道理，如果判斷錯誤則可能必須花費高額的開挖成本。
7. 當顧客有能力與產業中的部分企業進行向後整合(integrating backward)時，顧客會有較高的議價能力，美國三大車廠常常被其主要顧客威脅，他們常以自行製造作爲威脅的理由與基礎。但是有時候企業會對顧客造成威脅，主要是因爲企業進行向前整合所致。

以上論及購買者議價能力的來源，同樣也適用於工業品的購買者，所以這些分析架構必須適當的修正，企業才能維持該有的競爭力。顧客如果購買到差異化或是較爲昂貴的產品，則他們對於價格的要求將更爲挑剔。

同樣的，零售商的購買能力也是依循同樣的準則。只有一點較爲不同，那就是：當零售商可以影響消費者的購買決策時，零售商相對於製造商就會有較大的議價能力。相關的產業如：音響組件、珠寶、器具、運動用品以及其他的商品。

因爲仰賴少數且重要的顧客，所以 MasterCard 的公司策略深受買方力量所影響，詳見圖表 4.10「運用策略的案例」。

運用策略的案例　圖表 4.10

MasterCard 面對很強的購買者議價能力

MasterCard 公司是藉由顧客刷 MasterCard 品牌的信用卡與轉帳卡所收取的費用來營利，MasterCard 透過 25,000 家財務機構共發行九億一千六百萬張卡，橫跨 200 個以上的國家。

由於銀行業有愈來愈多合併的現象，MasterCard 全球信用卡與轉帳卡的市佔率只有 28%，比起 Visa 的 68% 市佔率來說，MasterCard 還有一番苦戰要打。此外，MasterCard 的成敗還需仰賴其四個最大的客戶，因為他們佔了 30%的營收，四大客戶為：J.P. Morgan Chase、Citigroup、Bank of America 以及 HSBC。

MasterCard 的策略有兩大焦點：定價與行銷。MasterCard 在 2007 與 2008 年調漲價格，只有部分顧客反彈，就在同時，公司創立了 MasterCard 會計團隊，為部分關鍵且特殊的顧客量身訂作，這個團隊使得顧客的使用量大增而且公司迅速成長，MasterCard 的行銷能力也重新定位，不斷的強化顧客的品牌認同度以及利益。

資料來源：J. Kutler, "CEO Interview—Credit without the Crunch," *Institutional Investor* 4 (2008), pp. 30–32; T. Demos, "MasterCard's Keys to Survival," *Fortune* 158, no.4 (2008), p. 159; and H.Terris, "MasterCard Results Show Pricing Power," American Banker 173, no.22 (2008), p. 1.

4.5.4 替代品(substitute products)

透過「價格上限」(price ceiling，是指訂得比均衡價格低)的訂定，替代品或服務限制了產業的發展潛力，除非可以將品質升級或是進行高度的差異化，否則產業的獲利與成長有限。

替代品限制了價格提昇的空間，就像是一個蓋子牢牢的蓋住企業獲利成長的可能性。例如：製糖業者就深深爲果糖大量商業化後的產品所苦，因爲果糖是傳統糖的替代品。

替代品不只是在平常的時候會限制產業的利潤，在產業利潤快速成長的時候也會受到替代品的威脅，絕緣纖維的生產廠商享受了前所未有的產品需求，但是該產業一直未能提高價格，主要原因在於絕緣纖維的替代品太多，包括：纖維素、炭素纖維、泡沫塑料，這些替代品對於絕緣纖維產業的產能形成了很強的限制力量。

替代品在策略上最值得注意的重點在於：(a)如何專注的改善產業產品與價格之間的兩難關係；(b)如何爲產業的產品賺取高額的利潤。替代品的出現總是迅雷不及掩耳，而替代品最大的功能在於提昇競爭力、降低價格以及改善績效。

4.5.5 產業內既有廠商的競爭(jockeying for position among current competitors)

產業內現有的競爭者往往會運用價格戰、新產品開發以及激烈的廣告戰來取得競爭優勢，現存競爭者往往在下列的情況之下會競爭激烈：

1. 競爭者數目相當多而且規模與影響力相當，近年來在美國有愈來愈多的外國競爭者加入競爭的戰場。
2. 產業成長遲緩，使得力圖振作的廠商之間有更加激烈的競爭，換言之，加速了競爭者爭奪市場佔有率的競爭態勢。
3. 如果某些廠商的產品缺乏差異化與移轉成本，則這些廠商將受到競爭者(爲了保護自己)的突襲而措手不及。
4. 固定成本過高或是容易腐爛的產品，都將使得企業不得不降價，許多基本的原物料事業，例如紙業與鋁業在面臨需求減低的時候，都會遭此問題。
5. 一般來說，企業員工的生產力或是產能都會隨著時間而大幅度的提昇，然而，聚氯乙烯產業卻是隨著供給與需求的失衡，而導致產能過剩或是陷入價格戰，因此競爭激烈的產業也必須注意產能過剩的問題。
6. 退出障礙很高。退出障礙常常使得公司之間競爭激烈，即使利潤很低、投資報酬率是負的，企業還會忠誠的待在產業內而且不會退出。如果整個產業都是處於產能過剩的狀態，則企業將會尋求政府的協助(特別是國外競爭者出現的時候)。

7. 如果競爭對手採取差異化的策略或是具有差異化的特質，則他們在競爭策略上將會有較新的觀念，而且彼此容易產生良性的互動與競爭。

如果產業漸趨成熟，則它的成長率將會有所改變，而且還會導致利潤衰退與股票暴跌。在 1970 年代早期，非常流行休閒娛樂用車(RV 休旅車)，幾乎所有廠家都因此而獲利，但是最後因爲成長緩慢而使得高報酬逐漸消失，除了比較強的公司之外，許多小公司都宣告倒閉。許多產業也都經歷了相同的發展歷程，例如：雪車、噴霧包裝技術、運動設施等等。

透過購併可以將許多特色迥異的公司導入產業內，例如 Black & Decker 接管了 McCullough(製造鏈鋸的公司)。技術創新有助於提高固定成本在生產流程上的價值。這就好像 1960 年代沖洗照片產業由批量生產轉變爲大量生產。

當某一家公司必須面對這麼多的因素時，因爲身處於產業經濟之中，企業必須想辦法在策略上有所變通。舉例來說，公司可以提高購買者的移轉成本或是增加產品的差異化；在快速成長的市場區隔或產業中，企業可以加強銷售或是降低成本，來降低競爭者在產業中的競爭力。如果可行的話，公司應該避免與競爭者正面衝突，以便保有退出障礙。此外，公司也應該儘量避免與競爭對手進行價格戰。

4.6 產業分析以及競爭分析 (industry analysis and competitive analysis)

如果要爲企業量身訂作一套合適的策略，則企業必須瞭解公司所面對的產業以及競爭的狀況，公司的執行長必須回答以下的問題：(1)產業的疆界何在？(2)產業的結構爲何？(3)哪些公司是我們的競爭者？(4)什麼是競爭的主要決定因素？這些問題的答案有助於我們思考哪些策略最適合本公司。

4.6.1 產業疆界(industry boundaries)

產業
一群提供類似產品與服務的公司。

所謂的**產業**是指一群提供類似產品與服務的公司，而所謂「類似的產品」是指顧客認知到某些產品彼此之間是可以相互替代的。舉例來說，假如現在某公司想要銷售某種品牌的個人電腦，則此時浮現在消費者腦中的會是哪一種品牌的電腦呢？AT&T、IBM、Apple、Compaq 這些都是電腦產業的代表性廠商。

假設現在有一家公司加入電腦產業，產業界該如何定義？何處開始？何處結束？這個產業包括桌面管理程式嗎？或是包括膝上型輕便電腦呢？這些問題都是執行長必須面對的問題。

爲什麼定義產業疆界如此的重要？第一，首先它爲執行長確立了未來公司競爭的方向。如果公司加入了電腦產業，則該產業所涉及的環境與廣義的電子業所涉及的環境比較起來，是有相當大的差異。電腦產業由許多相關的產品家族所構成，包括：個人電腦、家用廉價電腦以及工作站，這些產品家族都有一個共同的特色，那就是它們都在微晶片中使用中央處理器(CPU)。從另外一個角度來看，電子產業則包含相當廣泛，包括：電腦、收音機、超級電腦、超導體以及許多其他的產品。

電腦產業與電子產業在銷售量、經營範疇(有些人會認爲電腦業是電子產業的一部分)、成長率以及競爭組合上有很大的差異。兩個差異很大的產業所討論的議題自然有所不同。例如：證據顯示社會大眾對電子產業未來最感興趣的就是「高畫質電視」，美國的政策制定者試圖在本土的電子產業進行控制，他們也試圖鼓勵發展尖端的超導體研究，這些努力無非是爲了刺激電子產業的創新與進步。

第二，產業疆界的定義將重點放在公司的競爭者上，定義產業疆界能夠使得公司明確的說明其競爭者以及替代品的生產者，這對於設計公司的競爭策略來說是相當重要的。

第三，定義產業疆界有助於讓執行長明確的瞭解產業的成功因素爲何，想要在電腦業中求生存的能力顯然與較低層次產業所需的能力有所差異。電腦產業如果想要在最重要的市場區隔內有所發展，則需要發展最尖端的技術並提供顧客最廣泛的支援與教育。相反的，在較低層次的產業中競爭，企業必須學會如何模仿首要市場區隔的主力產品、提供顧客便利、維持營運的效率、訂定較低的市場價格。定義市場疆界使得執行長必須思考下列的問題：「我們具備成功的能力嗎？」、「如果沒有，我們如何去發展這些能力？」

最後，定義產業疆界有助於讓執行長思考並評估公司的目標，執行長透過定義產業疆界來預測公司未來產品與服務的需求，基於這些預測公司便能決定目標是否能夠實現。

1. 定義產業疆界所產生的問題

定義產業疆界需要謹慎以及想像力兼具，謹慎是必須的，因爲並沒有清楚而準確的規則來說明該如何進行此項任務，疆界定義的太差將導致錯誤的計劃。想像力也是必要的，因爲產業是充滿動態性的，任何的變革都離不開競爭、技術以及顧客的需求。

定義產業疆界是相當困難的任務，如此困難主要是基於以下三個因素：

(1) 產業的演化需要時間來創造更多的機會與威脅，想想過去 1990 年的金融服務業與現在的差異，再想想 2020 年的時候，該會有什麼樣的改變呢？

(2) 產業的演化使得產業中會再創造出產業來，例如：1960 年的電子產業已經衍生出許多的產業，如：電視機、收音機、小型電腦、大型電腦、超級電腦、超導體等等，這樣的發展使得更多公司更加專業化，而且能夠在不同以及相關的產業中繼續發展與競爭。

(3) 產業的發展日益全球化，以製造民航機的生產事業爲例，近三十年來，美國公司主導了全世界的市場，在 1990 年代的時候不管是小規模或是大規模的競爭都試圖挑戰其盟主的地位，在當時，空中巴士、巴西、韓國以及日本公司都試圖進入該產業競爭。

2. 發展明確的產業定義

由以上所提的各種難題，我們可以知道發展產業疆界並不是一件容易的事，執行長該如何劃分出精確的產業疆界？一開始我們就必須以全球化的角度來定義，也就是說，在本國產業的組成要素上還必須再加上國際產業的要素，定義產業疆界才會比較嚴謹。

某些產業曾經發展有關產業的概念(例如電腦業)，執行長不斷的補強產業的構成要素與內容，這其實就是產品市場區隔的概念，執行長必須針對公司的潛在市場選擇合適的經營範疇。

爲了瞭解產業的組成，執行長必須採取長時間追蹤(縱剖面)的觀點來進行，他們檢視了產品家族何時開始出現以及其演化過程，爲什麼這些產品家族會出現？它們如何改變？爲何它們要改變？這些問題的答案將提供執行長一些線索，而這些線索都是指一些驅動產業競爭的相關因素。

執行長同時也檢視了一些提供不同產品家族的公司，顧客市場區隔的重疊性與獨特性，以及產品家族中可能威脅到的替代品。

爲了眞實的定義產業，執行長必須檢視以下五個議題：

(1) 產業的哪一部分，與本公司的目標一致？

(2) 產業的關鍵成功因素爲何？

(3) 本公司是否有在產業中與他人競爭的能力？如果沒有，我們有能力建立嗎？

(4) 本公司所具有的能力能否爲企業抓住機會、化解威脅？

(5) 我們對於產業的定義是否夠彈性？是否允許我們有機會來調整企業概念與產業的成長？

4.6.2 檢定力曲線

策略管理者有一項新的工具可以協助他們來分析產業結構，產業結構通常是指某特定產業中獨特的特徵，而該特徵通常具有持久性。根據麥肯錫顧問公司 Michele Zanini 的看法，共同的討論結果顯示檢定力曲線足以描繪基本的產業結構趨勢[2]，重大的經濟事件像 2008 年的全球經濟衰退，是對商業活動具極度破壞力的因素，長期來說，這將影響企業彼此間的競爭態勢與相對位置。

您也許會認爲產業內公司的分配應該是傳統鐘型的分配，如果是鐘型分配，那是否意指只有少數的超大型公司、大多數中型規模的企業、少數的小型企業？或者，是線性的呢？只有少數大型公司以及數目日益增加的更大型公司或是日益增加的更小型公司？您認爲公司的策略會隨著上述不同的模式而有所調整或變化嗎？

在許多的產業中，頂尖的企業往往被描述爲：大型的機構、無法預期的規模經濟與範疇經濟、擁有競爭對手無法趕上的能力，例如：沃爾瑪、Best Buy、麥當勞以及星巴克等公司。然而，即便是上述的公司，他們也都會有規模及績效的差異，所以如果我們將 2005 年全球頂尖公司的淨收益繪製成分配圖，結果就會形成「檢定力曲線」，這意指即使是一堆超級明星公司的組合，我們仍然可以找出績效低於一般平均水準的公司，檢定力曲線如圖表 4.11 所示。

圖表 4.11　檢定力曲線一般的形狀

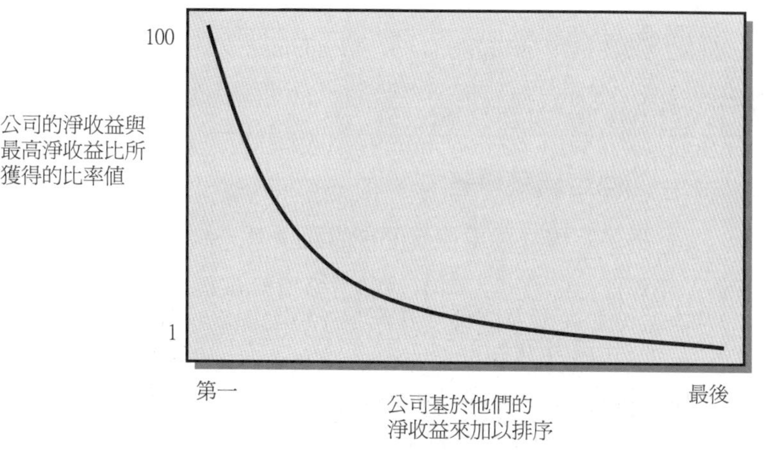

檢定力曲線主要在描述一群公司，收益最高的公司會排在最前面，而之後會依次排列(按照收益高低)，當然收益的差異很可能是些微的，之後所形成的圖形稱爲檢定力曲線。

2　Michele Zanini, "'Using Power Curves' to Assess Industry Dynamics," *The McKinsey Quarterly*, November 2008.

正如 Zanini 所解釋的，低度的進入障礙以及高度的競爭會顯著正向的影響產業檢定力曲線的動態性，產業中的競爭者愈多，垂直軸中大型與中型企業的差距也會愈大，當進入障礙愈來愈低，像解除管制，收入快速增加的大型企業將會造就更陡的檢定力曲線，所以更高度的開放短期間看起來似乎造就了更大的競爭場域，但長期而言，反而會造成更高的差異或是更多的合併。

許多無形資產將造成較陡的檢定力曲線，例如：軟體業與生物科技業都有較高的規模經濟與範疇經濟。相反的，較高的勞動密集與資本密集產業像化工與機械業其檢定力曲線則較平緩。

許多產業像保險業、機械業、美國銀行與儲蓄機構的檢定力曲線卻出現了耐人尋味的現象：如果想要提昇公司的競爭地位，則公司比必須採取激烈的策略而不是漸進的策略。Zanini 則以基金產業的證據為例來補充說明，檢定力曲線的領導廠商可以透過網絡效應來提升其領導地位，例如：交叉銷售個人退休金帳戶。2008 年景氣衰退的財務危機，有可能使得財務機構必須銷售其資產管理單位來提升其資本。

檢定力曲線有助於策略主管了解其產業結構的動態性，並透過標竿管理來提昇企業的績效，因為產業的曲線會展現出多年來演化的過程，斜率上的變異或許就意味著特殊情況發生，例如不尋常的績效與市場變化。

Zanini 結語：「檢定力曲線顯示公司都會彼此競爭，競爭之後的結果會使得產業結構產生變化與不一致」，就大部分的公司來說，檢定力曲線值得運用在策略思考上。

4.6.3 競爭分析(competitive analysis)

1. 如何定義競爭者

為了定義公司現存與潛在的競爭者，執行長必須思考下列的重要變項：

(1) 其他公司如何定義其市場範疇？如果定義彼此很類似，則公司之間將會視彼此為競爭者。

(2) 顧客在本公司產品與服務上所獲得的福利，與其他公司比較起來是否極為相似？產品與服務的福利愈相似，則公司之間的替代性將會愈高；替代性愈高，則公司為了爭取顧客的競爭將會愈激烈。

(3) 其他公司對於產業是否投入高度的承諾？雖然這個問題很明顯就是要除掉競爭者，然而比較重要的問題就是企業仍然要先進行競爭分析，因為這攸關企業未來長期的目標與意圖。為了估計潛在競爭者在產業中的承諾，我們需要精確而可靠的資料，這些資料正可以說明潛在競爭者在產業中的承諾(例如規劃投入更多的設施)。

2. 在定義競爭者的時候常犯的錯誤

發展策略的過程中，定義競爭者是一個相當重要的里程碑，但是這個過程充滿不確定性與風險，有時候執行長犯錯常會付出相當高的成本，以下就是一些錯誤的例子：

(1) 過度強調現有的競爭者或是已知的競爭者，因而對潛在進入者做出錯誤的判斷。
(2) 過度強調規模較大的競爭者，而忽略了規模較小的競爭者。
(3) 忽略了潛在的國外競爭者。
(4) 假設所有的競爭者都會以相同的方式，持續過去的行爲模式。
(5) 錯誤的解讀訊息，誤以爲競爭者的焦點已經轉移，或者是錯誤的解讀訊息使得企業重新修正目前的策略與戰略。
(6) 過度強調競爭者的財務資源、市場定位以及策略，而忽略了無形資產(例如高階管理團隊)。
(7) 假設產業內所有的公司，都會受到同樣的限制或是面臨同樣的機會。
(8) 認爲策略是與競爭者相互較勁，而非滿足顧客的需要與期望。

4.7 營運環境(operating environment)

營運環境
營運環境的組成要素將會影響公司是否能夠成功取得所需要的資源或者是行銷產品與服務的獲利能力。

營運環境有時候又稱爲競爭環境(competitive environment)或是任務環境(task environment)，競爭環境的組成要素將會影響公司是否能夠成功取得所需要的資源或者是行銷產品與服務的獲利能力。這些因素中最重要的有：公司的競爭地位、顧客的組成、供應商、債權人以及是否有能力吸引能力強的員工。所以一般來說，營運環境對於公司的影響與控制強過間接環境對公司的影響。因此，公司在處理有關營運環境的相關問題時，會採取比較積極的作爲(相對於處理間接環境的問題而言)。

4.7.1 競爭地位(competitive position)

爭取企業的競爭地位將使得公司有設計策略與利用環境的機會，發展競爭者的概述資料，有助於公司更精確的預測短期與長期的成長以及潛在利潤，雖然情境不同，企業自然會建立不同的競爭者概述資料，但是以下的指標是比較常出現的：

1. 市場佔有率
2. 產品線的寬度
3. 有效的銷售通路
4. 業主與出資人所具備的優勢
5. 價格競爭力
6. 廣告與促銷效益
7. 廠址與設備使用年限
8. 產能與生產力
9. 經驗
10. 原物料成本
11. 財務地位
12. 產品品質
13. 研發優勢的定位
14. 人力資源的水平
15. 一般大眾對公司形象的看法
16. 顧客概述
17. 專利權與版權
18. 勞資關係
19. 技術地位
20. 社區聲望

一旦我們選擇了正確的準則，則相對權重將代表這些指標對於公司成功的相對重要性，此時競爭者將會依據這些準則被進行評價，指標是多元而且附有權重的，加總後的權重分數將代表競爭者狀況的概述，如圖表 4.12 所列。

這一類競爭者狀況的概述，受限於所選擇的指標、權重以及評估方法。儘管如此，發展此類競爭者概述將有助於定義公司的競爭地位。此外，比較競爭者之間的競爭概述將有助於高階主管擬定正確的策略以及有效的執行。

圖表 4.12 競爭者概述

關鍵成功因素	權重	排序*	權重分數
市場佔有率	0.30	4	1.20
價格競爭力	0.20	3	0.60
廠址	0.20	5	1.00
原、物料成本	0.10	3	0.30
員工能力	0.20	1	0.20
	1.00†		3.30

* 評估尺度如下：非常強的競爭地位(5 分)、強(4 分)、平均(3 分)、弱(2 分)、非常弱(1 分)

† 代表加權總和為 1

4.7.2 顧客概述

分析營運環境的結果常常讓我們對於公司的顧客有更進一步的瞭解，發展公司目前顧客與未來顧客的顧客概述將有助於改善管理者的策略規劃能力、預測未來市場規模的變化、重新分配資源以滿足未來需求模式的變化。一般傳統的顧客市場區隔方式都是基於地理、人口統計變項、人格特質、購買者的行為等因素來進行顧客概述。

企業往往都知道定義目標市場的重要性，近幾年來，有許多企業從事行銷研究，研究結果發現人口統計變項與人格特質市場區隔的重要性，American Express (AMEX)的研究指出競爭者往往都想要掠奪企業最重要的市場區隔，使得企業之間彼此消長。AMEX 的競爭對手包括 Visa 與 Mastercard，都提供商務旅行人士相當多的飛行優惠，還包括一些獎勵，例如新車的折扣等等。之後AMEX 也大量投資在獎勵的方案，而且將重點放在公司最強的核心能力、資產以及競爭優勢。不像一般的信用卡公司，AMEX 不能靠循環利息過活，因爲公司客戶每個月都會把錢繳清。因此公司會要求較高的交易費用。在這種觀點之下，AMEX 的客戶增加了他們的支出，所以相較於其他的信用卡公司，AMEX 是獲利較高的公司。

爲了滿足目標市場的需求，企業必須透徹的瞭解消費者的行爲，許多公司因爲失去了市場佔有率，因此他們對目標市場作出許多的假設，然而這些假設似乎過於虛幻而無法驗證，因此現代有許多的行銷研究或是產業調查來驗證這些假設。公司必須師法那些產品成功的企業，並瞭解消費者行爲以及過去資料的趨勢。

1. **地理**(geographic)

定義顧客所能到達的地理區域是相當重要的，具有品質的產品或服務幾乎都會吸引遠道而來並且來自不同地區的顧客前來購買。例如 Wisconsin 滑雪板的製造廠商，應該仔細考慮他們是否應該在南加州繼續投資批發通路的中心。相反的，Milwaukee Sun-Times 應該繼續投資廣告，以拓展他們在南加州的地理區域顧客市場。

2. **人口統計變項**(demographic)

人口統計變項是指目前顧客與潛在顧客中不同的群體分類，人口統計變項的資訊(例如：性別、年齡、婚姻狀況、所得以及職業)在進行策略預測的時候比較容易取得、量化與使用，而這一類的資訊常做爲顧客概述最基本的說明。

3. **人格特質**(psychographic)

比起地理與人口統計變項，人格與生活型態將會是預測顧客購買行爲最佳的預測指標，在這種情況之下，有關人格特質的研究將會是顧客概述的重要因素。許多飲料業(Pepsi-Cola、Cola-Cola、7UP)的廣告系列，反應了策略管理對較大規模市場區隔人格特質研究的重視。

4. **購買者的行為**(buyer behavior)

購買行爲的資料也是顧客概述的組成要素，這一類的資料可以用來解釋或是預測顧客的消費行爲。有關消費者行爲的資料(如：使用率、尋求的利益、品牌忠誠度)將有助於擬定或設計成功的策略。

4.7.3 供應商(suppliers)

公司與供應商之間的穩固關係攸關企業長期的生存與成長，公司定期仰賴供應商提供財務支援、服務、原物料以及設備的支援。有時候公司會提出諸如「快速遞送服務」、「信用良好」、「分批訂購」的要求，因此與供應商維持良好而長久的合作關係是相當重要的。

如果想要評估公司與供應商之間的關係，則必須考慮以下幾個重要的因素，並回答下列的問題：

- 供應商的價格是否具有競爭力？供應商是否提供誘人的折扣？
- 供應商對運輸費用的要求？供應商是否以產品標準來競爭？
- 如果供應商提供價差，則他們是否仍然能夠保有其能力、聲望與服務的競爭力？
- 供應商與廠商是否相互依賴？

4.7.4 債權人(creditors)

企業實際在經營的時候，很難完全達到數量、品質、價格、取得資金的優勢、人力資源以及原物料資源兼具的理想境界。因此，公司面對營運環境的時候，精確的評估供應商與債權人則是相當重要的，由於債權人與競爭地位之間仍然存在相當密切的關係，因此公司必須重視以下的問題：

- 債權人是否願意接受公司以股票作爲擔保品的保證？
- 債權人是否明確瞭解公司過去的付款紀錄？
- 公司是否具備足夠的營運資金？很少？或是完全不需要借貸？
- 債權人借貸的觀念是否與公司的獲利目標相容？
- 債權人的借款額度是否能夠提高？

回答了以上相關的問題之後，將有助於公司預測在執行競爭優勢策略時可取得資源的多寡。

4.7.5 人力資源：勞動市場的本質(human resources: nature of the labor market)

公司能否吸引能幹的員工是企業成敗的關鍵因素，而且公司的招募與徵選方案常常受到營運環境的影響，公司能否吸引到有能力的人力資源主要受到以下三個因素的影響：雇主的聲譽、當地的就業率以及相關技能員工的可取得性。

1. 聲譽(reputation)

公司在營運環境中的聲譽是決定公司能否取得優質人力資源的關鍵要素，如果公司眼光長遠，則吸引有價值的員工對他們而言是相當重要的一件事。那如何做到吸引優質員工呢？優厚的薪資、完善的福利、永續的經營以及重視每一位員工對公司整體的貢獻，這些都是重要的誘因。

2. **就業率**(employment rates)

如果想要讓某個社區快速成長，則預備充分的人力資源(具有技能及經驗)供給是相當重要的，一家新的製造公司如果想要在短期間內找到所需的員工並不容易，但是如果公司位在工業化的社區，由於競爭者眾多的緣故，容易產生排擠作用，反而使得企業不容易招募到所需的人才。

3. **可取得性**(availability)

由於某些員工所具備的技能具有相當的特殊性與專業性，一旦想要使他們調職，則企業必須能夠保證其工作的穩定性與薪資水準的維持，這一類的人像：石油鑽探者、廚師、技術專才以及產業經營者。如果某一家企業專門聘用這種人才，則這一類的企業將會有較廣泛的勞力市場。換言之，公司在當地的地理範圍內比較能聘用到優質的勞動力。而工作技能較爲平庸的員工則比較沒有機會調職，他們的薪資與生涯發展也會比較受到限制。因此，勞動市場的疆界相當有限，特別是非技術工人、文書人員、文員以及零售這些職業團體。

許多美國的製造商都試圖解決勞動成本過高的劣勢 ，因爲他們必須面臨許多企業都將生產製造外包給海外低成本的專業代工廠，因此他們最後會選擇僱用移民來降低他們的生產成本。相同的，建築業以及其他勞動密集產業也會選擇僱用臨時工、農民、工人來降低他們高成本的劣勢。

4. **工會**(labor unions)

粗估在美國大約有 12%的工人加入工會，日本和西歐則更高分別是 25%與 40%，發展中國家則相對較低，工會代表透過集體協商的機制可以與僱主進行各項談判，隨著工會的加入勞資雙方的關係將會日益複雜，爲了有效的管理以及激勵員工，公司常常需要妥協。

4.8 重視環境因素(emphasis on environment factors)

本章描述了間接環境、產業環境及營運環境，而每個環境都包含五個要素。若這些論點都獲得支持的話，許多人可能會誤解，認爲環境似乎很容易定義、層次清晰而且五種要素都適用於分析所有的情境。事實上，外部環境的所有力量具有高度的動態性與互動性，且牽一髮而動全身，所有要素都是彼此相連的。舉例來說：如果 OPEC 提升原油的價格，則將會導致經濟、政治、社會與技術的變遷。如果製造商與供應商間有良好關係，則將會影響公司與競爭者、顧客、債權人以及供應商之間的關係。以上所舉的兩個案例說明了外部環境的力量將會創造許多的情境，而這些情境正是環境研究最喜歡探討的議題。

管理者常常會因爲無法預測環境變遷的影響而感到相當的挫折，不同的外部環境將會在不同的時間影響不同的策略，唯一可以確定的是，在策略正式執行之前，間接環境與營運環境是相當不確定的。這使得許多比較沒有影響力的主管或是小公司的主管，不喜歡花太多時間來進行長期的規劃，或是投入太多的資源。相反的，他們比較喜歡接受環境的挑戰而且隨時調整適應。雖然這樣的決策深受許多主管的喜歡或是讚許，但是這樣會出現一個兩難的局面：企業不願意投入太多的資源，卻希望在競爭環境中扮演領導者的角色，而且採取積極的預應式策略。

還有另外一個難題需要去解決，那就是不同的間接環境、產業環境以及營運環境適合用哪一種策略方案來因應，爲了評估這個問題，許多研究者蒐集相當多的資料來分析各種預測的結果，但是很少有公司可以預測環境的影響結果以及環境與策略的配套。舉例來說：誰敢大膽的預測通貨膨脹率會對策略方案有 2%的影響？誰敢大膽的預測高失業率，或是新進入者進入市場會對策略方案有 1%的影響？

然而評估外部環境的潛在影響也有許多的好處，它使得決策者在進行策略選擇的時候視野較容易聚焦，而且可以刪除那些與預測機會不一致的策略方案。環境的評估很少會試圖選出最佳的策略，但是它會試圖引導我們排除不利的方案，而選擇最有發展性的策略方案。

圖表 4.13 提供了一系列策略預測的相關議題，含括了所有的環境因素：間接環境、產業環境以及營運環境。圖表 4.13 所列的相關議題未必包含所有重要的議題，圖表所列的重點只是作爲後續探討的開始。探討環境預測的來源，重點在告訴我們如何去搜尋有價值的資料或是資訊，以便我們可以進行環境的預測。另也列出公司可加以利用的政府及民間的產業情報，從而得到對競爭環境進行策略評估時的一個基礎。

圖表 4.13 策略預測的相關議題

在間接環境中的重要議題：經濟

在某公司所處的區域、國家以及國際市場，其經濟發展的未來走向？什麼因素會影響經濟成長、通貨膨脹、利率、資金取得、信用額度以及消費者購買力？不同社會階層其所得將有所差異？不同範疇的產品與服務其相對需求是否有所差異？

社會與人口統計變項

什麼因素會影響社會價值呢(生小孩、結婚、生活型態、工作、倫理、性別角色、種族平等、教育、退休)？國內外的污染與能源是否會影響公司的發展？人口的改變是否會影響對社會與政治的期望？限制與機會何在？壓力群體是否力量會增加？

生態

污染所造成的災難是否會威脅員工、顧客與設備？現存環境有哪些嚴格的法令？中央與地方的法令有哪些會影響公司？如何影響？

政治

政府政策如何改變以協助產業的協調(反托拉斯法、國外貿易、稅、貶値問題、環境保護、解除管制、防禦、國外貿易障礙)？達成新的策略需要哪一種新型態的管理？上述因素對公司的影響？有哪些特殊的國際氣候會造成困擾或是有所助益？國家是否不穩定、賄賂或者有暴動？在外國市場的政治風險？在國際企業經營中政治與法令的限制爲何(例如：貿易障礙、所需資產、國家主義以及專利權保護)？

技術

最尖端的科技爲何？技術會改變嗎？新開發的產品與服務在未來會成功嗎？技術的突破對未來相關產品的發展會有影響嗎？這些技術的突破與間接環境中的經濟因素、社會價值、公共安全以及政府管制有關嗎？

在產業環境中的重要議題

新進的進入者

新技術或是新市場的需求是否可以使得競爭者規模經濟的優勢降低？消費者是否接受本公司差異化的產品與服務？潛在競爭者在何種狀況下可以取得行銷通路？我們產業的持續性成本優勢存在嗎？潛在競爭者在何種情況之下可以取得行銷通路？對於產業內的競爭政府政策是否有所改變？

供應商之議價能力

供應商的組成與規模？供應商是否試圖與本公司進行向前垂直整合？我們的未來是否仍然會依賴供應商？是否有取代的供應商？我們是否能有屬於自己的供應商？

替代品

替代品存在嗎？會形成價格戰嗎？公司能夠與競爭者採取價格戰嗎？公司能透過廣告來形成產品差異化嗎？如何減少替代品的競爭？

購買者之議價能力

我們能夠只針對少數買家做出過多的承諾嗎？本公司差異化的產品，顧客會如何看待？我們的顧客有可能進行向後垂直整合嗎？我們是否該考慮向前垂直整合？我們如何爲顧客創造價值更高的產品？

現存競爭者

在產業中本公司是否能與現存競爭者產生一種均衡的態勢？如果產業成長漸趨遲緩，競爭者是否會產生焦慮的現象？在產業中是否存在超額產能？我們主要的競爭者是否會以價格戰來與本公司競爭？我們主要的競爭者有哪些獨特的目標與策略？

在營運環境中的重要議題

競爭地位(competitive position)

在國內外競爭對手出現的時候，策略應該如何因應？在國外選定的市場中，競爭優勢爲何？我們競爭對手的偏好是什麼？有能力轉變嗎？我們的競爭對手可以預測嗎？

顧客概述與市場改變

我們的顧客主流價值爲何？公司有進行行銷研究，而且主管曾經與顧客對談去瞭解他們的需求？現有的產品是否可以滿足顧客某一部分的需要？爲什麼？公司已進行研發來滿足這些顧客的需求？這些活動的重要性爲何？我們應該如何改變我們的行銷與配銷的通路？有哪些人口統計變項改變就會導致銷售量與潛在市場的改變？有哪些新的市場區隔或是產品的發展會導致改變？我們的顧客群購買力如何？

供應商

公司有哪些成本的增加是因爲供應商對自然資源的需求減少所致？能源的供應相當穩定嗎？是否因爲投入成本的增加，就會導致資金、人員與生產線的問題發生？有哪一家供應商可以及時滿足突然增加的需求？

債權人

有哪一種融資方式可以迅速提升財務的成長？什麼事件會影響公司的好聲譽？債權人對本公司的策略與績效是否滿意？股票市場如何認定本公司？當公司呈現衰退的時候，債權人有什麼彈性的措施？公司是否有足夠的預備現金可以保護債權人的權益？

勞動市場

在不同地區操作不同機器設備的員工具備不同的技能與能力？許多大學或是技術學院可以提供員工所需要的教育訓練，滿足他們學習的需求？產業內的勞資關係良好，因爲能夠滿足員工的需求？不同地區、不同設施的員工所具備的技能就應該有所差異？

摘要 *Summary*

公司的外部環境包含三個交互影響的因素，而這三個因素對於決定公司所面對的機會、威脅以及限制扮演著重要的角色。間接環境由經濟、社會、政治、技術以及生態環境因素所組成。產業環境對企業的影響較爲直接，包括：進入障礙、現存競爭者、替代品、購買者的議價能力、供應商的議價能力。營運環境則是直接影響公司的經營現況，包括：競爭地位、顧客概述、供應商、債權人以及勞動市場。想要提供優良產品與服務來提昇競爭優勢的公司必須面對這三個環境因素的影響與挑戰。至於多國籍企業所面對的環境比起本國企業又更加複雜了，因爲多國籍企業必須同時考量到多個國家的環境因素。

因此，設計企業的策略必須將未來的情況考慮進去，以改善企業的績效與獲利能力。姑且不論未來企業的動態性與不確定性，評估的過程會將思考的內容聚焦，儘管不很明確，但是對於策略主管而言其價值仍然很高。

關鍵詞 *Key Terms*

外部環境	*p.4-2*	**污染**	*p.4-9*	**規模經濟**	*p.4-16*
間接環境	*p.4-2*	**生態效益**	*p.4-11*	**產品差異化**	*p.4-16*
技術預測	*p.4-8*	**產業環境**	*p.4-13*	**產業**	*p.4-22*
生態	*p.4-9*	**進入障礙**	*p.4-16*	**營運環境**	*p.4-27*

問題討論 *Questions for Discussion*

1. 探討台灣企業近年來所面對的間接環境有何改變？請就以下所列舉的方向，舉兩個例子來加以說明。
   a. 經濟
   b. 社會
   c. 政治
   d. 技術
   e. 生態環境
2. 您認爲食品批發產業再過十年會面臨什麼樣的環境改變？影響會有多大？
3. 請發展貴校(大學)的競爭者概述，並找一家離您最近的大學來進行比較；此外，請您設計一份簡要的策略計畫書，針對兩家大學的弱點，說明您如何去改善其競爭地位。
4. 假設現在發明了一種價格頗具有競爭力的合成燃料，可以提供美國二十年內 25% 的需求量，這樣的外部環境變化對於台灣企業有何影響？請說明之。
5. 在您指導教授的指導下，請找一家當地成長迅速的企業，請您分析該企業的成功，有多高的程度是因爲該企業懂得善用間接環境、產業環境與營運環境的優勢？
6. 請選擇某一種特殊的產業，就憑您的印象，說明該產業的五力分析。
7. 請選擇您感興趣的某一種產業，以五力分析的模式來進行分析，並說明爲何該產業具有吸引力？

8. 許多公司忽略了產業分析什麼時候會對公司產生傷害？什麼時候不會？

9. 下列模式認爲產業分析就像漏斗一樣，可以將間接環境的影響範圍縮小，進而探討其對營運環境的影響，您對這個模式滿意嗎？如果不滿意，您會如何修正呢？

10. 假如公司沒有策略規劃部門，這時候誰該負責產業分析呢？

本章附錄

用以預測環境的來源

間接與產業環境

A. 經濟條件：

1. *Predicasts* 資料庫(擁有最完整、最新的預測歷史資料)。
2. 國家經濟研究署
3. *Handbook of Basic Economic Statistics*。
4. *Statistical Abstract of the United States* (亦涵蓋了產業、社會與政治等統計資料)。
5. 商務部所發行的出版品：
   a. 商務經濟辦公室(例如：*Survey of Business*)。
   b. 經濟分析局(例如：*Business Conditions Digest*)。
   c. 普查部門(例如：*Survey of Manufacturers* 與其他人口、住宅與產業調查)。
   d. 貿易保護服務管制[例如：美國產業總覽(*United States Industrial Outlook*)]。
6. 證券與期貨管理委員會(Securities and Exchange Commission，提供廠房、設備、服務報表、公司營運資金等多項季報表)。
7. 經濟諮商局(The Conference Board)。
8. *Survey of Buying Power*。
9. *Marketing Economic Guide*。
10. *Industrial Arts Index*。
11. 美國與地方商業辦公室。
12. 美國製造業協會。
13. *Federal Reserve Bulletin*。
14. *Economic Indicators*，年度報告。
15. *Kiplinger Newsletter*。
16. 全球性經濟資源的來源：
   a. Worldcasts。
   b. 國際性出版品的重要商業指標。
   c. 商業部門
      (1) 海外貿易報告。
      (2) 產業與貿易管制。
      (3) 普查部門——*Guide to Foreign Trade Statistics*。
17. *Business Periodicals Index*。

B. 社會環境：

1. 公眾論壇。
2. 像 *Social Indicators and Social Reporting* 這種有關政策與社會科學的學術性年報。
3. 當前情勢：社會與行爲科學。
4. 社會、心理與政策等相關期刊的索引服務。

5. *The Wall Street Journal*、*New York Times* 與其他新聞的索引系統。
6. 普查部門所發佈的人口、住宅、製造部門、選務、建設、零售市場、批發市場與企業等相關統計資料。
7. 由布魯金斯研究所(Brookings Institution)或福特基金會(Ford Foundation)等相關統計資料。
8. 世界銀行地圖集(World Bank Atlas)(人口成長率與 GNP 等資料)。
9. 世界銀行—世界發展年報(World Development Report)。

C. 政治環境：

1. *Public Affairs Information Services Bulletin*。
2. CIS 索引(Congressional Information Index；議會紀錄索引)。
3. 企業所發行的定期刊物。
4. Funk & Scott。
5. 總統府每周公報。
6. *Monthly Catalog of Government Publications*。
7. *Federal Register*。
8. *Code of Federal Regulations*。
9. 重要的全球商業指標。
10. 多種國家的出版物。
11. 多樣的資訊服務(政府公報、票據交換所、Prentice Hall 所發佈的資訊)。

D. 科技環境：

1. *Applied Science and Technology Index*。
2. *Statistical Abstract of the United States*。
3. 科學與技術資訊服務。
4. 學術報告，研討會紀錄。
5. 國防部與軍事採購消息。
6. 貿易資料與產業報告。
7. 產業交流，專業會議。
8. 電腦輔助資訊搜查。
9. 國家科學委員會年報。
10. *Research and Development Directory* 專利權紀錄。

E. 產業環境：

1. *Concentration Ratios in Manufacturing* (政府普查單位)。
2. *Input-Output Survey* (生產效率)。
3. *Monthly Labor Review* (生產效率)。
4. *Quarterly Failure Report* (Dun & Bradstreet)。
5. *Federal Reserve Bulletin* (產能)。
6. *Report on Industrial Concentration and Product Diversification in the 1,000 Largest Manufacturing Companies* (聯邦交易委員會)。
7. 產業貿易出版品。
8. 商務部經濟分析局(特定項目的比率)。

產業與營運環境

A. 競爭與供應商環境：

1. Target Group Index。
2. 美國產業總覽。
3. Robert Morris 年度報告。
4. Troy, Leo Almanac of Business & Industrial Financial Ratios。
5. 工商統計普查。
6. 證券與期貨管理委員會(10 日 K 線圖)。
7. 特定公司的年報。
8. *Fortune 500 Directory, The Wall Street Journal, Barron's, Forbes, Dun's Review*。
9. 投資服務與諮商：Moody's, Dun & Bradstreet, Standard & Poor's, Starch Marketing, Funk & Scott Index。
10. 貿易協會相關研究。
11. 產業調查。
12. 行銷研究調查。

13. *Country Business Patterns*。
14. *Country and City Data Book*。
15. 產業交流、專業會議、第一線銷售人員。
16. *NFIB Quarterly Economic Report for Small Business*。

B. 顧客概況：

1. *Statistical Abstract of the United States*，第一手的統計資料。
2. Paul Wasserman 所編製的 *Statistical Source* (主題式的資料導引——國內與國際)。
3. *American Statistics Index* (美國政府統計年報)。
4. 商務部相關辦公室資料：
   a. 普查局相關人口、住宅與產業的報告。
   b. *U.S. Census of Manufacturers* (有關產業、地區與產品統計資料)。
   c. *Survey of Current Business* (商業趨勢分析，特別是二月與六月)。
5. 市場相關研究(美國行銷協會所匯集的 *A Basic Bibliography on Market Review*)。
6. *Current Sources of Marketing Information: A Basic Bibliography of Primary Marketing Data* (美國行銷協會)。
7. *Guide to Consumer Markets* (提供有關人口分佈、社會與經濟等年度統計資料)。
8. *Survey of Buying Power*。
9. *Predicasts* (全部產業已發佈的預測摘要，詳細的產品、最終使用者等資料)。
10. *Predicasts Basebook* (1960 年以來的歷史資料，匯集人口、GNP 至特別的產品與服務等相關主題資料，並以產業標準分類碼分門別類編製)。
11. *Market Guide* (超過 1,500 個美國與加拿大城市的個別市場調查，包括：人口、分配、貿易區、銀行、主要產業、學術單位、連鎖業、新聞業、批發零售業等)。
12. *Country and City Data Book* (包括銀行存款、出生死亡率、公司企業、教育、就業、家庭收入、製造業、人口、儲蓄與批發零售)。
13. *Yearbook of International Trade Statistics* (聯合國)。
14. *Yearbook of National Accounts Statistics* (聯合國)。
15. *Statistical Yearbook* (聯合國——匯集人口、國家收入、農業與工業生產、能源、對外貿易與輸出等)。
16. *Statistics of (Continents)：Sources for Market Research* (包括非洲、美洲與澳洲等獨立的記載)。

C. 重要的天然資源：

1. *Minerals Yearbook, Geological Survey* (內政部礦產局)。
2. *Agricultural Abstract* (農業局)。
3. 電力與天然氣公司統計資料(聯邦能源委員會)。
4. 不同機構的出版品：美國石產協會、核能委員會、美國採煤產業協會、美國煉鋼協會和布魯金斯研究所。

Chapter 5

全球化環境

閱讀完本章之後，您將能：

1. 說明公司決定進行國際化決策的重要性。
2. 說明全球化公司的四個主要策略導向。
3. 瞭解全球化公司所面臨全球化環境的複雜議題以及控制的問題。
4. 探討全球策略規劃的重要議題以及多國籍企業與全球化企業的差異。
5. 探討全球競爭中的市場需求與產品特徵。
6. 評估公司在海外市場的競爭策略，包括：利基市場出口、授權與契約製造、特許權、合資、海外分支單位、私募股權投資以及完全所有權的子公司。

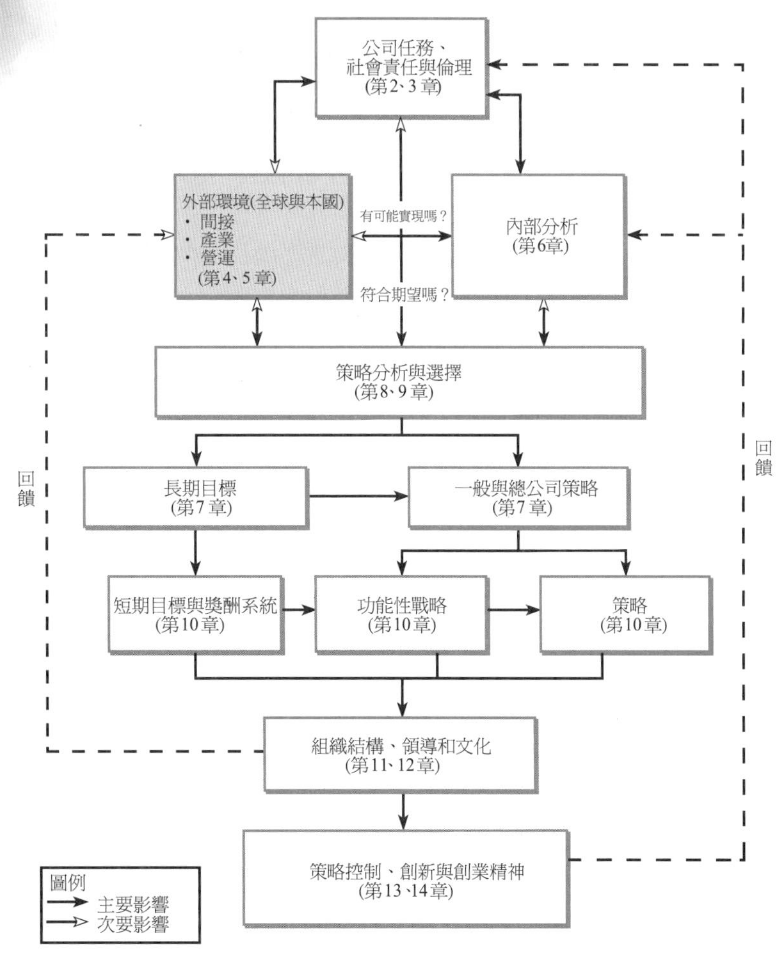

5.1 全球化

全球化
是指一種尋求全球各地機會，使得企業功能能夠在該國得到最佳化效益的策略。

全球化(Globalization)是指一種尋求全球各地機會，使得企業功能能夠在該國得到最佳化效益的策略，所以有一些全球化的企業會在愛爾蘭從事軟體設計以獲得最高的附加價值，同時它們也可能製造外包給印度讓它們的生產製造成本降至最低。

企業如果想要將產品推向國際化，必須注意以下兩個面向的議題：標準化與客製化。標準化是指在所有的市場提供普遍的產品、服務以及簡訊來創造強而有力的品牌形象，由於通訊科技日新月異，二十世紀全球的顧客其偏好同質性愈來愈高，因此採取標準化策略的成功機率也愈來愈高，直到 1990 年，標準化的策略仍然相當管用，但是之後全球品牌業主卻發現它們的股價直落，原因在於消費者逐漸重視在地的產品，因爲在地產品代表文化認同，消費者購買行爲的改變使得國際化的策略產生了革命性的變革。

之後，標準化策略逐漸被客製化策略所取代，爲了滿足當地消費者的需求，許多的產品與服務都逐漸進行調整，甚至也發展了一些客製化的簡訊來滿足顧客特殊的需要。

可口可樂在 2000 年至 2004 年間執行長 Douglas Daft 有關全球化策略最著名的論點就是：多國籍企業必須「思想全球化，行動本土化」。他的思考邏輯整合了全球標準化以及一些當地客製化，現在可口可樂公司內部已經都接受這樣的觀點了，其他的全球超級明星企業如麥當勞以及沃爾瑪也都採取類似的全球化策略觀點。這樣的思惟有利於公司建立全球化品牌的形象，並且能夠滿足當地目標市場的需求。就可口可樂來說，上述的策略使得它成爲碳酸飲料全球第一品牌，同時也在 200 個以上的國家，造就了超過 450 個以上的當地品牌。圖表 5.1「運用全球化策略的案例」詳細的介紹了可口可樂最近有關全球化的努力。

運用全球化策略的案例 **圖表 5.1**

可口可樂奉行的座右銘：「思想全球化，行動本土化」

2008 年，可口可樂公司提出以 24 億美元收購中國匯源果汁集團(China Huiyuan Juice Group)。這個天價是匯源公司估計年收益的 45 倍，但是匯源公司對可口可樂公司來說是相當有價值的資產，因為匯源是中國大陸最大的蔬果汁公司，匯源公司在蔬果汁的產品上共創造了超過 220 個品牌，並在該產業的市場上領先群倫共佔 10.3%的市佔率，而可口可樂次之其市佔率為 9.7%，可口可樂在中國的策略就是典型的「思想全球化，行動本土化」的範例。

可口可樂購併了匯源有助於可口可樂在中國在地化策略的推展，雖然可口可樂的碳酸飲料獨霸全球，然而中國大陸的消費者較偏愛果汁的口味更甚於碳酸飲料。中國大陸 2008 年果汁的需求為 100 億公升，而蘇打水的需求則只有 96 億公升，就在同時，Euromonitor International 產業/市場情報資料顯示蔬果汁的成長率為 16%，是碳酸飲料的兩倍，蔬果汁成長率較高的數據顯示中國大陸的消費者已意識到健康的重要性，因此它們選擇較為養生的茶與果汁來取代碳酸飲料。

資料來源：Stephanie Wong, "可口可樂 to Buy China's Huiyuan for $2.3 Billion," *Bloomberg.com*, September 3, 2008.

在美國，本土企業必須充分瞭解全球化公司所可能面臨的策略機會與威脅，許多總部在美國的企業大約有 50%以上的利潤來自海外，例如：Citicorp、可口可樂、Exxon、Gillette、IBM、Otis、Elevator 以及 Texas Instruments 等公司。事實上，美國前一百大全球企業大約有 37%的利潤是來自海外的市場。同樣的，在美國經營的全球化企業也會受到相同的衝擊與影響。美國現在「海外直接投資」的金額已經超過九百億美元，而最大的合作夥伴是日本、德國與法國的企業。

對一個策略管理者來說，瞭解全球化市場與其他全球化公司的差異(不管差異很大或是差異很細微)已經變成很重要的核心能力了。例如：許多廣告社群的專家都建議韓國的公司應該將產品的品牌「揚名海外」。在 1980 年代的時候，有關韓國品牌的廣告少之又少，因此韓國的品牌在國外總是默默無聞，因爲韓國的企業通常將重點放在銷售與生產，而行銷比較不受到重視。直到 1990 年代韓國才開始大作廣告，並且認爲韓國公司如果想要在國際市場上具有競爭力，則必須進行全球化的行銷策略，這時候形成了許多全球化的企業，譬如：Saatchi & Saatchi、J. W. Thompson、Ogilvy & Mather、Bozell 等等。這些公司與許多韓國的代理商建立了良好的合資與合夥的關係。圖表 5.2「運用全球化策略的案例」說明了 Philip Morris's KGFI 在進行企業全球化時所採用的策略取向。而且公司不斷的成長有助於全球化市場的發展。圖表 5.3 則指出 2020 年不同國家的經濟成長可能的狀況，在 1992 年的時候，美國經濟發展領先全球，但是在 2000 年的時候會被中國大陸趕上，2020 年的時候則會被中國大陸超越甚多。整體來說，不超過 20 年，富裕的工業化國家在世界的總產出，將會被開發中國家遠遠超越。

因爲全球化企業的數目不斷的成長，許多其他競爭環境的改變因而被忽略，因此我們有必要針對全球化公司的本質、展望與實際的運作方式深入的探討。

運用全球化策略的案例

圖表 5.2

菲利浦・莫理斯(Philip Morris)所屬 KGFI 公司的全球化

除了主要的西方國家市場之外，Kraft 國際通用食品公司(Kraft General Foods International's，KGFI)的食品類商品，在經營環境最為動盪之一的泛太平洋亞洲地區有了快速的成長。透過與各地製造商及通路商之間的連結，該公司在這些地區達到快速擴張的目的。

日本與韓國是過去十年中世界上成長最為快速的兩個經濟體，同時這兩個國家也是解釋 KGFI 策略發展的重要案例。回顧 1970 年代早期，KGFI 公司早已經在日本及韓國成立合資公司。這些合資公司透過 KGFI 的獨立經營，創造了超過 10 億美元的收益。綜觀來說，日本及韓國的食品聯合體系規模遠大於許多名列財星 500 大企業(Fortune 500 companies)。

縱使即溶咖啡在美國家庭中僅佔有 25%的咖啡產品消費比例，但是在日本以方便需求為導向的家庭消費中卻佔有超過 70%的消費比例。此外，日本甚至是第一個罐裝液體咖啡的創始地區，並透過獨特的管道——販賣機來進行銷售。如今在日本，罐裝咖啡的銷售已有多年的歷史；而且這個產業的總值也達到了 50 億美元的市場規模。每年，超過 200 萬台的販賣機總共售出了 90 億罐的罐裝咖啡——也就是說，平均每年每個人喝了 75 罐咖啡。

咖啡產品在日本也出現了一個文化上的特殊銷售通路——禮盒市場。許多日本人或是企業團體在一年當中會有兩次為了特殊節日或紀念日而互送食品或是飲料禮盒的習慣。禮盒的產品路線有助於 Maxim 公司強化其高品質的產品形象，同時這也提升了 Carte Noire 品牌咖啡的銷售。

除了投入 Ajinomoto 通用食品公司的合資計畫之外，KGFI 也以 Kraft Japan 的名稱開拓自己的食品商機。該公司主要是進口 Philadelphia 品牌的起司，該產品是東京市場的領導品牌，同時他們也取得原公司授權，得以在當地以 Kraft Milk Farm 的品牌名稱將進口的起司切片販售。起司的市場預期以每年 5%的速度成長，而這也是在眾多的食品類目中成長速度最快的商品之一。除了起司之外，KGFI 也同時引進了 Oscar Mayer 的肉類食品及 Jocobs Suchard 巧克力。

KGFI 在韓國的合資企業－Doug Suh 食品公司是該國的前 10 大食品公司之一。Doug Suh 食品公司生產咖啡及穀物食品，並同時擁有自己的配銷網路。Doug Suh 公司的另一個相關企業 Post Cereals 也是產業內第二大的廠商，擁有 42%的市佔率。

韓國的咖啡市場規模達到 4 億美元，同時也是世界上成長最快速的咖啡市場，平均年成長率達到 14%。隨著市場的成長，Maxim 及 Maxwell 即溶咖啡均推出塊狀及冷凍乾燥的產品，總共拿下韓國咖啡市場超過 70%的市場佔有率。這些品牌所創造的優勢同時也帶動了該企業在奶昔(一種由即溶咖啡、奶油及糖所混合而成的食品)市場的主導地位。而旗下所屬的 Frima 品牌也成為非生乳製造奶油市場區隔中的領導者。

除了日本及韓國，KGFI 鎖定許多其他國家以進行地理性的擴張。例如在印尼，KGFI 透過授權及引進其他 KGFI 的食品而建立了成長迅速的起司事業。在台灣，所合資成立的 PremierFoods 公司擁有 34%的即溶咖啡市佔率，並且也極具侵略性的發展 Kraft 起司及 Jocobs Suchard 產品的進口事業。KGFI Philippines 是一個百分之百持股的子公司，在菲律賓的起司及飲料市場擁有領導地位。在中國大陸，該公司成功地透過兩家合資企業生產及行銷 Maxwell House 咖啡及 Tang 粉類即溶飲料，並且仍在迅速地成長當中。

圖表 5.3 預測未來經濟成長

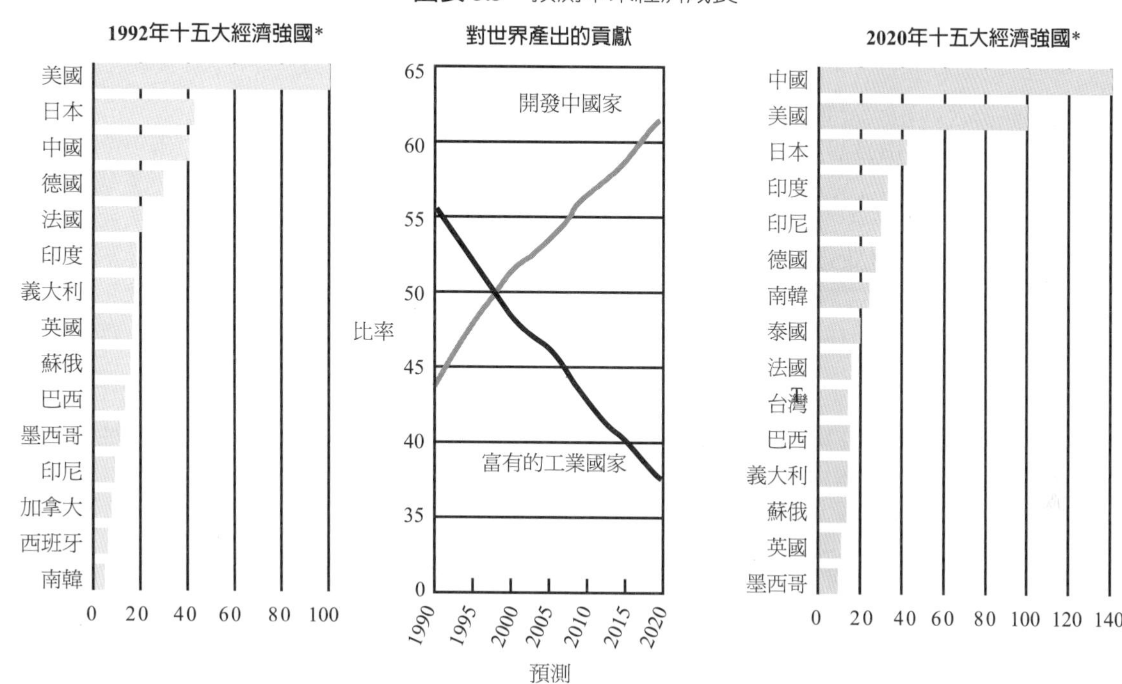

資料來源：World Bank, *Global Economic Prospects and the Developing Countries.*

5.2 發展全球化的公司

全球化公司的發展通常會在不同的時間而有不同的策略考量。第一階段，通常會致力於出口與進口的活動，這個階段對於現存的管理取向或是現存的產品線影響最小。第二階段，通常包括海外授權以及技術移轉，需要在管理以及生產方面稍作改變。第三階段，通常是海外直接投資，而且包括設廠從事生產製造，這個階段需要投入大量的資金，並發展全球化的管理技能，在此階段母國公司仍然會持續主導公司整體的政策，這一類的公司通常稱之爲「多國籍企業」(multinational corporation, MNC)。最後一個階段，涉及到策略的層級，而且會持續不斷的增加海外投資，海外資產佔總資產的比例將會大幅提高，在這個階段企業會以全球化的取向來從事生產、銷售、財務以及控制。

爲了使策略規劃人員更進一步瞭解多國籍企業所必須面對的更複雜的經營環境，請詳閱第五章附錄的部分，其內容包含複雜的多國籍企業在進行精密且複雜的策略規劃時所必須考慮的環境組成要素及競爭議題。

有一些公司會低估自己全球化的階段(認爲自己仍專注於本國市場)，除非別人明白指出，否則公司不易察覺。例如奇異公司正式的任務說明書與企業經營哲學曾經提出以下承諾：

> 成為全球成長最快、獲利最多、多角化程度最高的電子製造業(生產電子儀器、電子設備、相關原料、產品、系統、產業服務、商業、農業、政府、社區與家庭)。

IBM 同樣的也是採取全球化的經營取向，經營範圍橫跨 125 個國家、30 種語言、100 種貨幣，並且建立了 23 個主要的製造廠，分布在 14 個國家。

5.3 公司為何要全球化

在過去三十年來，美國的科技競爭優勢已漸漸喪失。在 1950 年代末期，全世界大約有 80%以上的科技創新是首先由美國所引進的。到了 1990 年代則大約衰退了 50%。相對之下，法國在電動升降機、核能發電以及飛機製造業有很大的進展；德國則側重化學製藥、精密重型機械、重型電子商品、冶金、表面處理；日本則在光學、固態物理、工程、化學和冶金工藝上領先；東歐以及前蘇聯，就是所謂的「經濟互助委員會」(Council for Mutual Economic Assistance, COMECON)，該組織所產生的專利約佔了全世界的 30%。然而，近年來美國的技術競爭優勢已經慢慢恢復了。透過全球化，美國的企業藉由國外產業與技術的發展獲得許多的利潤。即使是一家小型的服務業公司，只要能夠創造獨特的競爭優勢，則在海外營運而獲利也不是一件困難的事。

Diebold 公司本來只有在美國營運，發展金融機構的自動櫃員機(ATMs)、銀行保險庫以及安全系統。然而，由於美國想要擴大其市場經營範疇，Diebold 公司需要持續的進行國際化的成長。公司不斷的進行全球化，發展新的技術並開發新的市場機會以及新的產業，結果使得 Diebold 公司的銷售量大增。

在許多情況下，全球化的發展將可成爲公司的競爭武器，直接滲透國外的市場可以自國外的競爭者以及該國市場吸收大量的現金流量。而外國競爭者因此失去許多機會、利潤減少、生產能量受限，所以使得這些企業難以在美國的市場上競爭。例如 IBM 在競爭者 Fiyitsue 與 Hitachi 崛起之前就已經建立了大型電腦的競爭優勢，因此自然能夠主導日本的大型電腦市場。因爲 IBM 已經取得日本大部分的市場佔有率，許多日本的競爭者因而無法取得大量的現金收入或是生產製造的經驗，這些競爭者自然無法與 IBM 公司競爭。

在本國市場經營的企業，進行決策的時候必須對於全球化有以下的認知：「在競爭力量尚未產生之前，企業就已經先防範於未然了。」：(1)企業是否應該以預應式的態度？比其他競爭者更早進入全球化市場，而且該公司是採取風險偏好以及導入新產品與服務的策略，因此這種企業具有快速移動及反應的優勢；或是(2)企業是否應該採取保守的反應式態度？追隨其他競爭者進入全球化市場，而且該公司是在顧客需求已經產生之後，或是公司導入新產品與新服務的成本過高，而被其他的競爭者購併之後，才會開始有所反應。

5.3.1　全球化企業的策略取向

母國中心型

採取「母國中心型」的企業認為母國企業的價值觀與偏好應該主導所有子公司的策略決策。

地區分權型

採取「地區分權型」的企業會因為不同國家的文化差異而執行差異化的策略與決策程序。

區域分權型

「區域分權型」的企業則是混合了某個區域所有企業的想法，並達成區域間所有企業的共識。

全球整合型

「全球整合型」的公司則採取全球化的策略決策模式，因此強調全球性的整合。

一般來說，多國籍企業在海外的營運活動一般可以分為四種取向，這些取向都各自擁有自己的觀點與信念，而這些信念正可以用來說明企業如何在海外從事營運與管理的活動。採取**母國中心型**(ethnocentric orientation)的企業認為母國企業的價值觀與偏好應該主導所有子公司的策略決策。採取**地區分權型**(polycentric orientation)的企業會因為不同國家的文化差異而執行差異化的策略與決策程序。至於**區域分權型**(regiocentric orientation)的企業則是混合了某個區域所有企業的想法，並達成區域間所有企業的共識。**全球整合型**(geocentric orientation)的公司則採取全球化的策略決策模式，因此強調全球性的整合。

美國企業在歐洲經常採取「區域分權型」的策略， 美國電子商務試圖整合歐洲與美國企業的組織結構與專門知識，例如亞馬遜書店在海外發展的時候，能夠將美國經驗與當地的區域發展以及文化進行統整，透過歐洲的經銷系統，它們在歐洲大獲全勝。E*Trade 在國外的策略是將歐洲各單位與公司整體的結構進行整合，這種策略必須合併不同的文化、管理風格以及高階主管的管理方式。

圖表 5.4 詳細的說明了四種不同取向在全球化企業關鍵活動上的影響，同時也清楚的指出：全球化公司的策略取向，對於企業決策者的「控制傾向」與「公司偏好」有顯著的影響。

圖表 5.4　全球化公司的策略取向

	公司所採取的取向			
	母國中心型	地區分權型	區域分權型	全球整合型
任務	獲利力(生存能力)	大眾都可接受(合法性)	兼顧獲利力與大眾接受度(兼顧生存能力與合法性)	與「區域分權型」相同
統治	由上至下	由下至上(當地的目標將決定子公司的決策)	區域內的子公司相互協調與談判	所有層級的公司相互協調與談判
策略	全球整合	國家回應	區域整合與國家回應	全球整合與國家回應

公司所採取的取向				
	母國中心型	地區分權型	區域分權型	全球整合型
結構	層級式的產品部門	層級式的區域部門，當地組織具有自主性	產品與區域所整合的矩陣型組織	組織網路(包括利害關係人以及競爭者的組織)
文化	母國文化	地主國文化	區域文化	全球文化
科技	大量生產	批量生產	彈性製造	彈性製造
行銷	母國顧客的需求決定主要產品的發展	地主國顧客需求決定當地產品的發展	區域內標準化，但是跨區則否	全球化的產品，但是產品仍因國家不同而有部分的差異
財務	利潤回流母國	利潤保留在地主國	利潤在區域間重新分配	利潤在全球間重新分配
人力資源實務	在全球各地的重要職務都由母國籍員工來擔任	在地主國都由地主國籍員工來擔任重要職務	在某區域內的重要職務都由區域內的員工來擔任	全球的重要職務都由最佳人選來擔任即可

資料來源：From *Columbia Journal of World Business*, Summer 1985, by B.S. Chukravarthy and Howard V. Perlmuter, “Strategic Planning for a global Business,” p.506.

5.4 全球化的開始

在進入全球市場之前，企業必須進行內外部的評估，例如日本的投資者如果想要在美國投資一家日本企業，則他們勢必經過嚴謹而廣泛的評估。他們偏愛廣大的市場、較低的工會比率以及較低的稅率。此外，日本的工廠偏愛複合式的生產、較低的失業率、集中式的教育以及具生產力的員工。

外部評估包括審慎的評估全球環境的重要因素，而且特別重視地主國的經濟成長、政治控制以及國家主義。過去數十年來產業設施的擴充、國際收支平衡的狀態以及技術能力的提升都可以代表某一個地主國的經濟發展狀況，而地主國對於全球事務的影響力則是代表該國的政治地位。

對於經營範疇擴充到國外的企業來說，他們必須瞭解到政治風險是在做決策時重要的考量因素。快速成長且獲利驚人的市場機會通常都伴隨著政治風險，外國投資家最為關切的議題與原則就是該國的政府是否有能力在政治、社會以及經濟動盪的時代中有效的執行政策，如果有能力執行政策，則這個國家的政治狀態將被視為是穩定的，政治穩定的結果使得投資者對該國管制大環境的能力有信心，同時也會相信其投資的經濟報酬將會得回報。

例外一個投資家所關切的議題就是在國外其他國家的穩定該如何達成，策略家經常將國家的開放程度從封閉道開放這個簡單的連續帶上來進行分析，封閉的國家為了維持其穩定度會嚴格的限制貨幣、商品、服務、人力以及資訊進入其國界，這一類的國家像是：古巴、伊朗以及北韓，他們採取孤立主義，避免他們的公民充分了解其他國家的狀況、選項以及作法。

另外一個極端則是許多國家為達成穩定，他們鼓勵企業、公部門及他們的公民充分與其他國家交流，這些國家像是：澳洲、巴西、歐洲區、日本及美國。

圖表 5.5「運用策略的案例」一節說明了 J 曲線的概念，這是一個有效評估穩定與開放關聯性的方法，同時也是政治風險評估的重要考慮要件。

內部評估則是定義企業經營的基本優勢， 這些優勢對於全球化經營而言特別重要，因為這些優勢代表公司與地主國談判的籌碼， 因此我們必須仔細的分析公司資源的優勢以及全球化的能力。資源的優勢來自於：技術與管理能力、資金、勞工以及原物料；全球化的能力則是來自於：公司產品的配送以及財務管理的系統。

全球化的企業必須謹慎的評估內、外部環境，圖表 5.6「運用全球化策略的案例」詳細的剖析了全球化應該考慮的因素，包括：經濟、政治、地理、勞工、稅務、資金以及相關的企業因素。

運用策略的案例　圖表 5.5

以 J 曲線來探討國家的穩定與開放

J 曲線描繪了穩定與開放之間的關聯性，如附圖所示。每個國家都會因為其經濟因素而沿著自己的 J 曲線上下波動，國家的落點如果在曲線的高點則代表較穩定，落在低點則代表較不穩定。國家的落點如果在曲線的右方則代表較開放，落在左方則代表較不開放。假如某個國家由封閉逐漸變為開放而使得國家成為穩定狀態，則他有可能會經過 J 曲線的最低點(由左滑至右)，也就是最不穩定的狀態。因此，舉例來說，如果巴基斯坦、緬甸或古巴下週舉行選舉，則很可能會爆發政治動亂，如果北韓可輕易的收看到南韓的媒體，則金正日可能會睡不著覺。

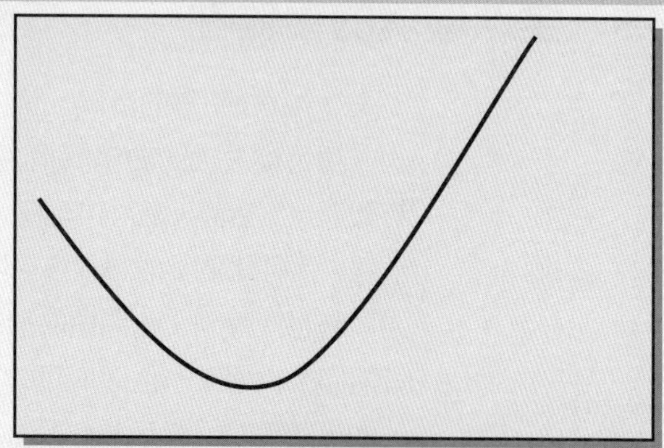

諷刺的是，有些國家對於重要商品的需求與高度成長，反而促成了許多企業選擇投入政治較為封閉的國家(像是中國大陸)。但是這種成長的能量有時候也會衝擊企業已佔有的市場，形成一種不穩定的狀態與影響力。

資料來源：From "Prepare to Lose It all? Read on…How to Calculate Political Risk," by Ian Bremmer, *Inc .Magazine*.

運用全球化策略的案例 圖表 5.6

選擇海外生產基地所應考慮因素的清單

進行企業國際化的公司必須考慮相當多的因素，下列考慮項目取自該些公司一般 88 項考慮因素之中。

經濟因素：
1. 國民生產毛額與大型發展計畫的成長率。
2. 國際匯兌的地位。
3. 市場規模與市場成長率。

政治因素：
4. 政治的狀況與穩定度。
5. 政府、顧客以及競爭者對私人與外來投資的態度。
6. 反外歧視的程度。

地理因素：
7. 緊鄰外國市場的程度。
8. 當地原料的可取得性。
9. 動力、水、瓦斯的可取得性。

勞工因素：
10. 會說母公司語言的管理人才、技術人才以及行政人員的可取得性。
11. 所有階層技術與訓練的程度。
12. 是否存在激進份子與共產主義份子。

稅金因素：
13. 稅率的趨勢(公司與個人的所得稅、資金稅、預扣所得稅、證券交易稅、貨物稅、工資稅、資本收益稅、關稅以及其他間接與地方稅)。
14. 合併地主國與它國稅金的協定。
15. 關稅保護的可取性。

資本來源因素：
16. 當地借貸的成本。
17. 現代銀行業務系統。
18. 政府借貸給新企業。

企業因素：
19. 行銷與通路系統狀況。
20. 該產業中正常的利潤範圍。
21. 在該產業中競爭的情況：是否存在卡特爾？

5.5 全球環境的複雜性

在 2003 年的時候，可口可樂達成了一個目標，那就是進軍印度市場。這一項目標最大的願望就是讓百事可樂與其他飲料公司在印度的飲料市場中知難而退。然而，當可口可樂進入印度市場的時候它們才發現當地的市場極為複雜，而且比估計的小很多。因為可口可樂的主管都是外派人員，因此可口可樂同時也面臨到文化問題的衝擊，如果想要克服文化這一類的問題，可口可樂可能必須拔擢某一位印度籍的員工擔任高階主管才行。可口可樂後來也改變公司的行銷策略，進而推出「Thums Up」的產品，這是可口可樂的一個地方品牌。隨後，它們致力於創造新產品，而且針對農村地區刻意壓低產品的價格，來提高銷售量。一旦可口可樂在印度發展出新的產品之後，它們還必須發展吸引印度顧客的新廣告方案。

由可口可樂的海外經驗可知，全球性的策略規劃顯然比本國性的策略規劃要複雜許多，之所以會更加複雜，主要有五個因素：

1. 全球化面臨多元化的政治、經濟、法令、社會與文化環境。有時候，外國政府會協同他們的軍隊，為了推動經濟的目的有時甚至不惜犧牲人權，國際企業必須抵制誘惑，避免從不道德的商業機會中獲利。
2. 本國與國外環境之間的交互作用將使得全球環境更加複雜，因為經濟與社會的因素不像國家統治權那麼容易分割與單純。
3. 地理的分隔、國家文化的差異以及企業實務上的差異，使得國際企業的母公司與海外子公司之間的溝通更加困難。
4. 全球化將面臨極度激烈的競爭，主要是因為產業結構的差異。
5. 不同的區域經濟與經濟整合，將會限制與影響全球企業所選擇的競爭策略，例如：歐洲經濟共同體(European Economic Community, EEC)、歐洲自由貿易協會(European Free Trade Area, EFTA)、拉丁美洲自由貿易區(Latin American Free Trade Area, LAFTA)。

5.6 全球化公司控制的問題

許多全球化公司之所以會如此複雜的主要原因，乃是因為傳統的財務政策多著重在母公司未來的長期目標，而忽略了地主國公司的未來財務目標。這種作法造成了全球化公司母公司與子公司目標之間的衝突。這些衝突的成因主要在於公司的財務政策為了節稅、降低風險或是為了達成其他的目標所致。

此外，不同的財務環境使得公司的財務行為、規範標準以及關心的議題(盈餘分配、資金的來源以及資本結構)有所差異，因此如果想要衡量國際部門的績效將會變得相當困難。

衡量與控制系統常常會出現很大的差異，基本上「規劃」這個概念就是希望公司事先有良好的構想、未來導向而且決策都是基於可接受的程序和方法來進行分析。前後一致的良好「規劃」必須透過公司的總部進行有效的審視與評估。全球化企業「規劃」的過程將會更為複雜，主要是因為不同國家對於工作衡量態度上的差異，以及政府要求企業揭露資訊多寡的程度也有所不同所致。

雖然上述的問題都是全球環境的因素所形成的，而不是管理不善所造成的結果，但是如果能在策略規劃時特別注意，則必定能將這些問題的影響程度降至最低。公司許多的規劃活動都應該進行協調與整合，以便確定未來在全球的發展方向、目標與政策。這樣企業才會有能力因應變革， 並發展進軍全球的方案。最後，企業的全球化策略將能協助主管更積極的從事海外相關事務，更精確的設定目標而且更有效的利用所有資源。

全球性的投資與冒險事業如果想要成功，則必須進行全球性的合作，福特汽車 Escort 橫跨十五個國家的製造網路就是一個成功的案例。

5.7 全球化的策略規劃

從以上幾節的內容我們可以發現全球化市場的策略決策似乎變得愈來愈複雜，這一類的全球化企業，不能將全球化的營運活動視爲獨立的決策，這些主管都面臨了多元產品、國家環境、取得資源的機會、公司與子公司的產能、以及策略選擇的兩難問題。

利害關係人主義
全球化企業在營運的過程中始終將環境中利害關係人的需求列為最重要的考量。

近年來，利害關係人主義日益盛行，使得全球化公司的策略規劃模式日益複雜，**利害關係人主義**是指全球化企業應該重視外部環境(國外)所有利害關係人的需求，特別是外國政府應該最被重視。本節將提供在複雜環境之下如何進行策略分析的基本架構。

5.7.1 多本國產業與全球性產業

1. 多本國產業(multidomestic industries)

國際化的產業如果描繪在一個連續帶上，則可以分爲兩個端點，分別是多本國產業以及全球性產業。

多本國產業
透過國與國之間的差異來進行市場區隔之產業。

多本國產業其競爭的基本本質在於透過國與國之間來進行市場區隔，因此如果全球化的公司位於這種產業，則其競爭將會隨著國家與國家之間而彼此獨立，這一種產業像是零售業、保險業以及消費金融業等等。

在多本國產業中，全球化企業的子公司應該被視爲一個獨立的個體，換言之，每一家子公司都有相當程度的自主權，並且有權自行決策以回應當地市場的需求。所以，所謂多本國產業的全球化策略，其實就是不同國家子公司營運策略的總和。在多本國產業競爭的本國企業以及全球企業，最大的不同在於後者(全球企業)的策略決策與許多子公司所在的國家有關係，因爲此類型的企業涉及到如何在國外的市場進行競爭。

多本國產業明顯與否的程度主要決定於下列的因素[1]：

- 需要製造客製化的產品，以滿足當地顧客的偏好。
- 產業零散，而且有許多的競爭者分散在許多不同的國家。
- 該產業的功能性活動缺乏規模經濟。
- 每一個國家的配銷通路都相當獨特，而且有很大的差異。
- 全球化企業無法提供子公司研發技術上的指導與支援。

1 Y. Doz and C.K. Prahalad, "Patterns of Strategic Control within Multinational Corporations," Journal of International Business Studies, Fall 1984, pp.55–72.

Renault-Nissan 的低成本汽車產業就是一個有趣的多本國策略的範例，Renault 的策略就是根據不同國家買家的預算來設計他們的汽車，基本上這就無法兼顧到如西歐與美國爲滿足顧客希望達到高科技與時尚風格的要求，當然安全以及廢氣排放標準的要求就更無法達成了。

2. 全球性產業(global industries)

全球性產業
競爭跨越不同國界的產業。

全球性產業是指競爭跨越不同的國界，事實上，發生在全球的市場。在全球市場的產業中，公司針對某個國家所採取的策略，或許會顯著的影響該公司其他國家的競爭定位，全球化的產業相當多，例如：商用飛機、汽車、大型電腦、家用電器等等。許多專家學者深信所有產品導向的產業都終將會全球化，因此策略規劃必須以全球化的角度來思考，主要基於以下六個理由：

(1) **增加全球化管理任務的範疇**。全球化的公司如果想要擴大規模與提高複雜度，則該公司必須在某段時間內進行計畫與行動的協調，如果沒有這一類的計畫則管理者將無法如願的達成他們的期望。

(2) **全球化企業的迅速增加**。全球化企業在進行全球性的策略規劃時，必須注意以下三點：(a)不同國家將面對不同的環境力量；(b)距離較遠；(c)全球營運時會產生交互作用。

(3) **資訊爆炸的年代**。曾經有人估計世界上知識的存量，每隔十年就會加倍成長，如果沒有形成正式的計畫，則執行長就不知道未來他們需要知道什麼？以及他們未來會遇到哪些複雜的問題？以及如何解決這些問題？全球化的策略規劃模式提供了一個井然有序的分析流程，以及可供決策參考的資訊。

(4) **全球競爭程度的提高**。因爲全球化的競爭是持續不斷的，公司必須持續的調整與修正，以免被競爭者掠奪市場。全球化的市場競爭可以刺激管理者研究提昇經濟效率的方法。

(5) **科技的快速發展**。科技的快速發展會使得產品生命週期變短，策略規劃模式有助於企業替換進入成熟期或是利潤已經衰退的產品，規劃有助於主管更密切的控制新產品導入的各種面向。

(6) **策略規劃將能提昇管理上的自信**。策略規劃就像地圖一樣，管理者如果有了規劃，他們就知道如何去達成目標。這樣的計畫有助於提昇管理上的自信心，因爲計畫已經將所有任務的執行步驟與責任闡明清楚，因此計畫有助於簡化管理工作。

如果公司身處在全球化的產業當中，則企業必須透過策略來將產能最大化，而這些策略必須透過總部高度集權化的決策，但是也必須考慮到海外子公司的決策。

造就全球化產業的因素主要是：

- 產業內的功能性活動具有規模經濟。
- 由於在研發經費上投入相當多的成本，因此需要更大的市場來回收這些花費出去的成本。
- 全球化的企業所存在的產業具有主導市場的能力，該市場也希望能將具有競爭力的產品與服務推廣出去。
- 同質性的產品需要追求多元的市場，以降低客製化產品的市場需求，否則該企業只能在全球的市場佔一小部分的比例。
- 國外的貿易管制過於寬鬆，因此企業想要在海外直接投資[2]。

成功的全球化企業有六個驅動因素，列表在圖表 5.7 中，該圖表提供了一個很好的分析架構，來分析企業是否能夠成功的進行全球化。

運用策略的案例 **圖表 5.7**

驅動公司全球化的因素

1. **全球管理團隊**
   - 形成全球的願景與文化。
   - 包含外籍人士。
   - 讓地主國籍的員工也可以擔任子公司的主管。
   - 經常在國際間遊走。
   - 跨文化訓練。
2. **全球化策略**
   - 策略的執行並非只有單一國家。
   - 發展跨國的策略聯盟。
   - 策略性的選擇目標市場。
   - 執行最有效率的功能性活動(但並非僅有地主國)。
   - 加入較強的區域經濟(北美、歐洲、日本)。
3. **全球化生產**
   - 運用全球通用的核心生產流程，來確保品質與一致性。
   - 全球化的產品以獲得最佳成本與市場優勢。
4. **全球化科技與研發管理**
   - 設計全球化的產品，但是仍有部分因地制宜，進行產品的修正。
   - 集權式的研發管理，但是仍然講求產品全球化。
   - 不會透過複製產品或研發來取得規模經濟。
5. **全球化財務管理**
   - 以較低的成本在全球取得資金。
   - 避免通貨所造成的成本。
   - 注意當地貨幣的價值。
   - 外匯。
6. **全球化行銷**
   - 行銷全球性的產品，在不影響規模經濟的前提之下，允許部分區域性的考量。
   - 發展全球化品牌。
   - 運用全球化行銷的實務與主題。
   - 在全球同步導入新產品。

資料來源：Reprinted from *Business Horizons*, Volume 37, Robert N. Lussier, Robert W. Baeder and Joel Corman, "Measuring Global Practices: Global Strategic Planning Through Company Situational Analysis," p.57 .Copyright 1994, with permission from Elsevier.

---

2 G. Hamel and C.K. Prahalad, "Managing Strategic Responsibility in the MNC," *Strategic Management Journal*, October–December 1983, pp. 341–51.

5.7.2 全球化的挑戰

雖然產業可以區分爲多本國產業與全球性產業，但是一般而言並沒有哪一種產業是純屬於上述兩種產業的，全球性的產業有時候在某種程度上是必須回應當地市場的。同樣的，全球化的企業在多本國產業內競爭，也不能忽略如何運用公司內部的資源以提高競爭定位。因此，全球化的企業必須決定企業的功能性活動，並決定何時、以什麼方式來進行協調。

1. 地點與功能性活動的協調

企業傳統的功能性活動包括採購投入資源、生產、研究發展、行銷與銷售以及售後服務，對多國籍企業而言，它們有許多地點可供選擇，並且可以在這些地點完成上述的功能性活動，因此，多國籍企業必須決定企業應該在什麼地點執行多少功能性活動。多國籍企業應該在每個不同的地點執行不同的功能性活動，或者是在某個地點執行多項功能以服務全世界的組織。例如某個企業的研發中心就必須服務整個組織。

多國籍企業還必須決定在不同的地點，功能性活動該如何協調，協調程度可能相當低，使得企業的每一個地點都相當具有自主性；協調程度也可能相當高，使得不同的地點都能夠緊密的執行所有的功能性活動。可口可樂將全球的研發與行銷整合的相當緊密，因此該公司能夠提供標準化的品牌名稱、一致的配方、市場定位以及廣告話題。然而可口可樂的生產卻是比較自主性的，它的人工糖精以及包裝位於兩個不同的地點。

2. 地點與協調的議題

公司如何做好地點與協調的議題完全仰賴產業的特質以及公司內部的策略，就如同之前所討論的，產業可以用一個連續帶來加以說明，而兩端則分別是「多本國產業」與「全球性產業」，在多本國產業中，不同的國家大概很少對於功能性活動進行協調，因爲這種產業的競爭通常只是發生在那個國家而已。然而，當產業轉變成「全球性產業」的時候，公司在不同國家進行有關功能性活動的協調將會大增。

企業進行全球化將會影響公司營運的許多面向以及結構，當企業重新自我定位，自認爲是個全球性的廠商時，勞動力將會愈來愈多元化。

因此，公司最大的挑戰在於能否結合來自多元文化與生活型態的勞動力，並且整合這些跨文化的人力資源成爲公司最強的資產與能力，最後進而落實公司的任務。

5.7.3 市場需求與產品的特徵

很多企業都會發現如果在國外市場經營得很成功，則國外市場比起單純的國內市場顯然大得多，企業必須充分瞭解顧客的需求，其中有兩個構面很重要：「顧客對於標準化產品的接受程度」以及「產品改變的速率」，圖表 5.8「運用全球化策略的案例」，說明得很詳細。橫軸代表「顧客對於標準化產品的接受程度」，在橫軸的最左邊代表「標準化市場」，橫軸的最右邊代表「客製化市場」。彩色軟片業與石化業代表「標準化市場」，而玩具產業與衛浴設備業則是代表「客製化市場」。

因此，在縱軸上由下至上代表產品逐漸創新與升級，而且改變的速度逐漸加快，「產品改變速率快」的產業包括電腦晶片業；而「產品改變速率慢」的產業則是包括工業機器設備、鋼鐵業與巧克力產業。

圖表 5.8 結合了兩個軸，分別是「顧客對於標準化產品的接受程度」以及「產品改變的速率」，圖表中也舉了相當多的例子，公司可以依據此圖表來決定它們的產品是否應該積極的進行創新或是客製化。星巴克有鑒於該產業變化的速率並不高，因而在所有的市場中生產了高度標準化的產品，我們可以稱之爲零售咖啡產業，圖表 5.9「運用策略的案例」一節，詳細的描述了星巴克如何成功的進軍全球市場。

運用全球化策略的案例 **圖表 5.8**

市場需求與產品的特徵

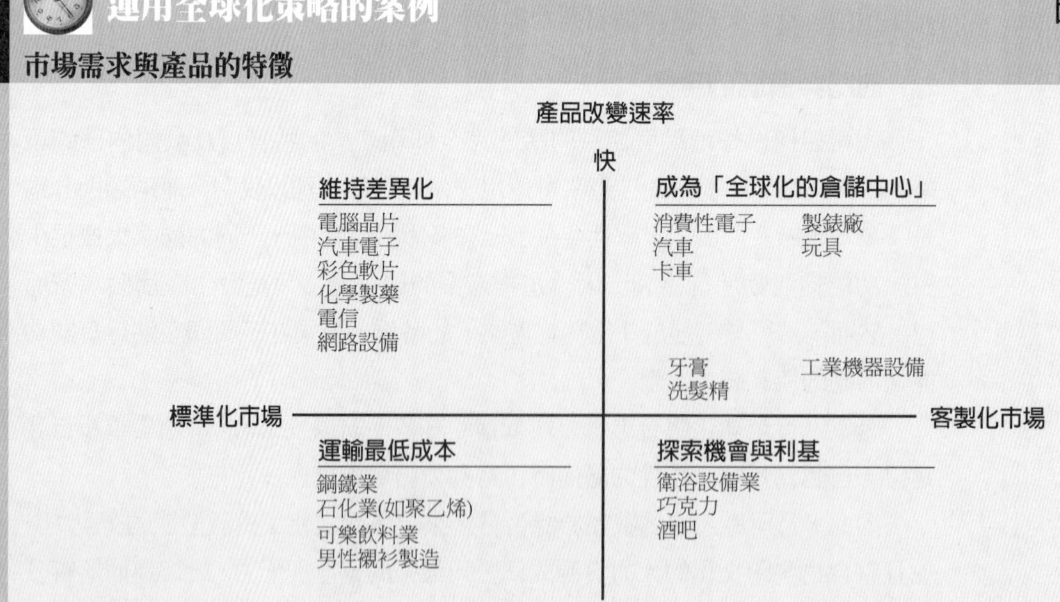

資料來源：Lawrence H. Wortzel, 1989 *International Business Book* (Strategic Direction Publishers, 1989).

運用策略的案例 **圖表 5.9**

星巴克的全球擴張

星巴克在 1980 年代中期以在日本的兩間店做為它國際化擴充的開端，2000 年，公司在美國以外的據點已跨越 16 個國家共計 792 家分店，星巴克的全球化策略有三個重要的元素：

- 強化市場滲透，並聚焦在現有市場強化獲利能力。
- 長期佈局美國以外的據點，目標 15,000 家分店。
- 聚焦新興市場，特別是中國、巴西、俄羅斯，以強化企業的長期收益及獲利成長。

星巴克的全球化策略顯然是奏效的，2007 年，星巴克的版圖已達到 44 個國家、15,012 家分店，創造了 94 億美元的淨收益，比起 2006 年成長了 21%，當年美國的收益也成長了 19.4%而營業所得則成長了 12.1%。更令人印象深刻的是，星巴克的國際市場收益成長率為 32.1%，營運所得成長率為 27%，主要是因為星巴克積極擴充進入新興市場，此外在加拿大及英國的調整聚焦策略也使得公司的獲利能力大為提高。

2008 年，星巴克著手進行更積極的全球化策略，公司計劃藉由調整資金的比例來快速提升美國境外分公司的獲利能力。

資料來源："Starbucks Outlines International Growth Strategy; Focus on Retail Expansion and Profitability," *Business Wire*, October 2004, p.1; and "Starbucks Announces Strategic Initiatives to Increase Shareholder Value; Chairman Howard Schultz returns as CEO," Starbucks , news release, January 2008, p.1.

5.8 公司在國外市場的競爭策略

試圖進行全球化的多國籍企業，有許多策略的選擇，而這些策略的選擇可以用兩個軸來劃分爲九種策略選擇，這兩個軸分別是「產品差異化」與「市場複雜化」(詳見圖表 5.10)。「複雜化」是指爲了達成某種競爭優勢企業所必須具備的關鍵成功因素，當這些因素愈多則代表複雜度愈高；「差異化」則是指企業內產品線的寬度，當企業所提供的產品線愈多則代表差異化的程度愈高。

「複雜化」與「差異化」兩個軸交錯形成九種可能的策略選擇，當然也因此衍生許多行動方案。

5.8.1 利基市場出口(niche market exporting)

所謂的利基市場出口是指公司出口符合國外特殊需求的產品，出口的商品結合了美國與其他國外市場對於產品的要求，因此美國常常將部分技術移轉給國外的市場，使得其他國家的市場產生了許多的商機。但是許多不尊重智慧財產權的國家，因爲並沒有善盡保護專利權產品的責任，使得許多與美國合作的外國廠商進行產品的模仿，因而使得它們的產品創新發展極爲快速。N.V. Philips 與許多日本的競爭者(例如 Sony 與 Matsushita)目前正積極進行合作，並且在它們的市場中發展全球化產品的標準，Siemens 集中全力進行研究發展也相當成功。

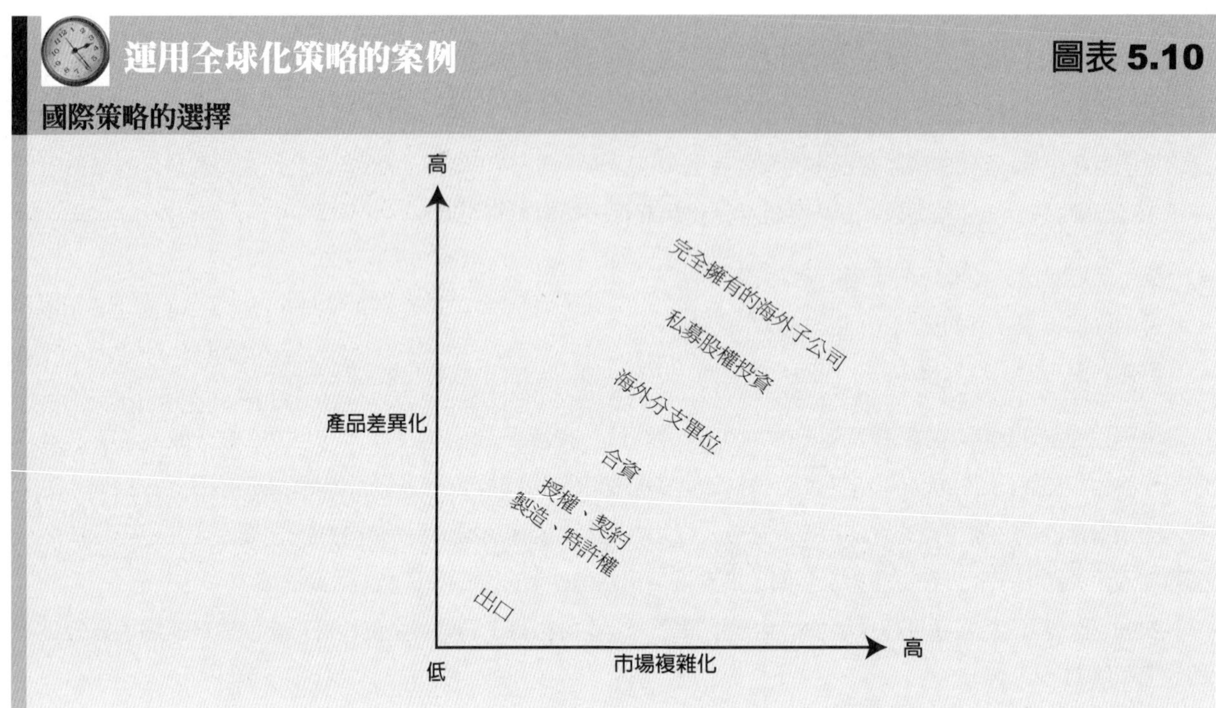

台灣公司 Gigabyte 進軍美國的市場，而且發現在美國有為數甚多的個人電腦買家。在台灣，它們可以針對本土的市場提供桌上型電腦來滿足顧客，但是市場太小無法產生規模經濟。於是 Gigabyte 針對美國這個利基市場，出口許多迷你個人電腦，價格介於 200 美元至 300 美元之間。這些電腦的價格比起美國國產電腦例如 Dell 仍然要低上許多(要價至少 766 美元以上)。

一般而言，出口所需投入的資本較低，組織所需付出的品質控制標準、生產流程的品質、存貨管理以及風險程度上都是最低的，美國的許多小企業在政府的輔導之下，不但降低了出口的風險，而且從中獲利不少。

5.8.2 授權／契約製造(licensing／contract manufacturing)

對美國企業來說，如果想要在國外創業投資，出口階段的獲利仍然是不夠的，有些企業會選擇授權或是契約製造來攻佔國外的市場。所謂授權是指工業上的某些財產權或是技術透過授權者(licensor)授權給被授權者(licensee)，而被授權者應該支付授權者一筆權利金，兩造之間的互動關係稱為授權。大多數為專利權、商標權或一些特許的技術性 know-how。美國 Bell South 與 U.S. West 的行銷與服務向來在歐洲都有其優勢，最近也透過授權的方式在英國建置電腦網路。

美國企業另外一種授權方式就是以契約生產的方式來進行，契約生產的優點有可能是來自於當地技術、原物料以及勞力成本上的優勢。

企業透過授權的方式將使得進入國外的風險降低，但是這種聯盟並不是每一家企業都可以進行的，公司必須夠大，大到可以將國際上的策略活動與企業本身的標準化產品結合在某一個產業範疇之內。

授權會發生兩個問題，第一個問題，就是公司的授權合作夥伴，透過公司的授權活動會獲得相關的經驗，日後將有可能成為競爭者，例如美國與日本電器產品進行授權合作，最後日本變成美國在電器產品上的強勁對手。第二個問題，就是授權者有可能失去生產、行銷與通路的控制權，失去這項控制權之後將會使得公司必須再針對未來的方向選擇重新定位。

5.8.3 特許權(franchising)

特許權是授權較為特殊的一種形式，特許權所授權的廠商可以銷售知名的品牌或服務，使用已具有專利權保護的品牌及商標，嚴謹的發展管理程序以及行銷策略。然而，特許權所授權的廠商必須對母公司支付權利金，而且授權者也會注意被授權廠商的市場銷售量大小，來決定權利金的多寡。換言之，被授權者的營運範圍還是會受到授權公司既有政策的限制。

特許權受到相當程度的歡迎，美國大約有 500 家企業授權給國外 50,000 家的廠商。比較有名的像：Avis、Burger King、Canada Dry、可口可樂、Hilton、Kentucky Fried Chicken、Manpower、Marriott、Midas、Muzak、Pepsi 以及 Service Master 等廠家。然而在世界上最成功的特許權企業應該非麥當勞莫屬，麥當勞的事業大約有 70%已經透過特許權，授權給國外的企業了。

5.8.4 合資(joint ventures)

許多企業在國際化程度上漸趨成熟時，都會針對國外某些特定的公司進行合資(joint venture, JV)，AT&T 公司就是成功運用合資的最佳案例，該公司透過與歐洲幾家主要生產電腦的廠商進行合資，使得 AT&T 在歐洲能取得關鍵的技術並且能夠擴充市場。合資是建立在健全的「資金整合」、「生產與行銷設備」、「專利」、「商標」、「管理的專門知識」等基礎之上。因此，合資比起出口或是契約製造顯然是較為長久的合作關係。

如果與完全所有權的型態相比較，合資可以選擇不同的合作夥伴，例如缺乏管理或是財務資產的公司，可以透過合資整合國外市場的資源而獲得管理人才的支援或是金錢的奧援。製造與行銷的整合有助於新市場的開發、取得豐富的資料以及獲得關鍵技術的資訊。

例如德國的電子公司 Siemens 已經與歐洲許多廠商進行策略聯盟，而且特別著重技術與研發的合作模式。過去幾年，Siemens 總是透過購併來獲得成長，但是現在的 Siemens 會透過合資，進行與其他公司的水平整合，以擴大其產品與市場範圍，許多合作夥伴，例如：Groupe Bull of France、International Computers of Britain、General Electric Company of Britain、IBM、Intel、Philips 以及 Rolm。另外一個例子就是中短程班機產業，許多國家的企業都進行合資，例如：英國、法國、西班牙以及德國等等。

透過合資能夠加速公司與國外環境(政治、公司、文化)的整合，而且合資在財務上必須付出的承諾顯然低於在海外設立子公司。GE 公司的照明設備產業在歐洲僅有 3%的市場佔有率，顯然是相當低的比率，但是 GE 與許多歐洲的大廠(Philips)合資之後，不但在美國市場的佔有率提高了，而且歐洲的市場佔有率也獲得相當大的進步。GE 首先與 Siemens、Osram、British electronics、Thorn EMI 等照明產業的公司進行合資，但是有關控制的議題並未獲得共識。近年來，東歐門戶大開，提供了許多與匈牙利照明產業合資的機會。Tungsram 在西方國家大概就賺取了 70%的利潤，GE 也有股份在該家公司。

雖然合資可以經由複雜的市場與多元的產品線中獲利，但是美國有許多公司考慮到「股票合資」(equity-based JVs)與「非股票合資」(nonequity-based JVs)的許多挑戰。舉例而言，充分利用地主國公司相對優勢，將有助於改善管理者與部屬之間的關係，這時候也就不會只有透過單一的職權來進行策略決策或是解決衝突。但是經由與地主國合作來進行管理的工作也會產生一些問題，首先就是要揭露所有權的資訊，公司是否願意完全揭露；其次，生產與行銷品質的標準可能會因而降低。如果純粹只想透過協議來維持雙方的利益，顯然是較為困難的。合作夥伴之間的共存共榮是最重要的基本前提，而合作夥伴持續性與長期性的承諾才是合資成功最關鍵的因素。

5.8.5 海外分支單位(foreign branching)

海外分支機構是公司在海外市場的延伸，公司高層指派某些區域性的策略事業單位(strategic business unit, SBU)為某些市場或是營運上的職務負責，而這些業務可能包括：銷售、顧客服務以及實體通路。地主國可能會要求該海外分支單位能夠「本土化」(domesticated)，也就是說必須有一些中高階的主管， 是由地主國籍的員工來擔任。

海外分支單位可能不受母國法令的約束，責任義務也不受限制，而且員工在國外服務的時間也較短，需要公司時時更新相關的資料與管制。Gruma 是墨西哥最頂尖的麵粉製造商，同時也是全球最大的玉米餅製造商，其海外據點目前已經分布在 89 個國家，年收入 30 億美元。

5.8.6　私募股權投資(Private equity Investment)

私募股權
這些公司通常會獲得創投公司或是私人股本公司的金錢援助，風險雖高，但是對這些新創事業或是中小企業而言，有可能創造極高的獲利機會與潛力。

具有高度成長潛力的中小企業通常需要額外的資金來獲得進一步的成長，當然這通常會在公司決定股票公開上市之前進行。這些公司通常會獲得創投公司或是**私募股權**公司的金錢援助，風險雖高，但是對這些新創事業或是中小企業而言，有可能創造極高的獲利機會與潛力。在私募股權投資的權益交換過程中，創投公司或是私人股本公司通常居於多數或是控制的地位，甚至還提供許多的商業服務，例如管理經驗。

5.8.7　完全所有權的子公司(wholly owned subsidiaries)

完全所有權的子公司必須在公司考慮清楚願意付出高額的投資來投入某一個國外的市場，基於控制與效率的考量，公司必須堅持完全持有所有權，所有有關產品線、擴充、利潤以及鼓勵的發放政策完全是由母公司的高階主管來決定。

完全所有權的子公司可能是來自目前現有的公司或是購併地主國的企業，如果購併的公司其產品線與母公司的產品線是互補的，或是購併後可以形成一個完整的服務網絡，則此時完全擁有子公司將可以獲得相當大的綜效。例如：2007 年百事公司的執行長 Indra Nooyi 採取大規模的全球化擴充策略，主要都是建立在完全擁有的海外子公司的基礎上，圖表 5.11「頂尖策略家」一節中，將會詳述她如何在美國減緩公司的成長但卻在新興市場建立品牌的策略。

企業會想要透過海外子公司來提昇公司的競爭優勢，但是完全擁有海外子公司不免存在一些風險。第一，如果該市場的特性是高風險高報酬的則管理者必須具備有關當地市場的知識、會說當地的語言、瞭解當地企業的文化。第二，地主國總是希望來投資的公司能夠做出長期的承諾，而且還應該聘雇當地的員工擔任公司的要職，因此訓練當地的員工來擔任主管並領導其他員工是一個很好的策略， 這對於那些利基市場型的小企業特別重要。第三，國外政府的一些管制措施與標準，將使得海外公司的利基消失。產品設計與員工權益的保護或許更是母公司所應關心的議題。

圖表 5.10 所說明的策略可以採取單一策略或是整合起來，舉例來說：某一家公司可能同時採取出口的作法但是又搭配部分的合資。此外，公司如果將海外的市場視爲未來發展的長期目標，則企業應該早就規劃好未來的策略。第七章我們會更詳細的探討總公司策略，本章所探討的策略只是企業在開始規劃全球化之前，該準備的最普遍策略而已。

頂尖策略家

圖表 5.11

百事執行長 Nooyi 的國際擴充策略

百事公司是世界上最大的食品及飲料公司，該公司生產、行銷各種鹹、甜、穀類零食以及碳酸飲料和非碳酸飲料，Indra Nooyi 自從 2007 年以後就擔任主席及執行長的職務了。

Nooyi 不想那麼依賴美國的市場，因此她已經放緩了一些旗艦汽水與零食的成長率了。2008 年，百事公司有 40%的收益是來自國際子公司。Nooyi 曾經這樣闡述她的策略意圖：「振興本公司乃我們的首要任務，擴充公司的版圖則有賴持續投資於新興市場」*。

Nooyi 促使百事公司不斷的投入新興且快速成長的市場，包括中國、印度與俄羅斯，因為這些市場對於碳酸飲料極感興趣且市場成熟，此外，百事還計劃進軍休閒食品以及其他飲料的市場。

百事計劃於 2008 年至 2011 年間於中國投資 10 億美元，並在大陸西部與內陸地區設立更多的工廠，設立當地的研發中心來發展更適合當地消費者口味的產品，同時公司還需要聘用更多的銷售人員來擴充其市場與通路。

為了在俄羅斯深耕，百事不但擴充了果汁的品類，還收購了俄羅斯當地領導品牌 JSC Lebedyansky 的 75.53 %的股權，公司同時也在南俄羅斯蓋了許多馬鈴薯片的製造工廠。

2008 年，Nooyi 也對外宣告將於印度投資五億美金來全面提升工廠的產能、基礎設施與研發，在既有碳酸飲料的基礎之上，印度百事開始生產並上市當地的產品，例如「nimbu paani」飲料。

*B. McKay and A. Cordeiro, "Pepsi Results Send Chills in Beverage, Snack Sector," *The Wall Street Journal*, October 15, 2008, p. B.1.

資料來源：B. McKay, "Pepsi to Boost China Outlay by $1 Billion," *The Wall Street Journal*, November 4, 2008, p. B. 3.

摘要 *Summary*

瞭解一家公司在進行策略規劃時有哪些方案可供選擇是管理上相當重要的一件事，管理者應該認知到企業會面臨到不同產業類型的競爭，因此企業必須定位自己在國際化的過程中，應該是屬於「多本國產業」或是「全球性產業」，以便未來確立公司的定位。

「多本國產業」與「全球性產業」最大的差異在於在不同的地點、功能性活動該如何協調以及企業所強調的策略爲何，當產業全球化的程度愈來愈高，則企業的主管必須在產業內提高功能性活動的協調。

本章最後附錄的部分列出許多全球化企業應該重視的環境因素，這些評估的指標有助於全球化企業對於環境的瞭解，並據此擬定公司全球化的策略。

在企業開始進行全球化時，公司的任務說明書必須載明，或是進行修正並加以增補，公司的任務、策略或是能力可以改變全球化經營的方向，如果只限於在本國競爭，則企業應該修正方向往全球化邁進。

全球化的任務說明書可以引導公司往單一的方向前進，這個方向可以引導分散在各地、差異性極大的經理人方向趨於一致。這一個方向提供在不同情境時如何選擇策略方案的指引，雖然這些方案有時候會有所衝突。它也將促成公司形成價值、嘗試多元文化、滿足公司內外部利害關係人的要求。最後，任務說明書使公司的任務與策略具有正當性，除了試圖讓企業進行全球化之外，追求全球化的成長以及與不同營運環境中的個體進行結合與結盟更是進一步的目標。

公司追求全球化已經成為系統性發展的一個模式，企業一開始從利基市場著眼，慢慢進入出口、授權、契約製造、特許權、合資、海外分支單位以及完全所有權的子公司。

關鍵詞 *Key Terms*

全球化	*p.5-2*	**區域分權型**	*p.5-7*	**多本國產業**	*p.5-12*
母國中心型	*p.5-7*	**全球整合型**	*p.5-7*	**全球性產業**	*p.5-13*
地區分權型	*p.5-7*	**利害關係人主義**	*p.5-12*	**私募股權**	*p.5-21*

問題討論 *Questions for Discussion*

1. 本國的環境分析與全球化的環境分析有何差異？
2. 什麼因素使得全球化的環境分析變得複雜化？什麼因素使得全球化的環境分析變得簡單化？
3. 您是否同意所有的產業都應該進行全球化的環境分析？
4. 哪一種產業幾乎沒有全球的競爭者？有什麼好處呢？
5. 試說明何時及為什麼公司全球化是重要的？
6. 試說明四種主要的全球化企業之策略取向。
7. 試說明全球化企業所可能面臨控制的問題。
8. 試說明多國籍企業與全球企業有何不同。
9. 試說明全球競爭的市場需求以及產品特徵。
10. 試評估企業在國外市場的競爭策略：
    - a. 利基市場出口
    - b. 授權/契約製造
    - c. 特許權
    - d. 合資
    - e. 海外分支單位
    - f. 私募股權投資
    - g. 完全所有權的子公司

本章附錄

跨國公司的環境組成要素

多國籍公司必須面臨許多經營環境，這些環境的組成成分包含：

1. 政府、法律、規章、及母國的政策(例如：美國)。
    - *a.* 貨幣與財務政策以及這些政策對物價、利率、經濟成長、經濟穩定的影響。
    - *b.* 收支平衡政策。
    - *c.* 對直接投資強勢控管。
    - *d.* 相同的利率與政策。
    - *e.* 商業政策，特別是關稅、進口數量限制、自動進口限制。
    - *f.* 出口管制以及其他貿易限制。
    - *g.* 課稅政策及其對國外企業的影響。
    - *h.* 反托拉斯條例以及對國際企業的監督與衝擊。
    - *i.* 投資保證、投資調查以及其他鼓勵私人企業在較少開發國家的投資方案。
    - *j.* 出口-進口與政府出口擴張計畫。
    - *k.* 其他影響國際企業的政府政策改革。

2. 外國重要的政治與法律特徵以及其規劃。
    - *a.* 政治與經濟系統、政治哲學以及國家型態的種類。
    - *b.* 較大的政黨、及其哲學與政策。
    - *c.* 政府的穩定性。
        - (1) 政黨的移轉。
        - (2) 政府的改變。
    - *d.* 民族主義的評價及其對政治環境與法律的可能衝擊。
    - *e.* 政治弱點的評估。
        - (1) 徵收的原則。
        - (2) 差別待遇的國家法律與稅法。
        - (3) 勞工法律與勞工問題。
    - *f.* 優惠政治方面。
        - (1) 進行稅與其他方面的優惠來鼓勵國外投資。
        - (2) 信用與其他的保證。
    - *g.* 法律系統與商事法的差異。
    - *h.* 法律爭執的權限。
    - *i.* 反托拉斯法與競爭規則。
    - *j.* 仲裁條款及其執行。
    - *k.* 專利權、商標、品牌的保護以及其他的產業財產權。

3. 重要的經濟特徵與保護。
    - *a.* 人口與人口分佈－依據年齡層、密度、年增加率、勞動年齡、從事農業工作以及用市中心算出其人口與分佈狀況。
    - *b.* 經濟發展與工業化程度。
    - *c.* 國民生產毛額、國內生產毛額或國家總收入，近年來每人所得以及未來預估的每人所得。
    - *d.* 個人收入的分佈。
    - *e.* 價格穩定與通貨膨脹、躉售物價指數、消費者物價指數、以及其他物價指數的衡量。
    - *f.* 勞工供給、工資率。
    - *g.* 收支平衡與失衡、國際貨幣準備金的標準、以及收支平衡政策。
    - *h.* 匯率、貨幣穩定性、貨幣貶值可能性評估的趨勢。
    - *i.* 關稅、數量限制、出口管制、邊境稅、外匯管制、國營貿易、及其他對外貿易進入障礙。
    - *j.* 貨幣、財政與課稅政策。
    - *k.* 外匯管制以及資本移動、資本遣返與補償盈餘的限制。

4. 企業系統與結構
   - *a.* 主要的企業哲學：混合式的資本主義、計畫經濟、國家社會主義。
   - *b.* 產業與經濟活動的主要種類。
   - *c.* 公司人數、規模與類型、包含企業的法律種類。
   - *d.* 組織：所有權、合夥、有限公司、股份有限公司、合作社、國營企業。
   - *e.* 當地所有權型態：公有與私有公司、家族企業。
   - *f.* 主要產業之所有權(國內與國外型態)。
   - *g.* 企業有效的管理者：他們的學歷、訓練、經驗、生涯型態、態度、名聲。
   - *h.* 企業商會與商會聯合總會及其支配力。
   - *i.* 企業法規，包含正式與非正式的。
   - *j.* 行銷機構：批發商、代理商、零售商、廣告公司、廣告媒體、行銷研究以及其他的顧問。
   - *k.* 財務與其他商業機構：商業銀行與投資銀行、其他的財務機構、資本市場、貨幣市場、外國匯兌商、保險公司、工程公司。
   - *l.* 管理者的規劃與實行是注重在規畫、執行、有計畫的業務活動、會計、預算與控制。
5. 社會與文化特徵及其規劃。
   - *a.* 識字與教育程度。
   - *b.* 可取得的交易、有利可圖、技術的和其他的專業訓練。
   - *c.* 語言與文化特徵。
   - *d.* 社會階級的結構與移動性。
   - *e.* 宗教、種族與國家特徵。
   - *f.* 都市化程度與鄉村城市移動的程度。
   - *g.* 國家主義情操的強度。
   - *h.* 社會改變的速度。
   - *i.* 國家主義對社會與制度改變的衝擊。

Chapter 6

內部分析

閱讀完本章之後，您將能：

1. 瞭解如何進行 SWOT 分析並說明其限制。
2. 瞭解價值鏈分析以及如何透過它來解構企業的活動，並藉此決定哪些活動是創造競爭優勢的重要關鍵。
3. 瞭解公司的資源基礎觀點以及如何透過它來解構企業的活動，並藉此決定哪些資源是創造競爭優勢的重要關鍵。
4. 應用四種類型不同的觀點來比較分析公司內部的強處與弱點。
5. 熟悉比率分析與基本的財務分析技術，並運用它們協助您進行內部分析以確認公司的強處與弱點。

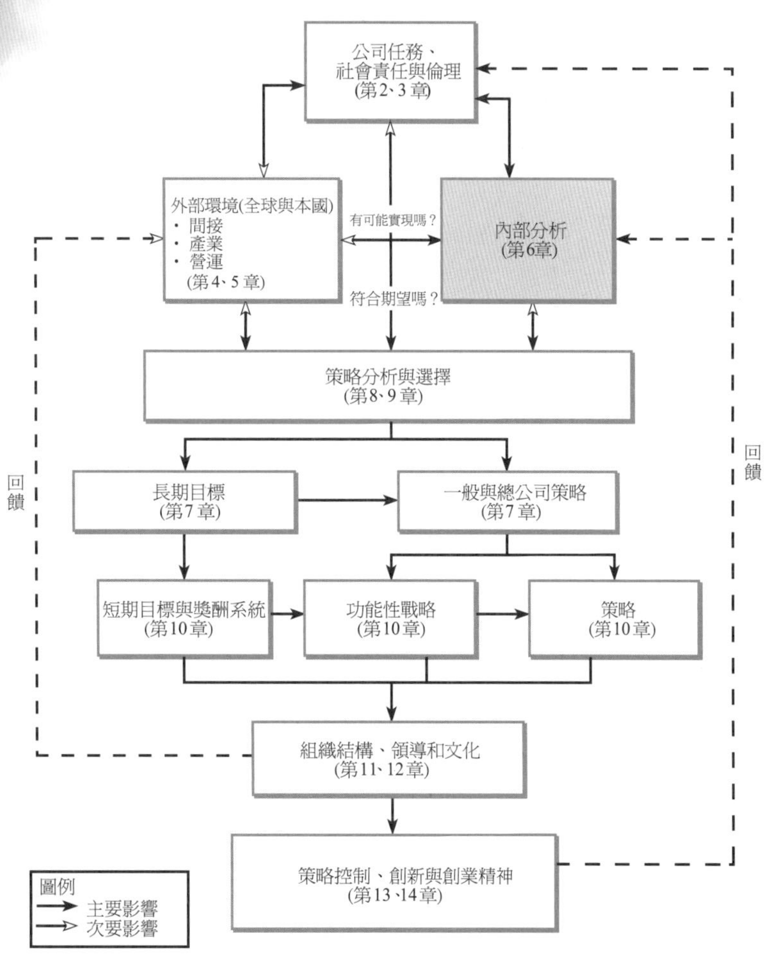

已故的 R.David 曾經被許多產餐飲業的資深分析師嘲笑，主要原因是他「再一次」建立漢堡連鎖店並以他的小女兒的名字 Wendy 來命名，雖然他們一致認為這個名字取得很好，但是評論家認為北美的漢堡店市場已經飽和，例如：麥當勞、Burger King、Hardees、Dairy Queen、White Castle 以及其他等等。然而，就現在看來，Wendy 已成為歷史上成長最為快速的餐飲連鎖店了，並取代 Burger King 成為第二大餐飲連鎖店。Cisco 是全球網路設備以及全球無線及有線電腦系統切換元件的領導廠商，兩次進入並試圖主導家庭網路市場，然而每一次都失敗，在這個過程中浪費超過兩億五千萬美元，最後，在幾年前 Cisco 併購了市場領導廠商 Linksys，但它承諾不會將 Linksys 納入 Cisco 的公司組織中，因為深怕破壞了 Linksys 所建立的基礎與成就。Apple 電腦在推出 iPod 與 iTunes 的新服務之後就已經逐漸淡出競爭激烈的個人電腦市場了，誠如 Apple 電腦在三十年前就致力於原始的個人電腦一樣，現在它淡出個人電腦市場是為了成就另一項新的全球產業並成為先驅。

由於同時面對迥異的情境，所以高洞察力的管理者與企業領導人在面臨市場機會的吸引時，他們不僅著眼於分析外部機會，同時也會兼顧公司內部的競爭優勢、資源、能力與技巧。確確實實的瞭解公司內部能力使得溫蒂、Apple 以及 Linksys 獲得高度的成功，當然了解自己也使得 R.David Thomas 以及 Steven Jobs 不畏他人的批評。本章重點在探討管理者如何定義關鍵資源與能力，以建立成功的策略。

對管理者而言，仰賴直覺進行主觀決策是很平常的事。年復一年的產業經營經驗，使得管理者可以透過主觀的認定，做出擲地有聲的決策。但是現今的情況不再如此。在產業快速變遷的環境下，過度依賴經驗可能造成管理者過於短視、安於現狀和忽略變革的需要。當經理人面對嶄新的策略決策議題時，主觀決策是否正確特別令人存疑。當新任經理人較欠缺相關經驗的時候，取而代之的，往往是情緒性、片面專業、以及來自於其他人的策略建議。在這種情況之下，新進管理者的主觀評估往往反而會傷害自已。

John W.Henry 在 1918 年為波士頓紅襪隊贏得世界冠軍時破除了多年來的詛咒，大部分的運動分析師、運動企業社主管或是粉絲都會小賭一把，基於個人主觀的評估，紅襪隊已輸了三場比賽，要他們在第四場比賽戰勝紐約洋基隊並獲得世界冠軍實在是不太可能，但是最後事實證明他們做到了，許多主觀評估或是個人感覺都相信紅襪隊是無望的，就在同時，全球期貨市場交易商 John W.Henry 運用其系統性期貨市場法來選擇棒球隊球員，並在波士頓區選出資源與能力上較為突出的球員，對原來紅襪隊的陣容具有補強作用，最後終於贏得比賽。他的系統性方法就是對「波士頓紅襪運動企業」進行內部分析，並運用他的強處而贏得世界冠軍，圖表 6.1「頂尖策略家」一節將會有詳細的說明。

管理者在進行內部分析的時候，經常以「目前我們的策略奏效嗎？」、「目前我們處於何種情勢？」、「我們的優勢與劣勢爲何？」等問題作爲開端。本章一開始就探討管理者熟知且經常運用的傳統方法—SWOT 分析，這個方法提供了具有邏輯性的架構協助管理者深入剖析公司的內部能力，並運用分析結果來形成策略與選擇策略，大家喜歡用它最主要的原因是因爲它很簡單，當然，SWOT 分析也有其使用上的限制，因此有一些策略家也試圖尋找更嚴謹的架構來進行內部分析。

價值鏈就是這一類的分析架構，價值鏈分析將公司視爲一個價值創造活動連續過程的「鏈」，這些活動所創造價值的總和將提供給顧客。所以採取價值鏈來進行企業內部分析可以將公司獨立的價值活動區隔出來，以更仔細、考慮活動關聯性的角度來評估公司內部的強處與弱點，這將會比策略家經常使用的 SWOT 分析更加深入。

資源基礎觀點(RBV)也是公司進行內部分析另外一個很重要的分析架構，這個方法檢視公司內具體且特殊的資源及能力，並評估公司是否能基於這些資源與能力在產業與競爭環境中維持持續性的競爭優勢，這是一種較爲嚴謹的內部分析方法。

上述的內部分析方法均有其共同性，它們都運用有意義的標準作爲內部分析比較的基準，在本章最後我們討論了管理者如何運用過去的績效、與其他競爭者比較，或進行標竿管理、產業常模以及傳統的財務分析做出有意義的比較。

頂尖策略家　　圖表 6.1

波士頓紅襪的執行長 John W. Henry

在一場歷史性的獲勝之後，每一年波士頓紅襪隊的粉絲都會期望球季的到來，自從 1918 年贏得世界冠軍之後，碰到洋基隊他們始終還是受到詛咒的折磨，洋基畢竟是他們的天敵。但是有時候還是會有例外，如 2004 年與 2007 年他們還是贏得世界冠軍。

John W. Henry, 波士頓紅襪的執行長與 and Slugger David Ortiz

真是太戲劇化了，大部分的運動分析師、運動企業社主管或是粉絲基於個人主觀的評估都會小賭一把，紅襪隊已輸了三場比賽，要他們在第四場比賽戰勝紐約洋基隊並獲得世界冠軍實在是不太可能，但是最後事實證明他們做到了，之後紅襪隊也是贏得比賽的常勝軍。這代表什麼?

John W Henry 在比賽獲勝之前已經成為球隊所有人及執行長了，並採取不同的方法來規劃波士頓紅襪隊的未來，在波士頓隊他是個成就非凡的人物，Henry 進行了謹慎的內部分析來決定波士頓紅襪隊的技能、資源、能力與弱點。2003 年季後賽他開除了一位主管來為公司定調，該次的作法極為嚴肅—因為攸關是否獲得粉絲的支持。Henry 運用他全球期貨系統的概念來贏得未來的發展，因此他再次運用這個方法來評估紅襪隊的球員，他系統性的運用一種稱之為「sabermetrics」的方法透過統計分析年輕的球員，並估算出那些價值被低估的球員，以避免紅襪球隊組織簽訂長期契約或是過於重用過氣的球員*。

他之後又發現許多組織有許多未被充分運用的能量，例如由 Fenway Park 獲得許多收益。許多球員未被充分運用。他開始透過廣播擴大粉絲的基礎，增加廣告收益並經常獲得該區域的黃金時段極高收聽率。紅襪隊很快就成為美國職棒大聯盟的第二把交椅，雄厚的財力足以與洋基隊相抗衡。

紐約時報的作者 George Vecsey 評論洋基隊：他們的風采已不在。Henry 所帶領的紅襪隊已變成一支強大的團隊，並一起作戰。這些都是因為 Henry 進行客觀內部分析的功勞，他現在正試圖建立一個王朝**。

* "John Henry: Boston Red Sox," BusinessWeek, January 10, 2005.
** "Sports of the Times: Epstein to Red Sox Fans: This One's for You," New York Times, October 22, 2004.

6.1 SWOT 分析：傳統的內部分析方法

SWOT 分析
係一種分析企業內部強處、弱點、外部機會及外部威脅的矩陣分析。多數企業都運用此工具來分析策略定位。

SWOT 分析係一種分析企業內部強處、弱點、外部機會及外部威脅的矩陣分析。多數企業都運用此工具來分析策略定位。此分析工具建立在：成功策略係來自企業內部資源(強處、弱點)與外部環境(機會、威脅)的相互配適。最佳配適意指企業機會與強處的極大化；以及威脅與弱點的極小化。**SWOT 分析**雖僅是一個簡單的概念，但若能妥善運用，則將對企業成功的執行策略帶來極大的助益。

第三章與第四章的產業環境分析提供有助於企業辨識機會與威脅的豐富資訊。此爲 SWOT 分析首要著重的焦點。

機會(opportunities)

機會
係指企業環境處於有利的發展情境。

機會係指企業環境處於有利的發展情境，關鍵趨勢往往是機會的重要來源。預先掌握市場利基、改變現存競爭狀況或規則、技術變遷和顧客或供應商關係的改善，皆有助於協助企業發掘機會。消費者對有機食品的興趣不斷持續增長，這也爲全球的雜貨店或餐廳創造了許多商機，因此他們在進行策略決策的時候就必須把這項關鍵要素考慮進去。

威脅(threats)

威脅
係指企業處於不利發展的競爭環境。

威脅係指企業處於不利發展的競爭環境，威脅往往是企業目前狀況的負面影響因素。新競爭者的進入、緩慢的市場成長、買方與供應商逐漸提高的議價能力、技術變遷或是新制訂的規範法令，皆可能對企業的成功帶來負面影響。Nokia 提出買他們手機可以享受「免費數位載具」以及無限下載音樂一年的優惠，創造了數位音樂服務市場的新發展—當然市場上最重要的主導者仍是

Apple 的 iTunes。Nokia 是全球少數具備設備能力與力量能與 iTunes 匹敵的企業，雖然 Apple 擁有三大巨頭—iPhone、iPod 以及 iTunes—基本上在市場上擁有相當強的主導力量，但是如果 Apple 的管理團隊運用 SWOT 分析來進行公司內部能力以及 iTunes 的未來策略分析時，Nokia 將會是一個重要的「威脅」因素。

一旦管理者確認公司所面對的關鍵機會與威脅時，他們將會迅速形成一個參考架構，而這個架構是建立在如何將機會發揚光大而且將威脅極小化的基礎上，反之亦然：一旦管理者確認了公司的核心強處與弱點，則他們會有條理的將公司的強處發揚光大，並將弱點極小化。

強處(strengths)

強處
係指與競爭對手相比較，企業擁有較卓越或更能符合市場需求的競爭優勢。

強處係指與競爭對手相比較，企業擁有較卓越或更能符合市場需求的競爭優勢。強處來自於企業的資源與核心能力。Southland Log Homes 東南部的廠址(維吉尼亞州、南卡羅來納州、密西西比州)同時提供了交通與原物料的成本優勢以及靠近美國最迅速增長的二手房子市場。Southland 有效的運用這些強處，並在利率以及嬰兒潮世代對第二個家殷切需求的推波助瀾下，迅速成為北美最大的原木房屋公司，這項強處使得 Southland 即使面對美國房市不景氣仍然屹立不搖[1]。

弱點(weaknesses)

弱點
係指與競爭對手相較，企業在一種(或多種)資源、核心能力上有較多的限制與非效率性，進而影響其獲利能力。

弱點係指與競爭對手相比較，企業在一種(或多種)資源、核心能力上有較多的限制與非效率性，進而影響其獲利能力。有限的財務能力則是西南航空所承認的弱點，故在航空產業管制日益解除的前提下，藉由選擇性的航線擴張策略來謀求最大的利潤。

6.1.1 運用 SWOT 分析來進行策略分析

最常使用的 SWOT 分析提供了一個邏輯性的分析架構，引導後續的討論並反應出公司的情境以及基本方案，使用時機為許多管理者在一起進行群體討論時可以使用，當某位經理人認為環境隱含機會時，另一個經理人亦可能持相反的看法。某管理者所認定的強處資源，從另一個管理者看來可能是弱點資源。SWOT 分析架構提供了一個相當有組織的基礎，可提供分析者進行更深入的討論以及資訊分享，並改善管理者選擇與決策的品質。請回想我們之前所提到的 Apple 電腦管理團隊的案例，最後分析顯示他們應該進行新產品開發以及導入 iPod。以下是 Apple 公司 SWOT 分析的案例：

---

[1] www.SouthlandLogHomes.com.

強處

相當大的小型儲存知識
使用者容易上手
對年輕的消費者來說擁有良好的聲望與形象
品牌名稱
網路組織與員工
Jobs 在 Pixar 的經驗

弱點

電腦競爭對手的規模經濟
成熟的電腦市場
有限的財務資源
有限的音樂產業知識

機會

不明朗的線上音樂情境
突然出現的檔案分享限制
少數的核心與電腦相關機會
電影與音樂的數位化

威脅

全球電腦公司日益增多
主要的電腦競爭者

如果我們想像 Apple 公司的主管坐在一起討論並達成以下的共識：結合 Apple 公司儲存知識以及數位化的「強處因素」再加上強勢品牌對時髦消費者的吸引力，如果綜合市場「機會因素」——消費者希望可以從網路上合法的購買並下載音樂，則 Apple 發展進軍可下載音樂新興產業的先進者策略將是非常符合邏輯的。

圖表 6.2 顯示了 SWOT 分析爲何建立在資源基礎觀點來執行策略分析。我們的目標是從企業內部資源與外部環境交叉形成的四種策略型態中界定企業所屬的型態。方格 1 是最佳型態，企業周遭佈滿了許多機會，亦擁有多元的優勢來掌握這些機會，進而賺取利潤。在此前提下，成長策略是企業應採取的選擇。這裡說明 Apple 公司的電腦密集市場發展策略主要是線上音樂服務以及 iPod，之所以會得到這樣的結論主要是整合了公司超強技術知識、早期進入、品牌，再搭配快速的市場成長(數百萬的顧客尋求合法、方便獲得、下載、儲存、使用屬於他們自己客製化的音樂)的機會所致。

圖表 6.2
SWOT 分析圖

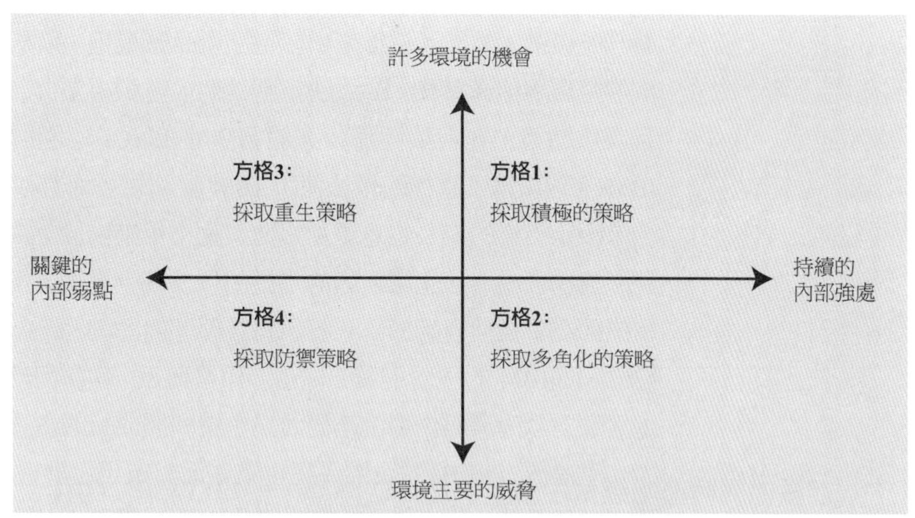

近年來 Kodak 致力於噴墨印表機市場的競爭，稍後圖表 6.12「運用策略的案例」一節會有詳細的介紹，這是方格 1 類型的個案。Kodak 將其專長知識設定爲油墨顏料，如何顯示他們價格不貴、可以印在所有的紙張上將是獨特競爭強項的重要根源，這同時也會爲他們身處在傳統印表機產業帶來成本與品質的優勢。此外，公司認爲「顧客對於墨水匣太貴頗有微詞」是一項外部機會，可以透過降低長期間總列印的成本，並提供更多的列印解決方案將會是他們的生存契機。

方格 4 則是最糟的策略型態。座落此方格的企業面臨了環境的嚴峻威脅與缺乏競爭力的弱點。藉由 SWOT 分析，我們可以清楚揭示出企業應該採取減緩、甚至放棄該市場的策略。德州儀器即爲一例，在晶片、計算機、輕便型電腦、軍事電子系統與工程軟體等蔓延複雜市場近十年後，Rich Templeton 是公司目前的主席暨執行長，他之所以竄紅的原因主要是他成功的協助公司定義德州儀器的策略，策略主要聚焦於半導體業的訊號處理，Templeton 在當時與他的老板達成共識：那就是放棄德州儀器大部分的產品與事業部，以便公司重新定位在新的核心半導體科技，即便當時半導體產業並不被看好且處於衰退。德儀的年輕總裁 Tom Engibous，爲了使公司力圖振作而將公司的資源完全賭注於數位訊號處理器上(DSPs)，該晶片處理了有關多組數位產品、手機以及其他多孔設備大量的資料，德州儀器在此之後每年的市佔率不斷提高，而且現今在進階數位訊號處理器(DSPs)全球市場的市佔率已經超過 60%了，同時也成爲數位無線手機產業晶片供應商的第一品牌。

方格 2 則意指該企業持有數項關鍵優勢，卻處於不利未來發展的環境。在此情況下，企業必須設法將這些強勢資源與核心能力重新調配，以尋求高度發展機會的市場，並在新市場建立起長期的發展契機。IBM 是一家產品擴及主機、伺服器和個人電腦的全球性企業，並在「與電腦及軟體的相關」領域上擁有許多優勢。然而，近年來由於電腦產品家電化、價格競爭、創新加速等，造成經營環境佈滿威脅。IBM 決定將其個人電腦事業群賣給中國的聯想集團，並且將焦點集中在發展國際分享服務中心(ISSC)，這也就是現今大家所熟知的 IBM 全球服務，這樣的做法使得 IBM 獲利更多而且建立了許多長期的機會，未來十年市場的成長也會更加迅速。近十年來由於 Palmisano 的操掌，全球商務服務已經成爲該企業最大的事業部以及該企業未來策略發展重心之所在。該事業部從事任何有關於企業資訊科技部門的諮詢、或企業供應鏈系統的應用與建立。而 IBM 的硬體事業部則由於價格競爭、軟體利潤凌駕於硬體製造之上，進而致力於商業服務事業部而成爲企業利潤成長的重要來源。

座落於方格 3 的企業係指企業在面對市場發展機會的情況下卻缺乏強力的資源與優勢。此時企業的策略應集中於內部資源劣勢的消除，以進一步掌握市場的發展契機。電腦病毒對微軟來說是一個大問題，爲了緩解這些問題或弱點，微軟被迫進行大規模的變革，而且深入思考如何寫軟體來因應——進入市場是安全的而不是事後才來補救。微軟同時透過併購數家較小的公司而撼動了軟體安全產業，當然其目的是希望累積能力希望創造一些專業的軟體來檢測、發現並刪除惡意程式[2]。

6.1.2 SWOT 分析的限制

由於 SWOT 分析的簡單易懂，而且對於企業策略形成明確的描繪——藉由內部優、劣勢與外部機會、威脅的交叉分析，此分析工具已成爲今日經理人廣爲使用的策略分析架構，但仍然不免存在一些限制。

1. SWOT 分析可能會過度強調內部的強處而低估了外部的威脅

每一家公司的策略規劃者都必須保留一項深刻的警戒：在規劃策略時千萬不要只專注於已知的強項，而忽略了外部環境對這些強項的影響。Apple 所推出的 iPod 以及 iTunes 就是考慮外部環境思維的最佳範例，因爲法令對於下載以及之後使用單一首歌曲都有所規範，這也形成了 Apple 最終的策略—音樂隨處可得，可透過網路來下載音樂。如果 Apple 只專注於開發 iPod 的相關設備並且只是想辦法把這些設備賣給顧客，完全不去思考 iTunes 如何發展，那麼最後 Apple 會成功嗎？

2. SWOT 分析是一種靜態分析，而且可能忽略了風險不斷變化的情況

由上至下式的策略規劃流程常常會有以下的疑慮：計劃書的呈現通常是在某一個單一時間點，但是面對該計畫書，經理人在公司內的實際運作通常需要

2 "Aiming to Fix Flaws, Microsoft Buys Another Antivirus Firm," *The Wall Street Journal*, February 9, 2005, p.B1.

一段時間。所以 SWOT 分析會遭受批評自然不意外，因爲面對變化、移動以及多元情境的時空背景，SWOT 分析的基礎卻是單一時點。許多美國的航空公司試圖建立公司多元的強項，但是這些強項卻都在航線解除管制之後變得不堪一擊，相同地，這些航空公司建立了極具競爭力的「輻射狀交通系統」，因此許多小城鎮的飛機都會飛到某些特定的匯集點來調配飛行路線，而這些飛機也就可以集中保養並產生規模經濟，這些改變主要導因於航空公司主要航線的折扣策略，甚至到最後有許多例行性的保養都外包到拉丁美洲與加勒比了，這對策略的傷害頗大。總結來說：SWOT 分析是一項很棒的規劃技術，但是在進行分析時仍必須避免過於靜態以及忽略變化的弱點。

3. SWOT 分析可能過度強調單一強處或是策略的組成要素

Dell 電腦的競爭力持續不墜主要是來自於公司的高度自動化、網際網路以及電話直銷模式，創辦人兼執行長 Michael Dell 曾說：「公司的競爭優勢(強度)像大峽谷那麼大」，他認爲任何對手如果想要複製這種競爭優勢(強度)，都必須付出極高額(慘痛)的代價。對 Dell 的股東來說這是一件不幸的事，因爲 Dell 的競爭優勢(強度)以及策略都依附在一個過度簡單的基礎之上，但面對快速成長的全球化個人電腦產業，Dell 有可能會面臨危機。HP 重新定位印表機市場以及強化技術，再加上聯想集團的大本營—快速成長的亞洲市場，兩者結合早就擊敗 Dell 而成爲全球個人電腦市場的霸主了。

4. 企業的強處不見得是競爭優勢的來源

Cisco 系統公司向來是提供交換設備以及其他關鍵網路基礎設備的領導廠商，與目前全球電腦通訊系統快速發展相互輝映，它一直都是財務、科技與品牌的專家。Cisco 曾經兩次想在既有的優勢上進入家庭電腦網路及無線家庭網路設備的市場，但是兩次都失敗了，並且損失上億美金，挾著多樣的優勢(強處)，但並未在家庭電腦網路產業形成持續性競爭優勢，在離開該產業數年之後，最近它選擇購併該產業的領導廠商 Linksys 並再次進入該產業，Cisco 的管理團隊認爲公司目前並沒有以企業強項的做法來進入該產業，他們也儘量避免採取任何會干擾 Linksys 既有優勢的做法。

總結來說，SWOT 分析是一種長期被策略家所採用，傳統的內部分析方法，它提供了一種同時檢視內部能力以及外部因素(機會與威脅)的通用法則，如果企業運用 SWOT 分析來做爲公司策略決策的基礎，則主管必須了解此分析方法仍有其限制。價值鏈是另外一種內部分析的方法，不過在定義公司如何透過建立成功的策略來提升競爭優勢上，價值鏈有比較深入與嚴謹的定義，以下我們將進一步探討。

6.2 價值鏈分析

價值鏈
企業從資源投入到產出以創造顧客價值的一系列活動。

價值鏈分析
試圖瞭解企業如何透過組織內差異性的活動來創造顧客價值。

價值鏈是指企業從資源投入到產出以創造顧客價值的一系列活動。顧客價值來自於三種基本來源：創造差異性產品的活動、降低成本的活動與快速回應顧客的活動。**價值鏈分析**試圖瞭解企業如何透過組織內差異性的活動來創造顧客價值。

價值鏈採取程序性的觀點，將企業劃分爲下列的活動流程：以企業資源投入爲起點，到產品服務產出、乃至於售後服務爲終點。價值鏈試圖從跨越組織部門活動成本的角度，來判斷該企業是否具備成本優勢。此外，也從企業差異性活動的角度來檢視企業從生產資源購入到售後服務的過程中，哪些活動能協助企業產品與服務進行差異化的價值創造。價值鏈觀點的支持者相信，該觀點能協助管理者從企業流程(也就是功能性活動的角度)，來檢視企業內部資源的優劣勢。亦即跳脫傳統會計帳上的分析，從更實務的角度來進行分析探討。

圖表 6.3 說明了典型的價值鏈架構。它將企業活動區分爲兩種型態：主要活動(primary activities)與支援活動(support activities)。主要活動(有時亦稱爲主要功能)含括了三種實體活動：產品生產、產品銷售與售後服務。至於支援活動(幕僚功能)則意指協助企業主要活動得以順利運作的基礎設施。價值鏈包含了邊際利潤分析的概念：此係導因於企業附加價值活動所產生的成本往往會轉嫁在顧客身上，企業必須創造出高於成本的價值以提升企業利潤[3]。

事實上，企業主要活動與支援活動的判別可能隨不同的企業或產業而有所差異。例如，電腦的使用在一般企業中可能被視爲支援活動，但在航空、報業與銀行業卻可能被視爲主要活動。圖表 6.4 描述了 Federal Express 如何藉由價值鏈觀點進行企業電腦流程再造，並使得原本屬於支援活動的資訊系統因而變成了企業主要活動與顧客價值的重要來源。

圖表 6.3 價值鏈

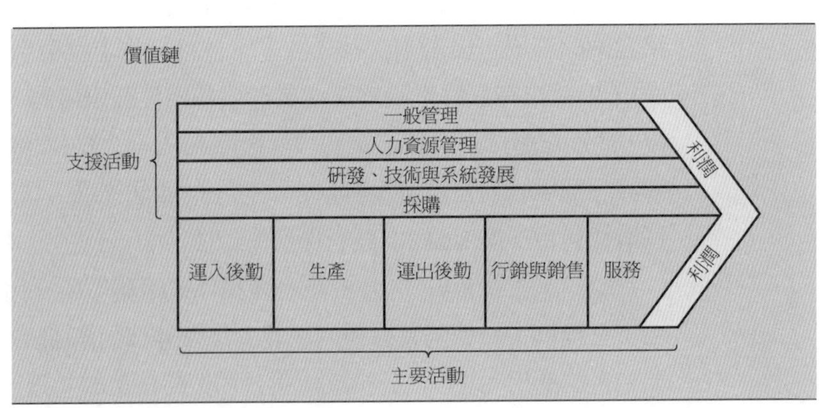

資料來源：Based on Michael Porter. On Competition, 1998 . Harvard Business School Press.

---

3 不同的價值鏈或是價值活動也許會變成價值鏈分析的重點。例如運用 Hammer 企業在造概念的公司可能會使用：(1)訂單採購、(2)訂單履行、(3)顧客服務、(4)產品設計以及(5)策略規劃再加上支援活動。

主要活動
有時亦稱為主要功能，含括了三種實體活動：產品生產、產品銷售與售後服務。

支援活動
又稱幕僚功能，意指協助企業主要活動得以順利運作的基礎設施。

主要活動(Primary Activities)

- 運入後勤(Inbound logistics)—為了從商家取得燃料、能源、原物料、零組件、消耗品所進行的相關的活動、成本以及資產，而這些投入一般都是從供應商那裡取得的，但是必須經過嚴格的檢驗，而公司也必須進行存貨管理。
- 生產(Operations)—為了將投入轉換成產品的形式，所進行的相關活動、成本以及資產(生產、裝配、包裝、設備維護、設備、作業、品質保證、環境保護)。
- 運出後勤(Outbound logistics)—為了將產品透過通路配銷給消費者所進行的相關活動、成本以及資產(成品的倉儲、訂購流程、訂購的採買與包裝、運送、運送工具的作業)。
- 行銷與銷售(Marketing and sales)—為了將產品銷售出去所進行的相關活動、成本以及資產(廣告與促銷、行銷研究與計畫、配銷商的支援)。
- 服務(Service)—為了將對消費者提供該有的支援所進行的相關活動、成本以及資產(幫消費者安裝、運送備用零件、維修、技術支援、消費者調查以及顧客訴怨)。

支援活動(Support Activities)

- 一般管理(General administration)—與一般管理相關的活動、成本以及資產(財務會計、法令與管制、安全與保密、管理資訊系統或其他一般性支出)。
- 人力資源管理(Human resources management)—與招募、徵選、訓練與發展、薪酬、勞資關係以及發展員工知識等相關的活動、成本以及資產。
- 研究、技術與系統發展(Research, technology, and systems development)—與產品研發、研發流程、製程設計與改善、設備設計、電腦軟體發展、通訊系統、電腦輔助設計與製造、新的資料庫以及發展電腦化支援系統等功能相關的活動、成本以及資產。
- 採購(Procurement)—購買以及提供原物料、供應服務以及外包等活動來支援公司相關的活動、成本以及資產。有時候這些活動將成為公司運入後勤的一部分。

運用策略的案例 圖表 6.4

FedEx 運用價值鏈分析再一次投資自己

Fred Smith 早年創辦 Federal Express 而且流傳著這樣的故事:他去 Las Vegas 賭博幸運贏得$28,000 元美金，隔天他就拿這些錢來支付薪水了。但是決定再投資 FedEx 成為物流資訊公司似乎比成為貨運公司來得更加瘋狂，這似乎也創造了一股革命性的創舉，似乎在教導別人如何經營全球性的企業，這同時也使得 FedEx 的價值極大化了。FedEx 在面對任何客戶企業的時候就變成物流基礎設施，操控所有來自顧客的訂單與傳遞，其中還包括過程中的裝配與倉儲。

FedEx 早期的資訊策略規劃師 James Barksdale 說：「將一個物品從 A 地點搬運到 B 地點已經不是太大的問題了」、「知道物品資訊、所在地點以及如何使用它的最佳方法，這就是價值。而可以極大化資訊價值的企業將會是最大的贏家」。Fred Smith 將此概念帶入企業中，並且規劃 FedEx 的價值由長期以來的「大飛機與卡車」進化到「資訊、電腦、協調與品牌」。

這一天已經來了，現在採取的「即時革命」就是關鍵，它的飛機和卡車已經變成移動倉庫，有時候會停在 FedEx 的營運裝配中心來服務客戶，這種作法將顯著的降低成本與提升生產力，來服務大、中、小甚至全球的顧客。

FedEx 的價值鏈大大的縮減了飛機與卡車的營運範圍，而整體的物流價值幾乎創造了 FedEx 90%的收益。而這一切都是客觀、仔細分析 FedEx 十年前的價值鏈開始的。隨後企業投入願景式的承諾，創造了能滿足顧客的價值鏈，這一切都是 FedEx 願意再一次投資自己所創造的核心能力，並造就了目前的成功。

資料來源：Various FedEx Annual Reports and www.fedex.com.

6.2.1 執行價值鏈分析

1. 定義活動

進行鏈值鏈分析的首要流程在於將企業營運區分爲數個特定活動或企業流程，如劃分爲企業主要活動與支援活動(圖表 6.3)。在每一種流程裏企業通常運作數個包含企業優、劣勢的營運活動。例如，公司可能包含裝配、維修、物件配送與更新等活動，而這些活動皆有可能成爲企業競爭優勢的來源。經理人在這個階段最大的挑戰是將企業營運鉅細靡遺的劃分爲具有區別性、可分析的活動，而非籠統、概略分類的活動。

2. 成本配置

下一步驟爲在各活動上加上成本評估。價值鏈的每個活動皆與資源、時間、成本配置息息相關。價值鏈分析需要管理者在每個活動上進行成本與資源調配，進而能提供一種不同於傳統會計帳上的資源配置方式。圖表 6.5 協助我們瞭解之間的差異。在圖表 6.5 顯示了採購部門(採購活動)的成本爲 320,075 美元。在傳統會計帳上我們看到了費用項佔成本最高比例，約 73%；次之爲其他固定費用，佔 19%。價值鏈分析的支持者往往認爲此方式所揭露的資訊有限。相關爭議如下所述：

> 以此資訊我們能將採購成本與競爭對手、預算與產業平均水準做比較，以掌握我們在此方面的表現，並做出人事成本、其他固定費用與對手相較孰優孰劣之結論。管理者可能據此做出裁員或增聘員工的決議。然而，這樣的思維可能使得企業忽略了諸多重要資訊：例如在採購流程中員工的任務為何？提供了什麼價值？以及各活動是否具備成本效率？

圖表 6.5 傳統成本會計與作業基礎成本會計之間的差異

採購部門傳統的成本會計		作業基礎成本(ABC)會計	
薪資	$175,000	評估供應商的產能	$ 67,875
員工福利	57,500	訂購採購程序	41,050
必需品	3,250	執行供應商傳遞的功能	11,750
差旅費用	1,200	執行內部的流程	7,920
折舊	8,500	檢查採購項目的品質	47,150
其他固定支出	62,000	檢查傳遞	
雜支與其他營運費用	12,625	採購的收入	24,225
	$320,075	問題解決	55,000
		內部管理	65,105
			$320,075

價值鏈分析的支持者認爲以企業活動爲基礎的價值鏈分析能提供企業許多有意義的資訊：如採購流程成本與所產生的附加價值。圖表 6.5 以價值活動爲基礎，約有 21%的採購成本或附加價值包含在供應商能力的評價上；而內部管理則佔了 20%；另有 17%在問題解決上，15%則在品質控管上。相較於傳統會計帳，價值鏈分析有助於管理者掌握更多有利的資訊，特別是當我們把這些成本拿來與標竿企業進行比較的時候。價值鏈分析支持者往往以下列論點來陳述價值鏈分析的實質價值：

> 相較於人事或其他費用等層面的探討，我們以一種更有意義的分類方式來檢視企業實際的採購流程，如前述以供應商能力為價值活動基礎的分類方式等。而當企業花費在內部管理與問題解決費用的比例偏高時，可能意味著此部分為企業的劣勢所在，並需要進行改善。此分析模式讓我們從企業實際執行面的特定價值活動去思考顧客價值的創造過程，這是一種較傳統會計帳目為佳的內部分析工具。

6.2.2 推動以活動為基礎的成本會計分析方式之困難性

我們必須承認目前許多企業的財務或會計系統並無法作爲企業價值活動的成本評量基礎。此外，由於財務報表編製的需要，企業將持續保留傳統的會計帳目方式。這將使得企業爲了順利推展「以價值鏈爲基礎的成本帳目」，而必須多雇用人力來完成這些工作。在進行價值鏈分析的同時，可能亦需耗費大量的時間與精力。此外，重新配置橫跨諸多價值活動的資源與人力，也需要在成本配置上進行臆測。進行價值鏈活動所遭遇困難不足以影響以此架構作爲差異來源分析的工具。的確，以價值鏈協助企業分析差異化優勢和資源基礎觀點，並以無形資產與能力作爲優勢來源，在某種程度上是可以兼容並蓄的。

1. 定義企業的差異性活動

事實上，企業價值鏈突顯的不只是企業的成本優劣勢。價值鏈另一意涵在彰顯企業與競爭對手相較的差異性優勢。Google 以網際網路搜尋為基礎的活動比起競爭對手更具競爭力，Google 深切地了解他們的價值鏈活動節省了許多時間與費用因此具有相當高的成本優勢，但他們更清楚地知道該模式亦為顧客價值創造的重要來源，這使得 Google 得以從若干價格相近的對手中區隔開來。此外，如圖表 6.4 所提及，由於 FedEx 藉由資訊管理技術提供了顧客重要的價值，這些技術已成為今日企業的核心優勢來源。圖表 6.6 提供一些檢視企業主要活動與支援活動差異性來源與貢獻的評估因素。

圖表 6.6 影響主要活動與支援活動可能因素之比較分析

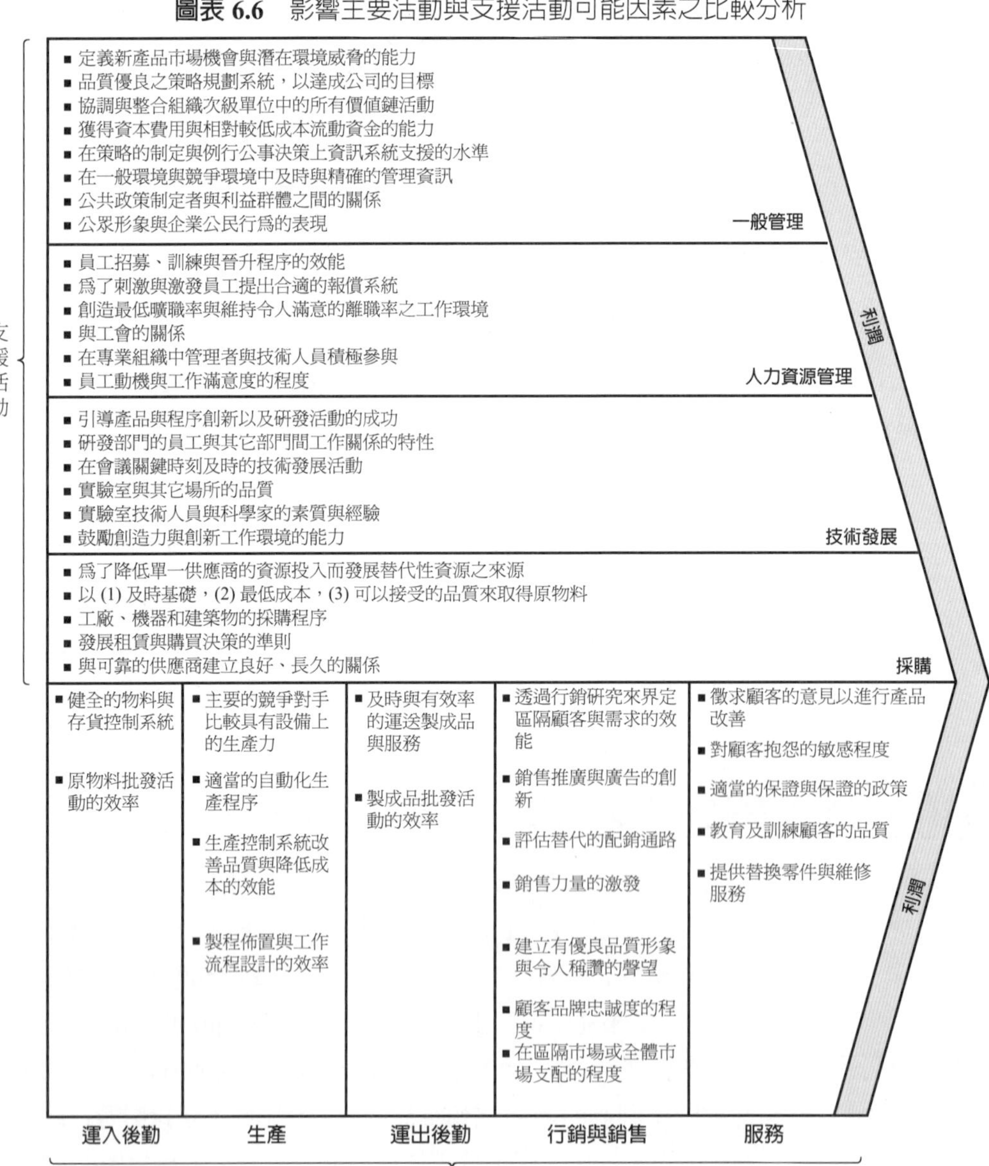

資料來源：Based on Michael Porter, On Competition, 1998, Harvard Business School Press

2. 檢視企業價值鏈

在價值鏈分析已經書面化且分析完畢之後，管理者必須界定能導向顧客滿足或市場成功的重要因素，這是內部分析時必須注意的問題。在價值鏈分析過程中，有三點必須留意：首先，企業的願景往往會對管理者價值活動的界定造成影響。當企業鎖定低成本策略時，管理者往往會將注意力集中在成本降低的活動上——當企業採差異化策略時，我們將發現企業會花費更多心力在差異性活動的創造上。零售商沃爾瑪將大部分心力集中在與成本有關的物流、宣傳與忠誠度等核心優勢建立上。而 Nordstrom 則藉由強調銷售與支援活動(兩倍於產業水準的投資)來達成差異化的優勢定位。

其次，價值鏈的本質與價值鏈活動的重要性往往會隨著不同產業而有所差異。從事租賃的企業，如 Holiday Inn，其主要成本與關切點來自於該企業營運活動——在每個營運據點提供即時性的服務，至於企業外圍物流系統則不受該公司所重視。然而，對某家配銷商而言，例如 PYA 公司，企業內外物流系統即爲重要的營運活動。當某些電腦公司已藉由電子郵件建立起銷售、物流與服務系統並取得競爭優勢時，沃爾瑪等大型零售商則針對企業內物流系統建立起競爭優勢。

再者，價值鏈活動的重要性可能隨著企業價值鏈範疇的擴大——如延伸至上下游供應商、消費者與提供終端商品或服務的銷售夥伴——而有所不同。某一生產家庭屋瓦的廠商與批發通路下游的活動建立了相當密切的關係，而且與供應商簽訂合約自行製造。Maytag 生產自已的商品，並透過獨立的配銷商進行銷售與提供買方服務保證。Sears 則將生產部分外包，並以 Kenmore 的品牌名稱進行銷售與後續的銷售服務事宜。

如前例所建議：對管理者而言，將價值鏈活動的成本結構與競爭者比較，進而作爲是否垂直整合的考量，這樣的標準也有其重要性。此乃導因於這些活動都會對終端消費者的持有成本造成影響。因此檢視上下游公司活動的成本有多高就變得相當重要，這些活動決定了最終使用者必須付出的成本。換句話說，當企業某些活動環節委外與直接控制，相較之下產生了更多的缺點，則此時企業必須重新思考價值活動委外的適切性。

6.3 透過顧客價值來建立競爭優勢：三個圓圈分析

大量的證據顯示企業必需建立獨特的價值鏈以創造持續性的競爭優勢以及長期的獲利能力，然而，儘管運用價值鏈與資源基礎觀點方法(下一節會詳述)來分析，許多策略規劃者仍然無法清楚的描述公司的競爭優勢，同時他們也無法分辨競爭者的策略活動與他們有何不同。Notre Dame 大學的教授 Joel

Urbany 與 James Davis 發展了一個清晰、有用且簡單的分析工具，來輔助價值鏈分析以及資源基礎觀點進行更深入的探索[4]。在本節中我們將舉例說明何謂**「三個圓圈分析」**。

三個圓圈分析
是一種內部分析的技術，主要在探討策略規劃人員如何看待顧客的需求、公司提供的產品與服務、競爭者提供的產品與服務，以發展公司的競爭優勢，並與競爭者有所區隔。

開始進行三個圓圈分析，策略團隊必須深入思考不同顧客偏愛的產品及服務類型以及爲什麼，例如他們也許會偏好速度導向的服務，因爲他們會透過即時生產系統來使存貨成本極小化，透過價值鏈分析以及公司的資源基礎觀點來分析企業的目標客群是一件不會太困難的事，但是若要透徹剖析其核心競爭力則不是一件容易的事。公司將生存視爲第一要務乃是這項技術最重要且最核心的邏輯。

接著，策略家應該如圖表 6.7 一樣畫出三個圓圈，第一個圓圈(右上角)代表團隊所認爲最重要顧客所想要以及所需要的產品及服務。

圖表 6.7
三個圓圈分析

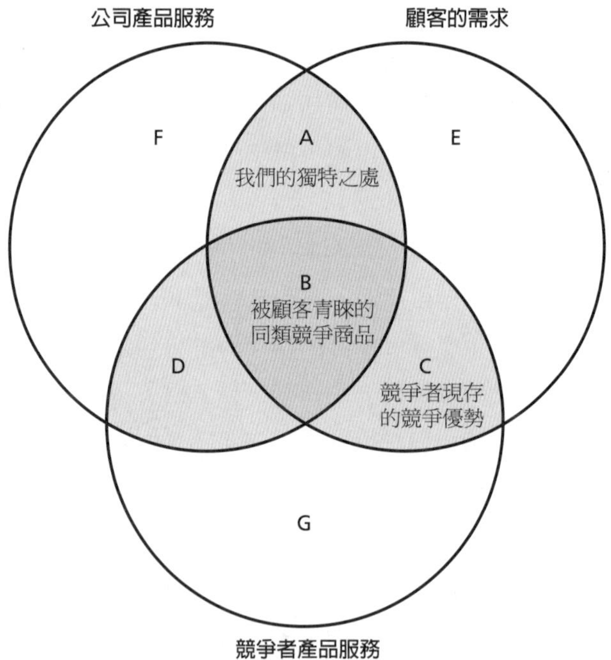

資料來源：Reprinted by permission of Harvard Business Review. Exhibit from "Strategic Insight in Three Circles," by Joel E.Urbany and James H.Davis, November 2007 .Copyright 2007 by the Harvard Business School Publishing Corporation; all rights reserved.

Urbany 與 Davis 觀察認爲即使在成熟產業中，顧客仍然不懂如何對所有企業表達他們的需要。例如：許多 Procter & Gamble 的忠實老顧客仍無法開發出像 Swiffer 拖把這麼神奇的產品，這個品類已經爲家居產品創造了二位數的銷售成長率了。相反的，Swiffer 的產品突然出現，主要是因爲 P&G 審愼的觀察

4 Joel E.Urbany and James H.Davis, "Strategic Insight in Three Circles," Harvard Business Review 85, no.11 (2007), pp.28–30.

與評估家庭清潔市場許久了。因此，當我們在進行競爭優勢分析的最初階段時，顧客尚未被發掘的需求將變成最大的成長機會。

第二個圓圈代表策略團隊所認爲顧客如何看待公司所提供的產品與服務(左上角)，兩個圓圈重疊的區域代表公司的產品與服務如何滿足顧客的需求。

第三個圓圈代表策略團隊所認爲顧客如何認知競爭者所提供的產品與服務。

圓圈內的每一個區域都是重要的，然而 A, B, C 三區對於創造高附加價值的競爭優勢來說是相當關鍵的，規劃團隊應該試著問以下的問題：

- 圓圈 A：我們的競爭優勢有多大？能持續多久？這都是基於獨特的能力嗎？
- 圓圈 B：我們面對同類競爭商品仍能從容以對嗎？
- 圓圈 C：我們如何因應競爭者的競爭優勢？

正如 Urbany 與 Davis 的解釋，團隊應該想辦法建立公司競爭優勢的假設，並想辦法透過詢問顧客來驗證假設，這個過程有助於產生驚人的洞察力，例如成長的機會究竟多大(顧客尚未滿足之處)(E)，另外一個發現是公司本身或是競爭者創造了顧客不需要的產品與服務(D, F,或 G)。舉例來說：Zeneca Ag Products 公司發現它的最重要批發商願意與公司多做一點生意，前提是 Zeneca 必需消除浪費時間的促銷方案，公司主管也認爲這是基本且重要的價值主張。

但是比較令人驚訝的常常是 A 區域，公司常常想的天馬行空，但是在顧客眼中卻是一文不值。以下所要介紹的內部分析技術是公司的資源基礎觀點，可以透過確認並檢視公司現存的潛在競爭優勢來進行更深入的探索，讓我們來探討資源基礎觀點吧！

6.4 公司資源基礎觀點(resource-based view of the firm)

可口可樂與百事可樂的競爭是眾所皆知的議題。股市分析家在比較上述兩家企業之後，總會做出可口可樂仍爲市場領導者的結論。他們認爲可口可樂除了在有形資產具優越地位外(倉儲、瓶裝設施、電腦化、現金等)；亦在無形資產上(商譽、品牌知名度、強勢競爭文化、全球企業系統)享有優勢地位。他們亦提及可口可樂的若干能力皆凌駕在百事可樂之上，如全球配銷系統的管理能力、零售空間展示能力、市場調查、裝瓶設施的投資與快速回應全球市場的能力。上述這些能力，誠如分析家所說的，爲可口可樂提供了百事可樂難以模仿的核心能力。

資源基礎觀點
整合公司獨特的有形無形資產與能力來分析企業策略優勢的分析方法。

可口可樂與百事可樂的競爭情境爲**資源基礎觀點**(resource-based view, RBV)提供了許多註解。資源基礎觀點係指組織藉由多組獨特資源的持有而形成的差異性優勢——這些資源含括了有形、無形資產或者是組織運用資產的能力(包括有形與無形資產)。組織核心能力的發展往往以上述資源爲基礎，當組織資源發展至某一程度時，這些資源即成爲組織核心競爭優勢的來源。Toyota 決定進入全球市場之後，仍然持續性的在國外市場投資與建設新廠，這樣的做法使得 Toyota 擁有更強的競爭優勢，分析家估計 Ford 要趕上恐怕至少還需 20 年或更久。可口可樂這 15 年來的策略，基本上即是建立在界定優勢資源與發展獨特競爭力——亦即持續性競爭優勢(sustained competitive advantage)——的基礎上。

6.4.1 核心競爭力

核心競爭力
當企業在落實任務的過程中，其所擁有卓越的能力與技能，稱之。

過去管理者在描繪企業策略藍圖時，主要將心力集中於核心競爭力(core competence)的議題上。**核心競爭力**是指公司在遂行其整體任務時公司所特別強調的卓越能力或技能，核心競爭力通常不會在競爭對手的身上發現類似的特質，基本上是一種很獨特的能力。Apple 的核心競爭力主要來自於整合本身的技術能力、其他的軟體以及其產品設計技能與新產品導入能力，最後產生一種創新的能耐，這種能耐使得 Apple 能與競爭對手產生高度的差異並與他們分庭抗禮。Toyota 整個組織上下都在追求品質、Wendy 全心強調每日提供新鮮的肉品、Phoenix 大學提供完整的成人回流教育，這些都是公司獨特核心競爭力的範例，並且足以顯示這些能力都能讓他們與競爭對手對抗。

公司必需定義並培養核心競爭力，使得公司可以有效的執行並提供獨特的產品與服務給顧客，如果提供的產品與服務是競爭者無法跟上的，則將會形成持續性的競爭優勢。對於必須界定及運用組織核心競爭力的高階管理者而言，他們往往在運用上會遭遇一些難題。資源基礎觀點使得核心競爭力的觀念更加聚焦而且變得更可以清楚衡量，因此資源基礎觀點是企業內部分析中一項有意義且重要的分析工具。接著我們再針對此觀點的重要概念進行陳述。

6.4.2 三種基本資源：有形資產、無形資產與組織能力

資源基礎觀點是一種更加聚焦且更可以衡量的內部分析工具，但是在進行分析之前必須先定義三種基本型態的資源，相關定義如圖表 6.8 所示。

有形資產
常見於公司的資產負債表之資產，這些資產包含：生產設備、原物料、財務資源、實質資產和電腦設備等。

有形資產(tangible assets)是最早被界定出來，而且揭露於企業資產負債表的資產。這些資產包含：生產設備、原物料、財務資源、實質資產和電腦設備等。有形資產是企業用來爲顧客創造價值的一種實質、財務上的手段。

無形資產(intangible assets)則包含：企業品牌、商譽、企業倫理、技術知識、商標專利和組織過去經驗的累積。上述資源儘管具備無形的特質，但往往攸關企業的競爭優勢。

無形資產
公司看不到也摸不到的資產，但是卻攸關競爭優勢。無形資產包含：企業品牌、商譽、企業倫理、技術知識、商標專利和組織過去經驗的累積。

組織能力
轉換企業投入與產出之間關係的技能(整合資產、人員與流程的能力)。

組織能力(organizational capabilities)與有形、無形資產不同，並非指某種特定資源的投入。事實上，組織能力係指將資源、人力、流程予以結合並用來轉換「投入—產出」關係的一種技術與能力。Apple 推出 iPod 與 iTunes 成功的成爲全球數位音樂、娛樂及通訊業的霸主，微軟與其他的公司都試圖想模仿 Apple，但是卻都在組織能力上遠遠落後於 Apple。Apple 隨後又開發了 iPod 並藉由網路自動化與客製化的服務重新改革原來的系統，並創造了另一種橫跨組織人力、資產與流程的組織能力。事實上，Apple 以網路爲基礎的客製化 iPod/iTunes 服務系統，即爲持續性競爭優勢的一種來源。此核心能力能在投入相同資源的前提下，以一種更有效率或更佳的品質來轉換成產品或服務。

圖表 6.8 不同資源的範例

有形資產	無形資產	組織能力
Hampton Inn 的顧客預訂系統	Budweiser 的品牌名稱	Travelocity 的顧客服務 P&G 的管理訓練計畫
Toyota 的成本控制系統	Apple 的企業聲譽	沃爾瑪的採購與運入後勤
Georgia Pacific 所持有的土地	Nike 禮聘 LeBron James 來做廣告	Google 的產品發展流程
FedEx 的機群	NBC 禮聘 Brain Williams 爲“Evening News”的主持人	Coke 的全球化配銷通路
可口可樂的配方	eBay 的管理團隊 Goldman Sach's 的文化	3M 的創新流程

公司取得資源的方式

資源	相關的特徵	主要的指標
有形資源		
財務資源	公司的借款以及內部的基金將決定公司的投資能力。	• 債權比 • 現金流量 • 信用評等
實體資源	實體資源將限制公司的生產能力並影響其成本的優勢，主要特徵包括： • 工廠與設施的規模、廠址與專精的技術。 • 土地與建築物的區位及方案。 • 庫存的原物料。	• 固定資產的市場價值 • 資本設備的年份 • 工廠的規模 • 固定資產的彈性
無形資源		
技術資源	智慧資產：專利權、版權以及商業機密 創新的資源：研究設備、技術人員與科學家。	• 專利權數目 • 授權、專利與版權所獲得的利潤 • 研發人員占總員工人數的比例 • 研究設備的數目與區位

聲譽	品牌與商標在顧客心目中的聲望；與顧客建立關係；公司產品與服務的品質及可信賴度。公司在供應商心目中的形象與聲望；與政府及社區之間的關係。	• 品牌認同度 • 品牌權益 • 重複購買的比例 • 客觀的衡量並比較產品的績效 • 公司聲望調查

資料來源：From R.M. Grant, Contemporary Strategy Analysis, Blackwell Publishing, 2001, p.140 . Reprinted with permission of Wiley-Blackwell.

6.4.3 什麼使得資源特別具有價值？

一旦管理者定義了公司的有形資產、無形資產以及組織能力之後，資源基礎觀點提出了一系列的指導原則來說明了這些資源是強還是弱，同時也解釋了這些資源是否創造了核心競爭競爭力以及持續性的競爭優勢。資源基礎觀點提出的指導原則認爲在以下的情況中資源是更有價值的：

1. 比起其他方案更能滿足顧客需求。
2. 所擁有的資源與技能比起其他人而言是稀有的。
3. 佔公司獲利相當高的比率。
4. 可持續相當久的一段時間。

在開始說明如何使資源變得有價值之前，您只要記著以下的簡單原則：當資源滿足以下四項指導原則時，它們將會變得非常有價值。以下我們就詳細說明這四項指導原則：

1. RBV 指導方針一：此資源能協助企業提供比競爭對手更能滿足顧客的商品嗎？

在兩家餐館提供類似食物、相同價格的情況下，其中一家比競爭對手有更便利的座落位置，在此情況下，地點這一項有形資產，即爲滿足顧客的優勢資源，藉由「地點便利」的優勢企業將得以取得較多的利潤以及更多的銷售量。沃爾瑪重新界定折扣的觀念並比該產業的競爭對手多取得了 4.5%的銷售利潤。四個主要的資源：商店立地、品牌認同、員工忠誠與高度發展的物流配送使得沃爾瑪得以領先 Kmart 與其他同業。在上述的例子中，我們很清楚地看到資源的重要性必須建立在競爭優勢的基礎上。同時，例如：沃爾瑪的餐廳菜單、特殊商品或停車空間等等資源是經營企業所必須具備的基本要素，但是對於提高競爭優勢並無明顯的貢獻，主要是因爲這些因素並沒有辦法滿足所有顧客的需求。

2. RBV 指導方針二：資源稀少性？此資源的供給是否短缺或是不容易取得與複製？

供給短缺

資源具有稀少性則愈有價值，當企業持有對手不易取得的資源時，且該資源對滿足顧客的需求有所助益時，則該資源將成爲組織競爭優勢的來源。實體物質的缺乏也許是本指導方針最顯而易見的例子，像是有限的自然資源、獨特的區位與技能，這些都是稀少資源的具體案例。

可替代性

在第四章我們以 Porter 五力分析產業利潤時曾提及替代品的威脅。此概念可用來進一步探討特殊資源的價值。整個食品產業近幾年來已經有顯著的成長，特別是銷售健康及有機食品，基本的概念主要是提供有機生長、無農藥殘留的食品，投資者對於這個概念感到高度的興奮，因爲他們同時也可以利用非有機食品的雜貨通路來處理有機食品的促銷通路。不幸的是，近幾年來有一些新的投資者如 Whole Foods(現代人飲食走健康取向，以天然無污染有機產品著名的商場 Whole Foods，就是許多人挑選每日食材和家庭用品的首選，每一間 Whole Food 都販賣新鮮食材和各式各樣熟食)已取代了傳統的雜貨通路以及區域有機連鎖店。同樣的，Publix、Harris –Teeter 以及沃爾瑪也都能輕易的取代提供有機產品的通路。只要稍微改變它們現有的設備與營運資源，這些公司就能提供像 Whole Foods 一樣的產品甚至更便宜。所以有些人甚至擔心上述的公司是否會影響 Whole Foods 的生存。投資專家已經發現 Whole Foods 的股價迅速衰退，而且有機通路產業的新進入者已經具備了替代性的資源以及能力。

模仿性

若資源容易爲對手所模仿，則該資源價值只是短暫的。持有此類型的資源並無法爲企業帶來持久性的競爭優勢。當溫蒂漢堡創立時，是全美第一個免下車的漢堡專賣店。此獨特組織能力僅是溫蒂漢堡能夠吸引其目標客群(尋求便利速食年輕人)——眾多的資源之一。但僅有此項資源或能力，則容易被其他競爭連鎖店所模仿，故溫蒂漢堡的成功係建立在其他核心競爭力的基礎之上。

隔絕機制
一種使得資源不容易被模仿的特質，在資源基礎的觀點中，這些特質包括：實體獨特資源、徑路相依資源、因果模仿性以及經濟障礙。

如果資源稀少性是來自於不容易模仿，則競爭優勢也不可能永遠維持，就像溫蒂漢堡的例子一樣。競爭對手會竭盡所能地迎頭趕上、甚至超越我們。因爲企業先發制人的能力也是非常重要的。所以公司該如何努力讓企業資源不容易模仿而創造資源稀少性？資源基礎觀點發展了四項指標特徵，稱之爲**隔絕機制**(isolating mechanism)，來確保資源的不易模仿性：

- 實體獨特資源意指幾乎不可能模仿的資源。如商店立地、採礦權、商標專利權皆爲一例。如迪士尼的米老鼠商標權即具備實體資源的獨特性。雖然諸多企業宣稱其資源獨特性，但鮮少爲眞。當然，除上述獨特性外，尚有其他特徵能使資源難以模仿。
- 徑路相依資源係指另一企業不易依循相同的「路徑」來模仿或創造相同的資源。此類型的資源無法即時取得，而必須經由高度投資與長期積累方能建構而成。Google 開發了專有的搜尋演算法，並聯結鎖定線上廣告，非常容易上手，再搭配上 e-mail 服務、卓越的環境以及全球頂尖的人才，創造出徑路相依的資源，這樣的資源即便是全球最富有的軟體與網路公司也不容易在短期間內累積這般的資源。此能力使得 Google 競爭者必須耗費數年時間發展相關技術、設備、信譽與能力，方能與之抗衡。事實上，可口可樂的品牌名稱、Gerber Baby 食品的商譽、Steinway 的鋼琴製造技術往往使得競爭對手必須耗費數年時間與數百萬美元來追趕。消費者飲用 Coke、食用 Gerber、彈 Steinway 也同時必須累積多年的經驗。
- 因果模糊性係指企業難以模仿的第三類資源。在因果模糊前提下，競爭對手無法明確掌握我方資源的塑造方式。競爭者無法明確指出該資源爲何、以及如何藉由資源整合創造出競爭優勢。一般來說，資源模糊性往往來自於企業的有形資產、無形資產、文化、流程以及組織屬性的整合。西南航空在遭逢美國主要航線與區域性航空公司強力的挑戰時，如洲際與歐洲航空避開了傳統的競爭方式，而試圖以所謂的「西南航空模式的競爭方式」與西南航空一較長短，如相同的飛機、航線、登機流程、空服員數目等，但此類的模仿卻未獲理想成果。對這些企業而言，模仿西南航空眞正的因難在於西南航空的人格特質、文化、樂趣、家庭與廉價但優質服務態度。這些才是洲際與歐洲航空最艱鉅的挑戰。
- 經濟障礙是第四個難以模仿的資源。此資源通常藉由高度資本投資以便在市場上取得規模經濟。在許多時候，就算競爭者體會到高度投資對於競爭優勢的形塑有所助益、甚至有能力進行仿效，一旦市場規模有限而使得市場無法同時容納兩個競爭者時，則企業未必會投入該市場進行競爭。

事實上，資源能否模仿並不是「可以與不可以」二元化的問題，更正確地說，資源仿效反映的層面是「仿效程度」的問題(如圖表 6.9 所示)。一些資源往往同時具備多個難似仿效的特質。如以創新著名的 3M 就同時具有路徑相依與因果模糊性的特質。

圖表 6.9 何種程度的資源可以被模仿

	容易模仿	尚可模仿	不容易模仿	無法模仿
例子	工具 現金 一般原物料	高技能的員工 多餘的產能 規模經濟	形象/聲望 顧客滿意度 員工態度	獨特的區位 專利 獨特的資產
具體的範例： Google	電力 伺服器集群	聰明的員工 較大的伺服器集群	搜尋引擎領導品牌 品牌形象	已申請專利的搜尋 演算法

資料來源：© RCTrust LLC, 2010.

3. RBV 指導方針三：獲利力：實際上藉由資源創造利潤的是誰？

Warren Buffet 是近二十五年來一位家喻戶曉的成功投資家。而迪士尼即是他曾投資過的一家公司。他提及他之所以投資此公司係「該老鼠還沒找到代理人」[5] 他認爲迪士尼先生擁有米老鼠的商標權後，利潤就源源不絕的滾向他。其他娛樂產業儘管亦從這些卡通人物獲利，如電影事業，但他們的利潤卻被迫必須分享給這些家喻戶曉的明星演員。

迪士尼併購 Pixar 的案例就是本指導方針一個很好的例子，Pixar 專精於數位動畫的技術使得迪士尼在過去幾年成功的殺青了好幾部動畫電影。然而迪士尼認爲其品牌與通路是合資後高額利潤的最大功臣，但是 Steve Jobs 與 Pixar 團隊則不認爲是如此。Pixar 則認爲它們公司的組織動能才是「海底總動員」爲其合作夥伴迪士尼創造高額利潤的功最大功臣，Pixar 無與倫比的數位化動畫專業知識迅速的爲公司創造了巨額的利潤，而 Disney Studios 則正努力在追趕當中，迪士尼最終以高價收購了 Pixar，電影方面則是努力在追趕當中[6]。

運動團隊、投顧公司和企管顧問亦爲企業藉由資源(關鍵人物、技術、聯繫能力…)取得可觀利潤的實例，唯對企業而言由於這些資源缺乏穩定性，而使得企業無法輕易地藉由此類資源來賺取利潤。事實上，一些超級運動明星往往會因更高額的報酬而捨隊求去，類似的情況亦發生在其他個人理財服務公司。在很多時候，我們也能夠發現企業藉由加盟的方式與對方共享資源、能力與利潤成果。但是若干餐廳的加盟業者往往對於每個月所需繳納的加盟金感到厭煩，因而退出加盟自己獨立經營。而他們也常發現企業往往退出不久之後，即面臨業績顯著下滑的窘境。事實上，授權者的品牌權益與品牌認同度對於企業的營運都有很大的影響。

---

5 The Harbus, March 25, 1996, p.12.

6 "Disney Buys Pixar," Money.CNN.com, January 1, 2006.

4. RBV 指導方針四：耐久性：資源損耗的速度有多快呢？

資源損耗速度愈快，價值愈低。有形資產，如商品或資本的損耗率總是顯而易見的。而無形資產，如品牌名稱或組織能力，則往往有較佳的耐久性。可口可樂的品牌魔力至今仍為大眾稱許，但若干電腦科技的汰舊換新卻迅速異常。在 21 世紀的今日，當來自全球經濟體的超競爭態勢逐漸成形時，所謂核心能力與競爭優勢往往以驚人的速度在消退，而此現象也對企業資源的耐久性造成嚴峻的考驗。有愈來愈多人相信組織卓越的願景、文化對於企業的永續發展將更具有實質的貢獻[7]。

6.4.4 運用資源基礎觀點來進行內部分析

對於那些想要藉由資源基礎觀點來進行內部分析的企業而言，首先，必須先界定與評價企業有哪些資源對競爭優勢有正向助益。此程序包含了「界定企業所持有的資源」以及「資源策略價值的確定」。這樣的作法是相當有幫助的。

- 資源重組：將資源進一步分解，以區分出更具體的競爭力。例如，Domino's Pizza 比 Pizza Hut 有較佳的行銷能力；但當我們進行更細緻的區分時，所謂的行銷能力能再劃分為廣告、促銷等能力，圖表 6.10 則以英國最大的餐廳 Whitbread 的營運為例提供更詳細的說明。

- 利用功能性觀點：當我們從不同功能領域檢視目前企業有形、無形資產與企業能力時，會發現諸多值得我們進一步分析的重要價值資源。附錄 6A 列出了諸多在各功能領域值得我們留意的重要資源與活動。
- 必須從組織流程與資源的整合角度來進行檢視，而非從資源或能力單一角度切入。當我們重組這些資源時，我們必須以創造性、整體性的觀點來檢視這些對企業競爭力或潛在競爭優勢有所影響的資源。
- 使用價值鏈的觀點來分析這些對組織競爭力有所助益的能力、活動與流程。

一旦重要資源確認之後，管理者將運用四個資源基礎觀點的指導原則來發掘有價值的資源，管理者在這個層面的目標就是確認有價值的資源與能力，即使上述的四項資源基礎觀點指導原則無法全部滿足時，仍必須儘量尋求較有價值的資源。

---

7 James C.Collins, Good to Great: Why Some Companies Make the Leap . . . and Others Don't (New York: HarperCollins, 2001).

圖表 6.10　解構 Whitbread 餐廳的顧客服務資源

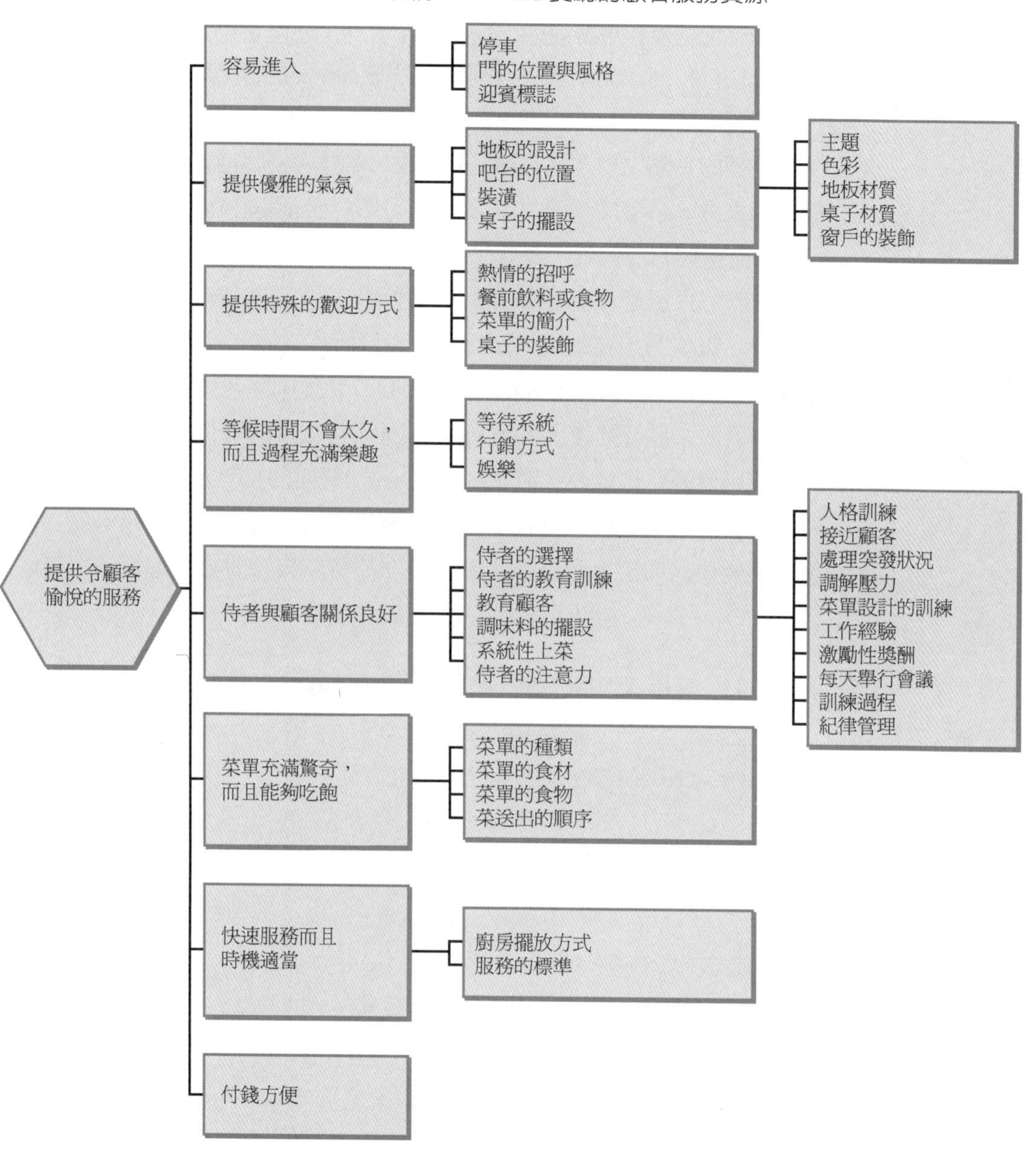

資料來源：Andrew Campbell and Kathleen Sommers-Luchs, Core Competency-Based Strategy (London: International Thomson, 1997).

如果某項資源創造獨特滿足顧客需求的能力，它便具有價值。但是如果它不具有稀少性，或是它很容易模仿，公司仍試圖建立在該資源或能力上來建立策略，這顯然是不明智的行爲，除非公司願意在建立策略的同時創造其稀少性與不可模仿性。如果某一項資源可以滿足獨特的需求、具稀少性、不容易模仿、具持久性，則管理者會希望在這些資源的基礎之上建立策略。先前我們提及 Pixar 與迪士尼的關係，以及 Pixar 早期的定位以及與迪士尼的合資策略。然而，雖然這些資源在數位動畫知識與智慧資本上具有相當高的價值，但是 Pixar

似乎並沒有因爲這些獨特的資源而在動畫電影上分享到「合適」的利潤，Pixar 很幸運：它有權利更新與迪士尼的五年合約，最後它也做了，這就是爲什麼迪士尼後來付出高額的金額來併購 Pixar，並從 Pixar 的獨特資源中再次獲得策略性的價值。

這裡的重點主要運用資源基礎觀點，來討論我們定義上述四項指導方針中的價值來源，請參閱圖表 6.11 的圖形，每一個圓圈代表每一種具有價值的資源，圓圈重疊的部分是代表資源透過所有四種方式來創造價值的部分，這樣的資源主管可以透過資源基礎理論來尋找與定義，這些資源都是建立競爭優勢與建立成功策略的重要基礎，而且這些資源擁有其他資源的某些部分(並非所有資源)，很容易引起管理團隊的關注，同時管理團隊也會試圖補強本身價值較薄弱的資源來進行補強，例如 Pixar 與迪士尼之間的關係。

運用資源基礎觀點、價值鏈分析、三個圓圈分析以及 SWOT 分析，公司將能夠改善內部分析的品質，並掌握競爭策略，這些技術的核心是在於策略家是否能藉此作出有意義的比較，下一節將深入探討如何進行有意義的比較分析。

圖表 6.11 運用資源基礎觀點來定義競爭優勢的最佳來源

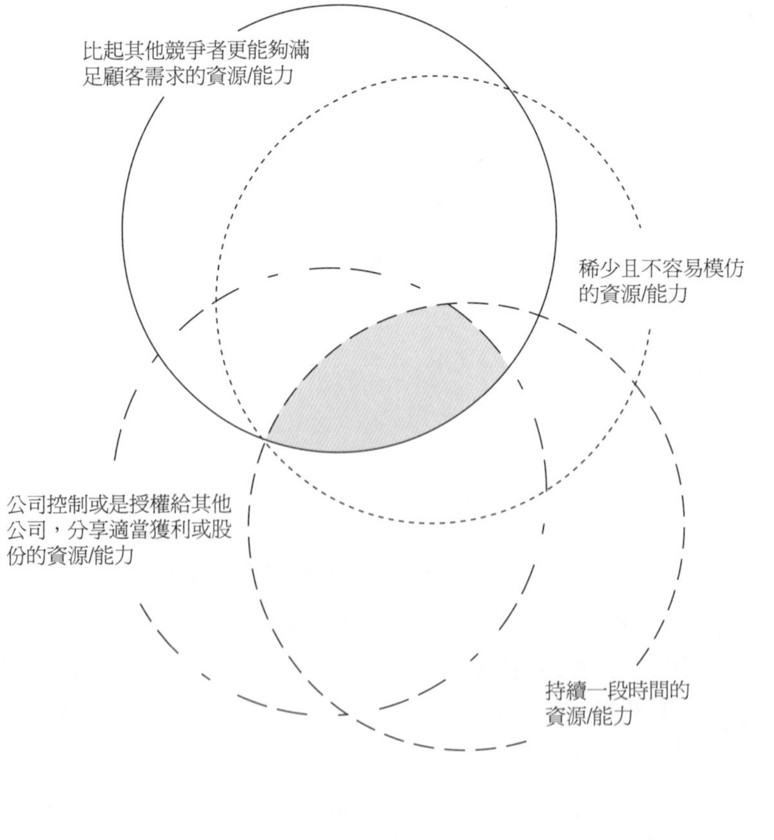

6.5 內部分析：做出一些有意義的比較

管理者需要藉由若干客觀指標的使用來進行內部分析與價值活動的建立。企業不管採取資源基礎觀點、SWOT 分析或價值鏈分析，都必須仰賴三種不同的觀點來評估公司的內部能力，此三種觀點依序介紹如下：

6.5.1 與過去的績效來比較

策略分析家往往以過去的經驗評估企業內部因素。由於管理者對企業內部的財務、行銷、生產與研發已濡染多年，故對於內部能力與問題往往知之甚詳。當管理者針對企業內部因素，如生產設備、銷售組織、財務能力、控制系統或核心人力進行評估時，毫無意外的，經理人對這些內部因素的優劣勢判斷將受到以前的經驗所影響。在資本密集的貨運業中，營業收益率是一種策略性內部因素足以影響公司擴增產能的彈性，幾年前，UPS 的主管發現公司的營業收益率不斷衰退(五年衰退從 12%掉到 9%)，這是一個致命的警訊，因為這會限制它們積極在擴充當中的機群，FedEx 的管理者卻發現它們的營業收益率是未來成長的契機，因為該數據持續性的改善，而且比起前五年多出 5%之多。

儘管歷史經驗提供管理者一個可供參考的內部因素評估架構，但策略分析家必須避免因該工具的使用而使企業願景落入泥沼中。素有日本 HP 之稱的 NEC 電腦，過去藉由專利的硬體系統、較高的螢幕解析度、強勢的配銷通路取得 70%的市佔率。NEC 規劃部門的管理者 Hajime Ikeda，曾經說：在 2001 年，IBM、Apple 與 Compaq 電腦開始大舉進入日本消費性電子的市場。Akihabara · Hiroki Kamata，某從事電腦研發的日本企業總裁，曾指出日本 2001 年的電腦市場總值超過 250 億美元，而 IBM 與 Apple 在日本市場的佔有率卻高於 NEC。此係導因於它們握有更佳的技術與軟體，而 NEC 卻反而受到本身專利技術的限制。因此僅以過去績效、經驗作為檢視企業內部優劣勢的分析基準，往往容易出現誤判的情況。

6.5.2 標竿管理：與競爭者比較

在企業資源與核心競爭力上，與現存(或潛在)的競爭對手比較是一個重要的焦點。處於相同產業的企業往往會有不同的核心技能、品牌形象、整合程度、管理人才等等。哪些資源足以成為企業的優勢(或劣勢)則有賴於企業的策略性選擇。在進行策略選擇時，管理者應該與競爭對手進行內部核心能力的比較，進而使企業優劣勢得以區隔開來。

在全球科技服務的產業中紐約的 IBM 以及印度的 Tata 的諮詢服務彼此是競爭對手，Tata 聚焦於美國及歐洲大型的企業，提供低成本的資訊科技服務以及企業流程簡化的諮詢顧問服務，IBM 則採取差異化的策略，協助美國的客戶削減成本，此外也協助新興市場國家建置科技的基礎設施。Tata 最強的優勢主要在提供美國以及歐洲的大企業，處理資訊系統營運提供低成本的委外服務。IBM 的人事成本結構比起 Tata 當然會產生一些劣勢，因爲 IBM 的強項在於強調系統設計以及建置最佳的科技基礎設施以確保系統運行之最佳化，這也必須仰賴 IBM 本身的強勢，包括：技術能力以及電腦科技專業。漸漸的，Tata 有一半以上的收益來自美國的客戶，而 IBM 卻有 65%的海外收益卻來自全球最大的科技服務銷售者—印度。而藉由彼此競爭標竿的仿效，企業將能建立起相類似的競爭優勢，進而避免過度依賴自己優於其他對手的競爭優勢[8]。

標竿管理

評估面對關鍵的競爭者優勢是否持續，與競爭者或是其他公司學習比較執行某一項關鍵活動的作法。

標竿管理，是指針對同樣一個議題，本公司與競爭者進行比較分析，這已經成爲全球追求品質的管理者所關切的核心議題。當價值鏈分析已經爲內部分析建立起結構化分析架構的時候，管理者開始設法系統性地與競爭對手或採用其他標準進行成本與價值活動的標竿學習，進而發揮企業活動持續改善的效能。

圖表 6.12 說明了 Kodak 重視其試算表上的價值鏈活動，創造低成本/高品質的墨水，並運用它導入差異化的印表機並獲得青睞。Kodak 努力的不只是內部管理以及噴墨印表機同行的標竿管理而已，它們還向顧客進行標竿管理，它們想進一步深入瞭解顧客進入印表機販賣店(HP, Canon,或 Epson)之後感受到的一切以及所思、所想。他們想要透過標竿管理了解一般顧客對於印表機的需求以及對所有有關方案的看法。

標竿管理的終極目標在尋找企業活動流程的最佳實務；尋找成本降低、瑕疵減少或其他與企業卓越有關的活動。願意投入標竿管理的公司試圖與目前競爭者的最佳實務有所區隔，一旦深入瞭解之後，企業的管理者就會改變他們目前的作法與活動，並試圖建構新的「標竿管理」之後新的最佳實務。GE 要求主管向 FedEx 取經了解其顧客服務的作法，並改良他們自己的活動與作法，雖然他們與 FedEx 並沒有競爭的關係。在早期的時候，Motorola 也做過類似的事情(標竿管理)，因此他們後來導入六標準差以及品管與持續性改善的方案。

運用策略的案例 **圖表 6.12**

墨水大戰：Kodak 向社會大衆與 HP 進行標竿管理

Kodak 向來是影片化學加工業的翹楚，但是進入噴墨印表機產業它卻是個新兵，因此它面臨的強大的競爭壓力分別來自 Hewlett-Packard、Epson 以及 Canon。放棄 Gillette 的傳統獲利模式(買墨水匣送印表機)，Kodak 採取差異化的策略，有鑑於顧客不滿意墨水匣價格過高，於是 Kodak 採取印表機賣貴一點，但是墨水匣價格折半的訂價策略。Kodak 分享他們標竿管理的結果：建議 EasyShare printers 比競爭者成本更低，讓消費者可以持續消費。

---

8 Steve Hamm, "IBM vs.Tata: Who's More American:" *BusinessWeek.com*, April 23, 2008.

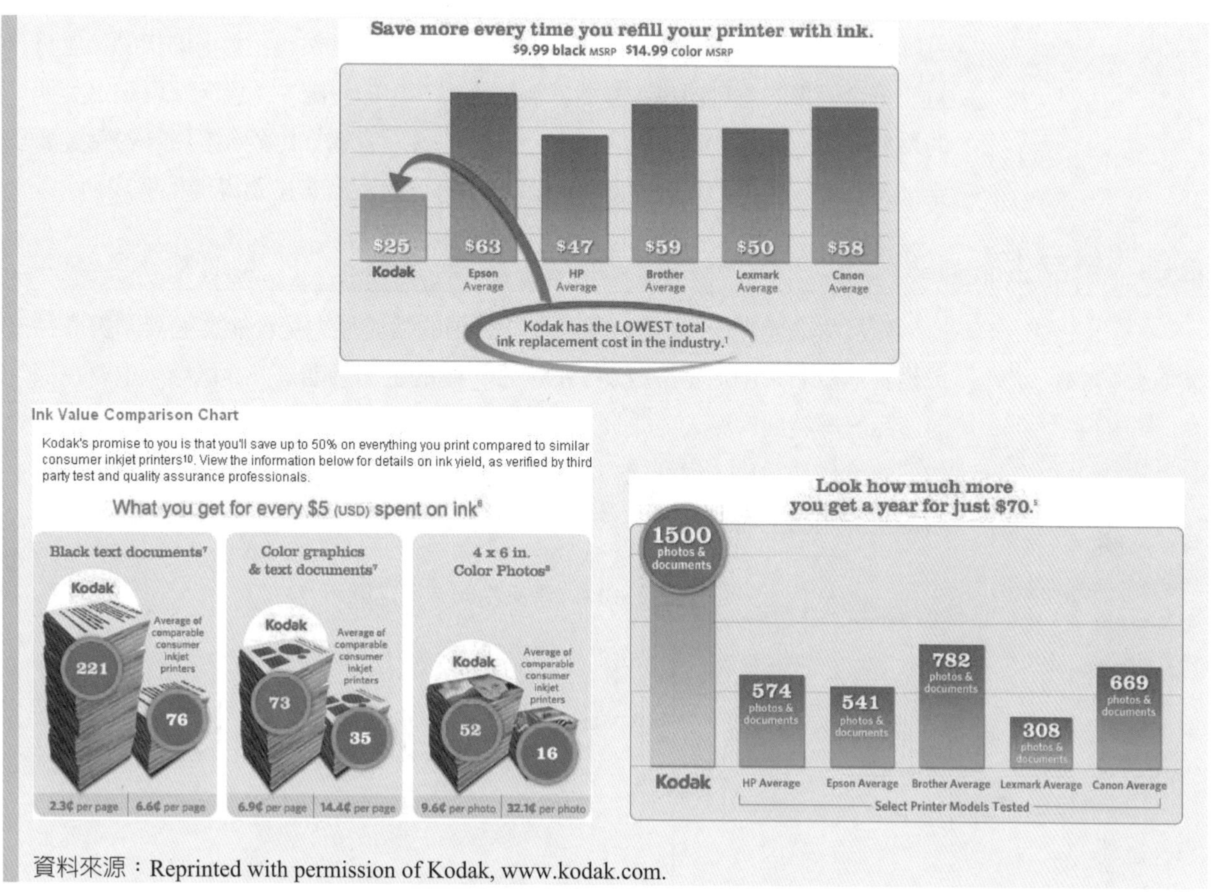

資料來源：Reprinted with permission of Kodak, www.kodak.com.

6.5.3　產業成功因素的比較

在第四章產業分析中我們討論了產業的關鍵成功因素。如前提所述，產業的關鍵成功因素也是企業界定內部優劣勢的分析基準。在詳述了產業競爭者、顧客需求、產業結構、配銷通路、成本、進入障礙、替代品威脅與供應商之後，策略分析家必須判斷企業目前的內部能力在當前產業環境裏是否具有競爭優劣勢。而第四章所討論的 Porter 五力分析則為檢視企業潛在優劣勢提供了一個很好的分析架構。General Cinema Corporation，全美最大的電影院經營者，發現其內部的行銷能力、立地分析、財務能力和全球營運的管理能力亦是汽水瓶裝產業的關鍵成功因素。此觀點在若干年後獲得印證。在十年內 General Cinema 成為全美最大的瓶裝設備商，服務對象含括了 Pepsi、7UP、Dr Pepper 與 Sunkist 等廠商。或者，再以大規模的零售商店為例，產業內的關鍵成功要素只有兩三個：同一家商店的銷售成長、更新商店的設備或是新的區位。過去數十年，曾經是霸主的沃爾瑪發現自己不斷落後於其主要的競爭對手，在美國其同商店銷售成長率以及品質落後 60%。這兩個關鍵成功指標可以作為體檢大型零售商店是否健康的準則，一家零售商店如果其同一家商店的銷售成長率穩定成長，則意味著該商店的區位是良好的、具吸引力的，商品當然也不賴。同樣的，老舊且不符合標準的倉儲設施，當然就無法獲得客戶的青睞。所以沃爾瑪鎖定其他的零售商店並進行內部分析，使自己與其他競爭者進行比較，當然針對關鍵要素來進行優、劣勢的比較，並進行調整才有可能在產業中獲得優勢與成功。

6.5.4 產品生命週期

產品生命週期
是一種概念主要在探討產品歷經發展、導入、成長、成熟、衰退、退出市場等階段的結果，是否會成為企業產品銷售、獲利能力以及核心競爭力的重要驅力。

產品生命週期(PLC)是一種評估「公司的核心能力是否能透過其關鍵產品或是其他產品來創造企業成功」的方法，**產品生命週期**是一種概念，主要在探討產品歷經發展、導入、成長、成熟、衰退、退出市場等階段的結果，是否會成爲企業產品銷售、獲利能力以及核心競爭力的重要驅力。圖表 6.13 說明何謂傳統的產品生命週期：

圖表 6.13 產品生命週期之圖示

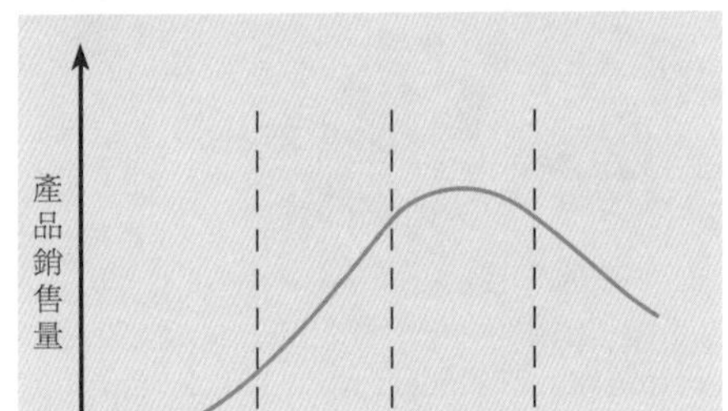

核心能力主要是透過產品生命週期的不同階段來創造企業的成功，這些能力包括：

導入階段

在這個階段公司必須努力建立產品知曉的程度以及市場開發，來彌補一開始投入資源所產生的損失：

- 創造產品知曉的能力。
- 維持良好的通路關係，使得產品能迅速導入，創造先進者優勢。
- 如果市場上只有少數的競爭者，則採取高價位訂價法以及吸脂策略快速獲得利潤。
- 與創造潮流的早期採用者維持穩固的關係。
- 投入財務資源來吸收掉一開始現金的投入與損失。

成長階段

在這個階段市場成長迅速，企業將致力於建立品牌知名度並提高市場佔有率：

- 建立品牌知名度。
- 投入廣告的技能與資源。
- 透過差異化的產品來提昇競爭優勢。
- 建立穩定的市佔率。
- 建立多元通路。
- 建立其他的特色。

成熟階段

這個階段仍然尋求銷售量緩慢但是顯著的成長，同時提升相同產品在市場上的競爭力以維護其市場佔有率並使得獲利極大化：

- 維持品牌知名度。
- 產品差異化的能力。
- 透過資源舉辦活動或是進行價格戰。
- 營運的優勢來改善獲利。
- 判斷在某個市場區隔的去留。

衰退階段

在這個階段公司的產品以及其競爭者都進入衰退的狀態，對於公司整體的獲利產生很大的壓力，所需的能力為：

- 降價求售的能力。
- 透過品牌力來減少行銷活動。
- 降低成本的能力，而且組織還存有部分寬裕的空間。
- 與供應商維持良好的關係，並獲得降低成本的優待。
- 創新的技能以創造新的產品或進行改善。

產品生命週期是一個相當有趣的概念與分析架構，因為他可以協助高階主管來衡量公司相關的能力，然而在使用這個模式時必需謹慎為之，因為在實務上，很少產品會依循產品生命週期模式的階段來演化。每一個階段的長度並不一致，每一個特定產品的產品生命週期之長度與本質均會有戲劇化的變動，很難說在哪一個時間點就會進入哪一個階段，並非所有產品都會經過每一個階段，例如有一些直接從導入期進入衰退期。而且有一些從某個階段進入下一個階段會隨著其策略與戰略而有加速的現象，例如：削價競爭會使得產品生命週期由成熟期加速進化成衰退期。

產品生命週期可以用來分析單一產品、一系列的產品或是某個產業區隔，運用這個基本觀念到某個產業區隔(一系列產品)而不是在單一產品上，比較能獲得更多的利益，並可提供管理者一個概念性的工具，來進行產業區隔丕變或是競爭激烈背景下的策略分析與選擇，所以我們在第八章將進一步探討產業區隔或單一產品的演化及其階段，作為策略分析與選擇的工具。

摘要 *Summary*

本章回顧了幾個較為客觀且嚴謹的內部資源與能力的分析方法。管理者經常以下列的問題來開始進行他們的內部分析：「目前的策略進行的如何？」、「目前我們處於何種情勢？」「我們的優勢與劣勢為何？」。SWOT 分析是一種過去數十年傳統且常用的方法，可以協助管理者有效的回答上面的問題，這種具有邏輯性的方法至今仍廣為管理者所運用，然而 SWOT 分析仍然有其限制，因為其分析的深度以及過度解釋的缺點仍然會造成其分析的偏頗。

三種內部分析的技術，可以彌補 SWOT 分析的限制，並協助管理者以更系統性、客觀性、可衡量性的原則來評估公司的內部資源與能力。價值鏈分析可協助企業主管審視並解構其創造產品與服務的一系列活動，價值鏈將企業活動區分為主要活動及支援活動兩種型態，之後再將這兩種活動細分為更多更具體的實體活動，一旦完成之後，管理者再將這些活動轉換成成本，管理者便可以藉此評估哪些實體活動做得很好，哪些做得不好，並可藉此判斷哪些活動有助於滿足顧客的需求—這也正是競爭力的來源。三個圓圈分析是一種簡單但是寓意深遠的新技術，運用顧客需求的觀點有助於改善管理團隊內部分析的品質，並進一步剖析競爭優勢的潛在價值來源。

本章所提到的第三種方法為資源基礎觀點(RBV)，資源基礎觀點的前提假設是認為公司建立競爭優勢乃是奠基在他們能夠控制或發展的獨特資源、技能以及能力，透過這些資源公司可以發展獨特且持續的競爭優勢，並建立競爭策略。資源基礎觀點提供有用的概念性架構，來分析公司有形資產、無形資產以及組織能力所產生的潛在競爭優勢。資源基礎觀點還提供了四個有用的指導方針來引導企業運用其有用的資源與能力，這些有價值的資源協助企業建立策略並創造持續性的競爭優勢。

最後，本章提供了三個客觀實際的衡量方法作為管理者進行內部優、劣勢分析的參考與比較基準。本章之後有兩個附錄，第一個附錄在探討跨功能領域的關鍵資源，並透過這些資源來創造競爭優勢，第二個附錄則以傳統的財務分析作為過去傳統內部分析的回顧。

當管理者的環境分析與企業願景產生配適時，內部分析提供了企業策略形成的關鍵基石。藉由更正確、全面性的內部分析，管理者得以形成更好的策略定位。下一章我們將以企業策略活動的選擇作為開始。

關鍵詞
Key Terms

標竿管理	*p.6-28*	**主要活動**	*p.6-11*	**無形資產**	*p.6-19*
核心能力	*p.6-18*	**產品生命週期**	*p.6-30*	**威脅**	*p.6-4*
有形資產	*p.6-18*	**資源基礎觀點**	*p.6-17*	**三個圓圈分析**	*p.6-16*
隔絕機制	*p.6-21*	**強處**	*p.6-5*	**價值鏈**	*p.6-10*
機會	*p.6-4*	**SWOT 分析**	*p.6-4*	**價值鏈分析**	*p.6-10*
組織能力	*p.6-19*	**支援活動**	*p.6-11*	**弱點**	*p.6-5*

問題討論
Questions for Discussion

1. 請描述 SWOT 分析如何導引企業內部的分析。此分析工具何以能夠反應企業策略的形成過程？
2. SWOT 分析潛在的弱點爲何?
3. 運用價值鏈分析說明主要活動與支援活動之間有何差別？
4. SWOT 分析與價價值鏈分析有何差異?
5. 何謂三個圓圈分析？如何運用在內部分析之上？
6. 何謂資源基礎觀點?請舉例說明三種不同的資源類型。
7. 何謂三種可以使資源更有價值的方法？請逐一舉例說明。
8. 解釋您如何運用價值鏈分析、資源基礎觀點、三個圓圈分析以及 SWOT 分析來協助您發展並建立成功的策略？
9. 運用 SWOT 分析、價值鏈分析、資源基礎觀點以及三個圓圈分析來分析您自己以及您自己的生涯志向。你的主要優劣勢爲何？你如何運用在此方面的知識來發展你的生涯計畫？

本章附錄 A

跨功能領域的關鍵資源

行銷

- 公司的產品服務：產品線的寬度
- 集中銷售多數產品於少數顧客身上
- 蒐集市場資訊的能力
- 市場占有率
- 產品服務的組合與潛在擴充能力：產品生命週期、產品或服務的利潤
- 配銷通路：數目、涵蓋範圍、控制
- 組織有效的銷售：具備有關顧客需求的知識
- 使用網際網路的能力
- 產品與服務的形象、商譽及品質
- 銷售促進與廣告促銷的效率與效益
- 定價策略與定價彈性
- 接收市場訊息的回饋以及發展新的產品、服務或市場
- 售後服務與追蹤
- 商譽及品牌忠誠度

財務與會計

- 提高短期資本的能力
- 提高長期資本的能力
- 公司層級的資源
- 與產業競爭者相比較，產業成本是否合適
- 稅務的考量
- 與所有權人、投資者以及股東的關係
- 財務策略之操弄技術
- 進入成本與進入障礙
- 本益比
- 流動資金與資本結構
- 有效的成本控制以及降低成本的能力
- 財務規模
- 有效率的會計系統，來進行成本、預算與利潤規劃

生產、作業與技術

- 原物料的成本以及與供應商之間的關係
- 存貨控制系統，存貨週轉率
- 設備的區位以及設備的佈置
- 規模經濟
- 設備的技術效率以及產能利用率
- 轉包契約是否奏效
- 垂直整合的程度，邊際利潤的附加價值
- 設備的成本效益效率
- 生產控制程序的效能：設計、排程、採購、品質控制與效率
- 相對於產業競爭者是否具有成本與技術上的競爭力
- 研究發展、技術與創新
- 專利權、商標權以及法令的保護

人力資源

- 人事管理
- 員工能力與士氣
- 與產業競爭者相比較勞資關係的成本有多高
- 有效的人事政策
- 有效的激勵以提高績效
- 有效運用人力
- 員工離職與缺勤
- 特殊的技能
- 經驗

品質管理

- 與供應商及顧客之間的關係
- 提高產品與服務品質的企業內部作法
- 監督品質的程序

資訊系統

- 提高有關銷售、生產、現金與供應商及時與精確的資訊
- 有關戰略決策的相關資訊
- 有關管理品質的資訊：顧客服務
- 人員運用資訊的能力
- 供應商與顧客的連結

組織與一般管理

- 組織結構
- 公司的形象與影響力
- 公司為了達成績效所做的紀錄
- 組織溝通系統
- 整個組織的控制系統
- 組織氣候、組織文化
- 運用系統性的程序與技術來做決策
- 高階管理者的能力、技巧與興趣
- 策略規劃系統
- 內部組織綜效(多事業部公司)

本章附錄 B

運用財務分析

評估一個組織在它所屬的產業中的強弱，最重要的分析工具之一稱之爲財務分析。管理者、投資者以及債權人大都會使用其中的一些分析方法以做爲他們進行財務決策的參考。投資者利用財務分析決定是否買、賣股票，而債權人利用它們決定是否要貸款。它們提供管理者一種跟自己過去幾年績效相比較，以及在同業競爭者中相互比較的衡量方法。

雖然財務分析對進行策略有所助益，但必須要注意一些缺點。任何的線圖都是根據公司過去的資料而形成的。雖然這些趨勢可能値得注意，但這些圖形不應該被視爲在未來一定可以應用的參考。另外，這種分析只是一種與會計程序相似的資訊。在進行公司間比較時，應該留意公司本身或是公司到公司之間會計程序的變化。

有四種基本的財務比率：變現力、槓桿、活動性以及獲利力。

圖表 6.B1 說明每一種基本的財務比率的計算方式。變現力與槓桿比率表示公司風險評估。活動性與獲利力比率是藉由公司資產產生收益的衡量方法。四種比率間的交互影響以箭號來表示。

在財務分析上有兩種常見的財力證明：資產負債表與損益表。圖表 6.B2 是一資產負債表，而圖表 6.B3 是 ABC 公司的損益表。可以使用這些報表來進行財務分析。

變現力比率

變現力比率爲一家公司能夠如期償還短期債務的指標。這些債務包括任何當期的債務，包含現在到期應支付的負債。流動資產是藉由一標準的現金循環(存貨—銷貨—應收帳款—現金)而變動。然後公司使用現金來支付或減少它當期的負債。最著名的變現力比率是流動比率：流動資產除以流動負債。以 ABC 公司爲例，流動比率的計算方式如下：

$$\frac{\text{流動資金}}{\text{流動負債}}=\frac{\$4{,}125{,}000}{\$2{,}512{,}500}=1.64(2012)$$

$$=\frac{\$3{,}618{,}000}{\$2{,}242{,}250}=1.161(2011)$$

大部分的分析師建議流動比率爲 2 到 3。流動比率高未必是一個好徵兆；它意指一個組織不能對其資產做最有效的運用。最適的流動比率會隨著產業的不同而不同，較快速變動的產業需要較高的比率。

由於緩慢變動或廢棄的存貨可能誇大一家公司應付短期需求的能力，所以有時傾向以速動比率來評估一家公司的流動性。速動比率是流動資產減存貨，再除以流動負債。ABC 公司速動比率的計算方式如下：

$$\frac{\text{存貨}}{\text{流動負債}}=\frac{\$1{,}950{,}000}{\$2{,}512{,}500}=0.78(2012)$$

$$=\frac{\$1{,}618{,}000}{\$2{,}242{,}250}=0.72(2011)$$

對美國而言，速動比率大概接近 1。雖然速動比率的變動性較流動比率低，但是在穩定的產業較低的比率就可以安全的營運了。

槓桿比率

槓桿比率是指確認公司資本的來源—從所有人或外部債權人獲得的資本。每期的槓桿是表示包括固定利息費用的可使用資本將會擴大關於普通股東權益的利潤或虧損。最常使用的比率是總負債除以總資產。總負債包括流動負債與長期負債。此比率是衡量負債占總資金的百分比。通常在穩定產業中的公司其「總負債/總資產」比率超過 0.5 表示是穩定的。

$$\frac{\text{總負債}}{\text{總資產}}=\frac{\$3{,}862{,}500}{\$7{,}105{,}000}=0.54(2012)$$

$$=\frac{\$3{,}667{,}250}{\$6{,}393{,}000}=0.57(2011)$$

圖表 6.B1　財務比率

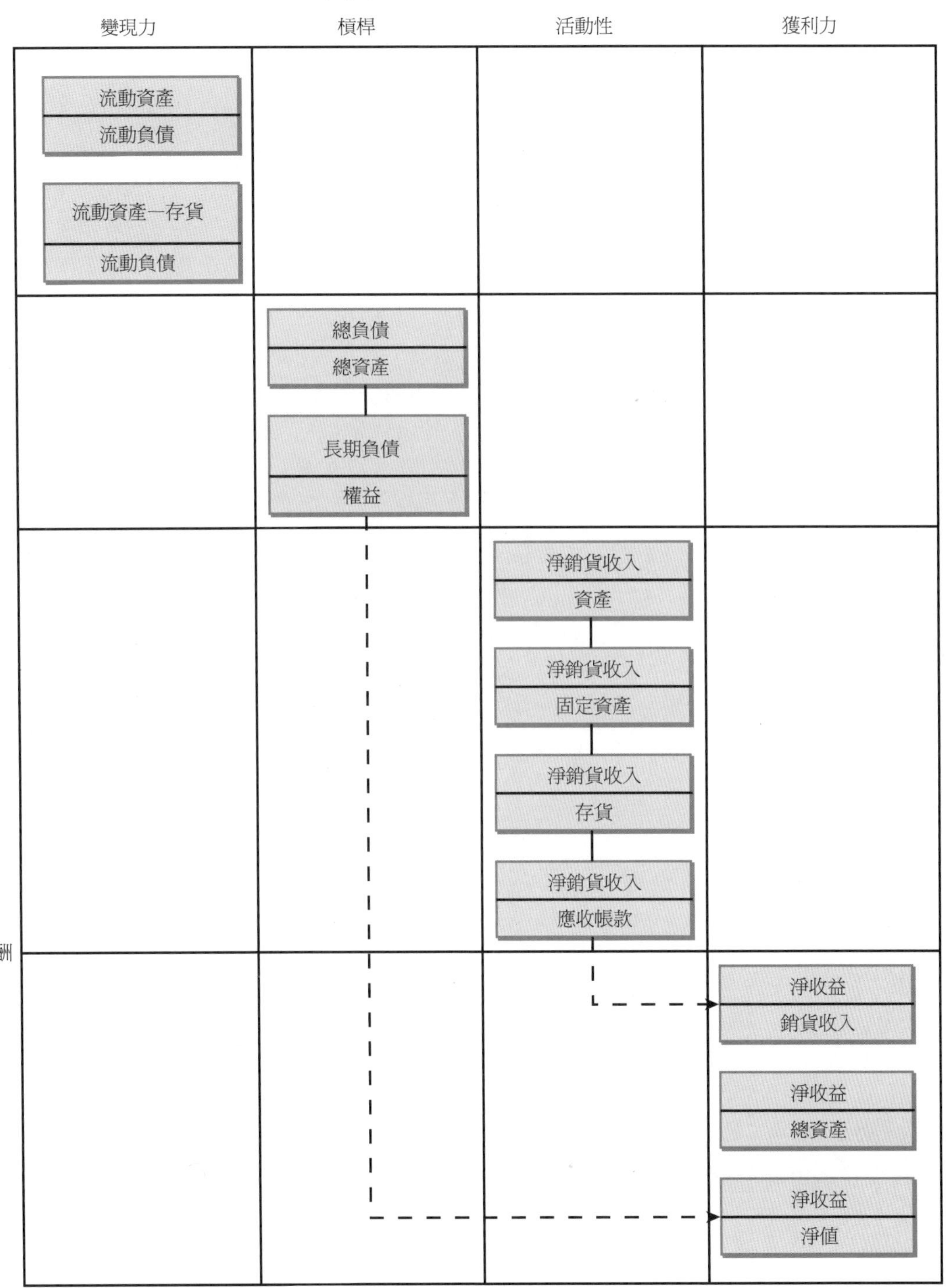
變現力
槓桿
活動性
獲利力
流動資產
流動負債
流動資產－存貨
流動負債
總負債
總資產
長期負債
權益
淨銷貨收入
資產
淨銷貨收入
固定資產
淨銷貨收入
存貨
淨銷貨收入
應收帳款
衡量報酬
淨收益
銷貨收入
淨收益
總資產
淨收益
淨值

圖表 6.B2 ABC 公司 2011 年與 2012 年 12 月 31 日的資產負債表

		2012		2011
資產				
流動資產：				
現金		$ 140,000		$ 115,000
應收帳款		1,760,000		1,440,000
存貨		2,175,000		2,000,000
預付費用		50,000		63,000
流動資產合計		4,125,000		3,618,000
固定資產：				
長期應收帳款		1,255,000		1,090,000
廠房與設備	$2,037,000		$2,015,000	
扣除：囤積與貶值	862,000		860,000	
淨房地產與廠房		1,175,000		1,155,000
其他固定資產		550,000		530,000
固定資產合計		2,980,000		2,775,000
資產總額		$7,105,000		$6,393,000
負債與股東權益				
流動負債：				
應付帳款		$1,325,000		$1,225,000
應付銀行借款		475,000		550,000
應付聯邦稅		675,000		425,000
到期之長期借款		17,500		26,000
應付股利		20,000		16,250
流動負債合計		2,512,500		2,242,250
長期負債		1,350,000		1,425,000
負債合計		3,862,500		3,667,250
股東權益：				
普通股股本 (2012 年發行 104,046 股、2011 年發行 101,204 股)		44,500		43,300
其他投入資本		568,000		372,50
保留盈餘		2,630,000		2,310,000
股東權益合計		3,242,500		2,725,750
總負債與股東權益總額		$7,105,000		$6,393,000

圖表 6.B3 ABC 公司 2011 年與 2012 年 12 月 31 日年終的損益表

		2012		2011
淨銷貨收入		$8,250,000		$8,000,000
銷貨成本	$5,100,000		$5,000,000	
管理費用	1,750,000		1,680,000	
其他費用	420,000		390,000	
合計		7,270,000		7,070,000
息前稅前利益		980,000		930,000
減：利息費用		210,000		210,000
稅前淨利		770,000		720,000
減：美國聯邦所得稅		360,000		325,000
稅後利益(淨收益)		$ 410,000		$ 395,000
普通股現金股利		$ 90,000		$ 84,000
保留盈餘		$ 320,000		$ 311,000
每股盈餘		$ 3,940		$ 3.90
每股股利		$ 0.865		$ 0.83

圖表 6.B4 Du Pont 財務分析

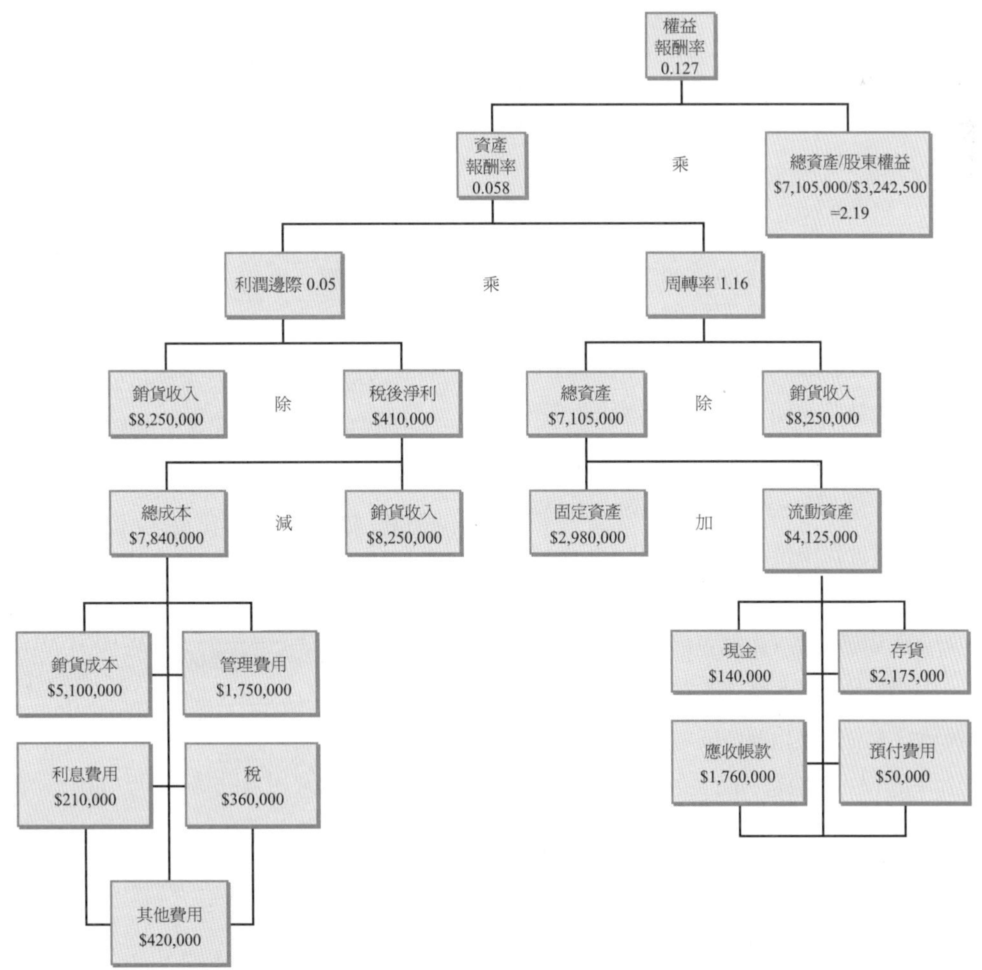

長期負債對權益比是表示提供給債權人長期財務來源的一種衡量方法。可以長期負債除以股東權益求得：

$$\frac{\text{長期負債}}{\text{股價權益}} = \frac{\$1,350,000}{\$3,242,500} = 0.42(2012)$$

$$= \frac{\$1,425,000}{\$2,272,750} = 0.52(2011)$$

活動性比率

活動性比率係指一公司如何有效率的運用其資源。藉由比較收入與用來產生收入的資源來確定營運的效率。資產周轉率係指如何有效率的管理總資產的使用。資產周轉率可以銷貨收入除以總資產求得。以ABC公司爲例，其資產周轉的計算方式如下：

$$\text{資產周轉} = \frac{\text{銷貨收入}}{\text{總資產}} = \frac{\$8,250,000}{\$7,105,000} = 1.16(2012)$$

$$= \frac{\$8,000,000}{\$6,393,000} = 1.25(2011)$$

銷貨收入對固定資產比是廠房與機器設備周轉的一種衡量方法。可以以銷貨收入除以淨固定資產求得：

$$\text{固定資產周轉} = \frac{\text{銷貨收入}}{\text{淨固定資產}} = \frac{\$8,250,000}{\$2,890,000} = 2.77(2012)$$

$$= \frac{\$8,000,000}{\$2,775,000} = 2.88(2011)$$

關於資產周轉其產業圖形將會隨著資本密集產業而變化，而且這些大量需求的存貨將會有較低的比率。

其他的活動性比率是存貨周轉，它是以存貨收入除以平均存貨水準來估計。對美國的企業其標準爲9，但對一企業而言此比率是否較高或較低是倚賴產品的銷售額。小的、便宜的產品期周轉率通常較大型的、昂貴的產品的周轉率高。由於正常的存貨通常必須承擔成本，因此以銷貨成本替代銷貨收入來計算此比率會比較精準。然而，使用銷貨成本對存貨水準比來估算企業比率的程式，像是 Dun & Bradstreet。

$$\text{存貨周轉} = \frac{\text{銷貨成本}}{\text{存貨水準}} = \frac{\$8,250,000}{\$2,175,000} = 3.79(2012)$$

$$= \frac{\$8,000,000}{\$2,000,000} = 4.00(2011)$$

應收帳款周轉是指衡量平均銷貨收款時間的一種方法。如果平均收款天數大大地違反企業規範，就表示管理不當。此比率太低表示由於賒銷政策過多的限制導致銷貨收入的損失。如果此比率太高，過多的資金被綁在應收帳款上而且管理呆帳的可能性會增加。因爲企業賒銷政策的多變性，所以比較公司是超過時間或是在企業規範的時間之內是唯一有用的分析。因爲通常無法獲得其他公司的賒銷訊息，因此必須使用總銷售額。由於所有的公司沒有同樣的賒銷百分比，在公司之間只有大略相近。

$$\text{應收帳款周轉} = \frac{\text{銷貨收入}}{\text{應收帳款}}$$

$$= \frac{\$8,250,000}{\$1,760,000} = 4.69(2012)$$

$$= \frac{\$8,000,000}{\$1,440,000} = 5.56(2011)$$

$$\text{平均收現期間} = \frac{360}{\text{應收帳款周轉}}$$

$$= \frac{\$360}{\$4.69} = 77\,\text{days}(2012)$$

$$= \frac{\$360}{\$5.56} = 65\,\text{days}(2011)$$

獲利力比率

獲利力是指在組織的管理者之下大量政策與決策的最終結果。獲利力比率係指公司整體如何有效率的進行管理。一家公司的利潤邊際可以稅後淨利除以銷貨收入求得。此比率通常稱之爲銷貨利潤(ROS)。不同的行業其比率也不盡相同，但是美國公司平均而言是接近5%。

$$\frac{\text{稅後淨利}}{\text{銷貨收入}} = \frac{\$410,000}{\$8,250,000} = 0.0497(2012)$$

$$= \frac{\$395,000}{\$8,000,000} = 0.0494(2011)$$

第二個最常用來評估獲利力的比率是資產報酬率—或通常被稱之爲ROI，是以稅後淨利除以總資產求得。ABC公司的ROI計算如下：

$$\frac{\text{稅後淨利}}{\text{總資產}}=\frac{\$410,000}{\$7,105,000}=0.0577(2012)$$
$$=\frac{\$395,000}{\$6,393,000}=0.0618(2011)$$

稅後淨利對淨值的比率是衡量股東投資報酬或獲利力比率的方法。它的計算方式是稅後淨利除以淨值—包括普通股權益與保留盈餘。ABC 公司的淨值報酬，也稱爲權益報酬率(ROE)，計算如下：

$$\frac{\text{稅後淨利}}{\text{淨值}}=\frac{\$410,000}{\$3,242,500}=0.1264(2012)$$
$$=\frac{\$395,000}{\$2,725,750}=0.1449(2011)$$

通常難以理解獲利力不足的決定性因素。財務分析中的 Du Pont 系統提供企業無法成功的管理上之線索。這個財務工具一併衡量活動性、獲利力以及槓桿，而且顯示這些比率會如何影響公司整體獲利力的因素進行互動。此系統的描述在圖表 6.B4。

圖表的右邊展開周轉率。這個部分說明總資產分爲流動資產(現金、市場證券、應收帳款、以及存貨)與固定資產。銷貨收入除以這些總資產得到資產周轉率。

圖表的左邊展開銷貨利潤邊際。銷貨收入減掉個別的費用與所得稅得到稅後淨利。稅後淨利除以銷貨收入得到銷貨利潤邊際。當圖表 6.B4 右邊的資產周轉率乘以圖表左邊的銷貨利潤邊際會得到公司的資產報酬率(ROI)。這可以下列的公式表示：

$$\frac{\text{銷貨收入}}{\text{總資產}}\times\frac{\text{稅收淨利}}{\text{銷貨收入}}=\frac{\text{稅後淨利}}{\text{總資產}}=\text{ROI}$$

Du Pont 分析的最後一個步驟是資產報酬率(ROI)乘以股東權益的乘數，此乘數爲資產對普通股權益之比率，如此就可獲得權益報酬率(ROE)。當然，此報酬百分比可以直接從稅後淨利除以普通股權益求得。然而，Du Pont 分析證明資產報酬率與負債的運用如何交互作用以決定權益報酬。

Du Pont 系統可以用來分析與改善公司的績效。在圖表的左邊或利潤，試圖研究增加利潤或銷貨收入。例如：研究提高價格來改善利潤的可能性(或降低價格來增加交易量)或是尋找新的產品或市場。成本會計師與產品工程師試圖研究降低成本的方法。在圖表的右邊或周轉，財務部門的員工對在各種資產上減少投資，與使用替代的財務結構的效果進行分析。

有兩種基本的方法來使用財務比率。第一種方法就是去估算公司過去幾年來的績效。財務比率依據不同年代來計算，並且估計是否會隨著時間改善或惡化。也可以爲了計畫、估計、聲明而計算財務比率，以及將現在與過去的財務比率做比較。

另外一種方法是去估算一家公司的財務狀況，以及與相似公司的財務狀況或同一時期產業平均狀況做比較。這樣的比較可以洞察出公司相對的財務狀況與績效。關於產業的財務比率由 Robert Morris Associates、Dun & Bradstreet、Prentice Hall 以及許多貿易協會刊物提供。(協會及他們的地址列在 Encyclopedia of Associations 以及 Directory of National Trade Associations 中。)有關個別公司的訊息可以透過 Moody's Manual , Standard & Poor 的手冊與研究調查、對股東的年報、主要的經紀公司。

就可能的範圍而言，不同公司的結帳日必須統一，才能使公司進行比較或可以將一家特定的公司與產業的平均進行比較。由於許多會計或管理實務能夠對公司的財務狀況產生影響，因此閱讀財務說明的註腳是重要的。例如公司採用售後反租的銷售方法會與原有的資產負債表有很大的出入。

資金來源與用途的分析

這個分析的目的是要決定企業如何每年使用財務來源。藉由比較某一年到下一年的資產負債表，可以決定資金如何被獲得以及這些資金在這一年如何被使用。

爲了準備資源與可運用的資金之說明，有必要(1)對資產負債表的變化分類，增加或減少現金；(2)對損益表這些因素進行分類，增加或減少現金；(3)合併這些資金來源與用途的陳述方式上的訊息。

增加現金的資金來源是

1. 除了可折舊的固定資產之外,任一資產的淨減少。
2. 可折舊之固定資產的毛額減少。
3. 任一負債的淨增加。
4. 賣股票。
5. 企業的營運(稅後淨利、折舊—如果企業是有盈餘的)。

資金的用途包括：

1. 除了可折舊的固定資產之外,任一資產的淨增加。
2. 可折舊之固定資產的毛額增加。
3. 任一負債的淨減少。
4. 買股票。
5. 支付現金股利。

在這一期結束時的淨固定資產加上當期損益表上的折舊,然後再減掉期初淨固定資產總額就可以求得可折舊固定資產的毛額變動。剩餘的數字表示這一期可折舊固定資產的變動。

以 ABC 公司為例，變動的計算如下：

淨廠房與設備(2012)	$1,175,000
2012 年的折舊	+80,000
	$1,255,000
淨廠房與設備(2011)	−1,155,000
	$ 100,000

為了避免重複計算,保留盈餘的變化不直接展現在資金說明書上。當準備好資金說明書時，這個帳目將以稅後盈餘、稅後淨利、資金來源、以及在過去一年期間運用資金所支付的股利來替代。稅後淨利與保留盈餘變動帳戶之間的差別將等於過去一年支付的股利總額。附上 ABC 公司的資金來源與用途說明書。

資金分析對於決定營運資金地位之趨勢,以及證實在同一時期公司如何取得與使用其資金而言是相當有用的。

結論

有一種被推薦的方法，你先準備一張表，如圖 6.B5，如此你可以展開一系列有意義的財務分析。這個圖表依照時間將這些比率列出來。在「趨勢」的那一欄,你可以依據你對這些比率的評估隨著時間記下來。(例如：「贊成」、「無意見」、「不贊成」)「產業平均」那一欄包括在這些比率上產業的平均值或主要競爭者的狀況。這些將可以提供資訊幫助你解釋。你可以在「解釋」那一欄描述你對公司比率的解釋。總之，這張圖表對這些比率提供一基本的陳述，它對估計公司財務狀況提供一簡便的格式。

最後，圖表 6.B6 對之前討論過的比率之計算方法與涵義提供摘要說明。

2012 年 ABC 公司資金來源與用途之說明書

來源		用途	
預付費用	$ 13,000	現金	$25,000
應付帳款	100,000	應收帳款	320,000
自然增加的聯邦稅	250,000	存貨	175,000
支付股利	3,750	長期應收帳款	165,000
普通股股本	1,200	廠房與設備	100,000
其他投入資本	195,550	其他固定資產	20,000
稅後淨利(淨收益)	410,000	應付銀行借款	75,000
折舊	80,000	到期之長期負債	8,500
來源合計	$1,053,500	長期負債	75,000
		支付股利	90,000
		用途合計	$1,053,500

圖表 6.B5 公司財務狀況一覽表

比率與營運資金	2008	2009	2010	2011	2012	趨勢	產業平均 Average	解釋
變現力： 流動								
速動								
槓桿： 負債-資產								
負債-權益								
活動性： 資產周轉率								
固定資產比率								
存貨周轉								
應收帳款 周轉								
平均收現 期間								
獲利能力： 銷貨利潤								
資產報酬率								
權益報酬率								
營運資金的多寡								

圖表 6.B6 主要的財務比率一覽表

比率	計算	涵義
變現力比率：		
流動比率	流動資產/流動負債	公司可以如期償付短期債務的程度。
速動比率	流動資產–存貨/流動負債	不包括存貨的銷售，公司可以如期償付短期債務的程度。
槓桿比率：		
負債對總資產比率	總負債/總資產	由債權人提供總資金的百分比。
負債對權益比率	總負債/總股東權益	債權人提供的資金對自有資金的百分比。
長期負債對權益比率	長期負債/總股東權益	在公司長期資金結構上負債與權益之間取得平衡。
賺得利息倍數比率	息前稅前利潤/利息費用總額	公司在沒有不能如期償還每年利息費用的情況下，利潤下降的程度。

比率	計算	涵義
活動性比率：		
存貨周轉	銷貨成本/最終產品的存貨	公司是否持有過量的存貨以及公司與產業平均比較是否存貨銷售的速度較慢。
固定資產周轉	銷貨收入/固定資產	銷售力與機器設備的效用。
總資產周轉	銷貨收入/總資產	公司是否能夠生產符合資產規模足夠的交易量。
應付帳款周轉	年賒銷/應收帳款	公司賒銷收款的平均時間，以百分比爲單位。
平均收現期間	應收帳款/總銷貨收入/365 天	公司賒銷收款的平均時間，以天爲單位。
獲利力比率：		
毛利潤邊際	銷貨收入–銷貨成本/銷貨收入	獲利的總利潤足夠支付營業費用以及產生利潤。
營運利潤邊際	息前稅前盈餘/銷貨收入	不考慮稅與利息的獲利力。
淨利潤邊際	淨收益/銷貨收入	每一銷售單位之稅後利潤。
總資產報酬率(ROA)	淨收益/總資產	單位資產的稅後利潤，此比率也稱之爲投資報酬率(ROI)。
股東權益報酬率(ROE)	淨收益/總股東權益	公司每單位股東投資稅後利潤。
每股盈餘(EPS)	淨收益/股東持股數	普通股股東可獲得的盈餘。
成長比率：		
銷售	總銷貨收益的年成長百分比	公司銷售成長率。
收入	利潤的年成長百分比	公司利潤成長率。
每股盈餘	每股盈餘的年成長百分比	公司每股盈餘成長率。
每股股利	每股股利的年成長百分比	公司每股股利成長率。
價格盈餘比率	每股的市場價格/每股盈餘	快速成長與低度冒險的公司傾向有較高的價格盈餘比率。

Chapter 7

長期目標與策略

閱讀完本章之後，您將能：

1. 探討公司長期目標的七個層面。
2. 探討衡量公司長期目標品質的五大指標，以及如何使他們有助於策略管理者作決策。
3. 說明一般競爭策略：低成本領導、差異化與集中化。
4. 探討價值修練的重要性。
5. 瞭解策略決策者在形成公司的競爭計畫時常用的 15 種總公司策略，並且能夠舉例說明。
6. 瞭解如何創造一系列的總公司策略並說明總公司策略的策略選項。

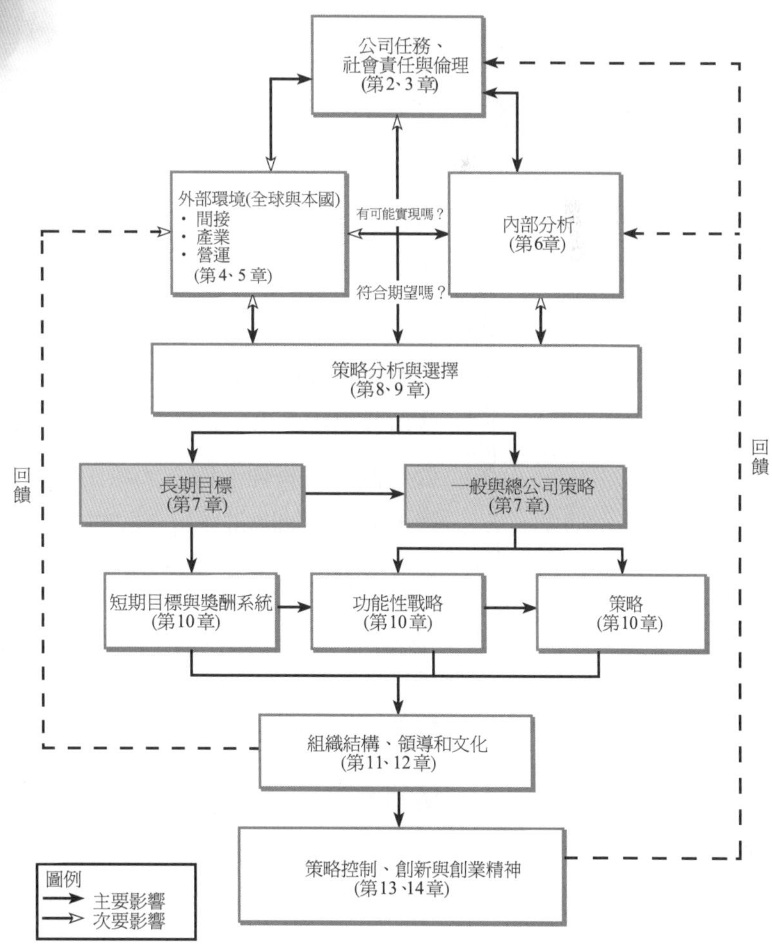

在第二章中曾說明公司的任務是盡力達成公司的目標，在該章中曾將這些目標以明確的方式陳述，但是這些目標(通常與公司的獲利、成長與生存有關)尚未包括某些特殊的目標且未考慮時間因素所造成之變化。一般公司會追求這些特殊的目標，但可能從未達成這些目標。這些目標通常可給予公司一個發展的方向，但並不會成爲衡量公司營運成效的指標，功能性的目標才有辦法成爲營運成效的指標[1]。

本章第一部分聚焦於長期目標，亦即一家公司在一段期間內所想要達成的目標，而這個期間通常是指三至五年的時間，第二部分則探討總公司策略以及策略的形成，在閱讀本章之後，將可瞭解如何藉由長期目標來引導公司的行動計畫以達成目標。

本章有兩個主要部分：(1)討論長期目標的概念與細節，以及其所應包括的主題，以及其所應具備之品質；(2)討論公司總目標的概念以及陳述公司常使用的 15 種主要總公司策略，其中包括 3 種最常使用而且可增加公司全球競爭力的選項。

7.1 長期目標

策略管理者應該理解將短期利益最大化並非維持公司長期成長與獲利的最佳途徑。有這樣一句老格言：「將食物施予貧窮人，他們會吃掉但仍然貧窮；但如果給予他們種子與工具，並教導他們如何耕種，則將可使貧窮人永遠翻身」。一位決策者同樣面臨類似的情境：

1. 他應該吃掉種子來增加短期獲利，或在景氣低迷時，藉由裁員或削減研發費用等節流手段來維持股利？
2. 或是他應該將種子撒下，藉由再投資獲得成長的機會，或給予員工再訓練，或是增加廣告費用來收割未來長期的獲利？

對於多數的決策者而言，這個問題的答案是顯而易見的——發放部分的獲利，但將大部分的利潤作爲播撒的種子以求取未來長期發展的可能性，這樣的選擇是最常用而且最爲理性的策略。

爲求公司長期發展的榮景，策略規劃人員從七個層面建立其長期目標：

1. 獲利能力

一家公司長期的發展維繫於公司必須保持一個可接受的獲利能力，一家重視策略管理的公司必然會制定其獲利目標，通常以每股盈餘(EPS)或股東權益報酬率做爲指標。

---

1 「目標」一詞在原文中有使用 *goal* 及 *object*，各用以傳達特殊意涵，其中 goal 指較不具體、較廣泛的概念。

2. 生產力

決策者永遠會嘗試增加內部生產線或制度的生產力。公司若能改進「投入—產出」之間的關係，則通常都能增加獲利。因此，公司總是會強調以生產力爲中心的目標，通常用於生產力的指標，是平均每單位投入所生產出來的數量或是服務的數目。但是生產力目標則常以節省成本的方式來表達，例如：瑕疵品減少的數量，或是因顧客抱怨而導致訴訟的數量等，在相同的單位產出下，達成生產力目標也可增加獲利。

3. 競爭地位

衡量公司成功的另一個指標是掌握市場的能力，規模較大的公司通常以競爭地位表示目標，亦即在市場上的總銷貨量或市場占有率做爲指標，公司所設定的競爭地位目標可顯示該公司長期目標的優先順序。例如：美國海灣石油公司(Gulf Oil)所設定的五年目標是將高密度聚丙烯的產量從第三位提升至第二位，在此案例中，總銷售量是衡量的指標。

4. 員工發展性

員工看重教育訓練的機會，原因之一是此舉可增加薪資並使工作更穩定。公司提供這種機會可提高員工生產力並減少流動率。因此策略主管通常也將員工的發展性做爲其長期發展目標。例如：PPG 塗料公司設定訓練擁有高度技術與彈性的員工爲目標，因而使得其員工穩定而且減少所需人力。

5. 員工關係

不論員工是否受僱用契約的約束，公司都應該尋求與員工良好的關係，優秀的策略家應預先瞭解員工的需求與期望，因爲員工的生產力與員工對公司的忠誠度以及管理者是否考慮其利益是呈現高度相關的。因此決策者應設立增進與員工關係的目標，這類目標可用員工的保險，或是讓員工代表出席管理階層的會議或是股票選擇權等方式衡量之。

6. 技術領先地位

公司必須決定要成爲市場的追隨者或是領導者，任一選擇都能造就一家成功的公司，但不同的選擇應有不同的策略方法。因此許多公司設定技術領先地位的目標，例如：美國的 Caterpillar 公司在許久以前即設定其在大型推土機以創新技術的方式進而創造了良好的商譽與領導地位。企業內處理有關電子商務的幹部，未來在管理階層中將具有重要的決策角色。這樣的趨勢顯示網際網路在企業設定長期目標時，將成爲整合各部門的工具。賦予企業內處理資訊的主管更多責任，即表示該企業企圖以電腦網路的高科技技術來追求市場上的領先地位。奇異電器與達美航空的電子商務主管即成功的做到他們可以藉由科技降低業務成本。顯然，這些高科技可以將企業原料供應商與消費者緊緊的串聯起來，於是企業就可因科技增加其供應鏈的效率而提高其競爭力。

7. 公共責任

公司管理階層必須認同且知覺到他們對消費者與社會，均負有極大責任，事實上有許多公司早就超越政府的要求了。因此他們不僅尋求以合理的價格與服務來建立公司的聲譽，並且將其公司造就成爲一家負責任的企業公民，例如：參與社會捐贈、弱勢族群的教育與訓練以及公共與政治活動等目標。爲表達其在美國所應有的公共責任，一些日本公司，包括豐田汽車、日立電器、松下電器等，每年捐贈 5 億美元於美國的教育計畫、公益，以及非營利機構。

7.1.1 長期目標的品質

如何區分目標的優劣？具有何種品質的目標有較大的達成機會？這些問題可由設定長期目標的五個衡量指標來回答：彈性、是否可衡量、激勵、適當度以及是否易於瞭解。

1. 彈性

公司無法完全預見未來經營環境的變化，因此設立的目標應該可轉變以適應這些變化，然而不幸的是，當目標愈明確時，維持彈性的費用也愈高，使彈性具有最小的負面影響的方法之一是允許目標可在「層次」上調整，而不是在目標的「本質」上調整，例如：人事部門原本計畫在未來 5 年，每年訓練 15 位管理幹部，可在每年訓練的人數上調整。

2. 可衡量的

目標應要能清楚且具體地說明達成什麼跟何時達成。因此目標應可隨著時間推移來進行衡量。例如：「持續性地改善投資報酬率」這個目標較佳的陳述應該是「一年內至少提高紙類產品線的投資報酬率 1%，並於接下來的三年提高到 5%」。澳洲保險公司(IAG)就是一個很好的範例，該公司提供了一系列商業以及個人保險的商品，IAG 說明了 2008 年的財務目標爲：股東權益報酬率必須是加權平均資金成本的 1.5 倍。

3. 有激勵效果的

當目標設定在動機層次時，人們會更有生產力——一個具挑戰性，但又不至於高到讓人感到挫折，或低到很容易就可達成的目標。問題在於個人和團體對什麼叫做「高」的認知會有所差異。一個挑戰團體的概略目標，可能使另一個感到挫折，或讓人感到沒有興趣。實用的建議是，應對個別團體量身訂制目標。發展此類目標需要時間與投入，但這種目標會更具有動機性。

目標必須是可達成的，這件事說比做容易。間接與營運環境的混亂與變動會影響公司的內部營運，造成不確定性並限制了策略管理當局目標設定的準確度。例如，美國 2007-2009 年快速衰退的經濟使目標設定異常困難，特別是在銷售規劃的部分。

Motorola 對於建置公司目標相當在行，Motorola 發現在 1996 年到 2001 年這段期間，公司手機的市佔率由 26%掉到 14%，其主要競爭對手 Nokia 侵蝕了這一塊市場。於是 Motorola 擬定策略進行市場重新定位，執行長列出了以下的長期目標要求公司達成：

(1) 一年內，刪減銷售行銷以及行政管理費用，由 24 億美元降至 16 億美元。

(2) 兩年內，毛利率由 20%提高為 27%。

(3) 三年內，Motorola 電話的型式由 84%降為 20%，矽元件的數量由 82%提高到 100%。

4. 合適的

目標必須符合廠商表達於任務說明書中的概略方向。每一個目標應該都要能一步一步接近總體目標的完成。事實上，與公司任務不一致的目標會破壞公司的意圖。例如，假設任務是具成長導向的，但設定了一個降低資產負債比率到 1 的目標，就很有可能是不適當而且會產生不良結果的。

5. 可了解的

所有層級的策略管理者都必須了解要完成什麼。他們也必須了解用以衡量其績效表現的主要準則。因此，目標應該陳述得讓目標接受者完全了解，就像他們是訂定目標的人一樣。思考這個可能會造成誤解的目標：「在兩年間提高信用卡部門的生產力 20%」，這個目標的意思是什麼？提高發卡數目？提高卡片的使用？提高員工的工作負荷？促進每年生產力的收獲？或希望在兩年內批准一批能改善生產力的新電腦輔助系統？就如這個簡單的例子所描述的，目標應該要清楚、有意義而且不籠統。

7.1.2 平衡計分卡

平衡計分卡
是連結公司策略的一組衡量方法，包括：財務績效、顧客知識、內部企業流程與學習和成長。

平衡計分卡是直接連結公司策略的一組衡量方法，它指引公司將其長期策略連結到實體目標和行動上，平衡計分卡從四個方面來評估公司績效：財務績效、顧客知識、內部企業流程與學習和成長。

平衡計分卡如圖表 7.1 所示，包括公司願景與策略的簡明定義。環繞在願景與策略的是另外的四個區塊；每個區塊都包含了四個觀點，其中個別觀點的目標、量度、指標與行動說明如下：

- 圖表 7.1 上方的區塊代表財務觀點，並回答了這個問題「為了獲得財務上的成功，我們對股東應如何表現？」
- 右方的區塊代表內部公司流程觀點，並針對「為滿足我們的股東和顧客，公司流程應該如何改善？」這個問題進行探討。
- 學習與成長區塊在圖表 7.1 的下方，回答了這個問題「為達到我們的願景，我們要如何維持能力、改變或是改進？」
- 左方的區塊反應了顧客的觀點，並回應了這個問題「為達到我們的願景，我們該如何呈現給顧客？」

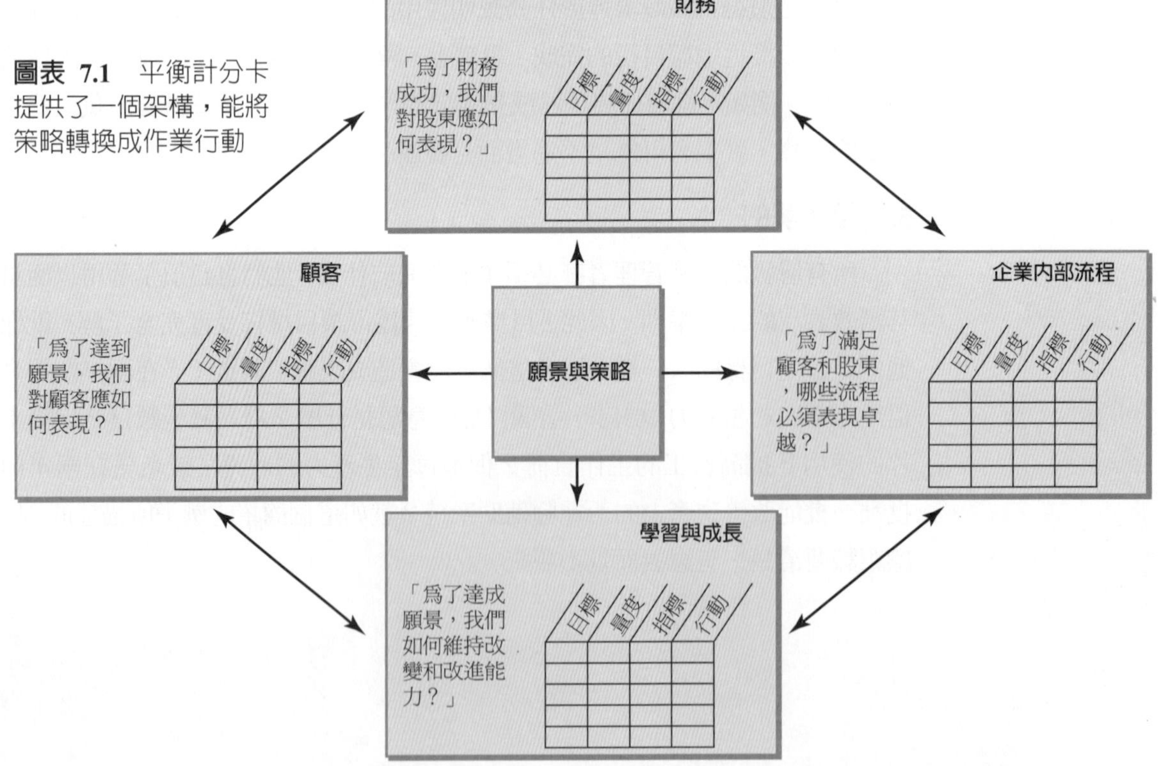

圖表 7.1 平衡計分卡提供了一個架構，能將策略轉換成作業行動

資料來源：Reprinted by permission of Harvard Business Review. Exhibit from "Using the Balanced Scorecard as a Strategic Management System," by Robert S. Kaplan and David P. Norton, February 1996.

所有以箭號聯繫的區塊表示，四個觀點的目標與衡量方法都有導致策略成敗的因果關係。達成某個觀點的指標會引起另一個觀點改進的需求，如此循環，直到公司績效整體提升爲止。

平衡計分卡架構的特性平衡了短期與長期的衡量方法；財務與非財務衡量方法；以及內部和外部績效的觀點。

平衡計分卡可以做爲組織架構中核心且重要的管理流程系統。Chemical Bank 以及 Mobil Corporation 的美國行銷與查核部門，與 CIGNA 保險公司都運用了平衡計分卡方法來協助個人與團體目標(goal)設定、薪酬、資源配置、預算與計畫，和策略回饋與學習。

7.2 一般策略

以具體的長期策略而言，許多計畫專家都相信如果想要落實企業的經營哲學，則公司必須清楚的宣示其任務，而且這些任務必須能夠轉換成爲動態策略取向的描述，但是要變成動態的概念就必須將任務轉化成爲具體的長期目標。換言之，長期或總公司策略必須基於企業如何在某個市場與對手競爭的核心概念上。

一般策略
公司如何在市場上競爭的核心想法。

這個核心概念俗稱爲**一般策略**(generic strategy)。根據 Michael Porter 所發展的理論，許多規劃者相信，任何長期策略都是公司在下列三個一般性策略的基礎之下，意圖尋找競爭優勢，所衍生出來的：

1. 致力於成爲產業中的低成本領導(low-cost leadership)。
2. 透過差異化(differentiation)，爲需求多變的顧客群組創造市場獨特的產品。
3. 針對消費者或工業買方中任何一個或多個團體投其所好，集中火力經營該市場，當然在集中化經營的過程中也可運用低成本領導或差異化的概念。

一般策略的擁護者相信，執行這三種策略選擇方案之後，企業都能產出高於同業的平均報酬率。不管如何，從很多不同的角度來看，這三種策略都有成功的機會。

7.2.1 低成本的優勢

低成本領導者(low-cost leader)有賴某些相當獨特的能耐來達成並維持其低成本地位。在物料短缺時還能有穩定的供應商，優勢市場占有率的地位，或擁有大規模的資本額。低成本的生產者往往在成本壓低與效率方面有過人之處。他們規模經濟最大化、實施壓縮成本的技術、注重壓低經常費用與一般管理費用，並運用大量的銷售技巧來將其獲利曲線往上推動。

低成本領導者能夠運用其成本優勢以訂定較低售價或享受更高的獲利率。這樣做，公司將能夠在價格戰中有效地保護自己，並且在價格上攻擊競爭者取得市場占有率，如果已在產業中占有優勢，則更容易從預期的報酬中獲利。如同 National Can 這個廣受討論的極端案例一樣，在蕭條產業中的公司，卻能透過低成本生產策略，產生吸引力與改善獲利。

許多企業採取低成本策略而獲得成功像沃爾瑪與 Target 就是很好的例子，然而，不斷的降低成本將迫使公司在產品與服務等關鍵屬性上妥協，但是 IAG 就是一家能夠成功兼顧低成本策略與品質的企業，公司執行長 Michael Wilkins 在其任務說明書中就已經明確的表達公司的管理哲學主要是採取低成本策略的原則，並說道：「IAG 的規模很大，可以使得管理者有效的管理成本，並透過橫跨不同的品牌在供應鏈上取得大規模所得到的折扣，但是品質卻沒有因此而打折扣」。

7.2.2 差異化

仰賴差異化的策略計畫以獨特的產品屬性吸引具特殊情感的消費者。公司試著以強調高於其他產品品質的屬性來建立顧客忠誠度。此類忠誠度往往能轉變成公司的能耐，並爲其產品索取高價。Cross-brand 的筆、Brooks Brother 的服飾、Porsche 的汽車，與 Chivas Regal Scotch 威士忌酒都是例子。

透過所要傳達的卓越形象、特別吸引人的部分，與支援的服務網路，產品屬性也能夠成爲行銷通路。當一位成功差異化公司的顧客沒有注意到大量的產品是可以交換的，那麼這些屬性的重要性將會造成競爭者在進入市場時，經常要面對「知覺」(perceptual)障礙。例如 General Motors 希望顧客能接受「只有眞正 GM 的替代零件」。

因爲廣告對於公司的長期發展以及品牌差異化扮演重要的角色，所以許多策略專家會建議採用名人代言來代表公司。這些名人代言常常會找演員、模特兒以及運動員，爲公司產品注入普及、成功、現代、時尚以及紀念性的元素。

7.2.3 集中化

集中化策略不限定於低成本基礎或差異化基礎，而是致力於特殊市場區隔的需求。這一類的區隔市場，吸引了容易接近的市場、「典型」的顧客，或對產品只有某一用途的顧客。推動集中化策略的公司會樂意服務孤立的地理區位；滿足顧客特殊的財務、投資，或維修問題的需要；或爲少量顧客的某些獨特需求製訂產品。集中化公司的利潤來自於其願意服務其他人忽視或無法察覺的顧客區隔。最經典的例子就是有線電視。由於有線業者願意爲被傳統電視服務業者忽視的鄉村地區服務，因此一個全新的產業因而誕生。生產磚塊的業者通常只送貨到半徑 100 哩內的地區，而以通勤爲主的航空公司只飛航往來於

「以所在地爲中心」的地理區域，這些都是爲什麼集中化策略的廠商，往往能創造出高於產業平均利潤的例子。

每一個能讓公司競爭優勢最大化的一般策略，同時也會讓公司曝露在一些競爭風險之下。例如，低成本領導策略會擔心競爭者開發另一個降低成本的技術；差異化廠商會擔心模仿者；而集中化公司會害怕其目標市場的顧客被其他公司入侵。

7.3 價值修練(the value disciplines)

國際管理顧問 Michael Treacy 與 Fred Wiersema 研究了一套可以取代一般競爭策略的方法，他們稱之爲「價值修練」(value disciplines)[2]。他們認爲可以透過三種價值修練來傳遞最優質的價值給顧客，而且這也是策略的核心，這三種修練分別是：「完美營運」(operational excellence)、「滿足顧客需要」(customer intimacy)、「產品領導地位」(product leadership)。

所謂的「完美營運」是指在合理的價格之下提供顧客便利而且可信賴的產品與服務；「滿足顧客需要」則是指提供利基市場所需要的需求，並且完全滿足他們；「產品領導地位」第三項修練，則是指提供顧客最頂尖的產品與服務，使得對手束手無策。

公司只要能滿足上述三項原則之一，而其他兩項在產業內維持一般的水準，就可以在該市場上成爲領導者，這主要是因爲公司能夠專注在某一項修練，而且其他營運部門都能夠全力配合所致。一旦決定了要傳達給顧客的價值之後，公司更能夠明確的瞭解如何達成最終的結果。組織如果轉型專注於某一項修練，公司更能進行漸進式的調整來創造漸進式的價值。爲了達成這項優勢，平常比較沒有焦點的公司應該進行更大的改革，領導人更應該深入思考如何進行相關的修練。

7.3.1 完美營運

「完美營運」是一種較爲特殊的策略取向，專注在如何生產與傳遞產品及服務。如果某一家公司是採取這樣的策略，則公司本身必須創造精簡而且有效率的營運模式，提供價位合理且能滿足便利需求的模式，使公司在產業內能崢嶸頭角。此外，公司所聘任的作業人員必須善於將成本極小化，使得企業流程能夠跨功能、跨組織疆界並達到最佳化的境界。而成本極小化是將不必要的管銷費用、交易成本與生產過程成本消除。因此這項策略的重點在於：以最有競爭力的價格與最方便顧客的做法傳遞產品與服務。

2　本節所述之概念及例子取自 Michael Treacy 及 Fred Wiersema 的"Customer Intimacy and Other Value Disciplines," *Harvard Business Review* 71, no.1 (1993), pp. 84–94.

GE 的大型家電事業也是採取「完美營運」的策略，根據過去的經驗，大型家電的通路策略都是依賴商家來決定其存貨，價格是否有降價的空間則完全視訂購量而定。然而，由於市場競爭激烈，特別是多國籍品牌的競爭(例如 Sears)更讓 GE 不得不審慎以對，所以 GE 後來決定必須修正其生產與配銷的計畫。

GE 系統強調產品的遞送，而且它們認爲這是組織追求卓越的一個環節，GE 後來建置了一套「電腦化後勤系統」來取代原有的「商店存貨模式」。零售商可以透過這一套軟體二十四小時線上訂貨，而且都是在 GE 最好價格的情況之下成交的。這一套系統使得商家更能夠滿足顧客的需求，而且能夠同步取得批發商商品的資訊以及精確的運輸與生產訊息，GE 也同樣從交易中獲利。當製造商對於顧客的銷售有所回應的時候效率就顯著的提高了。當批發與配銷系統相當有效率在提升配送能力的時候，在美國大約有九成的運送時間不會超過一天。

公司在執行「完美營運」的策略時，通常會修正運送的流程以提高企業的效率與可靠度，而且運用尖端的資訊系統將有助於整合所有低成本的交易。

7.3.2 滿足顧客需要

當公司執行「顧客至上」策略的時候，它們必須隨時修正產品與服務來配合隨時在變動的顧客需求。企業如果重視「顧客至上」的概念，則它們應該具備有關顧客的豐富知識以及營運的彈性。如果有需要的話，公司可以隨時反應，因爲客製化的產品能夠滿足特殊的需求並創造顧客的忠誠度。

重視「顧客至上」的公司願意花大把的鈔票來建立顧客長期的忠誠度，並且考慮顧客終生對於公司的價值，而不是每一項單筆的交易。因此，身處在重視顧客需要的公司，員工願意花較長的時間來提高顧客的滿意度，而不會在乎最初所花費的成本。

Home Depot 執行「顧客至上」的策略，Home Depot 的職員會花需要的時間在顧客身上，並決定哪一類產品最適合某些顧客。因爲公司的事業部策略就是建立在銷售資訊與服務上，因此消費者會關心 Home Depot 市場以外的價格。

致力於「顧客至上」需求的公司將會瞭解「利潤與單筆交易之間」的關係不同於「利潤與每位員工終其一生之間」的關係。公司的獲利能力將依附在它所維護的某一個系統上，而且這一套系統具有相當高的差異化，並且能夠精確的提供顧客所需的服務，而公司的收益會有一部分作爲贊助之用。運用這項方法的公司認爲並非所有的客戶都可以獲得相同的利潤。舉例來說：有一家財務服務公司建置了一套電腦電話系統，當系統見到電話號碼的時候就可以很快的辨識是哪一位客戶，而且可以透過帳戶的交易量與戶頭內金錢的多寡來判斷是新戶還是舊戶。當電話接通之後，所有顧客的資料都會顯示在螢幕之前。

這一套系統使得公司能夠有效率的區隔其服務，例如如果有一些客戶對於某些金融工具特別感興趣，則公司會將他們劃分爲同一群，代表他們適合某種金融工具。這爲公司節省了許多費用，因爲它們不必花錢訓練所有的員工熟悉各種財務服務。此外，公司還應該針對某些特殊的群體與顧客創造一些有附加價值的服務或產品。

企業如果選擇了「滿足顧客需要」的策略，則公司必須不斷的強調彈性與回應，因爲它們必須蒐集並分析大量的資料，組織結構也應該強調授權員工接近顧客。此外，公司的任用與訓練方案更應該重視決策的技巧以滿足顧客個人的需求。進行這一項管理系統與概念的公司必須相當重視「顧客終生價值」、「員工間一致的行爲規範」以及「顧客永遠是對的」等思維。

7.3.3 產品領導地位

當公司執行「產品領導地位」策略的時候，其做法是致力於生產一系列頂尖的產品或是服務，達到這項目標必須面臨三種挑戰。第一種挑戰是創造力，這裡所謂的創造力是指吸收公司以外的新概念並進行整合與組織；第二，創新型的公司應該能夠將概念迅速的商業化，因此，他們的管理流程必須進行再造並強調速度。產品經理也無時無刻在尋找問題的新解答；最後，運用此策略的公司比較強調持續性的改善，以防止競爭者進入市場競爭。因此，產品經理不會自我滿足，他們會不斷的進行持續性改善。

例如 Johnson & Johnson 的組織設計有助於產生以及發展新的創意，而且會不斷尋找新的改善途徑。1983 年，Johnson & Johnson Vistakon 公司是專門製造隱形眼鏡的企業，後來這一家公司接受一位眼科醫師的建議，想出一種製造可拋棄隱形眼鏡的方法，而且成本不高。Vistakon 的總裁接受了 Johnson & Johnson 不同子公司員工的建議。接受了這些建議之後，執行長購買該科技的所有權，並組織一支管理團隊以及新產品開發團隊來監督新產品的開發。並且在佛羅里達購置了最先進的設備來製造可拋棄隱形眼鏡，稱之為 Acuvue。Vistakon 與其母公司 Johnson & Johnson 在單鏡賣出之前，它們願意支付高額的製造成本與存貨成本。快速的生產製造設備將替 Vistakon 節省六個月的時間。

就如其他的生產領導者一樣，Johnson & Johnson 創造並維持了一個鼓勵員工創造概念的環境。此外，產品領導者持續偵測環境，並評估新產品與新服務開發的可能性以便決定是否投入資金。此外，產品領導者也盡量避免過度官僚化，因官僚化只會使得溝通觀念過於緩慢。在產品領導的公司，決定過慢的傷害或許大過於決定錯誤。因此，管理者決策必須迅速，公司常鼓勵員工「今天決策，明日執行」。產品領導者常常不斷的追尋新方法來縮短它們的前置時間。

產品領導者的強處在於面對情境時能夠及時反應，縮短反應時間有助於企業處理未知的事務。舉例來說：若競爭者質疑 Acuvue 隱形眼鏡的安全性，公司就應該立即做出回應，並且提供佐證資料來證明公司本身對保護眼睛的專業性，這樣的做法在市場上獲得很好的評價，同時也在市場上創造了很好的商譽。

有時候產品領導者本身就是自己的競爭者，由於公司不斷的開發新產品與服務，因此這些新產品會使過去的產品變得過時。產品領導者相信如果本身沒有開發成功，其他的競爭者將會取而代之。所以，雖然 Acuvue 在市場上是成功的，但是 Vistakon 仍然會繼續開發隱形眼鏡的技術，而現存的技術也就會更顯得過時。Johnson & Johnson 與其他的創新者認為現存的產品與服務長期的獲利能力並不是那麼重要，公司產品未來是否能夠維持產品的領導優勢似乎是比較重要的。

7.4 總公司策略

總公司策略
說明完成長期目標的期限，而且涵蓋企業達成目標的步驟與方法。

總公司策略提供策略規劃的基本方向，而且持續協調與付出以達成長期目標的基礎。

本節包括兩個主題：(1)列出並討論策略規劃者所必須考量的 15 種總公司策略；(2)如何在許多方案中選擇最佳的總公司策略。

總公司策略指出完成長期目標的期限，而且涵蓋了企業達成目標的步驟與方法。

15 種策略分別是：集中化成長、市場發展、創新、水平整合、垂直整合、集中式多角化、複合式多角化、再生策略、撤資、清算、破產、合資、策略聯盟以及聯盟。以上任一策略均可能成為達成企業長期目標的基礎，當企業之組成包含數種不同的工業或商業領域時，不同種類的生產線或是不同的消費群——正如同許多企業——通常會整合許多總公司策略。為了使敘述更為清楚，在本節中每一項策略均分別解釋並舉例說明這些策略的優缺點。

7.4.1 集中化成長

曾經有許多企業認為達成企業成長的最佳方式是合併，卻最後成為企業急速擴張的受難者。有許多企業，如：Martin-Marietta、肯德基、康柏(Compaq)，雅芳、Hyatt Legal Services 以及 Tenant，反其道而行，採用不同的策略。這些案例已證明集中化成長策略有助於企業的發展。

集中化成長
此策略就是企業使用單一的領先技術將其資源投注於某項可產生利潤的單一產品與單一市場。

這些企業僅是美國集中化成長策略的一小部分，**集中化成長**策略就是企業運用單一領先技術，將其資源投注於某項可產生利潤的單一產品與單一市場。這種方法通常又稱為市場滲透，其基礎是企業將其專業技術完全運用於特定的市場上。

1. 集中化使企業營運更具績效的理由

集中化成長策略可提高績效。這種策略具有以下特徵：企業更具評估市場需求、消費者行爲、顧客對價格接受度等項目的能力。相較於企業所面對的外在環境變動，這些企業核心能力對於是否能選擇成功的企業才是更重要的因素。新產品是否能迅速成功，取決於新產品是否需使用在企業不熟悉的領域上，例如：新的消費群及市場，或必須使用新的技術，建立新的通路以及面對新的競爭對手等。

一般人對集中化成長策略的誤解是：這種策略會使企業安於現狀或是毫無成長。但是當企業正確的使用這種策略時，這個觀念是不正確的，採用這種策略的企業其成長來自於其在最熟悉的市場中建立競爭力，亦即集中全力提高生產力，增加該產品市場的占有率，以及更有效的運用其擁有的技術。

2. 有利於集中化成長的條件

企業所處的某些特定環境有利於集中化成長策略的推動。第一，當企業所處的產業排斥採用新技術時，例如當產品已處於生命週期的成熟期，而產品需求已趨於穩定，資金需求高的產業。造紙業所使用的機器已有一百餘年未變動，其基本設計即是一個鮮明的例子。

另一個有利於集中化成長的條件是：當企業所專注的市場尚未飽和，若市場內仍留有空隙，則企業可藉由進佔此空隙追求成長。Allstate 和 Amoco 兩家公司針對遊客所推出的服務顯示，即使像 AAA 這種在汽車會員服務占有領先地位的公司也無法將汽車會員的市場一網打盡。

第三種情形是當企業的產品在市場上有明顯的區隔，因此其他擁有類似產品的企業也不易搶奪這個市場。美國在重機械市場有兩大公司 John Deere 和 Caterpillar。John Deere 原本專業於農機市場，當其計畫進入營建業所使用的重機械，如推土機的市場，Caterpillar 警告 John Deere 如果該公司如此做，Caterpillar 將以搶佔 John Deere 的農機市場做爲報復。John Deere 立刻決定將新計畫擲諸腦後，因爲打價格戰的風險太大了。

第四種有利的條件是當企業原料的來源很穩定時。馬里蘭州 Giant Foods 之所以能夠將其事業集中在日常用品的市場上，主要得利於與原料供應商有長期穩定的合作關係，事實上這些原料供應商本身也有全球性的知名產品，而且與 Giant Foods 的產品競爭。但由於 Giant Foods 的產品市占率較高而且擁有零售商的通路，於是與 Giant Foods 約定供應該公司一年穩定的原料。

穩定的市場也有利於集中化成長——然而沒有季節性或循環性變化的市場通常會使企業經營的觸角多樣化。Night Owl Security(保全公司)爲哥倫比亞特區的市場領導者，提供住家保全的服務，與顧客所簽合約，一簽即爲四年。

在都市中，高所得者一般對產品的忠誠度不會很高，因此能夠與顧客維繫如此長期的關係十分不容易。當原顧客搬離後，Night Owl 高度重視後續搬進的住戶，並取得該住戶將原有合約展期或是更新。藉此，Night Owl 的集中化成長策略更加成功，藉由類似的方法，Lands' End 請顧客提供居住海外且願意接到型錄的朋友與親戚的姓名與地址，以補強其集中化成長策略。

藉由生產效率與掌握通路等競爭上的優勢也可享受集中化成長。這些優勢使企業得以研擬有利的價格策略，更有效率的生產方法與較佳的配銷手法，可使企業達到更大規模的規模經濟並且使企業與市場共生，其結果使企業的產品在消費者心目中有更高的評價 Graniteville Company 是一家位於南卡羅來納的大型紡織企業，該公司因採用以「追隨者」的策略作爲其集中化成長策略的一環而享有數十年的獲利成長。這家公司只生產市場需求已穩定的紡織品，同時在產品中強調能反應該公司創新技術的特徵，因此 Graniteville 一直能保持公司的榮景。

最後，主張滿足市場各種需求者的成功也創造了集中化成長的條件，當持有這種主張的人使能滿足大眾需求，他們必然會避免生產針對特定消費群的特定產品。因此當這些人掌握了廣大的市場時，必然也留下一些小空間，使得那些願意生產特定產品的公司得以填補這些小空間。例如：Home Depot 是五金材料的連鎖店，其本業主要提供居家修理 DIY 的工具。該公司就已經考慮到這個市場中仍有一些半專業與初學者的需求，從較專業的角度來談，就是這個市場應考慮購買者修理房屋的技能，以及這些五金材料是否能針對這些不同的個人滿足其需求。圖表 7.2「頂尖策略家」一節說明了 BNSF 的執行長 Matthew Rose 如何透過集中化成長策略在鐵路產業獲得成功。

頂尖策略家

圖表 7.2

BNSF 的執行長 Matthew Rose 採取集中化成長策略

在鐵路網絡日益壅塞的現代，BNSF 的執行長 Matthew Rose 採取集中化成長策略透過科技來改善營運效率，就這個產業來說策略規劃是相當關鍵的，因為鐵路總噸數在 2008 年到 2035 年之間預期會成長 88%，而到 2008 年為止鐵路的產能利用率也將滿載。如果錯失這個提高產能的機會，將造成鐵路壅塞、發生不安全的意外，甚至會造成乘客轉向其他的運輸管道如貨運。

BNSF 的集中成長策略需要高度的協調，主要是因為他們將軌道車的所有權移轉至第三方托運人，放棄軌道車以改善顧客服務主要是因為第三方托運人能夠更有效率的管理那些資產，自從脫離了管理軌道車營運的營運模式之後，BNSF 更專注的改善整體的網絡利用效能，運用集中化成長策略最具體的投資就是購買衛星電腦，並藉此改善所有的運籌及後勤相關作業，使所有的火車都被充分運用。除此之外，BNSF 運用 10,000 ft 的火車以增加規模經濟，並載運西海岸港口日益增加的運量。

在高競爭的產業中透過提升營運效率以維持品質並吸引顧客提高其使用率，高品質的服務使得 BNSF 免於價格的壓力並且能夠投資在策略的定位上，誠如執行長所解釋：「高的報酬使我們能夠繼續在速度與效率上持續投資，因此我們有辦法滿足更多顧客或是國家的需求」*。

資料來源：Matthew K. Rose, "Executive Commentary," *The Journal of Commerce*, January 2008, p.116; and Bill Mongelluzzo, "Long Hauls BNSF Breaks the 10,000-Foot Barrier with Intermodal Trains," *The Journal of Commerce*, October 6, 2008, p.30.
* Matthew K. Rose, "Executive Commentary," *The Journal of Commerce*, January 2008, p.116 .

3. 集中化成長的風險與回報

在環境穩定的條件下，集中化成長所面對的風險低於其他總公司策略。但是，在變動的環境中，企業必須面對較高的風險。最大的風險來自於單一的產品使得企業在變動的市場中顯得特別脆弱，當市場的成長趨緩時，由於企業的投資、競爭力和技術均與該市場緊密相關，此時企業將處於險境之中。對於這種企業而言，市場的退化、替代產品出現或是生產技術重大變革乃至於顧客需求改變，均使其無法在短期內完成改變，例如：當 IBM 採用 OS/2 做爲其個人電腦的操作系統時，複製 IBM 電腦的公司因無法跟上這項改變，而面臨環境重大改變的問題，這改變使得複製公司過時。

企業採用資源集中於某個特定產業，尤其無法因應該產業在經濟環境上的變動。例如 Mack Truck 是美國第二大卡車製造公司，當卡車市場經歷了 18 個月的蕭條之後，該公司損失了 2 千萬美元。

專注於某一特定市場使得採用集中化策略的企業對於未來的趨勢，較其他競爭者更加敏感，但是當這種企業無法正確預測未來的趨勢時，就會導致該企業重大的損失。例如：當 Swatch、Guess 以及其他在鐘錶產業居於領先地位的企業開始競爭低價電子錶的市場時，許多原來佔據這個市場的製造商因無法面對這樣的挑戰，而不得不宣告破產。

由於必須停留在特定產品的市場，集中化策略的企業容易忽略其他可能使公司獲利的機會，而使得企業必須面對較高的機會成本。過度強調特定的技術與產品市場，將不利於公司進入某個嶄新且成長快速的市場，而且成本效益之間的兩難關係也不容易掌控。如果蘋果電腦過分堅持生產與 IBM 電腦不相關的產品，則蘋果電腦將會失去被採用的機會，後來被證明爲最具獲利能力之策略機會。

4. 集中化成長通常是最主要的選項

採用集中化策略使得企業享有豐碩回報的案例不勝枚舉，例如麥當勞、固特異與蘋果電腦都曾使用其第一手知識，深入某種特定產品並在該市場中成爲有力的競爭者。事實上，當小型企業不斷的增進其在市場上的地位時，採用集中化成長策略更容易獲致成功。

使用這種策略所需的資源不多，而且其涉及的風險也不算高，因此對於資金有限的企業而言，這種策略更具吸引力。例如：John Deere 僅是一個本業爲農機的中型企業，但經由詳細策劃的集中化成長策略，該公司在農機產業中卻可與福特汽車相提並論。正當其他生產農業機具的企業淡出或是積極使其產品多樣化的時候，John Deere 卻投資 20 億美元於改進其產品，增加其機具的效率，並引進強調其經銷系統的計畫。由於這種集中化的策略，儘管福特車的規模是 John Deere 的 10 倍，但 John Deere 在農機產業中仍居於領先地位。

總而言之，選用集中化成長策略的企業將其可用資源用於特定產品與市場，以及專注於其本業來獲得利潤的成長。當企業停留於其所選擇的市場時，方能善用其技術與對該市場的了解，因此能避免因產品多樣化所導致的風險，本策略成功的因素在於企業必須善用其對該產品所需之技術與對消費者的深層了解以創造其競爭優勢。當企業在這些層面績效較佳時，將有助於該企業在市場上獲致成功。

在總公司策略下的集中化策略可包容不同的實際運作方式。廣泛言之，企業可藉由增加現有客源的消費，吸引競爭者所掌握的客戶，或是將產品賣給原本不使用該產品的人，以增加其市場占有率。這些運作方式又包含各種更明確的運作選擇，這些選擇詳見圖表 7.3。

當策略管理者預期現有產品與市場無法支持公司達成其願景時，他們有兩個必須投入與承擔適度成本與風險的選擇：市場發展與產品發展。

圖表 7.3 在集中化、市場發展和產品發展的總公司策略下之具體方案

集中化：

1. 增加現有目前顧客使用率：
   a. 增加購買率
   b. 增加產品汰換率
   c. 廣告的使用
   d. 降低價格來促銷
2. 吸引競爭者的顧客：
   a. 增加通路
   b. 建立品牌差異化
   c. 一開始就採取低價策略
3. 吸引未曾使用產品的顧客：
   a. 透過樣品、降價來提高買氣

b. 提高價格或是降低價格
c. 廣告促銷

市場發展：
1. 發展新市場：
   a. 區域擴張
   b. 國家擴張
   c. 國際化擴張
2. 吸引其他市場區隔：
   a. 發展各種產品
   b. 進入其他管道
   c. 廣告宣傳

產品發展：
1. 發展新產品：
   a. 順應 (其他想法、發展)
   b. 重新修正產品 (改變顏色、動作、聲音、樣式、外形)
   c. 擴大 (放大) 功能
   d. 縮小功能
   e. 替代
   f. 重新安排 (組成要素).
   g. 廢棄
   h. 結合
2. 發展產品品質差異性
3. 發展新規模

資料來源：摘自 Philip Kotler and Kevin Keller, Marketing Management, 12th Edition, 2006. Reprinted by permission of Pearson Education, Upper Saddle River, NJ.

7.4.2 市場發展

市場發展
總公司策略之一，主要在行銷目前的產品，通常是透過修正產品的作法來服務現有的顧客。

若從最低成本與最低風險來檢驗 15 種總公司策略，**市場發展**策略通常排在第二順位。此含括了現有商品的行銷，伴隨而來的可能有增加商品銷售通路、改變廣告或促銷的內容。幾個特定的市場發展方法分別列在圖表 7.3。舉例而言，如圖表所建議，該企業往往藉由在新的城市、州或者國家設立分公司來實施市場發展策略；同樣的，公司可能藉由廣告移轉，從商業刊物廣告移到報紙廣告，來執行市場發展策略；亦或藉由批發商的增加來支援企業郵購的銷售成果。

市場發展策略使得企業藉由現有產品重新界定新用途，和藉由新的人口統計變數、心理或地理區隔變數之再界定，來協助企業順利地執行集中化成長策略。經常改變媒體的選擇、促銷手法和配銷方法都是相當有用的方法。當 Du Pont 發現最初警察、保全與軍隊用來防彈的原始材料 Kevlar 可以有新的應用範圍時，就運用了市場發展策略來開拓新的市場。Kevlar 現在被用在改裝和維修木製船隻上，因為它比玻璃纖維輕且堅固，而硬度是鋼鐵的 11 倍。圖表

7.4「頂尖策略家」一節提供了可口可樂的案例是一個相當好的例子，在可口可樂執行長 Muhtar Kent 的領導之下，透過廣告以及公共關係活動成功的開發了北美市場的西班牙裔族群。

在運用現有產品到新的市場上，醫學產業提供其他更多的例子。在 National Institutes of Health's 的研究報告中，顯示使用阿斯匹靈可能得以降低心臟病的發生率，此預期將會增加二十億元的止痛劑市場，並可能降低非阿斯匹林品牌的市占率，如 Tylenol 和 Advil 這樣的領導廠商。現有產品擴展計畫含括了 Bayer Calendar 新包裝，此一天一次，計 28 天的包裝藥方係爲了防止二次心臟病的復發。

另一個的例子是 Chesebrough-Ponds，是一家健康與美容用品的主要生產廠商，它在多年前就決定藉由重新包裝其 Vaseline Petroleum Jelly 成方便攜帶的式樣，成爲 Vaseline 製的唇膏，以擴張市場。公司決定採用著重市場發展的策略，因爲它從行銷研究中得知其顧客將凡士林用於防止嘴唇乾裂的用途上。公司領導人認爲，如果產品改成能夠很方便地放在顧客的口袋或者錢包中，那他們的市場可能就得以擴張。

頂尖策略家

圖表 7.4

可口可樂的執行長 Muhtar Kent 帶領公司進軍西班牙裔市場

可口可樂公司的執行長 Muhtar Kent 在 2008 年許下了一個宏願，就是他將整頓北美市場視為第一要務，而可口可樂成功的基本要件為：美國市場的消費族群必須有所移動，所以公司採取了新的市場發展策略，特別將焦點放在快速成長的西班牙裔人口族群，這也是根據西班牙市場副總裁 Reinaldo Padua 的建議。

在 Kent 的領導之下，西班牙裔市場已透過許多的廣告及公共關係活動而快速發展，2008 年 11 月 11 日，公司對外宣告與墨西哥足球明星「Memo」Ochoa 合作。身為可口可樂官方的代言人，Memo 參加顧客的簽名會以及其他的行銷與公共關係活動。

Kent 還延續可口可樂成功的策略那就是 Telenovela 俱樂部(西班牙語國家的產物)，這是公司在 2007 年所提出來的作法，對象鎖定在西班牙裔族群，這個方案使得與 telenovela 俱樂部有關的人都能獲得大獎，顧客也能賺到產品與經驗。

資料來源：Joe Guy Collier, "Coke Pursues a Fix for North America," *The Atlanta Journal Constitution*, September 14, 2008, p.B1; and Zayda Rivera, "Effective Marketing to Latinos: The Common Thread," Diversity Inc., http://www.diversityinc.com/public/4544.cfm

7.4.3 產品發展

產品發展
總公司策略之一，通常會持續修正現有的產品來滿足現有的顧客。

產品發展(product development)包括大量修正現有的產品，或者創造已建立的通路來銷售給現有顧客相關的新產品。產品發展策略通常被採用來延長現有產品生命週期、取得正面商譽或品牌名稱的優勢。此一構想係建立在吸引企業目前滿意的顧客來消費企業新商品的基礎上。在圖表 7.3 列舉了一些公司從事產品發展策略時可選用的方案。大學教科書的修訂版、新的車款、油性髮質專用的二合一洗髮精，都是產品發展策略的例子。

在 2001 年的時候，Pepsi 改變了公司有關飲料產品的策略，公司所開發出來的新產品是追隨產業潮流的，而且有別於市面上的多數品牌。這項新的潮流就是吸引年輕、時髦的市場區隔。Pepsi 的新產品包括：Code Red、Pepsi Twist 以及 Pepsi Blue。

產品發展策略以現有市場的滲透爲發展利基，藉由產品的修正以納入現有項目；或者發展一個和現有產品有關的新產品。電信產業提供了一個以產品修改爲基礎的產品擴張的例子。 MCI Communication Corporation 估計在 50-60 億的企業用戶市場會增加 8-10%的占有率，因此擴展了它的直撥服務服務至 146 個國家，就如 AT&T 所提供的服務一樣，但比 AT&T 的平均費率還低。MCI 增加了 79 個國家的網路，在市場上強調商品的可信度，並期望它每年成長率可達 15-20%。另一個擴展連結現有的產品線的例子，是 Gerber 決定從事一般商品的行銷。Gerber 公司最近引進共計 52 種品項，範圍從配件到玩具和童裝的產品。同樣地 Nabisco Brands 藉由改變其策略而著重在產品發展策略以尋求競爭優勢。New Jersey Parsippany 的總部，是 RJR Nabisco 公司的三個事業部。它是餅乾、西點、小吃、碎麥片及加工蔬果的領導廠商。爲了維持它的領導地位，Nabisco 進行發展與引進新產品的策略，並擴展其現有的產品線。Spoon Size Shredded Wheat 和 Ritz Bits crackers 是兩個改變現有產品的例子。

7.4.4 創新

創新
總公司策略之一，透過創造顧客可接受的產品或服務來獲利。

在許多產業中，不創新會增加很大的風險。顧客與工業市場現有的產品都會有定期變化和改良。結果導致一些公司發現以**創新**做爲總公司策略是有利可圖的。他們發現獲得初期的高額利潤與顧客對新的或大幅改良的產品之接受度有關。如此一來，即使面對從創新時期到生產時期或行銷時期的獲利變動等此類的競爭，它們可以另覓其他原創或新穎的點子。創新總公司策略的基本原理在於創造新的產品生命週期，並因而使其他相類似的現存產品淘汰。因此，這個策略有別於延長現有產品生命週期的產品發展策略。例如：Intel 是半導體產業的領導廠商，透過著重創新的策略從事擴張。而有志進行創新的公司，通常會想辦法與公司具有互補作用的企業結盟，並進行研發的努力以取得綜效。

多數成長導向的企業往往會體認到創新的重要性。有一些企業已藉由創新做爲通往市場的基本途徑。Polaroid 即是一個出色的例子，它大力推銷每一款新型相機，直到競爭者有能力跟上它的技術創新；此時，Polaroid 往往已準備導入另一個全新或經過改良的產品。例如，它將 Swinger 後繼機種，一款 One Step 的 SX-70，與烈日下使用的相機 660，導入給消費者。

很少創新的點子能證實獲利性，因爲將創新想法轉化成一個具有獲利性產品的研究、開發與市場測試其成本是非常昂貴的。一個由 Booz Allen & Hamilton 管理當局研發部門的研究提供了某些風險的考量。如圖表 7.5 所示，Booz Allen & Hamilton 發現 51 家公司最初納入考慮的創新專案，最後僅有不到 2%能夠上市。特別的是，每 58 個新產品點子，僅有 12 個能與公司的任務和長期目標相符，通過最初的測試，在評估完他們的潛力之後，僅有 7 個會留存下來，而且只有 3 個會存活到開發階段。在三個留存下來的創新點子中，經過市場測試後，有兩個看似具有獲利潛力，但只有一個能成功地商業化。

圖表 7.5 新產品創意的衰退(51 家公司)

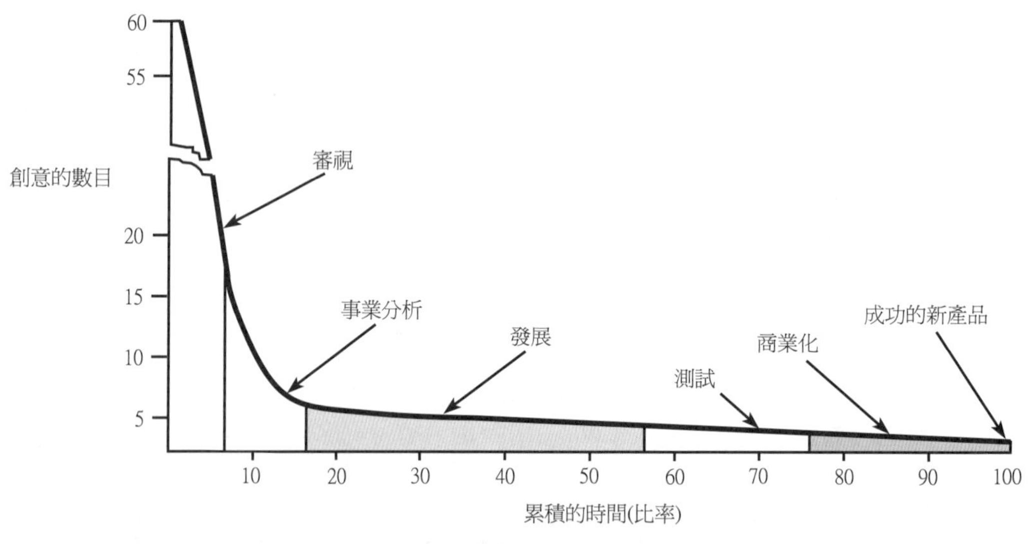

7.4.5 水平整合

水平整合
總公司策略之一，透過購併在相同階段產品行銷鏈類似的企業。

當某公司的長期策略是透過購併一個或更多處於生產銷售鏈相同階段的類似公司時，它的總公司策略就稱爲**水平整合**(horizontal integration)。此類購併消滅了競爭者並使主併公司得以進入新市場。有個例子是 Warner-Lambert 購併 Parke Davis，目的在減少對 Chilcott Laboratories 的競爭，而 Chilcott Laboratories 是 Warner-Lambert 早先所購併的公司。另一個例子是白色家電產業的長期購併型態，透過水平整合的總公司策略擴展到冰箱與冷藏櫃市場，購併 Kelvinator 電器、Bendix Westinghouse Automotive Air Brake 的冰箱產品部門，與 General Motors 的 Firgidaire 電器。Nike 在服飾鞋子事業的購併，與 N. V. Homes 購買了 Ryan Homes，這些都是成功水平整合策略的範例。

企業喜歡採用水平整合策略的原因相當多而且歧異[3]。然而透過水平整合的策略，母公司都能因此而獲得公司所需的關鍵資源，進而改善整體的獲利能力。舉例來說：採取水平整合的主併公司能夠迅速的擴大其地理營運範疇、提升市場佔有率、改善產能以及規模經濟、控制以知識為基礎的資源、擴充產品線以及提高資本使用效率。此外，這些獲得的利益不會過度地增加風險，因為擴張性的成長主要來自於可預見的成果。

水平整合能使公司提供給顧客更廣的產品線，軟體產業就是在上述因素的考量之下進行一系列的購併策略，因為 Entrust 購併了 Business Signatures，因此合併之後的公司才有能力提供銀行一系列的反詐欺行為產品。相同地，Verisign 購併了 m-Qube 以及 Snapcentric 使得 Verisign 能夠擴充其跨市場的選項，並能提供密碼產生軟體、交易監控軟體以及身分保護軟體。RSA Security 公司的水平整合始於購買了 PassMark 之後，減少了許多認證軟體產業的競爭者，RSA Security 之後又購併了 Cyota 並提供顧客交易監控軟體以及認證軟體。最後，Symantec 同時收購了 Veritas Software 以及 WholeSecurity，並提供給顧客更多元的產品例如防毒軟體。

為了獲得更高的市場占有率，金融產業非常屬意採取水平整合策略，Citizens Business 銀行在購併了 First Coastal 銀行之後，在 Los Angeles 及 Manhattan 提供了更多更新的營運項目。Raincross 信用合作社與 Visterra 信用合作社的合併，使得這些信用合作社能夠擴大規模來滿足日益提高的顧客需求。

有一些水平整合的動機是為了透過資源整合來改善營運效率，舉能源產業為例來說明：在 2004 年一月到 2007 年一月間，就有八件水平整合的案例，而合併之後所產生的價值約為 640 億美元。在每一個案例中，都因為消除了不必要的重覆性成本而提高了營運效率。2005 年，Duke Energy 以 141 億美元購買了 Cinergy 公司，這項善意的收購非常成功，主要是因為 Duke Energy 的北美事業部與 Cinergy 的能源貿易營運方式配合的相當好，並且在合併之後產生了相當大的規模經濟與範疇經濟。合併之後的公司每年估計省下四億美元，運用更廣大的平台來同時服務電力和天然氣客戶[4]。

---

3 本節取自 John A. Pearce II and D. Keith Robbins, "Strategic Transformation as the Essential Last Step in the Process of Business Turnaround," *Business Horizons* 50, no.5 (2008).

4 G. Terzo,"Duke and Cinergy Spur Utility M&A," The Investment Dealer's Digest IDD, January 16, 2006, p.1.

以效率來考量的合併還有一個例子那就是Constellation以及FPL之間的合併，在刪除了兩者之間重覆的營運之後大約可以省下15至21億美金的成本[5]。另外一個例子是Gaz Metro購併Green Mountain Power的例子，價值1.87億美元。這項合併案是由Green Mountain Power公司主動促成的，因爲與供應商的合約已經到期，公司擔心該地理區域的供應商會轉而要求更高的價格而提升營運成本，恰巧Gaz Metro剛好是該地理區域極適合成爲供應商的企業，這一項水平整合活動將使得Green Mountain Power與Gaz Metro建立良好的供應夥伴關係。

Deutsche Telekom的成長策略就是採用水平整合的作法，Deutsche Telekom在歐洲無線服務市場中是一家頗具優勢的廠商，但無法進入快速成長的美國市場。爲了突破這個限制，Deutsche Telekom透過購買一家比多數美國對手成長快速的當地公司VoiceStream Wireless進行水平整合，並得到接近2億2千萬潛在顧客的經營權。

最後，透過水平整合的設計來利用總公司策略多元化的強項，Aon購併它的頂尖競爭對手Benfield就是一個很好的案例。圖表7.6「運用策略的案例」一節探討合併之後的Aon Benfield公司如何成爲全球最大的保險經紀公司之一，以及如何進行成本縮減、提高效率以及強化其在再保險市場的地位。

運用策略的案例 圖表 7.6

Aon 與 Benfield 的水平整合

2008 年，Aon 購併其頂尖的競爭對手 Benfield 而且立即採取水平整合的策略，Aon 可以在新的公司名稱之下在再保險市場提供全新的服務：Aon Benfield。

Aon 與 Benfield 的水平整合相當成功，因為他們透過頂尖的領導共同分享卓越的服務並為顧客創造價值。當然合併後的公司在他們的某些目標市場中仍然會有重疊的現象發生，例如：亞洲、中歐與東歐、非洲及拉丁美洲。

Aon Benfield 預測一旦水平整合成功，共享的服務應該能夠每年為公司省下 1.22 億美元的成本，水平整合之後，公司更創造了超過一倍的主要客戶，同時也讓 Aon Benfield 跨足全球的保險以及再保險市場，更重要的是，Aon 獲得進入美國東南部重大財產保險業的市場的機會。

資料來源：“Aon Completes Acquisition of Benfield Group Limited,” Marketwatch, November 28, 2008.

---

5 J. Fontana,“A New Wave of Consolidation in the Utility Industry,” Electric Light and Power 84, no.4 (July/August 2006), pp.36–38.

7.4.6 垂直整合

垂直整合

總公司策略之一，購併供應其投入(如原料)或其產出(如最終產品的批發業者)。

當一家公司的總公司策略是購併供應其投入(如原料)或其產出的顧客(如最終產品的批發業者)，就是所謂的**垂直整合**(vertical integration)。如果一家襯衫製造商購併了一家紡織品製造商——透過購買其普通股、買入其資產，或交換持股——這個策略就是垂直整合。在本案例中，這是個向後(backward)垂直整合的案例，因為被併公司是營運於生產銷售流程中的較早階段。如果這個襯衫製造商與服飾店合併，它就是向前(forward)整合——被併公司更接近最終消費者。

Amoco 與 Dome Petroleum 的購併使其成為北美天然氣儲存與生產界中的領導廠商。Amoco 向後整合是由於煉製業與加油站等下游事業利益的支持而促成了購併的可能性。

圖表 7.7 同時描繪出水平與垂直整合。垂直整合的總公司策略其吸引力往往顯而易見。併購的一方可以擴大其經營範圍，進而達到更大的市場占有率、促進規模經濟，並提高資本使用的效率。此外，這些獲得的利益不會過度地提高風險，因為擴張性的成長主要來自於可預見的成果。

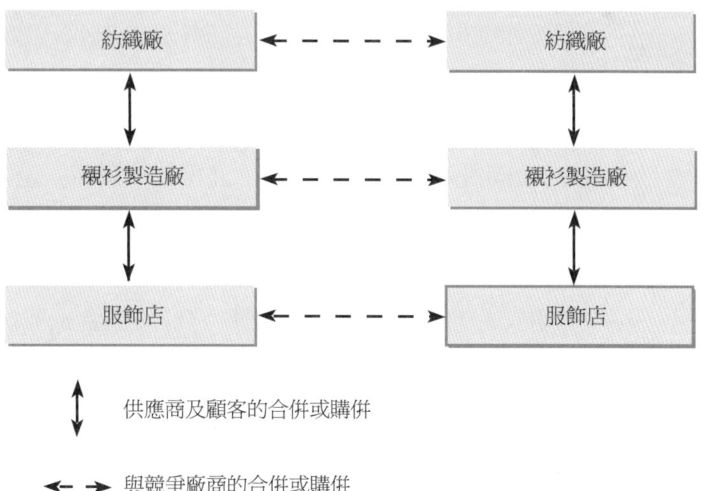

圖表 7.7 垂直整合與水平整合之結合

在就總公司策略而言，影響選擇垂直整合的原因甚多，而且不易觀察。向後整合的主要原因是當企業對製造原料的供應或品質依賴程度甚高時；或是當供應商的數目很小而競爭者數目很多時，則需求往往特別明顯。在此情形下，進行垂直整合的廠商其成本會有更高的控制性，並能藉由生產銷售系統擴充改善獲利率。假如企業的優勢係奠基於穩定生產的基礎上，那麼向前整合即為一個可優先考量的總公司策略。一家公司能透過向前整合來增加對其產出需求的可預測性；這也就是透過其生產銷售鏈下一階段的掌控。

某些提高的風險同時與兩種整合型態有關。對進行水平整合的廠商而言，風險係來自於對一個事業型態的承諾。對進行垂直整合的廠商而言，風險起因於當企業進入新的領域時，策略經理人往往必須擴增他們的競爭力基礎，並肩付起更多額外的責任。

7.4.7 集中式多角化

集中式多角化
總公司策略之一，購入第二個事業體並加入其營運，透過該公司的核心能力，本公司也同時獲益。

集中式多角化(concentric diversification)指的是所購併的事業與主併公司在技術、市場，或產品方面具有相關性。此項總公司策略認爲，被選擇的新事業要與公司現有事業保持高度的互補或是協調性。集中式多角化的想法會出現在當合併的公司利益能增加強處與機會，並減少弱點與暴露於風險之下時。因此，主併公司會尋找擁有產品、市場、配銷通路、技術與資源需求相似，但不完全與其所有事業相同的新事業，這樣的購併能產生有綜效的結果，但不會完全相互依賴。

Abbott Laboratories 致力於推動積極的集中化成長策略，Abbott 努力尋找與其基本事業有所關聯的事業群，並進行收購，近幾年來，採用這種策略已經爲公司購併了許多藥品、診斷事業以及醫療設備製造商。

7.4.8 複合式多角化

複合式多角化
總公司策略之一，購併一個事業其主要考量為投資機會極大化。

一家公司，尤其對一家極爲龐大的企業而言，當計畫購併一個事業的主要考量點僅在於投資機會極大化時，此總公司策略就是眾所皆知的**複合式多角化**(conglomerate diversification)。併購公司主要的關切點，且通常爲唯一的關切點即在於投資的獲利模式。不像集中式多角化，複合式多角化較少關注於能創造與現有事業綜效的生產、銷售活動。這樣的複合式多角化，就如 ITT、Textron、American Brands、Litton、U.S. Industries、Fuqua 與 I.C.產業，所找尋的就是財務的綜效。例如，他們可以尋找具有正向景氣循環的現有事業與具有逆向景氣循環的被併事業間、高—資金／低—機會與低—資金／高—機會事業間，或無負債與高槓桿事業間投資組合的平衡。

兩種多角化類型的主要差異在於集中式多角化強調在某些市場、產品或技術的相同性，而複合式多角化是以獲利爲基本的考慮因素。

上述數種總公司策略的探討，包括集中式與複合式的多角化，水平與垂直整合，通常意指一家企業購買或購併另一家企業。

多角化的動機

當總公司策略涉及多角化時，往往意謂著將與公司既存的營運有明顯的差異。而具有加分效果的購併或是新增獨立事業的附加價值往往有助於平衡兩個事業的強弱勢。例如，Head Ski 最初企圖擴大產品種類，跨入夏季運動商品與服裝以彌補其「雪季」(snow)事業的季節性。因爲它們高額的報酬潛力與它們在其他方面的最小資源需求，多角化偶爾會從事非相關投資。

無論所持觀點爲何，併購公司往往有相同的動機：

- 增加公司股票價值。在過去，合併往往會使得股票價格或股價盈餘比率增加。
- 提高公司的成長率。
- 將資金投入內部成長相比，新事業的投資往往能取得較佳的成效。
- 透過合併盈餘與銷售能平衡公司景氣波動的對象來改善盈餘與銷售的穩定性。
- 平衡或充實產品線。
- 當現有產品生命週期已達至頂峰時，產品線可多樣化。
- 迅速得到需要的資源(例如高品質的技術或高度創新的管理)。
- 透過購買一家虧損的公司來平衡現在或未來盈餘，並達到節稅的目的。
- 增加效率與獲利能力，特別是當主併公司與被併公司間有綜效產生時[6]。

7.4.9 再生

再生
總公司策略之一，當公司面臨利潤衰退透過降低成本以及減少資產的做法來因應的策略。

獲利衰退的原因很多，公司應該都能夠分析自己獲利衰退的原因。這些理由可能源自於經濟衰退、生產無效率與競爭者創新性的突破。在許多情況下，策略經理人相信如果公司能專心致力於某一特定競爭力一段時間，甚至數年，則公司就能夠存活下來並且恢復至原先的體質。此總公司策略即稱之爲**再生**策略。此通常可透過兩種緊縮策略來達成，並且可單獨或合併運用：

1. 成本降低(cost reduction)例子包括：透過淘汰員工來減少人力、設備以租代買、延長機器的壽命、削減過於細緻的推廣活動、解雇員工、由生產線停止某些品項，與中斷低毛利的顧客。
2. 減少資產(assets reduction)例子包括：出售對公司基本活動非必要的土地、建物與設備並刪減津貼，如公司常規航線與執行長座車等。

---

6 Godfrey Devlin 及 Mark Bleackley, "Strategic Alliances—Guidelines for Success," *Long Range Planning*, October 1988, pp.18–23.

有趣的是，再生策略往往與管理位階的變動有關。在 58 個大型的研究中，研究者 Shendel、Patton 與 Riggs 發現再生策略幾乎總是與最高管理階層的變動有關[7]。新經理人上任往往會為企業的處境注入的新思維，並且為提高員工士氣而採取激烈的行動，如在建立專案時大量刪減預算。

策略管理的研究提供了企業運用再生策略時，如何成功對抗衰退的依據。這些研究發現被歸納並運用在建立再生策略流程的模型上，如圖表 7.8 所示。

此模型開始於公司績效衰退內、外部成因的描述。當這些因素持續地對公司造成不利影響時，公司財務體質就會受到威脅。而當企業衰退延續下去且難以控制時，則意謂著公司將處於企業再生的情況之下。

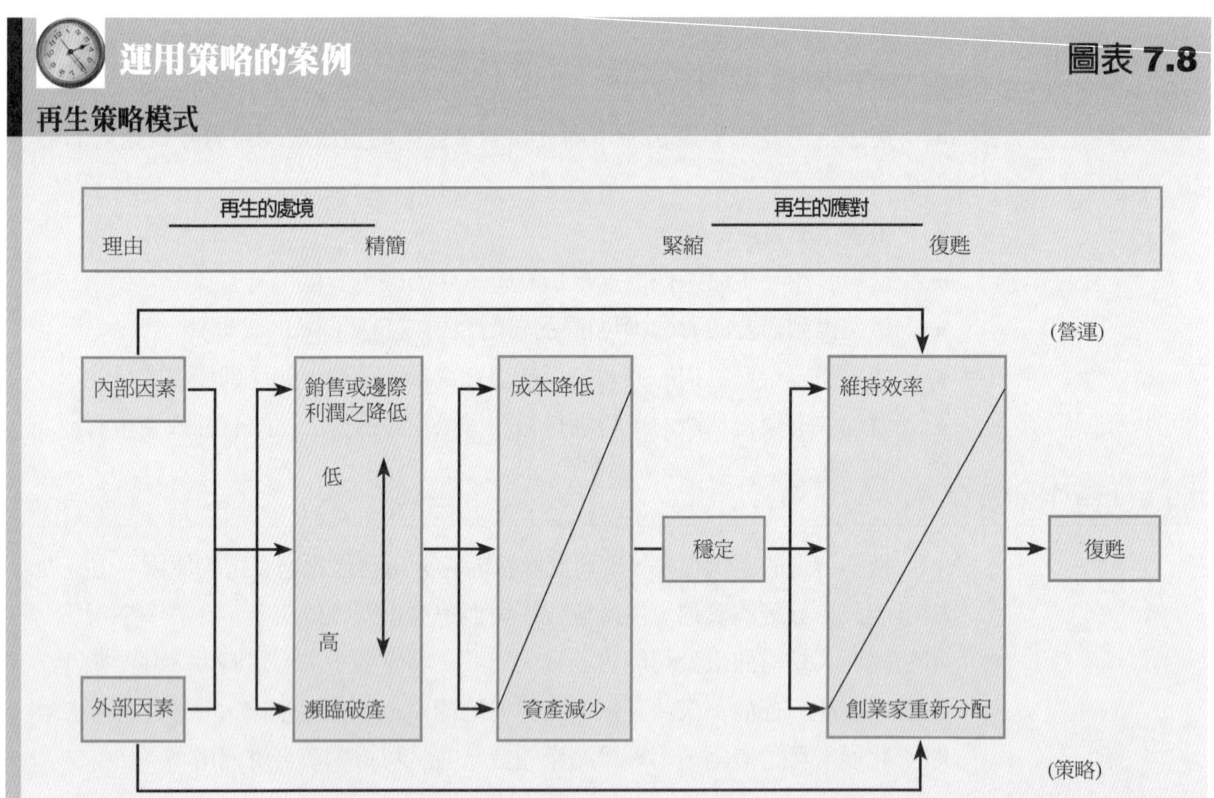

再生的處境(turnaround situation)代表企業處於絕對、或相對於產業的鉅幅衰退情況。企業再生情況也許來自數年的逐漸衰退，或是數個月的急遽衰退。在若干實例裏，企業再生的回復階段往往在透過優先的計畫性刪減，進而達到財務平穩性之後，才取得相當程度的成功。對一個處於衰退期的企業而言，其之所以能再度取得營運的平穩與利潤的回復，主要來自於緊縮策略後，隨之而來的成本刪減。而美國企業的緊縮策略反映在 2000-2003 年大規模的裁員上。

7 D. Schendel, R. Patton, and J. Riggs, “Corporate Turnaround Strategies: A Study of Profit Decline and Recovery,” Journal of General Management 3, no.3 (1976), pp.3–11.

在 2001 年宣佈裁員的企業遠比過去八年還多，將近有 200 萬的員工由於第一波經濟的不景氣而被解雇。

對企業生存有立即影響的再生處境即廣爲所知的「嚴峻階段」。事實上，企業面臨的嚴峻程度攸關企業縮減策略的回應與必須執行的程度。當處境尚未十分嚴峻時，企業儘管面臨若干財務衝擊，仍可藉由成本縮減來回復營運的平穩。當企業面臨極其嚴峻的衝擊，甚至不即時因應即可能招致倒閉時，一般成本縮減策略未必能解決此一狀況，而必須透過資產的立即處分來化解此一問題。唯資產處分必須鎖定較無生產潛力的資源。而對企業核心計畫有助益的資源則必須受到妥善的保護。

成功企業其再生的應對(turnaround response)往往包括兩個歷程：緊縮與回復。緊縮意指成本縮減與資產處分的企業活動。而緊縮階段的首要任務即在於維持財務的平穩性。企業能否渡過嚴峻階段往往與企業再生的回應策略有所關連。當企業瀕臨破產時，企業必須透過成本縮減與資產處分來回復營運平穩；當處於有限的衝擊時，透過適時的成本縮減即有助於企業營運的穩定性。在若干的案例裡，我們可以了解到當企業處於不佳的財務狀況時，能否安然渡過的關鍵點即在於企業是否採取兼具效率與效果的縮減方式。

企業再生的主要攸關原因即爲回復階段的回應。面對衰退的頭一年，許多公司選擇大幅削減成本以避免財務的崩盤，圖表 7.9「運用策略的案例」一節，說明了企業如何在 2008 年的時候透過降低成本轉虧爲盈的案例。若企業的衰退主要來自於外在問題時，企業的再生主要來自於新的事業策略。而當企業的衰退主要源自於內部問題時，企業再生則有賴效率性的策略作法。當企業重新取得績效上的優越地位時，代表企業處境已達到回復的階段。

運用策略的案例　圖表 7.9

削減成本以提升獲利

因為 Gap 公司成功的削減成本，儘管產業銷售量持續衰退公司獲利卻依然增加，2008 年前三季的市佔率提高 27%，即便競爭者 Banana Republic 與 Old Navy 的銷售量掉了 8%。Gap 公司之所以能生存主要是透過成本的樽節，其作法為降低存貨水準以及賣掉非核心資產例如地產控股。

同樣的，面對收益日減，Dell 在 2008 年採取削減成本的策略，包括大量裁員(共 11,000 位員工)以及積極賣掉全球的製造設備。

雖然有許多公司發現短期間內(如一年)採取削減成本的策略是可以維持獲利能力的，但是公司最終仍需想辦法以不同的方式來獲利。Circuit City 以及 Radio Shack 在 2008 年的時候不斷的想辦法降低成本並提高獲利，但最終仍不敵迅速衰退的獲利。Circuit City 在十一月申請破產，在它宣告將關閉 155 家零售商店的那一天後，Radio Shack 在 2008 年的市場價值掉了一半。

7.4.10 撤資

撤資
總公司策略之一，賣掉公司主要的組成單位。

撤資策略指的是賣掉公司主要的組成部分。Sara Lee Corp(SLE)提供了一個很好的例子。它賣掉所有 Wonderbras 與 Kiwi shoe polish 能出清的部分予 Endust furniture polish 和 Chock full o'Nuts coffee。該公司運用了複合式多角化策略來建立 Sara Lee 進入龐大而且不同品牌的投資組合。新上任的總裁 C. Steven McMillan，面對了因市場不景氣而造成的低迷收入與盈餘。在此情況下，他鞏固、簡化並聚焦在公司的核心產品種類上——食品、內衣與家庭產品。他售出了 15 種事業，包括 Coach 皮革商品，約相當於公司收入的 20%，解雇 13,200 位員工，近 10%的人力。McMillan 運用出脫資產而來的現金來解決企業所面臨的問題。另外一個撤資的例子就是 Kraft 食品，公司發現出售某一些知名的品牌(如 Cream of Wheat)反而能夠有效的改善其營運效能。

當緊縮無法達到預期的再生策略，如 Goodyear 的情況，或當無法整合的事業活動具有相當高的市場價值時，策略經理人通常會決定出售此企業部門。此時主要的挑戰是必須找到一個願意支付高出該企業固定資產價值的買家，此時我們將此活動稱之爲「爲推銷而行銷」(marketing for sale)或許更爲恰當。具洞察力的買家往往會被出售企業所潛藏的技能和資源所吸引，或對該企業與現存事業存在的綜效所說服。

Corning 試圖再生因而採取了緊縮與撤資的策略，在 2001 年的時候，發現公司的光纖事業已經是個衰退的市場， 公司必須研擬再生策略使得銷售與成長再度回春。因此公司開始緊縮，公司在 2001 年解聘 12,000 位員工，並且在 2002 年解聘 4,000 位員工。此外，Corning 也開始在非核心事業上撤資，例如非通訊市場、光電子事業等等。經過這樣的整頓後，財務狀況才漸趨穩定，企業才漸漸回復原有的景氣。

撤資有許多不同的理由。他們經常因爲被併公司與母公司之間存在很大的差異與不協調，某些不協調的部分無法整合入公司的主要活動，因此必須轉型。第二個理由是公司財務上的需要。假如具高市場價值的事業能夠犧牲掉的話，有時對整體公司的現金流量或財務穩定性有極大的改善。因爲避掉長期風險使資本成本最佳化反而能夠平衡股權，第三，撤資最少見的理由是政府反壟斷的行動，當公司被認爲有獨占或不平等地控制一個特定的市場時。

儘管撤資的總公司策略的例子非常多，但 CBS 公司提供了一個相當突出的例子。在兩年前，多角化的娛樂與出版界巨人出售了它的錄音部門給 Sony，它的雜誌出版事業給 Diamandis Communications，它的書籍出版營運給 Harcourt Brace Jovanovich，它的音樂出版營運給 SBK Entertainment World。其他的公司也進行這種類型的總公司策略，包括 Esmark，售出了 Swift & Company，和 White Motors，售出了 White Farm。

7.4.11 清算

清算
總公司策略之一，賣掉企業的資產以獲得其殘餘價值。

當企業以**清算**做爲總公司策略時，公司通常是部分出售，只有少數情況會全部脫手。在選擇清算時，公司所有人與策略經理人會承認失敗，並承認這個行動對他們自己與員工，都是令人難以接受的結果。基於這些原因，清算常被視爲總公司策略中最後的選擇。作爲一個企業的長期策略，無論如何，它已試圖將公司股東的損失最小化了。當企業面臨破產時，企業會在清算的過程中慢慢撤出市場，並儘可能地發展回收與變現的計畫。

計畫性地進行清算往往有其價值，例如 Columbia 公司，一家價值 1 億 3 千萬美元的多角化公司，清算了資產而獲得了比市場股票價值更多的每股現金。通常，清算之後接著就是破產。請詳見圖表 7.10「運用策略的案例」Circuit City 之個案。

運用策略的案例 圖表 7.10

Circuit City 的慘敗

2008 年 11 月 10 日 Circuit City 宣告破產，主要是該產業有許多競爭者如 Best Buy 與沃爾瑪，為了與強大的競爭者爭取市佔率，再加上公司的管理不佳，於是公司破產。

時代雜誌有一篇文章評論 Circuit City 採取「老掉牙且差勁的管理」來經營企業當然績效慘敗。特別的是，Circuit City 的失敗歸咎於商店的區位不便利、從產品線撤除設備、太過投入遊戲市場、勞力素質不佳、忽略大牌交叉銷售的機會。這些錯誤的作法導致「市場順應」。在競爭激烈的零售電子產業 Circuit City 面對最大的競爭者為 Best Buy 與沃爾瑪，此外還有一些無數的小公司像是：Amazon、Apple、Costco、Dell、Fry's Electronics 以及 Radio Shack。

Circuit City 是美國自 1990 年代中期以來最大的電子零售公司，在那段時間，公司為了取得較便宜的租約，於是購買地處偏僻的零售點，由於購物空間太大使得許多消費者的購物經驗並不好。當公司銷售量日減，Circuit City 開始調整薪資，付給那些有經驗的員工過低的薪資，導致對顧客的服務愈來愈差。就在同時，競爭者提供更好的購物空間、更好的服務、更迅速的回應競爭市場等具體作法。Circuit City 漸漸的喪失其市佔率，Best Buy 成為較高品質、提供較佳客製化服務的零售商，而沃爾瑪則成為低價零售商的代名詞。

2009 年 1 月 16 日，Circuit City 宣告其無力解決財務問題，而且會關閉其美國僅存的 567 家店(員工 34,000 位)並清算其事業。此外，公司也持續處理加拿大的 765 家零售商店。

哈德遜資本集團是 Circuit City 的資產清理人，估計公司資產價值為 18 億美元。直到清算完畢之前，這些項目都以七折來出清。

資料來源：A. Hamilton, "Why Circuit City Busted, While Best Buy Boomed," *Time Online*, 2008, http://www.time.com/time/ business/article/0,8599,1858079,00.html; and S. Rosenbloom, "Electronics Store Files for Bankruptcy," *The New York Times*, 2008, p.B1.

7.4.12 破產

破產
當公司負債比資產多，而公司無力償還時。

企業倒閉在美國經濟中逐漸成爲重要的情況，平均一周會有超過 300 家企業倒閉並申請**破產**。超過 75%的財務危機公司提出清算破產(liquidation bankruptcy)申請，他們同意完全分配他們的資產給債權人，債權人多數都只拿回所擁有債權的少部分。清算是以外行人的觀點看破產，事業無法償還其負債，因此它必須關門。投資人會損失金錢，員工會失業，而經理人會失去他們的信用。在經營權與所有權分開的公司，公司與個人的破產通常是兩碼子事。

這些公司其他的 25%會努力到最後，不得已才申請破產。企業爲恢復生存能力，在可選擇的策略上，會向法院申請重整性的破產(reorganization bankruptcy)。當公司在進行重組並重建公司朝向更爲有利的營運方向時，公司會企圖說服其債權人暫時停止他們的追索權。重整性破產裁決的基礎在於公司要有能力說服債權人相信，它透過執行新的策略計畫就能夠在市場上成功，且當計畫形成收益之後，公司將能夠償還全部的債務。換言之，這家公司提供它的債權人一個精心策劃的選擇方案以建立一個立即但少量的財務償還計畫。如果新的策略計畫成功的話，在一段特定的未來時間後，重整性破產的選擇將會獲得最多的債務償還。

1. 破產的情況

想像一下你的公司的財務報表顯示收入已連續七季持續衰退。費用急速的增加，並變得週轉不靈，而且已有多次跳票。供應商正在關切已出貨但仍未收到頭期款，而且有一些廠商不願意再進一步支付現金。顧客正在要求未來訂單能運出的保證，有些正開始轉向競爭者購買。員工們正認眞地打聽財務狀況的謠言，且從別的員工處打聽來的消息愈來愈誇大。怎麼辦？該開始採取什麼策略可以於短時間內保護公司並解決財務問題？

2. 第七章：最殘酷的決定

假如企業的所有權人認爲該事業已窮途末路，且無法以營運事業的型態來出售，這時，對全部的人而言，最佳的選擇可能就是清算破產，也就是第七章所談的破產法令。法院會指派一名託管人，接管公司的財產，降低公司變現，並以債權比例原則儘快地將收入按比例分配給債權人。因爲所有的資產都被賣來償還未解決的負債，因此清算破產會結束這家企業。此種申請的類型對獨資企業或合夥企業是至爲重要的。它們的所有人在企業資產拍賣不足以償還負債的部分需擔負個人責任，除非他們能引用第七章破產法(Chapter 7 bankruptcy)的保護，此法能讓他們免除在資產償還不足的任何負債。雖然他們會失去一些個人財產，但清算債務人會被免除支付剩下的債務。

公司的股東就沒有償還公司債務的義務，且在公司資產清算後剩下的任何負債都會被債權人所吸收。公司股東可以很容易地終止營運且無需對剩下的債務負責。無論如何，提出申請第七章程序將提供債權人一個有順序和公平的資產分配，因而能降低企業倒閉的負面影響。

3. 第十一章：有條件的第二次機會

給快倒閉公司一個預作準備的選擇是重整性破產。爲了正確的理由而選，且應用於正確的方法，重整性破產能提供一個財務上、策略上與道德上的合理基礎，以提高公司股東所有人的利益。

如果過度的負債能被降低而且新策略的提議能被同意，那麼公司周全且客觀的分析能支持公司繼續營運的看法。如果長期的存續有實現的可能，那麼破產法第十一章下的重整(a reorganization under Chapter 11 of the Bankruptcy Code)將可以提供這個機會。重整允許一家公司權務人得以調整其負債，且經由債權人的同意與法院批准，得以繼續發展事業。債權人在第十一章中有關的行動常是接受比其所有債權要少，但遠大於由清算所能得到的債權。

第十一章破產法可以對權務公司提供時間與保護以便重整並運用未來盈餘來償還債權人。債務公司可以重新調整其負債、關掉不能獲利的部門或門市、重新談判勞工契約、降低其工作勞力，或提出其他可以創造獲利的行動建議。如果這個計畫能被債權人接受，債務公司將可以有另一次機會來避免清算，並擺脫破產程序。

4. 尋求破產法庭的保護

如果債權人提出訴訟或安排拍賣來強制執行債權，債務公司將需要尋求破產法庭(Bankruptcy Court)的保護。提出破產申請將可行使法院的保護權，以提供充分的時間來進行重整。假如重整是不可能的，第七章程序將允許公平地解散該企業。

如果第十一章程序是必要的行動方針，債務公司就必須判斷重整後的企業會長得像什麼樣子，是否能完成一個像樣的結構，和如何在破產程序期間維持營運並完成它？是否可取得充足的資金來支付這個程序與重整？顧客是否會繼續與債務公司做生意，或轉而尋找更有保障的企業與其交易？重要的人才是否會留下，或找尋更有保障的工作機會？哪些營運項目應被停止或減少？

5. 擺脫破產

對公司而言，破產只是邁向復原的第一步。有許多問題必須回答：企業要如何掌握是否已達採取破產行動的臨界點？是否有漏看警訊？是否了解競爭環境？是否自滿以至於妨礙客觀的分析？企業是否擁有通往成功的人與資源？策略計畫是否有完善的規劃與執行？ 財務狀況來自於預料外的或不能預料的問題，或糟糕的管理決策？

保證「更努力嘗試」、「更仔細傾聽客戶心聲」，且「更有效率」是很重要的，但不足以讓關係人有信心。必須發展復原的策略，以描述未來公司將如何能更為成功。

破產情況的評估促使執行長思考造成公司衰退的原因，與目前所面對的嚴峻問題。投資人必須判斷掌管公司營運的管理團隊在衰退期間是否能讓公司重回成功的崗位。債權人必須相信公司的經理人已學到如何預防目前所看到的和相似的問題一再出現。企業必須藉由管理團隊的更換、股東與顧問團隊的支持以提升大家的信念，並進而恢復企業的往日雄風。

前述所提及的 12 個總公司策略，能單獨運用亦能合併使用，皆為當前美國企業最常採用的傳統選擇方案。近來，有 3 種新的總公司策略特別受歡迎(加上上述 12 種，就是本書所述的 15 種總公司策略)。雖然它們並不適用於那些對營運掌控有高度偏好的經理人，但這些總公司策略仍應受到特別的注意和重視，特別是全球化、動態與技術導向產業營運的公司。此三種受歡迎的總公司策略分別是：合資、策略聯盟及合夥。

7.4.13 合資

合資
總公司策略之一，創造共有權以獲利。

有時兩家或更多有能力的公司，在某些特別的競爭環境中仍然有可能會缺乏成功的要素，例如，沒有單獨的石油公司控制足夠的資源以建造 Alaskan 的管線；也沒有任何單獨的公司具有處理加工和銷售所有將流過油管的石油的能力。解決方法就是**合資**(joint ventures)的組合，意即商業公司(小股東)為共同參與者(大股東)的利益生產與營運。這些共同合作的協定同時提供了必要的資金以建造油管，與必要的處理加工及行銷能力以便有效地掌控石油。

前面所討論合資的獨特型式是「共有權」。最近幾年，它對於當地企業的吸引力與日俱增。例如，Diamond-Star Motors 即為一家美國公司——Chrysler 和日本的 Mitsubishi 公司合資的結晶。位於 Normal, Illinois 的 Diamond-Star，其成立契機在於提供 Chrysler 和 Mitsubishi 一個擴展他們長期關係的機會——超小型汽車(Mitsubishi 的引擎和其他汽車零件)，此商品上市到美國市場並以 Dodge 與 Plymouth 的名義進行銷售。

合資擴展了供應商—消費者的關係，而且對兩個夥伴而言都具有策略優勢。對 Chrysler 而言，它表示能夠利用與 Mitsubishi 合資所帶來的專業知識，來製造與生產高品質汽車。它也給了 Chrysler 機會去嘗試新的產品技術和效能，而此並非藉著 Chrysler 集團與美國汽車工會合談而帶來的生產力。這個合作協議所帶給 Mitsubishi 的好處是取得了在美國生產銷售汽車的機會，而無須付出關稅與限制日本車進口限額的代價。

第二個例子，Bethlehem Steel 爲取得某原料資源而與巴西採取合資採礦的方式。這個共有權的方式給予總公司策略更多想像空間，而且非少數的案例。在某些國家企業所以能取得重要授權，共有權是重要方式。印度和墨西哥即爲實例。這些國家認爲合資是一種能將外國主控性、技術獨佔性降到最低，且能將國內公司的利益威脅減到最低的方式。

值得注意的是，策略經理人總是對採取合資的方法有所提防。無可否認，合資提供了風險分擔的契機。但在另一方面，合資往往限制了合夥夥伴的決定、控制權與決定潛在利益分配的自由。話雖如此，全球化的趨勢使得許多產業都運用合資的方式，而合資早也已經成爲管理者重要的策略考量了。

1. 在中國透過合資來追求合作成長[8]

透過合資產生價值最好的例子，就是近幾年來在中國有許多外資企業在中國大陸尋求合作與發展的投資策略，近年來，中國大陸熱情的邀請外資投入市場以發展其經濟。然而，在 2000 年早期中國曾經加強其對外資的管制，以調節其經濟成長，並避免中國企業在外資環伺的市場中競爭失利。新的限制要求當地的公司必需嚴格要求保留其中國的商標與品牌，避免外國投資者買了中國的公司不是爲己所用，因此進一步限制外國零售連鎖體系的規模，而且還要求外資只能在某些特定的產業上投資[9]。由於管制日益增加，因此在中國投資的外資紛紛採取合資的方式，想辦法與中國大陸的本土企業合作以避免策略上受限，這同時也使得中國大陸的經濟發展日益資本化。

在中國，本土企業想盡辦法促成外國投資者進入市場投資，而且努力讓他們在進入一個未知的國度投資時成本能夠極小化。傳統而言，外國投資者提供財務與技術的資源，而中國本土的合夥企業則提供土地、實體設備、員工、當地網絡以及國家的知識[10]。在完全擁有的合資型態中，外國公司必須取得土地、建廠、雇用並訓練員工等等，所有額外的支出公司都必須概括承受，然而外國公司獨缺「關係」(guanxi)[11]。除此之外，中國限制外國企業直接海外投資於人壽保險、能源、交通設施之建設、高等教育以及醫療保健等產業。有時候，外國公司也只能選擇中外合資。

8　本節取自 Pearce II 及 Robbins, "Strategic Transformation as the Essential Last Step in the Process of Business Turnaround."

9　E. Kurtenbach, "China Raising Stakes for Foreign Investment," Philadelphia Inquirer, September 24, 2006.

10　Ying Qui, "Problems of Managing Joint Ventures in China's Interior: Evidence from Shaanxi," Advanced Management Journal 70, no.3 (2005), pp.46–57.

11　J. A. Pearce II and R.B. Robinson Jr., "Cultivating Guanxi as a Corporate Foreign-Investor Strategy," Business Horizons 43, no.1 (2000), pp.31–38.

在中外合資中外國企業所獲得的好處是：迅速進入中國的市場、稅的優惠、長期承諾以及取得中國投資夥伴的資源。媒體產業的兩大合資案爲：加拿大 AGA Resources 與北京 Tangde International Film and Culture 公司合作；美國 Sequoia Capital 與 Hunan Greatdreams Cartoon Media 合作[12]。與中國的資產管理產業合資的例子爲：2006 年義大利的 Banca Lombarda、美國的 Lord Abbett 以及中國公司的合夥。

同樣的國際合資機會也存在於煉油廠的建設與營運、建設國家鐵路系統以及特殊地理區域的發展。在某些特殊的經濟區域，外國公司將會與中國的合資夥伴一起經營企業。外國公司享有低於公司標準稅率 30%的優惠，例如上海浦東新區的稅率爲 15%[13]。

自從中國加入世界貿易組織(WTO)之後，國際合資的數目有逐漸增加的趨勢，身爲會員國，中國不斷增加其可供外資投資的產業[14]。例如：2007 年，外國投資者參與中國大陸許多產業國際合資的比率不斷提高，例如：銀行(超過 20%)、投資基金(33%)、人壽保險(50%)以及電信(25%)。

7.4.14 策略聯盟

策略聯盟
是一種契約合夥關係，有關的公司並不與另一家公司處於同等地位。

策略聯盟(strategic alliances)有別於合資，因爲有關的公司並不與另一家公司立於同等地位。在很多例子中，策略聯盟是存在於一段時間的夥伴關係，夥伴提供他們的技術與專業到共同合作的專案中。例如，某個夥伴提供製造能力，而第另一個夥伴提供行銷專業知識。很多時候，聯盟的成因是因爲夥伴想要從另一方哪裡學習專業的知識以發展出內部獨特的能力。

策略聯盟有時是因夥伴想發展內部能力，在兩者間的合約協議終止時能夠取代合作夥伴。這種夥伴關係在某種程度上是很微妙的，因爲夥伴都企圖從另一方「竊取」(steal) know-how。

對其他案例而言，策略聯盟與授權契約(licensing agreements)被視爲同義詞。授權意指將某些工業上的權利經由美國官方許可同意轉換到海外國家去。大多數爲專利權、商標權或一些特許的技術性 know-how。美國 Bell South 與 U.S. West 的行銷與服務向來在歐洲都有其優勢，最近也透過授權的方式在英國建置電腦網路。另外一個授權的例子是 UTEK 公司的成功授權策略，結果在大學的研究成果有驚人的發現。

---

12 Andrew Bagnell, “China Business,” China Business Review 33, no.5 (2006), pp.88–92 .

13 N. P. Chopey, “China Still Beckons Petrochemical Investments,” Chemical Engineering 133, no.8 (2006) pp.19–23.

14 China’s WTO Scorecard: Selected Year-Three Service Commitments,“ The US-China Business Council (2005), pp.1–2.

美國企業另外一種授權方式就是以契約生產的方式來進行，契約生產的優點有可能是來自於當地技術、原物料以及勞力成本上的優勢。例如，MIPS 電腦系統授權給美國的 Digital Equipment Corporation、Texas Instruments、Cypress Semiconductor 與 Bipolar Integrated Technology，與日本的 Fujitsu、NEC、Kubota 來販售它所設計的電腦於夥伴國家中。

服務與經銷權的公司——包括 Anheuser-Busch、Avis、可口可樂、Hilton、Hyatt、 Holiday Inns、肯德基、麥當勞和 Pepsi 等，長期從事授權給國外配銷商的合約，以便用標準化的產品進入新市場，並從節省的行銷成本中獲利。

外包對策略聯盟而言是能使公司獲得競爭優勢的基本方法。美國企業許多區域的顯著變化持續助長了外包方案的利用。在健康照護的市場中，有個產業調查記錄顯示 67%的醫院在其組織中至少有一個部門會運用外包。像資訊系統、賠償、與風險和醫生管理這些服務在醫院中有 51%都是採用外包。

另一個成功應用外包的發現是人力資源。人力資源部門的一項調查顯示 85%的人事部門曾經將外包引入組織中的經驗。此外，它也發現有 2/3 的退休金部門至少一項人力資源功能也被外包。如產品資訊、銷售與訂單取得與抱怨掌握等，在顧客服務與銷售的部門中，外包皆能有效提高生產力。

7.4.15 聯盟、經連與集團

聯盟

產業中的事業有大量連鎖的關係。

經連

日本事業間大量的連鎖關係。

集團

韓國事業間大量的連鎖關係。

聯盟(consortia)是指一個產業中的事業間有大量連鎖(interlocking)的關係。此類聯盟，在日本稱為**經連**(keiretsus)，南韓稱為**集團**(chaebols)。

在歐洲，聯盟計畫正快速地增加且成功比率大增。例如：包括 Junior Engineers'和 Scientists' Summer Institute，簽署同意共同合作學習與研究；歐盟策略計畫為資訊科技上的研究與發展，尋找提高歐盟關於電腦電子技術和零件製造的競爭力；而 EUREKA 是一個包含來自許多歐洲國家的科學家和工程師的聯合計畫，以便協調所共同參與的研究計畫。

日本經連是指一個包括達到 50 個不同公司以上的組合，包含大貿易公司和銀行且其成員執有成員團體的股份，並從事聯合的投資，它被設計用於產業的協調，以便將競爭的風險減到最少，某些部分是透過成本分擔與增加規模經濟。例子包括 Sumitomo、Mitsubishi、Mitsui、和 Sanwa。

南韓集團類似於聯盟或經連，除了他們是透過政府銀行集體融資，且主要藉由專業經理人參與公司工作的訓練。

7.5 長期目標的選擇與總公司策略的設定

如概述所提及，此一貫穿全書脈絡的策略管理模型，指出企業策略的選擇決策將影響著隨之而來的長期目標與總公司策略。事實上，策略選擇是與長期目標和總公司策略的同步選擇。當策略規劃者研究他們的機會時，他們會試著判斷何種最能使其達成多種不同的長期目標。幾乎是同時地，他們也試著預測可行的總公司策略是否能獲得較佳機會的優勢，因而也能符合暫時性的目標。在本質上，三個明顯不同但高度相互依賴的選擇將一次被制訂出來。許多可能的決策組合常被納爲考慮因素。

圖表 7.11 以簡單的案例來說明這個流程。在此案例中，該公司已找出了六種可行的策略選擇。這些選擇源自於三個互動的機會(例如：代表沒有競爭的西海岸市場)。因爲每一個互動機會都能透過不同的總公司策略來達成——對選擇 1 和 2 來說，總公司策略應是水平整合與市場發展——每一個都能提供達成不同程度長期目標的潛力。因此，公司很少能單就其最佳的機會、長期目標或總公司策略來訂定策略選擇。相反地，這三個基本要素應被同時納入考慮，因爲只有合併它們才能構成完整的策略選擇。

在眞實的決策情況下，策略選擇相當複雜且必須考慮到：廣泛多變的互動機會、合理的公司目標、大有可爲的總公司策略選擇和衡量的準則等因素。圖表 7.11 說明了長期目標與總公司策略選擇，其流程的的本質與複雜性。

下一章將完整的解釋策略選擇程序。但有關長期目標與總公司策略的知識是理解此程序不可或缺的要素。

運用策略的案例 **圖表 7.11**

策略選擇方案的概述

	六種策略選擇方案					
	1	2	3	4	5	6
互動的機會	西海岸的市場呈現競爭的態勢		目前市場對價格競爭的敏感度		產業現有的產品線所提供的產品對顧客來說項目太少	
合適的長期目標：						
公司 5 年的平均投資報酬率	15%	19%	13%	17%	23%	15%
公司 5 年的銷售量	+50%	+40%	+20%	+0%	+35%	+25%
負面利潤的風險	0.30	0.25	0.10	0.15	0.20	0.05
總公司策略	水平整合	市場發展	集中化	選擇性緊縮	產品發展	集中化

7.6 目標的排序與策略選擇

長期目標與總公司策略的選擇是同步的而非相繼而來的決策。事實上，長期目標與總公司策略是相互依賴的，因而某些企管顧問並不刻意將它們區分開來。在多數普遍的企管文獻與多數實務執行的思考中，長期目標與總公司策略在公司策略的標題下仍然是合而為一的。

不過，區分兩者仍是重要的。目標指的是策略經理人想要去做的，但對於如何達成並未有深刻的理解。相反地，策略指的是要採取何種型態的行動，但對於推動的目標為何，或何種準則可用來促進策略計畫則並未有所定義。

策略決策是否為達成目標或是滿足限制的手段？那可不一定，因為有時候限制本身就是一種目標，例如增加存貨量本身就是一種需要(是一種目標)，但是卻不明確。同樣的，想要增加銷售量，並不代表一定能夠如願達成，因此許多變項也都是如此，例如：公司偏好、勞動市場的情況以及公司的利潤績效。

7.7 設計一個獲利的商業模式

商業模式
創造一個有效的模式需要清楚的了解到公司如何在長期創造利潤以及採取策略行動。

整合長期目標與總公司策略的過程會形成**商業模式**，創造一個有效的模式需要清楚的了解到公司如何在長期創造利潤以及採取策略行動。

Adrian Slywotzky、David Morrison 以及 Bob Andelman 提出 22 種商業模式——如何以不同的方法與設計創造利潤[15]。他們以例子來說明如何做，作者也相信在某些情況下某種或多種商業模式將會進行交互作用而影響到獲利能力，他們的研究認為各種模式的獲利機制是有顯著差異的，但是「聚焦在顧客」卻是每一個模式共有的關鍵要素。

Slywotzky、Morrison 以及 Andelman 認為有兩個最常見的問題是企業執行長最關心的：

1. 商業模式為何？
2. 我們如何獲利？

古典的策略準則告訴我們：「取得市佔率，利潤跟著來」，這個準則在某些產業是有效的。然而，由於競爭日益激烈，而導致全球化與技術快速變遷，過去「高市佔，高獲利」的準則在某些產業已失效。

企業如何持續獲利？要回答這個問題之前請先分析下列題目：公司在這個產業中如何獲利？如何設計商業模式使得公司的獲利最高？Slywotzky、Morrison 以及 Andelman 基於上述的問題來說明以下的獲利商業模式。

---

15 本節摘錄自 A. J. Slywotzky, D. J. Morrison, and B. Andelman, *The Profit Zone; How Strategic Business Design Will Lead You To Tomorrow's Profits* (New York: Times Books, 1997).

1. 顧客發展顧客解決方案獲利模式

公司運用此模式來獲利，主要是改善顧客們的經濟與投資方式，並且可藉由顧客來發現流程可改善之處。

2. 產品金字塔獲利模式

此模式在顧客對產品特徵(如差異性、風格、顏色、價格)有強烈偏好時將產生相當高的效益，藉由提供大量的差異性時，公司能建立所謂的產品金字塔。最底層是低價、大量製造的產品，最高層是高價、少量製造的產品。利潤集中在金字塔的頂端，但是底層是防火牆(例如：很強但是低價的品牌能防止競爭者進入)，能保護頂層的獲利。消費商品與汽車公司就是運用此模式。

3. 多成份系統獲利模式

某些事業以產品/行銷系統著稱，由不同的組成要件構成並創造持續性且不同層次的獲利能力。例如：旅館業就會隨著房間出租以及酒吧經營的差別而獲利能力隨之不同，在這樣的模式中，企業會盡其所能讓最高獲利的組成要件創造最高的獲利，使整個系統的利潤極大化。

4. 總機式的獲利模式

有一些市場扮演著連接許多賣者與買者的角色，總機式的獲利模式創造許的高附加價值的中介，該中介商整合了多元的溝通路徑，因此降低了買方與賣方兩造之間的成本，當量增加之後，利潤也隨之提高。

5. 時間獲利模式

有時候，速度是獲利的關鍵，這個模式利用先佔者的優勢 ，而且創新也是基本的要素。

6. 大成功獲利模式

在某些產業中，透過少數在市場上極爲成功的產品往往能創造極高的獲利水準，這個產業的代表像是：電影公司、製藥公司以及軟體公司，這些產業都需要高額的研發以及上市成本，而且產品生命週期都很短。在這一類的環境中，往往必須集中在資源在某些專案上進行投資。

7. 互利乘數模式

這個商業模式透過某些產品、特色、商標或服務不斷且重覆的創造獲利，試想偉大的籃球傳奇 Michael Jordan 爲企業創造了多少商業價值，這個模式靠著強大的品牌趨動整個企業的長期發展。

8. 創業獲利模式

小即是美，這個商業模式強調即使缺乏規模經濟也能生存，他們的競爭對象是那些安於現有利潤水準的正式、官僚系統的企業，而且能有效的掠奪其顧客。當這一類企業的費用不斷提高而顧客銳減時，企業就必須因爲創業精神變差而退出市場。

9. 專門化獲利模式

這個模式強調連續的專門化才能獲得成長，顧問公司就是最好的例子。

10. 用戶數比獲利模式

該本模型之所獲利的原因主要是因爲已經建立了穩固的使用者基礎，而這些使用者持續支持公司的品牌，並繼續購買消費公司陸續推出的產品，用戶數比獲利模式擁有強大的基本盤，例子包括：刮鬍刀和刀片、軟體與升級、影印機和碳粉匣、照相機和底片。

11. 業界標準獲利模式

與用戶比獲利模式不同，當用戶比模式變成業界標準而主導產業內的競爭行爲時，稱之。

摘要
Summary

在我們學習策略決策要如何制訂之前，了解策略選擇的兩個主要組成要素是很重要的，亦即長期目標與總公司策略。本章的目的即在於傳達此一重要概念。

長期目標被定義爲一家公司企圖在一段特定時間後所達成的結果，通常爲五年。七種常見的長期目標可供參考：獲利率、生產力、競爭地位、員工發展性、員工關係、技術的領先地位，與公共責任。以上這些，或任何一個長期目標，應該要具備彈性、可衡量的、有激勵效果的、合適的與可了解的特質。

總公司策略被定義爲指引主要行動設計以達成長期目標的廣泛方法。15種總公司策略選擇可供參考：集中化成長、市場發展、創新、水平整合、垂直整合、集中式多角化、複合式多角化、再生策略、撤資、清算、破產、合資、策略聯盟以及聯盟。

關鍵詞
Key Terms

平衡計分卡	*p.13-6*	水平整合	*p.13-20*	破產	*p.13-30*
一般策略	*p.13-7*	垂直整合	*p.13-23*	合資	*p.13-32*
總公司策略	*p.13-12*	集中式多角化	*p.13-24*	策略聯盟	*p.13-34*
集中化成長	*p.13-12*	複合式多角化	*p.13-24*	聯盟	*p.13-35*
市場發展	*p.13-17*	再生	*p.13-25*	經連	*p.13-35*
產品發展	*p.13-19*	撤資	*p.13-28*	集團	*p.13-35*
創新	*p.13-19*	清算	*p.13-29*	商業模式	*p.13-37*

問題討論
Questions for Discussion

1. 探討您學校周圍企業社群中的公司運用了本章中所討論的 15 個總公司策略中的那一些？
2. 找出在你的企業社群中的公司，主要仰賴 15 種總公司策略中的那一個策略？你運用了那些資訊來分辨這些公司？
3. 幫你所就讀的學院訂下一個長期目標，陳述出本章所描述的七個長期目標的品質。
4. 區分以下總公司策略的差別：
   a. 水平與垂直整合。
   b. 複合式與集中式多角化。
   c. 產品發展與創新。
   d. 合資與策略聯盟。
5. 以下列三種尺度評定本章所討論的 15 種總公司策略方案：

   高 ________ 低
   成本
   高 ________ 低
   失敗的風險
   高 ________ 低
   預期成長的潛力

6. 請思考總公司策略中的集中式多角化、市場發展，與產品發展策略，該如何與圖表 7.3 所示的八個具體方案搭配。

Chapter 8

事業策略

閱讀完本章之後，您將能：

1. 說明事業部為何會選擇低成本、差異化以及以速度為基礎的策略。
2. 解釋並說明集中化市場策略的本質與價值。
3. 舉例說明公司如何同時採取低成本與差異化策略。
4. 說明企業在產業演變的不同階段中其成功的要件為何。
5. 說明零散產業與全球產業中企業的最佳策略為何。
6. 說明事業部何時該進行多角化。

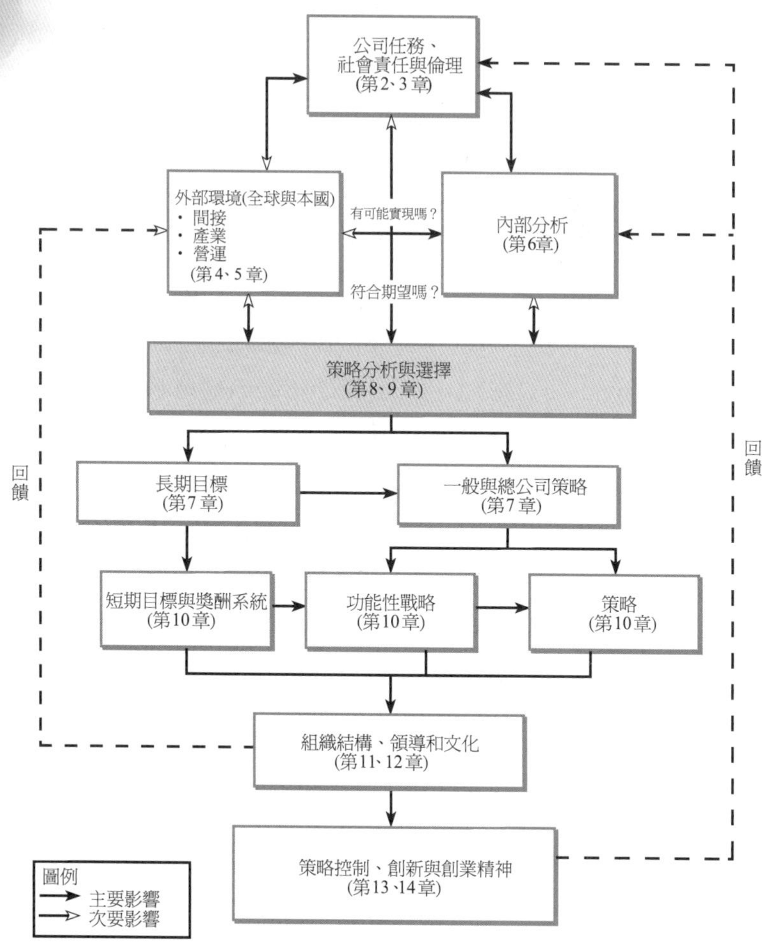

策略分析與選擇在策略管理過程中是一個重要的階段，而且正確的策略分析與選擇將使企業維持或是創造持續性的競爭優勢，策略選擇最初的考量，乃是基於價值鏈的活動，在價值鏈中如果某些活動項目對於吸引顧客有明顯的助益，此活動將會是策略選擇的重要考量。具有單一及重點產品與服務的公司，也必須選出合適的總公司策略來引導公司的活動，特別是公司想要將其營運範疇擴充到核心事業以外的時候，策略的選擇將顯得更重要。本章在探討單一產品事業部的策略分析與選擇，其中有兩個重要的議題值得深入探討：

1. **就單一產品事業部而言，什麼樣的策略能最有效的建立持續性的競爭優勢？**
   哪一種競爭策略能最有效的提升企業在產業中的定位？舉例來說：Scania 是世界上屬一屬二的卡車製造公司，它後來與其最大的競爭對手 Volvo 合資，成爲瑞典兩大經濟支柱。Scania 的銷售報酬率爲 9.9%，遠超過 Mercedes 的 2.6%與 Volvo 的 2.5%，創下六十年來的新高。Scania 將生產策略的重點專注在重型卡車上，並以標準化的零組件(Scania 爲 20,000 種；Volvo 爲 25,000 種；Mercedes 爲 40,000 種)來生產客製化的產品及服務，而這樣的作法在歐洲已經形成一種獨特的競爭優勢了。總結來說，Scania 是一家低成本的製造廠商，但卻以生產差異化的卡車來滿足顧客的需求，因此這樣的作法在某個區域市場上將有助於提昇企業的競爭力。

2. **單一產品事業部是否應該採取多角化以建立競爭優勢？**
   舉例來說，Compaq 電腦與可口可樂的主管曾經深入探討多角化的問題，結果他們一致認爲：「公司應持續專注於原來的核心產品與服務，並且應該以這些核心產品與服務爲基礎，持續的開發新市場，這或許是最好的作法」。不過，後來 IBM 與 Pepsi 公司探討了相同的問題，但是他們的結論卻一致認爲相關多角化與垂直整合才是最佳的作法，爲什麼？

8.1 評估並選擇事業策略——尋找持續的競爭優勢

企業主管常常評估並選擇合適的策略以促成企業經營的成功，因爲這些企業擁有其他企業所缺乏的相對競爭優勢，所以經營才會如此的成功。一般而言，最常見的企業競爭優勢來源有兩種，一種是企業擁有較佳的成本結構，而另一種則是企業進行差異化使其他競爭者無法模仿。位於 Orlando 的迪士尼樂園提供獨特的主題樂園(theme park)行程，比起其他的遊樂園更具有獨特性，因此產生了差異化的經營效果。另外，沃爾瑪針對一般消費大眾提供低價的零售商品，這相對於競爭者而言，沃爾瑪創造了低成本的競爭優勢。

無論企業的競爭優勢是來自於上述的哪種(或兩者兼具)作法都可以使企業在產業內的獲利能力高於平均水準之上，不過一旦企業缺乏低成本或差異化的優勢，則他們的獲利能力通常會較同業爲低。最近有兩個研究發現：在產業中不具競爭優勢的廠商，其獲利程度一般而言都會比較低；但是在產業中具有獨特競爭優勢的廠商，一般而言其獲利程度都會比較高[1]。

下表說明了橫跨七種產業，共計 2,500 家廠商的投資報酬率：

差異化優勢	成本優勢	跨七種產業的總平均投資報酬率
高	高	35.0%
低	高	26.0%
高	低	22.0%
低	低	9.5%

基本上，管理者所評估與選擇的策略，一般都會強調某種形態的競爭優勢，較常被提到的就是「一般策略」(generic strategies)，這種分類常常會將企業的策略形態劃分爲「差異化導向」或是「低成本導向」。如果按照這個邏輯來看，組織成員將會清楚瞭解公司的偏好。而且根據研究顯示，公司之所以會有較高的獲利能力，主要是因爲比起競爭者該公司具有差異化或是低成本的特質。

如上述研究所言，公司會採取一般策略來取得競爭力，但根據許多公司的經驗顯示，同時採取這兩種策略將會使獲利最高。換言之，如果公司同時具備兩種以上的價值鏈活動：一種價值鏈活動比起其他競爭者更具差異化；另一種價值鏈則是以較低的成本來從事生產活動，則企業的競爭力必然相對提高。所以現代企業經理人必須同時考量企業的核心能力以及價值鏈活動，來評估並選擇企業的策略。圖表 8.1「頂尖策略家」一節說明了 Facebook 的創辦人 Mark Zuckerberg 以及營運長 Sheryl Sandberg 如何同時採取低成本及差異化的策略讓 Facebook 在未來以網路爲基礎(2030 年前)的企業環境中獲得長期的成功。

1 G. G. Dess and G.T. Lumpkin, "Emerging Issues in Strategy Process Research," in *Handbook of Strategic Management*, M. A. Hitt, R.E. Freeman, and J.S. Harrison (eds) (Oxford: Blackwell, 2001), pp. 3–34; and R.B. Robinson and J.A. Pearce, "Planned Patterns of Strategic Behavior and Their Relationship to Business Unit Performance," *Strategic Management Journal* 9, no.1 (1988), pp. 43–60.

頂尖策略家

圖表 8.1

Zuckerberg 與 Sandberg 採取差異化及長期低成本策略來建立 Facebook 的長期事業策略

2009 年發生許多戲劇性的變化，許多企業不斷的減少開銷並停止快速成長——即使是矽谷也不例外，然而 Facebook 卻一支獨秀。創辦人兼執行長 Mark Zuckerberg 以及營運長 Sheryl Sandberg 卻不斷強調快速成長，在現有全球使用者的基礎之上他們為未來三十年建立了一個服務網站，同時他們也徹底改變了目前企業習以為常的社會網絡商業模式。

Facebook 的執行長 Mark Zuckerberg 以及 Sheryl Sandberg

低成本領導

即使面對全球不景氣，Facebook 還是強調不斷且積極擴充使用者，因為公司的想法為：持續的維持規模經濟將使 Facebook 成為社交網站的成本領導者，如此一來公司就可以提供廣告主以及其他的客戶獲得最多、最廣泛的收視群，也就是說在特定的社群中每一美元所獲得的廣告曝露是最高的。不像某些在社交網站快速獲利的公司，Sheryl Sandberg 說：「我們還打算在這個產業打拼個二、三十年」。因此，儘管面對全球經濟的不景氣，Facebook 不但沒有降低成本，反而更加積極的開創廣告利潤，而且還開發了加拿大法語、菲律賓語、科薩語以及阿拉伯語等不同版本。Zuckerberg 說道：「社交網站能夠將人們與朋友聯繫在一起，即便朋友分佈在沙烏地阿拉伯、菲律賓、東加也都不成問題，這也是社交網站的價值所在」所以，財務長 Gideon Yu 說：「Facebook 積極的想購併一些在巴西、德國、印度及日本的網站以取得一些地理或人口因素上的優勢」如果上述的想法實現的話，Facebook 將會有高度的規模優勢，廣告商也會享有無與倫比的成本優勢，因為其社交網站的使用者是全球的，而非侷限於某些地區及人口因素*。

差異化——FACEBOOK 之道

Facebook 創造了超越過去傳統線上廣告的商業模式，它們除了搜尋廣告商以外，還創造了互動式廣告，比較像是數位電子看板而不是傳統的橫幅廣告，一般稱之為「雙向互動廣告」(engagement ads)，雙向互動廣告使 Facebook 盈利頗豐，它允許用戶選擇成為某品牌的粉絲，而這實際上意味著用戶選擇同意接收該品牌的相關信息與促銷廣告。雙向互動廣告進一步方便廣告商向用戶投放促銷廣告，甚至是獲取用戶個人信息。Facebook 第二個不一樣的地方在於：銷售虛擬貨幣、虛擬禮物與數位遊戲。由某位 Facebook 的使用者透過 Facebook 將數位花束、吉他以及其他的數位禮物送給他的朋友已經是愈來愈普遍的現象，這同時也是 Facebook 的獲利來源。更重要的是，比起其他社交網站，Facebook 為廣告商創造了一個更有利的社會文化環境。Facebook 第三個不一樣的地方在於：Facebook 推出 Facebook 開放平台，利用這個框架，第三方軟體開發者可以開發與 Facebook 核心功能整合的應用程式。

* "Facebook Lures Advertisers at MySpace's Expense," *BusinessWeek*, July 9, 2009; "Zuckerberg on Facebook's Future," *BusinessWeek.com*, March 6, 2008; and "Facebook's Sheryl Sandberg," *BusinessWeek.com*, April 9, 2009.

8.1.1　評估成本領導的機會

低成本策略

優勢建立在成本領導的企業，本身必須能夠提供比競爭對手更低廉的價格，或是以較低的成本達成策略的目標，但競爭對手卻做不到，而這項成本優勢必須能夠持續才算是成本領導的優勢。

優勢建立在成本領導的企業，本身必須能夠提供比競爭對手更低廉的價格，或是以較低的成本達成策略的目標，但競爭對手卻做不到，而這項成本優勢必須能夠持續才算是成本領導的優勢。圖表 8.2 說明了若想要達成成本領導的優勢，企業所應具備的能力及資源，同時也必須具備成本領導價值鏈活動中的某些活動(採購原物料、製造產品、行銷產品和產品通路以及支援活動)。圖表 8.2 提供了許多範例來說明如何以**低成本策略**達到成本領導的優勢。

許多策略主管透過「標竿管理」(benchmarking，在第六章我們曾經提過這是一種比較的技術與方法)的方法來檢視企業的價值鏈活動是否具有低成本的領導優勢。而且我們還必須注意到：影響任何成本優勢的因素，是否也會與企業環境中的五力因素有所關聯。相較於影響產業的主要力量，低成本的活動也將會成為企業競爭優勢的主要來源。

圖表 8.2　評估企業成本領導優勢的機會

A.　技術和資源因素

資金不斷挹注
流程再造技能
優秀的員工和核心技術營運
通路、產品、服務暢通
低成本的配銷系統

B.　組織需求方面

嚴謹的成本控制
經常性、詳細的財務控制報告
持續性改善和標竿管理
組織結構完善而且權責分明
大量化、標準化

C.　達成企業成本領導競爭優勢之範例

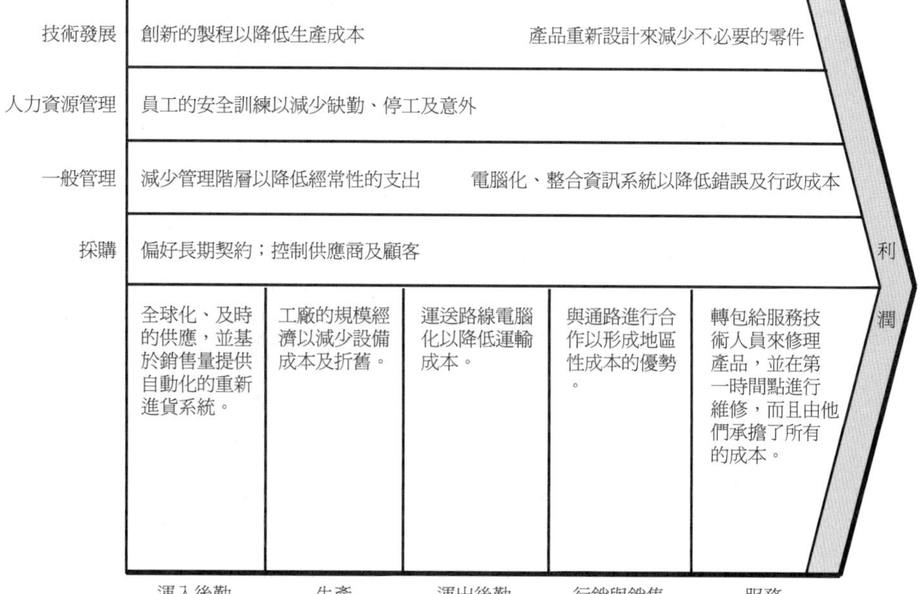

資料來源：Based on Michael Porter, *On Competition*, 1998, Harvard Business School Press.

1. **低成本的優勢有助於消費者降低他們對於價格的要求與壓力**

當所有的競爭者都無法與低成本策略領導者相抗衡的時候，顧客就不會對成本領導者的價格再多做要求。

2. **持續性的低成本優勢有助於讓競爭對手轉換競爭領域，減少價格競爭**

激烈而持續的價格競爭將會對所有競爭者造成傷害，例如航空產業。

3. **新的進入者如果也想要採取價格競爭的策略，一旦面對產業中的價格領導者，新進入者將明顯缺乏成本優勢的經驗**

EasyJet 是一家英國剛創立的航空公司，它模仿西南航空的低價策略，試圖進入歐洲的航空市場，而其作法則是大張旗鼓的採取低價策略、城市對城市、無事先訂位的經營模式。

許多分析家指出 EasyJet 可能會碰釘子，因爲 British Airways、KLM、Buzz、Virgin Express 的作法都與 EasyJet 相似，例如低價策略與無事先訂位的經營模式都極爲類似，因此 EasyJet 明顯缺乏成本的優勢。然而 EasyJet 的先佔優勢不但讓公司生存下來，甚至還成爲歐洲航空產業低成本市場區隔中的霸主[2]。

4. **低成本優勢將會降低替代品的威脅**

許多企業都會審愼的看待替代品所帶來的威脅，但是握有低成本優勢的廠商基本上不容易受到替代品的威脅，因爲低成本的商品使得顧客有可能放棄他們原來想要購買的替代品，而且儘管有替代品提供更低的價格，也可能只是較劣質的替代品，不足爲懼。

5. **高額利潤的低成本優勢廠商，將使得供應商沒有提升成本的空間，進而使得供應商不得不與生產者維持忠誠合作的關係**

通常，突然而且無法控制的因素常常會提高供應商的成本，因此供應商會比較偏愛低成本、高獲利的生產廠商。加州有一年發生乾旱，萵苣(特別是飯店做菜所需)的價格高漲了四倍，有一些連鎖店自己吸收了這個部分的成本，有一些商店甚至以「萵苣稅」的名義來迷惑顧客。此外，儘管未來或是外部的環境充滿誘惑與競爭，某些連鎖店如果與生產供應商合作愉快，這時候將會以夥伴相稱，而且會產生很高的忠誠度。

一旦公司管理者決定採取成本領導的策略來取得競爭優勢，則管理者必須思考成本領導是否會產生關鍵性的風險，進而阻礙了企業持續性的優勢。而這裡所謂關鍵性的風險，後面會繼續討論。

---

2 "EasyJet Expands as Profits Soar," BBC News, November 14, 2006; and "Demand Boost Cuts easyJet Losses," BBC News, May 9, 2007.

6. 許多降低成本的活動很容易被模仿

某一家處理有害廢棄物的公司早期採用了一套電腦化的訂單紀錄軟體，結果降低了許多銷售成本，而且提供顧客相當好的服務，但是這只維持了一段時間，競爭者隨即迅速的學習，並採用類似的軟體，產生類似的產能與成本結構。

7. 若僅採取成本領導策略，很容易變成一種陷阱

如果公司不斷強調低價格可以為公司帶來成本上的優勢，而採取成本領導策略，則顧客將會忽略產品差異化的策略與作法。特別是那些商品式的產品，如果成本領導廠商為了追求持續性的利潤，則市場上較為次要的成本優勢廠商就不免會受到顧客的壓力，這個壓力就是顧客會要求更低的價格，這樣一來，成本領導者與成本優勢廠商(較為次要的廠商)之間的關係將會受到破壞，整個產業的獲利空間也將會逐漸降低。

8. 過份的降低成本，會使得企業忽略了其他的競爭優勢

降低成本能夠賺取利潤，但是卻也因此喪失許多投資的機會(例如產品創新或是製程創新)。許多廠商為了達到降低成本的目標，而採用較次級的原物料、製程與活動，而這些因素都是顧客在選擇產品時特別重視的屬性。例如：某些提供電腦郵件訂貨服務的公司，常常能夠維持其成本優勢，探究其原因可以發現其作法就是減少電話服務的人事成本，或是產品銷售量下降的時候會有自動化的偵測與告知系統來提醒廠商。

9. 成本的優勢會隨著時間而慢慢消逝

當產品上市一段時間之後，競爭者將會學習到該產品如何取得成本優勢的秘訣，因此該產品的絕對銷售量將會遞減，市場通路與供應商也漸趨成熟，顧客也漸漸具有相關的知識，以上這些因素的影響將使得過去的成本優勢逐漸消失。換個角度來說，成本優勢將隨著時間的經過而漸漸無法維持。

一旦企業主管發現公司的價值鏈與其活動具有成本優勢與競爭力，在考慮過相關的風險之後，他們就可以開始選擇企業的策略。這些管理者後來或許也會考慮採取差異化的策略，整合所有的資源與競爭優勢來獲得最佳的績效。這時候管理者應該開始評估差異化的來源了。

8.1.2 評估差異化機會

差異化
是指企業具有持續性的競爭優勢，來提供顧客獨特且具有價值的產品，而其差異化是來自產品的特徵、績效以及與成本價格無關的其他因素。而且這項差異不容易創造或模仿。

所謂的**差異化**(differentiation)是指企業具有持續性的競爭優勢，來提供顧客獨特而且具有價值的產品。成功的差異化策略是指企業所提供的產品或服務對顧客來說具有相當高的價值，而且顧客爲了獲得這份價值，他們願意付出具有「差異性的成本」，而且「差異性的成本」有可能高於產品或服務的實際價值。換言之，顧客覺得付出多餘的成本來購買相關的產品或服務，比起其他產品或是方案，是相當值得的。

如果在公司價值鏈中的某項或是多項活動，能夠爲顧客創造獨特而且重要的價值，這就是差異化的觀念。Perrier 在法國控制大部分碳酸水的市場、Stouffer 則是以冷凍食品包裝及調味料聞名、Apple 則是以整合晶片設計的 Mac 電腦見長、American Greeting Card 爲零售商提供了自動存貨系統、Federal Express 則提供顧客最佳的服務，以上的案例都說明了企業如何透過成功的差異化策略來建立企業持續性的競爭優勢。企業可以透過現有的價值鏈活動，或是以某些特殊的方式來重新組合價值鏈活動，以建立企業的差異化競爭優勢。持續性的差異化有兩項基本要件：顧客對於公司產品具有持續性高價值的認知、競爭者無法模仿。

圖表 8.3 說明了企業的經理人如果打算採取差異化策略來維持其競爭優勢，組織所應該具備的基本能力，此外也說明了差異化企業其價值鏈活動的內涵。

許多策略主管透過「標竿管理」(benchmarking，在第六章我們曾經提過這是一種比較的技術與方法)的方法來檢視企業的價值鏈活動是否具有差異化的優勢。而且我們還必須注意到：影響任何差異化的因素，是否也會與企業環境中的五力因素有所關聯。相較於影響產業的主要力量，差異化的活動也將會成爲企業競爭優勢的主要來源。

1. 如果企業成功的進行差異化，則競爭者會相對減少

在南卡羅來納州 Greer 所生產的 BMW 新 Z4 型汽車，其銷售量遠不如在田納西州所生產的 Saturns 汽車。哈佛大學的教育有時候可能不如一所當地的技術學院。以上所描述的兩種情況都面臨相同的基本需求——交通運輸與教育。然而，假如某一位競爭者在顧客的心目中是顯著具有差異化的，則該競爭者將會較具競爭力。

圖表 8.3　評估企業差異化優勢的機會

A.　技術和資源因素

較強的行銷能力
生產流程創新
具有高創造力的員工
較強的基礎研究能力
公司技術、品質有口皆碑
產業有傳統獨特的能力，而且有能力綜合其它企業的優點
較強的協調、配銷通路
與提供產品或服務原料的供應商協調良好

B.　組織需求方面

研發、產品發展和行銷功能之間的良好協調與配套
客觀的衡量與激勵，而不是一味的追求量產
吸收具備高技術能力、科學家以及有創造力的人
接近主要顧客
較強的行銷銷售、技術與製造生產的能力

C.　達成企業差異化競爭優勢之範例

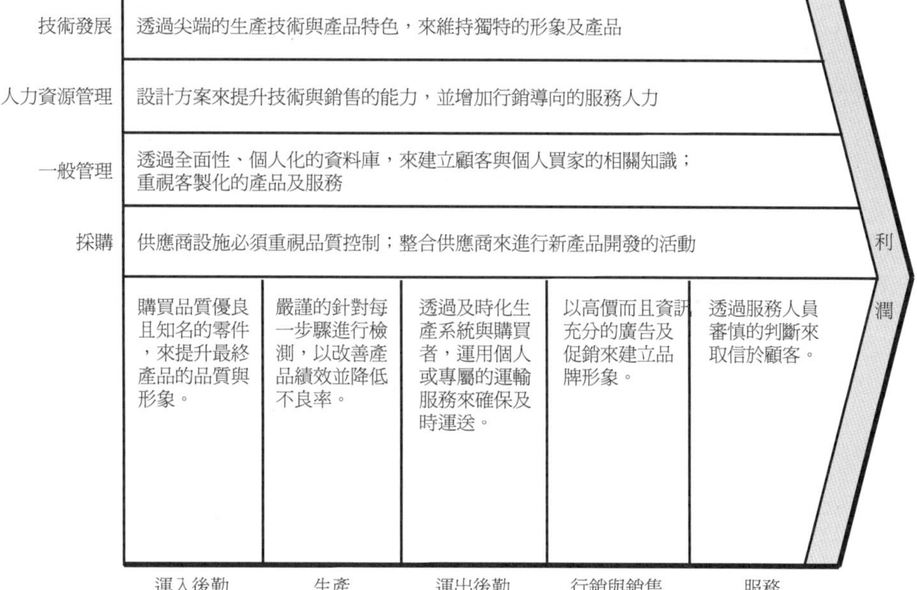

資料來源：Based on Michael Porter, *On Competition*, 1998, Harvard Business School Press.

2.　有效的差異化產品，將使得顧客對於價格的敏感度降低

位在加州 Carmel 的 Highlands Inn 與 Ventana Inn，面對北加州 Big Sur 美麗的海岸，每一晚收費至少介於 750 到 1,000 美元之間，每一間房間都有廚房、壁爐、泡澡設施以及美麗的景觀，沿著加州的海岸線仍然有許多的景點，但是上述兩家飯店的住房率都高達九成，為什麼？主要是你沒有辦法找到一個像這樣可以欣賞美景又放鬆的地方，壯麗的景色令人流連忘返。因此，顧客面對差異化的產品其價格的容忍度，遠勝於低成本領導產品的顧客，而且前者對於品牌的忠誠度將會變得相當高。雖然許多的機車都試圖以較平易盡人的價格且容易買到來取代哈雷機車，但由於哈雷的粉絲不斷擴增至全球，因此至今哈雷機車的價格仍不斷上漲。

3. 品牌忠誠度不容易被新進入者所取代

在美國進口許多的啤酒，但是 Budweiser 仍然在市場上一枝獨秀，維持很高的市場占有率，爲什麼？因爲品牌不容易被競爭者所取代！Anheuser-Busch 曾經想要在原有的核心品牌上，再增加新的市場利基，例如不含酒精的酒，這也是其他新進入者所極力開發的市場。

當管理者採取差異化策略的時候，爲了取得競爭優勢，公司必須承擔部分的風險，有哪些風險？後續將會繼續討論。

4. 差異化程度過小，將使得差異化變得沒有意義

AMC 在 40 年前就是吉普車的先驅，後來 Ford 所開發的 Explorer 在 1990 年代已經成爲奢侈的交通工具，他們將奢華的汽車配備都加入吉普車中。Explorer 成爲 Ford 在國內最受歡迎的車種，Ford 因此持續賺了不少錢。然而，在 2003 年，許多汽車大廠都陸續投入高級汽車的行列，此時顧客已經覺得缺乏新鮮感了，而 Ford Explorer 的主管已經開始著手爲下一個十年開發新的事業策略，而這項策略必須基於差異化的訴求，而且在他們的價值鏈活動中還必須強調低成本零件這個要素。

5. 技術的變革，常使得過去的投資或學習付之一炬

在 1970 年代瑞士幾乎控制了全球 95%的手錶市場，當時瑞士的手錶市場投入了許多的工匠、技術與基礎設施。美國德州儀器公司決定進行實驗開發電子錶，瑞士的生產者相當感興趣，連日本 SEIKO 或是其他廠商都感到非常有興趣。在 2010 年時，瑞士在全世界手錶的占有率僅剩下不到 2%。

6. 在採用低成本策略與差異化策略的企業中，顧客忠誠度會呈現顯著的差異

如果顧客想要節省大量的成本，則他們勢必要犧牲差異化產品中許多的特色、服務與形象。受教育所必須花費的成本愈來愈高，許多「資深」的名校更是明顯，因此導致許多學生開始選擇低成本的教育單位，這些學校所提供的課程相當類似而且沒有特色與形象，教授也很少指導研究生。

8.1.3 評估速度的競爭優勢

iPod 酷炫的設計是該產品成功的主要原因，但是你很少會去思考策略決策以及速度戰術的相對重要性。舉例來說：Apple 的執行長 Steve Jobs 設定九個月的工作時間企業就必須完成產品，如此一來組織內的所有部門都會相互配合

來完成產品的設計、製造與行銷。上述的步驟系統性的降低了 iPod 無法上市的風險，同時也造就了 Apple 的成功[3]。

以速度為基礎之策略

指企業策略植基於某些功能性的能力與活動，使得公司可以比競爭對手更快速的滿足顧客的需求。

以速度為基礎之策略是指公司對於顧客需要、市場以及技術改變所做出來的快速回應。現代企業面對全球化激烈的競爭，速度儼然已經成爲現代企業競爭優勢的主要來源與影響因素。速度也是一種差異化的形式，但是速度涵蓋更廣。速度是指快速回應的速度，因此面對顧客公司能迅速的提供他們所需要的產品、不斷的進行新產品開發與改善、迅速調整生產流程以及迅速的決策。雖然成本與差異化都能夠形成競爭優勢，但是未來的企業更需要創造以速度爲基礎的競爭優勢。圖表 8.4「運用策略的案例」說明了，愛爾蘭人 Michael O'Leary 如何使用以速度爲基礎的競爭策略來建立 Ryanair 公司。圖表 8.5 說明了以速度爲基礎的競爭優勢，組織需要什麼資源以及能力才能落實。Jack Welch 是改造 GE 公司的執行長，GE 公司一開始是相當衰敗的企業，但最近 25 年卻進展爲華爾街績效最好的公司之一，針對這些演變 Welch 提出他的看法：

> 速度是很重要的驅動力，每個人都緊追在後，快速發展的產品、快速的產品生命週期以及市場，對顧客回應愈快…愈能滿足顧客，溝通快速、移動敏捷，這些現象在我們還是小公司的時候，並不難達成，但是進入全球環境之後這些因素更顯重要[4]。

運用策略的案例　圖表 8.4

強調速度的 Ryanair

2009 年 Michael O'Leary 提出以快速、低成本、國內航班服務的策略來飛行歐洲與美國…一洋之隔，最後一秒購得的機票甚至只喊價到 55 塊美金。Vintage O'Leary 在較早時候，他曾駕駛第二次世界大戰時的坦克到英格蘭的 Luton 機場作勢試圖攻擊競爭對手 easyJet，以挑戰 easyJet 的高票價。以下是 Ryanair 的「速度」策略：

速度 1：

Ryanair 在主要城市以外的航線都採用小飛機以及二級機場，許多二級機場允許 Ryanair 的飛機快速進入某些區域、以較快的速度迴轉、方便乘客以較快的速度進入機場(比起一般常規的進入時間)，這些機場的使用成本較低，較接近某些大城市，飛行的前置時間只要 25 分鐘(競爭者的一半時間)。這些作法使得 Ryanair 能夠為遊客或是商務人士提供較為頻繁的飛行班次並節省更多的時間。

速度 2：

Ryanair 大量購置最新的波音 737 型客機，這些飛機的維修成本較低而且在小型機場中較容易操控。

速度 3：

Ryanair 在 Ryanair.com 網站上銷售大約 98%的票，顧客能夠迅速方便的得到服務，網站上也同時銷售旅館、汽車租賃以及其他多樣的商品，這對顧客來說不但簡單、節省時間，最重要的是速度快。

---

3 "Don't Worry, Be Ready," *BusinessWeek*, May 28, 2007.

4 "Jack Welch: A CEO Who Can't Be Cloned," *BusinessWeek*, September 17, 2001.

圖表 8.5 評估企業快速回應(速度)優勢的機會

A. 技術和資源因素

流程再造的技能
卓越的運入及運出後勤
聘用銷售與顧客服務的專業技術人員
高度自動化
公司的品質、聲譽或技術領導
彈性製造產能
良好的上下游夥伴關係
公司與提供主要零組件的供應商有良好的協調與溝通

B. 組織需求方面

研發、產品發展與行銷之間良好的協調與溝通
強調顧客滿意度以及公司的激勵方案
高度授權給基層員工
接近主要顧客
專業的銷售、生產以及技術與行銷人員
授權給第一線客服人員

C. 達成速度競爭優勢之範例

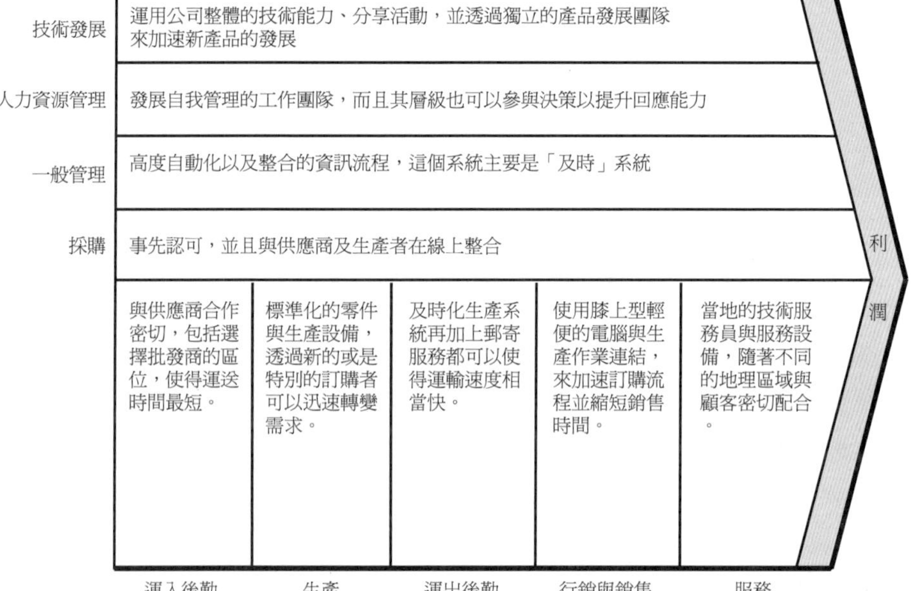

以速度爲基礎的競爭優勢主要來自於下列活動：

1. 顧客回應

所有的顧客都會遭遇到麻煩、延遲、挫折的事情，公司必須以最快的時間來處理顧客所遭遇的所有問題、迅速答覆所有問題、提供相關的資訊與解答，一旦有所閃失都將會影響企業的競爭優勢，所以公司必須迅速建立顧客的忠誠度。

2. 產品發展循環

日本的汽車製造商非常重視及時開發新的車種，因爲根據過去在歐洲及北美市場與 Ford Explorer、Renault Megane 交手的痛苦經驗顯示，新產品開發是

相當重要的議題。VW 最近僅花了一年的時間在歐洲開發四輪驅動的新車，當然新產品開發的過程包括：確認、原型、製造與行銷等。Honda、Toyota、Nissan 的產品發展循環大概落後 9 到 24 個月(從概念到生產)。但是這種產品開發能力對 3M 來說是過於緩慢的，3M 是一家產品發展速度極快而且相當成功的公司，每年大約有四分之一的銷售利潤是來自於公司發展的新產品。

3. 產品或是服務的改善

就像發展的時間一樣，公司能夠迅速的採用新的產品與服務，同樣也能夠爲顧客提供所需的產品，相對於競爭者而言，這些都是競爭優勢的來源。

4. 通路的速度

當您需要的時候，公司就能夠提供所需，即使明天要也一樣，記住顧客需要的是快速的回應。Federal Express 的成功反映了顧客對於運入後勤與運出後勤的重視。

5. 資訊分享與科技

分享資訊的速度已經變成決策、行動與其他重要活動的基礎了，當然這些分享的資訊都是攸關顧客、供應商或是合夥人的內容，因此資訊分享早就成爲許多企業競爭優勢的重要來源。在公司透過資訊分享來建立價值的時候，具有知識的管理者還必須搭配通訊、網路等基礎設施，這時候透過資訊分享來建立競爭優勢才有可能性。

以快速回應的能力來建立競爭優勢可以透過以下幾種方法：第一，做到競爭對手做不到的，如此一來公司才有條件與顧客進行更進一步的談判，以獲得更高的利潤；第二，對顧客提高價格、提高顧客忠誠度，這樣才能提高公司在顧客心目中的地位；第三，公司必須與供應商保持良好的協調合作關係；最後，不斷的開發新產品，並且與替代品及潛在進入者相互競爭。

雖然以速度作爲競爭優勢的來源，似乎很令人振奮，但是在提升競爭力的過程當中也不要忘了風險管理的重要性。第一，快速回應的活動，必須在人員受過嚴格訓練、組織結構重新再造、組織流程再造之後，才得以執行；第二，有一些成熟而穩定的產業變革非常少，所以導入快速回應以及新產品開發的系統，似乎對競爭優勢的提升幫助不大。所以在穩定產業的顧客也比較偏愛低成本的策略，回應的速度對他們來說似乎不是那麼重要。

8.1.4 評估集中化市場以作為競爭優勢的來源

市場聚焦
這是一般競爭策略的一種，集中化策略可以採取低成本、差異化或結合兩者，企業將經營中心放在一個較為狹隘且有明確定義的市場。與快速回應來來爭取更大的市場，較狹隘的聚焦市場通常可以依地理區域、產品類型、目標顧客類型或綜合以上因素來加以劃分。

比較小的企業之所以能夠持續成長，主要的原因是因爲它們所面對的是比較小的利基市場，我們通常稱之爲**市場聚焦**或集中化，意思是指企業將經營中心放在某一個較爲狹隘而且有明確定義的市場。舉例來說：Soho Beverages 是 Pepsi 公司的前身，主管 Tom Cox 是來自於 Seagram 公司，而且是在 Seagram 被購併之後才進入公司的。這個小品牌在紐約曾經是個有益身體健康的一個利基產品，當然在東海岸也有零星的分布。Seagram 之所以會經營不善乃是因爲其銷售力量沒有充分發揮所致，當然 Cox 每一年的銷售量是一般員工的兩倍，但是他的行銷預算都不包括廣告與行銷資料庫的。他聘了一位韓國人、一位阿拉伯人，兩位都是大學生，他要他的部屬勤走基層，甚至遠達曼哈頓島的熟食店，因爲他還想再將他失去的品牌購併回來。後來他對曼哈頓島的所有熟食店提供股市訊息，不管其規模大小。後來其銷售額每年成長 50%。爲什麼？Cox 說：「這要歸功於我們僅將目標放在利基市場、提供差異性的產品以及銷售人員的努力，以降低促銷和通路成本，而且對於每一家熟食店都要提供快速回應的服務」[5]。

這個案例有兩個重點：第一，這一家企業著眼於利基市場，最後獲得很強的競爭優勢，但是如果只有單一市場仍嫌不夠。此外，Cox 創造了好幾條價值鏈活動以達成差異化、低成本、快速回應的目標，因此在這個市場中很少有競爭者會進來與 Cox 競爭。圖表 8.6 頂尖策略家一節描述了中國海爾集團執行長張瑞敏運用了品質與「大鎚」(砸掉有缺陷的冰箱，宣示產品品質的重要性)評估並選擇了市場聚焦策略，海爾最終選擇進入美國冰箱的市場。

頂尖策略家 **圖表 8.6**

海爾集團總裁張瑞敏

張瑞敏強調集中化的策略，最早以海爾的品牌揚名中國，現在則致力於進入美國以及其他的市場，截至本世紀止，公司的年銷售成長率為 40%。

這一切都必須由幾年前在中國「大鎚」的故事說起，張瑞敏被指派到一家國營的冰箱工廠，當時他就發現：「真正的問題在於員工根本不在乎而且沒有信仰，員工心中根本沒有品質的概念」。所以在顧客的抱怨之後，張瑞敏在工廠地板列出 76 個有問題的模型，他拿起大鎚，並要求負責的人也照做，並砸碎那些不良品，當然他自己也砸碎了不良品，這項行動為就是告訴我們：「產品沒有分 A、B、C、D 級的品質，只有可接受與無法接受的品質」。

---

5 Michael Porter, *On Competition* (Boston: Harvard Business School Press, 1998), p. 57.

快速激進的作為使得海爾很快就進入美國的市場，但是張瑞敏並沒有像在中國一般(例如競爭爭取更大的市場或是進入高階的冰箱市場)，他反而選擇市場聚焦策略，引進在大學宿舍或是酒窖常用的多用途迷你冰箱，海爾的利基產品很快就獲得顧客的青睞而普及化了。.

結合海爾對品質控制的執著與承諾，張瑞敏不斷的提醒員工品質的重要性，再加上海爾運用得宜的集中化策略，公司也不斷的開發不同的產品線並擁有美國市場相當比例的市佔率，海爾選擇市場聚焦策略，對美國的消費大衆傳遞了相當清楚的價值主張。

集中化策略也可以採取低成本、差異化與快速回應來爭取更大的市場，投入更多的資源。集中化策略可以使企業學習到目標市場的需求，並試圖與消費者建立個人「差異化」的關係，有助於他們爭取更大目標客群。低成本的策略也可以滿足某些利基市場的需要，這些利基市場或許是其他廠商不願意投資的市場，因爲可能考量其成本結構的關係。規模較小的企業比較能夠聚焦於特定的客製化服務並取得成本優勢。此外，取得競爭優勢最重要的因素或許就是快速回應。我們除了應該提高顧客的知識之外，組織知識也需要花一點時間來進行建構。通常小市場裡面的需求，就代表了大部分人的需求，而且會影響企業的收益。圖表 8.6「頂尖策略家」一節清楚的說明了，中國海爾透過聚焦於低成本、差異化以及品質的策略而在小冰箱市場成爲全球領導品牌。

集中化策略最大的風險在於公司如果證明了這個利基市場是可行的，則其他廠商也就會開始跟進。例如 Domino pizza 的外送模式證實可行，而且市場很大，最後吸引了許多競爭者，變成了很大的挑戰。此外，許多大企業也會購併掉在利基市場成功的企業，而且讓那一家公司成爲大公司的事業部之一，最大的風險可能就是該公司僅執行集中化策略，而都沒有進行低成本、差異化以及快速回應的策略。

管理者在建立競爭優勢機會的時候應該與策略價值鏈活動相連結，然後才評估低成本、差異化以及快速回應的可行性。主管在選擇「一般策略」的時候，應該與產業情境、價值鏈活動以及持續性的競爭優勢一併考慮。下一節將探討五種重要的產業環境以及這些環境與價值鏈及企業成敗之間的關係。

8.1.5　產業演變的階段以及事業策略的選擇

企業成功的要因往往隨著產業發展的不同階段而有所差異。而策略分析家往往會以產業發展階段的成功要因作爲分析架構，以進行企業優劣勢的界定與評估。圖表 8.7 描述了產業發展的四個階段以及各階段必須具備的成功因素。

圖表 8.7 在產業發展的階段中不同階段獨特的競爭優勢來源

功能領域	導入	成長	成熟	衰退
行銷	必須具備相當的資源與技能使顧客能夠知曉公司產品並進而接受公司產品；取得通路的優勢	建立品牌認同；尋找利基；降價；維持良好的通路關係；發展新的通路	積極的將現有產品推向新市場；價格具有彈性；產品差異化；顧客忠誠度高	節省成本；有效的選擇通路；強化顧客忠誠度；強化公司形象
生產作業	有效率的擴充產能；儘量減少設計，而依賴發展出來的標準	增加差異化的產品；集中化製造或是降低成本；改善產品品質；季節性轉包	改善製程，降低成本；分散或是降低產能；與供應商關係良好；轉包契約	簡化生產線；生產、區位與通路的成本優勢；簡化存貨管理；轉包契約
財務	投入現金；一開始必須承受損失；有效的運用槓桿	財務迅速擴張；現金流出但是必須獲利；擁有支持改善產品的資源	產生財富或是重新分配；現金流量的提高；擁有支援產品改善的資源	減少不必要的設備；設備上成本的優勢；精確的控制系統；簡化管理控制
人事	用人彈性化；訓練新的管理方式；某些員工對於新產品或是新市場相當熟悉	必須增加具有專業能力的員工；激勵忠誠的員工	節省成本；減少員工；提高效率	人力調整與重新分配；成本的優勢
研發	有能力研發新產品；有能力改變產品	重視品質；發展具有特色的產品；發展成功的產品	降低成本；發展差異化的產品	滿足特殊顧客之需求；支持公司其他事業部的成長
關鍵功能領域與策略焦點	和製程市場滲透	銷售：消費者忠誠度與市場佔有率	生產效率	財務：獲得最大的回收報酬

1. 產業的競爭優勢與策略選擇

新興產業

是指那些新形成或是重新建立的產業，這些產業的形成原因一般導因於科技創新、新的顧客需求、其他經濟或是社會改變。

新興產業指的是那些新形成或是重新建立的產業，這些產業的形成原因一般導因於科技創新、新的顧客需求、其他經濟或是社會改變。在過去十年中所形成的新興產業有：網際網路社交網絡、衛星廣播、外科手術機械人以及線上服務產業等。

站在策略形成的角度來看，**新興產業**的特性是——「沒有遊戲規則」。沒有遊戲規則同時意味著風險與機會——企業可以透過廣泛的策略定位來塑造新興產業的規則。

在新興產業中，企業必須遵從以下的市場特性來發展策略。

- 先進的廠商將會塑造技術的條件與標準，至於產品標準化的技術為何並無定論，而且產業將呈現不確定的狀態。
- 由於競爭者、買家及需求時點的資訊不充分所導致競爭者的不確定性。
- 極高的期初成本，但是當經驗曲線效果出現後成本會快速下降。
- 進入障礙不高，因此將吸引許多新的競爭者加入。
- 對於首次購買的消費者需要誘因來刺激其消費，而且消費者會對數量眾多的非標準化產品感到混亂。
- 原物料及零組件的取得不易，除非供應商得以完全滿足產業的需求。
- 由於產業的不確定性，因此需要高風險性的資本。

為了在產業環境中成功，企業策略需要具備一項或多項以下的特性：

(1) 基於進入時點、聲譽、成功的相關產業與技術、產業中的相關角色等因素，塑造產業的結構。
(2) 改善產品品質及績效特性的能力。
(3) 建立與關鍵供應商及下游通路密切關係的能力。
(4) 在技術不確定性消失之前，是否已經發展特有的主導性關鍵技術。
(5) 早期應該吸收具有忠誠度的消費者，然後透過改變定價與廣告的方案，擴張顧客群。
(6) 預測未來競爭者的能力以及未來打算採取何種策略。

3M 公司是一家在新興產業成功的例子，在過去 20 年的每一年，3M 每年銷售額的 25%以上都是來自於那些 5 年內所開發的新產品。剛成立的企業均強調他們的成功來自於有豐富經驗創業家的領導、知識化的管理團隊以及有耐心的合資夥伴。Steven Jobs 戲劇性的公開 Apple 的 iPod 這項產品，被視為是刺激數位音樂產業興起的原因，Jobs 與 Apple 採取了某些策略因而形塑了產業結構，使得公司的技術主導了市場，並造就一群死忠的顧客，同時也改善產品品質與網路音樂服務。

2. 成長產業的競爭優勢與策略選擇

成長產業策略
公司運用此策略在市場中競爭，市場中有愈來愈多公司參與，這是一個不斷成長的市場與產業。

產業快速成長為企業帶來新的競爭者。通常，這些新進入者都是具備大量資源的大型競爭者，在進入市場測試自己的能耐之前，它們通常會投入大量的資源。品牌認同、產品差異化、支援企業快速成長與價格競爭的雄厚財務資源等**成長產業策略**則為此階段重要的成功要因。為了滿足持續成長的需求企業往往會想辦法提升生產與服務的產能，這種作法方能調整產品設計與產品設施來有效的滿足持續增加的需求以產生高額的收益，不斷增加設備與廠房的投資、增加研發投入、針對特殊目標客群強化行銷的活動、發展配銷能力，如此方能在公司既有的資本投資之下滿足所有的需求。

爲了在產業環境中成功，企業策略需要具備一項或多項以下的特性：

(1) 透過投入資源及滿足日益增加需求的技能，來建立強烈的品牌認同。
(2) 擴大規模來滿足日益增加需求的能力與資源，包括：生產設施、服務能力以及爲了滿足所需產能相關的訓練與後勤作業。
(3) 爲了適應日益增加的規模與新興市場的利基，企業必須發展優異的產品設計能力。
(4) 爲了進入市場，企業的產品必須與其他的競爭者有所差異。
(5) 透過研發的資源與技能創造產品的差異性與優勢。
(6) 建立使現有顧客持續購買而且新顧客不斷加入的能力。
(7) 優勢的行銷與銷售能力。

IBM 在個人電腦產業的成長期切入該市場，並藉著之前累積的品牌知名度與支付廣告行銷的龐大財務資源，取得市場領導者的角色，許多大型的科技公司都喜歡運用這種方法。爲了進入某個產業或市場，大型公司會基於先佔優勢的考量而購併一些小型的先驅型公司，因爲這些小公司具有較知名品牌、已累積的技術與經驗等優勢，購併它們之後，大型公司就可以享有通路的優勢以及較高的品牌認同與忠誠度。2005 年個人電腦市場日趨成熟，IBM 將其電腦部門賣給中國的 Lenovo 就是一個例子。

3. 成熟產業環境的競爭優勢與策略選擇

成熟產業策略
公司運用此策略在市場中競爭，然而該市場的成長率極低甚至趨近於零。

隨著產業的發展，企業的成長率會逐漸衰減。「移轉至成熟產業」通常伴隨著多項競爭環境的變動。當產業中的各個企業都必須以犧牲其他企業成長率的方法來達成銷售成長時，市場占有率的競爭就會變得愈來愈激烈。執行**成熟產業策略**的各廠商會愈來愈依賴經驗來進行銷售，而再次購買的買家則可以在多個已知的消費選項間進行選擇。在買家知識充足且產品價格及特性均相似的情況之下，市場競爭的準則會逐漸走向成本導向與服務。當銷售成長無法掩蓋差勁的擴張計畫時，產業的產能會逐漸飽和。新產品及新的應用方法會愈來愈難以取得。當成本壓力導致海外生產會較具優勢時，網際網路的競爭會更加激烈。降價的壓力及創造市占率時必須擔負高成本均使得獲利的降低成爲常態。

這些改變都使得企業必須再度重新評估基本策略。成熟產業的企業成功策略元素包含：

(1) 將無法獲利的產品樣式、規格及選項從公司的產品線剔除。

(2) 強調可以達成低成本的產品設計、製程方法及通路綜效之創新流程。

(3) 強調以降低供應商進貨價格、轉換較便宜的零組件、提高營運效率及減少行政及業務費用等方法來降低成本。

(4) 小心地選擇買家；將焦點放在那些較不具侵略性且與企業關係較緊密並有較高購買意願的買家上。

(5) 透過水平整合以購併那些可以有效增加價格議價力的競爭對手。

(6) 進行國際市場擴張；亦即切入那些具有吸引性成長力、可限制競爭對手進入、具有降低製程成本並可同時影響國內及國際化成本的海外市場。

Milliken 是世界上最大的私人紡織暨化工集團公司，該公司雖然身處在成熟產業，但是仍然做出正確的策略選擇讓企業屹立不搖。Milliken 的策略選擇強調技術與流程創新，整合紡織與化工的產能，達成國際擴張並謹慎的選擇買家，其買家多數都是與布料需求有關的個人或產業買家。 此外，Milliken 也相當強調降低成本以及降低對環境的污染。由於選擇了正確的策略，因此 Milliken 被認定是全球性知名的企業，同時也是最落實企業倫理的公司，當然這也是該公司之所以能在成熟產業屹立不搖的原因，許多低成本策略的競爭者早就被判出局了。圖表 8.8「運用策略的案例」一節說明了 Milliken 的策略選擇——對環境的影響極小化，致力節約成本並限制未來廢棄物所造成的法律責任。

成熟產業的企業策略必須避免幾項陷阱。首先，它們必須在三種一般性的策略之間做出明確的選擇，並且避免使用混淆不清的策略以免使得買家及企業內部人員感到混亂。第二，它們必須避免以犧牲市占率的作法來創造短期獲利。最後，它們應盡量避免：對價格的下降觀望過久，保留不需要的超額產能、從事零散且不相關的作法來提升銷售或是將它們的希望放在新產品而非那些具有市場優勢的現有產品上。

運用策略的案例　圖表 8.8

Milliken 的策略選擇以降低對環境的影響

Milliken 的策略選擇主要為成本控制，但是仍與廢棄物及環境影響管理有關，下列的「廢棄物管理金字塔」圖形是一個有趣的圖示， Milliken 設施廢棄物的處理最不理想的選項為：埋及合法安全填埋，Milliken 認為最耗成本的選項為法律責任，再使用為最佳選項——低法律責任且低成本。Milliken 在 2008 年的表現為：比起去年廢棄物減少 6%、安全填埋只有 0.008%、無焚化、26.6%轉換為能源、68.8%再回收、15.7%再使用。

資料來源：Innoventure Sustainability Forum, Moore School of Business, University of South Carolina, presentation by Miliken Sustainability Team, February, 2009 .

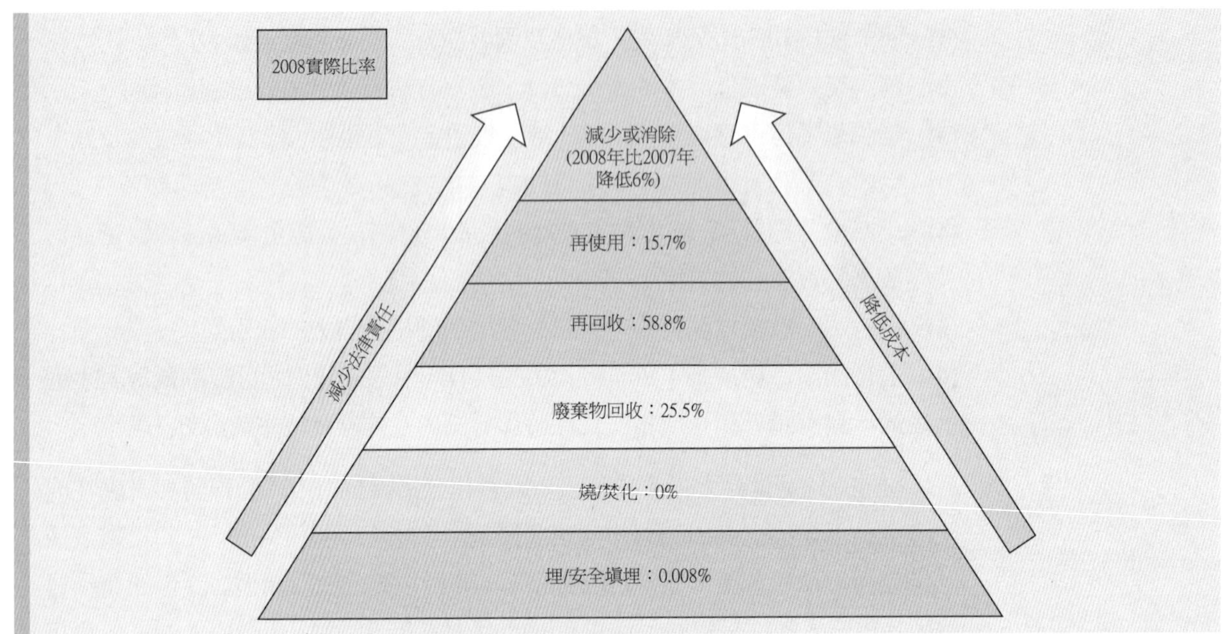

4. 衰退產業的競爭優勢與策略選擇

衰退產業

是指生產的產品及服務之需求成長低於總體經濟需求成長，或是呈現負成長的產業。這類的低成長或是衰退導因於技術的替代、人口結構轉移或是需求的改變。

衰退產業是指生產的產品及服務之需求成長低於總體經濟需求成長，或是呈現負成長的產業。這類的低成長或是衰退導因於技術的替代(例如以電子試算表替代幻燈片的展示)、人口結構轉移(例如老年人口逐漸增加而年輕人口逐漸減少)或是需求的改變(例如對於紅肉需求的減少)。

處於衰退產業的廠商必須依據下列一項或多項特性來選擇策略：

(1) 將焦點放在產業中仍具有較高成長性或高收益的市場區隔。

(2) 強調產品創新及品質改善，並藉此提高成本效率，塑造與競爭對手間的差異化並刺激成長。

(3) 以現代化的流程強調生產及通路效率——緊密結合有效益的生產設備及配銷通路，並逐步增加有效率的新製程設備及銷售窗口。

(4) 逐漸從企業中撤資——以降低費用支出的方式創造現金，縮減營運模式及通路，同時不進行新的投資。

決策者若能以上述的準則來發展策略就有可能會成功，尤其是在產業的衰減是緩慢、平滑並仍有些獲利利基存在的情況下。Penn Tennis 是製造網球的大盤商，眼見過去十年來產業銷售量不斷的衰退。Penn 以「從人到狗」的策略定位來重新振作衰退中的網球市場。在這同時，有三個陷阱需要特別小心：(a)對產業的再生過度的樂觀；(b)落入無利潤的銷價競爭以及(c)以太過弱勢的市場姿態進行撤資。

8.1.6 零散產業的競爭優勢

零散產業
意指產業中有許多的競爭者(競爭者都提供類似的產品與服務)，每家廠商都無法擁有顯著的市場占有率，同時也沒辦法有效地影響產業的產出水準。

零散產業是另外一種定義競爭優勢的方法，也是另種策略選擇。**零散產業**意指產業中的每家廠商都無法擁有顯著的市場占有率，同時也沒辦法有效地影響產業的產出水準。零散產業出現在許多不同領域的經濟體系中，例如：專業性的服務、零售業、通路業、木材及金屬裝配以及農產品等，而殯葬產業是一個高度零散的產業案例。零散產業的企業策略重點在追求低成本、差異化或是集中式競爭優勢的五種方法之其中一種。

1. 嚴密管理下的分權

零散產業的特性在於緊密的地區性協調、區域性管理導向、高度個人化服務以及地方自治。而如今，零散產業中成功的企業均已經採用高度專業的地區性經理人營運模式。

2. 規格化的設施

這個選項與上述策略相關，在多個地點建置標準化、有效率及低成本的生產製程設備。透過這種作法，企業可以逐漸地建立比當地競爭對手更低成本的競爭優勢。而速食及機車產業目前也已經成功地採用此方法塑來造競爭優勢。

3. 增加附加價值

某些零散產業中的產品或服務是很難做到差異化的。在這種情形下，有效的策略是：在單次銷售中，以提供更多的服務或是以附加有吸引力的產品組合等方式，來提高消費者的附加價值。

4. 特製化

針對市場區隔進行集中策略，可以使廠商得以面對產業變得更加零碎的情況。而特製化策略可以透過下列方式來達成：

(1) **產品類型**：廠商針對小範圍的產品類型或服務發展專門的技術或知識。
(2) **消費者類型**：廠商變得與消費者更加親近，並且滿足微小族群消費者的特殊需求。
(3) **訂單類型**：廠商僅處理少數類型的訂單，例如：小額訂單、一般顧客訂單及快速周轉性訂單。
(4) **地理區域類型**：廠商涵蓋全部地理範圍或是僅集中於單一地區。

雖然廠商可以採用上述一種或是多種特製化方法來達成零散產業的焦點化集中策略，但是每種方法都可能會使得廠商的銷售量有所限制。

5. 不提供額外服務

由於零散產業的激烈競爭及微薄利潤，「不提供額外服務」現象因此而發生——低水準的開支、勞力最低工資、緊縮成本控制——在零散產業中，這或許是建立競爭優勢的方法之一。

8.1.7 全球產業的競爭優勢

全球產業
產業競爭跨越國界。

全球產業的發展呈現一種決定性的因素，就是產業的成功常伴隨著明顯的競爭優勢來源。**全球產業**中廠商的市場競爭乃定位在幾個主要的地理市場或是全球性市場上，而其競爭地位基本上也深受它們的全球競爭策略影響。爲了避免策略上的劣勢，全球產業中的廠商競爭幾乎都是以全球化疆界爲基礎。石油產業、鋼鐵產業、汽車產業、服裝產業、機車產業、電視及電腦製造產業都是全球化產業的例子。

全球化產業擁有四項獨特的策略形成特徵：

- 不同國家間的廠商價格及成本會因爲匯率波動而有所差異，而工資及通貨膨脹率及其他經濟條件也不盡相同。
- 不同國家間的買家需求也不同。
- 不同國家的競爭對手及競爭方式也不盡相同。
- 不同國家的貿易規範及政府管制也不相同。

這些獨特的特質及全球產業的全球化競爭需要兩個基本的元素來發展企業策略：(1)必須採用可以增加全球市場涵蓋的方法；(2)一般性的競爭策略。三種基本的選擇可以用來達成全球市場的擴張：

(1) 授權國外的廠商可以生產及配銷該公司的產品。
(2) 維持國外市場的生產基礎並拓展外銷市場。
(3) 建立國外的生產基地及配銷通路，以直接在一個或多個國外市場進行競爭。

隨著市場擴張決策，策略制訂者必須詳查全球化產業的特徵條件，以選擇四種一般全球性的競爭策略：

(1) **廣泛的產品線以利全球競爭**——以產業中完整的產品線組合來直接進行全球化競爭，通常伴隨著多國家的生產以達成差異化或是全面性的低成本定位。
(2) **全球集中策略**——鎖定產業中某一個特定的市場區隔，並依此作爲全球競爭的基礎。

(3) **國家集中策略**——採用不同國家市場的優勢，並使得企業可以依國別來進行優勢的全球化競爭。

(4) **保護利基策略**——找出那些有政府管制、禁止其他全球競爭者進入以及擁有專利權，或是兩者限制均存在的國家，而這些市場條件則對當地的廠商較有利。

對全球不同的經濟體來說，大部分的企業都必須學習如何進行全球化的競爭，大部分的企業都必須思考該採取上述的何種全球競爭策略。圖表 8.9 運用策略的案例一節，說明了「舊世界」的法國鋼鐵製造商如何採取全球集中策略，將鋼管銷售至全世界，並如何成為全球無縫鋼管的領導品牌。

運用策略的案例　　**圖表 8.9**

十九世紀法國的鋼鐵製造商採取全球集中策略

Vallourec 開始於十九世紀後期在法國北部從事建築、工程、冶金、煉鋼等事業，二十世紀初期，公司開始製作焊接無縫鋼管(圓形管)。進入二十一世紀，在歐洲所有的工廠，其高層管理者決定賣掉各事業體，並決定採取全球集中策略，開始製造無縫鋼管，銷售對象是石油、天然氣與電力事業。

Vallourec 在 2000 年收購巴西的 MSA，2009 年將一半以上的製造產能移至歐洲，詳見下列世界地圖。它已經是全球無縫鋼管市場的領導者，公司的全球化集中策略有賴公司分權化組織的相輔相成，因為區域子公司享有充分的自主權來面對及因應其目標市場的客戶。全球化集中策略在本個案公司是成功的，2009 年該公司已僱用超過 12,000 名員工，有 68%的員工選擇購買公司的股票——共買了 750,000 股。就全球集中策略而言，這是一個極為成功的案例。

資料來源：www.vallourec.com

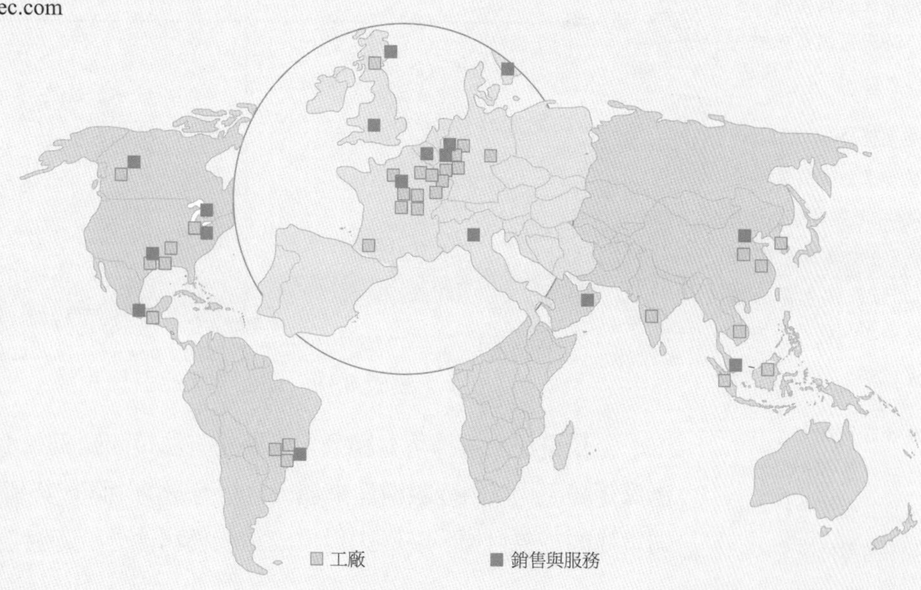

8.2 支配型產品／服務：評估並選擇多角化以建立價值

麥當勞已經在相關事業中積極地尋找各種多角化的機會或者合併關鍵的供應商。它們的市場發展及產品研發決策依據總公司層級的集中化策略，一致性地將焦點放在旗下的核心事業上。另一方面，對手 Yum Brands 亦選擇進行相關事業的多角化，並且以垂直整合作爲最佳的總公司策略來建立長期的企業價值。這兩家公司在過去的 20 年中都創造了前所未見的成功經驗。

許多擁有主導性產品的公司在它們的核心事業成功時都面臨這樣的問題：能繼續創造成功的最佳總公司策略是什麼？在什麼樣的狀況下，它們應該要選擇擴張性集中策略(多角化、垂直整合)、穩定持續集中策略(集中、市場或產品發展)或是緊縮集中策略(重生或撤資)？這個章節將討論兩種可以用來分析擁有主導性產品公司的狀況，以及十二種總公司策略(第七章所討論過的)以作出正確的選擇方法。

8.2.1 總公司策略選擇矩陣

總公司策略選擇矩陣
一種可以用來選擇可靠總公司策略方法之矩陣。這個以兩變數構面來進行分析考量的矩陣，其基本的概念是：(1)總公司策略的主要目標，以及(2)從事成長或獲利性分析時應強調外部或內部觀點。

垂直整合
當一家公司的策略是購併供應其投入(如原料)或其產出的顧客(如最終產品的批發業者)，就是所謂的垂直整合。

複合式多角化
購併或是進入與目前公司技術、市場、產品不相關的事業。

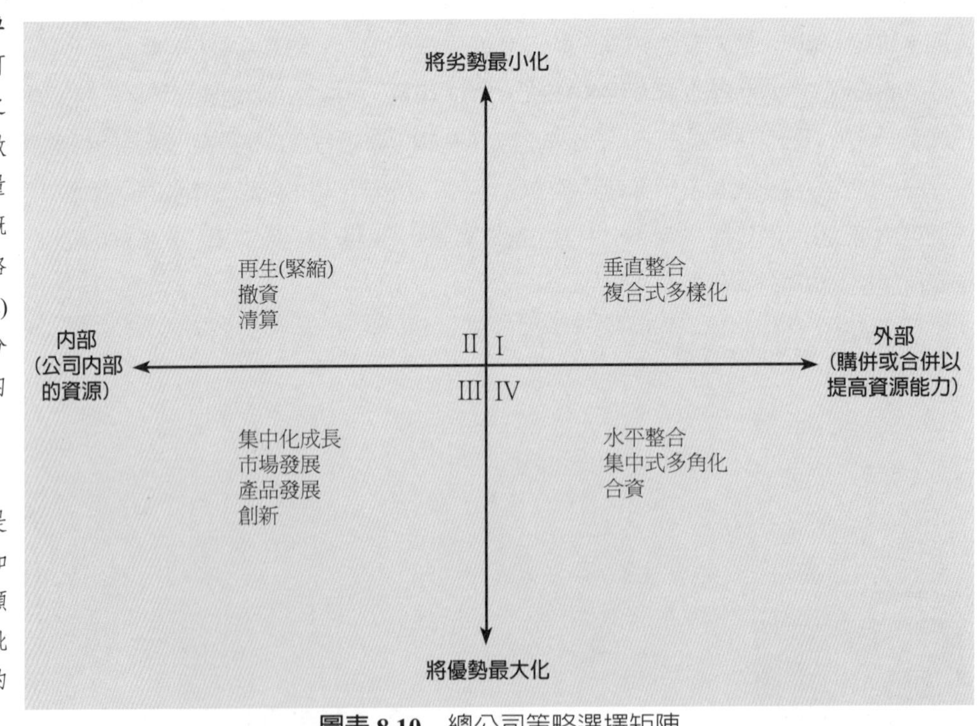

圖表 8.10 總公司策略選擇矩陣

一種可用來選擇可靠總公司策略的方法是如圖表 8.10 所示之**總公司策略選擇矩陣**。此以兩變數構面來進行分析考量的矩陣，其基本的概念是：(1)總公司策略的主要目標，以及(2)從事成長或獲利性分析時應強調外部或內部觀點。

緊縮
因公司整體的競爭態勢或財務狀況無法支持企業目前的營運，因此企業開始裁減產品、市場與營運活動。

撤資
賣掉大部分公司或是全部。

清算
結束企業的營運，或是賣掉其資產來支付其負債或分配給股東。

集中化成長
在公司目前的定位上或是成長最快的市場進行市場滲透以獲得快速成長。

市場開發
此含括了現有商品的行銷，伴隨而來的可能有增加商品銷售通路、改變廣告或促銷的內容。

產品開發
產品發展包括大量修正現有的產品，或者創造已建立的通路來銷售給現有顧客相關的新產品。

創新
以原來顧客就接受的產品去改良它或是製作全新的產品來獲得高額利潤。

水平整合
購併一個或更多處於生產銷售鏈相同階段的類似公司。

在過去，策略規劃者通常被要求必須遵從既定的規則或命令來選擇策略。如今，大多數的專家同意策略選擇必須以規劃週期的條件及企業的優、劣勢作爲考量基礎。必須要特別注意的是，早期的策略選擇方法所依賴的是以外部成長對照內部成長的觀點，來找尋能夠克服公司弱點或是創造最大優勢的策略。

同樣的思考邏輯也被用來發展總公司策略選擇矩陣。在第一象限的廠商是那些「將全部雞蛋放在同一個籃子裡的企業」，他們經常過度的將自己限制爲僅擁有有限成長機會或必須承擔高風險的企業。**垂直整合**是一種合理的解決之道，透過降低原料取得及產品製程的不確定性以降低企業風險。另一個方法是**複合式多角化**(conglomerate diversification)，這提供了一個獲利性的投資選項來克服企業的弱點，而這也常導致高成本的總公司策略。與第二家企業合併需要大量的投資時間及大規模的財務資源。因此，策略管理者考量這些方法時必須要能預防策略本身的缺點。

欲克服公司弱點且較爲保守的方法如第二象限所示。廠商通常會調整資源配置的方向，由某一內部事業移轉到另一事業。這種方法可以確保公司的方向仍維持在基本的企業使命及成功獎勵上，並且可以使公司未來的發展仍保有既定的競爭優勢。第二象限的策略是**緊縮**(retrenchment)——刪減目前的企業活動。如果企業弱點的來源是無效率所致，減少支出的做法實際上可被視爲是重生策略——企業藉由效率化的營運及減少浪費以培養出新的優勢。然而，如果企業的弱點爲阻斷成功之路的主要障礙，而且欲克服弱點所必須花的成本不是企業有能力支付的，或是經由成本效益分析發現是不切實際的作法的話，那麼撤資歇業或許是值得考慮的一件事。**撤資**(divestiture)提供了收回投資補償的最佳可能性；但是，如果企業的問題是破產或是不當的資源耗盡，那麼**清算**(liquidation)或許是個有吸引力的做法。

一句常見的企業格言說：「企業應該建立在優勢上。」這句話的前提是，企業存活所仰賴的市占率創造能力必須建立在足夠大的企業規模以獲得規模經濟效益。如果企業相信這些方法可以爲企業帶來獲利，並且能達成內部優勢極大化，那麼有四種總公司策略選項可供思考。如第三象限所示，最常被使用的策略是**集中化成長**，也就是市場滲透。選擇這個策略的廠商通常必須對其目前的產品及市場有強烈的信心。他們可以藉由凝聚市場定位並進行資源再投資的方法來提昇優勢。

兩種可以選擇的方法是**市場開發**及**產品開發**。透過這些策略，廠商可以延伸企業的營運範疇。採用市場開發策略是指若企業的策略制訂者覺得它們現有的產品可以滿足新的使用族群之需求。而選擇產品研發策略則是它們覺得現有的企業顧客會對它們的相關產品有興趣。產品開發建立在企業技術或是其他競爭優勢的基礎之上。第三象限中最後一個選項是**創新**(innovation)。當企業的優

集中式多角化
所購併的事業與主併公司在技術、市場，或產品方面具有相關性。

合資
公司共同創造營運利益或是共有權，通常是兩家或更多的公司。

策略聯盟
有別於合資，因為有關的公司並不與另一個公司立於同等地位。

勢在於創造新產品設計或獨特的生產技術時，可以藉由加速的流行知覺來刺激銷售。而這也是採用創新總公司策略的基本原理。

藉由侵略性的營運擴張來極大化企業優勢的作法需要搭配外部強化，而最適用的策略選項如第四象限所示。**水平整合**是具有吸引力的，因爲這可以使企業的產能在短時間內就快速增加。除此之外，對水平整合的廠商而言，原企業的管理者能力在合併新廠商以創造母公司更大利潤的過程中，通常扮演著關鍵性的角色；而這也說明了這類公司的一項重要競爭優勢——管理能力。

同樣地，**集中式多角化**是第二個好的策略方案。由於原企業與新合併企業兩者間是相關的，這兩家不同企業間原本的競爭會變得較爲平緩、具有綜效且更有利潤。

最後一個透過外部強化來提升產能的策略是**合資**或是**策略聯盟**。這個選項使得企業可以延伸自身的優勢到其他的競爭舞台上，而這個舞台可能是單一家廠商所不願獨自奮鬥的。夥伴關係下的生產、技術、財務或是行銷優勢都可以降低個別企業的財務投資風險並增加成功的機會。

8.2.2 總公司策略群聚模式

總公司策略群聚
此模式傳達出公司的事業環境是由一般市場的成長率與該公司在市場上的競爭位置而定。當這些因素同時存在時，企業就可以將自己配置在四個象限的其中一個定位上。

圖表 8.11 表示第二種總公司策略的選擇，即**總公司策略群聚**。此圖傳達出公司的事業環境是由一般市場的成長率與該公司在市場上的競爭位置而決定。當這些因素同時存在時，企業就可以將自己配置在四個象限的其中一個定位上：(1)在快速成長的市場中強大有利的競爭位置，(2)成長快速市場中弱勢的競爭位置，(3)成長緩慢市場中弱勢的競爭位置，以及(4)成長緩慢市場中有利的競爭位置。每一象限皆提供了一種最佳的策略群聚模式。

公司若處於第一象限中則擁有絕佳的競爭位置。因此這些公司的策略重點是繼續將焦點集中於目前的事業上，由於市場上的顧客滿意公司現有的策略型態，若大幅改變現有的狀態有可能危急已經建立的競爭優勢，麥當勞已遵循此策略有 25 年之久。然而，若一家企業的資源已經超過了成長策略的需求，垂直整合將勢在必行。不論是向前或向後整合都能保護一個企業的邊際利潤，而且可以擁有較有利的客戶與原物料取得而保障其市場占有率。最後，爲消除由於狹小的產品線所產生的風險，處於第一象限的企業會將資源投注在已經建立優勢的能力之上並且致力於多角化經營。

處於第二象限的企業則必須審愼的評估它們在市場上的位置。若一家企業在市場上已經競爭夠久而且能精確地估算它所能夠獲得的利潤，則它必須判斷(1)爲何這種策略是沒有效的，(2)此策略到底有無競爭能力。基於這些問題的答案，該公司必須選擇一種策略模式：建立或者重新建構一項成長策略、水平整合、撤資或清算。

圖表 8.11　總公司策略群聚模式

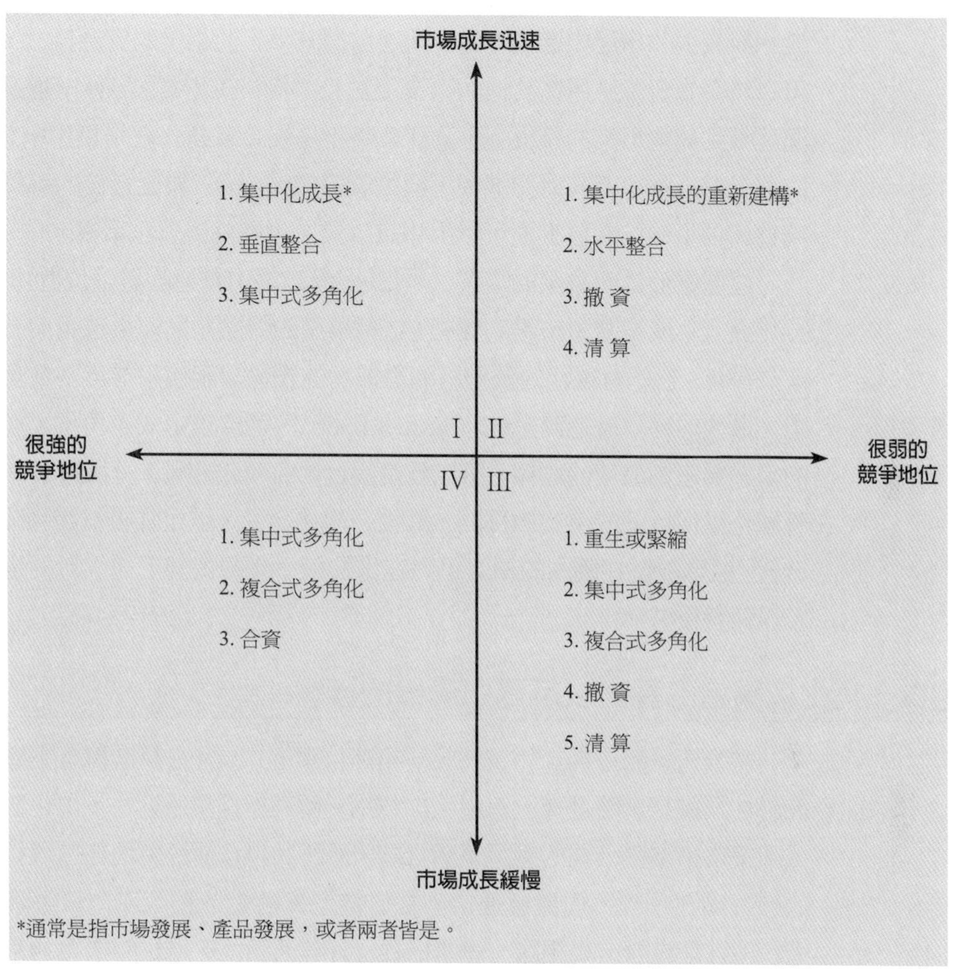

在一個快速成長的市場中，即使是一個規模小或者相對較弱勢的事業皆可找到它生存的利基，因此，建立或重新建構成長策略通常是首先被考慮的選擇，然而，不管企業缺乏的是關鍵的競爭元素，或是充足到可達到有效競爭成本的經濟規模，引導企業走向水平整合的策略模式是較受歡迎的。最後的選擇則是退出市場或該事業的產品製造。多角化經營的企業會選擇放棄該事業，此種策略不僅可以減少資源的消耗，還可以將資源移轉到其他的事業活動上。而最差的情況是清算該事業，這是指企業無法拍賣這項事業而且只剩下有價的有形資產。無疑地，這是公司策略管理上的失敗，而且通常都會拖延到企業在做更進一步決定的時候。

策略經理人通常會反抗放棄某項事業，因爲這有可能危及他們對公司的控制甚至工作，因此他們將會繼續保有該事業的有利條件，而事業通常會惡化到無法吸引潛在的客戶。這種拖延最後則轉變爲企業主財務上的悲劇，因爲它所造成的成本遠高於它現有的價值。

策略經理人所擁有的事業若位於第三象限，且期望在此成長緩慢而競爭位置相對較弱的市場中繼續經營，則應選擇減少對此事業的資源投注，這種策略可以將企業資源應用在其他的事業上並且激勵員工士氣。另外一種選擇是把資源移轉到其他事業的投資上，這種策略不是複合多角化就是集中多角化經營，因爲企業通常會希望能夠進入不同的競爭領域。第三象限最後的選擇是如果能夠爲該項事業找到買主則可以出售該事業，否則就清算該事業。

位置處於第四象限的事業(在成長緩慢市場中有力的競爭位置)具有將事業分化進入具成長潛力市場的優勢，這種事業的特點是高現金流量與有限的內部成長需求。它們有絕佳的優勢將過去成功的經驗繼續使用在集中多角化的經營上。最大的網球製造商 Penn Racquet Sports，選擇集中式多角化，從人到寵物的事業爲它們最佳的選擇。第二種是複合式多角化經營，分散投資風險且不把管理重點從目前的事業中移開。最後一種爲合資，這尤其吸引跨國公司，經由合資，原本限制在國內的事業可以在風險最小化的情況下進入新的事業領域並獲得競爭優勢。

8.2.3 選擇多角化或整合的基礎以及選擇價值的機會

總公司策略選擇矩陣及總公司策略群聚等工具，在幫助擁有主導性產品廠商評估及凝聚策略選擇上有很大的幫助。當考慮採用整合、多角化或合資等總公司策略來擴張公司的營運範疇之際，管理者們必須清楚地知道得以塑造價值的機會點在哪裡。而機會通常來自於透過多角化、整合或合資策略的價值創造，而且常見於市場相關、營運相關及管理活動上。這樣的機會通常圍繞著降低成本、增進利潤或是開創較傳統內部成長方向更能創造具成本效益的新收益來源——藉由集中化、市場開發或產品開發等方法。在策略分析及多角化企業的核心競爭觀點下之主要分享及價值建立機會，將在下一個章節中進行討論。

擁有主導性產品的公司在從事多角化或是整合時，通常會附帶著其他管理上的挑戰。這樣的挑戰來自於經整合後的大型公司本身包含著許多不同的企業個體，這些不同的企業通常面臨不同的競爭環境、挑戰及機會。在下一個章節，我們將探討像這樣的多角化企業其管理者如何進行企業策略分析與選擇，而所面臨挑戰的主要核心目標仍是要持續創造價值，尤其是股東的價值。

摘要 *Summary*

本章說明單一產品事業部的策略分析與選擇，有兩個重點：第一是企業的價值鏈；第二是基於與內外部環境的配適，公司該如何選擇十二種不同的總公司策略。

單一產品事業部的主管首先會檢視公司的企業價值鏈，以定義可以爲公司創造持續性競爭優勢的潛在價值鏈活動，當管理者詳細分析其價值鏈活動時，他們將搜尋以下三種競爭策略的來源，這三種策略分別是：低成本領導、差異化以及快速回應的能力，同時他們也會分析範圍較狹隘的利基市場是否也有助於建立持續性的競爭優勢。

單一產品事業部的主管面臨兩個內部相關的議題：第一，他們必須選對總公司策略以提昇其競爭優勢；第二，他們必須決定企業是否要進行多角化。本章也提供了一個分析架構，說明十二種總公司策略如何與企業所處狀況相配合。下一章將說明多事業部公司的策略分析與選擇。

關鍵詞 *Key Terms*

關鍵詞	頁碼
低成本策略	*p.8-5*
差異化	*p.8-8*
以速度為基礎之策略	*p.8-11*
市場聚焦	*p.8-14*
新興產業	*p.8-16*
成長產業策略	*p.8-17*
成熟產業策略	*p.8-18*
衰退產業	*p.8-20*
零散產業	*p.8-21*
全球產業	*p.8-22*
總公司策略選擇矩陣	*p.8-24*
垂直整合	*p.8-24*
複合式多角化	*p.8-24*
緊縮	*p.8-25*
撤資	*p.8-25*
清算	*p.8-25*
集中化成長	*p.8-25*
市場開發	*p.8-25*
產品開發	*p.8-25*
創新	*p.8-25*
水平整合	*p.8-25*
集中式多角化	*p.8-26*
合資	*p.8-26*
策略聯盟	*p.8-26*
總公司策略群聚	*p.8-26*

問題討論 *Questions for Discussion*

1. 請運用圖表 8.2，說明在哪三種活動或是能力的前提之下，公司應該支持低成本領導策略？試舉例說明之。
2. 請運用圖表 8.3 說明在哪三種活動或是能力的前提之下，公司應該支持差異化策略？試舉例說明之。
3. 請運用圖表 8.5 說明在哪三種活動或是能力的前提之下，公司應該支持追求速度的策略？試舉例說明之
4. 您認爲公司應該集中資源運用某一種策略(成本領導、差異化、速度)來達成競爭優勢？還是三者皆用？
5. 市場集中化策略是否有助於創造競爭優勢？會有什麼樣的風險？
6. 運用圖表 8.10、8.11 說明在哪一種狀況之下，公司應該運用水平整合以及集中式多角化的策略？

Chapter 9

多事業部策略

閱讀完本章之後，您將能：

1. 瞭解多事業部公司如何運用投資組合分析來進行策略的分析與選擇。
2. 瞭解多事業部公司如何運用三種投資組合分析的方法來進行策略分析與選擇。
3. 說明不同投資組合分析方法的限制與弱點。
4. 瞭解多事業部公司如何運用綜效分析來進行策略的分析與選擇。
5. 評估母公司在策略分析與選擇上的角色，同時說明如何增加多事業部公司的有形價值。

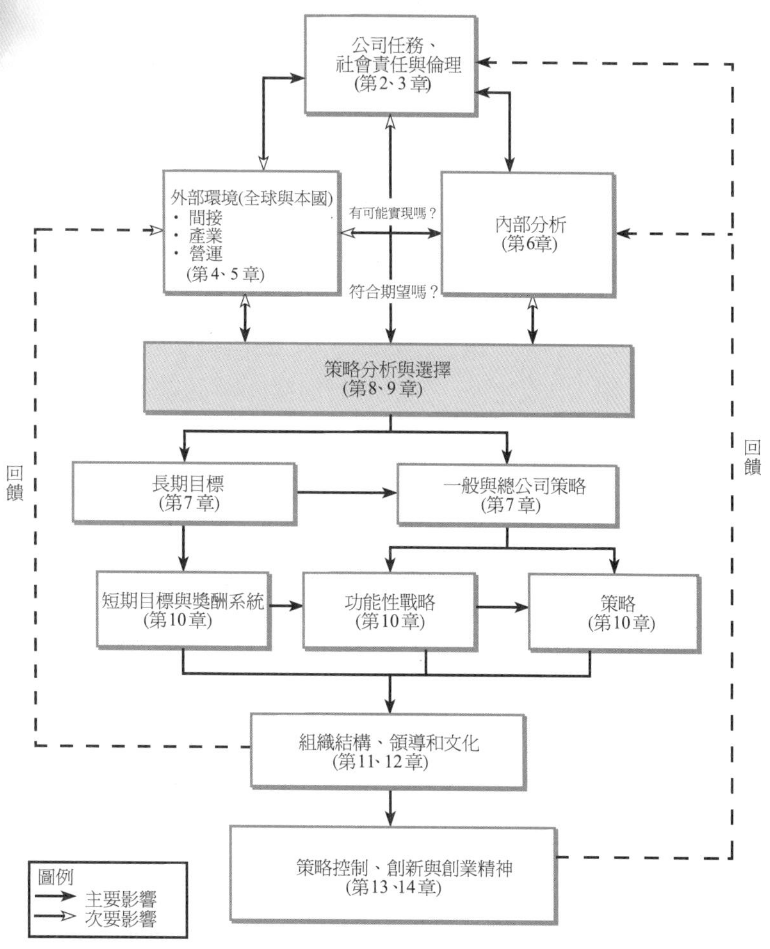

全球最受尊崇的奇異公司前總裁 Jack Welch 其接班人 Jeff Immelt 在其接掌奇異公司的前十年面臨了兩次經濟衰退以及全球性競爭的加劇。全球金融系統的崩潰所導致的全球性經濟危機，使得 Immelt 面臨了前所未有的挑戰，特別是對奇異公司資金方面的衝擊，因爲奇異集團中有五分之一的事業部因獲利較高，而必須在財務上資助其他的事業部。即使面對 2010 年許多無法預期的挑戰，奇異公司在全球的聲望與地位仍然屹立不搖。Immelt 以及其高階團隊所面臨的首要任務除了處理上述史無前例的財務衝擊之外，還必須進一步思考奇異公司的哪些事業部應該保留、哪些應該退出，讓企業能夠在二十一世紀持續生存以及永續發展。「家電事業部應該銷售嗎？」、「能源基礎設施事業部應該持續成長嗎？該進入生物醫藥產業呢？還是應該停留在電影與電視產業？」。「在目前有限的資源中，哪些事業部應該獲得最大的關注與投資？哪些事業應該脫售？哪些事業應該減少資源以移轉重心？」。如果想要知道這些問題的答案，請詳見 www.ge.com 網址，深入瞭解有關公司五大核心事業的內容，假如 Immelt 問您上述的問題，您將會給他什麼建議？

日本的新力公司曾經是全球電子業的新寵，美籍的執行長 Howard Stringer 面臨了重大的挑戰：全球經濟成長遲緩、日圓升值、集體決策的組織文化面臨轉變的情況，新力集團始終不敵那些市場較集中且精實的公司：任天堂專注於遊戲、蘋果專注於影音娛樂、佳能專注於相機、三星專注於電視以及微軟專注於軟體。Stringer 任職後五年，他充滿徬徨與躊躇，面對十四年來首次的營運損失，他該如何因應？他應該只強調某些事業部嗎？賣掉其他事業部嗎？委外或是重新調整每個事業部的本質嗎？

策略分析與選擇對企業級經理人而言是更爲複雜的，因爲他們必須開創企業策略來引導眾多事業部門，同時檢驗這些部門以做出取捨的選擇，他們要考慮到事業部經理人的計畫以獲得競爭優勢，然後逐步決定如何在事業部門之間進行資源配置。本章重點在探討多元事業的管理者如何選擇與分析所需的事業，以及如何在這些不同的事業間分配資源。

投資組合分析是一種相當早就常常被運用的方法之一，這種方法常被用來描繪策略以及分配資源，而且常運用在多元事業中。由於這種方法具有吸引人的邏輯，因此許多顧問公司如波士頓顧問公司以及麥肯錫公司都願意採用此種方法來爲他們的顧客擬定合理的多角化策略。當然，有一些公司的管理者會認爲此種方法仍有其缺失，因此他們會選擇其他新的方法來進行分析。縱使有一些公司選擇不同的方法來分析策略，投資組合分析法依然是用來評估公司策略選擇最常見的方法之一。有趣的是，奇異公司曾經發展了一種投資組合的分析方法，但是在 Jack Welch 任內卻棄置不用，直到新的繼任者 Jeff Immelt 上任之後才又運用這些方法進行公司策略規劃及決策，Immelt 在他任內曾經針對奇異公司的利害關係人提出以下的評論：

> 我會告訴投資者請他們想想看：我們公司如何運用多事業部門的事業組合來促成企業的快速發展…，我們有效率的執行投資組合策略來積極的重塑奇異公司…我們已經從這些退出市場的事業獲利約五百億美金——相當於世界500強中前50家企業的財富總和。大部分的保險、材料、設備服務以及成長遲緩的娛樂與產業平台事業部都已退出市場…在日本我們擁有抵押貸款業務以及個人貸款業務…在同時間我們購併了八百億美元的新事業——相當於世界500強中前30家企業的財富總和。…投資更多的基礎設施，打造全世界最大的能源再生事業體…藉由投資快速成長的市場如：生命科學、醫療資訊科技、有線電視節目，來促使公司的醫療與NBC環球國家廣播公司經營更加多元化…並且創造了新的高科技產業事業體稱之為企業解決方案(Enterprise Solutions)事業。因為考量到原物料成本通貨膨脹的問題因此我們賣掉了塑膠事業部…運用這筆資產去購併鑽探設備製造商 Vetco Gray，增加了石油天然氣鑽探的海底平台；此外我們也購併了 Smiths Aerospace 創造了另一個航空電子平台，收購 Oxygen and Sparrowhawk 讓我們建置了全球有線電視的內容，並且增加了數個產業服務平台。
>
> 如今我們擁有六個卓越的事業群：奇異基礎設施(GE Infrastructure)、奇異工業(GE Industrial)、奇異商業金融服務(GE Commerical Financial Services)、國家廣播公司環球(NBC Universal)、奇異保健(GE Healthcare)，以及奇異金融(GE Finance)等六大事業集團。這六大事業群有助於公司達成其財務目標並增加奇異公司的策略性價值，我們致力於管理事業部以達成更卓越的財務結果，我們將事業部的經營更加多角化使得公司能朝多個面向成長，我們深信透過處理流程的技巧能創造競爭優勢，我們更努力的有效運用策略，更精準的掌握新機會以獲得利潤的成長[1]。

也許運用投資組合分析的戲碼會不斷持續的上演，奇異的案例引發了一些爭議，特別是面對現今的經濟情勢 ，可能有人會認爲比起各別的事業部，整合起來的事業群會不會規模太大，反而造成一些不利的因素呢？另外一個不同的觀點則是認爲奇異公司創造了130年來空前的創新與快速成長，而個別的事業部也都因爲在相同目標引導下進行整合而產生了高度的綜效。這兩個不同的觀點都有道理，不管如何，當管理者身處在像奇異公司這麼大的企業，且擁有多元的事業部時，他們必須謹慎的檢視並發展其總公司層級的策略，以「見林又見樹」的觀點，審視整個不同事業群之間的投資組合，以順利達成公司的整體目標與任務[2]。圖表9.1運用策略的案例一節，說明了eBay如何看待其事業投資組合，以及目前與Skype之間的問題。

---

1 "Letter to Shareholders," 2006, 2007, 2008 *G.E. Annual Reports*.

2 "GE's Immelt: An Ever Hotter Throne," *BusinessWeek*, November 8, 2008; and "In Grim Times, Hoping for 'Reset,'" *Fortune*, January 28, 2009.

運用策略的案例

圖表 9.1

eBay's 的事業組合——三個事業群...但是 Skype 合適嗎？

這一張地圖說明了 eBay 的「三腳凳」事業部組合的演化過程，許多分析師以及 eBay 的賣家都紛紛質疑為何會將 Skype 含括在內。許多人認為前任執行長 Meg Whitman 在 2005 年時為了企業的綜效付出了 31 億美元的代價而收購 Skype 太過於樂觀，甚至是愚蠢的。兩年後，eBay 已經正式宣佈要把 Skype 的價值減低(Write-down)14 億美金，順便把原本要給 Skype 創辦人跟投資者的尾款 5.5 億美金一次付清，雖然這個決定不代表 Skype 是個錯誤的投資，但是已經宣告：「我，eBay，真的為了 Skype 付太多錢了」。Skype 購併之後的第四任執行長 Josh Silverman 試圖通過 eBay 出售 Skype 股權交易，Skype 今後有望走上獨立發展之路。

資料來源：Fair Use per EBay

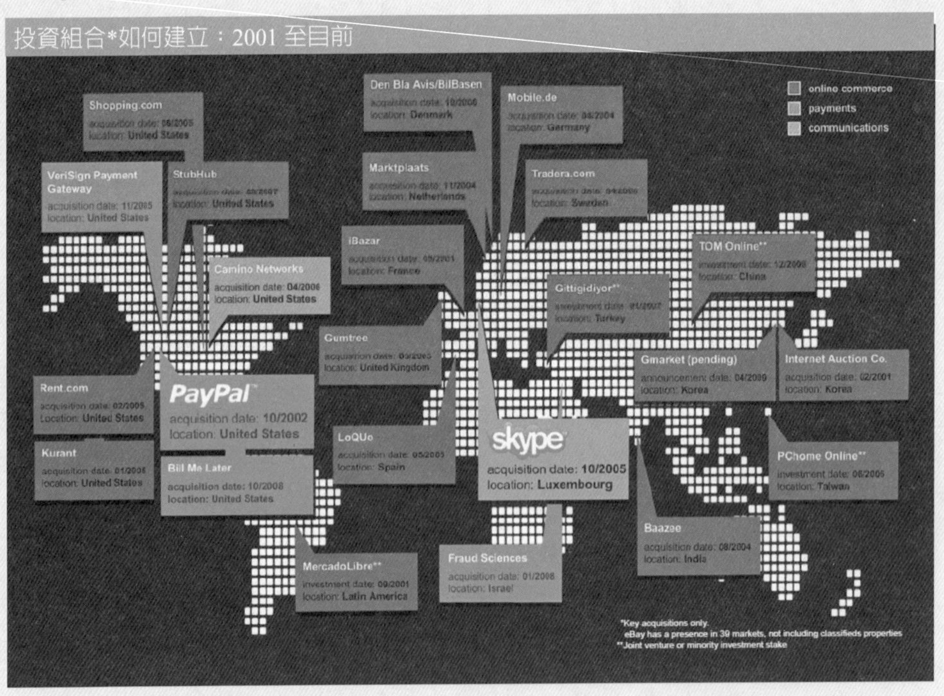

投資組合分析的改善主要都著眼於，如何去擴充推展多角化策略背後的理由與原因。在有效的多角化觀點中，確認公司的核心能力、某個事業部的核心能力以及多個事業部的核心能力，都有助於提昇企業的競爭優勢、事業部的成長以及從某些事業部中撤資。就多元事業來說，最近 20 年相當流行核心能力槓桿以及策略選擇的相關議題。

最近有關策略分析與選擇的革新議題已提到：爲因應多角化趨勢，多元事業該如何擴充核心能力已成爲一個重要且基本的問題了。有鑑於全球市場與經濟現況丕變，多元事業企業必須以相當原始的方法來處理問題，我們稱之爲「拼圖」的方式，來組合或是重新組合它們的事業單位以面對變化快速的市場衝擊。最後，當某一家公司採取精簡式的組織結構，則多元事業公司的策略分析應該包括：仔細評估公司根源的問題、角色以及價值，而且也應該深入瞭解表現傑出事業單位的成因爲何。本章將深入探討形塑多事業部公司策略的方法。

9.1　投資組合分析歷史性起點

投資組合分析
BCG 提倡一個稱為投資組合分析的技術方法來對應這個挑戰，試圖幫助經理人從多種不同的事業部門中「平衡」現金流量資源，同時也從整體投資組合中確認出基本的策略目標。

最近 30 年我們見到企業不斷的尋求與其他事業合併來進行成長與多角化，這項趨勢主要有幾個原因：進入更具成長潛力的事業、不同事業生命週期的考量、將內部風險多角化、提高垂直整合的程度、取得附加價值、市場快速成長而非內部緩慢成長。一旦公司策略擬定者決定採取多角化，則他們馬上會發現多角化事業的資源分配是一大挑戰，而且公司各單位的任務都必須在有限的時間以及資源之下達成。Boston Consulting Group(BCG)提出**投資組合分析**的技術來因應這項挑戰，試圖幫助經理人從多種不同的事業部門中「平衡」現金流量資源，同時也從整體投資組合中確認出基本的策略目標，以下將深入探討這三項技術。當您運用投資組合分析來解決問題的時候，請您記得有這三種方法可以運用。

9.1.1　BCG 成長—占有率矩陣

市場成長率
某個特定的事業所服務的市場之銷售成長率。

相對市場占有率
某個事業的市場占有率除以市場上最大競爭者的市場占有率。

經理人可運用 BCG 矩陣，根據市場成長率與相對競爭地位來描繪出公司每一項事業的落點。**市場成長率**是指特定事業所服務市場其銷售成長的粗估率。通常以近兩年內市場銷售額或單位數量增加百分比來衡量，這個比率代表公司事業組合中，每一個事業欲服務市場的相對吸引力的指標。**相對市場占有率**通常以「某事業的市占率」除以「市場上最大競爭者的市占率」來表達。因此，相對競爭地位提供了一個比較的基準可以針對企業內的事業部與外部市場中的競爭者進行比較分析，圖表 9.2 說明了「成長—占有率矩陣」的內涵。

圖表 9.2　BCG 成長—占有率矩陣

構面敘述

市場占有率：相對於市場上其他競爭者的銷售量。(區隔方法通常只選擇任何市場中的兩、三家最大競爭者來與本公司進行比較)

成長率：通常以貨幣來計算的產業成長率。(區隔方法通常是以GNP成長率)

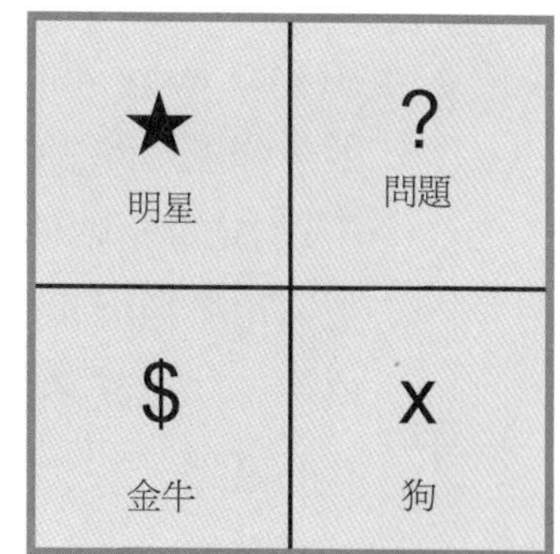

資料來源：The growth-share matrix was originally developed by the Boston Consulting Group.

明星事業
高成長率且高相對市場占有率的事業。

明星(star)**事業**是指在高市場占有率中，正在快速成長的市場。這些事業部門在公司投資組合中代表最佳的長期機會(成長與獲利力)。它們必須有持續性的投資以維持(或擴張)在成長市場中的優勢地位。這筆必要投資經常會超過它們由內部所產出的資金。因此，這些事業通常是短期，滿足顧客需求優先於公司資源的考量。

金牛事業
是指在低成長市場或產業中具有高度市場占有率的事業部門。

金牛(cash cows)**事業**是指在低成長市場或產業中具有高度市場占有率的事業部門。因其強勢的地位和極低的再投資需求，這些事業部門往往能產生超出其所需要的資金。因此，它們是選擇性的「吸脂」(milked)，可作爲將公司資源調度至其他事業(如明星或問題產業)的來源。金牛是昨日的明星，而且已成爲今日公司投資組合的基礎。它們提供所需的資金來支付公司的經常費用、股息和償債費用。在爲公司廣泛的目標創造超額資源的同時，它們也被用來操控維持其優勢的市場占有率。

狗事業
低市場占有率而且低成長率的事業。

低市場占有率與低市場成長的事業是公司投資組合中的**狗**(dogs)**事業**。面對激烈競爭與低毛利的成熟市場，它們被用來操控補充總公司層級所需資源的短期現金流量(例如透過成本下殺)。依照原始 BCG 的觀點，它們一旦被出售或變現，短期的報酬就能極大化。

問題事業
是擁有相當具吸引力的高成長率，但利潤存有潛在不確定性的低市場占有率的事業。

問題(question marks)**事業**是擁有相當具吸引力的高成長率，但利潤存有潛在不確定性的低市場占有率事業。問題事業極需龐大的資金，因爲其迅速成長導致很高的資金需求，但同時其微小的市場占有率導致極低的資金產出。在總公司層級，所關心的是要確認公司資源投入到這些問題事業後，是否能提高其市場占有率並向明星事業群移動。長時間而言，問題事業要轉變到明星事業是不太有希望，因此 BCG 矩陣建議出售問題事業並更有效地重置其資源給公司剩餘的投資組合。

9.1.2 產業吸引力——競爭強度矩陣

總公司的策略規劃者發現成長—占有率矩陣在反映一個事業的複雜情境時，會有相當多的限制。因此，有些公司以更爲廣泛的焦點來調整矩陣。這個由 McKinsey 顧問公司在 General Electric 所發展的矩陣，稱爲「產業吸引力—競爭強度矩陣」(The Industry Attractiveness-Business Strength Matrix)。此矩陣不以 BCG 矩陣使用的單一衡量方法(分別爲相對市場占有率及市場成長率)，而以運用多種因素來評估產業吸引力與競爭強度。相對於 BCG 四格，它有九個格子——以高／中／低三軸來代替高／低兩軸，將事業投資組合的定位做更清楚的區隔。

公司的事業部門被多種策略因素區隔在每一格子中，這些因素如圖表 9.3 所述。接著將事業部門定位依矩陣中的兩構面「主觀地」量化其等級。矩陣中事業部門的位置如圖表 9.4 所示，建議採用下列任一種策略方法：(1)成長性投資；(2)選擇性投資並管理盈餘或(3)爲取得資源收割或售出。資源配置決策保留了與 BCG 相當類似的方法。

圖表 9.3　建構產業吸引力—競爭強度矩陣的考慮因素

產業吸引力

競爭行為的性質
- 競爭者數目
- 競爭者規模
- 競爭公司
- 價格戰的強度
- 在多種構面中競爭

供應商/顧客的議價力量
- 供應商/顧客的相對規模和數量
- 向誰買或賣給誰的重要性
- 垂直整合的能力

替代品的威脅/新進入者
- 技術的成熟/穩定
- 市場的差異性
- 進入障礙
- 配銷體系的彈性

經濟因素(economic factors)
- 銷售量易於變化
- 需求的週期循環
- 市場成長性
- 資本強度

財務基準
- 平均獲利力
- 傳統的槓桿效率
- 授信措施

社會政治的考慮因素
- 政府管制
- 社區支持
- 道德標準

競爭強度

成本定位
- 規模經濟
- 製造成本
- 廢料/浪費/重製
- 經驗的效應
- 勞動比率
- 專有財產

差異化的程度
- 推廣活動的有效性
- 產品品質
- 公司形象
- 專利性的產品
- 品牌認知

回應時間
- 製造彈性
- 導入新產品的必要時間
- 配送時間
- 組織彈性

財務強度
- 償債能力
- 流動比
- 損益兩平點
- 現金流量
- 獲利能力
- 收益的成長

人力資產
- 離職
- 技術水準
- 相對工資/薪酬
- 士氣
- 管理當局的承諾
- 工會

大眾認可
- 商譽
- 聲譽
- 形象

圖表 9.4 產業吸引力—競爭強度矩陣

產業吸引力		競爭強度 強	中	弱
	高	加碼—投資追求成長 • 提供最大投資 • 全球多角化 • 堅守領導地位 • 獲得穩健的利潤 • 尋求主導權	選擇—投資追求成長 • 重金投入所選擇的區隔 • 提升市場占有率 • 尋求有吸引力的新市場區隔以運用優勢	保護/重新聚焦—選擇性投資以追求盈餘 • 防禦優勢 • 在有吸引力的區隔重新定位 • 評估產業重生 • 監測撤資退場時機 • 進行購併
	中	挑戰—投資追求成長 • 建立選擇性優勢 • 界定領導地位挑戰的內涵 • 填補弱點，避免受創	前提—選擇性投資以獲利 • 區隔市場 • 針對弱點擬定應變計畫	重建—收割或撤資 • 不提出非必要的承諾 • 撤資後重新定位 • 移動到更具吸引力的區隔
	低	投機—選擇性投資以獲利 • 跨越市場並維持整體地位 • 尋找利基和專門化 • 透過收購尋求強化機會 • 投資在足以維持的狀況	投機—準備收割 • 採取榨出現金流量的行動 • 尋找銷售機會 • 尋找合理化機會以提昇優勢 • 縮減產品線 • 投資極小化	收割或撤資 • 退出市場或縮減產品線 • 決定能夠將現值極大化的時機 • 集中化於競爭者的現金產出

資料來源：Reprinted by permission of the publisher, from Strategic Market Planning by Bernard A. Rausch, AMACOM, division of American Management Association, New York, 1982, www.amanet.org.

雖然由產業吸引力—競爭強度矩陣與 BCG 矩陣所產生的策略建議非常相似，但產業吸引力—競爭強度矩陣對 BCG 矩陣進行了三個方向的改良。

1. 第一，產業吸引力—競爭強度矩陣中使用的術語是較佳的，因爲比較不會令人感到唐突，並且較容易理解。
2. 其次，競爭強度矩陣裡每一構面的綜合式衡量方法，在市場占有率與市場成長率之外，還帶出了與競爭強度和市場吸引力有關的許多因素。
3. 因此，在進行規劃程序時能有較廣泛的評估，讓策略規劃和策略執行都能有更顯著的重要性。

9.1.3 BCG 策略環境矩陣

BCG 最新提出的矩陣(見圖表 9.5)採取一種運用產業中競爭優勢本質概念的不同方法，這種方法可以決定策略對公司事業部門的有效性，依次決定產業的結構。他們認爲，像這樣的架構有助於確認個別事業部門的策略與適合其策略環境的策略是相符的。此外，對多事業部的總公司經理人而言，此矩陣提供他們該跨入何種事業的一種合理解釋——因爲有相似的策略性環境，因此事業部門應分享核心競爭力並連結競爭優勢。

圖表 9.5　BCG 策略環境矩陣

優勢來源	小	大
多	**破碎型** 成衣業、建築業、珠寶業、零售業、鋸木業	**專業型** 醫藥業、豪華轎車、巧克力糕點業
寡	**僵固型** 基本化學業、工業用紙、船塢、倉儲業	**唯量型** 噴射引擎、超級市場、機車、標準微處理器

優勢規模

資料來源：From R.M. Grant, Contemporary Strategy Analysis, Blackwell Publishing, 2001, p.327 .Reprinted with permission of Wiley-Blackwell.

唯量型事業
指有那些優勢來源很少，但規模很大的事業別——典型規模經濟的結果。

僵固型事業
擁有很少的資源與優勢，但它們全都很小。經營效率、降低經常費用的技巧與成本管理，對獲利率來說是至為關鍵的。

破碎型事業
有許多優勢來源，但是它們全都很小。相關的典型代表是低品牌忠誠度的差異化產品，易於被複製的技術，與最小化的規模經濟。

專業型事業
擁有許多資源與優勢的事業部，達到差異化的技巧——產品設計、命名專家、創新、先驅者，可能還有規模——在此都具有贏家的特徵。

這個矩陣有兩個構面。競爭優勢來源的數量可能很多來自複雜的產品與服務(如汽車、財務服務)，可能很少來自日用品(化學品、微處理器)。複雜的產品爲差異化與成本提供多種機會，日用品需要尋找成本優勢的機會以便能夠生存。

第二個構面是競爭優勢的規模。對產業領導者而言，獲得競爭優勢的規模會有多大呢？這兩個構面可以定義如下四個產業環境：

- **唯量型事業**(volume businesses)是指有那些優勢來源很少，但規模很大的事業別——典型規模經濟的結果。在此類事業部門中所建立的優勢能轉換至另外一個事業部門中，就像 Honda 善用其規模與專業至小型瓦斯引擎事業上一樣。
- **僵固型事業**(stalemate businesses)有很少的優勢來源，而且大都是非常小。這造成了一個非常競爭的情勢。經營效率、降低經常費用的技巧與成本管理，對獲利力來說，是至爲關鍵的。
- **破碎型事業**(fragmented business)有許多優勢來源，但是它們全都很小。相關的典型代表是低品牌忠誠度的差異化產品，易於被複製的技術，與最小化的規模經濟。在此環境下，注重市場區隔、代表性地理區隔的技巧與快速反應變動與降低成本的能力是相當重要的。
- **專業型事業**(specialization business)有許多優勢來源，且這些優勢可能是相當龐大的。達到差異化的技巧——產品設計、命名專家、創新、先驅者，可能還有規模——在此都具有贏家的特徵。

BCG 將此矩陣視爲提供多事業管理者判斷他們是否能整合並有效運用每一事業產業型態、優勢來源與規模；並提供一個分析架構來探討有興趣從事競爭或有興趣進入策略環境的研究者。

9.1.4 投資組合方法的限制

透過專業的公司經理人在一系列廣泛的事業間轉換競爭優勢，投資組合方法會有助於策略分析。它能以相當簡單的形式來傳達有關多樣化事業單位與公司計畫等數量龐大的資訊，它們概述了各事業單位間相似與相異之處，並有助於以普遍的用語向每個事業部門傳遞總公司策略背後的邏輯。它簡化了多樣化事業單位間分享公司資源的優先順序，並使得這些單位能夠充分運用資源。它提供一個簡單的指示給總公司經理人去判斷什麼是他們應該完成的——平衡事業部門的投資組合——與控制並配置資源於策略中的方法。這些方法提供了重大的貢獻，但它們有幾個主要的限制與缺點。

投資組合矩陣的關鍵問題是，它沒有指出不同的事業單位能創造出多少價值——它們之間的關係僅限於資金。這些事業單位都是獨立營運的單位，因此難免會忽略了整體核心能力的概念，此外，也無法聚焦於營運單位間所產生的綜效。

- 矩陣精確的衡量方法，並不如矩陣所描繪般的容易。要確認個別的事業，或區隔市場，往往不如假設所要求的那麼準確。事業單位間僅以兩個構面來進行比較，可能會導致最後的結果都是以某構面的需求作爲最終的考量，而每一個單位都是以此爲基礎。
- 基本假設爲市場占有率和獲利率之間的關係(經驗曲線效果)，在不同產業與市場區隔會有很大的變化。有些甚至沒有任何關聯。有些市場占有率低的公司卻能以差異化的優勢產生良好的獲利力。
- 試圖描述公司中資源的流動本身是一項受限制的策略選擇，雖然看起來更像是基本的策略性目標，但這會造成錯誤判斷尙未眞實存在的策略。如果我們是明星事業，那該如何「做」？是金牛事業那又該如何「做」？當經理人試圖以這些矩陣來構想出事業部策略時，這種情形將會更爲嚴重。
- 投資組合方法表現出公司資金必須自足的概念，這忽略了可以從資本市場來籌資的觀點。
- 投資組合方法不能比較一個公司爲擁有競爭優勢付出的成本與擁有後的壓力。1980 年代可以看到許多公司在事業層級裡，建立只有少量收益的龐大企業之基礎建設。全球性複合式企業在最近不斷地進行再造與重整，這也反映最近十年來此項重要的議題已經被過度忽略了，本章後面將會對此項議題再進行深入的探討。
- 近年來知名的顧問公司 Booz Allen Hamilton 根據他們的研究觀察提出建議：「過去的傳統智慧有可能是錯的，公司的主管通常會仰賴過去的財務會計績效來進行有關事業部門的決策，但是過去的績效不足以預測未來」。「但是隨著不同的時間點進行績效評估時，公司不斷地改善績效不佳的事業部，股東的價值將會不斷地提高與改善」。「縱使企業中有許多的『落水狗』事業部，公司也必須想辦法改善這些績效很差的事業部，這樣公司的整體績效方能達成」。這樣的觀點主要是基於嚴謹的研究所得到的結論，公司的經理人必須想辦法定義「價值資產」(value assets)，並且想辦法掌握及累積這些價值，以創造更優異的股東價值，但是這些價值創造的管道並不是僅依靠一個或幾個被過度高估其價值的明星事業，而是平均發展所有的事業部[3]。

著手建構公司投資組合矩陣時，必須記住這些限制，它們提供總公司經理人尋求平衡財務資源的一些作法。上述有關投資組合分析法限制的論述也意味著這種方法是一種較爲傳統的作法，本章後續會再詳細討論有關奇異公司如何在面臨二十一世紀全球經濟的挑戰中，有效的管理其多元事業部的策略與作法。也許投資組合分析會再繼續沿用並受到歡迎，只要能夠深入了解其限制，透過此方法爲公司繪製藍圖並進行長期策略規劃，有效的平衡資源及核心能力，也將能有效的爲公司創造持續性競爭優勢。評估多元事業策略分析的演化還有第二種方法，那就是「綜效分析」，內容包括能力槓桿與核心能力。

9.2 綜效分析：槓桿核心能力

藉由多角化、整合或合資等策略來建立價值的機會，經常可以從「與市場相關」、「與經營相關」以及「管理活動」中發現。在企業體的投資組合中，每一個事業部門其基本的價值鏈活動或基礎設施，對另一個事業部門而言，都是潛在績效以及競爭優勢的來源。Morrison's Cafeterias 長期以來主要依賴美國食品服務市場，它迅速的加入了 Ruby Tuesday 餐廳的經營理念來進行多角化，之後購併了 L&N Seafood Grill、Silver Spoon Cafe、Mozzarella's 以及 Tia's Tex-Mex。之後他又購併了三間其他食品公司。上述的策略分析，加速了 Morrison 公司經理人在 2,000 年全面跳出自助餐市場的區隔決策。分享價值鏈活動與建立價值的機會其定義如圖表 9.6 所示。

---

3 A comprehensive discussion of these ideas to include their research examining the performance of "falling stars" and "rising dogs" can be found at Harry Quaris, Thomas Pernsteiner, and Kasturi Rangan, "Love your 'Dogs,'" *Strategy+Business Magazine*, Booz Allen Hamilton, www.strategy-business.com/resiliencereport/resilience/rr00030, 2007.

圖表 9.6 多事業部門公司的價值建立

建立價值或分享的機會	潛在競爭優勢	達到提高價值的障礙
與市場相關的機會		
分享銷售活動或分享銷售據點，或分享二者	• 較低的販售成本。 • 較佳的市場整合。 • 提供給購買者較強的專業意見。 • 提高購買便利性(能由單一來源購買)。 • 更接近購買者(更多的產品可以販售)。	• 對產品有不同的購買習慣。 • 不同的銷售人員代言產品會有較大效果。 • 某些產品會較受到注意。 • 偏好由多種而非單一管道購買。
分享售後服務與維修工作	• 較低的服務成本。 • 服務人員的有效利用(較少閒置時間)。 • 更快的服務速度。	• 不同的裝備或不同的勞工技術，或兩者，都需要手工維修。 • 可能部分自行維修。
分享品牌名稱	• 強勢的品牌印象與公司名聲。 • 增加購買者對品牌的信心。	• 如果有一種產品的品質不好，則公司名聲皆會受損。
分享廣告與促銷活動	• 較低的成本。 • 購買廣告會有更大的影響力量。	• 所需要的訊息表現形式可能不同。 • 適當的促銷時機效果可能不同。
共用配銷通路	• 較低的配銷成本。 • 提高與批發商或零售商的議價能力，以獲得貨架空間、貨架位置，更強勢的推銷並給予業者更多的關注，與更好的毛利。	• 業者拒絕有優勢的單一供應商並轉向多種來源與種類。 • 大量利用分享通路會降低其他通路支持或推銷公司產品的意願。
分享訂購程序	• 較低的訂單處理成本。 • 購買者一次購足，能提高服務，因而產生差異化。	• 不同的訂購週期會使得訂購處理程序混亂。
經營方面的機會		
共同投入採買、採購	• 較低的投入成本。 • 改善投入品質。 • 透過供應商來改善服務。	• 所需的投入，在品質或其他規格方面是不同的。 • 不同地區的廠房有其必要之投入，集體採購並不能回應每一廠商個別獨立的需求。
分享製造與裝配設備	• 較低的製造/裝配成本。 • 有較佳的生產效能，因為某一項產品的最大需求與其他產品的最低需求會有關聯性。 • 更大的經營規模能促進更好的技術並導致更佳的品質。	• 由某一項產品轉變為另一項時，會有較高的轉換成本。 • 必須要具備與品質差異或設計差異相符的高成本特殊工具或設備。
分享內外運輸與原料裝卸	• 較低的運費與裝卸成本。 • 較佳的配送可靠度。 • 較頻繁的配送，因此存貨成本可以下降。	• 投入的資源或廠房位址，其地理位置是不同的。. • 向內／向外配送的需求頻次與可靠度在各事業單位間是不同的。
分享產品與製程技術或技術發展	• 因為設計與不同領域間知識的轉換時間較短，能有較低的產品或加工計畫成本。 • 因為具規模效益並能吸引較佳	• 相同的技術應用在具有差異的不同事業單位，可能會妨礙分享的真實價值。

	的研發人員，因此有較佳的創新能力。	
分享管理支援活動	• 較低的管理與經營費用等成本。	• 支援活動占成本部分不大，分享這些可能對成本沒有影響。
管理方面的機會		
分享管理 Know-How、經營技能與專有的資訊	• 有效率的轉換不同的競爭力——能節省成本或提高差異性。 • 當涉及策略規劃、策略應用時能更有效的管理，並熟悉關鍵成功因素。	• 實際上 Know-How 的轉換是非常耗成本的。 • 提高了專有資訊洩漏的風險。

資料來源：Based on Michael Porter, *On Competition*, Harvard Business School Press.

策略分析所關心的重點是：在每個具有價值的機會中，所出現的預期潛在競爭優勢是否能夠具體化。在優勢尚未成形之前，總公司策略則必須小心提防可能的障礙以便達到績效或競爭優勢。我們在圖表 9.6 中，定義了數種與每一類機會有關的障礙及如何擬定策略的建議，高明的策略規劃者能確保他們的組織對任何障礙與衝擊都能夠加以迴避或將影響降至最低，否則他們會提出建議，以阻止進一步的整合或多角化，並考慮脫售的選擇。

有意義的合作與分享，有兩個基本要項必須考量：

1. 第一，這個合作的機會應該是涉及事業部價值鏈核心的部分。回到 Morrison's Cafeteria 的案例，它的採購與內部物流基礎建設，提供 Ruby Tuesdays 的經營者在重要成本活動中一個降低成本、直接、有效的採購與存貨管理能力。
2. 第二，涵蓋的事業部門應該真正具備合作的需求——需要某些相同的活動，否則就不能成為績效的基礎 。Skype 是第一家成功的運用網際網路來連結電話與視訊通訊的公司，只要有兩台電腦不管您身處何地都能及時通。eBay 收購 Skype 預期能夠與公司的線上拍賣業務產生綜效——但至今這種綜效似乎仍未產生。很清楚的，eBay 收購 Skype 似乎支付太多的錢了，而且這兩家企業共同創造綜效的基礎似乎也不明確。也許，eBay 應該放棄「兩家企業共同創造綜效」的春秋大夢，而應該讓 Skype 獨立營運，或是賣掉它[4]。

4 Adam Lashinsky, "Is Skype on Sale at eBay?" Fortune, October 27, 2008.

總公司策略突然地投入多角化之後，卻發現預期中分享的機會並不存在，因爲各事業部門之間並沒有分享的需要。

企業應該進行多角化，最令人信服的理由可能是：能發現核心競爭力——重要價値的建立技巧——能被運用於其他產品或市場中，而非只是在其所創造的部分而已。核心競爭力運作良好，將能產生非凡的價値。從事多角化策略的經理人應該對他們策略分析的重要部分有所貢獻。

General Cinema 是一間從露天(drive-in)電影院，最後成長爲電影放映產業中的多元化影片公司。接著，它們跨入了罐裝軟性飲料產業並成爲北美最大的罐裝軟性飲料商(Pepsi)。它們的股票價値在十年間成長了 20 倍。並找到了電影放映業中的核心競爭力：管理許多小型、區域性的事業部門，並與少數大型供應商交涉、局部地應用集中行銷的技巧、並獲得「特許權」(franchise)等，事實上都與罐裝軟性飲料產業相同。IBM 執行長 Sam Palmisano 以及他的管理團隊作出了石破天驚的創舉，打造了全新的 IBM，並採用多事業部策略，在不同的事業部與市場間專注於發現、分享、槓桿運用核心能力。不只對現存消費性產品的核心能力進行應用，IBM 也同時在每個事業部及事業部間開發新的技術與能力，詳見圖表 9.7 頂尖策略家一節的內容。

頂尖策略家

圖表 9.7

IBM 執行長 Sam Palmisano

IBM 的執行長 Sam Palmisano 認為「新全球事業」是整合全球企業的產品與服務，這也是他們服務顧客的方式：

> 先從一罐面霜談起，這一罐面霜的唧筒是一種包裝的創新，是由瑞典的發明家所發明的產品，罐子本身在中國生產，全球採購中心在馬尼拉，面霜中的天然成分是由義大利的批發商所提供，最終產品是在美國組裝，顧客服務中心則是在加拿大新斯科細亞省。這些所有的功能都整合在一起，共享標準的全球化科技與基礎設施，使得這些提供商品給顧客的企業都共用相同品牌的面霜，以銷售保濕、七種不同香氣、三種規格且價格低於所有競爭者，只賣 8 塊美金的面霜。歡迎來到全球整合企業的世界！

IBM 花了許多年的時間轉變成社會網絡型的企業，在經營範疇跨越 160 幾個國家、員工超過 175,000 名的企業中，公司擁有許多內部的專家及專業能力，公司經常將所需要的人/能力整合在一起，以虛擬的方式來完成專案的工作，並以最有效、最節省時間、最節省成本的方式來服務全球的顧客。這項「實驗」是一種前所未有的作法，因為公司充分的利用 IBM 自己的核心能力，並整合了所有事業部及各產業的消費性產品專家。

IBM 內部的 Facebook 稱之為 BeeHive，包含 IBM 全球員工不同的個人以及與工作相關的資訊。稱為

SmallBlue 的專門搜尋引擎能夠搜尋 BeeHive、e-mails、報告、及時訊息、個人行事曆、成本、可用時間、不同個人單位核心能力與營業單位以及各種相關技能的資訊，能夠整合個人與團隊形成最佳的解決方案，解決問題並有效的創造產品。

最近 IBM 導入商務版本的 SmallBlue 名為 IBM Atlas，正打算銷售給顧客。認真的 IBM 人花了好多年時間替這些網路的概念尋找第二春——IBM 學著從顧客的電腦虛擬空間創造新的服務與產品。最近公司又發現電玩也許是二十一世紀管理發展的最佳工具，可以用來訓練 IBM 的主管，而全球的其他客戶也會很快的追隨。

資料來源：www.ibm.com

1. 每項核心競爭力應提供適當的競爭優勢給想要擴張的事業部門

核心競爭力必須要能幫助欲擴張的事業單位，在其相對關鍵優勢上建立強項，這可能會發生在事業部價值鏈的任何階段。但它對競爭優勢的基礎而言，必須扮演價值的主要來源——且這個核心競爭力要能被轉換。日本的 Honda 觀察本身在製造小型、內燃機引擎具核心競爭力。它察覺到傳統電動工具假如以輕量、可移動的馬達為動力會更具吸引力，因此將多樣化運用於園藝工具裡，其在瓦斯驅動手用工具市場中創造了一個主要的競爭優勢，這就是它們的核心競爭力。當可口可樂增加了罐裝水的產品組合，它期待在市場與配銷通路方面建立卓越的核心競爭力，能迅速地為這個事業部門建立價值。十年後，Coke 賣掉了水部門的所有資產，因為這種產品並沒有足夠的毛利來吸引它的經銷商，而且在生產成本方面，眾多競爭的小型供應商與進口水，使行銷成為一種缺乏建立價值的活動。在最近幾年，Coke 推翻其決策並增加了 Dasani 水品牌，因為快速成長的顧客需求，使得其龐大配銷網路的價值，對 Dasani 水產品線產生了高度的競爭優勢。

2. 事業投資組合能使公司核心競爭力更具效益

當您在衡量多角化問題時，要瞭解相關與非相關多角化是一項很重要的區別。「相關」事業部門是指基於相同或相似能力有助於成功，並在其各自的產品市場中獲得競爭優勢。先前我們敘述了 General Cinema 在電影放映與罐裝軟性飲料方面驚人的成功案例。雖然它們看似不相關，但事實上，對形成成功的關鍵核心競爭力而言，卻是非常相關的事業——管理不同事業地區的網路關係、局部化競爭、依賴少數大型供應商以及集中行銷優勢。因此在運用核心競爭力時，不同事業別的產品不一定要非常相似。由於它們的產品可能並不相關，但如果公司想要在創造價值的方法中運用其核心競爭力，則其在價值鏈中的活動就需要相似的技術來創造競爭優勢。圖表 9.7 提供了一個很好的範例來說明 IBM 近五年來如何有效的執行其策略，事實上，他們執行長的作法可以詳見 www.ibm.com/3dworlds/ businesscenter/us/en/網址的內容。

涉及「非相關」多角化的情況，除財務資源外，確實無重疊的能力或產品存在。我們在第七章中將此稱爲複合式多角化。最近的研究顯示：最有賺頭的公司，都是運用其資源與能力的組合範圍來經營多角化的公司，在吸引人的產業中，這些資源與能力的組合能夠專業化地提供重要的競爭優勢，而且在數種不同產業中有足夠的適應力。而最沒有效益的多角化公司策略，是建立在非常一般性的資源(如資金)並將其應用在廣泛的多種產業中，但是這些組合很少對競爭優勢有所助益[5]。

3. 競爭力的組合必須是獨特或難以複製的

總公司策略所期望的技術是要能在不同事業部門間轉換，或從總公司轉換至不同事業別中。它們也有可能很容易被競爭者所複製。遇到這種情況，就無法創造出持續維持的競爭優勢。往往策略規劃者想尋找的競爭力組合，是能夠讓多種技術能力有所關聯的一套計畫，讓看似容易複製的競爭力變爲獨特、可保持競爭優勢狀況的方法。3M 公司擁有令人稱羨的記錄，其利潤有 25%來自最近五年內推出的新產品。3M 有能力將必備技術「捆」在一起，以加速推出新產品的能力，因此它能持續地從接著劑相關產品中，獲得早期產品生命週期的價值，這是數以千計擁有相似技術或市場的競爭者所無法接觸到的競爭力。

通常公司想像中的競爭力組合，在概念上往往都很有意義。具有說服力的願景會產生一種力量來引導執行長嚴格的要求，公司所有的主管都必須參與願景的落實與推動。但是如果重製是可能發生的話，何種概念才有意義，並讓競爭者難以再製，往往難以證實。

9.3 企業集團根本的角色：能增加有形的價值嗎？

在多事業部公司中，分享能力與核心能力是提升價值形成綜效的方法之一，最近有一些研究指出：如果綜效可以計算，那事業單位的主管如何有效的計算綜效，而不是從總公司的觀點來看[6]。那麼在多事業部公司，總部如何提升事業部的價值？爲了回答這個問題，我們提出兩項觀點：「總公司管制分析架構」以及「拼圖式分析架構」。

---

5 David J. Collis and Cynthia A. Montgomery, *Corporate Strategy* (New York: McGraw-Hill/Irwin, 2005), p.88; "Why Mergers Fail," *McKinsey Quarterly Report*, 2001, vol.4; and "Deals That Create Value," McKinsey Quarterly Report, 2001, vol.1.

6 Michael Goold, Andrew Campbell, and Marcus Alexander, "The Quest for Parenting Advantage," *Harvard Business Review*, March–April 1995; Michael Goold, Andrew Campbell, and Marcus Alexander, "How Corporate Parents Add Value to the Stand-Alone Performance of Their Businesses," *Business Strategy Review*, Winter 1994.

9.3.1 總公司管制分析架構

總公司管制分析架構這個觀點認為多事業部公司必須透過整合所屬的事業單位來創造價值，最佳的總公司將可以創造比競爭對手更多的價值(假設它們擁有相同的事業)。為了增加價值，總公司必須改善各事業部，而且各事業部也都有改善的空間。

總公司管制分析架構的這個觀點認爲多事業部公司必須透過整合所屬的事業單位來創造價值，最佳的總公司將可以創造比競爭對手更多的價值(假設它們擁有相同的事業)。爲了增加價值，總公司必須改善各事業部，而且各事業部也都有改善的空間。支持這項觀點的學者稱企業潛在的改善空間爲「總公司管制的機會」。有學者建議可以從十個地方來尋找「總公司管制的機會」，而且這些機會也是多事業部公司策略分析與選擇的焦點，同時這十點也是與總公司之間的重要介面[7]。讓我們仔細分析如下：

1. 規模與年資

通常年資較久、規模較大的成功事業所呈現的結構都是官僚式或高架式的型態，在企業內部並不容易解構。總公司在外部的刺激之下，或許可以增加價值。規模較小或是較資淺的企業可能會缺乏一些功能性的技能、或是員工能力的成長比高階主管還快、缺乏資金來處理企業短暫的大起大落。這些相關的議題可能與某個事業部或是多個事業部有關，也因此總公司才有能力增加其附加價值。

2. 管理

企業所雇用的主管與其競爭者比起來是否較優？企業的成功是否都是因爲能吸引並且留住具有特殊技能的員工？重要的主管是否都著眼於正確的目標上？如果以上項目的答案都是對的，則總公司的管制能力將可以擴充機會並且增加附加價值。

3. 事業的定義

事業單位的主管通常都會比較短視近利，換言之，他們所鎖定的市場都是比較狹隘的，他們或許會過度重視垂直整合，或許不會。由於最近相當流行委外與策略聯盟，這種潮流似乎已經改變許多人對事業部的定義。這些做法似乎已經創造了總公司管制的機會，而且透過重新定義事業單位似乎也能創造更高的價值。

4. 可預測的錯誤

企業的本質以及面對不同環境的特性將使得管理者會做出可預測的錯誤，管理者必須對於之前所做的策略決策負責，因爲管理者的成敗與這些決策有關，因此管理者對於其他的方案並不會感興趣。較老或是較成熟的企業通常

---

7 Ibid, p.126. These 10 areas of opportunity are taken from an insert entitled "Ten Places to Look for Parenting Opportunities" on this page of the *Harvard Business Review* article.

會累積不同的產品及市場，在某個特殊領域中或許會變成多角化過度的現象。週期性的市場或許在經濟衰退時會導致投資不足，而經濟回升的時候則是會引起過度的投資。產品生命週期過長會使得企業過度依賴舊的產品。為了增加附加價值，總公司必須設法監督以避免可預測的錯誤發生。

5. 連結

某事業單位為了改善市場的地位或是效率，常常會與其他的事業單位進行合作或連結，不管這種連結是否明顯，總公司的協助是相當重要的，因為事業單位的連結，無論是對內或對外都是相當複雜且困難的。不管是在哪一種情況，只要有總公司的協助則增加附加價值的機會就會提高。

6. 一般的能力

成功多角化的基本要素，正如我們之前所提到的，就是多元事業單位分享能力的概念。總公司定期監督分享能力的機會將能有效的提昇附加價值。此外，事業單位的主管對於每日事業營運活動的督導雖然不是很受到重視，但仍然有其貢獻。

7. 特殊的專家

總公司常會需要某些特殊的專家來處理某些特殊的情境，這些為數稀少的專家除了有益事業單位之外也能增加流程的附加價值。在某些特殊的情境之下，我們常需要法律、技術及管理的專家進行某些決策，如果公司能夠輕易的得到這些專家的協助則產生的附加價值將會相當的高。

8. 外部關係

企業常常會有一些外部利害關係人，例如：政府、管制者、工會、供應商以及股東等等，總公司比較能管理上述何者呢？如果管理能力強過事業單位，則很自然的，總公司機會自然就會產生，進而產生更高的附加價值。

9. 主要的決策

如果某個事業單位缺乏專家，則做決策顯然是相當困難的。舉例來說：進行購併、進入中國、產能擴充、企業部分營運撤資或是委外、獲得外來資金奧援等等，這些事務如果都要透過總公司來進行決策，顯然是相當不容易的。美國奇異公司在這方面就是由總公司發展奇異資金來協助其他事業單位。

10. 主要的改變

有時候企業必須進行改變，因為這些改變攸關事業未來的成敗，這些改變甚至有時是完全沒有經驗可言。舉例來說：完全改造事業單位的資訊管理流程、將公司產能外包給印度、將事業單位的生產營運移轉到世界另外一個角落的事業單位，這些都是主要改變的一些例子。

這些現存的十個總公司機會彼此之間將會有重疊的可能性。例如：在中國的專家以及將生產作業委外的決策都有可能增加公司的附加價值，而這些決策都可能包含主要的改變。在探討總公司機會產生的過程中，將會有產生許多重疊的可能性。然而，總公司管制分析架構對多事業部公司的策略分析而言是相當有價值的。投資組合分析專注於探討事業部的現金、獲利與潛在成長性，以及它們之間的均衡。核心能力取向則專注在探討事業單位如何分享技術、營運秘密以及產能。總公司管制分析架構之所以有助於探討多事業部的策略分析，主要是因爲這個方法專注於探討總公司與事業部單位之間創造價值的關係。圖表 9.8「頂尖策略家」說明了 PepsiCo 的女執行長 Indra Nooyi 如何戲劇性的創造事業部的組合以及如何培育這些事業部，進而讓企業進一步的創新、建立新品牌、對某些事業部進行撤資，此外，她如何將這些事業部進行鏈結，以分享本國、外國不同事業部之間的核心能力與品牌，這些都是相當有趣的議題。

頂尖策略家　　圖表 9.8

PepsicCo 執行長 Indra Nooyi

Indra Nooyi 在印度馬德拉斯的女子搖滾樂團中負責電吉他，在大學她玩板球，在公司聚會她唱卡拉 OK，雖然她帶領 PepsiCo 跨越 200 個國家共 200,000 名員工，她還是不忘一天打兩次電話給她在印度的母親，她在耶魯大學取得企管碩士的學歷之後就移居美國，她有兩個女兒，15 年前成為 PepsiCo 的策略長，她為 PepsiCo 創造了前所未有的獲利。

因為預見了速食業的快速衰退，因此她迅速的脫手 KFC、Pizza Hut 以及 Taco Bell。她壓寶在飲料與包裝食品業上，並購併了 Tropicana、Quaker 以及 Gatorade。2006 年她角逐執行長的寶座，獲選之後，她還私底下拜訪她的競爭者，並說道：「請告訴我，我要如何留住你？」。之後 Indra Nooyi 給了他們很高的薪水，而且這些人與她搭配的很好，並成為她重要的幕僚*。

她現在試圖將 PepsiCo 由休閒食品轉變為健康食品，咖啡因飲料轉變為果汁飲料，不斷強調企業的永續經營，並創造「有目的的績效」等名言，她還設定了 2010 年的目標：「PepsiCo 一半的收益都必須來自健康產品，公司也將投入風能與太陽能事業，推動反肥胖活動」。她還說：「我們將食品事業與對世界有益的事情結合在一起」。當然我們還會遇到許多挑戰：商品價格提高、全球經濟衰退、顧客對瓶裝水反感以及可口可樂與百事可樂永無止境的競爭**。

但是 Indra Nooyi 始終都能夠對競爭者存有同理心，並且讓 PepsiCo 的獲利在這十五年來有空前的突破，這些重大的變化將改變某些事業的範圍，並額外增加一些其他的事業，透過這些事業體的整合並分享核心能力將能夠增強 PepsiCo 的全球競爭力。

* ”Indra Nooyi: Keeping Cool in Hot Water, “ *BusinessWeek*, June 11, 2007.
**如上所述

9.3.2 拼圖式分析架構

拼圖法
對多事業部企業的管理者而言，另一個以角色與能力為基礎且常被用來創造價值的方法稱為「拼圖法」(patching)，拼圖法是當企業執行長為了抓住變化快速的市場機會而重新配置企業版圖的一種既定程序。

策略流程
企業流程中關鍵的決策、營運活動以及銷售活動。

策略定位
某事業為了服務某個特定的目標市場所進行的設計與定位。

對多事業部企業的管理者而言，另一個以角色與能力爲基礎且常被用來創造價值的方法稱爲**拼圖法**(patching)[8]，拼圖法是當企業執行長爲了抓住變化快速的市場機會而重新配置企業版圖的一種既定程序。對企業而言，這種程序可以用「追加的」、「破裂的」、「轉移的」、「退出的」或是「組合的」等面向來呈現。當企業處於穩定、且市場結構沒有出現變化時，拼圖法或許不是很重要。但是當多事業部企業正陷入動盪不安且處於環境迅速改變的時期時，拼圖法就會被視爲是創造經濟價值的關鍵因素。

支持使用這種方法來從事策略決策的經理人表示，這種最具關鍵性及爭議性的方法，是經理人可以建立超越企業內部價值總和之額外附加價值的唯一選項。他們將傳統的企業策略視爲是以購併或是建立價值資產、廣泛地資源配置、創造綜效等方法來創造防禦性的企業地位。在反覆無常的市場上，他們認爲這些傳統的策略做法導致企業本身將會很快地落伍，而由這些做法所建立的競爭優勢也會在短短幾年內消失[9]。總而言之，這些支持拼圖法的經理人們都認爲，策略分析應該著重於**策略流程**(strategic processes)更甚於**策略定位**(strategic positioning)。在動盪的市場環境中，拼圖式的策略分析會將焦點集中在企業及組織流程出現快速、微小頻率的變動上，目標在於重新定位動態策略而非建立長期的防禦性企業定位。圖表 9.9 比較了傳統策略及以拼圖法來塑造企業策略兩者之間的差異。

爲了能在動亂的市場中成功地運用拼圖法來進行企業策略分析及選擇，Eisenhardt 及 Sull 兩位學者建議經理人們必須要彈性地抓住市場機會——前提是要先培養彈性的概念。他們認爲，有效率的企業策略必須建立在關鍵性的流程以及「簡單的原則」上。以下我們將以 Miramax 公司的例子來說明什麼是策略發展的簡單性原則：

> Miramax——這是一家曾經製作過許多創新性知名影片的公司——他們建立了有限的原則，並依這些原則來完成全部電影的每一個流程：首先，每一部電影都必須圍繞著一個以人性為主軸的中心原則，如：「愛(The Crying Game)」或是「忌妒(The Talented Mr. Ripley)」。第二，電影中的主角一定要夠吸引人並同時存在某些瑕疵——例如電影 Shakespeare in Love 中的主角是十分具有天份並且迷人的，但是他卻偷取好友的點子並背叛妻子。第三，電影本身必須要節奏分明，開場白、中段及結尾都必須有條不紊(雖然「黑色追緝令」(Pulp Fiction)這部電影例外地把結局挪到前面)。最後，這是一家建立

---

8 Kathleen M. Eisenhardt and Shona L. Brown, "Patching: Restitching Business Portfolios in Dynamic Markets," *Harvard Business Review*, May–June 1999, pp.72–82.

9 Ibid, p.76; and K. M. Eisenhardt and D. N. Sull, "Strategy as Simple Rules," *Harvard Business Review*, January 2001.

在產品成本上的公司。透過這些原則，他們就能夠很有彈性地迅速完成影片，尤其是當作者或是導演提出一份好劇本的時候。這樣的原則充滿著偉大的創意甚至是驚訝，而這已足夠讓他們創造出高人一等的影片，甚至是令人激賞的財務報表。例如，「英倫情人(The English Patient)」這部影片僅僅花了 2,700 萬美元的製作費，但是卻創造了 2 億美元的票房並贏得了 9 座奧斯卡影展的獎項[10]。

圖表 9.9 策略的三種方案

在商場上廝殺的經理人可從三種不同的方法中擇一來競爭。他們可以建立一個堡壘並進行防禦；或他們可以以簡單的規則靈活地尋找短暫的機會。每種方案都需不同的技巧，並在不同情境下，盡最大的努力。

	定位	資源	簡單的規則
策略性邏輯	設定定位	運用資源	尋找機會
策略性步驟	找出具吸引力的市場 配置一個可供防衛的位置 建築堡壘及防禦	設定願景；建立資源 運用於不同市場中	跳入騷動之中；持續前進 抓住機會；獲得最終優勢
策略性問題	我們定位在哪？		我們如何進行？
優勢的來源	具有緊密整合活動系統之獨特、有價值的定位	獨特、有價值、無法模仿的資源	關鍵程序與獨特的簡單規則
擅長於	緩慢的變動、具良好結構的市場	溫和變動、具良好結構的市場	快速變動、具爭議性的市場
優勢的持續時間	持續的	持續的	不可預測的
風險	當環境條件變動時，很難改變其定位	當環境條件變動時，公司很難建立新資源	在運用大好機會時，經理人常會顯得過於猶豫
績效目標	獲利能力	長期優勢	成長性

資料來源：獲得 Harvard Business Review 的授權，圖表採用自"Strategy as Simple Rules," by Kathleen M.Eisenhardt and Donald M.Sull, January 2001. Copyright 2001 by the Harvard Business School Publishing Corporation; all rights reserved.

不同形式的規則將可幫助經理人或是策略擬定者更能掌握市場機會的各種不同面向。圖表 9.10 解釋了五種不同的規則。這些原則被稱為是「簡單的」規則乃是因為它們必須要夠簡明、合理並且傳達基本的導引性給決策者或執行者。它們必須要能提供足夠的結構讓經理人們可以充滿自信迅速地反應以捉住市場機會，並要讓其他裁決者可以很確定地認知到這些原則與企業意圖之間的一致性。同時，當他們在制定行動或是決策參數時，並不需要厚重的操作手冊或是繁瑣的規則及政策；當經理人們正處於動亂的環境中，他們可能會採用足以癱瘓任何成就的方法以迅速地抓緊機會。

拼圖法建立在簡單原則的基礎上，特別是對特定母公司旗下的組織或事業部經理人充滿著指引作用，並且讓他們能迅速地制定公司資源的配置方法，就如同在動盪不安的市場機會中捕捉利潤一樣。關於這種方法最基本的挑戰是，

10 Ibid, Eisenhardt and Sull, p.111.

沒有人可以知道這種方式所建立的競爭優勢到底會持續多久，尤其是在充滿變數、動盪不安的環境中。經理人在安穩的環境中能以對未來的預測、管理複雜度等因素來建立複雜的競爭策略，但是在快速變遷的市場中，顯著性的成長及財富的增加都可能提高預測的難度；因此，策略本身必須是簡單、敏感的及動態的，這樣才能增加成功的可能性。

圖表 9.10 簡單的規則，總結

在混亂的市場中，經理人應該靈活地緊抓機會——但靈活必須經過訓練。聰明的公司強調的是關鍵的程序與簡單的規則。不同形式的規則將可幫助經理人或是策略擬定者更能掌握市場機會的各種不同面向。

類型	目的	例子
基本規則	它們在找出落實程序的關鍵功能——「能讓我們的程序具獨特性的是什麼？」	Akami 對顧客服務程序的規則是:複雜的人必須由技術性的人員所組成，每一項問題都要在首通電話或電子郵件就能獲得解決，而 R&D 的人員必須經過客戶服務工作的輪調。
臨界規則	它們強調何者是經理人所能抓住的機會，而哪些是又已超出此範圍。	Cisco 早期的合併規則是:被併公司員工必須多於 75 名，而且要有 75%的工程師。
順序規則	它們幫助經理人排序可接受的機會。	Intel 配置生產能力的規則是：以產品毛利率來進行配置。
時機規則	重視綜效的經理人隨時都在思考如何與公司內其他團體競合。	Nortel 產品開發的規則是：專案團隊必須知道何時將產品傳遞至主要顧客手中以贏得市場，且產品開發時間不得多於 18 個月。
退場規則	它們幫助經理人決定何時退出已逝的機會。	Oticon 抽退出已發展中的計劃的規則是:如果有重要的團隊成員——無論是管理職與否——選擇離開此計畫而跳到另一個，該計畫就會被刪除。

資料來源：獲得 *Harvard Business Review* 授權，圖表採用自"Strategy as Simple Rules," by Kathleen M. Eisenhardt and Donald M.Sull, January 2001. Copyright 2001 by the Harvard Business School Publishing Corporation; all rights reserved.

摘要 *Summary*

本章在探討管理者在多事業部公司如何做出策略性的決策，我們最早探討的方法是企業的投資組合分析，投資組合是基於每個事業部的潛在成長、市場定位以及產生現金的能力來進行評估。公司策略主管透過投資組合分析來決定資源分配、撤資或是購併其他事業等問題。

在多事業部公司還有其他廣泛使用的方法，例如：跨事業單位的綜效、能力分享、能力槓桿以及核心能力等。能力分享使得效率提高、專業能力提高而且競爭優勢也顯著增強。核心能力除了能夠提升競爭優勢之外，還能夠在多事業部之間產生能力槓桿作用，因此能夠擴充對附加價值與競爭優勢的影響。

全球化、快速變化、委外及其他的主要力量都會塑造現今的經濟情勢，進而影響多事業部企業的策略決策、角色焦點以及附加價值的貢獻。總公司本身能夠產生的產能，與各事業部能力的總和比起來又如何？在多事業部公司總部如何提昇事業部的價值？爲了回答這個問題，我們提出兩項觀點：「總公司管制分析架構」以及「拼圖式分析架構」。「總公司管制分析架構」這個觀點認

爲多事業部公司創造價值必須透過整合所屬的事業單位來創造價值，最佳的總公司將可以創造比競爭對手更多的價值(假設它們擁有相同的事業)。爲了增加價值，總公司必須改善各事業部，而且各事業部也都有改善的空間；「拼圖式分析架構」是當企業實務者爲了抓住迅速的市場機會而重新配置企業版圖的一種既定程序。對企業而言，這種程序可以用「追加的」、「破裂的」、「轉移的」、「退出的」或是「組合的」等面向來呈現。當企業處於穩定、且市場結構沒有出現變化之時，拼圖法或許不是很重要。但是當多事業部企業正陷入動盪不安且處於環境迅速改變的時期時，拼圖法就會被視爲是創造經濟價值的關鍵因素。不同形式的規則將可幫助經理人或是策略擬定者更能掌握市場機會的各種不同面向。這些原則被稱爲是「簡單的規則」乃是因爲它們必須要夠簡明、合理並且傳達基本的導引性給決策者或執行者。

關鍵詞
Key Terms

投資組合分析	*p.9-5*	**狗**	*p.9-6*	**專業型事業**	*p.9-9*
市場成長率	*p.9-5*	**問題**	*p.9-6*	**總公司管制分析架構**	*p.9-17*
相對市場占有率	*p.9-5*	**唯量型事業**	*p.9-9*	**拼圖法**	*p.9-20*
明星	*p.9-6*	**僵固型事業**	*p.9-9*	**策略流程**	*p.9-20*
金牛	*p.9-6*	**破碎型事業**	*p.9-9*	**策略定位**	*p.9-20*

問題討論
Questions for Discussion

1. 總公司層級的策略分析與事業部層級的策略分析有什麼差別？它們之間的關聯性如何？
2. 在什麼時候多產業的企業能夠發現組合式的管理方式對策略分析與選擇是有幫助的？
3. 有哪三種機會有助於形成多角化或垂直整合的形式？從您所聽過的企業中，每一種類型各列舉一例。
4. 描述總公司如何增加附加價值並超過各別事業部的總和？試說明這三種不同的類型。
5. 何謂「拼圖式分析架構」？其中有兩條規則可以引導管理者爲企業建立價值，試說明之。

第三篇

策略的執行、控制與創新

本書的最後一篇在介紹策略管理流程中的「行動階段」：也就是如何執行公司選擇的策略。就這個觀點來說，策略規劃模式可以分成三個階段：策略的形成、策略方案的分析以及策略的執行。雖然這些都很重要，但是如果將這些階段獨立出來並不能保證策略一定成功。

為了確保策略的成功，公司所形成的策略必須轉換為執行的行動。採用的方法是：

1. 策略必須轉化為指導方針，作為引導組織成員每日活動的參考。
2. 公司與策略必須合而為一，也就是說，策略必需能夠反應：
   a. 企業如何組織其價值活動。
   b. 組織的關鍵領導人。
   c. 組織的文化。
3. 企業管理者必須實際發揮其作用嚴密的進行「控制」，進行策略性的控制並且不斷的調整策略、承諾與目標，以因應不斷改變的情境。
4. 愈來愈多企業發現他們對於創新必須嚴肅看待，並且必須投入更高的承諾，不斷進行創業精神的歷程將有助於企業生存、成長並且在變動快速的全球化環境中擁有優越的競爭力與前瞻性。

第十章說明組織的成功，乃基於以下四個相關的階段：

1. 建立清楚的**短期目標**與**行動計畫**。
2. 發展具體的**功能性戰略**以提昇競爭優勢。
3. 透過**政策**來引導決策並授權作業性的員工。
4. 有效率的執行**獎酬系統**。

短期目標及行動方案能夠引導策略的執行，主要乃是將長期目標轉換為短期行動與目標。功能性戰略不管是自製或是委外，都必須將事業部策略轉換為價值活動以創造競爭優勢。政策能夠經由指導大綱與決策，來授權給員工。薪酬系統能夠激勵傑出的表現。

面對現今的競爭環境，企業必須謹慎的分析並設計合適的組織結構來建立持續性的競爭優勢。第十一章探討傳統組織結構的優缺點，以及委外的趨勢與其優缺點。此外，本章也進一步探討在高度連結、迅速及全球化的環境之下，雙邊俱利型組織、虛擬組織、無疆界組織之設計、應用與發展趨勢。

無庸置疑的，組織有效能的領導與一致且強勢的組織文化，能強化組織的規範與員工行為並貫徹組織任務，這也使得公司的策略與目標能夠成功的執行。第十二章探討領導、領導者的關鍵任務以及卓越的領導者如何培育有效率的作業層級主管。第十二章同時也探討組織文化以及其如何形成，並討論管理與文化之間的關係如何有效且有創意的管理。

因為企業的策略往往是在變化的環境中來執行，成功的執行策略需要策略性控制，策略性控制是指：「當企業的經營時間往後無限延伸，如果前提、突發事件、內部執行的能力、經濟發展與社會發展都是變革的源頭而且無法預測時，企業本身能夠掌控的能力」。第十三章探討如何在策略執行的過程中建立策略控制以因應變局。此外，本章也深入探討作業性控制，以及如何運用平衡計分卡的方法來整合策略性與作業性控制。

執行策略使企業生存、成長與興盛常常會遇到意想不到的變局。全球性的經濟發展，每個人都可以即時獲得資訊、快速的連結，而且變化常在轉瞬間。因此，企業領導人在面對瞬息萬變的不確定環境因素時，創新與創業精神將是最關鍵最有效的藥方。第十四章探討創新、創新的類型以及如何企業如何有效的導入創新活動。同時本章也探討創業精神的歷程，以及新創企業與大型企業如何以創新的方式回應環境、辨識環境的新機會。

執行是指「如何行動」。這是大部分學生進入職場之後首先要面對的議題。接近顧客、提升競爭優勢是一種策略的思維，有助於零售商成為優秀的企業。第三篇共計五章將協助你了解未來如何成為成功的領導者以及如何建置創新的企業。

Chapter 10

執行

閱讀完本章之後，您將能：

1. 瞭解在策略執行的過程中如何運用短期目標。
2. 根據您個人的經驗定義並運用有品質的短期目標。
3. 說明何謂功能性戰略，並指出在策略執行的過程中如何運用功能性戰略。
4. 探討外包的基本概念，並說明其如何成為策略執行過程中功能性戰略以外的另一種選項。
5. 探討在執行事業部策略與功能性戰略時該運用何種政策，以及如何執行這些政策來授權給第一線作業員工。
6. 說明如何運用執行長薪酬獎金計畫。
7. 說明執行長薪酬計畫有哪些不同的類型，以及在策略執行過程中該如何運用。

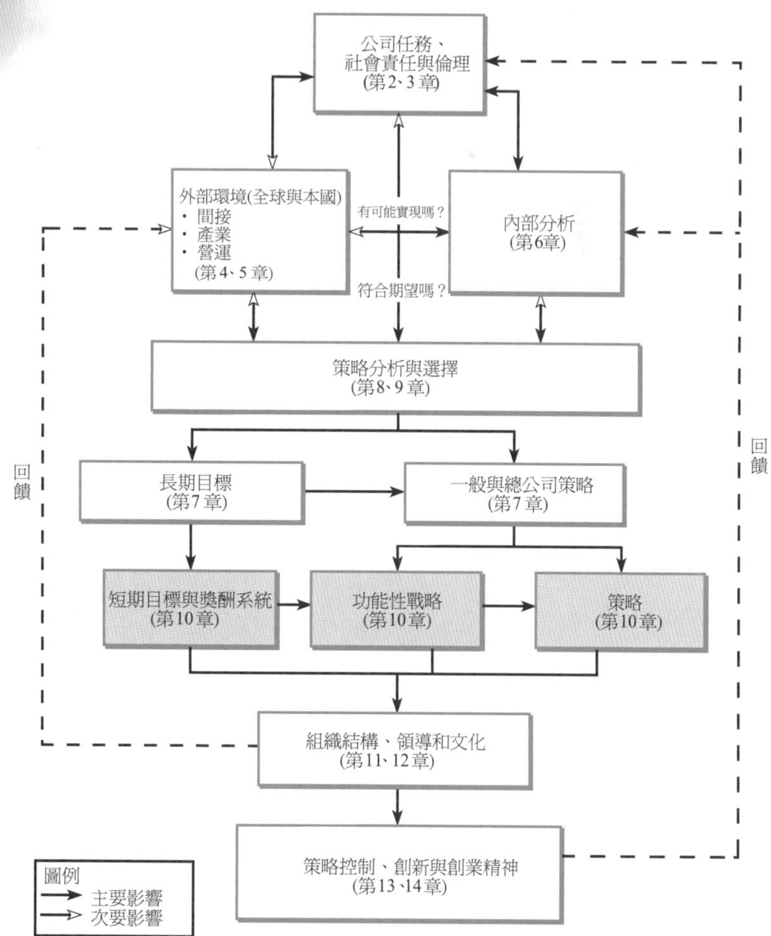

Xerox 與 HP 在最近十年面臨相當多次的針鋒相對，就 Xerox 來說，因爲破產使得公司負債 140 億美元，而且因爲公司問題太過嚴重甚至還驚動到美國證券暨交易委員會。HP 的電腦事業部績效日益落後，大部分的利潤都來自印表機事業部。Anne Mulcahy 就在此時成爲 Xerox 的執行長，而 Carly Fiorina 成爲 HP 的執行長。五年後許多人爲 Anne Mulcahy 在 Xerox 成功的策略喝采，然而 Carly Fiorina 卻必須因爲她錯誤的策略選擇而黯然下臺。兩家知名的高科技企業，破除「玻璃天花板效應」選出兩位執行長，試圖帶領企業重返榮耀，但是，爲什麼一個成功一個失敗？

分析家建議：「魔鬼總在細節裡」。Fiorina 的策略是購併 Compaq，以建立 HP 電腦事業部的規模，並且運用 HP 印表機事業部的獲利盈餘來維持組織再造以及公司的合併。Mark Anderson 是一位投資分析專家，他長期觀察 HP 超過二十年，他針對 Carly Fiorina 的策略提出以下的評論：

> 我認為糟透了，它甚至不是策略，只列舉某些要點稱不上是策略，這種作法缺乏對技術以及市場的了解，當然也無法促成 HP 進步[1]。

換言之，Carly Fiorina 的策略過度誇張的把兩家大型電腦公司合併，但是卻缺乏清晰的關鍵行動與戰略，來引導公司創造或再投資新的、高獲利的 HP。

Anne Mulcahy 則採取不一樣的方法，因爲她某種程度溶入了她在 Xerox 28 年的經驗。它的主軸設定爲「再造 Xerox」，並透過四大功能性戰略以及清晰的短期目標，來達成以下四大重點：(1)積極的刪減成本——30%——讓公司恢復獲利能力；(2)提升 Xerox 所有事業部的生產力；(3)從公司會計方面著手迅速處理與美國證券暨交易委員會之間的訴訟，而且快速的處理 Xerox 大量的債務問題；(4)儘管公司不斷強調樽節成本，但仍持續投入研發經費。他覺得透過這些作法可以強化並傳遞 Xerox 未來的信念，同時也清楚的建立她解決問題的優先次序。

Mulcahy 巧妙的整合了具體的戰略以及短期目標，在短短三年內就讓 Xerox 起死回生了，她驕傲的指出：

> 也許最難的事是在未來持續投資並維持成長，最讓人爭論的決策是是否持續投入研發費用，當你在其他領域大幅調整時，上述決策就會變得很困難，在某種程度上，其他企業可能也都做不到。但重要的是，Xerox 人都一致相信這是為未來投資，現在我們有三分之二的收益是來自於近兩年所引進的產品與服務[2]。

---

1 "The Only HP Way Worth Trying," Viewpoint, BusinessWeek, March 9, 2005.

2 "American Innovation: A Competitive Crisis," speech by Anne M.Mulcahy at The Chief Executive's Club of Boston , June 12, 2008; and "She Put the Bounce Back in Xerox," *BusinessWeek* , January 10, 2005.

爲什麼 Anne Mulcahy 成功但是 Carly Fiorina 卻失敗，主要的理由也是本章的重點，那就是如何將策略轉換爲組織的行動，我們以兩段重要的話來表示：「規劃他們的工作」以及「執行他們的規劃」，Anne Mulcahy 在 Xerox 成功的作到上述兩段話，主要是他確實的做到以下五點：

1. 確認短期的目標。
2. 建構具體的功能性戰略。
3. 將比較不重要的功能外包。
4. 溝通相關的政策，以便授權給員工。
5. 設計有效的薪酬。

短期目標是將長期的方向落實在每一年的行動目標上，以便下一步的行動。因此，如果嚴謹的發展這些目標，將有助於組織提供更清晰、更具體的激勵作用與效果，此將有助於策略的執行。圖表 10.1 頂尖策略家一節描述 Symantec的執行長John Thompson說明他是如何透過短期目標來達成其目標與成功。

功能性戰略能夠將企業策略轉換成員工每天所需執行的活動。功能部門主管將參與這些戰略的發展，同時去執行它們。換言之，功能性戰略將能明確的指出事業部策略該如何去執行。

將企業內部比較不重要的功能外包，有助於重要主管能更有效的運用資源與時間，在公司長期策略的引導之下，創造更強的競爭優勢。

政策是藉由授權給管理者與其部屬，做簡單決策的一種工具。而政策可能是一種授權「行爲」，在組織所規定的時間內必須做出決定與行動。

獎酬系統使得管理者與員工能夠配合組織目標的優先次序以及股東的價值，而且能夠更有效的執行策略。

頂尖策略家　　**圖表 10.1**

Symantec 的執行長 John Thompson

John Thompson 深信短期目標有助於管理者更有效的執行策略，他將這些目標視為「導航器」，可以引導你「現在」如何做，同時也是未來執行的指標。

Thompson 說道：「其實我有點老派—因為我相信如果無法衡量，你是不可能管理好的」、「當公司的規模日益茁壯，目標便得愈來愈重要，目標同時也是『團隊』重要的指標，如果員工知道公司目前重視市場成長與顧客滿意度的衡量，他們就會基於領導人所強調的指標，專注於對應的行動之上，目標有助於團隊聚焦於使公司成功的重要關鍵點之上」＊。

Thompson 解釋如何運用優質的目標轉化為有效的管理工具，他說：「優質的目標必須易於了解、易於溝通，而且每一位員工都可以很簡單的取得資料來表達其成果，如果你將目標設定成不易衡量、不易管理、不易溝通，則那是無法成功的，簡單才是關鍵」。Thompson 深信簡潔才是重點，並且說：「過去的經驗使得我能夠掌握某些少數的目標，就可以成功的經營某些企業或單位，掌握目標並與內外部的利害關係人溝通」**。

* "The Key to Success? Go Figure," BusinessWeek , July 21, 2003.

** 同上 and "Symantec's CEO Takes the Long View," BusinessWeek , February 8, 2007.

10.1 短期目標

本書第七章探討事業部策略、總公司策略以及長期目標，這些對於組織是否能夠在未來有所成就是相當關鍵的。爲了實踐這些目標與策略，組織成員在企業內必需基於今天、明天乃至於該如何落實長期策略的指導方針，實際做好該做的工作，而**短期目標**就是協助他們如何在一年或一年內做好該做的事，短期目標通常是具體、量化，而且能引導基層營運主管立即達成目標。

短期目標
在一年或一年內所達成可衡量的產出結果。

短期的目標至少透過三種方法來協助策略的執行：

1. 第一，將長期的目標「操作化」爲短期的目標。假如我們超過五年皆願意提撥收益的 20%貢獻給公司，則具體指標或目標可以說明以一週、一個月，甚至於一年來進行提撥與貢獻。
2. 第二，經常探討公司的短期目標以達成協議，將有可能會時常發生組織內的潛在衝突，因此有可能會造成反作用的結果。圖表 10.2 說明在同一家公司內的行銷、製造與會計單位的目標具有很大的差異，甚至在他們所追求的公司目標(例如：增加銷量、降低成本)上更是如此。
3. 第三，短期目標可以協助策略的執行，定義可衡量的行動方案與功能性活動的預期結果，此作法將有助於經常性的回饋、修正與評估，使得評估結果將更有意義而且更容易被接受。

短期目標是經常搭配行動方案，通常以下列三種方法達成目標：第一，行動計畫經常用來定義下一週、下個月甚至是下一季的功能性戰略與活動，以建立公司的競爭優勢。此部分的重點在於「具體性」(specificity)，也就是清楚說明什麼是我們預期要做的事。我們將在此章節的最後部分探討功能性戰略。第二，行動計畫的要素是必須具備一個清晰的時間架構(time frame)──何時開始以及何時完成；第三，行動計畫的要素包含確認每個行動計畫活動的責任歸屬與職權，這也說明了職權對於行動計畫完成的重要性。

圖表 10.2 潛在衝突目標與優先次序

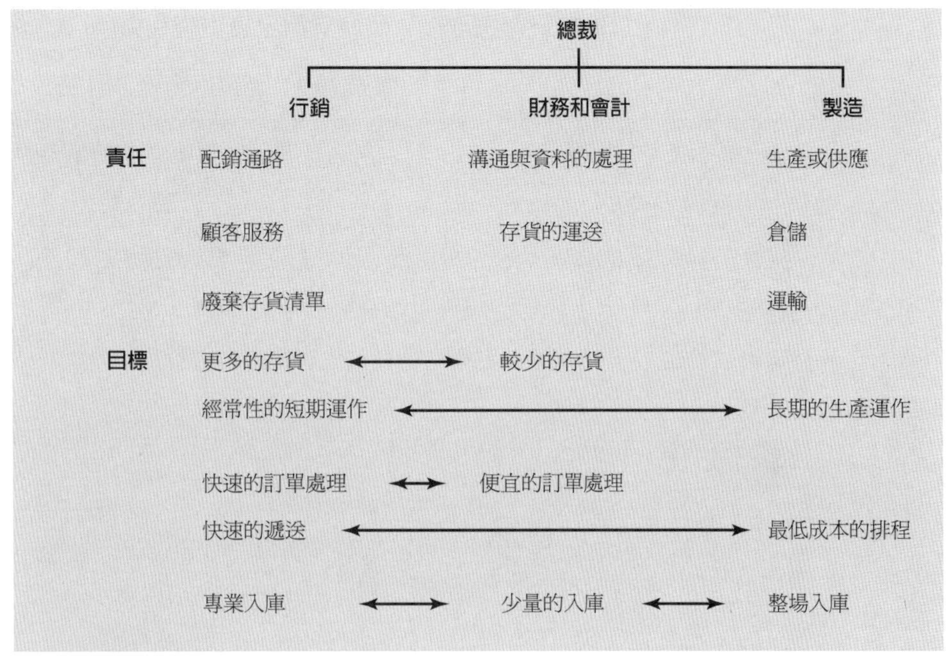

10.1.1 有效短期目標的特性

可衡量的(measureable)

如果能夠更清楚的描述「完成什麼？」、「何時完成？」、「如何完成？」，則短期目標的衡量將會更爲一致。這些目標可以用來評估每一個功能性活動的效能，以及橫跨內部數個功能活動的綜效。例如目標可以運用在考核活動的有效性，或是集合幾個相互關聯的活動進行監控。圖表 10.3 說明了數個有效與無效的短期目標。可衡量的目標使得公司內相關業務的主管在執行行動計畫的時候，不致於迷失方向或是誤解原意。直線單位(例如：生產單位)的目標是比較容易量化的，而其他幕僚單位(例如：人事部門)想要量化就沒有那麼容易。目標難以量化的結果，經常使得「可衡量的活動」或是「可衡量的結果」不容易確認。

優先次序(priorities)

雖然公司每年度目標都很重要，但是公司應該建立這些目標的優先次序，而這些優先次序乃是基於時間的考量或是影響策略成敗的特殊影響因素。倘若未建立這些優先次序，則假設年度目標都一樣重要的前提下，將使得目標之間產生衝突，因而影響整體策略的效能。在本章最前面所提及 Anne Mulcahy 在 Xerox 所採取的重生策略強調數個重要的短期目標，但是 Xerox 對於這些短期目標的優先次序相當清楚，公司前兩年的重點在迅速降低管銷成本以及生產成本，以便於日後採取投入研發費用已獲得獲利力所可能衍生的挑戰與難題。

圖表 10.3 創造可衡量之目標

較不明確的績效目標 (錯誤示範)	具備可衡量指標的績效目標 (正確示範)
提高公司員工的士氣 (工廠、部門等等)	• 在 2010 年 1 月 1 日之前要降低銷售經理人的離職率(缺勤、裁員的人數等)，目標為降低 10%。 • 假設：員工士氣與組織成效有關(例如：士氣的高低應會影響組織的成效)。
改善對銷售的付出與努力	• 2010 年 6 月 1 日以前，處理訂單到交貨間的時間必須縮短，要降低 8%(兩天)。 • 2010 年 12 月 1 日以前，必須減少 6%的商品生產成本，以支援產品降價 2%的損失。 • 2010 年 6 月 1 日以前，交貨速度要加快 5%。
改善公司形象	• 2009 年 5 月 15 日以前進行民意測驗，在美國五大城市的市場中進行隨機抽樣，已決定出影響公司社會責任的十大構面，並求算其總分。 • 並且在 2010 年 5 月 1 日以前，提高原有平均分數的 7.5%。

優先次序可藉由不同的方法來建立。在策略規劃的過程中不斷的討論與談判將能夠建立簡單的優先次序。然而，重要的目標並不需要討論其實際的差異與排序，例如執行長、高階主管、中階主管等不同位階主管的目標，其目標的優先次序其實是不證自明的。某些公司以權重配置(0-100%)來建立與溝通目標的相對順位。不管採用何種辦法，在執行短期目標的價值中，確認優先次序是相當重要的一個構面。

瀑流效應：由長期目標到短期目標

短期目標與長期目標的聯結，應該透過公司在關鍵營運範疇內，將長期目標具體轉化為短期目標，這樣的串聯效果將有助於組織的溝通與協商，並提昇競爭優勢。因此營運目標、活動的協調與整合是相當重要的。

Milliken 是一家以美國為基礎的紡織業全球性廠商與創新者，公司提出由上而下「瀑布式目標」相當具有代表性，Milliken 的長期發展目標是發展持續性的能力—身為典範型企業必須熟稔全球化的經營環境。自從 Roger Milliken 為 Milliken 公司設定了四項策略原則及目標之後，這項策略承諾已經存在 20 多年了：

- 符合法規規定。
- 追求零廢棄。
- 保護天然資源。
- 持續發展新的環境解決方案。

圖表 10.4 說明了 Milliken 的永續團隊如何在 2009 年的時候，將公司四大長期目標由上而下像瀑布似的將其轉化為具體且可衡量的短期目標。這種瀑布式目標管理法讓 Milliken 公司能提供強而有力的引導方針，讓全球的工廠或分部有所依循—由上而下可將目標具體化，由下而上公司總部可以進一步評估公司在面對全球環境時整體改善的幅度[3]。

圖表 10.4　Milliken 的全球環境目標：2009

策略優先次序	功能性戰略	2009 年之目標(2009 年比 2008 年降了多少)
符合法規規定	零嚴重的環境意外	嚴重意外事件的數目：顯著少了 20%
零廢物掩埋	減少固體廢棄物	零廢物掩埋、減少固體廢棄物 5%/每磅增加回收/回收 75%到 78%
保護國家資源	降低能源使用	每磅降低 10%能源的消費
保護國家資源	降低水的使用	每磅降低 10%水的消費
零空氣污染	溫室氣體排放為零	每磅降低溫室氣體排放 50%
環境教育	100%植被覆蓋度	100%植被覆蓋度
品質控制	登記 ISO-14001	許多地方已通過 ISO 認證如：St.George、Gillespie、Autotex、巴西、中國

資料來源："Enhancing Sustainability at Milliken," presentation at SwampFox 2009 Sustainability Forum, Moore School of Business, University of South Carolina, Columbia, SC.

10.2　執行事業部策略過程中功能性戰略所扮演的角色

功能性戰略
描述「方法」或是達成短期目標與建立競爭優勢的相關活動。

功能性戰略的關鍵點是指：針對每一個功能領域(行銷、財務、生產、研發與人力資源管理)，最關鍵以及最例行性的活動，以提供企業所需的產品與服務。就某種意義來說，功能性戰略將總公司策略轉換為具體行動以達成具體的短期目標。公司執行功能性戰略所對應的每一個價值鏈，都是為了要支持策略並協助達成其策略目標。

圖表 10.6「運用策略的案例」一節闡明了功能性戰略、總公司策略以及事業部策略之間的差異，同時也透露功能性戰略是策略執行的基礎。它同時也說明了英國重要的餐廳所面對的情境，以及顧問公司如何透過定義明確的戰略來

[3] "Enhancing Sustainability at Milliken," SwampFox 2009 Sustainability Forum, Moore School of Business, University of South Carolina, Columbia, SC.

引導員工執行事業部策略，同時也說明了該如何面對差異化的供應鏈及競爭者的挑戰。General Cinema 公司的事業部策略突顯它在電影產業中的競爭姿態與雄心。如果想要增加這些策略成功的可能性，則企業在營運的過程中必須擬定具體的功能性戰略。這些功能性戰略可使得事業部策略更爲清楚、更具體，並且在短期內引導行銷、作業(製造)與財務部門的主管。圖表 10.5 簡要說明「在執行策略的過程中，透過可衡量的短期目標來清楚定義功能性戰略」可以創造相當高的附加價值利益。

10.2.1 事業部策略與功能性戰略的差異

功能性戰略不同於事業部策略或總公司策略，可以由下列三點來說明：

1. 具體化程度。
2. 時間幅度。
3. 發展過程中，參與者的職位高低。

具體化程度

功能性戰略比起事業部策略來得更具體，事業部策略提供一般性的方向，而功能性戰略則是確認達成每項功能領域的具體活動，同時也能提供經理人思考他們單位的短期目標爲何。圖表 10.6「運用策略的案例」，說明在一家高消費的披薩餐廳連鎖店中，功能性戰略與事業部策略的本質以及具體化的價值。

具體化的功能性戰略有助於企業成功的執行策略，主要是基於以下三點理由：

- 協助企業功能主管知道什麼需要去做，以便他們專注於該完成的結果。
- 爲高階管理者釐清企業功能主管該爲事業部策略做什麼，以提高高階管理者的信心(確定高階主管能夠掌控企業的事業部策略)。
- 促進公司內作業單位的協調，以釐清相互依賴的部門間，可能產生的潛在衝突。

圖表 10.5 短期目標與行動方案的附加價值利益

- 它能讓員工了解他們在公司任務中的角色。
- 短期目標與行動方案的利益來自於發展的過程，主要是爲了提升解決策略意圖與實際操作上的衝突。
- 它們提供作爲發展預算、時程、關鍵點以及其他策略控制的來源。
- 它們是很強的激勵因子，特別是與報酬系統連結時。

運用策略的案例

圖表 10.6

功能性戰略相對於事業部策略在本質與價值上的比較

餐飲業正面臨幾項問題。雖然大家都一致同意在事業策略上與其他競爭者彼此都是採取差異化的觀念和顧客服務，而不是在價格上競爭，但是卻會面臨不同店面位置所產生的不一致性。顧問專家指出，顧客經驗會隨著每家店面的不同而有相當大的差異。結論是管理者瞭解事業策略而且員工也如此做，但執行面卻缺乏經驗，此乃公司在功能戰術上缺少專業所致。什麼是餐飲業每日必須做的事項？以下將分析事業策略的部分，亦即在顧客服務上的特定功能性戰術。功能性戰術的專業化將有助於策略的執行。

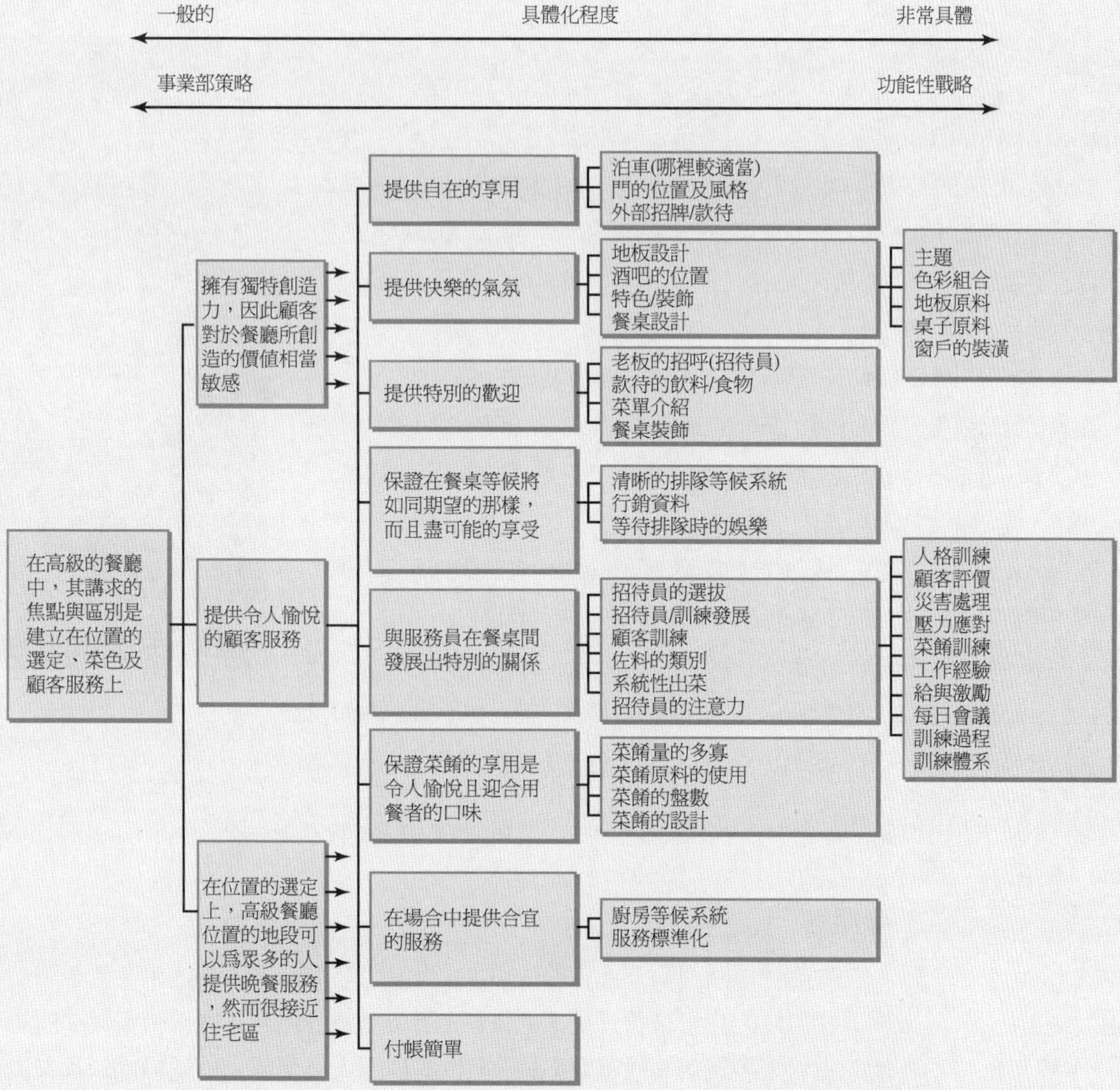

一般的　具體化程度　非常具體

事業部策略　功能性戰略

- 在高級的餐廳中，其講求的焦點與區別是建立在位置的選定、菜色及顧客服務上
  - 擁有獨特創造力，因此顧客對於餐廳所創造的價值相當敏感
  - 提供令人愉悅的顧客服務
  - 在位置的選定上，高級餐廳位置的地段可以爲眾多的人提供晚餐服務，然而很接近住宅區
    - 提供自在的享用：泊車(哪裡較適當)／門的位置及風格／外部招牌/款待
    - 提供快樂的氣氛：地板設計／酒吧的位置／特色/裝飾／餐桌設計
      - 主題／色彩組合／地板原料／桌子原料／窗戶的裝潢
    - 提供特別的歡迎：老板的招呼(招待員)／款待的飲料/食物／菜單介紹／餐桌裝飾
    - 保證在餐桌等候將如同期望的那樣，而且盡可能的享受：清晰的排隊等候系統／行銷資料／等待排隊時的娛樂
    - 與服務員在餐桌間發展出特別的關係：招待員的選拔／招待員/訓練發展／顧客訓練／佐料的類別／系統性出菜／招待員的注意力
      - 人格訓練／顧客評價／災害處理／壓力應對／菜餚訓練／工作經驗／給與激勵／每日會議／訓練過程／訓練體系
    - 保證菜餚的享用是令人愉悅且迎合用餐者的口味：菜餚量的多寡／菜餚原料的使用／菜餚的盤數／菜餚的設計
    - 在場合中提供合宜的服務：廚房等候系統／服務標準化
    - 付帳簡單

資料來源：摘自 A.Campbell and K.Luchs, Eds., Core Competency – Based Strategy (London: Thompson, 1997)

時間幅度

功能性戰略是確認活動進行在「現在」或是未來，而事業部策略則著重在公司三至五年的情勢。圖表 10.7「頂尖策略家」一節說明 Apple 公司的明日之星 Tim Cook 如何在 Steve Jobs 的提攜之下，執行功能性戰略使得公司在不良的製造與營運背景之下迅速重生。

功能性戰略(較短的時間)是成功執行事業部策略的關鍵，主要基於兩項理由：首先，使功能經理人專心致力於現階段所需從事的事業部策略工作；第二，提供功能經理人能夠接受 Delta 航空在考慮現況之後所進行的調整。

頂尖策略家　圖表 10.7

Apple 公司 Tim Cook

Tim Cook 是 Steve Jobs 的接班人，但感覺並不是那麼知名，1982 在奧本大學取得工程學位，是一位工作狂而且熱愛自行車、戶外活動以及足球，他的行動以及戰略的天份，默默的在 Apple 公司的背後扮演著重要推手的角色。以下是一些有關他戰略的實例：

- 當 Apple 公司導入 Nano，其運用的快閃記憶體本身就是一種革命性的突破，因為快閃記憶體遠優於市場上其他的競爭者，Cook 準備了 12.5 億美金給供應商 Samsung 以及 Hynix，有效的壟斷了 2010 年的市場並取代了其他的記憶體。
- 在 Apple 公司上任之後，Cook 開始關閉工廠與倉庫，並與契約製造商建立關係與簽約，此外並降低 Apple 的存貨放置時間(由月減至日)，引進 Dell 的黃金標準並運用在提升電腦製造效率上。然而 Cook 的戰略持續控制著多元的供應鏈，並完美的整合 Apple 的生產導入與傳遞—而且他們革命性的產品通常是高度保密的，直到產品出現在全球各地的商店為止(貫徹他們的承諾)。

資料來源：Adam Lashinsky, "The Genius Behind Steve Jobs," CNNMoney.com, January 15, 2009.

參與者

功能性策略與事業部策略的發展必須由不同的人來參與，事業部策略由某個事業單位的主管來負責事業部策略。事業部主管通常會授權給事業部所屬功能的主管來發展功能性戰略，事業單位的經理人必須建立長期目標以及發展支持總公司策略的作法。同樣的，功能性主管必須建立短期的目標並發展支持事業部策略的作法。事業部的策略和目標是經由公司管理者與事業部管理者共同協商而成的。所以，短期目標與功能性戰略則是經由事業部管理者和功能性管理者共同協商認可的。

功能性部門的主管參與功能性戰略的發展有助於提昇他們對於長期目標的瞭解，因而有助於成功的執行策略。同時，它也協助功能性戰略反應每日實際的作業情況。或許最重要的是：它可以增加功能性主管對於策略發展的承諾感。

10.3　將功能性活動外包

外包
是指公司內部員工藉由外部工作者來完成部分的工作。

傳統的上一代智慧告訴我們：如果某一家企業控制了生產產品與服務的一切事項，則其成功的機會將會比較大。請回想第六章所提到的價值鏈方法，充滿智慧的管理者必然會想盡辦法控制「主要」活動與「支援性」活動，來完成公司的任務。大部分的公司開始採取外包的作法是每周的薪資發放開始，全球有許多的企業開始認同外包是一種爲執行長在執行策略過程中仍保留一些功能的作法，透過外包尋找外部的人與企業來執行主要的活動，並且以較有效率且較便宜的方式來進行。**外包**是一種從外部的人或是營運模式中，獲取活動、服務或是必要產品的概念。

DuPont 公司過去的教育訓練與發展都是在 Wilmington 市(Delaware 州)總部辦公室，但是最近則由 Boston-based Forum 公司來擔任此一任務。位於紐約 PepsiCo 公司的員工長期以來都習慣接受雇主對於個人理財規劃的指導，但是現在他們則接受 KPMG Peat Marwick 會計公司的服務，Denver's TeleTech 控股公司則是接受來自 AT&T 顧客的客服電話，並享受 Continental Airlines 爲其顧客保留機位。

Wyck Hay 首次創新的努力是一次極爲成功的例子，製造草本茶的 Celestial Seasonings 是其共同創辦人，並在 1984 年以四千萬美金賣給 Kraft 食品公司，但是 Hay 發現管理 300 位員工極爲頭痛，所以當他幾年前積極投入 Woodside(California)時，他決定縮減薪資：只有他。運用替代的勞動力，Hay 組成團隊來執行他所有的任務(在其值兩百萬美元的事業體上)—從設計標籤到生產製造其活力飲料，Hay 認爲外包節省了至少 30%，並使得他每天不至於分散太多的時間與精力，他若有所思的說：「到目前爲止我還不打算聘員工」[4]。

持續的降低成本是企業進行外包的主要驅動力，當 Tim Cook 由 Compaq 跳槽至 Apple 時，他是一位擁有 16 年電腦產業經驗的老手而且曾待在 IBM 公司 12 年。他在 Apple 擔任重要職務之後重要的任務就是重新整頓 Apple 的製造、配銷以及供應的儀器設備，他迅速的關閉全球的工廠與倉庫，取而代之的是與與契約製造商建立關係並簽約，幾乎將其所有的製造與倉庫都外包，Apple 省下了大筆的存貨成本(詳見圖表 10.7「頂尖策略家」一節)。

4　Dean Foust et al., “The Outsourcing Food Chain,” BusinessWeek Online , March 11, 2004.

目前企業的外包有許多是跨功能的概念，包括：行銷、產品設計、電腦運用。印度高科技霸主 Infosys 將客服中心外包，甚至將軟體工程的活動外包給美國的企業(本身就常常將企業功能外包)[5]。圖表 10.8 說明爲何外包迅速成長，而且已經成爲全球經濟發展下常見的作法。

圖表 10.8 外包日益風行

委外… 公司宣稱已經有一些功能性活動外包		
	是	否
2008	98%	2%
2000	75	25
1995	52	48
1990	23	77
…所有事務 最常被外包的功能性活動		
薪資		75%
製造		72
維修		68
倉儲/運輸/通路		62
資訊科技		52
旅遊		48
臨時服務		48
人力資源活動		40
產品設計		35
研發		25
行銷		22

資料來源：Estimated based on various articles in BusinessWeek on outsourcing.

固然外包有許多好處，但是往往也潛藏著一些問題，波音 787 Dreamliner 雖然在 2010 年順利將產品交給顧客之後，仍然延遲了三年，主要原因是不斷發生生產與設計的失誤，而這些失誤則肇因於全球性大量外包夥伴所造成的。溝通失誤、生產延遲以及產品設計的調整都是生產過程中必須隨時留意的重點，然而這些問題如果發生在全球性的外包夥伴之間則未必能完全處理妥當。例如：南太平洋鐵路公司將其內部電腦網路外包給 IBM 之後，發生了頻繁的電腦當機、延遲以及排程失誤的大問題。

5 A.Giridharadas, "Outsourcing Works, So India Is Exporting Jobs," NYTimes.com, September 25, 2007.

外包的重要觀點是認爲：許多企業的功能性活動之所以外包，是因爲集中給專業的人來做將能更有效的節省成本。所以公司是否能在核心能力之外，將其部分的功能性活動外包給外部的公司來做，並協助管理者執行策略計畫以提昇競爭優勢，將會是相當重要的考量點。而且即使是行銷、產品設計以及創新也都有可能外包，第十一章我們將會有更深入的探討。

10.4 授權作業員工：政策的角色

具體的功能性戰略可以提供執行事業部策略相關活動的指導方針，但有更多地方值得注意。每個領域的主管和員工面對現今競爭環境的壓力，他們必須對顧客的價值負責，公司的「第一線人員」必須竭盡所能地去滿足顧客的需求。大多數的企業都會將「滿足顧客需求」這種專業術語掛在嘴邊，但是滿足顧客的需求卻經常失敗，其最主要的原因在於沒有授權給實際接觸顧客的員工，讓他們做決策或是滿足顧客的需求。如果高層願意將決策權下放，則組織的基層員工將會獲得充分的授權。美國 GE 公司給設備維修人員很大的權力去做決策(也許過去該決策需要花數天的時間或是經過多層的管理階層審核通過才能決定)。Delta Air Lines 准許服務顧客的人員與他們的主管在允許的權限範圍內，解決顧客票價的問題。Federal Express 的信差可以自行安排包裹的遞送時程，並且他們所擁有的資訊大概可以涵蓋美國郵政中五個管理層級所擁有的資訊。

授權

允許員工個人或團隊擁有即時決策的權力與彈性。

授權是指允許個人或團隊在作決策或進行行動時擁有權利與彈性，現在有許多的組織都相當支持這種觀念，可藉由訓練、自我管理的工作團隊、減少組織內的管理層級以及積極的推展自動化作業，這些改變都會對組織基本的企業功能有所改變與影響。授權的基本思維必須注意到決策與公司任務、策略以及戰略相互呼應，在這種前提之下才能允許基層的作業員工有自由決策的空間。但是許多經理人則是透過政策(policy)來充分授權給員工。

政策

一種廣泛、事前已設定的決策，可以用來引導或是取代重複性或是浪費時間的管理決策。

政策能夠導引管理者以及其部屬在進行策略執行時的思考、決策以及行動方案。前面曾經提到「標準作業程序」(standard operating procedures, SOP)的政策可以有效的提昇管理者的效能，能夠提昇效能的主要原因是例行性與定位清楚的處理權有助於主管與部屬執行功能性的戰略。以此類推，政策應該能夠從功能性戰略衍生出來[6]。圖表 10.9「運用策略的案例」說明了幾家讀者所熟悉的公司，它們所做出來的策略選擇。

---

6 「政策」這個詞彙在管理學文獻中有許多不同的定義，有些學者與企業家認爲政策與策略沒什麼不同，而其他人卻常常將策略等同是公司使命、目的或文化的同義詞，仍然有一些人將目的使命以及策略相關的「層次」來做爲區別的依據，「我們的策略是要製造對我們生活的團體和社會作出正面的貢獻」以及「我們的策略不是要像漢堡業採取多角化的經營」，這兩個層面的例子一樣都稱爲政策。本書對政策一詞採取較爲狹隘的定義，因爲政策在策略的執行上可以具體的引導管理行動和決定。此定義在說明策略形成與功能性策略的執行具有很大的差異與區別，更重要的是，政策是提升策略有效執行與實施的關鍵管理工具。

運用策略的案例 圖表 10.9

政策有助於策略的執行

3M 有一項人事政策，稱為「15%原則」，此項原則允許員工運用每週工作時數的 15%從事想要做的任何事，只要這些事與公司的產品有關即可。(此項政策協助 3M 的公司策略，使其成為高度創新的公司，在過去 5 年，每年度的銷售量中，有 1/4 是來自於創新的產品。)

Wendy 漢堡有一項採購政策，授權給當地的店經理購買新鮮的肉類，並且可以在當地製造，而不是區域化製造或是由公司供應。(此項政策協助 Wendy 漢堡每日供應新鮮、未冷凍肉類漢堡的功能性策略。)

General Cinema 有一項財務政策，要求每年在電影設備的資本投資不能超過每年的折舊。(基於基本投資不大於折舊的原則，落實了 General Cinema 將現金流量最大化的財務策略，此項政策亦有助於 General Cinema 的租用策略。)

Crown, Cork 和 Seal 有一項研發政策，不在基礎研究上投入任何資金或人力。(此項政策協助 Crown, Cork 和 Seal 的功能性策略，使其著重在顧客服務而不是在技術領先。)

美國銀行有一項營運政策，要求所有的借款者每年都要更新財務報表。(此項政策協助美國銀行的財務策略，使其能夠維持呆帳率低於產業水準的標準。)

10.4.1 創造授權政策

政策可以形成一種指導方針來引導企業的決策，當各級主管人員被授命執行某些企業活動時，政策可以控制決策而且授權員工決策，一般都依循以下七種方法來進行：

1. 政策能夠對於獨立的行動產生間接控制。並且能清楚的知道現階段該如何做，如果公司明確定義員工的自由裁量權，則政策將能有效的控制決策並能授權給員工執行活動，而且高階管理者將不會介入員工執行活動的過程。
2. 政策有助於處理類似活動的一致性。工作任務的合作與協助有助於降低摩擦的產生，摩擦可能來自於偏袒、歧視與共同功能內不同的作業(有時候常會導致員工之間的相互妨礙)。
3. 策略可以確保決策迅速。對於之前發生的問題提供標準化的答案，以避免過去重覆性或是浪費時間的問題一再地出現，而且有一些決策是沒有必要涉及高階主管的。
4. 政策制度化是以組織行爲的觀點作爲基礎。在進行策略工作的時候，衝突愈少則行動的模式將更爲一致，如果一致性愈高，則管理人員或一般員工的行動將會更有自主性。
5. 政策有助於降低例行性決策的不確定性。它提供一個協調、有效付出努力、決策不受束縛的基礎。

6. 政策有助於組織成員支持組織所選擇的策略。當公司採取策略性變革的時候，明確的營運政策可以釐清什麼是可以被接受的，特別是當基層主管加入政策發展的時候。
7. 政策對於例行性的問題可以事先提供答案。一般來說，企業所面對的問題可分爲較普通的問題以及較棘手的問題，前者的處理方式一般都是直接指示作法或是直接給答案，後者的處理方式則是授權給基層主管多花一點時間去處理。
8. 政策爲管理者建立一個機制，以避免在營運過程中產生匆忙或是不可行的決策。政策通常可以避免產生感情用事、權宜或者是短暫有利的論調，進而改變標準的程序和實際作法。

政策可能是書面且正式的，也可能是非書面且非正式的型態。非書面與非正式的型態經常與競爭機密的考量有關。有一些政策就是這種類型，例如內部晉升常常經由主管默認之後，而變成廣爲人知(或被預期)的訊息。管理者與員工通常會比較喜歡非書面與非正式的政策。因此，政策可能因此而降低長期策略的成功機會。書面與正式的策略至少有以下七點優勢：

1. 管理者將會仔細去思考政策的涵意、內容以及預期的績效。
2. 可以降低誤會的產生。
3. 公平而一致的處理問題。
4. 確認政策可以「始終如一」的傳達。
5. 政策有助於職權的溝通與分工，而且將獲得更多的認可。
6. 政策代表便利與權威。
7. 政策能夠系統性的提高間接的控制，並進行整個組織政策與意圖的協調。

政策的策略性意涵是多變的。比較極端的政策會像是「旅行退款程序」一般，眞的照章行事但是與策略執行並無太大的關係。圖表 10.10 是一個非常有趣的案例，主要在說明簡單政策與策略執行之間的關係，在執行過程中因爲忽略了顧客的服務因而造成嚴重的負面結果。這是作業員到銀行經理各層級員工都始料未及的。在另一種較極端的政策則是已經將政策轉換爲功能性策略，像 Wendy's 就要求各地的公司必須投資總收益的 1%於當地的廣告上。

政策有可能是外部壓力所造成的，也有可能是內部所衍生的。例如：面對外部環境的要求(政府)，公司有可能將「就業平等法」視爲重要的政策；而在內部政策的觀點來看，公司的租賃與折舊都與稅的管制有關。

姑且不論政策的起源、形式和本質，有一點特別值得注意的就是：政策在策略執行的過程中扮演了一個相當重要的角色。具體的政策有助於應付「對策略的改變所產生的抵制」、「授權給員工去行動」以及「策略執行能否成功」所產生的問題。

政策授權給員工去行動。在理論上，薪酬有助於對員工行動的獎賞，最近十年已經有許多公司意識到薪酬的重要性，特別是「執行長管理獎酬」以及「建立策略價值」。環境的不確定性愈高，則成功執行策略的管理獎酬必須更高，因爲公司已經爲股東建立了長期的價值，下一節將深入探討執行長獎酬計畫的發展。

運用策略的案例 **圖表 10.10**

請確認政策不會趕走顧客？

每年 Inc.magazine 贊助了一個研討會，這個研討會是針對在美國五百家成長快速的公司而辦的。在這個研討會中參與者可以充分的分享知識、聽演講以及分享人脈網絡。研討會中有一位演講者 Martha Rogers(The One to One Future 的合著者之一)曾經提到以下一段有趣的軼事：

故事一開始是一位穿著 blue jeans 的白馬王子走進銀行，他要求出納員協助他完成一些交易事項。可是這位出納員說他現在無法提供協助，而這位男士非得今天完成不可，於是他必須再繞回來銀行，但是他希望他的停車收據仍然可以使用。但是，那一位跟他說抱歉，因為銀行的政策是：「除非完成交易，否則停車收據無效」。那位男士又再度提出相同的要求，出納員仍然不予理會，而且她又補上一句話：「這是我們的政策」。

最後那位男士完成了交易，他從戶頭裡提出了 150 萬美元，他就是 IBM 的總裁 John Akers。

這個故事的寓意：「請員工重視顧客的要求，而不是一味的遵守政策」。

10.5 薪酬獎金計畫 [7]

10.5.1 主要計畫類型

薪酬獎金計畫是爲了激勵執行長達到股東財富極大化的目標(多數公司的目標)。公司的股東有二：其一爲公司的所有人，另一則爲投資人，他們都希望投資能夠獲得合理的報酬。因爲股東不是經營公司的人，因此他們希望公司的執行長所做的決策與他們最初的動機是相符的。

然而，代理理論認爲股東財富極大化的目標並非執行長追求的唯一目標。此外，執行長可能偏愛能夠增加他個人獎金、權利與控制能力的行動。因此，所謂執行長的薪酬計畫是指運用薪酬獎金來激勵管理者的決策與公司所有人一致。一個成功的薪酬獎金計畫就像是一場激勵的競賽，在執行長的薪酬計畫與公司策略目標二者之間的較勁。就如某位學者所言：「成功的企業必須要有清楚的願景，而且公司的策略必須與薪酬制度相互結合」[8]。圖表 10.11 摘要說明了執行長薪酬獎金計畫的五種類型。

---

7 我們特別感謝 Roy Hossler 在這個部分的協助。

8 James E.Nelson, "Linking Compensation to Business Strategy," The Journal of Business Strategy 19, no.2 (1998), pp.25–27.

圖表 10.11 執行長薪酬獎金計劃的種類

獎金的種類	描述	理由	缺點
授予股票認股權	在未來有權力去購買現行所設定的股票價格。薪酬是透過認股價及行使價之間的價格差異所形成。	公司提供誘因給執行長以創造股東的財富，例如偵測公司股價的增漲。	股票的變動不能解釋管理者整體的績效表現。
被限定用途之股票	被授予股份的執行長在某一段期間內無法將股票出售，而且也可能包括績效的限制。	此種類型的獎酬，可以比其他薪酬類型更能延長執行者的任期。	對執行者沒有跌價的風險，但不同於其他股東的利益。
黃金手銬	遞延發放每年在職的獎金收入，執行者如在遞延總額尚未發放時就離職，則將喪失權利。	提供誘因讓執行者在公司續任。	由於跌價風險由執行者承擔，因此可能增加保守決策的執行。
黃金降落傘	當執行長由於被接管、解僱、退休或辭職而失去職位時，仍有權力獲得獎金。	提供誘因讓執行者在公司續任。	無論股東的財富被創造與否，薪酬都會實現，不論成功或失敗皆受酬賞。
現金，並且以財務的方式來衡量企業的內部績效。	獎酬獎金是建立在會計績效的測量上，例如資產報酬率。	著重以市場爲基礎來衡量績效。	所得全額與股東財富創造兩者間的關聯並不充分，每年的收入不會受到當下的結論而影響未來。

1. **認股權**(stock options)

認股權
可以在未來的某一天以固定的價格購買公司股票的選擇權利。

股東財富創造的價值一般都以公司的股票價格來衡量。因此，最受歡迎的薪酬獎金形式爲——認股權。就目前而言，公司平均給付給執行長的認股權平均大約占了公司的 50%[9]。**認股權**讓執行長有權利在未來以固定的價格購買公司的股票。精確的獎金額度乃是依據股票選擇權最初與賣掉(或行使)之間的價差。這也表示，執行長唯有在公司股票價格增值的時候才會獲得獎金。如果股票的價格下跌至認股權價格之下，那麼認股權便失去它原有的價值。

認股權在過去十年高科技產業蓬勃發展的過程中，常常是執行長、經理人以及一般員工，之所以會選擇認股權作爲一種激勵性的薪酬制度，主要是因爲認股權不需投入任何成本。雖然認股權會削弱股東的資產，但是如果把認股權視爲盈餘的支出項目，則似乎是不必要的。也就是說，增加股東的盈餘似乎比考慮成本的支出來得重要。熊市以及最近企業的醜聞案，使得企業愈來愈重視

9 Louis Lavelle, Frederick Jespersen, and Spencer Ante, "Executive Pay," BusinessWeek, April 21, 2003.

會計與認股權等相關的議題。美國證券交易委員會最新的改革不斷鼓勵股票選擇權的作法，更能精確的反應公司的績效。下表顯示在 1996 年到 2005 年間 S&P 500 公司如果認股權必須付出費用，則盈餘將會大受影響。BankOne 的執行長 James Dimon 說：「認股權是一項免費的資源，因爲公司內的員工或是主管都可以自由運用。」但是後來他又說：「如果你硬是要換算認股權的費用，那麼你會想，這值得嗎？有其他更好的方法嗎？」擴大認股權的規定開始於 2006 年[10]。

影響盈餘的大事件

在 1996 到 2005 年間，如果認股權必須付出費用，則盈餘將會大受影響，以下是：

S&P 500 公司認股權費用與盈餘之間的比率

1996	1998	2000	2002	2005
2%	5%	8%	23%	22%

資料來源：The Analysis Accounting Observer, R.G. Associates Inc.

在 2003 年的時候，微軟對外宣稱將終止認股權的制度，震撼了全球企業。因爲過去的認股權制度造就了微軟數以千計的員工成爲百萬富翁，而且這一項制度似乎也成爲高科技產業的文化了。2003 年 9 月公司開始發放限定用途的股票給 54,000 位員工，這項舉動讓員工即使在公司股價跌落的時候仍可獲利。就如同認股權一樣，限定用途之股票在五年的時間內逐漸發放給員工，而且發放限定用途之股票就盈餘而言也算是一種費用。執行長 Steven Ballmer 說：「我們常被問到：在微軟裡面有哪一種薪酬制度可以讓員工感覺到興奮的？同時又有哪些制度可以讓員工覺得他們的待遇跟股東一樣？」之後，Ballmer 對外宣告：微軟大約有 20,000 名員工在過去三年內持有百萬元的認股權，但是這樣的收益水準仍然是在「水準以下」的，這意味著微軟股票的市場價值仍然遠低於認股權的股票價格。

限制用途的股票具有相當多的優點，例如更高的確定性(即使獲利的勝算不大也算)。公司的股東也不用擔心員工持股之後對利潤產生稀釋的作用(1990 年曾經發生過類似的情況)。另一個優點就是限制用途的股票比起認股權還容易評價，因爲限制用途的股票等同於市場價格的股票移轉，這將有助於改善公司會計透明化的程度[11]。

---

10 U.S. GAAP (generally accepted accounting principles) required expensing of stock options using one of two acceptable valuation methods starting in the first fiscal year after June 15, 2005 . (www.wikipedia. org / wiki / employee_stock_options).

11 許多研究認爲股票選擇權對新創企業而言，是留住有能力員工最重要的工具，例如 FASB 主席 Robert Herz 就是一例。

研究指出認股權計畫缺少了擁有真實所有權的利益，認股權計畫提供執行長無限的潛在利益，但是帶來不利的風險也相當有限(只有機會成本)。因爲當公司的股價上漲時，會爲執行長帶來極大的獲利空間，所以執行長願意接受較高的風險。因此，「持股計畫」(stock ownership plans)的支持者認爲擁有「所有權」(ownership)，代表對組織有強烈的承諾感，即使股價有可能下跌，然而其支持度及承諾感依然不減。比起執行長取得認股權的作法，「持股計畫」可能更能吸引執行長的興趣[12]，但是不可諱言，執行長的認股權或許是激勵執行長從事更高風險計畫的一個重要誘因[13]。

也許選擇權在牛市已經過度使用了，但是證據顯示：如果巧妙的運用認股權以及其他的激勵性薪酬制度，則企業的績效會顯著的提高[14]。公司將所有權下放給大部分員工，其投資報酬率反而高於那些所有權集中的公司。選擇權似乎是使執行長、員工與投資大眾致富的途徑，而且選擇權常常會與其他的工具進行組合，例如限制用途的股票以及現金獎金等等。不管公司如何組合，這都將使得公司的目標更容易達成。以下我們將更詳細的探討限制用途的股票以及現金獎金等議題。

2. 被限定用途之股票(restricted stock)

被限定用途之股票 授予股票給某一位員工，但是禁止或限制該員工在某一段時間內將該股票售出，在限定期間結束前員工可以不受約束的離開公司，但其股份也將喪失。

「**被限定用途之股票**計畫」是專爲直接擁有股票的執行長所設計的。在典型被限定用途之股票計畫中，公司給予執行長一個具體數目的股票份額。執行長禁止在某一特定時間銷售股票。在限定期間結束前，執行長可以不受約束的離開公司，但股份也將喪失。因此，被限定用途之股票計畫是屬於一種可延期薪酬，它使得執行長的任期會比其他計畫的任期更長。

此外，在授予期間的部分，被限定用途之股票的計畫也可要求完成先前就已決定的績效目標。「保留退休金價格」被限定用途之股票計畫將公司所授予的股票設定在一個可對照的指數之上，或是達到之前已決定的目標，或是單季成長率。這個計畫設計的動機是爲了讓高階管理者保證能長時間的留在公司，以增加股東的財富。

如果限制股票計畫缺乏規定目標成果，則執行長可以利用既得的權力在期間內繼續受雇於公司，就可獲得股票。設立條款可以確保執行長不會只想得到報酬而達不到創造某種程度股東財富的目標，自從股份分享給高階管理者以來

12 Jeffrey Pfeffer, “Seven Practices of Successful Organizations,” California Management Review, Winter 1998.

13 Richard A.DeFusco, Robert R.Johnson, and Thomas S.Zorn, “The Effect of Executive Stock Option Plans on Stockholders and Bondholders,” Journal of Finance 45, no.2 (1990), pp.617–35.

14 Erik Lie and Randall A.Heron, “Does Backdating Explain the Stock Price Pattern Around Stock Option Grants,” Journal of Financial Economics 83, (2007), pp.271–95 . Lie and Heron found 30 percent of all U.S. publicly traded firms apparently manipulated (backdated) stock option grants to increase the payoff to executives receiving the grants.

(類似認股權、限定股票權的計畫)，一般而言都沒有跌價的風險。但從另一方面來看，對股東而言，股票價格下跌，會使得私人的財富遭受極大的虧損。

3. 黃金手銬(golden handcuffs，對於肯長期服務的員工許諾的退休薪俸與股票)

黃金手銬

對於肯長期服務的員工許諾的退休薪俸與股票。

這一類合理的遞延計畫是另一種執行長獎金的型態稱之為**黃金手銬**。因為股票薪酬被延期直到股票授予的時間已經期滿為止，或是每年的獎金收入延期支付。基本上，黃金手銬也可以歸類為被限定用途之股票計畫的一種。這一種類型的計畫也同樣包含執行長退休薪酬的總額計算。在許多情況下，假使執行長在某些時間點自行離職或被解雇，則報酬將有可能會因此而喪失。

許多董事會認為執行長的技能與才能是他們公司最有價值的資產。這些資產維持了公司與主管之間的專業關係(是指為公司產生收益以及控制成本)。研究發現執行長會離職的關鍵在於公司內部紛擾不安，及當新的執行長採取不同的管理策略時，將會造成分裂不合[15]。因此，黃金手銬的理論報酬對於執行長來說，如果要提供留下來的動力以及激勵，則公司實施長期策略會比短期策略來得合適。

如果公司相信穩健經營是支撐成長的關鍵，那麼它們可能轉而使用黃金手銬的方式。Jupiter Asset Management 於 1995 年使用黃金手銬的方式約束公司內的十名基金經理人。如果主管繼續留在公司五年，則薪酬計畫將在基本薪資以外用現金來支付報酬。1995 到 1996 年間，這家公司的稅前收益增加一倍，資產在經營管理下增加了 85%。這家公司的董事長也簽署了一份新的激勵性交易，使他們繼續在公司再待四年。

對一些執行者而言，延期性的報酬是令人困擾的。事實上當報酬到期而且應該支付時，執行長就退休而且不再受控制。同樣的，當另一家公司併購這家公司，或是啓動其他新的管理制度時，黃金手銬的計畫對執行長而言就不具吸引力了。

基於股票價格下跌風險的考量，黃金手銬可以促使執行長在做決策的時候採取較為保守的策略，以規避風險。如果執行長採取保守的決策模式，則公司的績效表現將有可能表現平平。如果公司主動或非主動的解雇他們，則執行長將有可能失去遞延支付的報酬，因此執行長就不太可能做出大膽的決定。更確切來說，執行長將選擇安全、保守的決策，以降低不利的風險。

15 William E.Hall, Brian J.Lake, Charles T.Morse, and Charles T.Morse Jr., “More Than Golden Handcuffs,” Journal of Accountancy 184, no.5 (1997), pp.37–42.

4. 黃金降落傘(gloden parachutes，執行長到任時跟公司簽訂有利的條件，如因公司與其他公司合併等原因而必須離職時，執行長將可以取得甚為優厚的報酬)

黃金降落傘

執行長到任時跟公司簽訂有利的條件，如因公司與其他公司合併等原因而必須離職時，執行長將可以取得甚為優厚的報酬。

黃金降落傘是執行長的額外報酬，當執行長離職、被解雇或是單純退休時，將會要求大量的現金報酬。此外，黃金降落傘可能也會包含一些契約，例如允許執行長去兌換非投資性的股票報酬。

黃金降落傘之所以普及主要是因爲接管的比例日增所致，在這些案例中，黃金降落傘似乎在鼓勵執行長留意其他公司接管以後他們可以獲得多少的獎金。執行長可以決定如果在發生合併時，哪一種措施是股東最感興趣的，哪一種措施可以保護他個人。「降落傘」可以緩和執行長在下台之後的落寞感。之所以稱它是「黃金」，主要是因爲支付的現金常常從幾百萬到幾千萬不等。

美國金屬產品(AMP)公司，是世界上最大的電子連接器生產者，公司的執行長就有好幾個黃金降落傘。當 Allied Signal 主動宣佈 AMP 將提供執行長「黃金降落傘」的優厚禮遇，這個行爲引起 AMP 三位執行長的注意，並且這三位執行長也獲得黃金降落傘的待遇。當時 Robert Ripp 已經成爲美國金屬產品公司的總裁。如果 Allied Signal 解雇他，則他不但可以獲得個人薪水總數三倍的現金付款，而且在三年內還有一年一次的高額津貼。他在 1998 年的薪水有 600,000 美金，而在前一年的獎金將近 200,000 美金。現金付予 Ripp 將會因此多出兩百萬美元。黃金降落傘同樣也要開放給前任總裁及前任董事長。他們預定在一年後從公司退休。之後他們仍屬於發薪名單中的一份子，如果他們在退休日前被解雇，則可收到他們的黃金降落傘，估計價值超過美金一百萬美元。

除了現金支付以外，這三位執行長的降落傘同樣也提供大量被限定用途的股票以及非投資性的選擇權。授予被限定用途之股票預定在三年內將變成可用的股票。執行長可以收到被限定用途的股票，即使現在尙未擁有，但是接管之後應該可以實現。在一般的情況之下，除非公司達到某些程度的績效，否則這些股票是沒有價值的。然而，黃金降落傘允許執行長可以獲得兩倍以上的價值。

在某些情況之下，黃金降落傘可防止惡意接管對於執行長所產生的傷害。在 AMP 的案例中，Ripp 領導公司各部門的主管，決定 Allied Signal 的提議是否可以讓股東感到興趣。當 Ripp 沈重的接受薪酬時，不論 AMP 有沒有被接管，黃金降落傘有助於轉移注意力，使得 Ripp 可以不去理會股東最感興趣的事。

5. 現金(cash)

執行長的薪酬計畫通常會將焦點放在會計績效的衡量上，並且可以補強以市場績效掛帥所產生的缺失。這種類型的計畫最常由週期性的紅利支付所組成

(按季或每年)。市場因素是管理者所無法控制的，例如在制定條款的期間，公司的股價將是維持穩定不變的，即使執行長表現良好已經超過了董事會所期待的成果，但是他仍然無法從中獲利。在這種情況下，高績效的執行長往往缺乏獎金薪酬的激勵，主要是因爲市場因素影響，使得股價被低估了。然而，以會計的觀點來衡量績效可以修正這些偏誤。

傳統上會計衡量績效的指標像是：淨收入、每股盈餘、資產報酬率等等，這些都是常用的指標。因爲它們很容易瞭解，高階主管也比較熟悉[16]。Sears 每年支付獎金的基礎是基於公司內不同事業部的績效準則。Sears 較常用來衡量績效的指標包括：資產報酬率、營收成長、銷售成長以及獲利成長。

許多人批評會計系統本身具有許多的瑕疵，依據會計指標建立的薪酬系統將會扭曲管理績效，而無法精確的衡量。例如：評價資產報酬率，通常會被通貨膨脹以及多變的成本配置所曲解而失真。會計衡量也容易被會計人員以人爲的方式進行修改。公司的績效計畫、認定標準，需要以財務衡量的基礎來衡量，並且與股東的財富創造聯結在一起[17]。由於績效不但要透過財務來測量，還必須透過其他指標來進行衡量，因此平衡計分卡應運而生。績效的衡量除了財務指標之外，還必須透過非財務指標(新產品的發展、市場佔有率及安全性)的衡量，才算嚴謹。本書第十二章有詳細的討論。

10.5.2 獎金計畫與公司目標的配適

圖表 10.12 則在比較一家公司策略目標中最有利的薪酬計畫。縱軸爲策略目標。橫軸則列出主要的薪酬種類，提供激勵以達到公司的目標。它提供連結「公司目標」與「執行長薪酬計畫」的理由與邏輯。

研究者強調，包括從公司策略風險程度到設計薪酬計畫的執行，它們之間關係的基礎是十分重要的。整合適當程度的經營風險，可以創造必要行爲的改變，包括股東策略風險的程度以及他們公司的需求。爲了激勵執行長達成具風險高報酬的目標，薪酬計畫可以把風險報酬的程度量化，將它對應成薪酬回饋給執行長。

我們從以前的研究結果可以得知「薪酬計畫」與「策略目標」之間的關聯性。圖表 10.12 的重點在於以不同種類的薪酬計畫來達到不同預期的目標。其中一個要素可提供吸引並留住高階經理人，另一個要素則可提供誘因以鼓勵完成公司目標的行爲。雖然策略的選擇有時候可能已經與另一項薪酬計畫連接起

---

16 Francine C.McKenzie and Matthew D.Shilling, "Avoiding Performance Measurement Traps: Ensuring Effective Incentive Design and Implementation," Compensation and Benefits Review, July–August 1998, pp.57–65.

17 William Franklin, "Making the Fat Cats Earn Their Cream," Accountancy, July 1998, pp.38–39.

來了，經驗也顯示：每個薪酬計畫可能會在同時間與多個最適的策略選擇相互連結，圖表 10.12 則是試圖找出最適合的組合。

一旦公司確定了滿足股東興趣的策略目標，則執行長薪酬獎金計畫將能提供執行長相當多的激勵因素，以協助達成相關的策略目標。圖表 10.13「頂尖策略家」一節說明了 Yahoo!董事會給新的執行長 Carol Bartz 什麼樣的薪酬計畫，同時如何要求執行長將其薪酬與公司的核心目標(提高 Yahoo!的股價)加以結合。

圖表 10.12 獎酬計畫選擇矩陣

	薪資酬償型態					
策略目標	現金	黃金手銬	黃金降落傘	受限制股票方案	認股權	理由
公司重生					X	只有當重生策略成功的時候，執行長才有利可圖，復原股東原有的財富才算是成功。
創造與支持成長的機會					X	風險與成長之間呈現高度的關聯性，使得公司會想要使用這項高報酬的激勵方案。
防禦不友善的接管			X			促使執行長移除誘惑，來評估建立在個人利益下的接管行為。
評估訴求者的目標			X			如果執行長失去工作是因為公司的合併，則此時必需採取黃金降落傘的策略。
全球化的營運					X	如果擴充海外的計劃成功，公司必須有獎勵措施。
價格成長率遞增	X					週期性的會計衡量，能夠確認每一個時間點的績效。
改善作業效率	X					以會計觀點來衡量組織績效。
在有效的管理之下增加資產				X		執行長利益與資產成長導致長期的股價成長，呈現比例的關係。
降低執行長的離職率		X				手銬提供執行長一個長期職位的激勵。
組織再造					X	公司資產授與較高的酬賞激勵是主要的變動風險。
上下游的整合				X		長期的酬償著重在效能與控制。

頂尖策略家

圖表 10.13

Yahoo!的執行長 Carol Bartz

Yahoo 的股價重創了好幾年，導致公司危機重重，因此最後換掉了創辦人之一楊致遠而邀請 Carol Bartz 擔任執行長。楊致遠有幾項競爭決策上的失誤，雅虎經營不善、虧損連連，股價屢創新低，在拒絕微軟的四七五億美元併購案後，雅虎股東們對楊致遠更是怨聲載道，楊致遠交出執行長職位，似乎也不太令人感到意外。於是 2009 年年初由 Bartz 擔任執行長。她引導 Yahoo 的薪酬方案主要是聚焦在重建 Yahoo 的股價，她在 Yahoo 的薪酬計劃中有七大要件：

1. 每年基本薪資為一百萬美金。
2. Yahoo 董事會中的薪酬委員會可以決定，員工每年分紅可以是基本薪資的兩倍。
3. 股票選擇權為 5,000,000 股，股價為 2009 年 2 月 1 日的價格。
4. 資深高階主管皆可獲得「贈股」，包括 2009 年 2 月價值 800 萬美金的贈股。
5. 每年享有健康保險、壽險、傷殘保險、員工購股計畫、401k 計畫以及四周的休假。
6. 與上述協議有關的議題可提供顧問諮詢費 150,000 美元。
7. Bartz 可獲得 10,000,000 美金的贈股以補償其前任老闆 Autodesk 沒收其股票及醫療保險。

您如何看待這項「交易」？您覺得這對 Yahoo 的股東公平嗎？Bartz 的行為適當嗎？如果您想了解其他人的評論與看法，請上網：

http://www.businessinsider.com/2009/1/carol-bartzspay- 1-million-salary-2-million-bonus-yhoo.

資料來源：http: // idea.sec.gov/Archives /edgar/data /1011006 / 000089161809000005 / f51094e8vk.htm.

摘要 *Summary*

執行事業部策略時，最重要的一點就是如何將策略轉換爲行動。本章旨在探討五個主要的達成方法。

短期目標是由長期目標衍生而來，進而轉移至現階段的活動和目標。短期目標與長期目標二者間的不同點在於長期目標的時間幅度、具體化和衡量。它們必須整合與協調才能有效的執行策略。同時，它們也必須是前後一貫，可衡量而且具有優先順序的。

功能性的戰略源自於事業部策略，它能夠定義在執行事業部策略的時候該採取哪些具體而且立即的行動。

面對現今全球化趨勢的企業，大部分會選擇將部分的功能性活動外包，這似乎也成爲重要的戰略議題了，我們是否能透過其他公司讓我們的功能性活動運作得更有效率且更便宜？這個問題幾乎是所有經理人在思考企業策略時都會問到的議題。

透過政策員工獲得授權，這項授權有助於指導作業層級員工的行爲、決策與行動，以便能夠與公司的總公司策略及功能性策略相互配合，授權使得作業人員能夠快速的決策與行動。

酬償行動有助於經營結果的發展，一般來說有五種薪資獎酬計畫，用來提激勵員工達成目標。

目標、功能性戰略、政策和獎酬只是策略執行的開端，策略還必須制度化，而且深入組織，在下一章我們將更深入探討策略的執行。

關鍵詞 *Key Terms*

授權	*p.10-13*	**黃金降落傘**	*p.10-21*	**被限定用途之股票**	*p.10-19*
功能性戰略	*p.10-7*	**外包**	*p.10-11*	**短期目標**	*p.10-4*
黃金手銬	*p.10-20*	**政策**	*p.10-13*	**認股權**	*p.10-17*

問題討論 *Questions for Discussion*

1. 請以「策略轉換至行動」的概念，來說明事業部策略與功能性策略的關係？以及長期目標與短期目標之間的關係？
2. 如何在整體策略與事業部策略的前提之下進行功能性戰略？
3. 什麼是行銷、財務、生產管理、人事功能性戰略最關心的事？
4. 何謂「外包」？爲何外包成爲現代大部分企業塑造其功能性戰略的首要選擇？
5. 哪一種政策有助於策略的執行？說明你的答案。
6. 請利用圖表 10.11 以及 10.12 說明五種執行薪資獎酬的計畫。
7. 請以個人經歷過的策略來說明其政策、目標和功能性戰略。
8. 爲何公司已經發展長期目標了，卻還需要短期目標？

本章附錄

功能性戰略

執行事業部策略過程中功能性戰略所扮演的角色

功能性戰略的關鍵點是指：針對每一個功能領域(行銷、財務、生產、研發與人力資源管理)，最關鍵以及最例行性的活動，以提供企業所需的產品與服務。就某種意義來說，功能性戰略將總公司策略轉換爲具體行動以達成具體的短期目標。公司執行功能性戰略所對應的每一個價值鏈，都是爲了要支持策略並協助達成其策略目標。

以下數節將著重於讓經理人在不同功能領域中如何提升關鍵戰略的價值並進而建立競爭優勢。

生產/作業管理的功能性戰略

基本的問題

生產/作業管理(POM)是組織中最核心的功能。該功能將輸入(原料、補給、機器或人員)轉換爲更高價值的產出。POM 功能與製造產業廠商最具有直接的關連，但它也能適用於其他類型的事業(例如服務業或零售業)。POM 戰略必須根據以下的重點來指引決策：(1)在廠商的 POM 系統基本原理下，找出投資投入與生產/作業輸出間的最佳平衡點；(2)配置、設備的設計和流程計畫皆以短期爲基礎。圖表 10.A1 顯示重要的決策，POM 戰略應該提供何種指導方針給功能部門的員工。

圖表 10.A1 POM 中的關鍵功能性戰略

功能性戰略	功能性戰略必答的典型問題
設備與機器	• 設備集中化的程度如何？(一項龐大的設備或多項小型設備？) • 獨立性流程的整合程度如何？ • 進行機械化與自動化能到什麼程度？ • 規模與產能應該要設定在最高或是正常的運作水準？
原料來源	• 原料來源在何處？ • 供應商應該要如何篩選，與供應商應保持何種關係？ • 預購(以避險)至什麼程度才是合適的？
營運計劃與控制	• 產品應列爲出單或是庫存？ • 存貨多少才是適量的？ • 存貨應如何運用(FIFO/LIFO)、控制和備足？ • 該盡力控制的重點爲何(品質、人力成本、停工期、產品運用或其他)？ • 維修工作應視爲預防或修復工作？ • 在工作專業化上應該著重什麼？廠房安全？或標準化的用途？

POM 設備與控制戰略指的是，在工廠配置、規模、替代設施與使用設備等決策方面必須與總公司策略或其他營運策略一致。例如，在拖車產業中的 Winnebago，該公司的設備與機器戰略就是將生產地點高度集中於靠近原料處。位於 California 的 Fleetwood 公司則是另一種極端的例子，爲了靠近市場而以分散、不集中化地配置設備，並強調最大化的機器壽命與低整合性、勞動密集的生產流程。兩家公司都是拖車產業中的領導者，但卻採取相當不同的戰略方向。

對今日的 POM 戰略而言，電腦與快速的技術發展間的交互作用使彈性化的製造系統(flexible manufacturing system, FMS)成爲最主要的考慮因素。FMS 讓管理者能自動、迅速地針對不同產品或生產流程中的各階段變更生產系統。以往這樣的變更需要花費數小時或數天，現在只要幾分鐘。如此可降低人力成本、更高的速率，並利用電腦化的準確性來提高品質。

原料的來源已逐漸成爲 POM 領域中重要的一部分。現今許多公司會將原料來源如其他的功能領域一般獨立出來。原料來源戰略爲以下的問題提供了答案：爲了成本優勢而僅向偏重的少數幾家供應商採買是否會有過度依賴風險？挑選來源廠商該採用何種評估準則(例如付款條件)？何種來源廠商能提供「及時」(just-in-time)存貨，且該筆交易能如何提供給我們的顧客？如何能透過購買量與交貨條件提高營運績效？

POM 計畫與控制戰略指的是管理維持生產運作的方向，並嘗試使生產/作業的資源與較長期、整體的需求能夠相符。這些戰略性的決策往往要在生產/作業爲需求導向、存貨導向或外包導向兩極端間求取平衡。在這些組成要素中的戰略亦掌握著如維修、安全性和工作組織等議題。在此領域中品質控制程序也常是被關注的戰略性選擇。

及時(Just-in-time, JIT)交貨、外包和統計製程管制(statistical process control, SPC)已是今日 POM 經理人用以創造可在 POM 系統中建立更高的評價與品質的重要觀點。JIT 交貨最初的方向是要與供應商共同協調以降低用於製造產品所必須的存貨持有成本。由於較少的盤存清單能更易於確認較小型化、頻繁的交貨品質，它同時也成爲一種品質控制的戰略。它儼然已成爲今日商業社會中供應商——顧客關係間一項重要的觀點。

外包，或運用內部以外的資源來達成某些任務或過程，已是今日縮編導向廠商的一項主要營運戰略。外包是將策略建立在核心競爭力爲基礎的概念來增加價值鏈的最大價值，或將無法增加價值和無效率的部分轉嫁給外面的廠商——將其外包。當順利運作時，該廠商將能以比自行處理還要低的成本與具有優越品質的供應商合作。JIT 和外包已提高了採購功能的策略重要性。外包必須包括買方嚴謹的品質管理。1996 年，ValuJet 公司慘痛的失敗就是因爲其品質控制比委外維修廠商更爲糟糕所造成的。

網際網路和電子商務也徹底革新了營運與行銷中的功能性戰略。如何銷售、何處製造、如何運籌帷幄地協調，皆與這些能讓我們以電子化、快速且緊密地連結在一起的全球化新興科技的衝擊有關，這些基本的企業功能和問題都有了新的觀點和發展方向。

行銷管理的功能性戰略

行銷功能的角色是經由銷售事業的產品或服務於目標市場中以獲取利潤來達成公司目標。行銷戰略應該要能指引銷售或行銷經理人判別何人、何處可賣何物給何人、以何種品質以及如何賣。行銷戰略至少應能滿足四項基本功能：產品、價格、通路與推廣。圖表 10.A2 所突顯的就是行銷戰略中應滿足的代表性問題。

除了在圖表 10.A2 中所列出的基本議題外，現今的行銷戰略必須要能指引經理人解決全球利基市場中通訊革新的衝擊與遞增的差異化。網際網路與電腦和通訊的結合使得全球企業都能即時地接觸到不同的通路。位於 South Carolina 州 Easley 的橡皮艇製造商，約每 30 分鐘就能從網路上接到來自世界各地的訂單，而且無需透過任何傳統的配銷通路或是全球性的廣告。且能無需利用任何運輸能力就能在 5 天內交單。與即時地通訊能力相連結的速度，可以使行銷戰略規劃者迅速地重新思考什麼是他們要做的，以及如何維持競爭力。

由於通訊科技、全球運籌能力和彈性製造系統的改良，使得差異化迅速擴大。這種原因所引起的差異化是市場利基的一項劇烈改變，數以百計不同的顧客，區隔市場皆有其適合的產品，而不像以前只提供相同的產品或服務給大眾市場。那些靠大眾市場以量制價來壓低成本的廠商，現在皆面臨以更具及時性與更具成本效益的方法，來拓展細部區隔市場的小型利基競爭者挑戰的困境。這些新的、較小型的競爭者沒有官僚或委員會等大型組織的包袱。它們優於那些需透過股東整體決策的大型決策者，因爲它們能先一步針對利基市場的需求來制定決策、委外、改良產品或進行其他明快的調整。

圖表 10.A2 行銷中的關鍵功能性戰略

功能性戰略	功能性戰略必答的典型問題
產品(或服務)	• 我們著重於何種產品？ • 哪些產品/服務獲利最高？ • 我們追求的產品/服務形象爲何？ • 該產品/服務能符合消費者的何種需求嗎？ • 何種改變能影響我們的顧客導向？
價格	• 我們主要是以價取勝嗎？ • 我們能否提供折扣或其他的特別訂價？ • 我們的價格政策是全球一致性的，或是分區控制？ • 我們的價格所鎖定的目標市場爲何(高、中、低)？ • 我們的總獲利邊際爲何？ • 我們著重的是成本/需求或競爭導向的訂價？
通路	• 我們需要何種程度的市場匯流？ • 是否有優先考慮的區域？ • 配送的關鍵通路爲何？ • 通路的目標、結構與管理爲何？ • 行銷經理是否應改變其對批發商、代理商或直銷的依賴程度？ • 什麼樣的銷售公司是我們所需要的？ • 銷售力是否能在業務區域、市場或產品周遭建立起來？
推廣	• 需要優先考慮的關鍵推廣活動或方法爲何？ • 何種廣告/宣傳方案或方法能與不同的產品、市場或業務範圍相連結？ • 何種媒體最能與整體行銷策略相搭配？

會計與財務中的功能性戰略

大部分的功能性戰略均馬上用於執行行動，但對財務領域的功能性策略而言，期間的構成則有所不同，因爲這些戰略是在管理財務資源，以用來支援總公司策略、長期目標和年度目標。財務戰略會以較長時間的觀點來引導財務經理進行長期的資本投資、債務財務規劃、盈餘分配和槓桿規劃。但是如果運用於管理經營資本與短期資產時，財務戰略則較關注於即時性。圖表 10.A3 所突顯的是財務戰略中必答的關鍵問題。

會計戰略愈來愈強調如何在有意義的基礎之上，使管理者能決定不同活動的相對價值，並評估其對公司整體績效的相對貢獻，正如我們再第六章所討論的，傳統的成本會計方法可以精確的完成此目的。所以會計戰略除了指導公司該如何謹守本分如：遵守證券、稅以及管制的規定之外，還必須透過以價值爲基礎的會計系統，使管理者在經營不同單位的產品與服務時，能深刻的了解不同單位間活動的價值。詳見第六章圖表 6.6，說明傳統會計戰略與以活動爲基礎之會計戰略有何不同。

圖表 10.A3　財務與會計中的關鍵功能性戰略

功能性戰略	功能性戰略必答的典型問題
資本取得	• 資本的可接受成本爲何？ • 長期與短期負債的比例應爲何？租賃該如何使用？ • 優先股與普通股該如何配置最好？ • 所有權限制爲何？ • 資本成本的目標爲何？
使用/分配資本	• 不同事業與重要專案的資本分配其優先次序爲何？ • 資本分配決策的批准程序與層次爲何？ • 亟需資金該如何解決其間的競爭關係？
營運資金管理	• 現金流量的程度爲何？ • 現金流量需求與平衡的最大值及最小值爲何？ • 信貸政策爲何？ • 客戶具體的改變該如何決定？ • 有何必要的限制、付款期間或募集程序？ • 有何可依循的付款時機或流程？
股利	• 股利是否可以作爲支持公司整體策略之用？ • 盈餘有多少可以作爲發放股利之用？ • 股利何時可以較高？何時可以較低？ • 股利穩定何等重要？ • 股利會排除現金嗎？ • 有哪些作法比現金還好？
會計	• 如何計算提供本公司產品與服務的成本？ • 企業內不同部門的活動該如何估算活動的價值，這與傳統的成本分類有何差異？

資料來源：© RC Trust, LLC, 2010.

研究與發展中的功能性戰略

多數競爭的產業皆具有高速率的技術變動，因此研究與發展(R&D)已在許多產業中被視為是一項關鍵的策略性角色。例如：技術密集的電腦與製藥產業中，廠商往往編列其銷售金額的 4 至 6%在研發經費上。其他像飯店/汽車旅館和建築產業，R&D 所占的比率往往小於銷售金額的 1%。因此，功能性研發戰略在某些產業中是極為重要的總公司策略手段。

圖表 10.A4 敘述的是研發戰略中必須針對的問題種類。首先，研發戰略應該將基礎研究與所著重的產品開發區分出來。許多大型的石油公司將次要的太陽能列為基礎研究，而較小型的石油公司會視為產品的發展研究。

選擇視為基礎研究或產品開發也與投入於 R&D 的時間幅度有關。這些投入應該關注於近期或長期？大型石油公司將次要的太陽能視為長期的觀點，而較小型的石油公司則著重在目前能開發出來的產品，以便在成長中的太陽能產業建立競爭利基。

研發戰略也與組織的研究功能有關。舉例來說：研究與發展應該歸屬於組織內的研發單位呢？還是應該委外？簽訂合約？另一個類似的議題是，研究是否具集中性或分散性？應該強調流程的研發或是產品的研發呢？

以上問題的決策皆會受到廠商的研發是採取攻勢或守勢，或兩者兼具的立場所影響。假如採攻勢立場，例如小型的高科技廠商，就會著重技術創新與新產品的開發以做為未來成功的基礎。此種導向必須承擔高度的風險(與高報酬)並且需要考慮科技技術、預測專業知識與將創新迅速轉變為商業產品的能力。

採守勢研發立場則著重於產品的修改與複製或取得新技術的能力。Converse Shoes 就是一個採取此種立場的例子。在面對擁有大量研發預算的 Nike 和 Reebok，Converse 將研發工作著重於延長其主力產品的生命週期之上(特別是帆布鞋)。

擁有某些技術領先地位的大型公司常同時採取攻勢與守勢的研發策略。在電器產業中的 GE、電腦產業中的 IBM，和化學產業中的 Du Pont 全都對現行產品採取守勢研發立場，而在基礎的、長期研究方面採取攻勢立場。

圖表 10.A4 研究與發展中的關鍵功能性戰略

研發決策	功能性戰略必答的典型問題
基本的研究與產品及流程的發展	• 公司所強調的創新或是突破性的研究應該到達何種程度？應該強調產品發展、產品強化或是產品修正？ • 研發過程中應該特別注意哪一個關鍵的流程？ • 為了追求成長公司必須推出哪些新的專案？
時間幅度	• 強調長期或是短期？ • 哪一種導向最能支持企業的策略？行銷策略或是生產策略？
組織配適程度	• 公司是自行從事研發或是與外部簽訂合約？ • 公司的研發是採取集權或是分權的作法？ • 研發單位與產品經理的關係如何？ • 與行銷經理？與生產經理？
研發的基本定位	• 公司是否維持進攻型的態勢？而且在該產業內始終居於創新以及領導的地位？ • 公司是否維持防守型的態勢？而且在該產業內的創新是否只是應付競爭者的挑戰？

研究與發展中的功能性戰略

多數競爭的產業皆具有高速率的技術變動，因此R&D 已在許多產業中被視爲是一項關鍵的策略性角色。例如：技術密集的電腦與製藥產業中，廠商往往編列其銷售金額的 4 至 6%在研發經費上。其他像飯店/汽車旅館和建築產業，R&D 所占的比率往往小於銷售金額的 1%。因此，功能性研發戰略在某些產業中是極爲重要的總公司策略手段。

圖表 10.A4 敘述的是研發戰略中必須針對的問題種類。首先，研發戰略應該將基礎研究與所著重的產品開發區分出來。許多大型的石油公司將次要的太陽能列爲基礎研究，而較小型的石油公司會視爲產品的發展研究。

選擇視爲基礎研究或產品開發也與投入於 R&D 的時間幅度有關。這些投入應該關注於近期或長期？大型石油公司將次要的太陽能視爲長期的觀點，而較小型的石油公司則著重在目前能開發出來的產品，以便在成長中的太陽能產業建立競爭利基。

研發戰略也與組織的研究功能有關。舉例來說：研究與發展應該歸屬於組織內的研發單位呢？還是應該委外？簽訂合約？另一個類似的議題是，研究是否具集中性或分散性？應該強調流程的研發或是產品的研發呢？

以上問題的決策皆會受到廠商的研發是採取攻勢或守勢，或兩者兼具的立場所影響。假如採攻勢立場，例如小型的高科技廠商，就會著重技術創新與新產品的開發以做爲未來成功的基礎。此種導向必須承擔高度的風險(與高報酬)並且需要考慮科技技術、預測專業知識與將創新迅速轉變爲商業產品的能力。

採守勢研發立場則著重於產品的修改與複製或取得新技術的能力。Converse Shoes 就是一個採取此種立場的例子。在面對擁有大量研發預算的 Nike 和 Reebok，Converse 將研發工作著重於延長其主力產品的生命週期之上(特別是帆布鞋)。

擁有某些技術領先地位的大型公司常同時採取攻勢與守勢的研發策略。在電器產業中的 GE、電腦產業中的 IBM，和化學產業中的 Du Pont 全都對現行產品採取守勢研發立場，而在基礎的、長期研究方面採取攻勢立場。

人力資源管理(HRM)中的功能性戰略

人力資源管理戰略於策略上的重要性在 1990 年代就已普遍受到廣泛的認同。人力資源管理戰略有助於成功開發管理人才與優秀的員工、用以管理薪資或控制等工作系統，並指引如何有效運用人力資源管理以同時達成企業短期目標與員工滿意度及發展。人力資源管理戰略的益處如圖表 10.A5 所示。招募、甄選與安置應該建立在能將新進人員融入公司的基本要素上，並使他們適應公司「處理事情的方法」。生涯發展和訓練課程應該要能導引員工符合整體總公司策略中未來人力資源的需求。一流的證券經濟業者 Merrill Lynch，其長期公司策略是成爲多樣化的財務服務機構，已跨入如投資銀行業務、消費貸款和創投等領域。爲支持其長期目標，它融合了職前訓練和在職發展課程使人員具多樣的職能，以符合其擴張的需求。較大型的組織則需要人力資源管理戰略就 EEOC 對勞工關係的要求從員工薪資、紀律與控制方面來導引決策。

人力資源管理目前的趨勢是以類似管理會計的概念來檢視其成本結構。人力資源管理的「典範移轉」將員工薪資視爲人力資本的投資。包括觀察企業的價值鏈和與該價值鏈有不同連結人力資源薪酬的「價值」。在近 25 年間，此種觀點的改變所造成的現象之一是企業縮編與外包。它的基礎在於想盡辦法來運用「人力資本」，以使員工的貢獻能達到極致，但這對在企業中的百萬名員工而言是相當具有傷害性的。這種詳細的觀察持續的挑戰人力資源管理領域，包括近期部分企業外包的主流趨勢或是不將人力資源管理活動視爲企業核心競爭力的一部分。對人力資源管理戰略而言，該種新興的應用是對於人力資源在企業價值鏈中的角色採取一種價值導向的觀點，如下所述：

傳統的人力資源管理概念	新興的人力資源管理概念
1. 強調單一或實質的技術	強調對公司整體的貢獻度
2. 期望可預期的與重複性的行爲	期望創新與創新性的行爲
3. 習慣於穩定與順從	容許不確定性與改變
4. 避免決策權力下放	允許決策權力下放
5. 訓練著重於特定的技術	開放性、廣泛持續的發展
6. 強調產出與結果	強調過程與意涵
7. 處處重視量的概念	關注於整體顧客價值
8. 關心員工個人的效率	關心整體的效率
9. 功能過度專業化	跨功能性的整合
10. 將勞動力視爲非必要的費用	將勞動力視爲重要的投資
11. 工會是管理當局的敵人	管理當局與工會是夥伴關係

資料來源：From A.Miller and G.Dess, Strategic Management, 2002, p.400 . Reprinted with permission of The McGraw-Hill Companies, Inc.

總而言之，功能性戰略是執行企業策略過程中重要的一個環節。特殊的功能性戰略必須搭配企業所選擇的策略聯合實施，成效才得以立竿見影。策略的執行步驟有賴營運主管的充分授權，以及所屬員工自動自發才有可能成功。

圖表 10.A5 人力資源管理的關鍵功能性戰略

功能性戰略	功能性戰略必答的典型問題
招募、甄選與安置	• 支撐策略需要何種關鍵的人力資源？ • 這些人力資源要如何招募？ • 我們的甄選過程效度如何？ • 我們應該如何將新進員工導入組織中？
職涯發展與訓練	• 未來的人力資源需求爲何？ • 我們如何讓員工符合未來的需求？ • 我們要如何幫助員工發展？
薪酬	• 何種薪資水準才能與我們所要求的工作相符？ • 我們如何激勵或留住人才？ • 我們應如何詮釋我們的薪資、福利和年資政策？
考核、紀律與控制	• 要多久考核員工一次？ • 正式或非正式？ • 我們應付低績效或違規行爲的懲戒步驟爲何？ • 我們用以控制個人或團體績效的方法爲何？
勞工關係和公平就業機會的要求	• 我們如才能使勞工-管理當局的合作最佳化？ • 我們的人力資源實務如何影響女性/少數族群？ • 我們是否應該有約僱政策？

Chapter 11

組織結構

閱讀完本章之後，您將能：

1. 定義五種傳統的組織結構以及其優缺點。
2. 說明何謂產品團隊結構，並解釋為何這一類的組織是一種更開放、更敏捷的組織原型。
3. 說明五種可以改善傳統組織結構的方法。
4. 說明敏捷、虛擬的組織。
5. 說明為何外包能夠創造敏捷以及虛擬的組織，並說明其優缺點。
6. 說明何謂無疆界組織以及為何它是重要的。
7. 解釋為何未來組織都必需成為雙元學習組織。

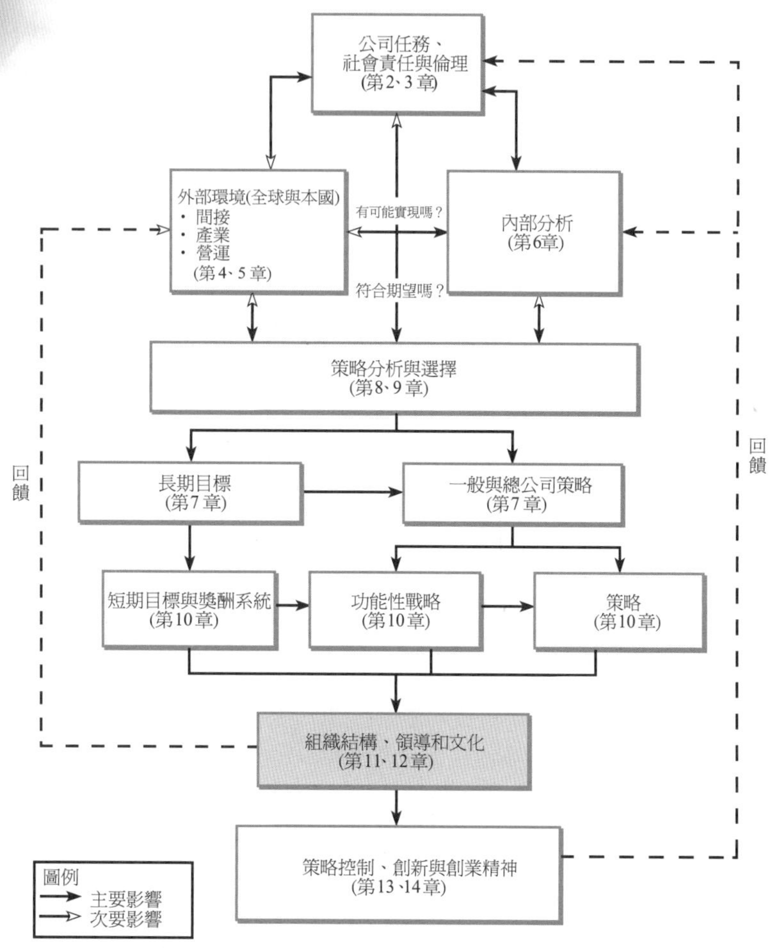

長久以來，在策略管理流程上，經理人堅信以市場導向爲主的策略，策略執行的過程是經由列出每個部門的行動方案開始。策略制定的流程目前已成爲組織的焦點，其目的是要讓企業的運作更有效能與效率，亦即如何使策略成功地運作。所以該如何組織員工與任務使得策略更有效的執行？哪些功能活動應該在組織內完成？哪些活動應該外包？這些都是很重要的議題。

HP 在過去十年中發生了什麼事？一開始由執行長 Carly Fiorina 接掌公司，適逢全球性的景氣衰退，現實狀況對她極爲不利，由於 HP 雜亂的組織結構使其逐漸喪失和全球顧客接觸的機會，她的回應策略如圖 11.1 所示，Fiorina 立即拆解已有 64 年的分權式結構。在 Fiorina 之前，HP 有 83 個獨立運作單位，每一個單位專注於一項產品，像是掃瞄器或安全軟體。Fiorina 把公司變成 4 個不規則的組織。在後端事業單位中，一個專注於開發電腦產品，另一個專注在印表機和影像設備。在二個前端銷售和行銷事業單位之前是由後端事業單位掌控產品，而前端的事業單位一個是負責消費者，另一個是負責公司。理論上，新的結構應該可以提高合作，給予銷售與行銷部門的管理者和工程師間一個溝通管道，以研發出可以解決消費者問題的產品。這是擁有成千個產品線的企業首次採用前後端結構的案例，此種結構需要專注焦點和卓越的協調能力。

Fiorina 相信她還有一些選擇來避免公司重蹈全錄或 10 年前 IBM 的失敗。不過問題是：如何藉由驅力獲得新市場上所需的競爭優勢？Fiorina 說這是一個謎，當公司結合網際網路來改變營運方式時，她可以靠著全面性的結構變革來解決 HP 下一個階段的技術革命問題。她的核心信念是 HP 必須變成「雙元且無疆界」而且擅長短期執行任務，並藉以追求創造新市場的長期願景。

它最後成功嗎？不！五年後，Fiorina 被撤換了，HP 董事會主席 Patricia Dunn 說：在那個時間點董事會並不想改變 HP 的策略，她指出董事會對於 HP 整體的策略充滿信心，即使有許多分析師與股東對於公司的策略並不苟同，然而他始終認爲 HP 整體的策略是正確的，最大的問題是出在「新的 HP 組織結構」，這也是公司最後失敗的主要原因。所以 Dunn 說董事會需要一位新的執行長可以具有更高的執行力，兩個月之後，擁有 25 年 NCR 具有投資組合豐富經驗的老將 Mark Hurd 接任執行長。

Hurd 過去改造 NCR 擁有豐富的經驗，他在兩年內削減成本、強化行銷並要求組織內員工必須充分課責。他讓 NCR 在進行了重生策略之後產生了連續八季的盈餘，他比較偏愛：小型而且獨立運作的組織結構、集中生產少數幾樣產品、責任清楚、責任可衡量、嚴謹的管控機制以及控制各單位生產到銷售的所有活動。

結果：HP 最後回歸到小型、半自主性單位的組織設計，期望能與世界上最大的電腦公司 Dell 一決雌雄，藉由高獲利的中高階企業用產品與服務鞏固利潤下，HP 不僅在 PC 市場更具與 Dell 競爭的本錢，也將是全球唯一得以同時和 Dell 與 IBM 競爭的資訊大廠，同時也是印表機市場中全球的領導品牌。你可以永遠記住 HP 的傳奇故事，因爲故事告訴你一家知名、重要的全球科技龍頭公司，如何去發現適合的組織結構，讓他們在競爭的二十一世紀仍然保有其競爭優勢。同時故事也告訴我們組織結構必須愈來愈開放才可以—甚至作到如同 Jack Welch 所宣稱的「無疆界組織」—但是透過這種組織結構來執行策略以及協調與控制組織績效也同樣重要。就某種層面來說，Fiorina 的組織結構設計反應出二十一世紀的組織試圖讓員工自我管理，但是 Hurd 對於組織結構的看法是比較傾向於傳統的作法。Hurd 的成功主要是他保留了某些傳統組織結構的屬性，並加入新的組織概念如無疆界組織、虛擬組織等觀念，來均衡發展兼具控制、協調、開放、創新等策略執行的要件，以滿足 HP 所遇到的情境。

面對現今快速變化的全球經濟，企業需要不斷的提升生產力、速度以及彈性來提高生存與成長的機會。爲了因應上述的情境企業必須改變他們的組織結構，他們必須保留部分最佳傳統的層級結構，並同時導入最新的結構來激發員工創造創意，並與同事及客戶協同合作，以創新的策略來創造未來公司的價值。所以本章的目的在使您熟悉傳統的組織結構觀點以及現代企業組織結構的新趨勢。所以讓我們先來瞭解傳統組織結構的樣貌，以及每一種組織結構的優、缺點。

11.1　傳統組織結構以及與策略相關的優缺點

您也許是少數在完成學位之後，不打算進入大公司上班，而想要自己創業的少數一群，或者是目前您有工作，但是正打算離職來創立自己的公司。就像數以萬計的人曾經做過的事一樣，您的團隊裡面可能會有一些合夥人，但都會面臨類似的問題那就是如何有效組織你的工作活動與任務來運作您的新公司，您需要的就是設計組織結構，但是我們這裡所謂的結構並不是指公司的合法結構(像是獨資企業、公司、有限責任公司或是有限合夥公司等等)。**組織結構**是指組織內任務、人員、資源間責任與交互作用的正式化安排，我們常會看到組織圖，一般都是金字塔型，由上至下都會清楚標明其職位與頭銜，新創的組織結構通常都會是簡單型的組織居多，大概就是您與您的合夥伙伴來組成。

組織結構
意指正式的安排組織內任務、人員、資源與責任之間的佈局。

運用策略的案例

圖表 11.1

Fiorina 在 HP 的變革策略

當 Fiorina 就任 HP 的執行長時，公司總共有 83 個自主性的產品單位，分別隸屬於四個事業單位。她大幅度地將公司的組織結構調整為兩個後端部門，一個是開發印表機、掃描器等相關產品的部門，另一個是電腦部門。這些部門必須向前端的事業部門報告，如市場和 HP 商品事業單位。以下是改革前後組織結構的比較：

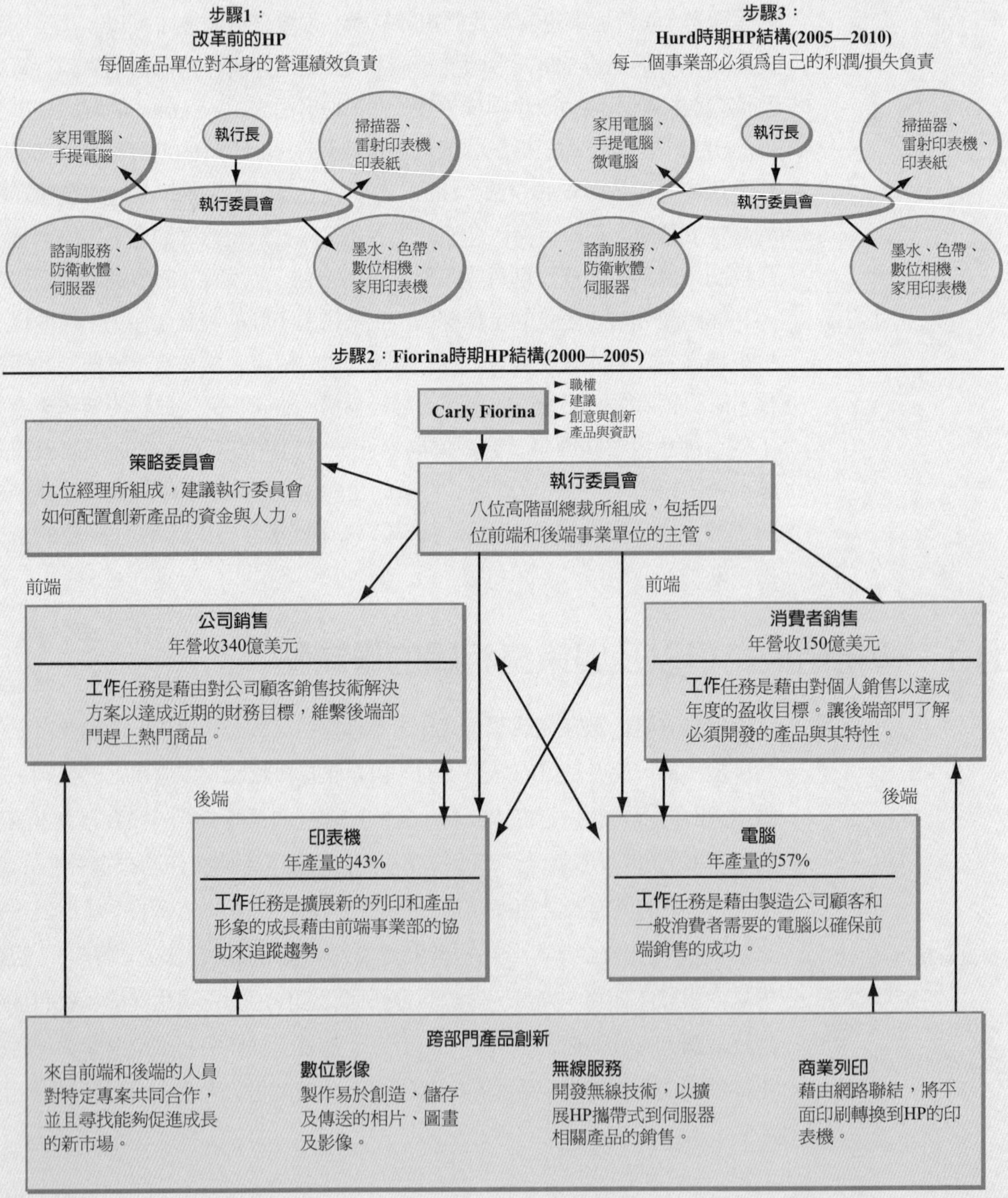

(續)

Fiorina 的預期	在 Fiorina 經營五年之後的實績
評估	評估
顧客滿意度較高 客戶在進行交易時較容易，因為只需與單一的負責團隊接觸即可。	**過度授權** 許多產品的製造與銷售皆由四個單位負責，部門經理可能會遺漏維繫產品競爭力的細節。
銷售增加 HP 儘可能將銷售機會擴大，因為負責的代表是銷售 HP 全部的產品，而不只是單一部門的產品。	**執行力較差** 雖然產品經理監督從製造到銷售的流程，能夠快速地回應變化，但是卻難處理前端和後端同時進行的計劃。
及時解決 HP 所銷售的產品，結合了所有可能的「答案」，所有可能與電腦有關的問題及解決方式。	**負較少的責任** 損益責任由前端和後端共同承擔，以致沒有明確應負成敗之責的人，分權式的共同合作可能產生責任推諉的情況。
財務上較具彈性 HP 能夠衡量公司顧客的價值性，允許銷售代表對某些產品折價，而且仍然可以得到整體銷售契約的利潤最大化。	**預算控制力較低** 改革前的 HP，由強勢主管嚴密地控管預算的使用，因此幾乎很少追加預算，改革後卻有 1/4 的專案追加預算。

11.1.1 簡單組織結構

簡單組織結構
通常是企業所有人以及少數的員工所組成，透過直接主管來安排員工的任務與責任，並透過非正式管道來進行溝通。

規模最小的企業通常最適合簡單的組織結構，**簡單的組織結構**通常是企業所有人以及少數的員工所組成，透過直接主管來安排員工的任務與責任，並透過非正式管道來進行溝通。策略性與營運性的決策都是透過企業擁有人或是擁有人與合作伙伴的小型團隊，因爲公司所涵蓋的活動範圍較爲節制，因此比較不需要正式化的角色、溝通以及程序。由於公司策略首要考量爲企業的生存問題，而且錯誤的決策有可能會嚴重影響現有的生存，這一類的組織結構企業所有者擁有最大的控制力。因爲這一類的組織結構能迅速回應產品與市場的變化以及顧客的需求，並且沒有溝通上的困難。這主要是因爲企業所有人通常都直接融入顧客，簡單結構鼓勵員工執行多元任務，而且他們都只是服務某一簡單、單一地區的產品或是市場等較爲狹隘的利基市場。

簡單型結構相當仰賴企業所有人以及其主管，如果簡單型結構企業持續成功而且不斷的成長，那麼主要就是企業所有人及其主管不斷投入每日的營運，或者是不斷投入時間思考公司的未來以及策略性的問題所產生的成果。同時，公司高度仰賴企業所有人進行所有的決策，這樣可能會限制管理者能力的發展。由於資金有限，此結構需要多元的能力、擁有充分資源的企業主以及擅長製造與銷售產品的能力。

全球大部分的企業都是屬於這一種型態的組織結構，許多企業會生存一段時間，但是最後卻會因爲財務、企業主或是市場的問題而退出市場，有一些則是持續成長，主要是建立在某些創意或是能力的基礎之上，當公司持續成長，這時候企業就相當需要「進行組織」，而進行組織的要角則是企業主以及公司內的員工，這種幸運的狀況如果持續一段時間之後，企業就需要開始發展功能性組織結構了。

11.1.2 功能性組織結構

持續上述的案例，您與您的合作伙伴，無疑的就是成功的那一位，發現你們對於產品與服務的需求愈來愈高，而公司的銷售量不斷的成長，所以聘了愈來愈多的員工來經營相關的事業，一旦公司的員工人數達到 15 到 25 位，這時候公司就必須讓某些員工負責銷售、某些負責營運、某些負責財務會計，換言之，你必須讓員工在企業內不同的人負責不同的企業功能，使得組織更有效率的來進行組織、控制與協調。

功能性組織結構
是指完成某項事業所必須的任務、員工與科技，透過企業將其區分為獨立的「功能性」群體(例如行銷、營運與財務)，並增加正式的程序來協調並整合企業內的活動，使得企業可以順利的提供產品與服務。

功能性的組織結構是指完成某項事業所必須的任務、員工與科技，透過企業將其區分爲獨立的「功能性」群體(例如行銷、營運與財務)，並增加正式的程序來協調並整合企業內的活動，使得企業可以順利提供產品與服務。

功能式的結構係指企業將焦點集中在生產某一獨特或特定的產品。這種類型的企業在提供他們的產品與服務時，需要以明確的技術與專業化來建立競爭優勢。將任務以功能專門化來進行分類能夠讓公司的員工只專注在必須負責的工作上，如此可以運用最佳的技術以及做最有效率的發展。

功能式結構的劃分方式可以考慮生產、顧客或技術。一家飯店可以依照內部管理、櫃檯、維護、餐廳運作、預訂房間與銷售、會計以及人事來設計組織。而一家設備製造商的組織結構可依據生產、工程/品質控制、採購、行銷、人事以及財務/會計來設計，功能式組織的兩個例子可以用圖表 11.2 來說明。

功能式結構策略上的挑戰是各功能單位之間的有效溝通。透過專門化而形成的特定專門技術使得其眼光只侷限在自己所屬的部門，而且造成每個單位考慮事情的優先順序有所差異。專家可能認爲企業的策略議題主要是行銷問題或生產問題，功能單位之間的潛在衝突造成高階管理者扮演協調的角色，整合的策略經常使用在增強協商以及使各部門的溝通變得更加容易。

圖表 11.2　功能性組織結構

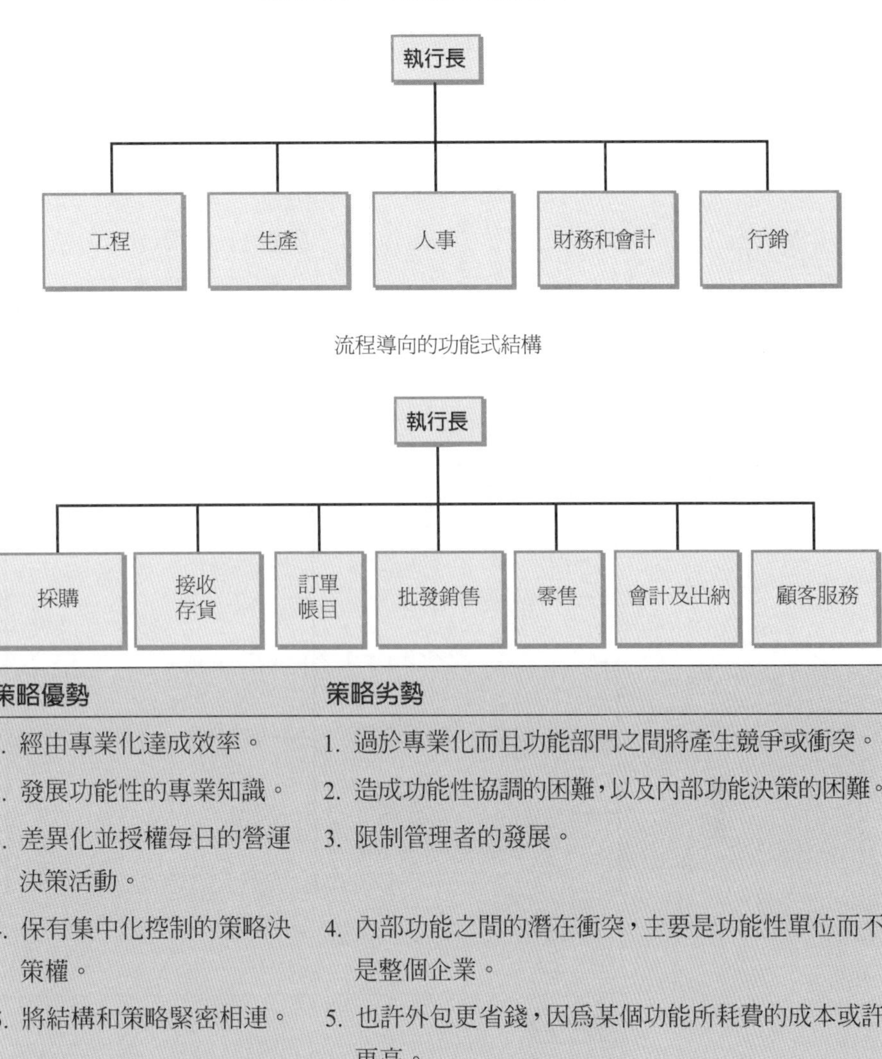

策略優勢	策略劣勢
1. 經由專業化達成效率。	1. 過於專業化而且功能部門之間將產生競爭或衝突。
2. 發展功能性的專業知識。	2. 造成功能性協調的困難，以及內部功能決策的困難。
3. 差異化並授權每日的營運決策活動。	3. 限制管理者的發展。
4. 保有集中化控制的策略決策權。	4. 內部功能之間的潛在衝突，主要是功能性單位而不是整個企業。
5. 將結構和策略緊密相連。	5. 也許外包更省錢，因爲某個功能所耗費的成本或許更高。

11.1.3　事業部結構

事業部組織結構是指一系列相關自主的單位、事業部門，統一由公司內的中央指揮中心來統一管轄，而每一個事業部都有其自己專屬的功能性部門，而每一個事業部所提供的產品與服務也都不同。

當一家公司提供多元的產品線與服務、不相關的市場通路或是面對不同的消費者團體時，功能結構將顯得不是很適合。如果功能結構在某種環境下被保留下來，則生產部經理可能必須監督很多以及不同的產品或服務之生產，銷售經理可能必須爲廣大而且不同的產品或是廣大市場而分屬於不同配銷管道而傷腦筋。因爲面臨協調以及決策的需要，組織必須設計一套新的組織結構，而這套結構將會增加差異化的規模，因此策略事業單位的組織形式就應運而生。

事業部組織結構是指一系列相關自主的單位、事業部門，統一由公司內的中央指揮中心來統一管轄，而每一個事業部都有其自己專屬的功能性部門，而每一個事業部所提供的產品與服務也都不同。許多年以來，福特和通用汽車藉由產品來劃分其策略事業單位的結構組織。製造業者時常以不同配銷通路來進行劃分。

策略事業單位使得組織能夠充分授權，因此主管必須面對不同環境的要求配合總公司策略來做決策，所以策略事業單位經常是利潤中心制的。圖表 11.3 舉例說明策略事業單位型態的內涵與優缺點。

圖表 11.3 事業單位結構

策略優勢	策略劣勢
1. 全體協調和必要的職權之下，進行適當的快速回應。	1. 爭取總公司的資源，將會造成潛在的負面作用。
2. 在獨特的環境中，所區分的 SBUs 能較接近事業部策略的發展和落實。	2. 究竟該授予多少職權給策略事業單位的主管？避免造成總公司的困擾。
3. 被充分授權的執行長有較大的策略決策能力。	3. 在不同事業部之間，潛在的政策有可能不一致。
4. 對於績效有明確的集中權責。	4. 公司是否基於策略事業單位獲利的情況來決定經常性成本的多寡。
5. 在每個策略事業單位中仍然保有功能部門的專業性。	5. 功能性部門有時候會造成成本重覆發生的資源浪費現象。
6. 對於策略管理者提供較優質的訓練。	6. 維持公司總體的形象與聲譽並不容易。
7. 強調產品、市場和快速的回應。	

策略事業單位

當公司的事業部差異化程度提高、規模變大或是數目變多的時候，他們會發現愈來愈不容易控制事業部，公司的管理階層會發現管理數目眾多的事業部或是橫跨多個產業的事業部並不容易，面對這樣的情況，公司有必要再增加一層管理階層以改善執行能力、促進綜效並針對不同事業部所關心的多元性議題進行控制。策略事業單位(SBU)採用事業部的結構，事業部或是事業部的一部分都是基於某些相同的策略元素、獨特的產品或市場來加以區隔。General Foods 將其產品線組織起來之後(可以服務彼此重疊的市場)，公司依照菜單創造了**策略事業單位**(SBU)的組織型態，並分爲：早餐食品、飲料、主餐、甜點以及寵物食品。這樣的改變使得 General Foods 採取大型的事業部組織，並區分爲五大策略事業領域，每一個事業單位都擁有獨特的市場焦點。

策略事業單位
採用事業部的結構，事業部或是事業部的一部分都是基於某些相同的策略元素、獨特的產品或市場來加以區隔。

策略事業單位組織的優、缺點與圖表 11.3 的事業單位結構的優、缺點極爲類似，這一類組織的潛在缺點可能是增加了與其他相同層級管理單位協調的成本。圖表 11.4「運用策略的案例」說明了兩家個案公司如何在他們的事業部組織結構上進行改變，並改善了他們的策略執行力。Dell 由原本的地理區域事業部結構轉變爲顧客類型的事業部結構，最終改善了公司的銷售量。GE 由原本全球六大自主的事業單位，縮編爲三大核心事業部—基礎設施、財務金融以及媒體。

運用策略的案例　　**圖表 11.4**

改變組織結構使得執行公司策略更加順利

Dell 的創辦人與執行長 Michael Dell 最近說道他的事業部應該更聚焦於企業客戶：「顧客的需求應該定義在他們如何使用科技，而不是他們在哪裡使用它，這也就是為什麼我們不讓自己受限於地理疆界來解決他們的問題」。

所以 Dell 原來有三個以地理區域來劃分的事業單位，分別是：遠東、美洲、歐洲(包括非洲和中東)，但是 Dell 現在新的事業單位是以企業顧客的型態來劃分的，而不是以全球地理區域來劃分。它的新組織結構有：大型企業事業部、公部門事業部以及中小企業事業部。Michael Dell 說：「我們已經準備好為全球的企業服務了」。

GE 將它的事業部由六個減少為四個，並專注於三個「核心產業」：基礎設施、財務與媒體。這項決策主要是 GE 整合了企業金融與消費金融成為一個單位，並將能源基礎設施事業部獨立出來，且整合了企業解決方案事業部、航空、運輸以及醫療保健。將能源基礎設施事業部獨立出來代表這一個快速成長的領域在 GE 公司策略的重要性，將基礎設施劃分為兩個事業部，並整合金融服務成為單一事業部以提升其策略重要性。

Nortel 執行長 Mike Zafirovski 最近決定放棄其矩陣型組織結構，並轉型為策略事業單位的組織結構，以提升決策的速度。「藉由獨立分開的事業單位並消除複雜的矩陣型組織結構，獨立的事業單位可以迅速的作決策、將流程與結構最佳化、建立策略夥伴並迅速調整市場策略，當 Nortel 轉換成事業單位這種組織結構之後，我們必須將這些獨立分開的事業單位整合起來，專注於目前市場或是未來市場的經營，每一個事業單位都必須精簡、聚焦以及自動自發，這樣才能夠提升組織的產能並在市場上迅速做決策」。

資料來源："Reflections on Dell's Latest Reorganization," Supply Chain Matters, Bob Ferrari's Blog, www.theferrairgroup.com; GE Reduces Divisions to Four as Immelt Sheds Slow-Growth Units," www.Bloomberg.com, July 26, 2008; and "Mike Z Letter to Nortel Employees," Nortel BuzzBoard, www.community.nortel.com, May 11, 2009.

控股公司結構
事業部組織的最終進化組織型態為控股公司結構，這一類的組織結構公司實體通常是許多不相關事業體或事業部的組合，所以公司實體就如同財務的監督者，他們握有公司內不同事業體(而且是他們感興趣的)的所有權，但是並不直接涉入管理的事務。

控股公司

事業部組織的最終進化組織型態爲**控股公司結構**，這一類的組織結構公司實體通常是許多不相關事業體或事業部的組合，所以公司實體就如同財務的監督者，他們握有公司內不同事業體(而且是他們感興趣的)的所有權，但是並不直接涉入管理的事務。Berkshire Hathaway 擁有不同事業部全部或是部分的股權，本質上，就總公司的層級而言，他們提供財務上的支持並管理這些事業部，透過財務目標以及逐年審視績效、投資需求等做法來進行管理工作。但是，策略性以及營運性的決策卻是透過獨立或是自主營運的事業部門來進行，總公司的辦公室卻只是個簡單的控股公司而已。

這種組織的方式比起事業單位結構的組織，可以節省大量的成本，當然，公司總部辦公室如果過度依賴事業部單位的管理團隊，將有可能產生對主管決策缺乏控制力的現象。

11.1.4 矩陣型組織結構

在大公司中，差異化愈來愈大使得產品與專案的種類也越來越多，這樣的結果導致組織需要愈來愈多的技能與人力資源。舉例來說：產品發展部門需要一位行銷研究與財務分析的專家，但是可能只需要幾個月的時間。某一家軟體公司需要工程師來工作一個月，顧客服務訓練專員則是一個月內需要來工作六週。這些情形都是矩陣型組織的例子，短暫的將人力資源安置在他們所需要的職位上。有許多公司運用這種組織型態，例如：Citicorp、Matsushita, 微軟、IBM、Procter & Gamble (P&G)以及 Accenture 等等。

矩陣型組織結構
有可能將員工同時分派到功能性部門以及專案中，矩陣組織提供雙管道的職權管理、績效評估與控制。

矩陣型組織結構有可能將員工同時分派到功能性部門以及專案中，矩陣組織提供雙管道的職權管理、績效評估與控制，如圖表 11.5 所示。矩陣型組織充分的利用組織內有才能的員工，因此結合了功能性組織與產品專案計畫專業化的優點。

矩陣結構也增加了中階管理者的人數來運作一般的管理責任，因此公司對於策略的關注將會更爲明顯。這樣一來，矩陣型組織將能克服功能性組織的缺點而保有功能性組織所擁有的優點。

雖然矩陣結構容易設計，但是卻不容易推行。雙重的指揮系統基本上與組織管理的原則不符。責任之間的推託、資源使用的衝突，部屬之間的混淆。這些問題在國際企業面臨距離、語言、時間與文化等問題的時候，會更加複雜。圖表 11.4 運用策略的案例說明 Nortel 近年來爲何放棄其矩陣型組織結構而偏愛策略事業單位的組織結構，其原因不外乎上述的理由。

圖表 11.5　矩陣組織的結構

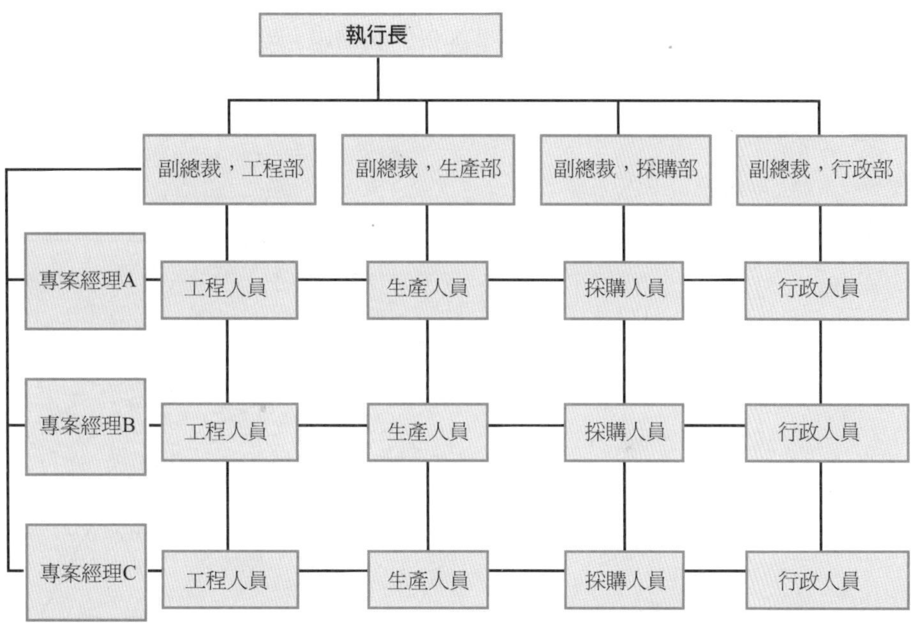

策略優勢	策略劣勢
1. 專案與企業功能之整合。	1. 導致政策雜亂和相互矛盾。
2. 爲策略管理者提供最好的訓練。	2. 水平與垂直的協調性必須很高。
3. 使功能性主管發揮最大的效能。	3. 增加資料的複雜性而且產生過多的報告。
4. 由於來自不同單位，所以產生了許多的創造力以及差異化。	4. 降低士氣及責任。
5. 使得中階主管接觸更多的策略性議題。	

11.1.5 產品團隊結構

產品團隊結構

指派各功能的管理者與專家到新的產品、專案與團隊，並授權他們可以針對產品作決策，團隊成員會長期的指派到大部分的個案中。

爲了避免長期運用矩陣型組織結構所產生的缺失，有一些公司會交錯運用「暫時」與「彈性」的組織結構來完成其策略性的任務，最近有許多企業運用這一類的手法，例如：Motorola、Matsushita、Philips 以及 Unilever，他們都運用矩陣型的團隊，同時保留了事業部結構，這種組織結構就是大家所熟知的「產品團隊結構」。**產品團隊結構**(product-team structure)基本上可以成爲矩陣型組織的替代方案，它同時可以簡化或是增強某些資源在重要策略性產品、專案、市場、顧客或是創新上的運用，圖表 11.6 明白的描繪出產品團隊結構的形貌。

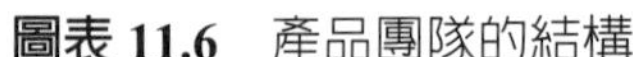
圖表 11.6 產品團隊的結構

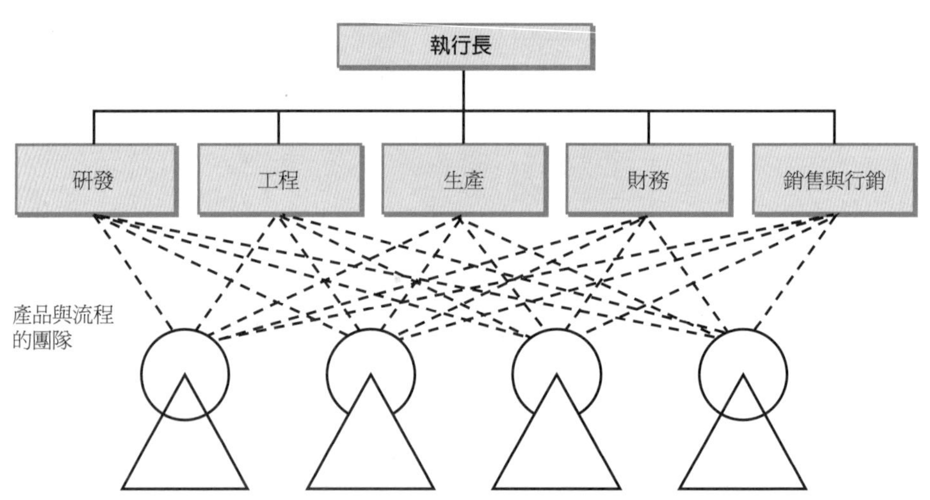

11.1.6 產品與流程的團隊

產品團隊結構經常指派功能性主管以及專家(例如工程、行銷、財務、研發以及生產等)組成團隊來進行新產品、新專案、新流程的開發，而且通常他們會被授權，對於有關產品開發的相關事項進行決策。這個團隊通常在新產品概念形成的初期就已經開始參與，至於該項產品是否能成就一番偉大的事業就不是很確定了。相對於矩陣型組織員工的短期分派方式，產品團隊的組織成員基本上是長期派任式的型態。這種組織型態的協調成本較低，而且包含了大多數的功能性活動，管理層級相對的降低，團體決策將會形成最後的決策結果。

產品開發團隊在產品發展的過程中，扮演著開創者的角色，藉由跨功能整合的知識，早期產品開發或是流程設計的問題就可以迎刃而解。他們同時也可以降低設計、製造以及行銷的成本，同時也可以加速創新以及提昇顧客回應的速度，之所以會有這些優點主要的原因就是團隊具有決策的權力，因此能迅速做決策。由於這種組織型態具有速度快、節省成本的優勢，因此在新產品開發團隊之上，不需要太多的管理層級。也因爲此種型態的產生，使得過去較爲傳統的控制與決策模式有所轉變。將這些多餘的管理階層在過去做決策的模式與產品團隊成員的決策模式相比較，我們可以發現產品團隊成員對於新產品開發流程的決策基礎才是第一手的資料，相較之下多餘的管理階層決策品質似乎眞的較差。圖表 11.7「運用策略的案例」提供了數家知名公司產品團隊的案例，同時它們也因此獲得相當強的競爭優勢。

運用策略的案例　圖表 11.7

透過跨功能團隊來提高執行公司策略的附加價值

Monsanto 執行長 Hugh Grant 接掌了以每股十美元出售的 Monsanto 化工企業集團，五年後，公司成為製造生物科技種子的全球領導廠商，在接掌公司後的第 100 天，Grant 的高階管理團隊決定減少化學事業部的員工以及產品線，並將資源挹注到新成立且尚未獲利的生物科技種子事業部。此外，他們決定放棄小麥，專注在玉米、大豆和棉花，感覺上像是充滿風險的賭注。

為了協助 Monsanto 轉型為高科技的企業並且快速改變其事業部的產品線，Grant 導入跨功能團隊的概念，這個團隊運用了 Monsanto 內五到六個不同的功能領域的專家，專注並投入於有關新種子、市場等專門性的問題，這樣的組織結構強化了公司最新種子科技商業化的能力，同時也造就了 Monsanto 的策略優勢，並創造了十二倍的市值。

Bentley 商學院研究生轉職到 IBM 公司當工程師的 Sally McSwiney 就是一個很好的例子，主要是因為 IBM 的高層運用了跨功能團隊的概念而成為全球電腦服務業的龍頭，她說明她在跨功能團隊所扮演的角色：「身為跨功能軟體產品發展團隊的一份子，我透過與客戶、分析師以及專家互動進而管理產品的需求，我經常與我的跨功能團隊成員開會與討論，而他們可能來自北卡羅萊納州、馬薩諸塞州和中國，而外部的團隊則是指顧客、媒體、分析師等等，我們經常與他們溝通，而且也經常將產品展示給全球的朋友看並進行討論」[1]。

Electronic Arts (EA)的執行長 Bing Gordon 說明他們是如何持續性的帶給全球顧客新的電玩：「在 EA 創新的電玩都是來自小型、跨功能的團隊，他們是由程式設計師、設計師、藝術家、市場開發與行銷人員所組成，我們必須找出最佳途徑來避免市場開發與程式設計之間產生衝突，通常我們比較屬意行銷部的人員來擔任跨功能團隊的領導人」[2]。

BMW 的執行長 Norbert Reithofer 運用了跨功能團隊來加速 BMW 的能力，並創造了高品質的新 3 系列車種，由於他在公司已經超過二十年，由維護規劃師到生產部的主管，他組成跨功能的團隊，成員來自研發、生產與設計部門，因此開發新 3 系列的車節省了一半的時間，此外，這種跨功能團隊維持了 BMW 追求技術卓越的策略，並且強化了它在全球汽車產業的競爭優勢[3]。

1 "Always on the Go at Big Blue," BusinessWeek, May 17, 2007.

2 "Bing Gordon's Game Revealed," BusinessWeek, June 26, 2007.

3 "Managing a Brand: Concept to Product," BusinessWeek, October 16, 2006.

資料來源：www.monsanto.com/careers and www.monsanto.com/ who_we_are.。

11.2 不同的世紀真的有差別嗎？

圖表 11.8 提供了一個有用的觀點說明該如何設計一個可以因應明日全球化經濟的有效組織結構，20 與 21 世紀的公司有著截然不同的特性，它提供一個歷史性或是革命性的觀點來探討與成功執行策略密切相關的組織屬性。成功的組織過去需要內部焦點、結構性互動、自給自足及由上而下的模式。然而現在和未來，組織結構所反應出來的特質是外部焦點、彈性合作、相互依賴及由下而上的模式，這些都是成功執行策略的一些特性。21 世紀有效的組織結構有三個基本趨勢：全球化、網際網路與決策制定的速度。

圖表 11.8 不同的世紀真的有差別嗎

對照公司觀點的差異		
特徵	**20 世紀**	**21 世紀**
組織	金字塔型	錯綜複雜或網路型
焦點	內部	外部
風格	結構性的	彈性
優勢來源	穩定的	變動的
結構	自給自足	互相依賴
資源	實質資產	資訊
營運	垂直整合	實質整合
產品	大量生產	大量客製化
幅員	國內的	全球的
財務	以季來算	隨時的
存貨	月	時
策略	由上而下	由下而上
領導	教義式	激勵式
工作者	員工	員工和自由行動的人
工作預期	安全	個人成長
動機	競爭	建構
改善	逐漸	變革
品質	盡可能做到最好	不妥協的

資料來源：From “21st Century Companies,” BusinessWeek. Reprinted from August 28, 2000 issue of BusinessWeek by special permission. Copyright © 2000 by The McGraw-Hill Companies, Inc.

11.2.1 全球化(globalization)

普立茲獎得主著名作家 Thomas Friedman[1] 認爲二十一世紀的前十年爲「全球化 3.0」的時代，他說這是一個全新的年代，世界由「小」質變爲「微小」，而競爭場域也扁平化成爲個人的競爭，他有如下的說法：

全球化 1.0 是國家全球化；
全球化 2.0 是企業全球化；
全球化 3.0 則是個人力量的彰顯，
並直接在全球合作與競爭，
來自全球所有角落的個人，
被賦予權力進入開放以及全球化的市場[2]。

超過三分之二的產業都已經開始全球化營運(如：電腦、航空技術)，或即將全球化。以下是五家公司在最近十五年國外市場銷售的百分比，顯示出大幅成長的趨勢：

	1995	2000	2005	2010
General Electric	16%	35%	41%	55%
沃爾瑪	0	18	32	43
麥當勞	46	65	71	79
Nokia	85	98	99	99+
Toyota	44	53	61	78

全球性共同合作和創新的需求迫使企業不斷地實驗與調整，以得到當地活動、資訊流、領導和公司文化的正確組合。瑞典的 Ericsson，高階經理人仔細的審議薪酬，因此經理人專注於全球化的績效並且避免區域戰爭，也使得該公司的區域營運有明確的方向。荷蘭的電子巨人——Philips，將不同的事業部，依據新的趨勢轉移到競爭最激烈的區域。它的數位電視事業部在加州，音響事業部從歐洲移到香港[3]。

全球化過去指的是銷售商品到海外市場。現在的全球化指的是在數個國家中營運。現今要的是全球有才能的人和所有相關的資源，就像現在的銷售遍及世界各地一樣。總公司可能在美國，但是軟體設計在新德里，工程師在德國，而實際在印尼製造。組織結構的分支有重大的變革。

1 Thomas L. Friedman, The World Is Flat (New York: Farrar, Straus and Giroux, 2005).

2 同上 p.10.

3 Wendy Zellner, "See the World, Erase Its Borders," BusinessWeek, August 28, 2000.

11.2.2 網際網路(the internet)

網路連結組織中的每一個人，而且也是工作上的好夥伴，從基層員工到執行長或是到任何供應商及消費者，都有從任何地方瞬間存取大量資訊數據的能力。想法、要求與命令在一眨眼間迅速的傳達。而且供應商可以同時一起運作。這樣使得組織的協調、溝通與決策的功能都能夠迅速且容易達成，相形之下傳統的組織結構就顯得遲緩、無效率甚至缺乏競爭力。

11.2.3 速度(speed)

科技或數位化，指的是從組織日常工作中將人類的思維與雙手，以電腦與網路取代。從員工利益、應收帳款、產品設計成本、時間到員工薪資都進行數位化，此結果有助於成本的節省和速度的大幅提升。Intel 的 Andy Grove 指出：「結合網際網路，在行動、決議、資訊上的速度都將巨幅增進」。Cisco 的 John Chambers 指出：「你將會看到不可思議的速度和效率，許多公司的年生產力大約增加 20%到 40%」。尖端科技將使得組織內的員工能夠掌握稍縱即逝的機會。這些科技將會使世界各地的員工、供應商和往來企業，在線上用各種不同的語言交談，而且不需要翻譯者，以發展市場、新產品或新的流程。此外，組織結構也會因此而進行革命。

無論科技是否真有實質的幫助，企業全球化的活動創造了極有發展潛力的垂直決策速度，並挑戰傳統階層式的組織結構。例如 Cisco，由於原本的不同營運方式，可能需要同時協商 50 到 60 個聯盟。而協調、決策的速度需要簡單且順應組織的結構，以免失去機會。

面對這些趨勢，經理人該如何建構一個有效的組織呢？讓我們從以下兩個方向來回答這個問題：首先，我們應該整理管理者在面對新的環境衝擊時，如何改變傳統組織結構的幾個重要面向，第二，我們應該思考如何創造敏捷以及虛擬的組織。

11.3 改善傳統組織結構效能所應付出的努力

大部分改善傳統組織結構的作法都是想辦法降低不必要的控制，藉以提升核心競爭力、降低成本以及開放組織讓外部力量可以引進，大型組織最關鍵的因素在於公司的總部。

11.3.1 從控制到支持和協調來重新定義公司總部的角色

多事業部或是多國籍企業的管理總部常會面臨以下的兩難問題：當大型企業的事業都擁有創造力而且具有快速回應力但卻彼此競爭時，大企業的資源優勢該如何充分運用與發揮？這些問題常使得公司主管的偏好發生衝突因此必須經常修正與調整[4]：

- 嚴格的財務控制和報告以提供成本效率、資源部署以及不同單位的自主性，彈性的控制有助於回應、創新和企業疆界的擴張。
- 一般來說，多事業部公司都是透過開發不同事業部與市場的資源及能力來取得競爭優勢，但是未來競爭優勢的來源則是來自於開發新的資源以及新的能力。
- 積極進取的組合式管理，將會爲股東賺取大量的利潤與價值，這也是獨立事業部達成目標的最佳方法。管理者如果能夠增強協調與溝通則企業的競爭力將會相對提升。

漸漸地，全球化多事業部的公司正不斷地在改變當中，因此母國公司總部面對了多事業部的要求，爲了產生多事業部的綜效，公司總部在控制、資源分配以及績效管理上的作法是迴異的。如此一來，有些公司就從各事業部抽調一名高階主管，形成高階主管委員會(通常只有四到五位)來進行公司策略的決策、討論與分析。IBM 的 Sam Palmisano 運用這種方法，使得現代的 IBM 跨越軟體、企業服務、晶片設計以及現在的虛擬世界企業活動等領域，創造了更多的創意與機會。像這種高階主管委員會取代了傳統的監督與控制的方法，進而公開討論並分享各事業單位的計畫，討論相關的議題與問題，尋求專家的協助，以進一步促進協調與創新。

John Chambers 在 Cisco 的實驗同樣也是一個很好的例子，他發現 Cisco 的層級結構不利於企業迅速進入市場，所以他開始將高階管理者組織起來成立跨功能團隊，Chambers 指出將銷售部的經理與工程部的經理組織在一起可以打破藩籬，因此後來公司透過「協調會」或是「委員會」來取代高階主管的功能，這些委員都是來自於 Cisco 不同的事業部門或是功能性部門，通常由三到七個管理者所組成，致力於發現如何創造綜效、機會以及促進決策[5]。

11.3.2 平衡「控制／差異化」與「協調／整合」的需求

工作的專業化使得組織內的單位發展更專精的技能、更集中的焦點以及更有效率的營運。因此有些組織偏好採取功能式或是類似的組織結構。他們的策略取決於公司內不同的活動，而這些活動比較有邏輯或是一般的分類方式就是分爲：銷售、生產、行政管理或是地理區域，而這種分類方式可以使得組織經營效率大爲提高。活動的控制是相當必要的。用這種方式區分活動，有時稱之

4 Robert M. Grant, Contemporary Strategy Analysis (Oxford: Blackwell, 2001), p.503.

5 "Cisco Systems Layers It On," Fortune, December 3, 2008.

爲「差異化」，這是一個重要的結構性決策。同時，這些彼此獨立的活動，看起來雖然都具有差異性，但是透過協調與整合的機制使它變成整體的概念，如此企業功能方能有效的執行。不同類型的事業或策略情境對於控制與協調的需求也有所不同。

全球消費者主義逐漸高漲，隨著文化背景的差異，使得不同品牌的行銷人員意識到他們必須重視當地消費者的偏好與回應。例如可口可樂，過去常常從亞特蘭大總部強勢地控制公司的產品。經理人在一些市場發現消費者的需求不僅僅只是可樂、健怡和雪碧。因此可口可樂改變公司的結構，降低不必要的控制，而且鼓勵當地的經理人在地主國市場獨立開發新的飲料。同時，新時代組織的典範 GE 公司，改變它的 GE 醫藥系統組織結構，並允許當地的產品經理人掌控從產品設計到行銷的每一個環節。強調與地主國的協調並降低總公司對於產品設計與行銷的控制，不免讓總公司的主管懷疑：製造類似的產品在不同的市場銷售，是不是一種浪費資源與成本過高的作法。所以 GE 公司強調產品設計必須集權化的控制，基於全球各地主管與顧客的意見，公司決定設計數種單一的全球化產品，這樣將使得該產品在全球擁有相當高的成本競爭優勢。GE 公司對於產品設計控制的需求，似乎高於對地主國產品經理需求的關注[6]。同時，GE 在完成最終產品之前，將會從每一位顧客或是潛在的顧客身上獲得寶貴的意見，甚至從公司比較早期的產品中獲得靈感。因此控制的程度又將更加提高，但是組織對於與全球經理人及顧客的協調與溝通也投入更多的時間與成本，這也使得 GE 公司在全球醫學掃瞄器的市場上無往不利。將所有的公司虛擬化來面對全球的市場會使得組織產生以下的困窘—公司該如何將自己與不同的市場整合，並能夠兼顧有效控制差異化的內部單位，使得組織能夠持續的獲利並有效營運？本章後面我們將會有深入的探討。

11.3.3 重整公司所強調與支持的策略性關鍵活動

重整

重新設計組織結構，以呼應公司關鍵的策略與活動，並提高組織整體效能。

重整是指重新設計組織的結構，並強調影響公司策略及整體效能的關鍵活動。重整的核心概念是指企業的價值鏈中，有某些因素是企業成功最關鍵的因素，企業必須重視這些關鍵的因素。沃爾瑪組織結構的設計使得該公司的物流及採購的競爭優勢無可取代。每日的物流與採購都必須進行協調以取得效率，沃爾瑪在產業中獲利甚豐，乃是因爲沃爾瑪零售價格的競爭力甚至高過競爭者的批發價格。Motorola 組織結構的設計能夠保護其研發與新產品開發的能力，因爲該公司在研發所花費的資金大約是產業平均研發費用的兩倍，Motorola 不斷開發專屬的技術以維持其獨有的技術競爭優勢。可口可樂強調配銷活動、廣

---

6 Zellner, "See the World, Erase Its Borders."

告及零售的重要性，透過公司特有的組織結構來提升它在飲料市場中的佔有率。以上三家公司非常強調不同的價值鏈流程，但是主要的成功原因之一還是因爲它們非常重視組織結構的設計以支援策略性的關鍵活動。企業流程再造以及縮編/自我管理這兩種方法，已經成爲公司改善他們所強調的策略活動的方法了。

企業流程再造

這是一種以顧客為核心的重組方法，它包含基本的重新思考以及躍進式的重新設計企業流程，這樣公司才能夠為顧客創造價值，消除員工與顧客之間的藩籬。

企業流程再造(BPR)是由知名的顧問 Michael Hammer 以及 James Champy[7]所提出的概念，主要是一種「以顧客爲中心」的再造方法。BPR 藉由消除公司與員工及顧客之間的距離，來爲顧客創造價值。主要的手法是透過授權或是組織結構的調整。

企業流程再造藉由跨越傳統部門界線和減少重複的步驟與工作任務上的糾纏以滿足消費者需求。因此企業流程再造是「流程導向」，而不是傳統上的功能導向，由於結合了不同的活動與任務的觀點，因此組織結合成爲一個區塊。若想形成此種區塊，則組織的生產裝配線必須是跨功能、跨層級的概念，而且必須是以如何滿足消費者的需求作爲主要的訴求，每個流程的不同階段都包含顧客滿意的觀點。企業流程再造策略如果想要成功則必須仰賴下列幾個步驟[8]：

- 發展整個企業流程的藍圖，包括這個流程與其他價值鏈活動之間的關係。
- 簡化流程，儘可能減少任務與步驟，並分析如何簡化工作方法以提高營運績效。
- 決定流程中那個部分可以自動化(通常是那些反覆、耗時、不需要思考就能夠決定的活動)，並考慮導入先進技術來提昇產能(甚至已經考慮到下一個世代)，這些作法將可作爲提升生產力的基礎。
- 評估流程中的每一項活動，並決定它是否爲關鍵策略(strategy-critical)。關鍵策略活動的最終目標，有可能是以成爲產業中的標竿企業作爲目標，或者是成爲全世界的標竿企業以作爲最終的終點站。
- 探討將不重要活動外包的利弊得失，以及對於企業組織能力與核心競爭力缺乏貢獻的活動有無保留的必要進行進一步的評估。
- 設計執行相關活動的組織結構，並將相關的員工與群體納入新的組織結構中。

IBM 提供了一個很好的例子來說明再造工程，當全球經濟逐漸走向國際化，IBM 開始有所作爲力求生存，它的作法是採取重整—開始將公司的複雜以

---

7 Michael Hammer, The Agenda (New York: Random House, 2001); and Michael Hammer and James Champy, Reengineering the Corporation (New York: HarperBusiness, 1993).

8 Judy Wade, "How to Make Reengineering Really Work," Harvard Business Review 71, no.6 (November–December 1993), pp.119–31.

及高度分權化的組織進行精簡，當時的執行長說：這稱爲再造；也稱爲獲取競爭力(getting competitive)；也稱爲降低週期時間與成本(reducing cycle time and cost)；也稱爲扁平化組織(flattening organizations)；也稱爲提高顧客回應(increasing customer responsiveness)。上述所有的問題都必須透過顧客、供應商和廠商的通力合作與協調。這些努力使得 IBM 生存下來了，執行長 Sam Palmisano 觀察並說道：自從 IBM 獲得效率之後得到了許多的報償，這也驅使 IBM 運用其再造的經驗發展了一套新的商業服務模式，IBM 稱之爲「隨需應變商業模式」，內容詳見圖表 11.9「運用策略的案例」。

> IBM 發展了一套系統可以使得工作自動移向成本較低且夠專業的地方，會有適合的人來完成任務，其目標是傳遞高品質但是具競爭力價格的服務，很清楚的，一個與全球化相關的機會就是成本，如果你擁有基礎設備而且懂得如何利用它，則你就可以隨時取得專業知識[9]。

運用策略的案例　圖表 11.9

從再造到再發明：IBM 轉變成「隨需企業」的旅程

面臨生存的壓力與挑戰，IBM 相當在意其企業流程，因此，IBM 充分運用網際網路以及全球性的連結來簡化資訊的取得，同時交易變得更簡單而且都是建置在以網路的基礎之上。公司充分整合企業內部的流程以及外部的核心客戶、合作伙伴及供應商。例如：IBM 創造了一套主資料庫，稱為「Blue Monster」用來服務他們所有的員工—不管他們身處何處，不管他們在做什麼，不管他們的專業或是經驗為何。面對全球化、產業整合以及破壞性技術不斷出現的衝擊，IBM 發現不斷改造限制公司發展的實務、流程以及組織結構，將能提高效率與競爭力。

這的確是 IBM 的好機會，IBM 執行長將這項概念命名為「隨需企業」，而且公司當局並不希望這項概念只是個案例，他們希望公司成為「隨需企業」的實驗室，公司定義這一類企業的特徵—水平整合、彈性而且反應迅速—而且資訊科技的基礎設施必須將企業轉變為—整合、開放、虛擬以及自動化。IBM 致力於將變革所產生的複雜議題轉化為基本的企業流程、組織文化以及資訊科技基礎設施，並尋找新方法來取得、展開以及財務的解決方案。

現在，IBM 有了新的突破，創新與價值創新使得公司收益快速成長，顧客滿意度也不斷提高，公司持續且規律的營運，專注的提高生產力以及資訊科技的最優化來提高獲利，這樣的發展與成長符合多數企業執行長的期待，而用 IBM 的案例來說明也正好恰如其分，IBM 已經運用這樣的模式來服務其他七個國家、二十五位重要客戶以及 750 家全球企業了—而且數目不斷的在提高當中。

資料來源：
http://www-03.ibm.com/industries/healthcare/ doc/content/resource/insight/1591291105.html?g_type=rssfeed_leaf.

---

9 Steve Hamm, "Big Blue Wields the Knife Again," BusinessWeek, May 30, 2007.

企業瘦身
是指減少員工的人數，特別是中階管理者。

營運層級的企業瘦身以及自我管理是公司重整關鍵活動的另外兩種方法，**企業瘦身**是指減少員工的人數，特別是中階管理者。全球化的來到、資訊科技、與劇烈的競爭使得許多公司重新評估中階管理者所從事的活動究竟對公司有何貢獻？增加了哪些產品與服務？提升了哪些價值。經過謹慎評估之後我們發現，隨著資訊科技持續性的改善，全世界數以千計的公司，幾乎都因此而減少許多管理階層的主管及員工，商業周刊的 John Byrne 花了數年的時間研究全球一流企業的企業瘦身、去層級化以及自我管理，他的觀察與看法詳見圖表 11.10「頂尖策略家」一節。

頂尖策略家　　圖表 11.10

BusinessWeek 的 John Byrne

問題	答案
界於執行長及一般員工之間有多少層級存在？	許多大型企業都會有 12 層，但大部份都會削減至 4 或 5 層，超過 6 層就太多了。
何謂新的控制幅度？	許多公司都是一位管理者管理 30 位部屬，現在一位主管管 8 位員工都嫌太多。
當公司開始減少層級或是開始授權時，有多少任務或是工作會被刪除掉？	有一部份的減少層級是消除不必要或是多餘的工作，有一些成功的作法是減少 25%到 50%的管理任務。
留下來的主管或是管團隊最重要的技能是什麼？	他們必須願意承擔更多的責任，並且有能力定義及消除不必要的工作。
您最大的利潤中心有多大？	當然還是會有一些爭議，即使在最大的公司，營業單位也不要超過 500 位員工，這麼做是比較明智的，因爲這樣的公司比較具有創業的傾向而且官僚氣息會較低。
公司總部規劃層級變少會產生什麼影響？	令人驚訝的是，通常是由公司總部來制定層級變少的比例，但是總部並不了解顧客，而且通常規劃出來的比例還是會讓公司員工過多。

資料來源：John Byrne, “The 21st Century Corporation,” BusinessWeek, August 28, 2000.

企業瘦身的結果之一爲：提高公司經營層級的**自我管理** (self-management)。裁減管理階層的人數，使得那些留下來的人必須分擔更多的工作，這也使得公司內原有良好的人事衡量與控制機制產生了問題。傳統上對控制幅度的看法，最多爲十人，但是由於資訊科技的導入，使得控制幅度變

自我管理
工作群體或是工作團隊沒有直接的直屬上司來扮演監督的角色，但是他們卻可以自己監督或是管理他們自己的工作，這些團隊會為他們自己的工作設定底線或是決策，並要求績效。

得更大，而且有必要進行「精簡和瘦身(lean and mean)」，以授權給較低的管理層級。Ameritech，Baby Bells 之一，其控制幅度在某些部門中提高至 30：1，因爲多數人員都是從事幕僚工作，財務分析師、襄理等職位都不見了。這種所謂的授權(delegation)，以及大家所知道的賦權(empowerment)，都是透過像自我管理工作團隊、再造、與自動自發等概念來加以實現的。同時這種作法必須將大型的事業分割成許多較小的事業部，而不會以相互連結或是大型企業的型態出現。無論用語爲何，其概念就是指管理決策的決策權往下延伸至作業管理的階層。其結果往往使得組織結構中有一半以上的管理階層將受到裁撤的命運。

11.4 創造敏捷、虛擬的組織

虛擬組織
獨立公司所形成的臨時性網路——包括供應商、顧客、承包商甚至是競爭者。主要透過資訊科技與外界連結，並且分享技能、接近市場與降低成本。

現今的企業漸漸發現他們的組織結構愈來愈趨向內部與外部關係的複雜網絡，這種組織的現象被稱之爲**虛擬組織**(virtual organization)，它的定義是：「獨立公司所形成的臨時性網路——包括供應商、顧客、承包商甚至是競爭者。主要透過資訊科技與外界連結，並且分享技能、接近市場與降低成本[10]。」**敏捷組織**是指定義一系列與高獲利營運有關的事業能力，並基於這些核心能力建立虛擬組織，使得敏捷的公司能夠基於這些核心能力、高獲利的資訊服務與產品來建立其事業。創造一個敏捷、虛擬的組織結構必須包含：外包、策略聯盟、無疆界組織結構、雙元學習組織以及網路結構。以下讓我們更深入探討如何創造虛擬組織：

11.4.1 外包——創造模組化組織

敏捷組織
企業定義創造高獲利的一系列能力，並建置能夠創造這些能力的虛擬組織。

外包
外包最簡單的概念就是指公司內部員工藉由外部工作者來完成部分的工作。

外包(outsourcing)是促成虛擬組織潮流發展的先驅。像 Dell 並非自行製造 PC，Cisco 也不是世界知名的路由器(route)的生產者，Motorola 更不是手機的製造商。**外包**最簡單的概念就是指公司內部員工藉由外部工作者來完成部分的工作。許多管理者試圖重整他們的組織，特別是從企業流程的角度來看的話，在他們的公司內會發現有許多的活動並非「策略性關鍵活動」。這或許就是之前所說的：由不同的中階管理階層所掌控的活動以及行政控制。但是，它也可能是指企業價值鏈中的非主要活動——例如採購、運輸、部分製造等等。如果管理者仔細思考則他們有可能會做出這樣的結論：「這些活動非但對於組織產品與服務的價值沒有提升的作用，如果將這些工作交給其他更專業的生產者來做，或許還會有成本上的優勢」。如果上述所言屬實，則企業將經由外包活動來提昇企業的競爭力。

---

10 W. H. Davidow and M. S. Malone, The Virtual Corporation (New York: Harper, 1992); and Steven Goldman, *Agile Competitors and Virtual Organizations* (New York: Van Nostrand Reinhold, 1995).

模組組織

模組化的組織透過外包將不同領域的專家或公司整合在一起，以提供顧客所需的產品與服務，並完成組織的主要活動與支援性活動來促成企業成功。

企業選擇外包活動常被比喻爲創造模組化的組織，**模組組織**透過外包將不同領域的專家或公司整合在一起，以提供顧客所需的產品與服務，並完成組織的主要活動與支援性活動來促成企業成功。Dell 就是一家模組化的組織，因爲它成功的運用了外包的概念，將其製造與組裝都外包給其他廠商來製造電腦，它同時也將顧客服務外包給其他的廠商來服務全球不同需要與地區的客戶，以提供客製化的服務與支援活動。提供外包服務的企業通常是獨立的公司，他們針對許多公司提供類似的服務，即使是 Dell 的競爭者他們也會提供服務。Dell 仍然保留主要的組織，並繼續控制組織，當然這一家公司在顧客的心目中仍然保有相當重要的份量，主要原因是 Dell 透過它的能力與外包將許多不同的模組整合在一起，並持續提供給顧客最好的電腦與相關服務。

許多組織在很久以前就已經開始將某些企業功能外包了，例如薪資與福利管理，一些例行性的管理功能進入障礙比較低而且耗時耗成本，企業較傾向將這些活動外包。但是現代的外包活動則不限例行性活動，而是包含了企業的所有面向，重點是透過外包能夠提供顧客所需的產品或服務才是優先考量的地方。圖表 11.11「頂尖策略家」說明了截至目前爲止外包所可能包含的部門，當然也不是只有大公司才能做到。創業高手以及 Celestial Seasonings 的共同創辦人 Wyck Hay 在退休之後在加州建立了一家新公司 Kaboom Beverages，有趣的是 Hay 正如現代的許多創業家一樣，建立了完全模組化的組織，Kaboom Beverages 的每一項企業功能都外包給不同的專家以及專業的公司。的確，透過外包來創造模組化的企業，其最大的誘因是因爲可以整合世界級的能力，使得企業有能力提供最好的產品以及最優質的服務。

Boeing 在莫斯科建立了自己的工程中心，總共聘用了 1,100 具有高超技能但是相對勞動力較便宜的航空工程師，他們一起設計 787 Dreamliner 飛機。同時有許多來自日本、韓國以及歐洲的公司都一起投入製造新的飛機而且負責不同的部分。遵循芝加哥法律的 Baker and Mckenzie 律師事務所要求其會說英文的團隊在馬尼拉進行市場調查，Bank of America (BoA)要求其印度子公司與 InfoSys 與 Tata 顧問公司合作—BoA 初步估計這樣前兩年大約在資訊科技的部分節省了約兩億美元，同時也改善了產品的品質。

企業流程外包

包含廣泛的行政管理功能—人力資源、供應採購、財務與會計、顧客關懷、供應鏈管理、工程、研究與發展、銷售及行銷、設施管理以及教育訓練與管理。

企業流程外包(BPO)是目前全球外包服務產業成長最爲快速的區塊，BPO 包含廣泛的行政管理功能—人力資源、供應採購、財務與會計、顧客關懷、供應鏈管理、工程、研究與發展、銷售及行銷、設施管理以及教育訓練與管理[11]。本世紀初，IBM 的策略副總裁 Bruce Harreld 初步估計認爲世界上全球的公司每年大約花費 19 萬億美元於銷售、一般管理及行政管理上，但是實質上只有

[11] Pete Engardio and Bruce Einhorn, “Outsourcing Innovation,” BusinessWeek, March 21, 2005.

14 萬億美元的價值，其他的差額其實可以外包給其他公司。他還進一步預期當製造商外包之後將會產生規模、薪資以及生產力的規模經濟，因此未來十年 BPO 將會如雨後春筍般的出現[12]。許多大型的公司估計會將他們目前的工作業務至少外包一半以上出去，同樣的，銀行業目前所能提供的服務不到所有服務項目的 1%，因此銀行業全球化外包的商機是充滿前景的[13]。

頂尖策略家

圖表 11.11

模組化組織

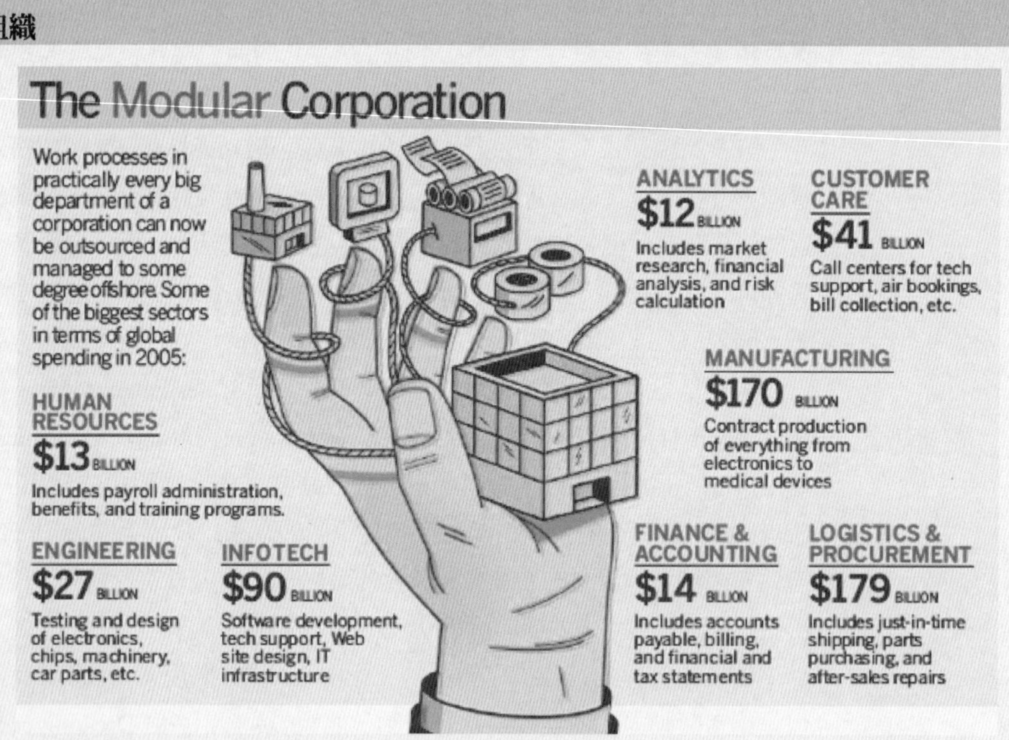

資料來源：From "The Modular Corporation," BusinessWeek. Reprinted from January 30, 2006 issue of BusinessWeek by special permission. Copyright © 2006 by The McGraw-Hill Companies, Inc.

比較具有爭議性的外包活動就是產品設計以及創新活動，特別是消費性電子產品市場，許多知名企業像是 Dell、Motorola 以及 Philips 他們會從亞洲的開發商那裡購買完整的數位設備，並調整成他們自己的規格，再透過自己的銷售通路加上自己的品牌，這也是他們的成功法則，這個趨勢不斷在延燒當中。Boeing 與印度的軟體公司合作發展屬於自己的軟體，包括：新飛機的起落架、導航系統與駕駛艙控制等軟體與系統。Procter & Gamble 是實現創新的領航

12 "A World of Work," The Economist, November 11, 2004.

13 "Time to Bring It Back," The Economist, March 3, 2005.

者，它要求公司 2010 年新產品的創意必須有一半是來自於公司外部—並將研發創新外包—現在已經達到 20% 了。Eli Lilly 已經選定某些選擇性的生物技術研究以及新藥外包給亞洲的一家生物科技研究公司，請參考下列商業周刊的評論文章：

> 重新思考一下現代公司的組織結構，比較特別的是，現代企業似乎有很多功能並不是自己來完成的，至少目前西方的領導品牌都致力於發展創新的商業模式，其中一個重點就是選擇全球網絡關係的合作夥伴，因此企業的型態有可能是美國的晶片製造商、台灣的工程師、印度軟體開發商以及中國大陸的製造廠商的組合。IBM 則運用下一代的科技結合其著名的實驗室以及全球團隊包括 1,200 名工程師來為顧客開發未來的產品。當整個全球價值鏈同步啟動時，將會在產品發展的效率以及速度上產生巨幅的躍進[14]。

以外包的方式來創造敏捷、虛擬的組織有以下潛在的優點：

1. 外包比起在企業內部完成，成本比較低

具有會計師資格以及喬治亞大學企管碩士學位的員工目前服務於喬治亞亞特蘭大 Ernst & Young 公司，其薪資行情爲年薪 75,000 美金，與他具有相同教育水準的同事則返回祖國菲律賓工作，同樣服務於東南亞的 E&Y 公司，透過網際網路與美國總公司聯繫，但是年薪卻只有 7,000 美金。

2. 外包可以降低企業投資於生產與服務產能的資本

大陸聯想集團必需支付其中國大陸新個人電腦製造設施的資本支出，IBM 則不需要。IBM 將其全球現存的電腦製造設施賣給聯想集團，省下了投資在 IBM 發展其核心能力的資本，一旦公司需要電腦他們便可以便宜地向聯想購買即可，這同時也有利於他們未來發展資訊科技管理服務更多的客戶。

3. 公司的管理者與人員可以更集中於「任務-關鍵活動」

IBM 不只節省了資本支出，同時也樽節了人事成本使得多餘的資金更可以投入公司所重視的資訊科技、企業流程外包以及顧問工作。

4. 專注且聚焦使得公司能夠控制並提高其核心競爭優勢的來源

Dell 將製造電腦外包，它努力的控制並改善其以網路爲基礎的直接銷售能力，如此它方能超越其競爭者並拉大距離，即使它是一家電腦公司，它仍全心全力發展強勢的直銷能力，這也是公司目前最專注的。

5. 審慎的選擇外包夥伴使得公司可以潛在性的學習與發展創意與能力，藉由許多家外包夥伴的支援，企業可以消化掉專業知識不斷的成長以及工作範圍日益增加的壓力。

---

14 Engardio and Einhorn, “Outsourcing Innovation.”

許多大型的全球性知名手機大公司，都試圖將部分工作外包給韓國及台灣的手機製造商，主要是因為他們可以因應某些客戶的要求而迅速改善其產品設計原型，因而受到許多顧客的青睞，這些大公司改善了他們與其他廠商之間的運籌物流關係，因而形成了一股知識整合的力量足以應付其他不同的客戶。

然而，外包也有以下的潛在缺點：

1. 外包隱含著喪失了某些控制的力量以及依賴「局外人」

依定義來看，外包是指將企業功能或活動的控制權移轉給「外部」的公司，失去控制權之後可能在未來導致許多的問題，例如：延遲、品質、顧客抱怨以及喪失競爭者的資訊等等。最近有許多美國銀行客戶的個人資料被竊取，主要是因為銀行的資訊管理都外包給印度的委外服務公司，因此在銀行界引起喧然大波。

2. 外包可能創造未來的競爭者

許多提供資訊科技、軟體程式協助以及產品設計服務的公司，也許有一天想要在「價值鏈上改變位置」，因此有可能會與上游的廠商彼此競爭。IBM將大量的工作外包給印度的公司，其中最重要且附加價值最高的資訊科技管理服務，才是公司未來發展的策略性重點。但是它們現在也深深的感受到過去為他們提供外包服務的供應商，現在也已經變成身價上億的軟體與資訊科技服務提供者了。

3. 可能會永久失去某些產品或服務的重要技能

也許某些功能或活動公司永遠不會視它們為核心能力的來源，但是也許它們卻很重要，但是如果公司長期將上述的功能外包，則這些功能與活動將永遠失去其能力，當然也永遠無法有效的做好，長期來說，公司將喪失這方面的能力。

4. 外包可能會導致社會大眾與投資人負面的反應

將製造生產、技術支援以及後台工作外包，這對投資人來說也許是可以接受的，但是產品設計與創新該怎麼辦？思考一下公司該如何創造價值以及如何因應，將母國的工作外包到成本較低的國家，代表工作與人員的異動將有可能帶來一些政治上的熱潮。

5. 擬定一份好的法令合約，特別是服務，是相當困難的

當外包製造商將產品交給你，你開始提貨、檢驗並付錢，當服務提供者供應服務時，那是一個連續的過程，總結來說：在進行服務外包時必需彼此充分信任而且彼此瞭解。

6. 公司也許受制於長期的契約以及某個成本，因而無法維持其競爭力

多年期的資訊科技管理契約不但複雜而且受控於某個成本，這將使企業的競爭力迅速衰退，因為其他的競爭者將有可能想出成本更低的解決方案。

7. 成本並非一切：假如我的供應商出價較低？

EDS(Dallas, Texas)與美國海軍有一項多年期的外包合作契約，主要提供美國海軍一套整合 70,000 套不同資訊科技系統的資訊科技服務。到 2005 年合約就到期了，但是卻產生了 15 億美元的虧損，但是它卻希望這項鉅額的虧損在合約到期日前將它彌平，但是這樣的巨額損失不是一家單一企業所能夠承受的。

8. 外包可能導致零散工作的文化，而所得較低的員工齊工作熱忱也相對較低

一位反對將公司工作外包給外部公司的矽谷經理人曾說：「傭兵雖然能像士兵一樣拿槍打仗，但是他們無法創造革命、建立新社會更無法爲祖國捐軀」[15]。

雖然外包有著上述的潛在缺點，但是它卻變成建立敏捷組織與虛擬組織最關鍵以及最常用的方法之一了。它同時也成爲全球企業爲了建立其事業活動，並維持其成本競爭力、動態性，以及發展未來的核心能力。當企業外包從製造外包與資訊科技管理到企業管理流程時，重要的是必須建立信任與跨文化的瞭解，以有效的安排多年合約與永續的關係。

11.4.2 策略聯盟

策略聯盟
是指兩家或更多公司之間的合作關係，而且他們之間彼此貢獻能力、資源以及專業知識，並確認彼此之間的份際，而且公司之間同意放棄整體控制的想法，以便從合資的關係當中獲得利益與回報。

策略聯盟是指兩家或更多公司之間的合作關係，而且他們之間彼此貢獻能力、資源以及專業知識，並確認彼此之間的份際，而且公司之間同意放棄整體控制的想法，以便從合資的關係當中獲得利益與回報，策略聯盟不同於外包的關係，因爲尋求外包的公司通常會要求保留控制權，但是策略聯盟則是所有公司在成爲合作夥伴之後，主動放棄整體的控制權。德州 EDS 公司正引頸期盼「Atlas 聯營企業」是否能取得爲期 10 年、76 億美元的契約，來管理英國軍方的 150,000 台電腦以及網路軟體。「Atlas 聯營企業」是一種策略聯盟，由 EDS 所組成來引導其合作伙伴，包括荷蘭公司 LogicaCMG 以及 EADS 的英國子公司，當 EDS 引導策略聯盟的伙伴時，它並不試圖管理其財務控制，但是其他三位伙伴的治理將會彼此影響。

這是策略聯盟的好範例—三家不同的公司彼此之間付出高度的承諾與活動，他們已經緊密結合在一起，投入時間、分析資源並且溝通協調，因而組成團隊(或是聯盟)來因應十年期的重要契約，在幾星期內他們就知道了，如果他們獲得那項契約，那麼他們的合作就將會對英國軍方有較爲長期的承諾，當然對 Atlas 聯營企業也一樣。如果沒有獲得那項契約，那麼他們就無法一起合作來推動其他的交易，但是這種關係使得每一家公司一起努力去推動，而且並不是獨立推動完成，同時面對英國政府的限制，每一家公司都將面臨某種程度的

[15] "Time to Bring It Back," *The Economist*, March 3, 2005.

限制。策略聯盟使得每一家公司彼此開誠佈公，選擇合適的市場，並建立良好的關係以支援彼此之間的興趣以及未來的發展。

策略聯盟可以是長期的也可以是短期的，透過策略聯盟，不管是長期或是短期的聯盟模式，雙方都會由短暫的合作模式中獲利，而且不一定需要投入大量的資本。策略聯盟使得公司能夠與具備世界級產能的合作夥伴合作，以便結合不同的核心能力，所以策略聯盟可以聚焦於所有公司最強的核心能力，因此策略聯盟可以將快速提供顧客高價值的服務與產品。FedEx 與 U.S. Postal Service(UPS)已經形成一種聯盟的模式──像是 FedEx 的機群一同運送 UPS 隔日將送達的信件，而 UPS 則遞送 FedEx 陸地上的包裹。

策略聯盟對於建立敏捷及回應式的組織結構有以下的優、缺點：

優點

1. 充分運用公司所有的核心能力

透過策略聯盟讓夥伴成員可以尋找某些專案並進行投入以獲得競爭優勢。

2. 限制資本投資

合夥公司並不一定要擁有所有的資源來進行策略聯盟的活動。

3. 彈性的

透過聯盟使得公司仍持續推動其他「常規性」的商業機會。

4. 建立網絡以及關係

聯盟使得公司結合在一起，有時候甚至造成彼此的競爭。此外，公司會與關鍵且具影響力的夥伴建立具有價值的關係，即便目前的聯盟並不成功也一樣。聯盟夥伴會從彼此身上以及類似的行爲學習到能力，並獲得競爭優勢創造雙贏的情境。

缺點

1. 可能導致缺乏控制

進行聯盟的公司爲了獲得層面更廣的聯盟，這意味著公司可能必須放棄部分的控制權。所以，如果聯盟進行的過程未如預期，那麼就有可能導致聯盟失控。

2. 可能不容易建立好的專案管理控制—並且會失去營運控制

當許多的公司彼此之間產生關聯性與交互作用，並且一同爲了某個大規模的合作計劃負責時，不難想像會產生許多複雜的問題，特別在執行的過程中，問題會不斷發生，例如：EDS 與它的荷蘭及英國夥伴在合作「Atlas 聯營企業」的過程中就發生了許多問題。在聯盟的過程中，它需要好的規劃並運用公司內的專案團隊群體。

3. 有可能會分散參與公司的管理

策略聯盟可能會分散組織內關鍵人物的注意力，甚至會影響原公司的成敗，不管是技術技能、管理技能或是關鍵角色，或以上三者，進行策略聯盟都有可能喪失了原有的焦點，專注度下降了。

4. 引發私有資訊及智慧財產權的爭議

如果聯盟的著眼點是技術發展或者是有部分考慮到技術，那麼公司有可能在合作的狀況下，在某些情境仍然彼此競爭，而且這種情況發生的潛在性是存在的，所以透過聯盟建立彼此之間的合作夥伴關係，將使得彼此之間可以擁有學習的機會，並藉此聯繫、建立能力以及獨特的技能與商業機密。

策略聯盟爲許多公司提供了一個受歡迎的機制，在現今全球動態競爭的時空背景之下，讓企業成爲更爲敏捷的競爭者，他們提供了許多機會讓小型企業可以與大型企業合作並彼此互利—而且小公司逐漸成長並建立了未來永續生存的能力與可能性，大型企業則是深入發掘自行發展無法得到的專業與知識。

11.4.3 建立無疆界組織結構

無疆界組織
是一種允許員工間、組織間不存在任何介面，不需要透過層級來進行管理或是功能間、事業間、地理疆界間不存在任何的介面。

管理大師 Jack Welch 提出**無疆界組織**的概念與詞彙，並且他也希望 GE 朝向成爲無疆界組織的願景發展，並且能夠產生知識、分享知識並且充分運用知識來產生更高的價值。這個概念有一個核心想法，那就是裁撤內部的事業部，使得 GE 的員工都可以跨功能、跨事業以及跨地理區域的疆界以達成整合性差異的目標。所謂的整合性差異是指：在 GE 公司有能力移轉最好的點子、發展完善的知識、素質最高的人力資源而且感到自由自在。以下是 Welch 的一段談話：

> 簡而言之，就像我們的舊制度，人們似乎不得不在人與人之間建立階層及城牆，而且人性偏愛較大的規模。這些城牆約束了人們、阻礙了創造力、浪費時間、限制願景、扼殺夢想、使步調漸趨緩慢…，無疆界的行為的出現主要是我們位於香港的設備商有一位女性的行動，協助 NBC 在亞洲發展衛星電視服務…，最後所謂的無疆界型意指：利用 GE 多事業部無與倫比的競爭優勢來與全球任何其他公司合作。GE 無疆界的行為是收購了全球 12 家大公司──這些公司在該行業中都是數一數二的──形成一個大型的研究單位，其主要產品是新觀念，或是透過公司在全球各地傳播它們公司的威名或是做出承諾。
>
> 給股東的一封信 Jack Welch，
> 奇異公司總裁 1981-2001

水平疆界
組織內不同部門、功能或流程間溝通或是協議的規則。

依照傳統組織結構的分類，組織的疆界與界線可以分爲以下四個方向：

(1) **水平疆界**——在公司內部不同的部門或是功能，所以銷售人員不同於管理人員、生產人員或是研發人員，事業部彼此之間是不相同的。

垂直疆界
介於不同營運與管理、介於不同管理層級、介於不同組織部分如總公司與事業部之間的限制、互動、契約與協商。

地理疆界
公司內不同員工介於不同實體區位、國內或國外之間的限制、互動、契約與協商。

外部介面疆界
介於公司與其顧客、供應商、合作伙伴、管制者或是競爭者之間的正式與非正式規則、區位、協定。

(2) **垂直疆界**——介於每一個組織的營運與管理、管理的階層、介於總公司與事業部之間。

(3) **地理疆界**——不同的實體區位、不同的國家、不同的區域(即便是在某個國家內)或是不同的文化。

(4) **外部介面疆界**——介於公司與其顧客、供應商、合作伙伴、管制者或是競爭者。

外包、策略聯盟、產品團隊結構、再造、重組—都有利於發展無疆界組織，跨組織的文化以及價值觀有助於無疆界的行為與協調，並且更能夠產生效益。

正如本節之前所言，全球化加速了組織以及其結構的變革，這當然也強化了所有組織的認知，他們必須變化成為無疆界、更敏捷、虛擬化的組織。而虛擬組織最大的驅動力量應該就是科技，而所謂的科技特別是指網際網路。John Chambers 曾經對「科技對 Cisco 所帶來的衝擊」這一個議題提出評論，根據他的觀察，透過外包以及策略聯盟，大約有 90%的訂單都不用透過顧客或是員工之手(非自製)，此外他還說：「對於我們的顧客而言，本公司的確是一個大型的虛擬工廠，因為我們的供應商以及存貨系統都緊密的與我們的虛擬組織結合在一起」。「在未來這將是一個常模，使得公司內或是公司與公司之間，每件事都將環環相扣，我們致力於無疆界管理，誰掌握了這種方式，誰就有辦法從中獲得無法取代的競爭優勢」[16]。

網路不僅對電子化做出貢獻，它還使得我們可以去類推未來虛擬組織的形貌，所以網路技術的貢獻不僅僅是在網際網路，它還告訴我們未來成功的組織結構應該是像蛛網般的形狀。如果我們以簡單的符號來比較過去與現在工作組織型態的差異，那麼最佳的寫照應該是「金字塔型組織」與「網路型組織」。過去的組織圖強調大規模的組織型態，透過金字塔型的組織結構，管理層級之間環環相扣，而且彼此管控，位在金字塔頂端的就是公司的執行長。邁入 21 世紀之後，組織結構卻看似蛛網，而且是一個扁平式的組織，但是組織本體卻與夥伴、員工、外部契約商、供應商與顧客進行不同方式的協商。身在其中，當然彼此的相依程度也顯著的提高。當然不會有公司試圖精通所有的生產或是行銷產品的手法，因為它們可以透過外包，將部分企業功能外包給外部廠商(尤其是精通某些企業功能的運作，或是在某些企業功能上生產效率較高、成本較低)[17]。

圖表 11.12 說明組織結構的演進過程，而所謂的電子企業網路組織(B-Web)，是一個由網路所驅動的組織，它的設計有利於其遞送速度、客製化

---

16 Peter Burrows, "Can Cisco Shift into Higher Gear？" *BusinessWeek Online*, October 4, 2004.

17 John Byrne, "The 21st Century Organization," *BusinessWeek*, August 28, 2000.

的服務、以提高顧客滿意度。透過整合性的虛擬 B-Web 組織設計，全球化、數位化的大量資源將可以迅速的整合起來。以 Colgate-Palmolive 為例：公司需要更有效的方法來讓牙膏裝進軟管理面—看起來是個簡單的問題，當內部的研發團隊一籌莫展的時候，公司將訊息公告在 InnoCentive 上，透過它來連許多結問題解決者。A Canadian engineer named 名為 Ed Melcarek 的加拿大籍工程師解決了公司牙膏封裝的問題，這是一個充分運用基礎物理學家的案例，卻不是 Colgate-Palmolive 化學家團隊所完成的案例，Melcarek 因為努力了幾個小時而獲得 25,000 美金的回報。現在，大約有 120,000 位像 Melcarek 這樣的科學家已經在 InnoCentive 註冊登記了，而且大約有數百家的企業每一年大約支付 80,000 美金的費用，來網羅有能力的全球科學家社群，美國製藥巨人 Eli Lilly 推出電子化企業的方案，該公司現在提出了隨需服務系統，其他創新的企業如 Boeing、Dow、DuPont、P&G 以及 Novartis 也都建立了類似的系統[18]。

圖表 11.12 由傳統結構到電子企業網路結構

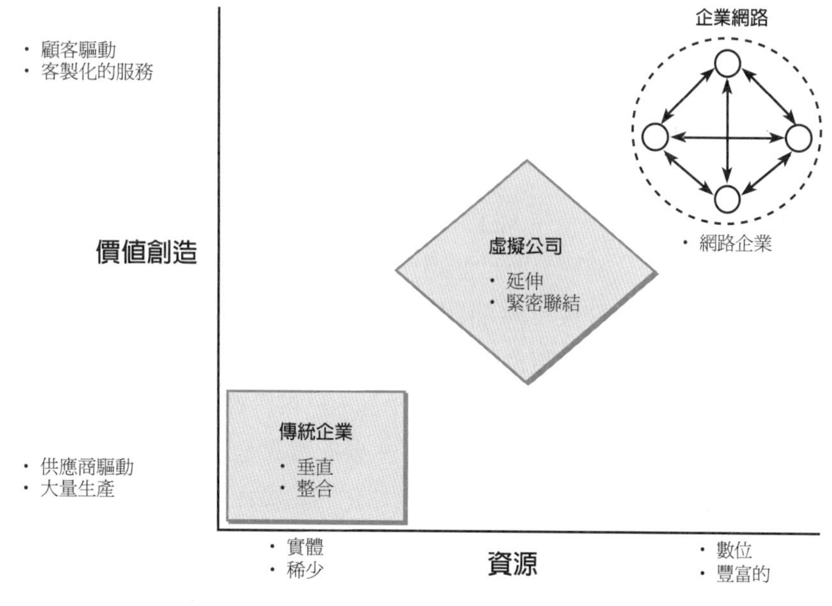

資料來源：Reprinted by permission of Harvard Business School Publishing. Exhibit from Digital Capital: Harnessing the Power of Business Webs, by Don Tapscott, David Ticoll a nd Alex Lowy. Copyright 1993 by the Harvard Business School Publishing Corporation; a ll rights reserved.

管理網路組織外的合作夥伴、衍生公司(spin-off enterprises)、承包商與自由契約工作者(freelancers)，其複雜性不亞於管理內部的作業。想要詳細的說明這兩種管理方式的差異的確不是一件簡單的事，而且某一家公司的興衰似乎很難與外部這些複雜的因素來相互連結。Don Tapscott 預測：「未來這一類的公

18 www.innocentive.com.

司將會非常的多，而且多如繁星，主要原因可能是它們這些組織都是自主性的事業單位，而且它們不需要雄偉的建築物，它們只需要透過網路就可以橫跨許多地理區域來進行交易，因此公司之間的疆界非但模糊不清，甚至有某些案例連定義都不容易產生[19]。

11.4.4 雙元學習組織

學習型組織
這一類的組織結構是指它會選擇並圍繞著能夠促進學習、分享知識、尋找知識以及創造新知識的特性，並藉由進入新市場來學習更多有關市場的知識，而不是只想著創造品牌或是發掘資源。

雙元組織
一般的組織結構都缺乏將知識正確運用的特性，所以雙元組織變得很重要，不同的管理者都是知識的「節點」(nodes)，而這些節點將錯綜複雜的人際關係加以連結(包括正式組織內、外的所有人)，當相關的知識持續性整合在一起的時候，企業的行動方案成功機率將會比較大。

由於虛擬組織結構的演進與進化，使得管理者在執行策略的時候必須重視一個不可或缺的機制，那就是知識在策略執行的過程中扮演了一個相當重要的角色。有時候我們可以把知識視爲：「營業的秘密」、「顧客網絡的關係與知識」、「對於產品或是流程所具備的技術知識」、「與關鍵人物之間的關係，以便相關事務的推展」等等。顧問公司 McKinsey 的組織專家 Lowell Bryan 以及他的共同作者 Claudia Joyce 說明了有效的組織結構其知識所扮演的角色爲：

> 我們認為大型企業的公司策略核心議題在於組織的重設計，理由很簡單—因為涉及到企業的獲利。
>
> 讓我們來解釋清楚：目前大部分的公司都是根據二十世紀的思考邏輯來設計組織，透過改造他們 21 世紀員工心靈的力量，這些企業將能夠充分開發及運用員工未被開發的能力、知識與關係，這將開啟更多新的機會並創造新的財富[20]。

在 McKinsey 的組織專家 Lowell Bryan 與我們分享他如何看待未來的組織結構，而且他認爲不同的管理者都是知識的「節點」(nodes)，而這些節點將錯綜複雜的人際關係加以連結(包括正式組織內、外的所有人)，當相關的知識持續性整合在一起的時候，企業的行動方案成功機率將會比較大。

Subramanian Rangan 曾經探討所謂的「開發」(exploitation)乃至於到「探索」(exploration)，主要的意思是在說明組織結構成長的重要性，並且能夠使得**學習型組織**成爲全球化的組織並建立競爭優勢。就 Rangan 的觀點來看，他認爲聰明的作法應該是朝全球化去學習，而不是持續地向全球市場推銷其品牌或是爭取廉價的資源。如此，公司才有可能培養新的競爭優勢。在其他國家消費者所呈現的需求，或許可以成爲本國企業在進行新產品開發時重要的依據。所以公司的組織必須具備學習的能力、分享資訊的能力以便爲公司創造更多的競爭優勢。例如這個觀點就有點類似無疆界組織的作法，強調速度與變革將使得企業組織沒有歷史的包袱。因此 21 世紀最有效的組織結構應該強調「協調重於控制」、「彈性」、「非正式關係的重要性與價值」、「正式系統的控制」以及「技術與控制」。

---

19 同上

20 Lowell L. Bryan, and Claudia I. Joyce (McKinsey and Company), Mobilizing Minds (New York: McGraw-Hill, 2007), p.1.

摘要

Summary

本章說明組織結構的幾種方式，以及如何使這些不同的結構更加有效的運作，本書描述了五種傳統的組織結構–簡單組織結構、功能性組織結構、事業部組織結構、矩陣型組織結構以及產品團隊結構。小型企業通常喜愛運用簡單組織結構，有利於企業進行嚴密的控管以求取生存；功能性組織結構則運用員工的專業化，來設計組織結構，大致上分成銷售、作業以及財務/會計，這種設計將能產生效率，隨著時間不斷的提升功能性的技巧，同時這也是最普遍、最常見的組織結構，功能性結構最有可能發生的情況就是跨功能單位需要更多的協調而且常會發生衝突。

當公司規模逐漸成長，產品、服務與地理區位將會愈來愈多，公司也因此需要建立事業部式的組織結構。事業部單位將聚焦於某些產品或是市場，而且他們像是獨立的單位進行營運。但是也因爲這樣的設計，會使得事業部單位會彼此競爭總公司層級的資源，當然也可能會失去一致性以及公司整體的概念。有些公司爲了因應某些特殊的顧客或是專案而創造了矩陣型組織結構，其作法是指派某些功能部門的專家到某些專案中協助活動與任務的進行，同時他們也必須爲其原來的功能性部門負責。產品團隊結構則是從矩陣型組織演化而來，功能性的專家被指派的時間較長，通常是均衡性的從各功能來運用人才，從事新產品的開發、銷售與市場擴充，這種結構後來被發現可以產生極高的綜效、團隊合作以及協同合作，主要是這些專家整合在一起創造了新的營收，而營收主要源自於成功的擴張。

二十一世紀之後，許多的傳統組織結構已經不再適用，而新的組織結構逐漸朝向強調外部聚焦、彈性互動、相互依賴以及由下而上等觀點。許多組織在既有的傳統結構上，遵循上述的新趨勢，重新定義公司總部的角色、重新平衡控制與協調、調整及再造配合策略活動的結構、企業瘦身以及自我管理等營運活動。

許多成功的組織變得愈來愈敏捷與虛擬化—透過資訊科技，獨立公司之間的網絡分享了技能、市場與成本，而外包就是一個主要的途徑。他們保留了部分的功能，而讓外部的其他公司負責其他的功能，使得公司可以順利的提供產品與服務。策略聯盟則是兩家或是更多的公司一起合作，並彼此貢獻資源或技能，因爲合作的單位是彼此獨立的，所以單一組織必須尋求特殊的契約或是活動，使得聯盟中的成員都願意付出與承諾。

二十一世紀的領導人常常提到無疆界組織的概念，意思就是說組織內部與外部之間並沒有疆界的概念，組織各單位間、組織各層級間、組織各區位間也當然沒有疆界，透過這樣的概念企業才有能力創造知識、分享知識、透過知識來創造價值。高瞻遠矚的思想家曾經說雙元學習組織有助於組織內部分享知識、組織內跨單位的學習、培養組織內與組織外非正式的關係以捕捉機會，並進一步創造新的知識。

關鍵詞 Key Terms

敏捷組織	p.11-22	地理疆界	p.11-30	重整	p.11-18
雙元組織	p.11-32	控股公司結構	p.11-10	自我管理	p.11-21
無疆界組織	p.11-29	水平疆界	p.11-29	簡單組織結構	p.11-5
企業流程外包	p.11-23	學習型組織	p.11-32	策略聯盟	p.11-27
企業流程再造	p.11-19	矩陣型組織結構	p.11-10	策略事業單位	p.11-9
事業部組織結構	p.11-7	模組結構	p.11-23	垂直疆界	p.11-30
企業瘦身	p.11-21	組織結構	p.11-5	虛擬組織	p.11-22
外部介面疆界	p.11-30	外包	p.11-22		
功能性組織結構	p.11-6	產品團隊結構	p.11-12		

問題討論 Questions for Discussion

1. 試說明每一個傳統的組織結構。
2. 運用上述的傳統組織結構來分析一家您已經熟悉或是目前正在那裡服務的公司，該公司的策略與組織結構相配適嗎？請說明之。
3. 哪一類的組織最適合產品團隊結構？爲什麼？
4. 試說明某一個組織過去曾經以二十世紀組織的營運方式來運作，但是現在卻改以二十一世紀組織特徵的方式來運作，請問有什麼差異嗎？
5. 就您的工作經驗來說，您曾經運用哪些方式來改善傳統組織結構的缺點？結果爲何？
6. 就您最熟悉的組織來說，哪一家企業是最敏捷、最虛擬化的組織？爲什麼？
7. 就您個人的觀點，說明在何種情況下，外包的利益會最大？
8. 請以您熟悉的組織爲例，說明您如何消除或是改變組織的「疆界」？請詳細說明您的作法，以及您如何使它更有效的運作。

Chapter 12

領導與文化

閱讀完本章之後，您將能：

1. 說明好的組織領導應包含什麼。
2. 說明願景與績效如何協助領導者闡明策略意圖。
3. 說明熱情的價值以及甄選/發展新的領導人如何形塑組織的文化。
4. 簡要說明七大權力的來源以及其如何形成管理者的影響力。
5. 說明何謂組織文化，以及它如何被創造、影響與改變。
6. 說明領導人影響文化的四種途徑。
7. 說明四種策略–文化情境。

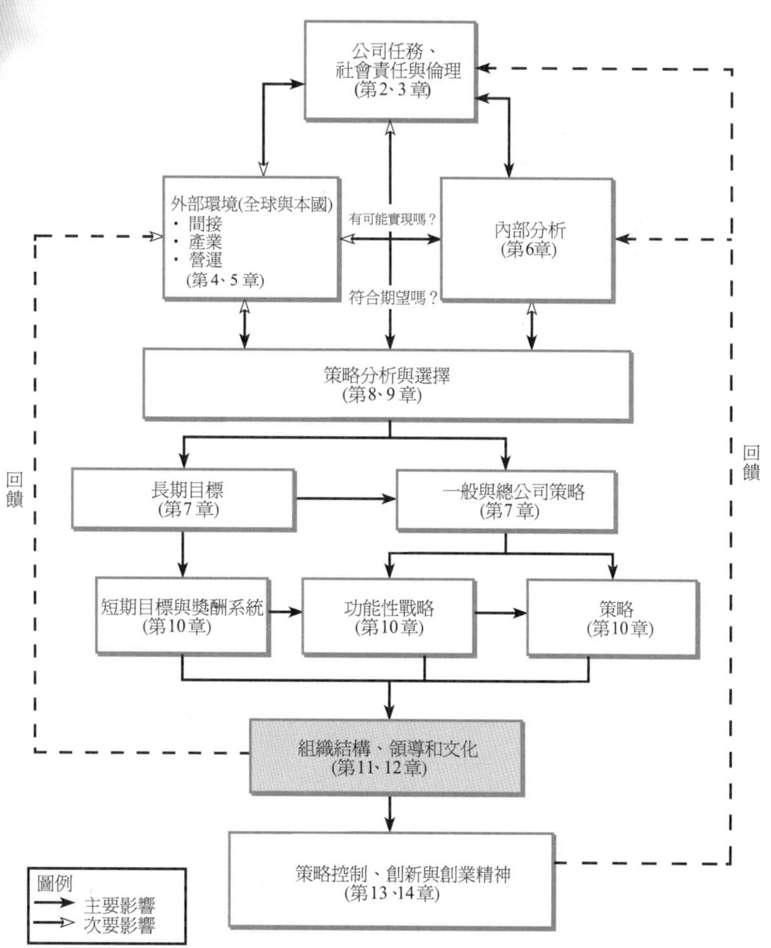

一直以來，企業領導就是一件吃重的工作，而這在 21 世紀面對全球動態競爭的情況下將越顯艱難。企業的執行長必須保有最大的權力，而企業本身則須持續依靠執行長及眾多部屬與領導者的掌舵技巧。企業飛快的腳步與複雜的變化，將持續地迫使企業將權力不斷地往下延伸到每個層級的管理者。正如上一章所談，這些組織必須愈來愈開放、敏捷而且無疆界，若要達到上述的境界，則企業必須重視如何透過領導與強勢的文化來強化決策的速度，在未來，每一階層的經理人都將行使領導權，這與過去 20 年的情況迥異[1]。

John Kotter 是一位公認的領導專家，當他分析管理者與領導者二者之間的差異時，曾對組織領導中的領導角色提出預言：

> 管理主要是為了因應複雜的狀況，管理的實務與程序與 20 世紀的發展同步起飛。大型組織不斷出現，倘若沒有好的管理方式，複雜的企業就會變得雜亂無章，並在各方面威脅企業的生存；反之，有好的管理將使得企業更有條理，並且使產品的品質和獲利更為一致。
>
> 相對的，領導即是要去克服這些變化。原因是近幾年來商業戰場變得愈來愈競爭而且善變…，如果只是依循昨日的遊戲規則或只是多做 5%的改進，那也不一定會成功，其重點是在這個新環境之下，為了求生存以及有效的競爭，變革是相當必要的，而更多的變革，總是需要更多的領導[2]。

組織領導
是指引導組織成員朝向願景努力持續一段很長的時間，並藉此發展組織未來的領導與文化。

組織領導涵蓋兩個行動前提。第一，引導組織處理持續性的變動。這必須經由企業執行長們來掌握與決定，藉由清楚的策略取向，建立他們的組織並修正企業文化以迎合來臨的機會並挑戰改變；第二，提供管理的技巧以應付不斷改革所衍生的後果，意即確認並授權給基層管理人員，以提供前所未有的經營領導和視野。因此，組織領導是指引導組織成員朝向願景努力持續一段很長的時間，並藉此發展組織未來的領導與文化。

福特汽車的執行長 Alan Mulally 近年來面臨公司獲利不斷衰退以及嚴重經濟衰退的衝擊，他努力試圖轉化福特公司的文化，Mulally 基本上是由創辦人的孫子 Bill Ford 所拔擢的，主要是因為 Bill Ford 認為不能再靠內部的人來整頓福特公司了，Mulally 並非 Bill Ford 的首選，但是 Ford 認為 Mulally 是一個懂得怎麼帶領企業的人才。

Mulally 擁有許多經理具備的特質，福特每賣一輛車就損失 3,000 到 5,000 美元，公司內有一項很好的福利就是福特家族與員工個人津貼緊密結合，這有時候都勝過在進行陞遷決策時實際績效的考量，Mulally 並沒有在汽車業發展的經驗，因此有時候會被視為是局外人，當 Mulally 第一次面對他的管理團隊

1 Ram Charan, Leadership in the Era of Economic Uncertainty (New York: McGraw-Hill, 2008); Larry Bossidy, "What Your Leader Expects of You," Harvard Business Review, June 2007; and Anthony Bianco, "The New Leadership," BusinessWeek, August 28, 2000.

2 John P. Kotter, "What Leaders Really Do," Harvard Business Review (May–June 1990), p.104.

時，有管理者這麼問：「在財務狀況這麼艱難的處境之下，您如何處理複雜且不熟悉的汽車業？」。

華爾街造就開始懷疑，15 位分析師只有兩位建議可以買公司的股票，其他十三位的建議是：整頓福特公司需要巨額的費用而且必須換掉幾位關鍵人物，公司必須思考如何製造出顧客眞正想要的汽車，如果想要達成上述目標則企業的重點是：福特公司的失能、失敗主義以及文化。充滿效率的模型有可能漸漸衰退變成無效率，而且管理者會因未滿足現狀而使企業喪失競爭力。

如果您是 Alan Mulally 那麼您將如何引導福特汽車公司面對這樣戲劇性的變化？您如何使得福特公司超過三十萬的員工與主管迅速放棄根深蒂固的想法、文化與領導常模？

讓我們再思考另一個案例，奇異公司的 Jack Welch 將領導權交給 Jeff Immelt 之後，就被視爲是二十世紀全球偉大的領導人之一，他面臨領導與組織文化的挑戰迥異於 Alan Mulally，奇異公司在 Welch 的領導之下，爲公司的股東在全球的商業史上創下前所未有的價值，上一任領導人的豐功偉業的確會對現任領導人造成壓力，您覺得呢？

可是也許有人會說 Immelt 在 Welch 的麾下許多年了，同時也受到很多的訓練，他是 Welch 欽點的成功人士，他在過去 20 年就如同奇異公司的三十萬名員工一樣深受 Jack Welch 領導的感召，上述所謂的 Welch/GE 之道之所以會有價值，乃是因爲事業單位的主管能夠削減成本、削減交易而且能夠持續的改善，他們每一年都必須接受 Welch 的評價。

但是一場風暴正在醞釀當中，在 Immelt 成爲執行長後不久，911 的悲劇發生了，隨後股市大跌景氣衰退，持續幾項大型的交易使得幾位執行長候選人知難而退，透過銷售成長以及效率來創造奇異公司盈餘成長的模式漸漸不管用了，所以 Immelt 認爲他不能再沿用舊策略了，他必須著手發展奇異公司新的營運方向，身爲奇異公司的領導人他必須制定公司發展的優先次序，並引領奇異公司進行令人注目的變革。在 Immelt 願景的引領之下，公司需要的並不是交易或是持續性改善，公司需要的是內部成長以及持續源源不絕的創意及創新，並藉此來定義新市場以及開發未知的顧客潛在需求。

由於國內經濟成長遲緩，再加上國際的競爭者不斷增加，以及投資者對企業的容忍度降低、日益急功好利，這些因素都使得 Immelt 如同其他企業的執行長一樣，他們都被迫不斷削減開發新產品、新服務以及新市場的成本，所以 Immelt 說：「這是一個完全不同的世界」(比起 Welch 那個年代)。既然他繼承了世界上最大的公司之一，儘管奇異公司面對了前所未有的變局，但是企業文化的建立將是奇異公司面對未來管理者所必須首先重視的要素，2008–2010 年之間金融風暴導致全球經濟崩盤，進一步提高了 Immelt 所面對的挑戰。

如果您是 Jeff Immelt 那麼您將如何領導變革？您如何使得奇異公司超過三十萬的員工與主管在習慣於過去 Welch 所領導的奇異榮景之下，迅速放棄根深蒂固的想法、文化與領導常模？您如何迅速、有力量的引領奇異的員工接受這樣大的變革，並且在不確定的情況之下爲投資者創造成長與獲利？

Immelt 與 Mulally 所面對的情境是不同的，但是他們都需要進行革命，而底線是 Immelt 與 Mulally 必須如同其他優秀的執行長一樣，不但需要強烈的聚焦而且必須積極的強化組織的領導以及組織的文化等元素，以下我們將深入探討領導與文化。

12.1 策略領導：擁抱變革

在過去十年整合了通訊、電腦以及網際網路產業，全球市場呈現倍速的成長與變化，所有的企業都受到影響，變革成爲領導者與管理者每天都必需處理，不可或缺的的一部分，本章一開始的個案 Jeff Immelt 其實原本可以安享奇異公司過去二十年來所創造的榮光，但是當他發現奇異公司正面臨戲劇性的變化時，他該如何帶領公司的員工？如何爲投資大眾創造利潤呢？

領導的挑戰就是激起組織內人員之間的承諾並且使外部股東能接受改變和實行的策略。領導者透過下列三種相互關聯的活動來激勵承諾以接受變化：闡明策略意圖、發展組織和塑造組織文化。

12.1.1 闡明策略意圖

策略意圖
是指企業對於要往何處發展以及他們期望成為什麼有清楚的擘劃。

領導人協助他們的公司建立策略意圖並擁抱變革——**策略意圖**是指企業對於要往何處發展以及他們期望成爲什麼有清楚的擘劃，因此公司必需清楚且同時集中專注於以下兩大議題：願景與績效。

1. 願景

領導者願景
領導者如何看待公司以及如何成為持續發展的全球領導公司。

領導者必須能清楚且直接的溝通並陳述基本的願景以及企業會發展成什麼，傳統上，願景是描繪企業所能提供/滿足所有股東需求的概念。在激烈的競爭下，全球市場迅速地改變，我們爲**領導者願景**下了一個比較狹隘的定義：「爲了建立並維持全球領導，公司該如何做，以及相關的衡量標準或是特性」。IBM 的前執行長 Lou Gerstner 就是一個很好的例子，他努力試圖重塑公司的策略意圖，並且想辦法將 IBM 從一家電腦公司轉型爲事業解決方案管理公司，他曾經說：「在這個產業中美好的事件之一，是每十年你都有機會再去定義這個產業」，他接著又評論道：「我們現在正值這個時期，而且在這個過程中將會出現贏家或輸家，我們必須成爲網路中心電腦產業的領先者，這個由電信爲基礎所引發的機會將會改變 IBM，更甚於 1980 年代的半導體產業」。Gerstner

又說：「我感覺到在 IBM 裡有太多人想在已經敗戰的戰爭裡繼續戰鬥」。談及個人電腦及個人電腦軟體，現在他正積極地為 IBM 塑造下個世紀的網路中心，並作為公司的策略意圖。Gerstner 的接班人 Sam Palmisano 將 IBM 的電腦事業部賣給中國的 Lenovo，創造了世界第三大個人電腦公司，他並且積極的鼓勵 IBM 人專注於 IBM 新的資訊科技事業部、軟體以及服務事業部，並努力評估 IBM 未來在線上數位世界以及 3D 網際網路的發展。

2. 讓願景簡單

沃爾瑪 Sam Walton 的願景是：「為顧客創造價值、生活在令人著迷的全球化企業、在快速變化的世界中尋求發展」。eBay 領導人 Meg Whitman 的領導使得企業產生爆炸性的成長，而組織成員則都信奉 eBay 很簡單的願景：「協助顧客不論何時、何地都可以買或是賣任何東西」。在可口可樂的傳說中，前 CEO 兼主席 Roberto Goizueta 說：「我們的公司是全球性企業系統，我們提高資本來製造濃縮液並在獲取經營利潤下實施販售，然後我們支付資金的成本，股東則賺取差額利益」。可口可樂在他的領導下，連續 18 年，平均每年有 27% 的利潤回饋到股價上。圖表 12.1「頂尖策略家」一節告訴我們紐約市長 Michael Bloomberg 如何透過他的舌燦蓮花傳達了一個具跳躍性但是卻很簡單的願景，讓憤世嫉俗的市民仍然給了他 75%的支持率。上述四種組織存在著相當大的差異，但是他們的領導人都有效的形塑了他們的願景，並且他們有能力進行溝通以及闡明策略意圖，讓員工有某種程度的了解，組織在建置新的或是躍進式的變革策略時，員工必須能夠理解其背後的理由與邏輯。

頂尖策略家 圖表 12.1

紐約市的領導人物 Mike Bloomberg

Michael Bloomberg 是一個經典成功創業精神的案例，他成功的帶領紐約市，是一位卓越的領導者。他在宣示就職之後不久就碰上了 911 事件，Bloomberg 的領導心法是將紐約市看成是一家企業—紐約市是一家公司，市民是顧客，公務員的素質形成了紐約市的能力，而 Bloomberg 的身分就是執行長，而且為成敗負責。以下就是他的領導心法：

無所畏懼及承擔風險

Bloomberg 第一個重要決策就是對紐約市民提高並課徵房屋稅，以獲得更好的財務狀況，不可避免地，這樣做形同是政治自殺，但是 Bloomberg 只有兩種選擇：降低服務品質或是提高稅收，他當然必須將風險考慮進去。結果，紐約市的財務獲得改善—而且該城市的經濟活動更加活絡。就在同時，他也努力爭取紐約主辦 2012 年的冬季奧運會，但最後敗給倫敦，Bloomberg 的回應是：「在企業中，你必須獎勵那些承擔風險的員工，就算事後失敗了，你也必須為他們願意嘗試新事物的精神來獎勵或是晉升他們，如果員工跑來告訴我他們找不到答案，那我會跟他們說從不同的角度試試看」。

對於績效與結果坦然處之

他堅持員工、顧客必須將決策的結果付諸行動，而且必須定期的審視行動的結果，所以，他首先將重要的會議室與辦公室的門由木質改為玻璃，因此員工可以清楚的看見紐約市政府內的行政管理活動。第二，他想辦法製作紐約市半年的收支報告，詳細記載紐約市的收入與支出，所以市民以及其他的人都可以輕易的在書面上或是網路上看到政府詳細的財務報告與藍圖，以及政府的代理商的成本、正在做什麼等等資訊。

與顧客溝通

Bloomberg 長期以來就與固定的顧客維持聯繫以及接收回饋意見，身為市長他很快就建立 311 電話服務以及網路為基礎的系統，所以任何紐約市的市民或是客人都可以針對紐約市的任何事物打 24/7 專線，而且 Bloomberg 會親自每週審視所有電話的摘要內容以感受市民所關心的議題，電話的數目在最初十六週高達五億通電話，也因此紐約市在解決問題或處理抱怨上的行動或服務上大有改善，神奇的是，911 電話也因此變少了，每年大約減少一百萬通，這意味著市民只在真正很緊急的時候才會打 911，非緊急狀態他們會選擇其他的方式來解決。

招聘頂尖的營運才能

許多政客會基於政治上的考量而將較佳的工作職位給予某些特定人士，Bloomberg 卻不是這樣的人，身為一位成功的領導者，不管是領導企業或是政府，擔任各種職務都必須以才能最為最重要的考量因素，而且他所謂的「才能」還必須能夠為單位制定目標，並引導員工朝向目標前進。所以他很快就聘用 Katherine Oliver，他跟隨在 Bloomberg 身邊而且是一位執行能力很強的主管，而且曾在倫敦的企業服務過，他在加入紐約市的服務行列之後很快就建立了紐約市一流的電影及電視，他所建立的目標以及達成的結果令人印象深刻。

Bloomberg 儘管面對全世界最不容易討好的紐約市民，但是他的支持率仍然相當高，他最近成功的修改立法，使得他有機會繼續連任第三任的紐約市長，他那令人印象深刻、開放以及專注的領導風格不只為他贏得市民以及紐約市政府員工很高的支持度之外，他也同時被視為是政府與企業界成功領導者的典範。

資料來源：“The CEO Mayor,” BusinessWeek, June 25, 2007.

3. 績效

當企業在建立願景、達成願景與闡明策略意圖之際，也必須確認企業生存的問題，所以好的組織領導必須清楚的闡明領導人對績效的期待，以及對於組織或是管理者在努力達成願景的歷程中，該達成績效的水準爲何。

有時候兼顧績效與願景會產生一些矛盾，因爲願景是未來的藍圖，而績效則是現在、明天、下一季或是今年等不同時點的概念。PepsiCo 的前執行長

Steven Reinemund 在最後幾年創下了令人印象深刻的績效，針對領導者該如何闡明其策略意圖他提出了以下發人深省的評論：「當我在選擇其他的領導者的時候，我總是會記得評估領導人的結果與績效，如果你無法透過設定的目標來評估結果，那麼你還算是個領導者嗎？」。一位好的領導者，他必需能夠闡明策略意圖，透過意圖來擘畫未來的經營藍圖，此外員工在往願景前進的路途中，領導者必須爲他們設定績效期望，透過實現這些績效期望，企業的願景才能夠實現[3]。

Jim McNerney 波音公司的執行長而且曾經在奇異公司服務過，說明了他如何平衡波音以及 3M 公司在鼓舞人心(願景)以及設定期待(績效)之間的矛盾：

> 我認為你愈是要求員工，你就必須更努力鼓舞他們，有些員工可能覺得你是苛求、強調命令鏈管理的風格，有些則認為你是培育型、鼓勵型的管理風格，其實我相信你應該是兩者兼具型的管理風格，如果你只是苛求卻缺乏鼓勵，終究員工會被耗損殆盡，但是如果你只是鼓勵而沒有設定高度的期待，那員工有可能事倍功半，這不是二擇一的選項，而應該是兩者兼俱[4]。

Alan Mulally 在福特所面對空前的挑戰是如何改變管理者對於獲利能力的思維，他在 2008 年剛上任執行長的時候，曾經檢視福特公司的產品線，他認爲當福特的顧客每買一台 Focus 小車，公司就損失大約 3,000 塊美金，他說：「爲什麼你們不去算一算如何獲利？」，公司高階主管認爲福特必須擁有相當高的銷售量才能夠維持公司的規模經濟，他大喊：「這不是我要的答案」，「我想要知道爲什麼沒有人去試算一下，如何讓賣車產生更高的利潤，在密西根、中國或印度生產有何不同？」，沒有人想出好的答案[5]。

12.1.2　建立組織

前面的部分說明了在執行策略的時候，有哪些組織結構可供選擇。領導者花費相當多的時間來塑造和重新定義他們的組織結構，並且使它有效地運作以達成策略意圖。因爲領導者試圖接受改變，他們經常重建或再造他們的組織以因應不斷改變的環境和需要，也因爲接受改變，經常牽涉到對改變產生抗拒的議題，領導者發現，當他們試圖去建立或重建他們的組織時，將會產生以下的幾個問題：

- 先確定組織的偏好爲何。
- 釐清管理者和組織單位之間的責任關係。
- 在組織內，授權給新任的管理者並授權給部屬。

3　Diane Brady, "The Six "Ps" of PepsiCo's Chief," BusinessWeek Online , January 10, 2005.

4　Michael Arndt, "The Hard Work in Leadership," BusinessWeek Online , April 12, 2004.

5　David Kiley, "New Heat on Ford," BusinessWeek , June 4, 2007.

- 橫跨組織以及內部組織與外部組織之間的協調與溝通。
- 整個組織從管理者至部屬都必須瞭解組織的願景。
- 密切掌握「組織與顧客之間的關係」。

爲了處理上述所羅列的問題，優秀的領導人將會透過以下三種方式來因應：教育、毅力以及原則。

領導發展
努力了解未來公司領導人所必須具備的重要技能，並發展現有的管理者使他們具有成為領導者的潛力。

教育以及**領導發展**主要是從公司目前現有的管理者當中發展他們重要的領導技能以符合公司對未來領導人的期待，Jack Welch 在哈德森以及紐約所設置的奇異教育中心，其角色主要是透過奇異公司的領導人教育奇異公司目前以及未來的管理者，有關奇異公司的管理哲學以及未來的願景，它透過現有的領導人來教育未來的領導人，並建立組織。Jack Welch 的接班人 Jeff Immelt 也運用相同的技巧來與奇異公司未來的領導人互動並討論公司的未來。

領導者以許多不同的方式來完成上述的問題。Honeywell 的總裁及《執行力》一書的作者 Larry Bossidy 是使 Allied Signal 的股票價格飛漲四倍的執行長，在最近四年內，每年他花費一半的時間飛往 Allied Signal 在世界各地的經營據點，與經理們見面並討論決策結果和過程。微軟 的 Bill Gates 每天使用二小時來閱讀和發送電子郵件給任何在微軟公司內想和他接觸的 3 萬 6 千名的員工。所有的管理者一起重建組織結構、建立團隊、執行系統。除此之外，也以各種方式協調、整合，並分享彼此的資訊，包含組織所欲實行或可能付諸實行的計畫。

> 最終還是歸結為個人的參與，我花了很多時間與其他人互動，我也許在一年內處理了 30 件重要的事件並且與超過 100 個人互動過，我花了很多的時間來爭辯或是推廣我的概念，告訴他們我的想法並試圖獲得回饋，大部分的執行長都夠聰明，而且知道該將公司帶往何處，困難的是你如何讓每個人都知道而且朝相同的方向走，這項困難的工作其實就是領導[6]。

另一方面，設立客戶顧問團、與供應商的伙伴關係、研發合資或是建立學習型組織，它接受領導者的願景、策略意圖和改變，並用心經營組織以面對未來的可能機會。除了之前章節所提到有關組織結構重整以支援策略性關鍵活動的結構性指導方針之外，領導者會想要透過持續性教育來建立支持性的組織。

(領導者的)毅力
是一種長期承諾投入並完成的能力，大部分的人都可能半途而廢。

毅力是一種長期承諾投入並完成的能力，大部分的人都可能半途而廢。圖表 12.2「頂尖策略家」一節描述 Jeff Bezos 如何透過堅強的毅力帶領 Amazon.com，而本章章首個案則說明 Jeff Immelt 如何重新帶領奇異的員工(因爲長期以來奇異的員工對於 Jack Welch 的領導方式具有高度的忠誠度，因此面

6 David Kiley, “New Heat on Ford,” BusinessWeek , June 4, 2007

對 Jeff Immelt 的領導總不免有點躊躇)。Immelt 必須透過耐心以及毅力來處理這些員工，並以漸進式的方式逐漸軟化對過去領導者的忠誠度，而逐漸接受新的領導人。這個例子不禁讓我們連想到另外一個圖像，某些人支持 Immelt 在奇異公司推出新的作為——有可能只是在當下感覺到興奮或是他們只是感覺公司似乎有必要進行變革罷了，但是單憑想像就覺得公司似乎應該進行變革並不是一個很好的現象，因爲他們並不清楚這一項躍進式的革新是否會成功就貿然支持，這一群人對新領導人充滿想像並不意味著他們會持續維持熱忱以及忠誠——Immelt 必須透過毅力持續的帶領他們，這一群員工才會長期投入承諾。

「有志者事竟成」這是在運動場上或是美國海軍陸戰隊進行領導訓練時常會聽到的諺語，重點在於堅毅的毅力，紐約市市長 Michael Bloomberg 的案例在圖表 12.1 有詳細的說明，他也充分的表現出毅力。如果我們回顧歷史，那些成功的領導人大抵具備以下的特色：承擔風險的能力、做出困難的決策、爲新的願景付出承諾以及在當時時空背景下不被看好的決策但仍有所堅持，透過這些領導人的領導我們才會有美好的未來。許多的美國歷史學家都一致推崇林肯總統爲美國最好的總統——主要是因爲他致力於解放黑人的毅力，而邱吉爾展現毅力的地方，在於他領導英國參加第二次世界大戰時所展現的優異特質。

頂尖策略家 　　**圖表 12.2**

Amazon.com 公司的創辦人暨執行長 Jeff Bezos

自從開始經營 Amazon.com 之後 Jeff Bezos 也經常在華爾街感受到大起大落的衝擊，主要的原因是因為即便面對公司股價狂跌，Bezos 仍然堅持他的團隊必須建立提供新服務的能力以滿足 Amazon 顧客的需求，有人問他為什麼他總是堅持建立團隊的能力但是卻忽視華爾街股市的危機，他提出以下的觀點：「我們所謂的長期取向不見得是最正確的觀點，但是這卻是我們的觀點，我們的觀點清楚的說明了我們是哪一類的公司以及我們將會如何去做，這樣清楚的定位可以讓投資大衆去選擇」。Bezos 不斷重覆且清楚的對他的員工傳達公司的願景，他希望 Amazon 以更有效率且成本更低的方式來營運，並設法使他的顧客體驗更具附加價值及兼顧成本的消費經驗，Bezos 說：「我們在股市失利，但是我們絕不會犧牲顧客的消費體驗」。他又繼續說：他曾經因為 Amazon 股票價格的波動而受到嚴厲的批評，但是他仍然堅持繼續創新的投資。

Bezos 曾經說明他如何清楚的將這項簡單的願景傳達給他的員工—持續的改善 Amazon 顧客之所需。「我們每一年舉辦三次員工大會，我會告訴他們如果股價漲了 30%，請你們不要覺得是因為你們比以前聰明 30%，那是因為當公司股價下跌 30%的時候，才是顧客覺得公司比以前爛 30%」。關鍵在於公司必須持續聚焦於改善滿足顧客需求的方法，「一般公司大多是技能導向而非顧客需求導向，當他們發現某些新領域有成長的空間時，第一個問題他們總是會問：難道我們沒有進入該領域的技能嗎？」。「Bezos 深信他自己的觀點，而且他認為上述的作法將引領公司走出衰退，因為這個世界不斷的變化，而且公司目前的技能最終也有可能變得漸漸不重要了。所以他以『我們的顧客需要什麼』這麼簡單的問題來領導 Amazon」。因此 Bezos 要求他的主管深入了解 Amazon 是否有足夠的技能來滿足顧客的需求，如果沒有則公司就到外部去僱用合適的人才。Bezos 舉 Amazon 的 Kindle 以及電子書為例並加以說明：公司大舉僱用瞭解如何建置硬體設備以及內部整體全新與電子書相關能力的人才。他為了回應自己所提的願景，透過原則與毅力，隨著時間的發展，透過他的領導 Amazon 的網路事業模式被證明是相當成功的商業模式。

資料來源："Bezos on Innovation," BusinessWeek, April 17, 2008.

(領導者的)原則
領導者基本的個人標準來引導其誠實、正直以及倫理的行為。

原則是你個人最基本的標準，來引導你個人的誠實、正直以及倫理行爲，如果你個人有清楚的道德方針來引導你的優先次序以及公司經營準則，則你將會是一位有效率的領導者，許多研究者、商業暢銷書作家或是學生，根據他們的觀察他們都一致認爲成功的領導人都必須具備上述所謂的原則，也就是說成功的領導人也都贊同原則是他們成功的要件，PepsiCo 非常成功的前執行長 Steven Reinemund 曾經說道：

> 原則始於信念與價值觀，由於你必須清楚的告訴組織內的員工原則是什麼，所以你本身就必須透明化，員工必須與組織的價值觀一致，否則就會出問題，如果你仔細回想最近幾年來在全球各地企業內所發生的議題，你會發現問題都出在領導者缺乏道德方針與平衡，身為領導者我們必須彼此檢視，否則我們將會出錯，如果我們不彼此檢視則我們就會惹禍上身，許多出問題的公司其實他們都已經建置了許多行為準則，只不過他們的領導人並沒有去查證或檢驗他們落實的程度[7]。

原則始終來自個人的哲學，所以我們都會從個人層級的角度來檢視誠實、正直以及倫理行爲的選擇，圖表 12.3「運用策略的案例」一節，提供了一個機會來檢視你個人的原則，並且與 Duke 大學企管碩士生以及商業周刊進行比較，身爲未來的領導者必須謹記在心的是：將您個人的哲學及選擇體現在您自己或是組織內其他的領導人，在任何組織內工作的員工其實他們都在看領導者怎麼做、如何批准以及如何支持他們，組織外的人其實也都一樣。這些人反應了在組織內他們如何做的原則，以及他們相信什麼。有效率的組織必須建立以下的情境：當領導人舉一個簡單的例子來說明他希望員工如何做，以及員工的每日營運準則，或是以這些價值觀或準則來做決策時，員工必須具備清楚的是非對錯判別準則。「以範例來說明價值觀」、「我不但說到，而且我還做到」—

[7] Brady, "The Six Ps."

這些基本的概念都是優秀領導者創造強大動能的基本信條，商業周刊的「道德先生」提出五項簡單的原則，分別是[8]：

1. 不要傷害；
2. 把事情做好；
3. 尊重他人；
4. 要公平；
5. 富有同情心。

PepsiCo 公司的 Reinemund 清楚而透明的描述其價值觀，這也是領導人形塑或是改變組織最大的力量。

運用策略的案例

圖表 12.3

測試您的原則

幾年前，Duke 大學 Fuqua 商學院院長對外宣稱：企管碩士班(MBA)的學生在期末考時大約有 10%被捉到作弊而且遭開除，這些 MBA 學生都是精英份子，並具有六年以上的工作與職涯經驗，而且由於他們長期在新的「維基」世界中工作，因此能夠在線上協同工作，並透過網路整合其他人的智慧，以作為公司競爭優勢的來源與基礎。所以他們同過協同合作，彼此分享觀察、創意等等，並一起完成期末考試(考卷是帶回家寫的)的答案，他們的教授發現每位同學的答案幾乎雷同，這當然就無法打每位同學的成績了，但比較嚴重的是同學協同合作進行這種不倫理、不誠實、不正直的行為，這完全是不對的，所以這些同學因為作弊而被學校退學了。

商業週刊特別為了上述事件最終的決策提出評論——但是卻有不同的詮釋，他們的觀點是：全新的世界有著不同的法則，團隊以及資訊分享才是王道，社會網絡是一種分享資訊的全新文化，同時也是後現代學習的維基風格，透過網路可以輕易的從他人那裡獲得簡訊、下載文章或是得知他人的答案與看法(儘管那些人並不認識)，這些都是我們目前工作的新方式，我們生活在彼此相互依賴的世界中，而成功則有賴創意的協同合作、網絡以及"googling"以發掘真實世界的資訊，並透過鍵盤與手機就可以輕易的獲得專業知識。

許多人在思考 Duke 大學教授們的做法之後，反而將學生們在期末考試的協同合作，視為是一種覺醒，因為他們認為這是一種打破遊戲規則的作法，或至少會得到未經授權的優勢。而且也許他們會認為這樣的情境剛好造就了一個很好的範例，以遏止日益增加「群龍無首」的企業文化。

您如何思考上述的問題？這些學生的所作所為符合倫理或是原則的領導嗎？這是作弊或只是簡單的協同學習？

資料來源：Michelle Conlin, "Commentary: Cheating—or Postmodern Learning?" *BusinessWeek*, May 14, 2007.

---

[8] Bruce Weinstein, "Five Easy Principles," BusinessWeek, January 10, 2007.

12.1.3 塑造組織文化

領導者很清楚，透過組織共享的價值觀和信念，將影響組織制定如何完成他們所應達成的目標。當他們試圖接受改變，重塑組織文化時，對多數領導人來說，是一項需要花費相當多時間考慮的行動。上述所提到優質領導的要件包括—願景、績效、毅力與原則，這些都是領導者塑造組織文化的重要方式，領導人透過對企業的熱情，以及甄選/發展有才能的管理者培育成爲未來的領導人，來形塑組織文化，塑造文化將透過上述兩種方法，茲分述如下：

(領導者的)熱情
對於你現在做而且想去做的事有高度的激勵感與承諾感。

如果從領導的角度來看**熱情**，它是一種被高度激勵的知覺，使得我們願意投入我們想做的事物上，PepsiCo 的 Reinemund 提出以下的評論：

> 記得我還是小孩子的時候，甘迺迪總統對外宣稱要將人類送上月球並讓他們平安返回地球，這是多麼激勵人心且充滿熱情的理想啊！沒有人相信這會成功，但是甘迺迪總統透過熱情激勵了所有的人[9]。

正如領導者其他的行爲特質一樣，熱情像是一種週期性的行爲，當組織面臨挑戰的時候，領導者就必須以熱情來帶領員工。

他們必須在特殊的時間點傳達誠摯的熱情和喜悅，進而領導公司內的員工，Ryanair 的執行長 Michael O'Leary 在進行一些觀察之後提出以上的觀點，該公司與其主要競爭對手 easyJet，在競爭激烈的歐洲航空產業間的競爭關係就是一個很好的例子：

> 這就是 Michael O'Leary：5 月 13 日，42 歲 Ryanair 航空的執行長與其員工全副武裝進入第二次世界大戰的英國 Luton 機場(在倫敦北方一小時車程)，要求與其競爭對手 easyJet 航空公司的主管見面，如同古老的電視劇「天龍特攻隊」劇情一樣，O'Leary 宣稱：「我要想辦法將大家從 easyJet 公司高票價的噩夢中終解救出來」。當時保全大吃一驚而且拒絕讓 Ryanair 的裝甲部隊越雷池一步，O'Leary 的部隊卻自己演奏以下的進行曲：「我已經被告知了，請不要欺騙，EasyJet 的價格實在太貴了！」。所以 O'Leary 有新的競爭對手必須去攻克，「當我們還是很小的公司時，我們就鎖定 British Airways 作為我們的比較對象了」，O'Leary 說：「但是後來他們面臨了許多的困境，許多人也都覺得有點可惜」，「現在我們則是將槍口指向 easyJet 了」[10]。

它表現了 Ryanair 執行長 O'Leary 想要落實的組織文化，它有衝勁、具有競爭力和獲取一些發揮的空間，只爲了能在歐洲航空產業中取得改變之後的優勢。他舉這個例子，無非是想透過說明經理人的期待以及組織內決策制定方式以符合 Ryanair 的組織文化。

---

9 同上

10 "Ryanair Rising," *BusinessWeek*, June 2, 2003.

Sam Walton 在沃爾瑪獲得突破性的勝利之後，他每到一家分店就會帶領著所有的員工進行歡呼；Kathy Mulhany 在 Xerox 公司擁有 28 年的豐富經驗，當他擔任總裁時公司面臨破產的窘境，所以他開始旅行一年兩次到全球所有 Xerox 的據點，主要是想要傳達他對 Xerox 的熱情，並喚醒 Xerox 老員工接受他的願景以及公司的重整作為；一位董事會的成員形容奇異公司的 Jeff Immelt 就像是天生的銷售員：Ogilvy & Mather Worldwide 的執行長 Rochelle Lazarus 說道：「他知道全世界都在期待著奇異公司成為世界未來潮流的先驅」、「他真的感覺到奇異有責任站在世界的前端而且擔任領導者的角色」，Immelt 對奇異公司充滿熱情而且對公司未來的機會充滿信心。事實上，最近某一次奇異公司高階主管的聚會(共聚集了 650 位高階主管)，自從 Immelt 擔任執行長之後，奇異公司的股價跌了超過 70%，但是 Immelt 仍然大聲疾呼：沒有一個地方、一個時間、某一天比我們身在奇異公司來得更有意義，這就是熱情。

領導者利用獎酬制度、象徵以及組織結構等方法，來塑造組織文化。Traveler 的重生策略之所以能夠奏效，主要是透過代理獎酬制度來改變組織內「冥頑不靈」的組織文化，因為員工現在相當在意大量的現金紅利和股票選擇權。根據某些顧客以及 Becton Dickinson 製藥廠的風險管理主管表示：「他們現在更渴望獎酬了，他們想要交易，他們有別於以往、冥頑的 Traveler 文化」。Jeff Immelt 的作為就是重新塑造奇異公司根深蒂固的文化—透過獎酬制度來強化員工提出新概念的能力，並藉此改善顧客的服務、產生更多的現金流量與成長、提高銷售量而不只是達到最低的目標[11]。

當領導者闡明策略意圖，建立一個組織，形塑他們的組織文化時，他們仍然需要一個關鍵要素的協助，那就是遍及組織內部的管理團隊。就像 Honeywell 的總裁 Larry Bossidy，當他被問到 42 年後 General Electric、Allied Signal 和現在 Honeywell 這個看來死氣沈沈的企業，如何期望會有令人興奮的成長時，他率直地評論：「沒有成熟市場這回事，我們需要的是由成熟的執行長來找出成長的方法」[12]，領導者相當留意管理者如何執行策略，一旦領導者的領導方式被接受，則企業因環境複雜性與變革所引起的風險將會因此而降低。所以，分派重要的管理者將成為一種領導的工具。

12.1.4　招募並發展具有才能的作業性領導者

11 "Jeff Immelt on Pay, His AAA Rating, and Taking the Train," *BusinessWeek*, February 1, 2009.

12 Diane Brady, "The Immelt Revolution," *BusinessWeek Online*, October 18, 2005.

領導者對於發展營運能力最基本的責任就是發展一個適合年輕管理者的角色模式，這樣做的目的主要在將行爲與習慣模式化，以便這些年輕的主管能夠直覺或是本能性的描繪議題或進行決策，在全球性經濟不景氣的年代中，這是特別關鍵的能力—事實上過去幾年每一家企業都幾乎透過這些能力來處理他們所面對的問題，企業的每一個階層都需要領導能力，特別是組織內的營運階層。

在不景氣的年代以及現今大部分的公司都必須將員工行爲模式化並發展必要的習慣，在許多的個案中，員工的生存對他們而言是一種權益，因此，將這些具體的領導習慣模式化是絕對重要的課題。

如同我們在組織領導章節一開始所說，環境的激烈競爭以及環境的複雜度，促使企業將職權下放到每一個不同的管理層級，因此每一個層級的主管都必須面對領導的問題，這是早期企業界所始料未及的情況。我們也必須定義優良組織領導的關鍵角色，以及如何藉由教育與發展培育新的領導人，領導涉及的層面很廣，包括：全球管理者、變革者、策略學家、激勵者、策略決策者、創新者、合作者等等，企業如果想要生存與發展則企業必須重視領導的重要性。所以我們必須更謹慎的檢視這些未來的管理者是否具備了關鍵的核心能力。圖表 12.4「運用策略的案例」一節提供了一項很有趣的訪談，訪談對象爲 IBM 人 Helen Cheng，討論它如何導入「魔獸世界」線上遊戲來訓練年輕的管理者，以及他如何運用多人線上角色扮演遊戲來發展其年輕的主管以及全球管理團隊面對現今快速變遷全球市場的能力。

運用策略的案例 圖表 12.4

Helen Cheng 與多人線上角色扮演遊戲(MMORPGs)——IBM 運用它作爲發展二十一世紀新領導人的工具

根據 IBM 領導發展研究的觀察，多人線上角色扮演遊戲(MMORPGs)就像魔獸世界，或許是目前處在「維基」世界中最真實的領導訓練發展方案了。「在不久的將來，個人履歷中可能還必須羅列出您受多少小時的遊戲訓練，這不是誇大的言詞，在不久的將來財星五百大的高階主管都必須受過這樣的訓練，這些經理人會愈來愈重視這樣的訓練與經驗，因為這些經驗不再是業餘的嗜好而已，終究，這些遊戲玩家有可能會成為下一任的執行長」*。Helen Cheng 的經驗有助於我們了解為什麼 IBM 積極的運用多人線上角色扮演遊戲來作為 IBM 甄選以及發展領導人之用。Helen Cheng 在三年前導入線上遊戲，原因是她加入了朋友星際大戰的遊戲戰局，她說：「我當時非常懷疑」，「我的意思是說，在一個幻想的世界裡與龍作戰？聽起來有點不可思議」。三天之後 Cheng 開始著迷了，她很快便加入八百萬個會員的魔獸世界線上遊戲，她很快就進階而且花了六個月就攻頂了，以下是她對領導課的一些看法：

Q：您認為您是個天生的領導者嗎？

A：我有點沉默，我第一次感覺我是領導者是在某次出團的經驗，那一次共有 40 位伙伴，由於遭遇的突擊過於突然，所以伙伴們都死了，被指派的領導者一陣沉默，所有的人都在等待指示，我按我的按鈕說話並把部隊凝聚起來，是我，我是個女生，現在正與 39 個傢伙說話，令我驚訝的是，所有人都聽從我的指揮，並繼續行動，對我來說這是一個奇妙的時刻，頓時間我變成了這個團體的領導者。

Q：什麼樣的環境因素使得您更容易變成領導者的角色？

A：事情發生的速度造就了這一切，你往往沒有很多的時間，但是卻必需很快的作決策，此外，溝通往往會有很多種不同的形式，你可以傳簡訊、使用聊天頻道及網路電話或是在網站上留訊息，這些不同的溝通媒介提供了更多元化的機會。

Q：管理未曾謀面的人到底是什麼感覺？

A：與真實生活其實沒有多大的差別，但是有時候我仍然必須去調整一些人格上的衝突，在我最後一次的聯合作戰，我們有一位負責突襲的軍官能力很強，在同時他可以領導大約 40 個人進行突襲，但是他過於實際，他甚至不太在意其他夥伴的感受，從另外一個角度來說，我們必須招募一些友善的主管來建立關係，因為現有的伙伴習慣正面交鋒，我發現要協調他們並不容易，所以最後我離開並想辦法尋求更先進的伙伴。

Q：有點像攀登公司的階梯？

A：有點像。

* "Virtual World, Real Leaders: Online Games Put the Future of Business Leadership on Display," IBM Corporation, http://domino.research.ibm.com/comm /www_innovate.nsf/images / gio-gaming/$FILE/ibm_gio_gaming_report.pdf, 2008.

現今企業所面臨的環境充滿競爭，因此建構學習型組織的能力以快速回應環境、資訊分享、跨文化的綜效等議題，都是現代年輕管理者所不可或缺的重要能力。圖表 12.5 告訴我們一般組織對於管理者能力的需求。此外，也說明了組織能力與管理者個人能力之間應該要相互配適才能相得益彰。Ruth Williams 和 Joseph Cothrel 的研究告訴我們在現今快速變化的企業環境中，企業領導人應該具備何種技能。

> 現今競爭的環境所需要的管理能力不同於以往，其角色扮演也有所差異。角色扮演漸趨平衡，主要是因為領導角色從傳統的男子氣概思想(強硬的決策制定、領導軍隊、操縱策略、進行競爭戰)漸漸轉移至女性的特性(傾聽、關係建立和教育)。演變至今的模式，「自己承擔自己所做的事」其成分已漸趨減少，反而像是「創造一個環境，使得大家彼此分擔重擔」這種概念日益受到重視。而它的重點在於開發組織內潛在的人力資產[13]。

[13] Ruth Williams and Joseph Cothrel, Current Trends in Strategic Management (New York: Blackwell Publishing, 2007).

圖表 12.5 經理應該擁有什麼能力？

組織需要的領導能力		企業領導人具備的能力
其能力為： ・建立信任 ・建立熱誠 ・協調 ・告知結果 ・形成網絡 ・影響其他人 ・使用資訊	→	・商業知識 ・創造力 ・跨文化的效益 ・同理心 ・彈性 ・預應能力 ・問題解決 ・建立關係 ・團隊工作 ・洞察力

資料來源：From Ruth L. Williams and Joseph P. Cothrel, "Building Tomorrow's Leaders Today," Strategy and Leadership 26, October 1997 . Reprinted with permission of Emeral d Group Publishing Limited.

David Goleman 的研究指出，不同的人格特質屬性將會為企業產生不同的核心能力，在圖表 12.5 中有詳細的說明。他的研究結論包含一組四個重要特性的評量構面，當然情緒智慧(EI)對於現代優秀的管理者來說，扮演著十分重要的角色[14]：

- 自我認知(self-awareness)：瞭解自己的情緒並評估自己的強處與弱點，而自信心則是來自我正面的評價。
- 自我管理(self-management)：自我控制、誠實、光明正大、進取心和成就導向。
- 社會認知(social awareness)：瞭解他人的情感(神入)、理解這個組織(組織認知)以及認知顧客的需要(服務導向)。
- 社交技能(social skills)：影響以及激勵他人、溝通、共同合作、與他人建立關係、管理變革及衝突。

職位權力
是基於管理者在組織中正式的職務所賦予的權力。

獎賞權力
是指管理者為了回報員工做出他們所期待的行為或是結果的時候所給予的酬賞。

這些重要的特性已融入管理者的日常性活動，隨著時間的推移各單位及全體的任務也就隨之順利完成，他們如何運用權力及影響力來使他人努力完成任務呢？有效的領導人會想辦法發展管理者使他們瞭解到他們擁有許多權力及影響力的來源，而這些權力來源如果只是來自組織內職位上的權力，那麼這也許是影響員工最沒有效率的方式了，管理者獲得權力與影響力的來源有七：

組織權力	個人影響力
職位權力	專家影響
獎賞權力	歸屬權力
資訊權力	同儕影響
懲罰權力	

14 D. Goleman "What Makes a Leader？" Harvard Business Review (November–December 1998), pp.93–102.

資訊權力
是指當管理者容易取得或是控制資訊的傳播時，會特別容易掌握此種權力，這對組織內許多的部屬而言相當重要。

懲罰權力
是主管透過處罰部屬出現主管不希望他們出現的行為或結果時，所進行的脅迫，使他們心生畏懼所產生的權力。

專家影響力
源自於領導者在某個領域或情境的專業知識與專業。

歸屬權力
來自於眾人願意追隨領導者，在組織內領導者因為其魅力、人格特質、同理心以及個人屬性，為眾人所稱羨，而使得員工願意追隨為其效命。

同儕影響力
大部分在組織內的員工或是跨組織的員工，發現當他們身處於某個群體中來解決問題、服務顧客、發展創新或是執行其他任務時，領導者可以運用指派團隊成員的方式，透過同儕影響力來影響結果與產出。

組織內權力的來源主要來自於管理者在組織內所扮演的角色，**職位權力**是基於管理者在組織中正式的職務所賦予的權力，由於擔任該職務，所以管理者擁有職權與責任進行決策，並且必須把事情做好，許多新進的管理者都想要仰賴這一類的權力來源，但是往往是最沒有用的作法。**獎賞權力**是指管理者爲了回報員工做出他們所期待的行爲或是結果的時候所給予的酬賞，這往往是一種強而有力的權力來源。**資訊權力**是指當管理者容易取得或是控制資訊的傳播時，會特別容易掌握此種權力，這對組織內許多的部屬而言是相當重要的。**懲罰權力**是主管透過處罰部屬出現主管不希望他們出現的行爲或結果時，所進行的脅迫，使他們心生畏懼所產生的權力。

現今的領導人日益仰賴他們個人的能力來影響其他人，個人影響力也是某種形式的「權力」，主要有三種來源：**專家影響力**源自於領導者在某個領域或情境的專業知識與專業，這是一種影響他人相當重要的權力來源。**歸屬權力**則來自於眾人願意追隨領導者，在組織內領導者因爲其魅力、人格特質、同理心以及個人屬性，爲眾人所稱羨，而使得員工願意追隨爲其效命。最後，**同儕影響力**可能是領導者用來影響其他員工行爲最有效的方式了，大部分在組織內的員工或是跨組織的員工，當他們發現身處於某個群體中來解決問題、服務顧客、發展創新或是執行其他任務時，領導者可以運用指派團隊成員的方式，透過同儕影響力來影響結果與產出。

有效率的領導者會運用上述七種權力與影響力的來源，或是結合上述幾種權力來源，來因應面對無數種情境，特別是他們需要許多人共同投入協助的時候，權力與影響力的來源通常會受到任務、專案、指派的迫切性或是個人的特殊性等本質所影響，像奇異公司的組織領導者 Jeff Immelt 就巧妙的運用了上述所有權力與影響力的來源，來發展組織內的管理者與部屬使他們成爲成功的領導者。

在 Bartlett 和 Ghoshal 最近的研究中有一項特殊的發現，那就是：組織領導對於管理模式的選擇具有重要的影響效果。此外，他們研究最近十年經營相當成功的全球企業，結果發現二十一世紀的公司將會相當重視整合性的彈性回應、創新以及重新思考管理的角色。他們還歸納出三種主要的管理角色：創業家流程(關於追求機會的決策與資源的配置)、整合流程(建立和配置組織能力)以及更新過程(塑造組織目標並刺激變革)。傳統上就高階管理的角度來看，研究建議這三種功能應該分配在三個不同的管理層級上，如圖表 12.6 所示[15]。

---

15 C. A. Barlett and S. Ghoshal,"The Myth of the General Manager: New Personal Competencies for New Management Roles," California Management Review 40 (Fall 1997), pp.92–116; "Beyond Structure to Process," Harvard Business Review (January–February 1995).

圖表 12.6 管理流程與管理階層之間的關係

第一線管理	中階管理	高階管理
吸引資源和能力以發展企業	**更新流程** 發展作業性管理者並支持他們的活動，維持組織信任	透過機構式的領導來塑造、內嵌公司的目的並且驗證內嵌的假設
管理營運者的內部互動以及人際網路	**整合流程** 連結技術、知識和跨單位的資源。調和短期績效及長期目標	創造公司方向，發展和培養組織價值
創造及追求機會。管理持續性的績效改善	**創業家流程** 回顧、發展及支持執行提案	建立績效標準

資料來源：C. A. Bartlett and S. Ghoshal, "The Myth of the General Manager: New Personal Competencies for New Management Roles," California Management Review 40 (Fall, 1997); R. M. Grant, Contemporary Strategy Analysis (Oxford: Blackwell, 2001), p.529.

12.2 組織文化

組織文化
是一系列的重要假設(經常未明確的說明)，而且由組織內成員所共享。

組織文化(organizational culture)是一系列的重要假設(經常未明確的說明)，而且由組織內成員所共享。每個組織都擁有屬於它們自己的文化。組織的文化和個人的人格相似，是無形的，而且提供方法、方向以作爲行動的基礎。在許多方面它和個性一樣，影響個體的行爲、共享的假設(信念和價值觀)，並且在企業內影響成員的意見和行動。圖表 12.7「運用策略的案例」則說明了商業周刊透過 Staffing.org 所進行的一項調查，探討員工如何看待他們公司的文化。

不須藉由親自分享的方式，組織內的成員就可以簡單地瞭解其組織的信念和價值觀。這些信念和價值觀有著更多的個人意義，假如成員視這些信念與價值觀爲組織內個人行爲指導方針的時候，會因此而服膺整個組織的文化。當組織成員將這些信念與價值觀內化的時候，他(或她)會轉而對這些信念及價值觀產生基礎性的承諾；即掌握它們就如同掌握個人的信念和價值觀。既然如此，這種一致性的行爲對這個成員而言是一種本質上的意識；這位成員在組織內從他(或她)的行動中，得到個人的滿足感，這是因爲這些行動和個人的信念及價值觀一致。透過組織內個體成員間的內化，個人的假設變成共享的假設。內化的信念及價值觀塑造了具體的內容並產生組織文化的優勢。

運用策略的案例

圖表 12.7

BusinessWeek

您的工作文化最像什麼？

THE BIG PICTURE

THINK YOUR WORKPLACE is like a sitcom? In an online survey, Staffing.org, a performance research firm, asked 300 people to describe their company's culture using one of four fictional touchstones. The results:

"A lot like *The Office*"	"More like *Dilbert* than I'd like to admit"	"*M*A*S*H*, on a good day"	"Like *Leave It to Beaver*"
57%	24%	14%	5%

資料來源：From "The Big Picture," BusinessWeek. Reprinted from May 25, 2007 issue of BusinessWeek by special permission. Copyright © 2007 by The McGraw-Hill Companies, Inc.

12.2.1 組織領導者在組織文化中扮演的角色

本章之前的內容已經詳細說明了組織領導的議題，有一部分則在探討組織領導者在形塑組織文化的過程中究竟扮演何種角色，有幾個觀點我們將會在這裡有所討論，我們並不是一再重複相同的內容，而是領導者與組織文化的形塑實在密不可分，領導人是標準的抬轎者、擬人化以及文化的化身(例如 Steve Jobs 以及 Anne Mulcahy)，也或者是新的典範(例如：Alan Mulally 以及 Mike Bloomberg)，因此，領導人的作為呈現在幾個不同的面向，也將會影響組織的文化，他同時有可能強化文化或者是針對其所思所想建立起標準，領導人如何做或是強調這些成功領導者的面向，都會被組織視為是「最重要以及最有價值的事」。

12.2.2 建立組織中的團隊

有些領導人在組織內工作好長一段時間了，如果他們已經擔任領導者一段很長的時間了，則他們與組織之間的關聯性必然是根深蒂固，他們會持續強化目前的文化，基於這些文化來獲得賦權的能力，而且會不斷的強化它使之成為持續的關鍵成功要素，有問題的長期領導者雖然建立了成功的企業，然而它公司的文化也漸漸浮現出不符合倫理準則以及錯誤的窘境，在媒體活動活絡頻繁的現代商戰環境中，長期擔任領導人的主管通常是位頭臉人物，在他身處的環境中，文化可能相當強勢，他們的角色感覺是創造文化，但是有時候他們扮演的角色也許是動搖文化，這實在有點令人摸不著頭緒。

近年來有一些領導人，不可諱言的是組織中的菜鳥，但是卻身居要職，他們與組織文化的關係則是更加複雜，這些在既定文化下建立了強而有力的管理職務與生涯發展——GE 的 Jeff Immelt、Xerox 的 Anne Mulcahy、P&G 的 Alan Lafley——他們都深刻的了解他們的文化，而且以身爲文化的創始人之一爲榮，這或許有助於協助他們建立在某種文化背景下擔任領導人的信心，當然也許更困難(正如上述三位執行長一樣)，因爲這些人擔任變革推動者的角色，而此時是組織文化變動最大的時候。

在其他的情境之下，新的領導人或許不是原有文化的創始人之一，這時所面臨的情境將更具挑戰性，很自然的，他們必須贏回群眾的信任，因爲這些人有可能抵制變革，而且經常發生董事會希望改變策略、公司以及文化的狀況，這經常是這些新的領導人所必須面對的問題，有些新的領導人成功的進行變革，但是某些領導人發現根深蒂固的組織文化阻礙了他們變革的能力。

Kenneth Siegel 說：「文化知覺最容易被忽略而且它是預測執行是否能順利成功的重要因素，這往往也是執行長最缺乏的要素」[16]。因爲在某個公司高績效的執行長，並不意味著他在所有的地方都是一位適才適所的人才，Siegel 建議那些董事會的成員在僱用組織的高階資深主管時，可以先問自己一個簡單的問題：「這位主管會強化我們公司的文化或是破壞它？爲什麼？」[17]，因爲文化上的不配適會破壞組織多年來的績效，當然也會影響執行長未來的職涯選擇，當企業在僱用執行長時，他們必須決定是否要僱用外部的人、或是一位新的領導人[18]。

圖表 12.8「運用策略的案例」一節提了一個有關上述兩個觀點極爲有趣的例子，而且是來自某家極爲成功企業的創始人兼執行長在面對兩個極爲不同文化的體驗，它說明了 Netflix 的創辦人兼執行長 Reed Hastings 如何戲劇性的改變公司文化以及做事的方法，而他的第二家企業 Pure Software 是他一手創立的公司，他也因此深深的影響了該公司的文化，但是透過一系列的收購與合併該公司目前已經成爲 IBM 的一部分了，Hastings 曾經這樣描述 Pure：「當公司成長的時候我們遇到官僚化的問題」，他原來是一家快節奏的公司，但是後來它

16 "Culture Club," BusinessWeek, March 3, 2008.

17 同上

18 同上

由「每個人都想去的天堂」變成「懶散的軟體工廠」。在他離開 Pure 之後，Hastings 花了兩年的時間來思考如何建立下一家新創事業的文化，使它免於大企業的反應遲緩症。

運用策略的案例

圖表 12.8

BusinessWeek

Hastings 建立了一個革命性且獨特的文化

Netflix 公司的創始人 Reed Hastings 曾說：「我花了大量的財富在我成立的第一家企業做了許多二流的工作」，他所說的這一家公司就是他在 1990 年代所創設的公司擅長於除錯程式，後來變成 IBM 公司的一部分，Hastings 曾經這樣描述 Pure：「當公司成長的時候我們遇到官僚化的問題」，他原來是一家快節奏的公司，但是後來它由「每個人都想去的天堂」變成「懶散的軟體工廠」。Hastings 說：「當公司成長的時候我們遇到官僚化的問題」。

在歷經 Pure 之後，他花了兩年的時間思考他的下一家新創事業該如何免於大企業的反應遲緩症，於是他成立 Netflix，成立該公司 Hastings 認為該革新的不只是人們租電影的概念，而是應該改善企業主管營運的模式。

Hastings 對其員工相當慷慨，除了給他們無限期的假期之外，還讓他們自己設計專屬的薪酬系統，但是相對的他也要求極高的績效。他大概有 400 位受薪的員工，他們每一位員工的工作量大概是三、四個人份，Netflix 沒有舉辦像兄弟會的宴會，更沒有啤酒與足球桌作陪，公司更沒有專業經理人來指導員工，但是 Netflix 卻依然不屈不撓、實現自己的抱負，正如行銷經理 Heather McIlhany 所言：公司瀰漫著「定型的成人文化」，「Netflix 可見度極高」。Hastings 將這種方法稱為「自由度與責任」，也許員工都會喜歡這種方式。Netflix 的職場就好像電影「瞞天過海」一樣有許多不同的角色，Hastings 就像是 Danny Ocean 的角色，他是一位成功的領導人，他將精英集合在一起，並且很慷慨的對待他們，並給予他們極高的彈性，但是還是專注於特定的目標上。在該公司的個案中面臨了一個不可能的任務，那就是試圖智取 Blockbuster 以及 Amazon，在那場戰役之中 Apple 後來勝出成為線上電影的主要提供者。

現在 Netflix 捲入了一個更加強硬以及兩條戰線的戰爭，與 Blockbuster 在線上爭取 DVD 出租的戰場以及與 Apple 競爭數位串流的服務，他們都是相當強的競爭對手。Wedbush Morgan 的證券分析師 Michael Pachter 說：「一般市場上總是可以容納不只一家公司」，「但是這個案例卻不是這樣」。

Hastings 則是看好公司的文化，他認為這樣的文化可以帶領公司走出去，這個計畫包括持續強化 Hastings 所謂的「才能密度」，大部分的公司都擔心他們是否付出足夠高的薪資來吸引有才能的員工，Netflix 開出的價碼遠高於傳統矽谷的行情，Hastings 說：「我們一點都不擔心薪資付得太高了」。

為確保公司能有效的網羅人才，公司會告訴獵人頭公司金錢不是問題，每一個事業群都會要求獵人頭公司為他們網羅菁英份子，員工通常會被要求與工作緊密的結合在一起。

Gibson Biddle 負責網站的運作，具有技術背景以及電影的專業知識，他是一個絕佳的人才協助 Netflix 改善他們顧客運用網站來消費的能力，Yellin 曾經在家庭娛樂網站興盛的時期協助 Biddle，身兼導演的 Yellin 在那時候也在洛杉磯剛完成了他的第一部情節電影「兄弟的影子」，他很討厭公司或是上市上櫃之類的概念。

不可能大賣，對吧？但是 Netflix 砸了很多的錢在 Yellin 身上所以他不能失敗，前三個月他不斷的奔波於洛杉磯與舊金山之間，主要是為了完成 Netflix 的工作以及電影，Yellin 說：「公司給了我充分的彈性」、「我能自由自在做我自己想做的事情，而且不受到細節的束縛」。

沒有黃金手銬

一般的就業市場薪資必需結合績效，績效提升薪資必然要提高，Netflix 的老板總是不斷的從新雇用者那裡蒐集市場薪資的資料，必要時可以隨時調整提高薪資，但是如果不符合員工的預期那怎麼辦？Hastings 說：「在一般的公司績效平平者往往會獲得平均的薪資」、「在 Netflix 他們會獲得一大筆的遣散費」，為什麼？因為 Hastings 相信一般的管理者對於開除員工總是會覺得有點內疚。

資料來源：摘自"Netflix Flees to the Max," BusinessWeek. Reprinted from September 24, 2007 issue of BusinessWeek by special permission.

在 Netflix 公司 Hastings 導入相當獨特的「自由度與責任」文化，而且他希望在顧客租電影以及管理者的工作方式兩個面向上有所突破，當他面對 Blockbuster、沃爾瑪、Amazon 等這些有線公司以及 Apple 之類的企業，Hastings 試圖創造 Netflix 完全不同的文化以及「卓越」的能力管理，透過公司雇用這些企業的最佳戰將，試圖擊敗那些規模龐大的競爭者。透過上述的作法，Hastings 已經成爲一家新公司全新的領導人，透過差異化的商業模式試圖擊垮電影出租與販售業等競爭者，某種程度來說，Hastings 是一位新的領導者，但是在創業與創新上他卻擁有豐富的經驗，因此形成了根深蒂固的產業利基與競爭力。

因此我們可以說：新領導人建立文化有助於改善成功的機會(並將文化變革成公司想要的樣子)，如果與員工建立相同的共識則公司就可以迅速建立效能、降低抵制或是有更好的基礎來了解並適應各種情境。同樣的例子如 R. J. Reynolds 的執行長 Lou Gerstner 接手日薄西山的 IBM 公司，他就曾經說：儘管來自不同的產業，你還是可以一樣做得很好，所以當新的領導人面臨已建立的文化，但是不得不改變的情境時，有兩個關鍵的成功要素分別是：領導人的技巧以及面對策略動態情境因素的相關經驗。

倫理標準
個人分辨是非對錯的基礎。

倫理標準是指個人對於對或錯不同的基準，本章較前面的部分曾經強調「原則」的重要性，領導人往往會視其需要，將「原則」整合在他邁向成功領導者的歷程中一項重要的訣竅之一，爲了成爲成功的領導人我們必須不斷的重複這些要點，但是組織文化的認知也是相當重要的課題，特別是組織文化與領導人之間的完美融合是相當重要的，此外，身爲領導者，他們必須知覺到符合倫理標準的行爲、行動、決策及常模也是相當關鍵的。第三章曾經提到的案例：Enron、Merrill Lynch、WorldCom、Ken Lay、Jeff Skilling、Bernie Ebbers 以及 Martha Stewart 這些企業、人物與場景都令我們印象深刻，這些案例意義深遠：

領導人以及他們的關鍵伙伴在塑造文化以及定義倫理標準上都扮演了重要的角色，這些倫理標準對於引導該文化下成員的行爲、決策都扮演了強而有力的引導角色與力量。

領導人會想辦法運用各種手段來影響組織的文化，並建立公司成員與文化的關聯性，形成公司的願景與策略是企業領導人的關鍵任務，但隨之而來的是他該如何形塑組織文化來帶領組織成員往他想要的方向走，達成這些理想有一些重要的組成要素必須注意，包括：薪酬系統、內部主管與外部主管的均衡發展及調派、公司董事會的組成份子、報告關係以及組織結構。由於之前我們都已經探討過上述的組成要素，以下我們將從其他的觀點來探討如何塑造以及強化組織的文化。

12.2.3　著重關鍵議題或主要價值觀

企業的發展策略圍繞在他們所具備或是追求的明確競爭優勢。品質、差異化、成本優勢和速度是四個競爭優勢的重要資源。具洞察力的領導者在組織內就能夠培養增強組織想要維持或發展競爭優勢之關鍵議題或主要價值觀，關鍵議題或主要價值觀可能以宣傳口號爲中心環繞著整個組織，並經常出現在企業內部的溝通管道中。它們最常被公司職員以一個新字彙來解釋：「我們是誰？」。在 Xerox，其關鍵議題包括對於個體的尊重和顧客的服務。在 Procter & Gamble(P&G)，主要的價值觀是生產品質；麥當勞則是非常強調 QSCV，即品質(quality)、服務(service)、清潔(cleanliness)、價值(value)，並以嚴密注意細節而聞名。Delta Airlines 藉著「家庭感覺」這個議題來導入並營造團隊精神、教育每位員工對於彼此之間的合作態度，以及對生活抱持樂觀的態度，而且以做好工作爲榮。Du Pont 的安全方針爲：對於每件事故的報告書必須在 24 小時內放在總裁的桌上，危安的記錄只有 27 次，比製藥產業平均 68 次及所有製造業的平均次數都少得多。

12.2.4　鼓勵宣傳關於核心價值觀的故事和傳說

強勢的企業文化是由基本信念所衍生的許多故事、軼事與傳說，經過熱心人士蒐集許多故事並加以描述所形成的。Frito-Lay’s 不斷地透過頻繁的故事，敘述馬鈴薯切片售貨員不畏風雪只爲了維持 99.5%的服務水準給顧客，爲公司帶來重要的榮耀，以強調顧客服務。Milliken 每季舉辦一次「分享」，召集公司的團體來交換成功的故事和想法。超過 100 個團隊進行 5 分鐘的演講，共花了二天的時間。每次大會都圍繞一個主要的議題，例如：品質、成本折扣或顧客服務，但不允許任何批評，而且對於達成規定敘述故事的團體增加獎勵。L. L. Bean 講述顧客服務的故事；3M 講述創新的故事；P&G、Johnson ＆ Johnson、

IBM 和 Maytag 講述品質的故事。這些故事對於組織文化的發展非常重要，因爲這些組織成員會熱心地參與並共享這些他們所支持的信念和價值觀。

12.2.5 制度化的執行：有系統地增強渴望的信念及價值觀

擁有強勢文化的企業很清楚地瞭解他們所要的信念及價值觀是什麼，且非常嚴謹地進行塑造這些信念及價值觀的過程。最重要的是，這些價值觀是由他們雇用的基層員工作爲支持的基礎。例如，麥當勞藉由舉行年度競賽來決定連鎖店裡的最佳漢堡廚師。第一，在每家連鎖店裡舉行比賽以決定誰是最佳漢堡廚師，之後舉行各連鎖店勝利者／入選者的區域賽；最後，區域賽勝利者／入選者參加全美國的競賽。得到冠軍的勝利，不僅聞名於全公司、也得到獎品和制服上的徽章。

12.2.6 以他們獨特的方式來融入共同的議題

最典型的信念可以塑造組織文化，包括：(1)「堅持最好的」信念(在 GE，「比最好還要好」)；(2)「追求較好的品質和服務的信念」；(3)「當個人對組織做出重要貢獻的時候，人的重要性就相對提高」的信念；(4)「在執行重要細節的時候，要把具體細節的工作做到最好」的信念；(5) 顧客至上的信念；(6) 確信人們會用他們所有的能力盡力做到最好；(7) 確信顧客資訊是重要的；(8) 確信成長和利潤對公司的存在是很重要的。每家企業實行不同的信念(適合不同的情況)，而且每一家企業的價值都在一、兩位具有傳奇領導地位的員工身上。因此，每一家企業都有其他企業無法成功複製的獨特文化，如果企業的文化是強勢的，那麼管理者和員工不是接受文化的規範就是放棄文化規範而離開公司。

較強勢的企業文化是那些致力於顧客和市場的文化，較少的公司爲了實施紀律和規範而使用工作手冊、組織圖、詳述規章和程序。原因是領導者的根本價值是建立在極爲清楚的風格上傳遞文化，而且在大部分情況下每個人都是認同且支持的。表現不好的企業經常是強勢文化，然而，他們特別關注內部的政策或是管理者，並反對過度強調顧客、製造和產品銷售人員的價值觀，這種企業文化是具有反效果的。

12.2.7 全球組織中的管理組織文化[19]

現今全球組織文化的眞實面是試圖認識文化的多樣性。社會規範創造差異性並跨越國家的藩籬，而影響人與人之間的互動，學習個人榜樣，和其他緊密的社會聯繫。從這個國家到另一個國家，即使環境相似其價值和態度也可能會有差異。對北美來說，個人主義是價值觀的核心，相對之下，日本他們需要以團體的力量來影響價值觀。宗教信仰是另一個不同的文化來源。在全球環境中，節日、習俗和信仰等不同狀況下，組織文化被視爲一個是非常重要的面向。最後，教育通常是人們學習不同國家文化的途徑。在美國課堂中學習到的事物，在其他文化之下可能只有透過師徒制去學習。許多的「教育」通常維繫著影響組織文化的過程，領導人必須敏感度夠高地去瞭解全球教育觀點的差異，以瞭解他們在文化教育上的努力是非常有效的。Henning Kagermann 是一位德國籍全球知名軟體公司 SAP 的前任執行長，他曾說：「如果是一家大公司，那就必須建立全球的人才庫資料，只有笨蛋才會認爲最聰明的人只出現在某一個國家，在德國，目前就遇到這樣的問題，因此工程師短缺的現象相當嚴重，也許你會說我一點都不在意，但是 SAP 的執行長卻必需謹愼的面對此問題，所以我們找了許多來自德國、印度、中國、美國、以色列、巴西有才能的工程師，這樣的多元化代表了 SAP 所擁有的文化多元性、創造力以及市場回應性」[20]。Kagermann 正在尋找全球文化與社區的代表，這樣方能突顯 SAP 如何在全球的環境之下經營企業。

12.2.8 策略管理——文化關係

管理者發現，思考企業文化和策略關鍵因素之間的關係是很困難的。然而，很快地他們認爲，企業的關鍵組成要素：結構、員工、系統、民族、風格——這些都會影響關鍵任務執行的方式。一個新策略的執行，主要的困擾在於如何調整這些組成要素以滿足策略的需求。所以，「策略管理—文化關係」必須仰賴新策略的執行以及改變程度之間的互動關係，而且管理者必須對這些變革與公司文化是否配適以進行深入的探討。圖表 12.9 說明「策略管理—文化之關係」，並提供一個簡單易懂的分析架構，這有助於公司在面臨詭譎多變的環境時，深入的剖析策略管理與文化之間的關係。

19　不同的背景同常是指文化的差異性，大部分的管理者都會遇到類似的問題，主要原因是本國文化的差異性漸增或者是國際性的合併與收購，例如：Harold Epps 是波士頓一家鍵盤工廠的主管，他管理 350 位員工、但是來自 44 個國家、說 19 種語言。

20　“Tapping Global Talent in Software,” BusinessWeek, June 9, 2007.

與任務相結合

在方格 1 企業所面對的狀況是實施一個新策略，並在結構、系統、管理上的任務、營運流程或是公司其他基礎的面向。然而，許多的變革是與現在組織文化相容的(共存的)。企業在這樣的狀況下，通常不是去尋求主要優勢的機會就是去修正主力產品市場的經營，這些都與組織的核心能力一致。這樣的公司將處於一個非常有利的狀況：他們可以從事策略的變革，但是仍然必須強化文化的力量，公司才會獲利。

圖表 12.9 策略管理─文化關係

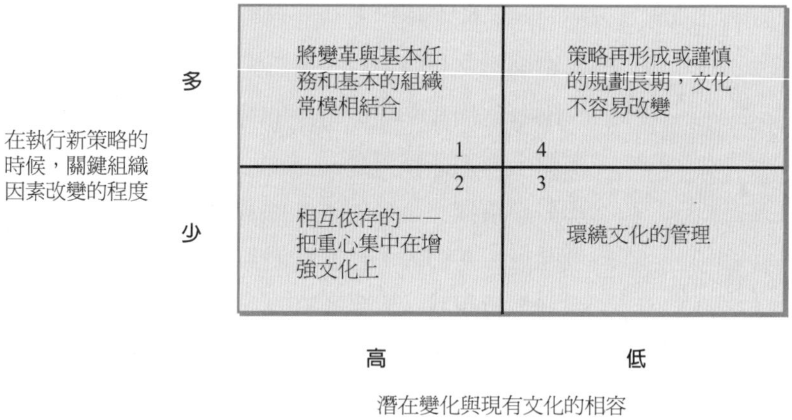

在執行新策略的時候，關鍵組織因素改變的程度	高	低
多	將變革與基本任務和基本的組織常模相結合 1	4 策略再形成或謹慎的規劃長期，文化不容易改變
少	2 相互依存的——把重心集中在增強文化上	3 環繞文化的管理

潛在變化與現有文化的相容

因此我們有必要進一步深入探討策略與文化的關係，並且以這四個基本的思考方向爲基礎：

1. 第一，關鍵變革必須很明顯的與公司任務連結。因爲公司任務提供了一個較爲廣泛而且正式活動以作爲組織文化的基礎，高階主管必須透過內外部的公開討論會議，以強化公司訊息的內部流通。
2. 第二，公司應該特別重用現有的員工。特別是在執行新策略的時候，選用公司原有的老班底或許較爲合適，主要原因是因爲老班底對於公司現有的價值觀與常模較爲熟悉，所以如果公司所執行的策略有所變更的時候，這些老員工在變革的適應性與文化調整性上的配合度會較高。
3. 第三，應該重視薪酬系統的調整。公司變革必須與薪酬系統同步，舉例來說，如果公司開發了一項新產品，則其銷售方式必須改變，因此在激勵性報酬上，公司也必須開始強調。所以現在與未來的薪資獎酬制度基本上是存在高度相關的，只是當公司策略有所調整的時候，薪酬系統也必須隨之調整。
4. 第四，與公司文化較不相容的變革，公司必須付出更多關注。如此一來公司的常模才不會受到挑戰，例如公司在生產的過程中選擇轉包契約，因爲這種作法與目前公司的文化不相容，因此公司必須特別注意這項策略的可行性分析。

圖表 12.10「運用策略的案例」一節說明了 P&G 在 Alan Lafley 的領導之下如何採用創新的方法，這是一個很好的例子。P&G 永續的任務是建立一家消費性產品公司，持續進行創新的產品設計以及產品發展，Alan Lafley 持續推展開放的文化，以協助 P&G 更有效的進行創新，他特別強調如何透過 P&G 的員工讓公司變成「偉大的創新者」，而 P&G 持續 100 年的傳統與任務就是希望公司成為全球性的消費性產品的創新者，他將 P&G 的任務與變革結合在一起，Lafley 接著不斷對 P&G 的員工發表演說試圖影響他們成為未來變革的重要推手，所以他鎖定現有的員工進行改造，他同時也導入新的薪酬系統來鼓勵員工接受以不同的方法來做事，他深信一定要變革，而且他運用加速器與油門的原理來說明變革使人突飛猛進的原理，他將自己定位為加速器，推動企業積極進行變革，所以他指派經理人作為他的油門，定期的開會與討論，或是改變變化的速度，這都有賴於經理人評估變革速度太慢或是太快來決定，透過這種方式，Lafley 可以有效的監測變革以及判斷是否與 P&G 目前的文化相容。

運用策略的案例　　圖表 12.10

P&G 的再創造以及其 170 年的文化

執行長 A. G. Lafley 認為他以他承襲了前輩的熱誠來重塑 P&G。他進行了一次自 1837 年公司創設以來最徹底的再造行動。這間位於辛辛那提的 Tide、Pampers 及 Crest 等品牌製造商的領導地位已經是無可撼動的。最讓人驚訝的是剛開始時，人們並不認為他是個會引導劇烈變革的人。但他卻跟隨了 Durk Jager 這位曾嘗試在 P&G 中進行內部創新，導入了一連串新品牌強勢變革者的腳步。Jager 也曾批評 P&G 的獨特文化，並認為應該要重新改變，Lafley 後來被 Jager 所取代，Lafley 自認為是個局內人，所以他無限制的開放 P&G 的文化，甚至超過許多人的想像，他的許多創新與創意都是來自外部，所以公司不斷開發新的產品線，而且將許多關鍵的功能外包，像是資訊科技以及肥皂的製造，他進行了許多的購併而且帶領 P&G 進入美容產業，他個人花了相當多的時間接觸全球的消費者，並深入了解消費者基本清潔用品的需求，商業周刊的 Jay Greene 訪問 Lafley，以下是他個人的觀點：

Q：開始時，你並未如你的前輩一般被視為是極具說服力的改革者，但你卻推動了劇烈的變革，你能談談這些嗎？

A：在許多方面 Durk 和我都非常強烈地認為這個公司需要進行徹底的變革。但有兩個地方不太一樣：一個是我聚焦在外部環境，我表達出要作到更好的服務、如何贏得零售商，與我們將如何對抗通路中的競爭者所應有的變革。最重要的一件事是——我不攻擊。我避免否定 P&G 的員工。我想這樣做就是犯了嚴重的錯誤。這差別在於，我保存了核心文化並將員工拉往我想去的方向。我加入他們的行列並引導他們進行轉變。但我不會直接告訴他們。

Q：你們都是如何看到變革的需要？

A：我們都有觀察到緩慢的成長率。我們沒有辦法快速的成長，將創新商業化並從中獲得利潤。我們觀察到新的技術正在改變產業的競爭、零售商與供應商基礎。我們觀察到全都頓時邁向 24/7，而我們卻並未準備好迎接這個世界。

Q：在 P&G 中，變革的需求是否廣泛地受到支持？

A：我擔心要求組織進行變革的程度是否會超出其所能理解、或能力及可承擔的部分，這正是問題所在。我扮演變革的催化劑、變革支持者與變革管理的指導教練。同時我也不會為了要有所變革而變革。

Q：你如何循序地進行變革呢？

A：我十分信任我的管理團隊。他們負責拉住我，而我負責往前衝。我給他們方向，讓他們能自行作出公司策略選擇。

Q：P&G 在你接手時所面臨的危機，是否有助於你推動變革？

A：這容易多了。我很幸運，當你的處境一團糟時，你就有機會去推動更多的變革。

資料來源：Jay Greene and Mike France, "P&G: New & Improved," BusinessWeek, July 7, 2003.

發揮綜效極大化

在方格 2 內的企業只需要少數的改變就可以實施新策略，這些變革可能是和目前公司文化十分相符。處於這種狀況的企業必須強調兩個較爲廣泛的議題：

1. 利用現有的情境來強化或是凝聚現有的文化。
2. 利用現在組織較爲穩定的態勢除掉現有的障礙，來貫徹公司想要的文化。

3M 的努力使得公司建立了創新的文化，正可以說明上述的情境，本世紀初，James McNerney 成爲首度掌管 3M 公司的局外人(近一百年來)，他在下飛機之前對外宣佈他將改變公司的 DNA，他的劇本就是追求效率：他解聘了 8,000 位員工(大約佔總公司 11%)、強化績效考核的程序、緊縮財務以及導入六標準差方案，來降低生產的不良率並提高效率。五年後，McNerney 意外的獲得了一個更大的機會—Boeing 公司，他的接班人 George Buckley 面臨了以下的挑戰：只強調效率是否會讓 3M 變得比較沒有創意？這對向來強調創新的公司而言，的確是一個相當重要的議題—公司從過去五年產品獲利的比例已經從三分之一降爲四分之一了。

這樣的結果並非巧合，像六標準差這樣提升效率的方案主要是針對工作流程來設計的—運用嚴謹的衡量來降低變異與不良率，這一類的作法與活動將變成公司內根深蒂固的文化，在 3M 愈是推展此類的活動，公司內的創造力將會愈受到壓抑。綜合來說，突破性的創新意味著挑戰現有的程序與規範，執行長 Buckley 曾說：「發明本質上就是一種毫無秩序的過程」，爲了重返 3M 創新文化的榮光，他減少了許多 McNerney 提出來的方案與活動。「你不可能運用六標準差的流程，然後告訴人家說，好吧，我的發明顯然已經落後了，所以我在星期三會提出一個創意，星期五會提出兩個創意，這不是培養創造力的方式」。而且六標準差的程序要求精準、一致、重複，創新則是需要差異、失敗以及偶然[21]。Buckley 則利用這種困難的情境重新強化並鞏固 3M 先前就已經存在的創新型文化，當然也帶回了許多彈性運用的資金以及創意，同時，由於他試圖回歸舊有的文化，所以公司的製造實務以及廠址區位都必須改變，此外，也試圖尋找美國以外的生產基地，使得 3M 能夠在全球經濟體系中更具競爭力以及成本效益。

環繞文化的管理

在方格 3 中，企業必須進行少數但是重要的組織變革以落實新策略，但是這些變革有可能與現今企業的組織文化不一致。企業面對此種狀況，其主要的問題是：這樣的變革是否合理？以及這些變革是否有助於企業成功？

在變革的前提之下，企業如果想要管理文化可以透過不同的方法：創造獨立的部門、任務編組、方案協調者、轉包企業、外力介入或是售出。以上所列僅是可選擇方案中的一部分，最佳的方法還必須考慮公司文化的常模，如果與文化格格不入，則公司或許就要考慮是否放棄變革。

2004 年時 IBM 將其電腦事業部賣給中國大陸的聯想集團，造就了世界第三大的個人電腦公司僅落後於 Dell 以及 HP，這項策略決策花了三年的時間。IBM 的管理階層愈來愈關心個人電腦事業部的問題，因為該事業部的文化與 IBM 核心事業的發展方向無法相容，由於文化上的衝突以及無法調和不同文化間的需求，使得 IBM 的高階主管開始思考是否應該將個人電腦事業部賣給聯想集團，就在當時 IBM 的個人電腦事業部每年損失四億美元，聯想的回應是他們不想讓 IBM 的事業部進入中國，免得讓人家覺得聯想是冤大頭，但是 IBM 的高階主管仍然高度專注基本的利益以及文化差異的問題，然而 IBM 在談的過程中仍然努力了 18 個月，透過個人電腦供應鏈的整合節省了許多成本並獲得相當多的利潤，不過這後來就移轉給聯想集團了，努力了 18 個月終於有所成就，而且他們也能夠接納聯想的管理團隊，當然這項交易也就很快成功了，如此一來，IBM 努力創造獲利的全球個人電腦事業部，但是它很快而且很便宜的將它賣了，主要原因還是因為個人電腦事業部與公司內其他事業部的文化無法相容所致。

策略或文化的再形成

方格 4 的企業，主要是在探討策略管理─文化的關係，這也是最難挑戰的一環。企業實施新策略，組織變革需要的文化與現今企業所面對的文化是不一致的，而且通常目前所存在的企業文化都是企業已經根深蒂固的價值觀和標

21 "At 3M, a Struggle Between Efficiency and Creativity," BusinessWeek, June 11, 2007.

準。企業在這種情況下，必須面對複雜、昂貴和長期挑戰的文化變革；這是一種向極限挑戰的作法。

當某一個策略需要大量的組織變革並且有可能造成文化上的排斥，企業必須考慮是否應該形成新的策略。是否所有的組織都已經準備好了？那些變革將會被接受和成功嗎？如果這些答案是肯定的，那麼人事大搬風將是必然的事。Alan Mulally 在過去幾年的行動主要是試圖去改變 Ford 的文化以適應新的策略：引進外部的人來擔任執行長、改變長期以來的執行長薪酬制度、比過去更強調銷售與行銷、強調以顧客爲基礎的文化。Ford 在 Mulally 的領導之下採取上述的作法，並進行大規模的變革，以建立不同的文化並融合公司新的願景與策略。

John Deere 公司在進入二十一世紀之後，因爲面臨全球農業設備的競爭日益激烈，因此面臨了前所未有的挑戰，公司的財務績效表現不佳，而且公司仍然保留「家庭」的文化，主要是因爲該公司百年來都一直紮根於土地與農場的服務事業的執行長 Bob Lane 首先發展了一套新的策略，主要是透過有效的運用資產以及清楚的獲利目標，進一步來改善 Deere 的效率，如果想要推動這項策略則 Deere 需要進行大規模的組織變革，以改善傳統具包袱的公司型態，但是 Lane 很快就發現這樣做公司將會面臨很大的挑戰—而且包袱主要來自於 Deere 所謂的「家庭」文化，這種心態所驅使的文化使得 Deere 的主管覺得自己做得還不錯，Lane 必須改變這樣的文化，或者是他應該提出新結果導向的策略，他選擇改變原有的文化，也就是他原本習以爲常的「the John Deere family」文化轉變成高績效團隊文化，就如 Lane 所描述的：「我們正由家庭文化移轉至高績效團隊文化，以美式足球來做比喻，有一些人喜歡與同校或是同都市的隊伍比賽，這其實也沒關係，但是這種想法已經不再適合 John Deere，如果你希望 Deere 能有更好的表現，我們不能只滿足『不錯了』這種想法」。現在，Deere 的員工都會希望表現到極致，來達成更高的目標，執行長 Lane 以及他的管理團隊決定重新修正 Deere 的文化來支持公司的策略[22]。

摘要 *Summary*

本章探討組織領導以及組織文化—這兩個因素是公司成功執行策略計畫的重要關鍵，組織領導是引導並監督組織一段時間，並藉此發展組織未來的領導以及組織文化。

22 "Leading Change," McKinsey on Organization, McKinsey and Company, December 2006.

我們認爲好的組織領導必須含括以下三大要件：闡明策略意圖、發展組織和塑造組織文化。策略意圖主要是闡明領導者的願景、如何引導公司的藍圖以及有關績效清楚的期待。

領導者運用教育、原則以及毅力來建立他們的組織，教育以及領導能力的發展主要是從公司目前現有的管理者當中發展他們重要的領導技能以符合公司對未來領導人的期待，毅力是指其他人面對挑戰時可能已經動搖了，但是你依然能夠堅持，毫無疑問的毅力有助於人們在艱難的時刻依然能夠對願景維持忠誠，原則是你個人最基本的標準來引導你個人的誠實、正直以及倫理行爲，對現今的世界而言，上述三大原則是相當重要的，因爲建立組織主要植基於領導者本身的原則，而這些原則必須反應出管理者、員工、顧客以及組織供應商所共同關心的議題。

領導者透過熱情來塑造組織文化，而且他們會選擇並發展年輕的管理者作爲未來的領導人，熱情是一種作你想去做的事的高度承諾，也是一種將態度貫穿整個組織的力量，它能夠協助你讓組織成員接受你的文化訴求，結合上述的技巧、願望以及意向，將能協助你使願景成眞—並持續發展它們—這也是透過長期努力建立組織文化的方法，這些領導者的重要技能就是學會如何激勵、引導並使他們獲得他們想得到的東西。

瞭解七項權利與影響力的來源，而不只是職位權力與懲罰權力，這七大來源是成功領導者的重要技能。

組織文化是一系列的重要假設(經常未明確的說明)，而且由組織內成員所共享。領導者對於發展、維持以及改變組織文化扮演著重要的角色，倫理標準是指領導者對於是非對錯的基礎與界線，這也是領導者以及組織文化重要的核心思想，領導者使用許多不同的方法來強化或是發展它們的文化—透過獎酬以及任命到故事與儀式，管理策略-文化關係需要使用許多不同的方法，主要有賴於新策略的需求以及文化與策略的相容性來進行分析，本章則探討四種不同的場景。

關鍵詞
Key Terms

倫理標準	*p.12-22*	組織領導	*p.12-2*	懲罰權力	*p.12-17*
專家影響力	*p.12-17*	領導者的熱情	*p.12-12*	歸屬權力	*p.12-17*
資訊權力	*p.12-17*	同儕影響力	*p.12-17*	獎賞權力	*p.12-17*
領導發展	*p.12-8*	領導者的毅力	*p.12-8*	策略意圖	*p.12-4*
領導者願景	*p.12-4*	職位權力	*p.12-17*		
組織文化	*p.12-18*	領導者原則	*p.12-10*		

問題討論
Questions for Discussion

1. 舉兩位您知道的領導人爲例，最好是一優一劣，他們可能是商人、教練或是其他工作者，列表說明五種特質、作法、特徵，來說明您爲什麼說他們一優一劣，請以課本前半段所提出的有效組織領導七大因素來與您的列表進行比對分析。
2. 本章描述了好的領導有七大要素—願景、績效、原則、教育、毅力、熱情以及領導者的選擇及發展，哪一項對您來說最重要？爲什麼？
3. 思考以下的情境，並說明創投公司的作法是違背您的原則呢？還是您可以接受，請解釋爲什麼。

   誰會喜歡無處不在的彈出式廣告？這些都有可能是駭客入侵。Technology Crossover Ventures 作了一些事，矽谷的創投公司資助了一些公司發展反駭客軟體的發展，但是它後來對大規模投資反駭客軟體的公司 Claria 提出毀謗。

   超過 40 多萬網民都會看 Claria 的廣告，TCV 投資一億三千萬美元到 Claria，但是它將投資該公司的事實從網站上移除。

   有人批評不知道為甚麼 TCV 要進行雙重的投資，.哈佛大學的研究人員及反駭客專家 Ben Edelman 說：「即便是同一家公司的建議，使用者的方法有可能是錯誤的，使得這個爛攤子現在總算有人收拾」，TCV 拒絕發表評論，兩個創投都有相同的要素：潛在賺錢的機會。

4. 詳見圖表 12.3，假如您被邀請審理 Duke 大學 MBA 學生的案件，您會怎麼做？簡要說明您支持的論點爲何。
5. 您認爲 Alan Lafley 是一位優秀的組織領導人嗎？就您的看法您覺得他對組織文化的貢獻是什麼？
6. 以您自己爲例，說明三種權力與影響力的來源。
7. 試說明兩家企業文化差距很大的企業，並說明有何差異。
8. Alan Mulally 在 Ford 做了哪幾件重要的事而塑造了 Ford 的組織文化？您覺得他是成功的嗎？爲什麼？

Chapter 13

策略控制

閱讀完本章之後，您將能：

1. 說明策略控制的四種類型。
2. 說明何謂平衡計分卡，以及這種方法如何整合策略控制與營運控制。
3. 說明如何運用控制來引導及監督策略的執行。

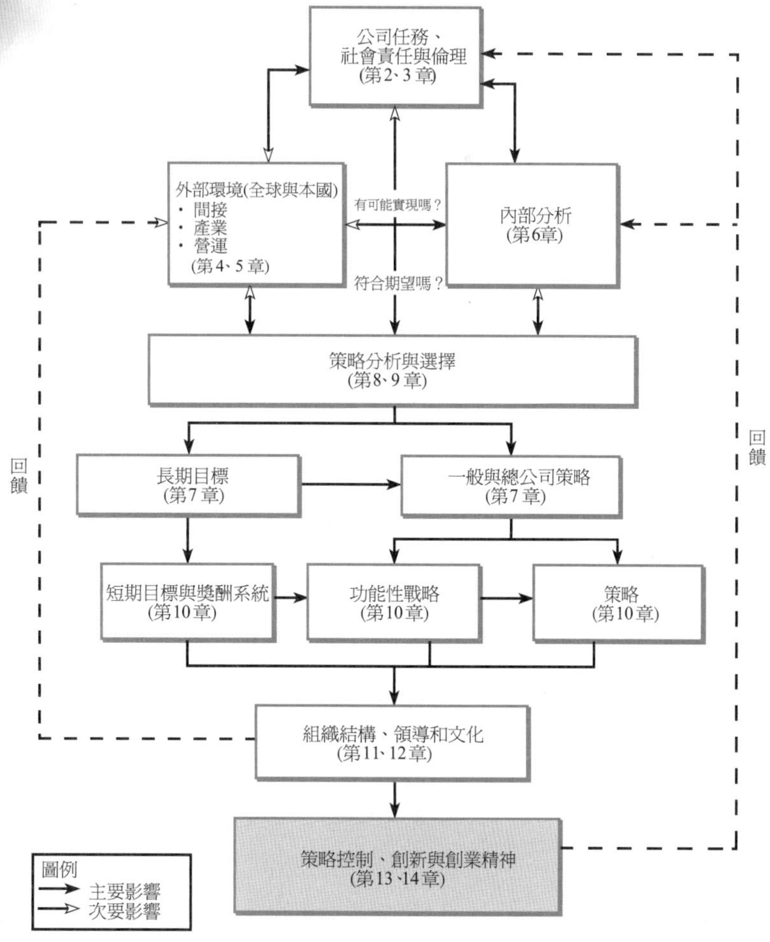

13.1 策略控制

策略具有高度的前瞻性，通常會早在幾年前建置完成以因應未來的變局，許多管理上的假設都是尚未發生的，管理者究竟如何控制策略呢？

我們來看一下 Motorola 與 Dell 電腦的案例：Motorola 的天才型執行長 Ed Zander 在 2007 年初，採取他的策略發展令人驚艷的產品如 Razr 手機，其背後的支撐主要是來自於高效的供應鏈系統。隨後，Motorola 很快就進入了手機價格的戰國時代，當然最後其邊際利潤就不斷的萎縮，而公司進行委外製造的生產效率與成本效益又顯著的不如競爭對手 Nokia 的內部作業系統。Motorola 股價的市值很快就跌了大約 50%，而且其執行長 Zander 的領導行爲以及公司的策略面臨了重大的挑戰。

Dell 電腦見到其競爭對手 HP 購併 Compaq 的案子並不成功，主要原因出在 HP 幾年前組織再造的策略並不成功。IBM 將其 PC 事業部賣給中國大陸的 Lenovo 公司，主要是 IBM 自認爲無法與 Dell 競爭，Dell 是世界 PC 產品的領導品牌，最近也跨足印表機與其他電子設備事業，但是這兩年來，HP 新執行長 Mark Hurd 的策略仍然無法與 Dell 競爭，也就是說 Dell 的總營收仍然大於合併後的新 HP，Dell 仍爲全球最大的個人電腦銷售公司。Lenovo 在亞洲地區的實力因爲購併了 IBM 電腦生產事業部之後而不斷增強。此外，Apple 公司的企業重生也對許多電腦公司產生衝擊，因爲購買 Mac 蘋果電腦也已經變成電腦買家的另一項選擇了。Dell 後來發現公司的市場占有率不斷的流失，而且還有獲利力降低、存貨過多以及服務外包等重大問題。創辦人 Michael Dell 在 2007 年 2 月重批戰袍，回鍋擔任 Dell 執行長，並換掉他欽點擔任執行長的 Ken Rollins，Michael Dell 重新擔任 Dell 舵手之後，旋即宣布進軍零售通路，不再堅守直銷路線，並且推出許多新的策略。

從上面的案例中我們看見兩家成功的企業因爲固守原有的策略而使得公司迅速衰敗，他們該怎麼做呢？怎麼做會更好呢？ 當 Motorola 與 Dell 已經建立並鎖定一些重要的前提、技術、競爭者時，如果發生了一些突發事件，公司該如何調整其策略與作法呢？他們如何更有效的建立更佳的「策略控制」？同時降低負面事件的影響並創造新的機會呢？

策略控制

重點在於追蹤策略執行時所有的進程與軌跡，如果偵察出問題將改變企業現在的做法，並進行必要的調整。

策略控制(strategic control)關心的議題是：策略執行是否依循一定的程序？是否發現問題？是否背離管理者原來的假設與想法？是否需要進行修正與調整？相較於事後控制，策略控制代表公司所欲執行的策略，除了結合策略與行動方案之間的關係外，策略控制更提供了行動方案與指導方針，而最後的結果或許在數年之後才會產生。因此，管理者必須對策略負成敗之責，策略控制可以透過以下兩個問題來分析：

1. 我們現在的方向對嗎？關鍵事項是否都注意到了？我們對於重要趨勢的基本假設與環境變化是否一致？我們所做的事情是否都具有關鍵性？我們應該調整或是放棄策略？
2. 我們如何達成績效？目標和計畫表能否配合？規劃與成本、收入及現金流量是否配適？我們在運作上是否需要進行改變？

由於全球市場的變化日益加劇，因此策略控制已成為管理公司的重要觀念，本章將深入探討策略控制。

13.2 策略控制的建立

策略控制可以視為某一種形式的「指導控制」。在這一段時間內，為了推動策略的執行，公司將會進行許多的投資專案與策略行動。同時，這時候的外部環境與內部情境都將有所變動，策略控制也必須透過這些事件的發生才能啓動其機制，為了回應這些發展與變化，策略控制還必須能夠提供有關公司策略行動與策略方向的指導。策略控制基本上有四種基本類型，如圖表 13.1 所示：

1. 策略前提控制(premise control)。
2. 策略監督(strategic surveillance)。
3. 特殊警示控制(special alert control)。
4. 執行控制(implementation control)。

圖表 13.1
四種策略控制

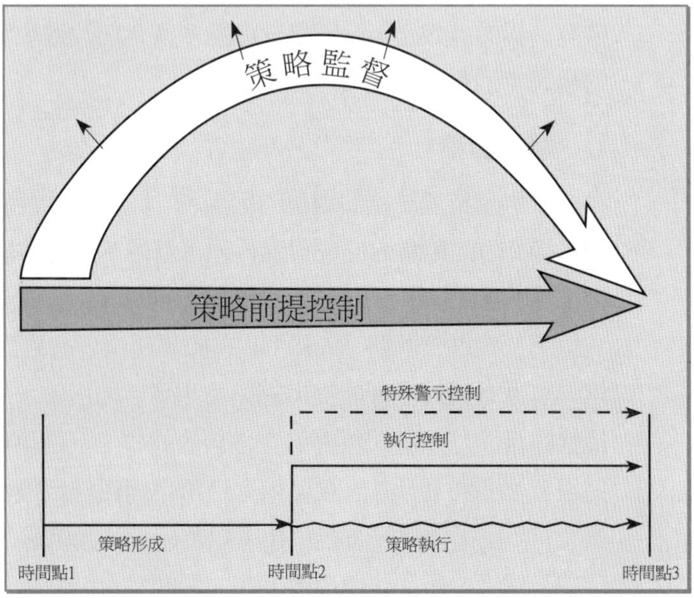

資料來源：摘自 Academy of Management Review by G. Schreyogg and H. Steinmann. Copyright © 1987 by Academy of Management. Reproduced with permission of Academy of Management via Copyright Clearance Center.

四種策略控制之特徵

基本特徵	策略控制的類型			
	策略前提控制	執行控制	策略監督	特殊警示控制
控制目標	規劃前提與設計	重要的策略性要點與里程碑	對於策略而言潛藏的威脅與機會	一旦發生狀況，企業可以馬上進行辨識，但是每次發生的事件有可能是不同的
重視程度	高	高	低	高
資料取得：				
• 正式化	中	高	低	高
• 集中化	低	中	低	高
使用：				
• 環境因素	有	很少	有	有
• 產業因素	有	很少	有	有
• 策略特性因素	沒有	有	很少	有
• 公司特性因素	沒有	有	很少	很少

資料來源：摘自 Academy of Management Review by G. Schreyogg and H. Steinmann. Copyright © 1987 by Academy of Management. Reproduced with permission of Academy of Management via Copyright Clearance Center.

13.2.1 策略前提控制

策略前提控制
一種機制或是一種設計，可以系統性或持續性檢驗策略前提是否為真。

每一種策略都會基於某種計畫的前提假設(是指某一種假定或是預測)，所謂的**策略前提控制**是一種機制或是一種設計，可以系統性或持續性的檢驗策略前提是否為真。如果重要的前提禁不起考驗，則策略就有必要進行修正，愈早確認前提的有效性，則策略就愈能多樣化的改變，而且廣受大眾所接受。前提的規劃特別重視環境與產業的因素。

1. 環境因素

雖然企業無法控制環境的因素，但是這些因素會對策略能否成功產生很大的影響，因此策略的形成與執行通常都是基於某些關鍵的前提來思考，這些前提像是：通貨膨脹率、科技、利率、管制以及人口統計變項／社會的改變等等。

第三代網際網路 Web 3.0 在於讓使用者有更大的自由參與網路服務的提供，與更方便的平臺能提供網路使用者，如內容、版面、核心程式的修改等。最終的目的是通過網際網路在極低的成本之下提供使用者更完善的服務，增加使用者之間的互動性，讓使用者不再是面對一台機器，而是面對人類。相關的概念有：雲端運算、虛擬化技術以及超級移動電腦等。這些觀念突然大量且同時在全球青少年文化中爆發開來。這當然也引發了一些反思：舊的企業思維將面臨嚴厲的挑戰，以及正確的產品與服務將產生大量的需求。有一些執行長則是以 「盲目飛行」來描述他們如何適應這些新的變局：數千萬的數位菁英份子不斷投入快速成長全球化的潮流，如：智慧型手機、部落格、發短信、社會網絡、YouTube、Facebook、iPhone 應用程式等。這些潮流意味著年輕族群可以很快、很容易而且很廣泛的分享創意與資訊，當然也會因此而快速驅動產品、服務、食物、時尚、創意以及工作機會的發展。Savvy 公司認爲上述的現象是它們最應該重視的環境因素，因此它們必須更深入的監測與瞭解[1]。

2. 產業因素

特定產業的企業績效會受到產業因素的影響。「競爭者」、「供應商」、「代替品」和「進入障礙」這些變項，常常是企業在進行產業分析的時候，會列爲「策略前提」並針對這些前提進行思考與分析的少數因素。

在塑膠家庭用品及玩具產業中，如果企業的成長模式、創意管理與創新速度都可以很容易預測的話，那麼 Rubbermaid 公司的產品(包括家庭用品、食物容器、塑膠製品)就不可能在該產業中稱霸。縱使進入 21 世紀，由於該公司的產品具有優勢的核心能力，因此，它們始終認爲公司零售連鎖經營模式所提供的產品，將遠優於競爭者的產品，這也形成了該公司的「策略前提」。這個「策略前提」同時還包括重要原物料成本所引發的週期性價格。當紅的零售商沃爾瑪不願意向 Rubbermaid 看齊——提高價格以抵銷合成樹脂加倍的成本。此外，還有許多競爭者開始提供電腦化的股票服務，所以 Rubbermaid 正在積極的調整它的策略以因應沃爾瑪和其他主要零售商的競爭。矛盾的是，策略前提是假設原物料成本會上漲，但是 2009 年油價卻突然下跌。

策略經常基於許多的前提，在產業環境中，有一些因素較爲重要，而另外一些則次之。如果要關照到所有的前提，基本上是不必要且浪費時間的，所以管理者在考慮前提的時候，必須以下列兩項因素爲重：(1)很有可能會發生；(2)對於公司及其策略有重要的影響。

13.2.2 策略監督

策略監督
主要的設計在於：監督所有內、外部可能影響公司策略的所有因素。

就本質上來看，策略前提專注於控制的行動，然而**策略監督**卻不僅僅是專注於控制行動而已。策略監督主要的設計在於：監督所有內、外部可能影響公司策略的所有因素[2]。在監督策略背後的基本想法是還沒被預料到的重要訊息，可能不適用於多數資訊來源的非專業監督。

策略監督背後所隱藏的想法是：一般的監督機制或是從各種管道蒐集多方的資訊，並不能將資訊完全蒐集。監督策略反而應該儘量保持多元的焦點，因此監督策略比較像是「較不嚴謹的環境偵測」活動。商業雜誌、《華爾街日報》、

---

1 Steve Hamm, "Children of the Web," BusinessWeek , July 2, 2007.

2 G. Schreyogg and H. Steinmann, "Strategic Control: A New Perspective," Academy of Management Review 12, no.1 (1987), p.101.

有關商業或貿易議題的研討會、對談、有意無意的觀察，通常這些都是策略監督的題材，儘管是策略監督的資料不夠嚴謹，但是對於企業每日的營運還是提供了一些同步發生的訊息，而這些資訊也都與策略有所關聯。P&G 執行長 Alan Lafley 長期運用「商業人類學」(觀察人類行爲，並深入瞭解人在身體上以及情感上，如何與產品、服務，和空間產生互動，進而帶給組織新的學習和新的見解。)的概念來進行策略監督，並藉此來定義、監督與發展可行的創新策略以不斷的提供滿足顧客需求之產品。圖表 13.2「頂尖策略家」中 Lafley 談到他如何觀察中國婦女在河流中洗衣服、墨西哥的洗衣店以及要求公司中歐洲的主管去研究德國與法國的消費者在零售商店購買尿布的消費行爲—這些都是 Alan Lafley 進行策略監督的方式。

頂尖策略家 **圖表 13.2**

P&G 的執行長 Alan Lafley

Alan Lafley 使得 P&G 成為全球的霸主，全球四十億人口中，超過一半以上的人每天都使用 P&G 的產品，他們是怎麼做到的呢？Lafley 的管理哲學很簡單：觀察人們的日常生活、定義未被滿足的需求、提供新產品來滿足他們。

他說他曾經要求主管們去研究墨西哥低所得婦人的洗衣習慣，進而推出 P&G 的新產品在該國開始銷售。他舉出他自己的作法：「我曾經坐在河裡面與中國農村的老婦人及她的女兒透過翻譯人員在一起聊天，我已經大約研究了 25 個國家的洗衣了，這很像是一種社會人類學」。他接著說這是一種「商業」而不是社會或學術的人類學，但是他也澄清說：「我們之所以進行觀察是因為我們相信：如果我們不對改善生活出一份心力的話，我們也就沒有資格來談商業報酬的議題了」。

Lafley 在許多論壇上都再度強調策略監督以及商業人類學的議題。P&G 的歐洲主管發現有愈來愈多自有品牌的消費商品出現，因為像德國的 Aldi 以及法國的 Leader Price 之類的低價零售商店大行其道，這當然會影響領導品牌的市場，因此 P&G 的主管不斷深入研究歐洲出版的文章雜誌，進一步挖掘歐洲消費者的生活型態。「我們已經研究這個趨勢有一段時間了，而且我們發現折扣商店的確充滿商機」。不論是策略監督或是商業人類學，我們相信 Lafley 一定會以此為傲。

資料來源：Elizabeth Rigby, "I Normally Have Lunch in 10 Minutes," Financial Times , December 6, 2008, Life and Arts, p.3.

13.2.3　特殊警示控制

特殊警示控制
當突然、不可預期的事件發生的時候，企業策略如何快速的因應以及重新思考。

另外一種類型的策略控制是**特殊警示控制**，包含三個子集合。特殊警示控制是指當突然、不可預期的事件發生的時候，企業策略如何快速的因應以及重新思考。例如：某公司購併了一家頗具優勢的競爭者，但是被購併者卻在 2001 年 9 月 11 日發生了 Tylenol 膠囊毒死人的不幸事件，這個意外爲購併公司帶來了意想不到的危機，這一類的事件有時候也會使得公司徹底改變他們的策略。

這樣的事件，應該使得企業對於現行策略進行立即性且審愼的重新評估。許多企業的危機處理團隊在面臨突發事件時，將掌握第一時間提出反應措施，他們以最即時性的方式來影響策略。IBM 資訊科技服務事業群的銷售成長率及獲利力急速的衰退，啓動了特殊警示，公司進而將焦點專注在此事業群策略的檢討，最後公司迅速採取裁員以及改變每季服務次數的作法。

在北京奧運勇奪八面金牌的美國游泳選手 Michael Phelps 其吸食大麻的照片被公開之後，造成了許多公司產生危機，因爲這些公司已經簽下 Phelps 成爲它們運動產品的代言人，Kellogg 選擇取消 Phelps 爲他們公司的麥片代言的契約，而 Speedo 公司則選擇與 Phelps 續約。圖表 13.3「運用策略的案例」告訴我們：許多人或許還在思考怎麼做，但是上述有關請名人代言的案例已經告訴我們特殊警示控制是公司策略思考的關鍵要素。就在同樣的時間點上，很幸運的美國航空公司的班機成功的降落在紐約的哈德遜河上，保住了 155 條寶貴的生命——這也提示了我們，公司應該建立危機管理團隊以及權變計畫，以作爲企業策略特殊警示控制流程的一部分。

運用策略的案例　　**圖表 13.3**

策略控制的案例

NEWSCRED.COM 的策略前提控制

NewsCred.com 是一家以網站為基礎的公司，該公司透過全球對新聞報導著迷的粉絲推出廣告以及吸引人的內容，當我們在撰寫本章的內容時，NewsCred.com 已經是一家非常酷的新網站了，該公司有許多的應用與發明，將會吸引許多人參觀他們的網站並且使用公司的發明。

NewsCred.com 公司的策略前提控制是：全球的人都可能會參觀其網站並評斷及排序其新聞來源的可信度，其中包括許多主流的博客，這樣的操作將使得公司的可信度、精準度以及誠實報導的程度都顯著提高，公司當然能在此社群中拔得頭籌。有一些觀察家指出在政治上兩極分化的組織與世界中，有一些人往往會將他們自己不認同的出版品視之如敝屣。所以像 The Wall Street Journal 或是 The New York Times 的影響力可能會受到知名媒體以及博客影響力的制衡。所以 NewsCred.com 必須謹慎的監督與控制這項前提，否則將有可能輸掉充滿商機的網路企業。

執行控制

Boeing 公司預計在 2008 年推出第一批 787 Dreamliners 的飛機，最後跳票，Boeing 的 787 方案已經被迫延遲四次了，其主要的問題在於零件短缺、飛機的零組件需要重新設計以及供應商的缺失等原因。例如：Boeing 在 2009 年年初發現有數架飛機約有數萬個螺絲安裝錯誤，原因在於 Boeing 的西雅圖工廠誤解了安裝說明。Boeing 的雄心展現在全球的委外策略上——再加上 787 是世界上最大、最輕的飛機——因此公司需要更謹慎擬定協調與執行計劃，以滿足 Boeing 承諾許多顧客的執行期限與里程碑。

Virgin Atlantic 則是一個典型的例子，Virgin 承諾買進 15 架新的飛機，每一架飛機的價格約為兩億美元，這需要公司本身擁有巨額的存款，再加上 Virgin 本身的規畫與承諾，以及整體機隊的排程及航線的決策等等。Virgin 預計 2011 年 4 月購進這些飛機，最早在 2013 年中開始營運。Boeing 公司將針對飛機延遲出廠的個案付給 Virgin 一些補償金，以表示歉意，但是 Virgin 比較希望得到的是 Boeing 公司回應有關 Dreamliner 客機策略的控制與執行報告，換言之，Virgin 希望兩億美元，換來的是安全無虞的飛機與保障。

WELLS FARGO 的策略監督

Wells Fargo 以及其他大大小小的銀行都透過美國銀行家協會，積極的遊說與爭取反對沃爾瑪申請進入銀行界。因為他們不希望信用卡手續費的市場被瓜分，最後他們的遊說終於成功，最後沃爾瑪放棄了申請進入美國銀行界的想法。

根據沃爾瑪管理階層描述他們在申請進入銀行業的那一段時間的回憶，他們說他們最主要的動機就是降低顧客在使用如 Discover、MasterCard、Visa 等收費卡的成本，並能累積信用額度。每一次只要有顧客用這些卡，沃爾瑪就會付出一些手續費給銀行來處理這些付款。而且從沃爾瑪的觀點來看，為什麼透過銀行處理的流程顧客就必需付費給 Wells Fargo 或是其他的銀行？他們可以將這些費用退給顧客，而且為他們省錢。

Wells Fargo 目前審慎的評估並進行策略監督，探討沃爾瑪的行動會對銀行業產生什麼衝擊——而且因為沃爾瑪現在在墨西哥有 38 家銀行，並計劃在未來幾年增加銀行的家數與群聚。同時也規劃進軍加拿大，並且為加拿大子公司設立口袋銀行。所以 Wal-Mar 是否也有可能在現有外國市場的經營基礎上選擇進入美國市場？你可以與 Wells Fargo 或是其他銀行打賭，沃爾瑪的墨西哥與加拿大經驗是否有助於它準備好再採取更積極的行動呢？

名人代言公司的特殊警示控制

許多公司都會運用名人代言來推廣他們的產品 或是改變買家對產品的認知，這種作法對企業的策略來說是相當關鍵而且有可能影響成敗的。老虎伍茲的能見度與可信度是相當高的，因為他常為他贊同的東西背書，Nike 與 Michael Jordan、Bill Cosby 與 Jell-O、Dan Marino 與 NutriSystem，希爾頓集團繼承人 Paris Hilton 一邊咬著 Carl's Jr.的香辣漢堡一邊洗車的養眼鏡頭也是代言嗎？Peyton Manning 為 Oreo Cookies 代言嗎？Catherine Zeta Jones 為 T-Mobile 代言嗎？Jason Alexander 為 KFC 代言嗎？或者 Michael Phelps 為 Frosted Flakes 代言嗎？Tiger Woods 為 Buick(最近業績下降)或 Tag Heuer 代言？

總結來說：任何公司運用名人代言的方法來來建立品牌形象，就代表管理階層相信「預借資產」的觀念，這意指公司定義產品是藉助於名人的資產、形象以及聲望。這樣的作法，有助於公司維持審慎的特殊警示控制，一旦有所變化公司能立即回應。

執行控制
重點在於企業的整體策略是否應該改變？如果策略改變，則相關的結果與行動方案也必須進行修正，以便企業能夠實現預期的整體策略。執行控制有兩種基本類型，一是監督策略性要點或計劃，另外一個是里程碑回顧。

1. 執行控制

策略的執行需要一連串的步驟、方案、投資以及長時間的推動。必須推出特殊的方案，許多功能性活動都與策略有關，因此增加人手或是重新指派人員加入，整個組織的資源都必須動員起來。換言之，管理者轉變廣泛的計畫成爲具體與增值的行動，而且必須透過各單位或是由許多的個人來加以實踐。

執行控制是指當企業在進行策略控制的過程中，有狀況已經發生的時候，就必須立即進行控制的活動。**執行控制**的重點在於企業的整體策略是否應該改變？如果策略改變，則相關的結果與行動方案也必須進行修正，以便企業能夠實現預期的整體策略。執行控制有兩種基本類型，一個是監督策略性要點或計畫，另外一個是里程碑回顧。

策略性要點或計畫
在執行較為廣泛的策略時，我們必須做出一些特殊的付出，像是：投入資源的承諾以及即時回饋，這都有助於管理階層判斷策略是否持續進行或是要修正與變革。

2. 監督策略性要點或計畫

當我們在執行策略的時候，必須透過範圍較爲狹義的**策略性計畫**來進行或完成，狹義的策略性計畫是指當我們想要完成整體策略的時候，必須伴隨而來的一些策略行動。這些策略性要點提供管理者相關的資訊，協助主管判斷全面性策略是否如預期進行，或是需要進行調整。

雖然策略性要點的效用似乎顯而易見，但是如果想要透過這些要點來達成控制的目的並不容易。因爲如果想要透過早期的經驗來解釋或是預測整體策略的成敗似乎並不容易。早期比較受人認同的規劃流程強調策略要點與策略要點的階段能夠決定策略的成敗。許多負責執行控制的管理者，會將策略要點獨立出來並且時常觀察，以便與其他活動有所區別。而另外一種方法，則是採取「停止／前進」的評估方式，並結合一系列特別具有意義的門檻(時間、成本、研究和發展、成功等)來進行評估，最後則是與特殊的策略要點進行連結。圖表 13.3 則深入探討 Boeing 面臨的挑戰，主要來自全球不同的委外合作伙伴生產 787 Dreamliner 不同零組件該如何協調整合的難度。

3. 里程碑回顧

里程碑回顧
在大型策略即將完成或是某一個時間點，管理者在評估重要事物、重要資源或時間進度之後，決定是否要持續進行該策略或是重新評估策略或是重新再定位。

經理人在策略執行的期間，經常試圖去確認重要的里程碑，以確認目標是否能順利達成。這些里程碑目標可能是重要事物、重要的資源分配或者只是時間的進度。**里程碑回顧**常常使得企業大規模的重新評估策略，並且有助於企業未來的發展，以及重新再定位。

波音公司開發超音速(SST)飛機的產品發展策略就是以里程碑回顧來進行策略執行控制的最佳案例，在發展超音速飛機早期創業的階段，波音公司在幾年的時間內，投資了數百萬美元以及優秀工程師的人力，而且此時英國與法國的協和式超音速客機也競爭相當激烈。進入下一個階段之後，就必須進行十億美元的投資決策，波音的管理模式建立了初期里程碑的階段。里程碑仔細而審愼的評估生產成本、以及減少乘客可以將燃料成本降低多少，況且英國與法國的協和式超音速客機不像波音有政府的資助當做後盾，否則將會對波音造成很大的威脅。雖然公司已經投資了高額的沉沒成本，再加上尊嚴和愛國心等矛盾情結的衝擊，使得波音公司相當困擾。但是經過里程碑審愼的評估之後，波音公司的主管最後還是決定放棄開發超音速(SST)飛機的產品發展策略。所以公司全面性策略還是必須透過目標的評估之後才能夠做決策。詳見圖表 13.3 Boeing 公司 787 Dreamliner 的案例。

以這個例子來說，里程碑回顧主要將重點放在資源配置的議題上，當許多不確定的因素還沒有解決的時候，里程碑回顧也可能同時發生在策略執行的階段。經理人對里程碑所設定的時間也許是相當多變的，例如以兩年來作爲里程碑回顧的基準點。不論里程碑所選擇的基準點爲何，里程碑回顧主要的目的是徹底而仔細的評估企業策略，以便控制未來的策略。

執行控制同時也有助於營運控制系統的運作，例如預算、時程以及關鍵成功因素。當企業嘗試以較長的時間(通常多於五年)來進行策略控制時，營運控制將有助於短期的(通常是一個月到一年的時間)事後評估與控制。爲了有效的進行營運控制系統，企業一定要採取四個步驟的事後控制：

1. 建立績效標準。
2. 實際績效的衡量。
3. 建立差異(deviations)認定的標準。
4. 修正行動。

圖表 13.4 是一個典型的營運控制系統。某公司提出一個爲期五年的策略，目標在提供以顧客爲導向的服務，並生產高品質的產品，目的在使公司的服務與產品差異化，圖表 13.4 中有許多的指標，可用來說明該公司兩年之後的達成度。管理上將比較重視「到目前爲止，達成的程度」、「未來期望的進展」以及「目前的差異狀況」，因爲這些資料可以檢視「該進行的行動」(通常由部屬與主管所提出)截至目前爲止的進度，最後據此來進行決策以改變或是調整公司的營運方式。

由圖表 13.4 可知，公司無時無刻都在維持並控制其成本結構，如果公司想要降低經常費用的成本，則降低成本將是當務之急。由圖表 13.4 我們可以清楚知道：公司已達成配銷的目標，但是有可能行銷與服務人員的比例仍未達到標準；同樣的，公司產品的報酬或許達到理想，但是產品績效與產品規格卻未達到應有的標準；每位員工的銷售量與產品線的擴張都超越標準；服務部門員工的缺勤率都低於標準，但是離職率卻都高於標準；競爭者導入新產品的速度超乎我們的想像。

瞭解實際與目標的差異之後，我們必須試圖瞭解原因，「差異」對於企業策略最終成敗的意涵。舉例來說：圖表 13.4 中產品線迅速的擴張其實也代表著競爭者的產品線正在迅速擴增。同時，產品績效仍然表現不佳，服務顧客所需的安裝時間符合標準，服務與銷售人員的比例並未達到標準，由此我們可以看出對於部分顧客服務的公司仍有加強的空間，因此導致顧客服務部門的員工有較高的離職率。快速的降低間接經常性費用的成本，意指公司在行政管理上整合了顧客服務與產品發展，這部分的成本則削減得太快。

這些相關的資訊代表主管仍有許多選擇的空間，他們會將實際績效與預期績效之間的差異歸咎於內部不一致所致，在這種情況之下，他們可以選擇改善某些指標提高或是降低。例如：他們可以將更多心力放在留住顧客服務的人員，或者是他們也可以降低新產品開發的比例。從另外一個角度來看，他們也可以持續規劃如何提升競爭力，逐步改善對於顧客的服務。另外一種可能就是，重新形成策略或是修正策略的組成要素，以面對日益競爭的環境。例如公司可以決定強調製造更多標準化的產品來克服顧客服務的問題，或者是雇用較具野心的銷售人員。

圖表 13.4 只是許多狀況中的其中一種，這裡有一個重點值得去注意，那就是在控制的過程中，我們不僅僅只是應該注意到標準、差異的原因、如何因應差異以及標準的落實而已，更重要的一點就是我們還必須監督進展的程度。當我們偵測出績效的差異之後，必須進行調整，使得績效的成長有所進展。經費或是其他的因素必須與策略方案的需求一致。許多差異的現象都是由於不可預見的改變所造成的，這些改變使得管理者改變可能的需求並修正預算、重新規劃功能性計畫，並修改預算及支出或者是檢視主管與單位的效能。

圖表 13.4 監督和評估差異績效

關鍵成功因素	目標、假設、預算	預期績效	目前績效	目前差異	分析
成本控制： • 間接的經常性支出與直接成本加上人事成本的比率	10%	15%	12%	+3 (領先)	• 我們是否推動的太快？還是有一些經常性支出可以刪掉？
毛利	39%	40%	40%	0%	
顧客服務： • 安裝所需時間	2.5 天	3.2 天	2.7 天	+0.5 (領先)	• 這種安裝的速度可否持續？
服務與銷售人員比率	3.2	2.7	2.1	–0.6 (落後)	• 為什麼我們會在這裡落後？我們該如何持續保持輪班週期程序？
產品品質： • 產品退貨比率	1.0%	2.0%	2.1%	–0.1% (落後)	• 為什麼我們會落後？與其他部門協調的如何？
產品績效與產品規格：	100%	92%	80%	–12% (落後)	
行銷： • 銷售人員每月銷售	$12,500	$11,500	$12,100	+$600 (領先)	• 表現優良。有任何需要支援的地方嗎？
產品線的擴張	6	3	5	+2 產品 (領先)	• 產品準備好了嗎？符合完美標準的要求嗎？
員工服務的士氣：					
• 曠職率	2.5%	3.0%	3.0%	(達成目標)	• 看起來是個問題！
• 離職率	5%	10 %	15%	–8% (落後)	• 為什麼落後這麼多？
競爭： • 引進新產品 (平均數目)	6	3	6	–3 (落後)	• 我們有評估新產品導入的時機是否合適嗎？我們的基本假設是什麼？

13.2.4 平衡計分卡

平衡計分卡
一種管理控制系統，能使公司釐清其策略並轉換為行動，並提供量化的回饋，使企業能創造價值，轉化核心能力，滿足公司顧客並為股東創造財務報酬。

哈佛大學商學院兩位教授 Robert Kaplan 和 David Norton 在最近十年發展出一種策略控制的新方法，他們將這個系統稱爲**平衡計分卡**。有鑒於過去執行控制方法的缺點，平衡計分卡試圖提供一個更清楚的指示，來說明公司該衡量些什麼，爲了要求「均衡」，公司不能僅對財務的觀點來進行執行與控制策略性計畫[3]。全球性的顧問公司 Bain and Company 估計超過 60%的大型全球企業都正在導入平衡計分卡[4]。

平衡計分卡被視爲一種能使公司釐清策略的「管理系統」(不只是一個衡量系統)，這個管理系統能將策略轉換爲行動，並提供有意義的回饋。平衡計分卡所提供的回饋包含內部企業流程和外部產出，以便持續改善策略績效和結果。當平衡計分卡制度全面展開的時候，意指將策略規劃從高階管理者轉換成以企業爲中心考量的活動。Kaplan 與 Norton 認爲平衡計分卡有以下創新之處：

> 平衡計分卡保留了傳統財務面的衡量，但是財務面衡量僅能說明過去的事件，而且他們也認為企業投資於培養長期能力和顧客關係是成功的關鍵。這種財務衡量方式是不適當的。然而，為了走更長遠的路，公司必須有辦法創造未來，而未來的創造則有賴於投資在顧客、供應商、員工、內部流程、技術和創新上[5]。

平衡計分卡採取全面品質管理的概念爲基礎，並增加了以下的概念：以顧客的需求來定義品質、持續改善、員工賦權、以「管理／回饋」爲衡量基礎。這樣的資料庫擴充了傳統財務資料庫的缺陷。就如同全面品質管理一樣，平衡計分卡整合了企業內部流程的產出作爲回饋給策略的基礎，此外策略執行最後的結果也會回饋給基層單位與個人。因此，平衡計分卡創造了一個「雙迴路回饋」(double-loop feedback)的流程。這樣做的話，過去始終被分開探討的兩個流程端點(品質營運和財務結果)將可以連結起來了。平衡計分卡試圖建構一個系統，而這個系統可以將股東最感興趣的資本回收與組織正在進行的營運活動、流程與績效結合在一起。

---

3 This methodology is covered in great detail in a number of books and articles by R. S. Kaplan and D. P. Norton. It is also the subject of frequent special publications by the Harvard Business Review, providing updated treatment of uses and improvements in the balanced scorecard methodology. See, for example, “Harvard Business Review Balanced Scorecard Report,” Harvard Business Review, monthly, 2002 to present; Robert S. Kaplan, and David P. Norton, “The Balanced Scorecard: Measures That Drive Performance,” Harvard Business Review, July 2005, pp.71–79; Robert S. Kaplan, and David P. Norton, Alignment: Using the Balanced Scorecard to Create Corporate Synergies (Boston: Harvard Business School Press, 2008); Paul R. Niven, Balanced Scorecard Step-by-Step: Maximizing Performance and Maintaining Results, 2nd ed. (New York: John Wiley & Sons, 2006). Numerous Web sites also exist such as www.bscol.com and www.balancedscorecard.org.

4 Darrell Rigby, “Management Tools 2008: An Executive’s Guide,” Bain and Company, 2009.

5 Another useful treatment of various aspects of the balanced scoreboard that includes further learning opportunities you may wish to explore, especially with regard to the use of this approach with governmental organizations, may be found at www.balancedscorecard.org. Chapter 7 in this book describes how the balanced scorecard approach is used to help create measurable objectives linked directly to the company’s strategy.

圖表 13.5 整合股東價值與組織活動—跨組織層級

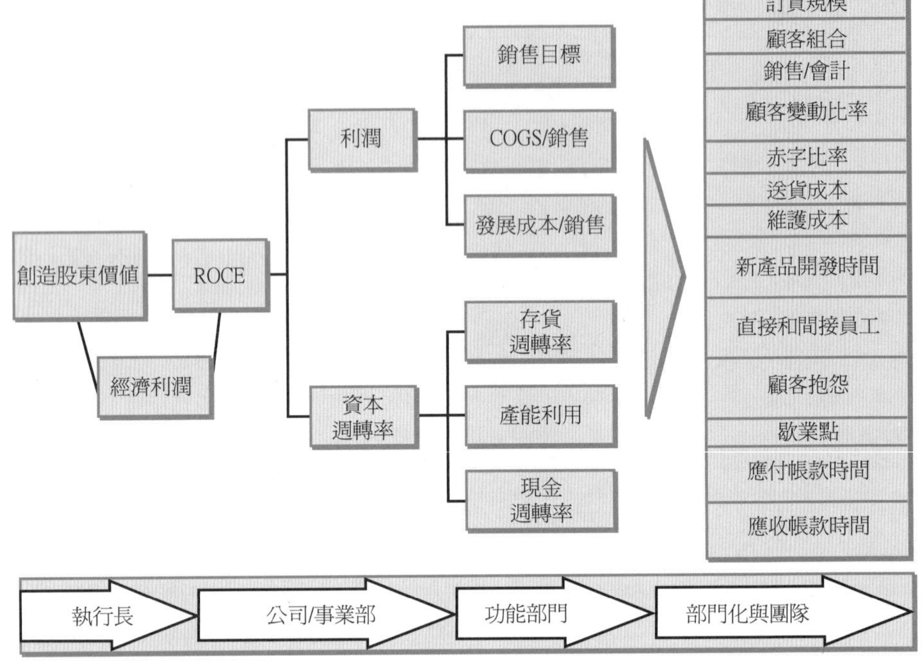

資料來源：From R.M. Grant, Contemporary Strategy Analysis, Blackwell Publishing, 2001, p.56 .Reprinted with permission of Wiley-Blackwell.

圖表 13.5 探討平衡計分卡的應用，該圖表運用了本書在第六章的時候所提過的傳統的杜邦方程式以及影響財務績效的影響因素(通常是跨公司的活動)觀念。平衡計分卡試圖平衡股東目標、顧客目標與經營績效目標，而圖表 13.5 也顯示這些目標是彼此相互連結的，而創造股東價值則與事業部所關心的資本運用報酬率彼此相連結，企業功能的產出例如銷售、存貨、產能利用也與上述概念緊密相關。平衡計分卡建議我們從四個觀點去看組織，發展衡量構面與指標、蒐集資料並分析其每一個觀點之關連性：

1. **學習與成長觀點：我們要如何持續改善與創造價值呢**？
   平衡計分卡試圖衡量與創新及組織學習有關的績效構面，例如：技術領導、產品發展週期的時間、營運流程的改善等等。
2. **企業流程觀點：我們的核心能力和經營優勢爲何**？
   企業內部流程以及有效的執行必須藉由生產力、週期時間、品質衡量、停工以及各種成本衡量來作爲衡量指標。
3. **顧客觀點：如何讓我們的顧客滿意**
   顧客滿意傳統上是透過不良率、及時交貨、保證供應、產品發展來作爲衡量指標。
4. **財務觀點：我們如何爲公司股東做些什麼**？
   財務面傳統上是透過現金流量、資產報酬率、銷售與收益的成長來作爲衡量指標。

整合這四個構面的目標，平衡計分卡使得企業的策略能夠與股東價值創造相互聯結，並且提供多項可具體衡量的短期產出目標，以作爲監督策略執行之用。另一個有關 Mobil 公司在北美市場和精煉廠(NAM&R)的例子可以幫助您了解平衡計分卡整合之後的力量。NAM&R 的平衡計分卡呈現於圖表 13.6。藉由 Kaplan 與 Norton 協助，不賺錢的 NAM&R 在採用計分卡方法之後有較好的策略與財務目標，並且轉換爲每個事業單位、功能、部門和操作流程的產出績效目標。他們從自己的觀點發展滿足顧客所需的指標。這樣的結果將會形成一個整合性的系統，針對 NAM&R 內所有的部門、營運單位、團隊或是活動提供可衡量的績效標準，公司就可以藉此進行監督、修正並決定在何種績效表現之下該支付何種薪資與獎金[6]。

儀表板
是一種使用者介面，透過多元的數位來源，同時透過為使用者設計的格式呈現在螢幕上，進行組織並表達資訊。

執行長們都相當關注策略的某個特定目標的結果是否可以衡量與監測，現在我們都必須感謝網際網路以及新的網路軟體工具，例如**儀表板**，可以協助我們輕按滑鼠就可以取得我們所需要的資訊(是一個蘋果公司 Mac OS X v10.4 Tiger 作業系統中的應用程式，用作稱爲「widget」的小型應用程式之執行基礎)。圖表 13.7「頂尖策略家」一節，告訴我們某些知名的企業執行長是如何透過儀表板等管理工具來進行策略與營運控制。例如：ExxonMobil 公司的執行長現在可能正在使用儀表板來監控最及時的資訊，而且公司正透過平衡計分卡的工具(如圖 13.6 所示)建立關鍵績效指標與衡量系統。透過儀表板軟體的選項公司可以立即評估反應的機會、如何採取行動、發問等等。當然，這些資料的信、效度如果夠高，則執行長與管理者將會樂於發問與關切。圖表 13.7 列舉了四位執行長不同的方式，他們對儀表板也都有各自的觀點與看法，他們會根據自己對資訊的需求選取關鍵的指標，來協助他們達成策略目標。

策略控制與綜合控制就像是平衡計分卡一樣，會將所有的管理任務聚焦，組織領導者可以根據策略控制或是平衡計分卡的回饋，而調整或是變更公司策略。而其他的方法像是六標準差，第十四章將會有深入的討論，這都是有助於提供策略控制或營運控制相關資訊的方法之一。層層管制的目標系統有助於企業長期的生存與發展，除了使用控制之外，領導者也會適時的導入創新與創業精神，使層層管制的目標系統也能夠因應環境的變化。他們希望年輕的企業新鮮人趕快投入職場，爲企業帶來更多的創新力與創業精神。下一章我們將深入探討創新與創業精神。

6 "How ExxonMobil Became a Strategy-Focused Organization," Chapter 2 in R. Kaplan and D. Norton, The Strategy-Focused Organization (Boston: Harvard Business School Press, 2001). For an online version of the ExxonMobil NAM&R case study, see www.bscol.com.

圖表 13.6 NAM&R 公司的平衡計分卡

		策略性目標	策略性衡量
財務健全	財務	F1 資本報酬率 F2 現金流量 F3 獲利力 F4 最低成本 F5 獲利性的成長 F6 風險管理	• 資本運用報酬率 • 現金流量 • 淨利 • 運送給顧客的成本 • 成長量(和產業比) • 風險指數
取悅顧客 雙贏關係	顧客	F1 持續性的滿足顧客 F2 改善經銷商/配銷商的獲利力	• 重要市場的占有率 • 隱藏性顧客的比率 • 經銷商/配銷商利潤 • 經銷商/配銷商調查
安全和確實的 具有競爭性的供應商 好夥伴 具體 準時	內部	I1 行銷 1. 創新的產品及服務 2. 經銷商/配銷商品 I2 製造 1. 較低的製造成本 2. 改善硬體及績效 I3 供給、貿易和後勤 1. 降低運送成本 2. 貿易組織 3. 存貨管理 I4 改善健康、安全和環境的績效 I5 品質	• 收益和利潤的平方根 • 經銷商/配銷商對於新計劃的接受程度 • 經銷商/配銷商對於品質的要求與評價 • 資本運用報酬率 • 總費用與競爭 • 獲利力指標 • 收益指標 運送成本及競爭者 • 商業利潤 • 存貨水準比較計畫和產出比率 • 事故數 • 離開工作的損失工作天 • 品質指標
動機和準備	學習和成長	L1 組織參與 L2 核心能力和技能 L3 使用策略資訊	• 員工調查 • 策略競爭能力 • 策略資訊能力

資料來源：Reprinted by permission of Harvard Business School Publishing. Exhibit from The Strategy Focused Organization, by Robert Kaplan and David Norton.

頂尖策略家

圖表 13.7

運用儀表板來進行策略控制

IVAN SEIDENBERG, VERIZON Seidenberg

與其他人可以選取超過 300 個指標放在他的儀表板上，管理者可以選擇他們想要追蹤的指標，儀表板一天翻頁一次。

LARRY ELLISON, ORACLE

他本身是儀表板迷，Ellison 運用它來追蹤每一季的銷售活動、銷售除上顧客要求服務的比率以及技術人員花費在解決顧客電話問題的小時數。

JAMES P. CAMPBELL, GENERAL ELECTRIC

Campbell 每天早上起床第一件事就是看他的儀表板所呈現的 GE 跨顧客事業部以及產業事業部的銷售與服務水準資料。Campbell 說：「儀表板是我們企業很重要的策略控制工具」。之後 GE 的執行長與主管也都利用儀表板來檢視生產線是否平順。

JEFF RAIKES MICROSOFT AND, NOW, GATES FOUNDATION

微軟辦公室事業群的執行長 Jeff Raikes 說公司至少有一半的人都在使用儀表板。每一次我去見 Balmer 或是 Gates，我都會隨身攜帶儀表板。Ballmer 說：我只要與本公司七大事業部的執行長見面，然後一一的檢視他們的儀表板，則我很快就可以瞭解銷售量、顧客滿意以及關鍵產品發展的狀況。

摘要 *Summary*

策略經常必須往前看，因此策略的設計都是橫跨未來許多年，而且高階主管常會基於某些管理上的假設來擬定策略，儘管某些事件或是因素仍未發生。策略控制將遵循公司長期的策略目標。

策略前提控制、執行控制、策略監督、以及特殊的警示控制都是策略控制的不同類型。四種類型的設計都是爲了配合高階管理者需求，並且追蹤策略是否妥善的執行、察覺潛在的問題並適時做出調整。策略控制、環境假設與關鍵營運需求之間的連結，對於成功的執行策略來說是相當重要的條件，外來變革的壓力使得企業必須進行嚴格的策略控制。

營運控制系統必須系統性的評估績效，而不是預先設定績效標準或是績效目標。有一點特別重要，那就是評估績效的差異。評估績效的差異主要是謹慎的查核策略執行為何會出現差異或是異常，而且此時管理者也必須去思考如何做出回應，有一些常用的方法像平衡計分卡與六標準差(下一章將進行討論)都已經整合為綜合控制系統，該系統能同時整合策略目標、營運產出、顧客滿意以及策略管理系統的持續改善。

網際網路的出現造成了很多創新的軟體推陳出新，也進一步使得企業的執行長能夠及時的監測策略執行的產出與成效。因此，執行長與管理者可以在他們的電腦、筆電、移動設備上使用儀表板，以提高他們即時控制與調整策略的能力。

面對快速變遷的環境，任何策略的核心目標就是生存、成長與改善競爭地位。面對全球化衝擊的執行長們也都漸漸了解到，公司強調控制是完成關鍵目標的手段，但是創新與創業的新思維也必須慢慢導入公司裡面。下一章將深入探討創新與創業精神。

關鍵詞 Key Terms

策略控制	*p.13-2*	特殊警示控制	*p.13-7*	里程碑回顧	*p.13-9*
策略前提控制	*p.13-4*	執行控制	*p.13-9*	平衡計分卡	*p.13-13*
策略監督	*p.13-5*	策略性計畫	*p.13-9*	儀表板	*p.13-15*

問題討論 Questions for Discussion

1. 試說明策略控制和營運控制之間的區別，而且請您各舉出一個例子來加以說明。
2. 舉出一個您對該企業策略較為熟悉的公司，說明該家公司的策略前提控制，然後選定一些關鍵指標說明您如何透過這些指標來監督策略的前提？
3. 解釋執行控制、策略監督以及特殊警示控制之間的差異，而且請您各舉出一個例子來加以說明。
4. 為何預算、時間表和關鍵成功因素對於營運控制和評估而言是重要的？
5. 在監督績效標準與實際績效間的差異時，什麼是最主要的考慮因素？
6. 平衡計分卡與策略及營運控制的關聯性何在？
7. 何謂儀表板？

Chapter 14

創新與創業精神

閱讀完本章之後，您將能：

1. 簡要說明漸進式創新與突破式創新的差異。
2. 說明持續性改善的意義，以及持續性改善對漸進式創新的貢獻為何。
3. 說明漸進式創新與突破式創新有何風險。
4. 說明創業歷程的關鍵要素。
5. 說明何謂內部創業精神以及如何使之成功。

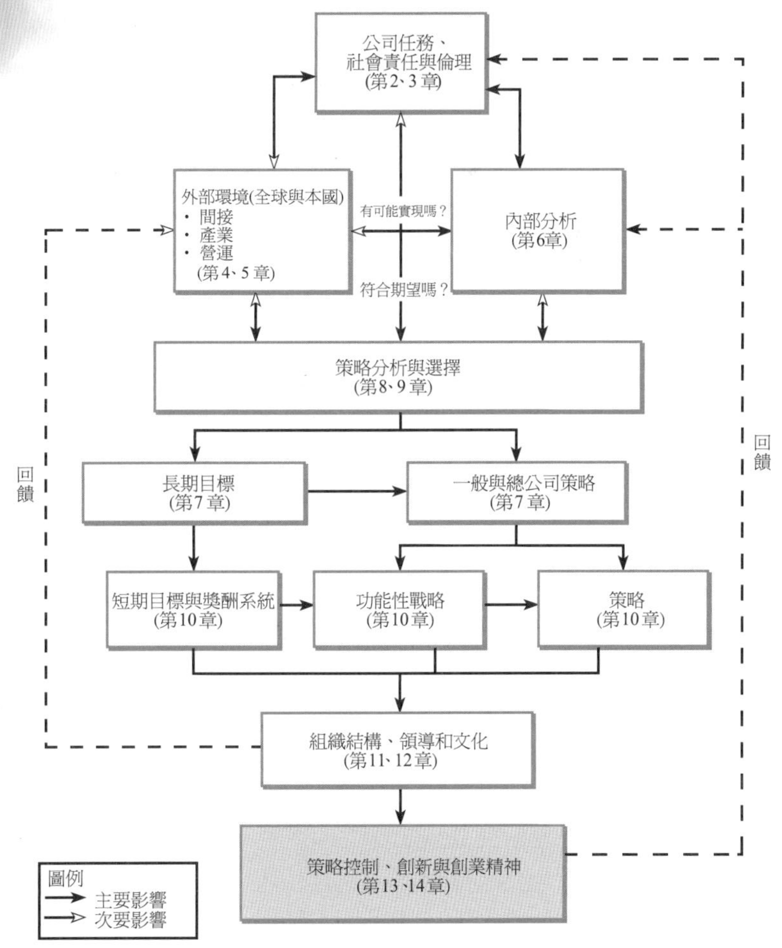

企業的成長與長期的成功最後將產生以下兩大結果：銷售成長以及更低的成本，最好是兩者兼具，劇烈的變革以及全球化兩種效應的加乘效果，使得全球經濟在許多不同的部門間形成令人可觀的成長，在全球逐漸對價格日益敏感的年代中，大部分的公司大約都花了十多年甚至二十年的時間，致力於有效的降低成本或是消除無效率，以提昇公司整體的競爭力，漸漸地，有愈來愈多的管理者看見公司不斷的成長，而且主要是透過創新來創造成長，創新似乎也已經成爲公司長期生存以及繁榮發展的重要關鍵了。

最近有四家著名的顧問公司所進行的研究發現：全球不管是大型企業或是小型公司的執行長都一致認爲創新的重要性，特別是當這些執行長在擘畫公司未來藍圖的時候創新更顯重要。IBM 有一項研究鎖定大約 800 位執行長，研究結果發現創新之所以成爲現代執行長所重視的議題主要是因爲創新可以展現在以下三個面向：產品/服務/市場創新、商業模式創新以及營運創新[1]，Accenture 以及策略研究中心調查了財星雜誌 1,000 大企業結果發現：95%的公司都認爲創新是相當重要的，而且當創新能夠改善現存產品或服務、降低成本以及改善並滿足顧客需求的時候，其重要性將日益重要[2]。McKinsey 公司則是訪談 2,000 位企業執行長並發現他們日益重視創新—而且特別是開放式創新—現在創新已是企業未來成長與成功的基本要素了，他們還認爲新世代的創新方法必須進行以下的努力：加入顧客、供應商、獨立的發明者以及大學的投入，使他們成爲積極的參與者[3]。

當執行長們基於某些理由相當支持創新行爲的時候，波士頓顧問公司(BCG)曾針對橫跨 47 國共計 500 家公司的總部進行調查，結果發現不到二分之一的執行長對於創新所創造的投資報酬率感到滿意，BCG 的資深副總裁 Jim Andrew 說：「除非公司改良創新的方法，否則持續投資事實上只會帶來災難」，這些執行長指出公司進行創新所遇到的三大問題是：

1. 太快的從產生創意移轉至最初的銷售活動。
2. 利用供應商來產生新的創意。
3. 適當的均衡風險、時間幅度以及報酬。

然而這些執行長焦慮的想讓公司更加的創新，創新者一致公認最創新的公司如：Apple、3M、GE、微軟以及 Sony—全球最創新的公司，80%的執行長預測直到 2007 年爲止他們還必需爲創新投入更多的支出[4]。

---

1 IBM Global CEO Study, IBM Global Business Services, www-935.ibm.com/services, 2007.

2 Toni Langlinais and Bruce Bendix, "Moving from Strategy to Execution to High Performance," Accenture Outlook, No.2, (October 2006).

3 Jacques R. Bughin, Michael Chui, and Brad Johnson, "The Next Step in Open Innovation," The McKinsey Quarterly 4, (June 2008), pp.113–23.

4 "Global Firms Will Increase Their Spending on Innovation," PRNewswire, December 8, 2004.

14.1 何謂創新

發明
透過發展新知識或是知識新的組合來創造新產品或是流程。

創新
是將發明商業化，藉由生產並銷售新的產品、服務或是流程。

企業的執行長常會見到發明與創新這兩個詞彙，然而兩者之間有很大的區別，以下我們將分別定義這兩個詞彙：

發明是指創造新的產品、發展新知識的歷程或者是重新結合現有知識，1930 年噴射引擎就已經發明了，但是直到 1957 年這項產品才開始商業化，在三套不同的知識體系的基礎之下，第一台電腦才開發出來。

創新則是將發明商業化，藉由生產並銷售新的產品、服務或是流程，當管理者蒐集各項研究報告與調查時，他們會發現傳統上都是這樣說的：「創新就是將創意轉換成利潤」[5]。

2001 年 Apple 公司運用其晶片儲存技術以及時髦先進的設備，在六個月內創造出創新的 iPod，這就是一種產品創新的案例，Steven Jobs 密集且辛勤的工作爲時大約兩年，重點在於跟頑強的音樂產業談判數位音樂版權的問題，最後在 2003 年推出 iTunes—它是一種創新的音樂下載服務，至少收錄 20 萬首數位音樂主要來自於 iPod，短短的五年之後，歌曲變爲 300 萬首而且每一年爲企業賺進 50 億美元的收益，使得 Apple 將取代沃爾瑪而成爲全球最大的音樂零售商，星巴克增加了簡單的無線上網服務，並適用於 8,000 家分店的所有顧客，這是一個高度成功的服務創新作法，結果使得顧客在店裡待的時間更長了，甚至九倍於一般的顧客，即使在非顛峰時段也是一樣。

上述兩個創新者的案例都爲公司創造可以獲利的產品創新與服務創新，而 Toyota 所創造的企業流程創新堪稱全球創新者的表率，主要是因爲該公司向來特別關注於企業與營運流程，幾年前，Toyota 進行了產品線的改革，過去需要 50 支支架來撐起車體結構，現在只需要 1 支，由於 Toyota 整體的生產程序使得生產速度大爲提升甚至只要一分鐘，公司的全球車身裝配線(Global Body Line)系統爲公司節省了 75%的成本，基於上述的理由我們認爲 Toyota 有能力針對單一產品線開發不同的模式，估計每一年爲公司省下 30 億美金。

就某些企業主管而言，「創新是可以預測的，就像是彩虹與蝴蝶也都可以管理，青黴素、聚四氟乙烯、隨意貼—這些創意的產生都是來自於不經意，例如：發霉的培養皿、失敗的冷卻劑以及失敗的膠水」。不令人意外的，許多管理者放棄系統化有效利用創新的機會，世界著名創投公司 Sequoia Capital 的合夥人 Michael Moritz 曾說：「我們運用的方法非常簡單，那就是不去管理創新」，「我們比較偏好讓市場去管理它」[6]，管理者如果試圖去管理創新，那麼他們就必須能夠區別以下這兩類創新的差別：漸進式創新與突破式創新。

5 "Global Firms Will Increase Their Spending on Innovation," PRNewswire, December 8, 2004.

6 Robert Hof, Steve Hamm, Diane Brady, and Ian Rowley, "Building an Idea Factory," BusinessWeek, October 11, 2004.

14.1.1 漸進式創新

漸進式創新
意指針對現有的產品、服務與流程進行簡單的變革與調整。

漸進式創新意指針對現有的產品、服務與流程進行簡單的變革與調整，愈來愈多的證據顯示：許多企業願意持續投資在創新活動(特別是漸近式創新)以提昇企業的獲利，後面的章節我們將探討風險與創新的關聯性，此外有關獲利的研究我們也將更完整的討論。首先，我們將探討公司如何進行漸進式創新，過去數年許多公司的漸進式創新其主要驅動因素爲：持續性改善、降低成本以及品質管理。

持續性改善
指公司尋求方法來改善並提高公司的產品與流程的程序，主要是透過設計裝配線、銷售以及服務，持續性改善在日本稱為"kaizen"，通常與漸進式改善有關。

持續性改善在日本稱爲「kaizen」，它是指公司尋求方法來改善並提高公司的產品與流程的程序，主要是透過設計裝配線、銷售以及服務。這種方法或是經營哲學總是不斷尋找改善的空間，或是精進公司每個面向的管理活動，使得公司能夠降低成本、提高品質以及強化回應顧客需求的能力[7]。

建構二十一世紀成本競爭力
簡稱 CCC21，是 Toyota 目前努力的重點，它將上述的觀念運用在所有公司購買的產品上，同時汽車裝配線上所有的細節都必須為公司創造相對的成本優勢。

Toyota 卓越的成功使得它成爲全世界最頂尖的汽車公司，它同時也是成本導向及持續改善最佳的案例(詳見圖表 14.1「頂尖策略家」)。所謂的「**建構二十一世紀成本競爭力**」(簡稱 CCC21)是 Toyota 目前努力的重點，它將上述的觀念運用在所有公司購買的產品上，同時汽車裝配線上所有的細節都必須爲公司創造相對的成本優勢，這些概念主要是來自 Daimler-Chrysler 開始與全球其他汽車進行合併之後造成的浪潮所影響的，結果造成：過去十年公司在購買零件的成本上共節省了 200 億美元，此外品質也有顯著的改善，以日本人的觀點來說，結合 1001 項小創新或是小改善也能夠創造相當大的變化，有一個著名的例子就是 Toyota 的工程師拆解了由日本供應商所提供的喇叭，工程師們發現可以由原來 28 件喇叭的組成要素減少爲 6 件，而且可以節省 40%的成本並改善品質。

Toyota 的工程師將這個程序稱之爲「kawaita zokin wo shiboru」(意指擰乾毛巾上的最後一滴水)，這也就是說 Toyota 持續改善的成功是奠基於一段痛苦且永無休止的歷程。

六標準差
一個高度精確的品質分析方法，而且以持續改善為目的並提升利潤。透過減少缺點、收益的改善、提升顧客滿意度以及最佳的績效等方法。

六標準差是另外一種持續性改善的方法而且廣爲全球的公司所使用，許多公司將它視爲是企業進行漸進式創新的方法之一，有時候我們會提到所謂的「新全面品質管理」，其實這就是指六標準差。六標準差是一個高度精確的品質分析方法，而且以持續改善爲目的並提升利潤。透過減少缺點、收益的改善、提升顧客滿意度以及最佳的績效等方法，企業的利潤將會不斷的提高。六標準

[7] 全面品質管理是持續改善管理哲學最早的概念之一，全球的管理者與員工都熱烈響應並以顧客爲尊，最早於 1970 年代之後在日本推行。

差可以補足 TQM 哲學之不足，例如增加了：管理領導、持續教育和以顧客焦點展開的方法、以及嚴謹的統計學方法等概念[8]。

頂尖策略家 **圖表 14.1**

Taiichi Ohno…Toyota 生產系統之父

我們所努力的一切作為都基於時間表的考量，從顧客給我們訂單開始直到我們收到現金為止，所以在時間表上我們不斷減少無附加價值的浪費，以降低生產的時間。

—Taiichi Ohno

為什麼不把工作變得更簡單以及更有趣？不要讓員工們一直保持緊張與焦慮，Toyota 的風格並不是透過努力工作來創造結果，我們的系統在開發員工無限的潛能，他們不是來 Toyota「工作」的，而是來「思考」的。

—Taiichi Ohno

每一位 20 歲左右的工人或是設計師以及所有 Toyota 的高階主管都以 Taiichi Ohno 的理念馬首是瞻，六年前，在觀察了 Henry Ford 的模式以及美國雜貨店之後，他開始著手 Toyota 汽車生產技能與設施的內部戒律，重點在消除浪費與改善效率，最後提出及時生產系統(JIT)、持續改善(kaizen)、防錯(pokayoke)以及供應商、設計人員、工程師及銷售人員經常性的腦力激盪與集思廣益，這樣的結果撼動了整個汽車製造業。

Toyota 工廠是高科技的奇蹟，並能夠在同一生產線上建造多種車型，透過無數的輸送帶零件及時的來自上下左右湧現，來完成生產過程，就像是製造芭蕾舞鞋一樣。雖然生產過程日益複雜但是 Ohno 的精神卻依然常存，隨時尋找有創意的節省成本之道—不列印簡報資料以節省墨水成本、工作時間宿舍不提供熱水並建議供應商縮小後照鏡的尺寸，這些行動與作為反應出 Ohno 對於持續及簡單創新的熱情，這樣的精神也反應在 Toyota 員工每日的所作所為，以及他們為甚麼能夠做出世界最好的車以及卡車。

資料來源：http://www.kellogg.northwestern.edu/course/ opns430/modules/lean_operations/ohno-tps.pdf; and quotes courtesy of www.matthrivnak.com。

許多公司例如：Honeywell(1994)、Motorola(1987)、GE(1995)、Polaroid(1998)和 Texas Instrument(1998)等等，都已經採用六標準差作爲分析的主要工具。許多公司投資相當多的金額，極力推行這項模式，主要是爲了創造比其競爭者更高的品質並且改善與顧客的關係。在許多公司所謂的六標準差方案只是在衡量品質，促進企業產品、流程、交易趨近於完美，沒有瑕疵。

8 ISO 認證主要來自於國際標準組織，目前廣爲接受作爲認證分析的制度，著重於持續性衡量、文件、評估與調整以達成滿足品質、建立持續性改善及顧客滿足的目標。

執行六標準差方法需要許多架構、管理哲理、和特殊的統計工具，而且其目的是爲了創造一個接近完美的程序或服務。這樣一個改善系統要進行的時候，已具備成熟的進行步驟，也就是說持續性的改善必須遵循以下所謂的DMAIC 流程(定義、衡量、分析、改善、控制)。

六標準差如何以統計的概念來說明

六個標準差(6 Sigma)依 Motorola 公司所訂定的品質水準而言：將量測值中可能發生的變異納入考量，偏離規格中心±1.5 sigma 後允許缺點爲 3.4PPM(Part Per Million)，也就是良品率達到 99.9997%。由常態分配的平均數往外延伸六個標準差，母體將有 99.9996%的良率，不良率僅有百萬分之一，標準差的值愈高，產生不良率的值愈低，所以說這是一個卓越的方法。

如果您每年打 100 次高爾夫球，而您在：

2 **個標準差**：您將每次損失六次推球入洞

3 **個標準差**：您將每次損失一次推球入洞

4 **個標準差**：您將每九次損失一次推球入洞

5 **個標準差**：您將每 2.33 年損失一次推球入洞

6 **個標準差**：您將每 163 年損失一次推球入洞

資料來源：摘自 John Petty, "When Near Enough Is Not Good Enough," Australian CPA, May 2000, pp.34 –35 . Reprinted with permission of the author.

圖表 14.2 DMAIC 六標準差方法

定義
- 專案的定義
- 專案的設立
- 傾聽顧客的心聲
- 瞭解顧客的特殊需求

量測
- 程序圖
- 資料屬性
- 量測系統分析
- 量測的重複性與重現性
- 衡量製程能力
- 計算製程標準差
- 性能基線的呈現

分析
- 資料呈現(直方圖、趨勢圖、柏拉圖、散佈圖)
- 價值分析
- 魚骨圖
- 肇因分析
- 決定改善的機會
- 專案的回顧與修正

改善
- 腦力激盪法
- 品質機能展開(品質屋)
- 失效模式分析(FMEA)
- 尋找答案
- 執行計畫
- 組織文化修改計劃

控制
- 統計製程控制
- 發展製程控制計畫
- 流程建檔

透過持續改善方案所進行的漸近式創新是最受歡迎的作法，這種作法也是一種新的思維方式以及組織文化，它所關心的議題都圍繞在：顧客滿意度、精確衡量企業重要的營運變項、產品的持續性改善、服務、流程、勞資關係及以誠信為基礎的工作品質使命持續改善的哲學提出十項基本要件說明如何引導組織進行有意義的漸進式創新：

1. 定義品質和顧客價值

不要讓個人去臆測何謂品質，公司應該整合工作、部門和整個公司的觀點，清楚的定義什麼是品質。而且品質應該是從顧客的觀點來定義，並且以書面的方式來溝通政策。從顧客的觀點更廣泛的來思考顧客的價值並定義品質，所以品質應該包括效率與回應。換句話說，您的顧客對於公司產品的品質讚不絕口，定價也相當具有競爭力(效率)，而且當顧客有需要的時候公司也可以迅速提供和調整(回應)；所以顧客的價值可以反應在品質、價格和速度這三種概念的組合之上。

2. 以顧客導向為發展方向

所謂的顧客價值就是顧客所說的一切，不要依賴次級資訊，您應該直接與顧客談，當然同時也包括所謂的內部顧客。通常員工所接觸到外部顧客佔總顧客的比率大約低於 20%，而員工所接觸到內部顧客佔總顧客的比率則大約高於 80%。

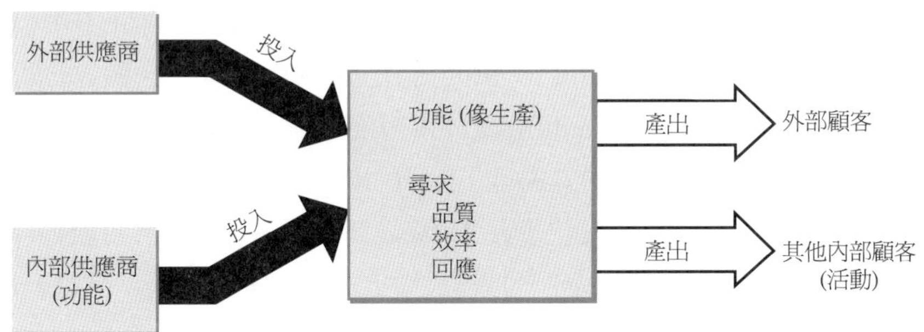

3. 重視公司的企業流程

您可以將生產流程的每一個步驟暫停一下，想想看還有哪些地方可以再改進的，而不是指將您的注意力都放在最終的產品或服務。每一個流程總是會對價值有所貢獻。這些都有助於改善績效，或者是可以運用其他流程(內部顧客)作為改善的依據。顧客價值的提昇是跨不同功能與流程的，如下表所示：

	品質	效率	回應
行銷	精確的評估顧客偏好，並且將相關資訊提供給研發部門	對目標市場進行廣告優惠顧客，運用有效的媒體	根據市場趨勢迅速反應與改變
生產	工程設計必須與生產商品相互一致與配適	儘量整合不要分割，以產生較高的生產收益曲線	依據生產彈性迅速的調整最低需求
研究發展	設計符合顧客需求的產品，並且進行量產	在大規模生產之前，以電腦來測試觀念的可行性	實施同步工程與製程設計來加速創新
會計	提供主管有關各功能部門的資訊作爲決策之用	精簡化、電腦化已降低蒐集資料所需花費的成本	提供即時的資訊並進行說明
採購	依據能力選擇好的供應商，並建立合夥關係	要求供應商的品質，而且同時與它們的議價，以提高商品的價值	運入配送必須有效的安排時程，避免大量存貨
人力資源	訓練員工所需的能力以便完成任務	降低員工離職率，降低僱用與訓練的費用	爲了回應廣大的市場需求迅速招募大量的員工並訓練他們所需的技能

4. 發展顧客和供應商的夥伴關係

組織往往具有破壞的傾向，因此會將供應商甚至是顧客視爲是敵對的對象，因此瞭解企業的水平關係是甚爲重要的——內、外部供應商／顧客(公司的各種不同的部門)。這個觀點建議與供應商建立合夥關係以滿足顧客需求，而且如果視顧客爲夥伴，則顧客所提供的訊息將可作爲公司與供應商的參考依據，最後公司所生產出來的產品才能符合顧客的期望。

Ford 汽車公司的第爾本與密西根廠，與位在堪薩斯密蘇里的供應商透過電子化的方式建立良好的聯繫與合作模式，例如 Ford 公司透過電腦將汽車連接桿的設計圖傳送到堪薩斯密蘇里的電腦上，這樣的設計也可以運用到其他工作場所(特別是機器設備上)。這個結果就是：品質、效率和回應

5. 凡事防範於未然

許多組織獎勵「消防隊員」但是並未獎勵「阻礙著火的人」，而且常常在工作完成之後才開始去尋找錯誤之所在。所以換個思惟，管理應該致力於獎勵預防導向並努力消除無附加價值的活動，就像 Toyota 的「建構二十一世紀成本競爭力」(簡稱 CCC21)方案一樣。

6. 採用無誤差的態度

灌輸「夠好」還是不夠的態度，「無誤差」才是每個人應該有的價值標準，管理者應該利用每一次的機會向員工宣告或是溝通此項重要的概念與使命。

7. 凡事實事求是

強調持續改善導向的公司，做決策都會基於事實，而非個人的意見。精確的衡量通常需要仰賴統計的技術，而且企業內重要的變項都會列入仔細的考量，透過衡量來追蹤問題有助於追根究底，並且查出事件的原因。這或許是較佳的方式。

8. 鼓勵每一位經理人及員工的參與

員工參與、賦權、參與決策以及提升品質技術的訓練、統計方法及測量工具都是增進公司持續改善、員工支持以及增進顧客價值的重要因素。

9. 創造全體總動員的氣氛

品質管理不是少數經理人或部門的工作，組織必須同時宣達品質的觀念，才能使顧客價值極大化。

10. 致力於持續性的改善

Ernst & Young's 品質管理中心主管 Stephen Yearout，根據最近的觀察指出：「從歷史經驗來看，如果貴公司能夠滿足顧客的期望，則您與競爭者的區別就顯而易見」。如果想要在 21 世紀脫穎而出，相對於競爭者來說，公司必須能夠預測顧客的期望，並且以更快的速度來傳遞服務品質。

所以品質、效率與回應並不是在競爭環境中一次就可以做好的，因爲新的衡量標準將不斷的推陳出新。組織很快就會發現：迅速的改善企業流程、產品以及服務的品質、效率與回應速度不只是好企業所具備的特質，更是一家長期追求永續經營企業所應具備的條件。

像六標準差之類的思維就是透過系統性的方法來改善顧客服務與品質、增加福利以及提升降低成本與改善獲利能力的效益，這使得它變成強而有利的工具，同時也是企業生存的良方。固然公司可以透過漸進式創新來創造最大的獲利，但是有些學者仍主張創造銷售利潤日益重要，企業常常會透過購併、產生高收益的產品以及服務創新來達成上述的目標，當然也有些學者對於六標準差的「定義、衡量、分析、改善、控制」有所評論，並提出在前端較爲模糊以及更具創意點子導向的方法[9]，他們將這一類的創新稱之爲破壞式創新或是突破式創新。

---

9 Brian Hindo and Brian Grow, “Six Sigma: So Yesterday？” BusinessWeek, June 11, 2007.

14.1.2 突破式創新

哈佛大學商學院教授 Clayton Christensen 對於創新有以下的說明：維持性創新是一種漸進式創新，並強調產品與流程的改善，而破壞式創新則是指產業革新以及如何創造新的產業類別 [10]。換言之，創新再也不是指體現在降低後照鏡 40%的成本而已，Christensen 強調的是產品創意的破壞式科技與創新，破壞式的產品與服務可能產生 10 倍優於現有產品的成果，而成本卻遠低於現有產品——這就是破壞式創新的概念，**突破式創新**是指企業中產品、流程、科技以及與成本有關活動躍進式的大幅邁進。

突破式創新
是指企業中產品、流程、科技以及與成本有關活動躍進式的大幅邁進。

Apple 公司的 iPod 與 iTunes 本身就是一種突破式創新，對於 Apple 公司來說這並不是漸進式的改善，它是一種以 Apple 電腦爲基礎，進而將微處理技術運用在不同產業的作法，Apple 現在在個人電腦產業只有 2%的市佔率，它現在反而將自己的主力定位在新興的數位音樂與娛樂產業，之所以成功則是完全仰賴突破式創新，在導入 iTunes 之後公司在短短五年內迅速成爲全球最大的數位音樂經銷商。

Christensen 將突破式創新稱之爲「破壞式」，主要是這一類的創新常常會衝擊到相關的產業，而且創新的源頭常常是來自不同產業環境背景的激盪，而不是來自原來的產業。Apple 現在似乎已經習慣於創造新的產業，20 年前 Apple 的創新主要是 Jobs 與 Wozniak 創造了 Apple 公司的首部電腦，當時被許多電腦玩家視爲是好玩的玩具，所以很快的從電腦產業的主流中分流出來，而且幾乎擊倒 IBM。Texas Instrument 的數位手錶導致瑞士手錶產業產生解構的現象，突破式創新也許有時候來自於非核心(或者是新的)顧客群的需求，例如：更便宜、簡單、容易使用、更小或是不被主流產品所看重的特質，San Disk 的記憶卡、沃爾瑪的折扣零售以及健康醫療保險的 HMO 計畫，這些都是突破式創新的例子，當然最後也導致產業中的參與者顯著的衰退與減少，前 Digital Equipment 公司的執行長 Ken Olsen 在當時是產業中響叮噹的人物，同時也是電腦製造商的領導人，他曾經這樣論述 Apple 以及個人電腦的創意：「我再也想出不出任何理由，爲什麼人們總是希望在家裡有一台屬於自己的個人電腦」[11]。

相較之下，突破式創新比起漸進式創新有較高的風險，由圖表 14.3 我們可以發現其理由主要爲：華盛頓 D.C 工業研究院的研究指出，公司如果想投注於突破式創新，首先，當局必須有能力清楚的對所有階層員工解釋突破式創新專案究竟對公司的未來有多重要；第二，必須設定幾乎不可能達成的任務目標；第三，必須鎖定在「較爲豐碩的領域」—意指投入研究將會得到極爲豐富

10 Clayton M. Christensen, The Innovator's Dilemma (New York: HarperCollins, 2003).

11 Robert M. Grant, Contemporary Strategic Analysis (Oxford: Blackwell, 2002), p.330.

的答案，但重點是有許多答案仍待探索與發現；第四，也許是最重要的那就是定期讓員工游移於實驗室與事業單位之間，這樣將使得研究人員能充分理解市場的需求；當然，這些想法比較適用於大型的企業，特別是突破性的創新特別需要專注於實驗室以及獨立的研發單位。

許多小型的企業常常是突破式創新的來源，因為他們不太投注資金於服務較大族群的客戶，而他們卻是逐漸改善產品、服務以及流程，我們將在創業家精神一節深入的探討其間的差異，暫時不考慮公司的規模，但是漸進式創新以及突破式創新其風險的差異卻是我們必須深入探究的議題。

圖表 14.3　由點子到獲利實現

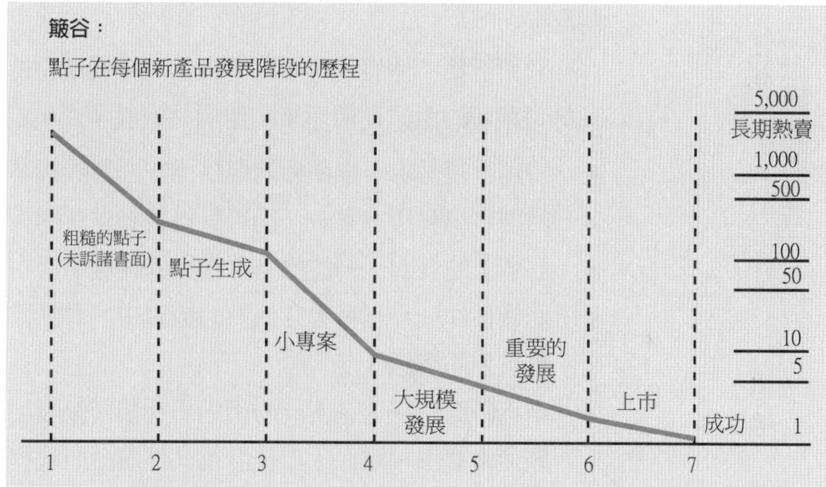

資料來源：Industrial Research Institute, Washington, D.C.

與創新有關的風險 [12]

創新有時候必需創造一些現在不存在的東西，它有時候可能只是為小的改變或創造，有時候卻是歷史性的變革，不管如何，它都伴隨著風險。圖表 14.3 說明了工業研究院的結論以及他們如何看待突破性創新的結果，結果告訴我們也許三千個新奇的點子最後只篩選出四個產品上市，最後卻只有一個成功，這顯然是一項不划算的投資[13]。

經濟學人的一項研究報告指出 197 項產品創新中大概會有 111 項會成功、86 項會失敗，他們並進一步去比較創新成功與創新失敗這兩大群體的差異，

12　詳見 Morten Hansen and Julian Birkinshaw, “The Innovation Value Chain,” Harvard Business Review, June 2007, for an interesting use of a value chain “breakdown” of innovation to use in assessing risks and sources of problems in innovation efforts.

13　“Expect the Unexpected,” The Economist , September 4, 2004.

他們首先致力於發掘成功創新共同的特質，他們發現成功的創新有下列五項(或者有某些)特質：

- 對市場而言中度新穎；
- 植基於久經考驗的技術；
- 該創新對使用者來說可以爲他們節省成本；
- 能滿足顧客需求；
- 能支援現有之管理實務

相對來說，失敗的產品創新則都是基於尖端但是卻未經測試的技術，或是僅採取「無差異化」的策略以及沒有先清楚定義問題或解決方案等狀況所造成的結果。

該研究第二個發現是研究者深入的檢視所謂的「創意因素」，創意因素關注的是創新的源頭從何而來，他們共定義了六項創意因素：

- 特別重視需求——積極的尋找已知問題的答案。
- 特別重視解決方案——爲現有科技尋求新的發展途徑。
- 心智上的發明——透過外部世界的啓發由心中萌發一些夢想。
- 隨機事件——創新者在偶然的機會中，不經意的發現某些未曾注意但是卻很重要的概念。
- 市場研究——透過傳統的市場研究技術來發現創意。
- 順從趨勢——順從人口統計及其他廣泛的趨勢以發展相關及有用的創意。

研究者已經比較了上述六項因素所造成的「成功或失敗率」，以瞭解哪些創新因素與成功或者失敗的關連性較高，「順從趨勢」以及「心智上的發明」是最容易造成失敗的創意因素，其失敗率是成功率的三倍，「特別重視需求」其成功率是失敗率的兩倍，「市場研究」其成功率四倍於失敗率，而「特別重視解決方案」其成功率則是七倍於失敗率，其中，「隨機事件」所產生的效益更是驚人，其成功率十三倍於失敗率，他們的結論是：專注的消除流程中不可行的創意，並強調市場研究以及科技應用與解決方案，同時對於流程中所產生的意外發現結果抱持開放的態度。

在他們的分析報告中指出創新與兩大風險息息相關：市場風險與科技風險，市場風險主要來自於目前市場、規模以及產品與服務的成長率，相關的問題是：有顧客想光顧嗎？科技風險主要來自科技如何展開，以及技術標準、主流設計以及方法所衍生的不確定性，相關的問題是：它能運作嗎？

由 Michael Treacy 所提出的 GEN3 Partners 報告被刊登在 Harvard Business Review 期刊上，內容指出：漸進式創新遠比突破式創新更能夠有效的管理與創新有關的市場及科技風險，圖表 14.4 則對於該研究提出了更加清楚的描繪藍圖[14]，他指出就產品創新而言，科技風險較市場風險爲高，而商業模式創新與流程創新則相反。

圖表 14.4 與創新有關的風險

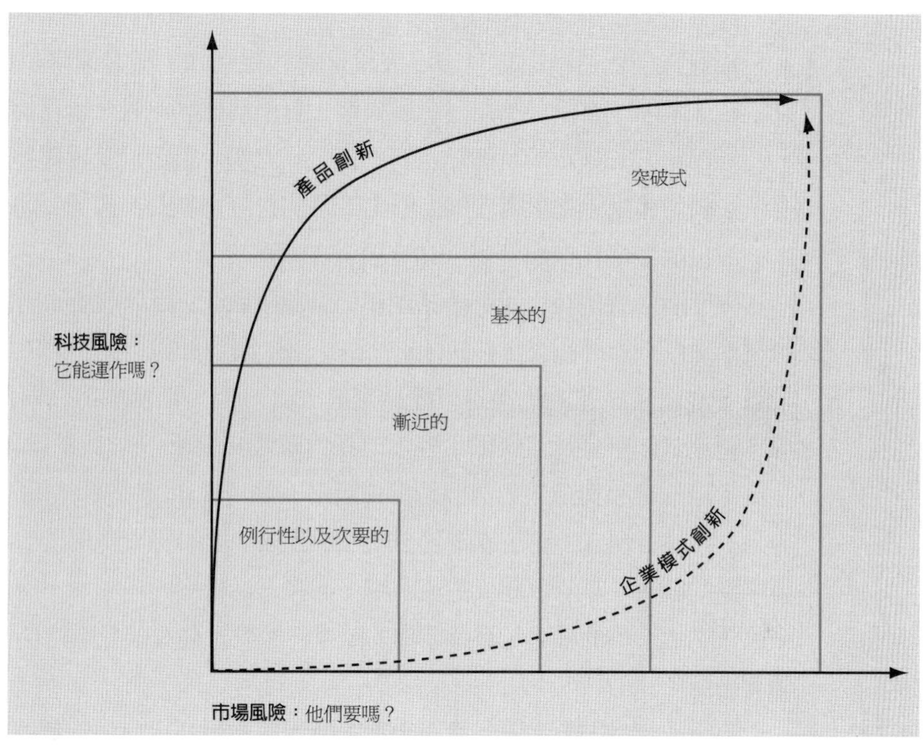

資料來源：Reprinted by permission of Harvard Business Review. Exhibit from "Innovation as a Last Resort," by Michael Treacy, July 1, 2004 . Copyright 2004 by the Harvard Business School Publishing Corporation; all rights reserved.

這個圖形顯示了突破式創新的概念，相較之下顯得相當具有吸引力而且令人興奮，但是它的風險比起漸進式創新也比較高，根據 Treacy 有關創新的實證研究結果顯示：突破式創新的結果總是無法令人滿意，反而是緩慢且穩定的漸進式創新得到較佳的績效，關於如何管理風險他提出以下幾點看法：

- 請記住，創新的訴求在追求成長，所以問自己：「我能否不透過創新，但是獲利依然增加？」，保有現存的顧客並改善目標涵蓋率(開發新顧客)。
- 以最少的創新來獲得最大的利益，調整業務的流程並不會造成許多科技風險，漸進式的產品或服務創新並不會招致太大的市場風險，然而躍進式創新卻會，所以一般企業多是強調漸進式創新來達成創新的目的。
- 漸進式產品創新特別適合應用在特定的顧客族群，每一位顧客都是收益的來源。

[14] Michael Treacy, "Innovation As a Last Resort," Harvard Business Review, July 1, 2004.

- 漸進式的企業流程創新比起躍進式的企業流程創新，能產生更多的收益並節省更多的成本，之前提到 Toyota 以 1 支支架來撐起車體結構的案例，就是一個相當戲劇化的例子，透過漸進式企業流程再造創新的作法，每年為公司省下了 26 億美金。
- 躍進式創新通常對現有市場來說是過於激進的，顧客通常也會對新的方法、產品、流程以及技術有所畏懼，對現有顧客來說，也可能無法奏效。
- 推出突破式創新的時間點也許不是公司必需、重要以及感興趣的時間，但必須是市場未來所需要的，推出的時間也許會很長，甚至長達十年，例如油電混合車在推出十多年之後顧客才漸漸接受。

由於漸進式創新比起突破式創新而言風險較低，所以漸漸的有許多人相當擁護漸進式創新的觀點，Clayton Christensen 則是針對上述的觀點提出質疑與警告，他認為漸進式改善是一種穩定的改善，但是卻無法為公司創造新的市場，漸進式創新更無法保障生存，他認為**破壞式創新**(突破式創新)有助於建立主流市場的產品與績效，他們通常會吸引一些邊緣(或者是新的)顧客群，例如容易上手、更便宜、更小或是更多功能，此外，他的研究又指出這些邊緣顧客會不斷的壯大，甚至轉變成主流市場，而在這個轉換的過程中，他們會不斷的吸收舊主流市場的顧客，這樣運作的結果，他們會破壞或是擊垮產業內現有的領導廠商。

破壞式創新

Christensen 將突破式創新稱之為「破壞式」，主要是這一類的創新常常會衝擊到相關的產業，而且創新的源頭常常是來自不同產業環境背景的激盪，而不是來自原來的產業。

不令人意外的，許多公司根本不管他們原來是採用何種創新的取向，他們不斷測試新的方法來降低成本並改善失敗的機率，才幾年的光景，公司內產品團隊的創意以及跨功能群體已經成為創新成功與否的關鍵角色了，許多不佳的創意也都會在創新管理流程的早期階段被刪除掉，此外，新的創新觀點還包括：

- 與其他有興趣共同分擔創新成本與風險的公司合資，Toyota 現在正與 GM 公司談判共同開發複合動力技術，此外他們還一起合資在美國建立工廠，以降低創新所可能衍生的風險與成本。
- 兩種創新都愈來愈強調與重要消費者合作的重要性，Nike 透過城裡面的街頭幫派來測試新鞋，軟體公司則透過忠誠的使用者來測試新軟體，GE 則是與鐵路公司合作創造了新的環保機車。
- 「自己動手作」(DIY)這一類的創新使得公司掌握現有顧客的期待，當然進一步使得顧客在發展新產品、新服務或是新流程的歷程中扮演主導的角色，因此研究發展不再是僅靠感覺，這種方法使得公司擺脫傳統的市場研究模式或是只與重要使用者合作的模式，相反的，這種方法掌握了顧客概念化的雛型並進而發展設計計劃書，最後成為發展創新的起始點，BMW 寄給 1,000 位顧客「工具組」讓他們可以發展創意，同時希望他們提供公司該如何利用無線通訊系統以及車內的線上服務來進行創新，BMW 最後選擇 15 位提供創意的人，並將他們送到德國，希望能進一步開發這些創意，有四項創意現在已經進入原型的階段，BMW 也預測透過這項新顧客創新的作法，公司將陸續出現許多新的模式。

- 收購創新漸漸成爲大企業樂於採用的模式，當然這過程企業必須去權衡風險以及報償之間的兩難取捨關係，Cisco 將自己定位爲電腦及網路設備產業的領導者，他們透過收購許多已經具備基礎小公司，來創造新的市場利基，同時這些小公司也需要大公司資金、通路、技術等優勢的互補能力，Cisco 透過股票溢酬來收購這些小公司，但是公司卻未曾在技術發展的早期階段投入過任何資金，因此，這些小公司承擔了早期失敗的風險，而部分的成功卻展現在公司銷售的價格上，但是 Cisco 必須避免的是大部分創新所可能衍生的失敗成本，圖表 14.5「運用策略的案例」一節說明 Google 如何進行收購創新。
- 委外創新特別是指產品設計，目前已經演化成一種「模組式」的組織結構，常見於現代全球化的科技公司，Nokia、Samsung 以及 Motorola 等手機大廠透過 HTC、Flextronics 以及 Cellon 來爲他們進行新產品設計，這些較不知名、身價數十億的公司爲他們創造新的設計並進行銷售，重點是品牌不屬於他們，但目前這種模式在全球的營業額相當驚人，Nokia 以及它的競爭者將產品設計的風險轉嫁給這些新興的科技委外公司。

運用策略的案例　　**圖表 14.5**

Google 爲創新而併購 Dodgeball，繼而添了 Latitudel 此一敗筆

Dodgebal 原是曼哈頓一間行動通訊公司，提供年輕人可與朋友分享自己去過哪裡的服務。2005 年，創辦人 Dennis Crowley 與 Alex Rainert 將 Dodgebal 用個好價錢賣給了 Google，並給了 Google 一個創新的社交網絡利基。Crowley 與 Rainert 聲稱得不到 Google 的支持、感到挫折，不到兩年即離開了*。Crowley 留在紐約繼續努力拓展這項服務，卻難以獲得其他 Google 工程師的青睞。後來 Crowley 創立了 FourSquare，新的基地台定位服務公司，他表示†：「產品經理應從員工的『20%自由時間』中獲益」。

另一方面，Google 以 Dodgeball 的概念為基礎，調整更新後，成功的在 Google Maps 上加入 Latitude 功能，不但可自動分享位置給親友，亦可自訂隱私、通訊設定。Google 資深技術副總表示：「在芝加哥、聖路易、丹佛或其他各地皆以失敗收場，或許在曼哈頓行的通。」‡ 然而，新服務 Latitude 似乎宣告了 Google 已找到並接受創新的價值。

* 由此看他們的 Flicker 相簿 http://www.flickr.com/ photos/dpstyles/460987802/.

† Vindu Goel, “為何 Google 決定喊卡” 紐約時報，2009 年 2 月 15 日

‡ 同上。

Procter & Gamble 的文化基礎在執行長 Alan Lafley 之政策下已完全改變，百分之五十的耗材皆爲委外創新，過去五年來的營利成長也讓 P & G 成爲開放委外產品/服務/市場的成功案例[15]。

創意市集
是個類似 eBay 的創意交易市集，上百萬的想法與問題解答在此交流，反映出最新的創新管道，網路將世界各地的天才及時串連起來。

創意市集(Ideagoras)是個類似 eBay 的創意交易市集，上百萬的想法與問題解答在此交流，反映出最新的創新管道，網路將世界各地的天才及時串連起來。創意市集也被稱爲「眾包」或「開放式創新」，公司可從成千上萬的想法中尋求問題解決方案，並且可省下專門聘用科學家們來上班的薪水。舉個例子，Colgate-Palmolive 需要更有效率的將牙膏裝進軟管內，看起來似乎是個滿簡單的問題，但內部的研發團隊卻提不出解決方案，該公司便將說明書發佈在 InnoCentive，這是一個類似創意市集或其他問題交流的網站。一名加拿大工程師 Ed Melcarek 提議：只需在氟化物粉末中導入正電荷之後再將軟管接地，這個好點子只不過是基礎物理學的運用，然而 Colgate-Palmolive 的化學團隊卻壓根沒想到[16]。Melcarek 花幾個小時即賺了兩萬五千美元，在原公司之外偶爾爲其他企業研發創新。

時至今日已有超過 16 萬以上像 Melcarek 的科學家在 InnoCentive 上註冊，並有數以百計的公司支付約 8 萬美元年費以尋求進入該智慧殿堂。Eli Lilly 於 2001 創立了 InnoCentive 以提供其他不同產業的客戶更多電子商務服務。現在 InnoCentive 爲世界各地大企業提供解決方案或創新服務，爲什麼？已完全發展成熟的公司無法單靠網路跟上快速的創新或成長。這是較爲彈性、自由市場的機制；第二，大幅改變顛覆創新者的所在地區，拓展至中國、印度、巴西、東歐甚至俄國。P & G 旗下擁有 9,000 位頂尖科學家，並引進 200 位局外人，創意市集是個擁有一百八十萬專業人士集思廣益的管道，在此尋求世界各地的創新或想法，不但快速、且更有成效[17]。

公開尋求關鍵性創新決定一間公司未來的發展存亡，反面來說，太過謹慎封閉的創新被認爲是個會危及公司核心本質的危機。產品設計、重要創新，甚至是漸進式創新長久以來一直都被視爲公司長期成功的秘密武器與競爭優勢。外包或創意市集這一類的開放式創新，純粹將整個公司的風險置於執行者的腦中，在圖表 14.6「頂尖策略家」中，反映出 Dwayne Spratlin 創立 InnoCentive，讓思維突破創新經由網路提供了更寬廣的入境通道。

---

15 "P&G: What's the Big Idea," BusinessWeek, May 4, 2007.

16 Don Tapscott and Anthony D. Williams, "Ideagora, a Marketplace for Minds," BusinessWeek, February 15, 2007.

17 同上，詳見 www.innovate-ideagora.ning.com; "Innovation in the Age of Mass Collaboration," BusinessWeek, February 1, 2007; "The New Science of Sharing," BusinessWeek, March 2, 2007; Wikinomics, by Don Tapscott and Anthony Williams; and Satish Nambisan and M. Sawhney, "A Buyer's Guide to the Innovation Bazaar," Harvard Business Review, June 2007, p.109.

從另外一個角度來看，創新的概念和組織管理，創新與創業行爲有密切關係。若要更創新，公司就必須更加具備創業精神。

Cisco 和 Google 運用「購併創新」的案例，可以用來說明卓越的創新通常產生於小型企業，其焦點、強盛、或存亡都依靠創新的成功與否。提倡此理論者闡明一個重點：許多顛覆傳統思維的的創新(如個人電腦、數位資料分享)都被多數大企業給忽略了，(如 Paychex 服務中小企業)，很多產業龍頭皆是在草創初期提出創新，進而發展而成大企業。

有遠見的大企業認同此論點，並尋求讓公司更具創業精神化、強化「內部創業」的方法，以拓展事業新方向。商業或學術界所謂的「內部創業」所提出的創新確實帶來成長，也難怪許多公司衷心期盼這些人的出現。但無論是來自企業內部本身、或由獨立創業家組成，確定的是：創業精神才是創新、永續與更新的核心議題。

頂尖策略家

圖表 14.6

Dwayne Spradlin，InnoCentive 的總裁兼執行長 www.innocentive.com

InnoCentive 首創開放式創新交易市集，公司或非營利組織(需求方)張貼問題，由 16 萬名世界各地的「解決者」提出最佳解答，以期得到獎金。Dwayne Spradlin 是 InnoCentive 共同創辦人，基於他對衆包的熱情，讓世界各地的專家協助解決問題或創新，InnoCentive 成為極有效率解決問題的強大工具，讓客戶有機會發展新的商業契機。Spradlin 稱之為「獎勵制度」，公司與組織尋求衆包模式以成功為前提付費。大多數的創新皆以失敗收場，以整體的角度來看研發和創新，失敗的因素可歸咎於失敗卻仍須付費，在 InnoCentive「衆包：開放式創新」的模式中，你獲得滿意的解答才需付費。

他提出最近幾個案例：位於 Alaska Cordova 的溢油防治技術研究需要新技術以處理郵輪 Exxon Valdez 號在 Prince William 峽灣溢油事故。15 年來，漏出的油一直淤積在海底，他們可將底部的油抽進駁船，但是表面的溫度差異頗大，浮油一旦凝固便無法抽進駁船裡。

一位來自美國中西部的工程師利用建築業時常運用到的方法成功解決這個問題，就像建築時需讓水泥保持液態的問題一樣，使用商業級震動儀器讓浮油保持液狀，便可抽取到駁船裡。

Prize4Life 想找出某個生物標誌來治療肌肉萎縮性側索硬化症(俗稱漸凍人)之病患，他們決定以多階段來進行。第一階段：懸賞提出可辨別生物標誌之新方式的人。

醫療知識並非解答的必要條件－電腦工程師、提議以公式計算的生物學專家、列出罹病之高危險群的汽車製造商，只要有足夠相關知識，任何人都可參與。近幾年，他們跳脫圈框，得到許多最令人意想不到的解決方法。

眾包在其他產業也適用：Toronto 採礦場 Goldcorp，不但負債累累，又面臨罷工與龐大支出，面臨倒閉的執行長 Rob McEwen 在窮途末路之際，在網上公開了採礦業最機密的內部機密地質數據，共 400M(約 55,000 英畝)，提供 575,000 元獎金給找到礦脈可能所在處之人。

不到一週，挑戰者從世界各地湧入，結果是許多人成功贏得獎金，Goldcorp 也找到許多新勘測地點。藉由各地「解題人」之協助，該公司金礦售量現在已超過六十億。1993 年 Goldcorp 股價為 100 美元，今日已超過 4000 美元。

瑞士藥廠 Novartis 也做了類似的事，一躍成為世界最大藥廠之一。Novartis 投資數百萬致力研究解密第二型糖尿病的基因，最後決定在網路上公開。免對此極度困難、利益龐大的大衆健康需求，Novartis 和其合作夥伴麻省理工學院認為他們的突破性研究仍處於第一階段，問題依舊複雜棘手，因此希望藉由全球的人才與專家能加速解決第二代糖尿病的基因問題。

資料來源：www.innocentive.com.

14.2 何謂創業精神？

全球創業觀察(GEM)的研究報告指出，大約有 15%的工作者都選擇自行創業，參與他們研究報告的創業家正穩定的成長[18]，新的創投事業被認爲是全球經濟發展、創造工作機會以及創新最大的驅動力，所以什麼是創業精神？它包含什麼？

創業家精神
是指將創意、創新的概念與行動與必要的管理及組織技能整合在一起，並動員適當的人員、資金及營運資源以滿足明確的需求並創造財富的歷程。

創業家精神是指將創意、創新的概念與行動與必要的管理及組織技能整合在一起，並動員適當的人員、資金及營運資源以滿足明確的需求並創造財富的歷程，不管啓動這項歷程的是個人或是團隊中的個人，有愈來愈多的創業家不僅具備創意與創新的天賦，他們也漸漸的具備紮實的管理技能與商業能力，漸漸的他們也發現剛起步的創業組織需要兼具上述兩種能力。圖表 14.7 說明了創業家、創辦人、管理者以及投資人所必須具備的基本技能。

投資人通常具有特殊的技術能力、洞察力以及創造力，但是他們的創造或是發明通常都沒有成功的商業化或是在組織中實現，主要是因爲他們缺乏將產品或發明有效銷售或是行銷出去的能力。而創辦人卻恰好相反，他們善於制定計劃或是方案，來推動他們的產品或服務，致力於快速獲利以利未來建立企業體系。

18 全球創業觀察是一個非營利的合作伙伴研究調查，目前是全球最大的創業活動研究，Babson College 以及 London Business School 最早於 1999 年提倡此研究，目前在全球已經有許多研究團隊投入，有許多團隊來自大學或是其他的組織，GEM 每年每季都會提供資料詳見：www.gemconsortium.org。

圖表 14.7　誰是創業家？

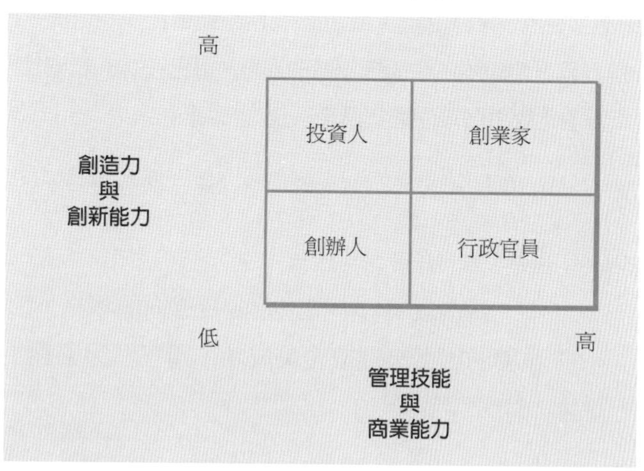

行政官員則是發展了很強的管理技能、特殊的商業知識以及組織員工的能力，他們的優勢是順暢的進行管理監督以及高效率的營運，他們的行政管理能力主要展現在創造並維持有效率的組織運作，在這一類的組織如果過度強調創造力以及創新行為則有可能適得其反。

理想的創業家兼具上述所有的能力，創造力與管理都是他們的專長，在一個新的創投事業中，具備上述能力的創業家除了有能力推出新產品之外，更有能力將事業經營成功。在大型組織，這種能力能夠不斷的推出新的創意，並將這些創意融入公司的收益與獲利能力之中，因為這些優勢很少全部出現在單一個體之上，所以有愈來愈多證據顯示創業精神出現在團隊中，所以他們時常在思考如何整合這些優勢來建立他們的事業版圖，圖表 14.8「運用策略的案例」，描述非凡的創業家－Fred Smith－Federal Express 的創辦人暨董事長。

運用策略的案例　　圖表 14.8

Fred. W. Smith：非凡的創業家

Frederick W. Smith 最先將快遞的概念提出是在他耶魯大學商學院的期末報告中，傳言說他拿了超低分成績 C，但他本人倒是沒有正面回應。教授的不看好並沒有打消他的念頭，從駐越南海軍陸戰隊退役之後，Simth 將此概念運用到創投上，並將所有資金全數壓入投資，在 Arkansas 的 Little Rock 開始航空運輸服務，也就是 Tennessee Memphis FedEx 的前身[1]。

很明顯的，Smith 的身體裡流著運輸世家的血脈，他的祖父是個船長，父親初創一個地區巴士系統，並賣給了 Greyhound Bus 公司。在大學時期的周末，Smith 兼任傭租機師，FedEx 的第一趟旅程就只運送七個包裹。

在 FedEx 營運初期，郵政壟斷是個惱人的問題，Smith 一度為了金流忙得焦頭爛額，甚至飛到 Las Vegas 孤注一擲，幸好幸運的贏得 21 點、大賺兩萬七千美元，正好在 Memphis 的公司危急之際周轉成功。1970 年代後期，美國逐漸仰賴隔夜快遞，FedEx 因而開始茁壯起飛。Merrill Lynch 的主管更發現曼哈頓總部的員工們在樓層間的文件遞送也使用 FedEx，因為它比內部郵件系統更加快速可靠[2]。

今日 FedEx 是世界各地國際企業連接流通的關鍵，每日在 240 個國家中來回穿梭運送 8 百萬件以上貨物，而其起源於一位年輕的大學生洞燭先機到隔夜快遞之需要。

[1] "Frederick W. Smith:No Overnite Success," *BusinessWeek*, September 20, 2004.

[2] 同上。

新創事業、小型以及成長導向的事業，創業家通常能透過創業歷程中三個重要的因素來促成企業成功，這三個因素爲：機會、創業團隊以及資源。

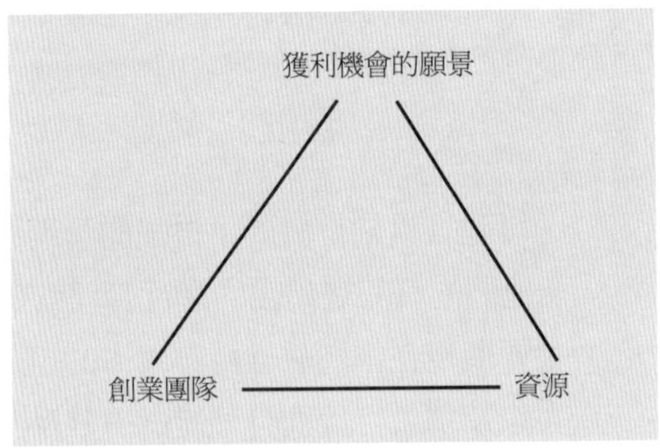

資料來源：RCTrust, LLC, © 2010.

1. 機會

一如 Dun & Bradstreet (D&B)在它逐年失敗的紀錄中所呈現的報告，新企業失敗主要肇因於：一是缺少銷售，二是競爭弱點。兩者皆起因於缺乏正確的市場定位評估，以至於無法提供新創事業參考的依據。換句話說，新創企業的失敗主要是因爲某人對於新事業有想法，但卻沒有確認具體市場的機會。

創業家注定要從他們太過頻繁的失敗中，學會發想產品或服務的想法，而且迷戀它們，他們投資時間、金錢和精力讓想法變成實際的商業模式。悲哀的是，他們僅進行極小的投資在確認顧客、顧客需求以及顧客回應這一類的任務。這一類的創業家們只是聚焦於內，或許只滿足了他們自己的自我需求，結果經常是很少顧客會購買的產品或服務。顧客尋求福利，而無效率的創業家只專注地賣他/她的產品。

有效率的創業家較有可能假設市場取向，並外觀目標市場以確認特殊且尚待解決的需求或期待。這一類的創業家聚焦於潛在顧客並試圖瞭解顧客需求。有效率的創業家試圖確認什麼是顧客想要而且願意支付的機會，有趣的是公司尋求革新最有效的方法是將顧客想要的轉換爲創新並幫助塑造他們所尋找的解答。實質上，顧客定義了什麼是他們想要的。有效率的創業家其產品或服務的設計是來自對機會的回應，而非其他因素。

另一個決定創業家是否純粹地聚焦於某個想法或某個好機會的方法，就是應用創投資本家來評估新事業的投資機會。認定這些投資家感興趣且重視的高成長創投事業準則是相當重要的，小型創投事業對於範疇的要求較低(即，最少兩億五千萬市場)，但決定這個機會是否良好反而是比較重要的。讓我們仔細分析如下：

1. 創業團隊可以清楚定義其計畫的顧客以及市場區隔

精確的定義誰是目標顧客？誰做出購買的決定？創業家是否擁有這些顧客對產品或服務感到熱情的證據，並順利地對那種熱情展開行動(即，預先支付)？穩固的訂單或其他明確的購買承諾將有助於驗證時機是對的。

2. 規模兩億五千萬元之最小市場

這種規模的市場建議企業不須獲得優勢的市場佔有率就能達到明顯的銷售成績。再者，這意味著在沒有吸引太多競爭反應的情況下新事業也可以獲得成長。認清這個門檻以爭取高度的成長機會是相當重要的。

3. 成長率在 30%到 50%的市場

這是在正確的時機對機會採取行動的另一種指標，意味著新加入者能夠在已確立的競爭者中，沒有引起防衛性反應而進入戰場。另一方面，如果市場是固定的或只有少量的成長，那麼不是機會必須提供革命性產業(稀有產業)機會，就是時機不好。

4. 耐久的高毛利(較不直接的售價，變動成本)

當創業家能將他們的產品或服務以 50%以上的毛利賣出時，這時候會出現一種吸引人的緩衝機制，可以掩飾發展新的企業時可能犯的錯誤，當利潤小的時候，錯誤幅度也會比較小。

5. 在市場區隔中沒有占優勢的競爭者代表企業充滿機會

40%到 60%的市占率通常被轉化成供應商、顧客、定價和成本的顯著力量，缺少此種競爭者意味著新進入者有更多可以操縱的空間，且沒有被嚴重報復的恐懼。

6. 就技術優勢、專利保護、通路或生產力而言的有效反應時間或前置期

當新企業擁有此種正當及「不合理的好處」時，新公司應該能藉由知道有利機會的其他人去創造進入障礙或是版圖擴展，當創業家能利用這種持續的專利優勢時，那麼時機點就對了。

7. 一個能夠熱心且專業建立公司利用有益機會的老練創業家或團隊

創投專家普遍認為這是一個正確投資時機的基本要素，有抱負的創業家們應該用這點來當作他們考慮尋求新事業機會是否明智的準則，讓我們更仔細的檢視最後這一點。

2. 創業團隊

成功的創業家和創業團隊替他們的新創事業帶來了數個能耐與特徵，我們針對這兩者加以檢視。

- 技術能力創業家或團隊必須擁有必要的知識和技巧以創造新企業所將提供的產品或服務，也許其中一些能力存在創業家或團隊之外，在這種情況下有意義的安排外包將成爲技術能耐的一部分，但技術和能力是成功的基本要素。
- 企業管理能力以科技爲主的創投事業其生存與成長主要仰賴創業家必須能夠充分的了解與管理企業經濟面的問題，財務會計領域的知識像是現金流量、流動性、成本、紀錄保存、定價、債務結構、資產收購這些都是必備的知識，此外，人力資源管理、行銷、組織技巧、銷售、電腦知識與規劃技巧，更是成功的要件。

由於技術和企業管理技能都是不可或缺的元素，缺一不可。通常成功的創業家會具備以下的心理特徵：

- 無盡的承諾和決心。請教任何創業家他們的成功秘密，他們必然援引這一點。創業家的承諾度通常可以從他們自願危及個人經濟福利，容忍比早期在企業中可以享受更低的生活水平，甚至犧牲與家人相處的時間來判斷。
- 實現的強烈慾望。需要實現是個強烈的企業促進因素。金錢是保持紀錄的方法，但超越自我的期許幾乎是個普遍的驅動因子。
- 朝向機會和目標的方針。好的創業家總是喜歡談論他們的顧客與顧客的需求。當被問到他們這星期、這個月和今年的目標時他們可以立即回應。
- 內在的自我掌控。成功的創業家是自信的。他們相信他們掌控自己的命運。拿運動做比喻，他們想要投出最後一秒的關鍵球。
- 對不確定性與壓力的承受度。剛起步的創業家在收入未定、工作經常改變、新的顧客、挫折和驚奇的不可避免的情況下，還得面對薪資發放的需求。
- 承擔可能的風險技能。創業家是像飛行員：他們承擔可能的風險。他們盡一切可能降低或分擔風險，他們準備或預先考慮到問題，確認機會及成功的必要條件爲何、創造與供應商、投資者、顧客和夥伴分擔風險的方法，並且在公司的營運執行上掌握關鍵角色。
- 對地位與權力的需求少。權力形塑好的創業家，但是他們把焦點放在機會、顧客、市場和競爭上，他們或許在這些環境中運用權力，但是他們不常因爲想擁有權力而追求地位。
- 問題解決者。好的創業家尋找可能影響他們成功的問題並有條不紊去克服這些問題，不因困境而害怕，他們通常是果斷而且擁有極大的耐心。

- 對回饋的高需求。「我們做得如何？」這問題老是出現在創業家的頭腦裡。他們尋找回饋，他們培植可以從其身上學習的良師益友並擴展他們的社會網絡。
- 處理失敗的能力。創業家喜歡贏，但是他們接受失敗並且積極地從中學習，以作爲經營下一個事業的更好方法。
- 無窮的活力、身體健康和情感穩定。他們的挑戰很多，因此優秀的創業家似乎得擁抱他們的競技場並追求健康身體以建立他們的毅力和幸福感。
- 創造性和創新。用新的方式看事情、與顧客或員工談話到很晚，所有這些都是創業家們想把事情做得更好且更有效率的典型想法，他們看到的是機會而不是問題，是解答而非困境。
- 高智力與概念性能力。優秀的創業家有「城市環境中巧妙的生存能力」，一種對生意的特殊敏銳度和看見願景的能力，他們是好的策略思想家。
- 洞察力與啓發能力。用啓發別人的方式去塑造或傳達洞察力的能力，是創業家本身或是他們的核心團隊需要的一種可貴的技能。

3. 資源

債務融資
資金借給創業家或是企業之後，他們必須於相同的時間點償還。

股權融資
資金借給創業家或是企業之後，他們不需要於相同的時間點償還，但是債權人將掌握所有權。

新事業創業精神的第三個元素包括資源，亦即金錢和時間。我們首先概述金錢。任何商業投資的一種重要成份是資本需求以獲取設備、設施、人員、以及追求瞄準機會的能力，新事業用二種方式達到這個目的：**債務融資**是必須在某種程度上及時提供企業償還的金錢，支付的義務由企業所購買的物產或設備，或是企業主的個人資產來做擔保。**股權融資**是被提供資金的企業授權給提供者對企業的權利或擁有權，而資金並沒預計被償還，它授權的資源以某種形式授予對該企業的擁有所有權，而通常期待從所有權來獲得回饋或是獲利。

債務融資通常從一家商業銀行得到支付產物、設備，並可能提供流動資本，這一切只有在被證明的收支進入企業之後才有效，家庭和朋友都是融資來源，像租賃公司、供應商、及借款以抵制應收帳款的公司，當使用債務融資時創業家是受益的，因爲他們保留所有權並且增加他們在的投資上的獲利，如果一切如計劃中進行。否則，債務融資可以是新企業的一個實際問題，因爲快速增長要求平穩的現金流量(付薪資、票據、利息)，如果利率上升，並且銷售減緩，則將產生財務上困境。多數新創事業發現早期的債務融資很難獲利，故而逐漸培養與企業貸款人的關係，讓他們認識創業家及其業務，這是新創業家一種明智的方法。

股權融資通常從一個或多至三個來源取得：友好的來源、非正式的事業投資者或專業創投公司，在每個個案中，它經常被認爲是種不須立即支付或在任何特定時日必須支付的「忍耐資金」。友好的來源早期在許多新企業是很普遍的，朋友、家人、認識創業家的富豪們都是。不拘形式的事業投資者，通常像是富裕的個體或現在被稱做「天使」投資者，越來越活躍且容易接近並成為可能的產權投資者。專業的企業資本家在真正高效成長潛力的企業中尋找投資。一如我們所看到的，他們有嚴密的標準，並且期待在三到五年間賺回他們所投資五倍的錢!第四個股權融資的來源是公開發行股票，只有極少數卓越的新企業可以利用到。他們通常是那些曾經先經歷過其他三個來源的企業。

不管來源，股權融資是當債務融資要求歸還時不須立刻按規則償還的金錢。因此，當企業迅速地成長並且需要使用所有現金流動增加時，不須償還使得股權融資比債務融資更具吸引力。產權融資不吸引某些人是因它制定賣掉部分的事業的所有權，且它具有主導事業決策的發言權。

另一種資源是時間，是創業家與關鍵玩家在創投成功所耗費的時間，創業家是催化劑，是鞏固剛起步尚無經驗的企業之黏著劑，更經常是促使成功發生時不可缺少的活力來源。如同我們先前提到的，決心是創業家的典型關鍵。而時間是重要資源，結合決斷力，實際上促成在早期發展過程中面臨許多危機的新事業之成功。

成功的創業家是令人佩服的成長與價值建構創新者，他們的成功經常來自與其競爭、做生意、獲得供應商等大型企業交手的代價，他們在把新的想法商業化上的成功，引起了許多更大的公司對這個問題的注意，一家大型公司能更具創業精神嗎？結論暫且是肯定的，較大的公司如果鼓勵其組織內之企業精神與創業家形象，那麼就能夠增加其創新與商品化之後的成功。了解並鼓勵大型組織中的企業精神以增進未來生存與成長，現在已成為數以千計大公司的重要議題。這些努力之後的想法，稱之為內部創業精神，將在下個部分進行探討。

14.2.1 內部創業

內部創業精神

大型公司的內部創業或是創業精神是指確認、鼓勵並協助大公司及已奠基公司創造新產品、新歷程以及新服務的過程，藉此公司可以產生新的收益來源以及成本的節省。

大型公司的**內部創業**或是創業精神是指確認、鼓勵並協助大公司及已奠基公司創造新產品、新歷程以及新服務的過程，藉此公司可以產生新的收益來源以及成本的節省，Gordon Pinchot 是內部創業學院的創始人，他認為大型公司若要推展「內部創業精神」必須重視以下**十大自由度因素**：

1. **自我選擇**，公司應該協助創新者實現他們的創意，而不是只會將創意指派給某些個人或群體並要他們負責。
2. **一氣呵成**，一旦創意出現，管理者應該想辦法讓創意實現，而不是只會命令他們換手給別人做。
3. **行為決定者**，給產生創意的創新者一點決策的自由，以利未來的發展與執行，而不是依賴多層次的核准程序在枝微末節上刁難，以提高內部創業精神。
4. **公司的「寬裕資源」**，公司必須儲存額外的資金與時間以促成創新。

創業精神自由度因素
Gordon Pinchot 是內部創業學院的創始人，他認為大型公司若要推展「內部創業精神」必須重視十大因素。

5. 結束「全壘打」的哲學，有一些公司只對突破性的創新有興趣，這種文化將會限制內部創業精神的發展。

6. 容忍風險、失敗與錯誤，由於風險與失敗不利員工的生涯發展，所以許多管理者避之唯恐不及，但是創新難免會產生風險，因此容忍風險是相當必要的，但也必須透過風險來累積經驗值。

7. 忍耐資金，美國的企業面臨每一季利潤的壓力，常常會扼殺創意的行為，投資創業活動可能需要一點時間才能見到成果。

8. 不要劃地盤，在任何組織中，人們總是會劃地盤，因此產生疆界，此現象將會扼殺內部創業精神，因為跨功能交流是創新與成功創業團隊的核心。

9. 跨功能團隊組織，透過向上溝通的管道來限制跨功能互動，這種限制不利於組織成員與外部成員的互動，當然也限制了學習銷售與營運的機會。

10. 多元選擇，當一個個體擁有創意卻只有一個人可供諮詢，或是只有單一管道去調查發展出來的創意，這時候創新將會被扼殺，當員工有許多的選項可供討論或是推行創新創意時，內部創業精神將會不斷滋長。

當您讀到 Pinchot 的十大自由因素時，您會覺得不外就是創業家的特徵，或是資金與時間這一類的資源，這些都是創業精神的核心，顯然，這些都是內部創業精神想要做的，不斷的複製大型企業組織中的內部創業家，將有助於提升早期投入資金、專業、設備、通路等因素的潛在競爭優勢。圖表 14.9「運用策略的案例」一節，說明了許多不同企業中成功的內部創業，以下提供九個具體方案說明公司如何促進內部創業精神以及內部創業家 [19]：

- 指定內部創業精神的促進者正式指派公司內某一群具公信力與影響力的人，作為新創意的促進者，這些促進者通常擁有可支配的資金來協助創新者發展創意。
- 允許創新的時間 3M 最為人所熟知的「15%原則」，意味著工程部門的成員可以花費 15%的時間，自由的談論他們認為有創意的創新點子與具有潛力的市場，Google 則給每位員工一周一天自由日來處理他們的專案。
- 組成內部創業團隊 3M 稱它為「錫罐」(要錢)，美國水泥稱它為「創新的自願者」，P&G 則設立跨產品事業部的團隊，試圖與新事業進行異花授粉，這種想法使得管理者透過單位的彈性發展非正式的創意發展團隊(包括行銷、工程以及營運的人)，透過將自己視為獨立單位的想法不斷互動並發想創意。

19 細節詳見"Lessons from Apple," The Economist, June 7, 2007; "Remember to Forget, Borrow, and Learn," BusinessWeek, March 28, 2007; "Clayton Christensen's Innovation Brain," BusinessWeek, June 15, 2007; and www.Businessweek.com/innovation.

- 發展內部創業論壇 Owens Corning 將它們稱為：「臭鼬工廠、創新顧問委員會以及創新博覽會」，3M 也有所謂的「科技論壇」、年度「科技回顧博覽會」以及「銷售俱樂部」，P&G、eBay 以及 Amazon 導入局外人(特別是顧客)，來協助互動產生新的創意並產生牽引的力量。
- 運用內部創業控制季利潤的控制有助於管控內部創業早期獲利不佳的事業，本章前面曾經論及的碑程管理，適用於早期、創新活動的關鍵時間表以及資源需求的管理。
- 提供內部創業的獎酬認同成功並透過財務獎賞來激勵成功，讓他們有再作一次的動機，如果讓他們擁有發展與執行下一個創新活動的自由度，則這一類的創新事業注定是成功的。
- 具體闡述創新目標清楚的闡述組織目標有助於內部創業精神與創新的合法化，並能夠鼓勵組織文化支持創新的活動，3M 就是採取這種方法的鼻祖，他們擁有清楚的公司目標，自從 1970 年以來就存在，例如：「每年 25%銷售利潤必須來自最近五年所導入的產品」，P&G 鼓勵開放式創新行為，而且有 50%的創新是來自與外部的共同合作。
- 創造內部創業精神的文化 Amazon 的 Jeff Bezos 稱之為「神聖不滿的文化」，主要來自每個人的不滿以改善所有的事物，P&G 透過局外人來促成 P&G 的創新，而執行長 Lafley 則致力於讓 P&G 一半以上的產品來自局外人的創意，而其方法是透過公司內部創業的策略，GE 的 Immelt 則是成功的從其他公司挖角內部創業家，讓他們成為促成內部創業文化的領導者，其他公司則是創造內部財務資源來投資新創事業，Intel 則是積極專注於創投事業。
- 從內部開始鼓勵創新，Apple 則是從內部開始進行創新的，事實上，公司的能力是整合內部的創意以及外部的技術，也就是簡單的軟體再搭配有形的設計。

創新與創業精神是相互交織的現象與過程，組織尋求控制自己的命運，大部分都尋求如何得到並了解命運，一旦擁有機會，組織需要領導人追求創新與創業精神，讓公司能夠發現機會並正向調適勇敢的面對未來，老掉牙的一句話：勇敢的追求改變吧。

運用策略的案例

圖表 14.9

內部創業—無所不在！只要給他們時間去蘊釀

Google 鼓勵它的員工花百分之二十的時間鑽研自己有興趣的事物，這就是 Google 服務不斷推陳出新，如 Gmail、Google 地球、Google 智慧手機應用程式等。新創 Google Adsense 廣和關鍵字的員工獲得一千萬美元獎勵。

53 歲的 Arthur Fry，任職於 3M 公司化工部，他標記在詩歌本裡的小紙張老是掉落，令他困擾不已。他得知同事 Spencer Silver 偶然間發現一種黏性極低的膠，對他來說正好是個好消息。帶有微黏的紙條能輕易的貼上取下，Fry 利用 3M 公司提供給員工花百分之十五的自由研究時間進行研發。他做了些黃色便條樣品、發給秘書們試用，反應相當熱烈，3M 公司最終以 Post-it 命名上市販售，去年銷售量甚至突破一億。

Ken Kutaragi 在 Sony 音效部門工作時，買了一台任天堂給女兒當禮物。看著她玩的時候，Kutaragi 很驚訝音效怎麼如此粗糙。經過 Sony 批准後，他與任天堂合作研發主攻音效的遊戲機，但任天堂卻不想再繼續，Kutaragi 著手開發 Sony 自有品牌的遊戲系統，也就是後來的 PS。第一代 PS 讓 Sony 成為遊戲市場龍頭，第二代 PS2 的成績更加亮眼，是為有史以來銷售最佳的遊戲機。Kutaragi 成立 Sony 電腦娛樂有限公司，Sony 旗下獲益最多的部門之一。

W.L. Gore 原先是 Gore- Tex 雨具製造商，他鼓勵員工利用「涉獵時間」，百分之十的上班時間來研究個人有興趣之題材。幾年前，Gore- Tex 與 Teflon 相關化學企業 ePTFE 合作進行電子動畫試驗。該公司化學部員工 Dave Myers 認為這種塗料很適合包覆吉他弦，他同時向市場和工廠進行洽談，四先團隊研發的重點放在於吉他絃的舒適度，經由 John Spencer 進行市場調查，由一萬五千名以上吉他手的回饋得知，賣點應是：更好的聲音。覆膜弦表面比一般弦舒適，且聲音可以更持久。W.L. Gore 以 ELIXIR 品牌發售，現在是最暢銷的民謠吉他弦，在吉他弦市場名列前茅。

Dallas 一位工程師每天都在頭痛流動銲鍋的「浪費問題」，還差點被解雇，而今日世界各大石油公司都在使用他發明的輸油噴嘴。

Caterpillar 為解決內部物流問題，建立 Caterpillar 物流公司，現在六大洲 25 國家流通。

沃爾瑪紐約長島分店經理 Alicia Ledlie 出席阿肯色州總公司的會議時，聽到一項新概念：店內健康服務。這是她的主意，為沃爾瑪求職者新增藥物測試門診服務。所有受聘的員工需在 24 小時之內接受藥物測試。她表示：「從店內，我可看到搭乘大衆運輸的新員工對此的需要」。新增此門診服務有助於留住新到任員工，店經理皆對此服務的成效讚揚有加。沃爾瑪預計未來五至七年將增加兩千個服務據點。

Jim Lynch 這個大想法來自於最平常的活動－他在 Massachusetts 清自家水溝時想到的。他說：「我突然想到，這工作最適合讓機器人來做了，因為這完全符合我們公司的三大要求：笨、髒、危險」。身為麻薩諸塞州 iRobot 公司的資深電子工程師，Lynch 多方試用各種工具來建造機器人雛型，甚至還試用義大利麵勺子和電鑽。2006 年九月，他終於機會在「想法激盪大賽」中大展身手，這是該公司舉辦的第一屆比賽，每位員工有十分鐘的時間闡述創新產品的概念。Lynch 的提案通過公司的審查，(在奧運之後)新的水溝清理機器人命名為「Looj」，並在去年上市發售。

資料來源：www.bnet.com/2403-1313070_23-196888.htm, and 23-196890.htm.

摘要

Summary

任何策略的核心目標都是追求生存、成長以及改善公司在未來的競爭定位，高階主管們不斷的尋求途徑來讓他們的組織更加創新或更具創業精神，因爲這些能力都是組織追求生存與成長最基本的能力，漸進式創新是指公司不斷的與顧客呼應，持續穩定的改善公司的產品、服務及流程，基本上這是一種有效創新的方法，持續改善的哲學以及像「建構二十一世紀成本競爭力」(簡稱CCC21)、六標準差這一類的方案，都是公司在推行漸進式創新時最常用的方法以及組織日常活動的核心工作。

突破式創新比起漸進式創新風險要高很多，但是一旦成功企業必須付出較高的獎酬，採用這一種方法的公司需要投入全方位的承諾以及勇敢的對抗主流市場，大型且知名的全球企業愈來愈勇於擁抱開放式創新，也包括突破式創新，成功的創新也往往是二十年前想都未曾想過的概念，近幾年來他們也將產品設計創新外包，迅速採用以網路爲基礎的論壇方式來獲取當地或全球的專業知識，並進行協同合作以創造突破式創新，爲了獲得創新他們也開始併購規模較小、具創業精神的公司，如此一來有助於公司推展突破式創新，因爲他們長期以來都聚焦於較狹隘的市場、承擔風險、具有高度的熱忱，而且在成功之後願意彼此分享獲利。

創業精神是促成企業創新的核心，新事業的創業精神是許多創新的來源，而其間的過程則包括機會、資源與關鍵人物，機會聚焦於如何解決問題以及如何嘉惠顧客，因此絕不是某人有關產品與服務的創意與夢想，資源包括資金與時間，關鍵人物以及創業團隊必須具備技術技能、商業技能以及成功新創事業創業家所必須具備的特質。

大型公司的創業精神稱之爲內部創業，許多的公司現在都對外宣稱他們都持續的在鼓吹內部創業精神，爲了實現內部創業精神，個體的創業家必有擁有自由度並支持認知到的機會、允許失敗並且少說多做，這樣才有成功的機會。

關鍵詞
Key Terms

突破式創新	*p.14-10*	創業精神	*p.14-18*	內部創業精神	*p.14-24*
建構二十一世紀成本競爭力	*p.14-4*	股權融資	*p.14-23*	創業精神自由度因素	*p.14-24*
持續性改善	*p.14-4*	創意市集	*p.14-16*	發明	*p.14-3*
債務融資	*p.14-23*	漸進式創新	*p.14-4*	六標準差	*p.14-4*
破壞式創新	*p.14-14*	創新	*p.14-3*		

問題討論
Questions for Discussion

1. 漸進式創新與突破式創新有何不同？這兩種方法各有何風險？
2. 爲何漸進式創新、建構二十一世紀成本競爭力以及六標準差是發展漸進式創新的好方法？
3. 何謂創意市集？
4. 大型以及全球化的企業如何尋求向外發展，以加速其創新能力及突破性創新？
5. 爲何突破式創新總是發生在規模較小的公司？
6. 新創事業創業過程的三大元素爲何？
7. 何謂內部創業？如何進行？

讀者回函卡

填寫日期：　/　/

姓名：＿＿＿＿　生日：西元＿＿年＿＿月＿＿日　性別：□男 □女

電話：（　）＿＿＿＿　傳真：（　）＿＿＿＿　手機：＿＿＿＿

e-mail：（必填）

註：數字零，請用 Φ 表示，數字 1 與英文 L 請另註明並書寫端正，謝謝。

通訊處：□□□□□

學歷：□博士　□碩士　□大學　□專科　□高中・職

職業：□工程師　□教師　□學生　□軍・公　□其他

學校／公司：＿＿＿＿　科系／部門：＿＿＿＿

・需求書類：

□ A. 電子 □ B. 電機 □ C. 計算機工程 □ D. 資訊 □ E. 機械 □ F. 汽車 □ I. 工管 □ J. 土木

□ K. 化工 □ L. 設計 □ M. 商管 □ N. 日文 □ O. 美容 □ P. 休閒 □ Q. 餐飲 □ B. 其他

・本次購買圖書為：＿＿＿＿　書號：＿＿＿＿

・您對本書的評價：

封面設計：□非常滿意　□滿意　□尚可　□需改善，請說明＿＿＿＿

內容表達：□非常滿意　□滿意　□尚可　□需改善，請說明＿＿＿＿

版面編排：□非常滿意　□滿意　□尚可　□需改善，請說明＿＿＿＿

印刷品質：□非常滿意　□滿意　□尚可　□需改善，請說明＿＿＿＿

書籍定價：□非常滿意　□滿意　□尚可　□需改善，請說明＿＿＿＿

整體評價：請說明＿＿＿＿

・您在何處購買本書？

□書局　□網路書店　□書展　□團購　□其他

・您購買本書的原因？（可複選）

□個人需要　□幫公司採購　□親友推薦　□老師指定之課本　□其他

・您希望全華以何種方式提供出版訊息及特惠活動？

□電子報　□ DM　□廣告（媒體名稱＿＿＿＿）

・您是否上過全華網路書店？（www.opentech.com.tw）

□是　□否　您的建議＿＿＿＿

・您希望全華出版那方面書籍？

・您希望全華加強那些服務？

～感謝您提供寶貴意見，全華將秉持服務的熱忱，出版更多好書，以饗讀者。

全華網路書店 http://www.opentech.com.tw　　客服信箱 service@chwa.com.tw

2011.03 修訂

親愛的讀者：

感謝您對全華圖書的支持與愛護，雖然我們很慎重的處理每一本書，但恐仍有疏漏之處，若您發現本書有任何錯誤，請填寫於勘誤表內寄回，我們將於再版時修正，您的批評與指教是我們進步的原動力，謝謝！

全華圖書　敬上

勘誤表

書號		書名		作者	
頁數	行數	錯誤或不當之詞句		建議修改之詞句	

我有話要說：（其它之批評與建議，如封面、編排、內容、印刷品質等・・・）